万卷方法

心理与行为
定量研究手册

主编 王孟成 刘拓

XINLI YU XINGWEI

DINGLIANG

YANJIU SHOUCE

重庆大学出版社

图书在版编目（ＣＩＰ）数据

心理与行为定量研究手册／王孟成，刘拓主编 . --
重庆：重庆大学出版社，2023.2
（万卷方法）

ISBN 978-7-5689-3447-3

Ⅰ. ①心… Ⅱ. ①王… ②刘… Ⅲ. ①心理行为—定
量方法—研究方法 Ⅳ. ①B842

中国本图书馆 CIP 数据核字（2022）第 136893 号

心理与行为定量研究手册

XINLI YU XINGWEI DINGLIANG YANJIU SHOU CE

王孟成　刘　拓　主　编
策划编辑：林佳木
责任编辑：李桂英　　版式设计：林佳木
责任校对：邹　忌　　责任印制：张　策

*

重庆大学出版社出版发行
出版人：饶帮华
社址：重庆市沙坪坝区大学城西路 21 号
邮编：401331
电话：（023）88617190　88617185（中小学）
传真：（023）88617186　88617166
网址：http://www.cqup.com.cn
邮箱：fxk@ cqup.com.cn（营销中心）
全国新华书店经销
重庆华林天美印务有限公司印刷

*

开本：787mm×1092mm　1/16　印张：33　字数：913 千
2023 年 2 月第 1 版　　2023 年 2 月第 1 次印刷
ISBN 978-7-5689-3447-3　　定价：99.00 元

序

　　1879 年，德国心理学家冯特在莱比锡大学建立第一个心理学实验室，标志着科学心理学的诞生。在这之后 100 多年中，心理学发展出了丰富而广泛的分支，涵盖了如认知、社会、人格、临床、发展、教育、工业组织等领域。斯坦诺维奇在《这才是心理学》一书中提出，很难用理论和概念将心理学的各个领域分支整合在一起，但它们共有的基础是实证主义的科学方法。暂不论该观点是否全面，但却点明了实证主义科学方法在心理学科中的重要性。实证主义科学方法的基石之一就是定量研究方法。

　　心理学定量研究方法的基础之一是统计学。费希纳 1860 年出版的《心理物理学纲要》是现代统计学开始应用在心理学乃至人文社会科学领域的开端。斯皮尔曼基于智力研究所提出的因素分析法成为了后续一系列潜变量分析模型的重要思想起源。随着科技的进步，特别是计算机技术的飞速发展，心理学研究中的定量方法在过去的几十年中也有了巨大的变化和发展。传统的 t 检验、方差分析已经无法满足复杂的实验设计，线性模型的框架下可以同时纳入类别变量和连续变量，也可以处理嵌套关系。针对同一研究主题，来自多个样本、多种工具、多类范式的证据不断积累，元分析的方法可以帮助研究者们做出系统性的综述和推断。研究者们越来越多地使用追踪研究、时间序列设计来回答发展问题和做出因果推断，使用纵向模型处理这类数据可以从个体变异中分离出真实的发展变化成分。心理测评的大规模应用对测评技术提出了精确化和个性化的新要求，现代心理测量理论的建立和计算机自适应测验的落地将评估与评价的效能提高到了新的高度。这些都是心理学定量方法进步的一些侧面，本书的作者也将带领读者初步认识和实践这些更新的定量研究方法。

　　编写心理学定量方法类的书籍是不容易的，一方面它要求编写者对定量方法本身有深刻的理解，另一方面又要求编写者对心理学的应用领域有丰富的研究经验。

本书的两位主编组织15名国内中青年学者，大家齐心协力共同完成了本书的撰写工作。这些学者都有着长期开展定量研究的经验，且在各自的研究领域中取得了丰硕的研究成果。这也保证了书本中每个章节的质量。

《心理与行为定量研究手册》作为一本定量研究方法类的书，主要有两个特点，一是前沿性，二是实用性。

全书共包含了18个章节，前15章按照专题介绍了15种心理学研究中重要的定量研究方法，后3章分别介绍了三种在心理学及其他社会科学研究中最常用的三个定量分析软件Mplus、Stata和R。书中大部分的章节所涉及的方法都是近十多年才逐步应用到心理学的研究中，而国内目前还没有书籍在专门介绍这些方法的心理学应用。

本书不是传统意义的心理统计学或心理测量学工具书。为了让更多读者从中获益，编写者减少了数理公式的推导与描述，将关注点放在了实际的数据问题上。书中每个章节所介绍的方法，都给出了实际的数据例子，以及详细的软件实现流程或代码。同时，针对软件输出的结果，也给出了对应的解释。因此，对于心理学领域的研究者而言，可以直接跟随书本完成相应的定量分析，并做出科学的解释。

工欲善其事，必先利其器。定量研究方法是心理学研究的利器。学习和运用好定量研究方法，可使研究者提高研究的质量。《心理与行为定量研究手册》中为读者们介绍的方法可以广泛地应用到心理学的各个研究分支中，但这些定量研究方法也仅仅是当前心理学研究中定量研究方法的冰山一角。也希望本书能起到抛砖引玉的作用，推动年轻的心理学者们加强定量研究方法的学习，丰富自身的"武器库"，用更多样、更先进的"武器"做出更多高水平的中国心理学研究。

当然，《手册》中还存在一定的不足，请大家批评指正，以不断完善本《手册》的质量。

白学军

教育部长江学者特聘教授

国家万人计划哲学社会科学领军人才

教育部高校心理学教学指导委员会副主任

教育部人文社科科学重点研究基地天津师范大学心理与行为研究院院长

前言

在人文社科领域，没有哪个学科像心理学那样重视研究方法。这可以从心理学研究方法的期刊数量和影响因子上看出端倪。大家耳熟能详的杂志，如 *Psychological Methods*（2020年影响因子11.302），*Structural Equation Modeling*（2020年影响因子6.125），*Behavior Research Methods*（2020年影响因子6.242）都具有广泛的读者群体和显赫的影响力。近年来，在心理学研究方法特别是统计方法领域，越来越多的中国内地学者在国际顶级期刊上发表研究论文（e.g., Chen & Wang, 2016; Pan et al., 2017）。其实在心理统计测量领域，本来就有很多很优秀的华人学者。

近年来，国内出现了一些广受欢迎的专门教材，如我们早前出版的《潜变量建模与Mplus应用：基础篇》《潜变量建模与Mplus应用：进阶篇》。但是，在我们目力所及，却仍然缺少一本中文写作的、将最新统计测量方法及定量研究方法汇集在一起的教材或手册。这样的手册在国外非常多，如SAGE出版公司的《心理学定量方法手册》（*The SAGE Handbook of Quantitative Methods in Psychology*）、牛津大学出版社的《牛津定量方法手册》（*The Oxford Handbook of Quantitative Methods*）。为了让国内研究者特别是研究生能够通过一本书就学习尽可能多的统计测量新方法，我们组织团队，合力编写，历时4年为大家带来了这本手册。

我们的初衷是编写一本心理与行为定量研究手册，在本书中我们重点选择了18个主题的内容，这些主题涉及下面四个领域：

测量学理论。主要是第1章因子分析，第2章项目反应理论，第3章认知诊断，第4章计算机化自适应测验，第5章概化理论，第7章网络分析和第8章分类测量学。

多变量分析模型。包括第9章结构方程模型，第10章发展模型，第11章混合模型：以个体为中心的分析方法，第12章多水平潜变量模型，第13章贝叶斯结构方程模型和第15章一般及广义线性模型。

元分析。第6章信度概化和第14章元分析。

常用统计软件操作介绍。第16章Stata简介及基本操作，第17章R语言介绍和第18章Mplus简介及基本操作。

以上四个领域的内容还无法覆盖当今全部的心理学研究方法，如实验相关的主题、脑与神经科学相关的主题等。另外，本书包含的每个主题又有着深入、丰富的理论和应用扩展。这些内容我们会在将来的版本中陆续加入。

本书能够最终出版，首先要感谢各章作者的慷慨无私。他们都是国内年轻的学者，年龄多在40岁上下。在国内当前的学术评价体系下愿意花费宝贵的时间撰写书稿是非常令人感动的。希望本书的出版能为国内心理与行为科学的发展贡献绵薄之力！

简明目录

部分图片可下载查看
(即文中有⬆标志处)

详细目录

1 因子分析

1.1　引言

因子分析(Factor Analysis,FA)也称因素分析,是多元统计分析的重要内容,在心理学、教育学以及管理学等社会科学研究中具有举足轻重的作用。在社会科学研究中,因子分析常用于探索和确认测评工具(量表)的结构效度(Construct Nality)。考虑结构效度体现了测评工具所测分数能否有效反映其所要测量特质的证据,故而无论是自行编制新的测验量表还是修订已有的量表,都需要运用因子分析对测验结果的结构效度进行分析与检验。

依据分析前有无理论基础或假设,可将因子分析划分为探索性因子分析(Exploratory Factor Analysis,EFA)和验证性因子分析(Confirmatory Factor Analysis,CFA)。当量表的理论结构不清晰时(如条目与其所属因子间的从属关系没有最终确定),普遍的做法是先使用EFA确定量表的因子结构(如因子的个数、条目与因子之间的关系以及因子与因子之间的关系);然后基于EFA的结果再抽取新的调查样本进行CFA以进一步验证量表的因子结构。

本章着重讨论因子分析(EFA和CFA)在心理测验编制或修订中的相关应用。首先对因子分析的基本概念进行简介,然后从探索性和验证性两个不同方向进行因子分析理论和实践梳理,最后进行EFA和CFA的实际操作演示。

1.2　基本概念

1.2.1　因子分析概述

因子分析这一术语与智力理论及人格理论的发展密不可分。1904年,Spearman发表了著名论文"General Intelligence,Objectively Determined and Measured",研究者开始尝试从定量视角描述个体的潜在心理属性,而Spearman当时所使用的统计技术就是因子分析。1949年,Cattell正式发布了其基于因子分析技术所编制的人格问卷——Sixteen Personality Factor Questionnaire(16PF),并在全球范围内得到广泛应用。至此,因子分析在心理和教育测量的两大领域——以智力测量为代表的最高行为测验和以人格测量为代表的典型行为测验——都进行了相对成功的实践。

因子分析是一种把描述某一事物/现象的多个可观察的变量(显变量)压缩为描述该事物/现象的少数几个不可观察的变量(潜变量)的统计分析技术。在社会科学研究中,因子分析就是把几个彼此间存在关联的变量转变为少数有意义且彼此独立的因子(Factor),即用少数的几个因子来解释/表示这些变量。此外,因子分析通过考查众多显变量(如条目)之间的关联性,来探究这些显变量背后的基本结构,并用少数几个有意义、相互独立的因子来表示数据的基本结构。故而,学者们有时也将因子分析描述为一种"降维"技术,即用少数几个更具概括性的因子来减少原有维度的技术。这些因子能够反映/代表原来众多的显变量所表述的主要信息,并解释这些显变量之间的相关依存关系。总体上,因子分析是用于解释显变量之间相关的统计模型,主要用于实现解释变量间的相关性和简化数据两个目的。因子分析在社会科学领域中最常用于探索、检验测验量表的结构效度(戴晓阳 等,2009)。接下来分别介绍EFA和CFA基本原理。

1.2.2 探索性因子分析

1)基本原理

进行探索性因子分析,需要先对条目分数进行标准化处理,即将其转换为Z分数,并有一个基本的理论公式:

$$Z_{ij} = \lambda_{11}F_{11} + \lambda_{12}F_{12} + \cdots + \lambda_{jk}F_{ik} + u_{ij}$$

其中,Z_{ij}为第i个被测者在第j个条目的标准化得分,λ_{jk}为第j个条目在第k个因子的权重即因子负荷(因子载荷),F_{ik}为第i个被测者的第k个因子的得分,u_{ij}为第i个被测者在第j个条目的独特性因子。并且还假设F_{ik}的均值为0,标准差为1;u_{ij}的均值为0,变异数为σ_j^2。由此可见,被测者在某个条目上的得分等于一组公因子与条目独特性的加权之和。由于是一组公因子,则决定条目反应的因素可能不止一个,因此在进行EFA时会发现一个条目在多个公因子上存在因子负荷。

假如某心理测验包括2个因子,每个因子各3个条目(图1.1)。其中,公因子用圆圈和f表示;公因子间的双箭头表示相关系数,但该系数可为0,即因子间无相关。条目用矩形和y表示。公因子指向条目的箭头即因子负荷;方框下方的箭头代表独立因子对条目的影响(图1.1中隐去了独特因子)。

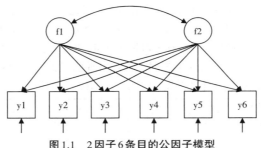

图1.1　2因子6条目的公因子模型

2)EFA的分析过程

(1)数据准备

EFA的目的是解释变量间的相关性或简化数据,因此进行EFA时需要从理论前提和实际数据两方面进行准备。其中,理论前提主要是指基于某理论假设或逻辑分析,可知所选择的各变量之间确实存在某种潜在结构;实际数据则是指各变量间存在一定程度的相关关系,如果变量间的相关系数太小,则很难抽取出公因子。通常而言,如果所有或大部分相关系数绝对值小于0.30,则不适合做EFA。此外,KMO值和Bartlett球形检验也时常用于EFA的适用性分析。如KMO值一般要求0.70以上,Bartlett球形检验则要求相关矩阵是非单位阵(非单位阵即卡方检验中的p值要小于0.05)。

(2)抽取公因子的方法

常用的抽取公因子的方法主要包括主轴因素法(Principal Axis Factoring,PAF)和极大似然法(Maximum Likelihood,ML)。其中,PAF是将各公因子系数的平方和等同于该变量的共同度(h^2),而每一因子的系数平方和即因子负荷的平方和为该公因子对变量得分的方差贡献。PAF的基本思想是要求抽取的第一个公因子的系数平方和在总的共同度中的比例最大,第二个公因子在剩余的共同度中所占的比例最大,以此类推。

极大似然法的目的是使因子解能够更好地拟合观察变量之间的相关系数。ML假设数据服从多元正态分布,通过构建样本的似然函数,使似然函数达到最大,从而求得因子解,求解过程中相关系数采用特殊因子方差的倒数进行加权。

（3）确定公因子数目

进行EFA时,确定保留多少个因子是非常重要的话题,如果过度抽取或抽取不足都存在问题,公因子个数的确定须先于因子负荷的确定。当前确定公因子数目的方法主要有:特征值大于1、方差解释率、碎石图、平行分析和最小平均偏相关系数检验。

①特征值大于1。进行EFA时,特征值大于1被广泛用作保留因子数的标准。特征值大于1即认为公因子的变异数至少须大于单一条目的变异数1,才能实现化简数据的目的。该法则在实际应用中,因对相关矩阵进行线性转换,条目越多,抽出的特征值就越多,理论上大于1的特征值的比例也就越高,可能造成过度抽取。

②方差解释率。在保留公因子数是否合理上,研究者们会参考"方差解释率"这一指标。方差解释率即用保留的公因子的特征值之和除以条目数(实质为条目的总方差)来评价保留的公因子的方差能在多大程度上反映实际得分的方差。该比例越高,条目的方差就越能被公因子的方差所解释,则进一步理解为,一组条目分数间的共同变化,能用少数公因子的方差所代表。在实际应用中,关于方差解释率的具体大小,并没有绝对的数值。如在社会科学领域中,一般抽取的因子数应使累计方差解释率尽可能在60%以上。

③碎石图。利用碎石图确定保留公因子的数量,需先将公因子按大小顺序排列在直角坐标系中,横轴为公因子序号,纵轴为特征值,连接各点会形成一条特征值曲线。Cattell认为,若某公因子为随机因子,那么其特征值会在1附近上下波动,因此会彼此接近。若公因子为非随机因子,有某种实质含义,其特征值就会相对1而言出现明显的递增,因此可以将某公因子陡然递增的那个点对应的横坐标作为合理保留的因子数,即碎石图检验。

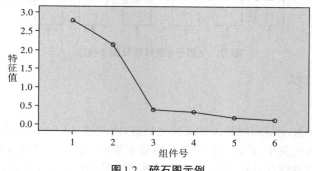

图1.2 碎石图示例

在实际应用中,会对公因子的特征值按由高到低进行排序,将特征值曲线陡然降低并使其后的特征值曲线趋于平缓的点作为保留的因子数。

④平行分析。平行分析的理论基础是所保留的公因子的特征值须大于基于随机所产生的公因子的特征值。其目的是确保公因子造成的条目共变效应强于随机因素造成的条目共变效应,以确保抽取的公因子是有实质意义而非随机因素。平行分析本身的操作原理并不复杂,首先,根据实际进行因子分析的条目数,生成若干个(通常为大于200)随机数据的相关矩阵,条目间的相关都是随机因素造成,并按传统的分析策略计算这些随机矩阵的特征值,计算其平均数或第95百分位数。接着,计算实际进行因子分析数据的特征值。最后,按顺序比对二者,若基于实际数据计算所得特征值大于随机数据的平均特征值或第95百分位数,则表明该公因子的变异大于随机变异,有保留价值;若实际特征值小于等于随机数据的平均特征值或第95百分位数,则表示该公因子无保留价值。平行分析技术的优势在于其没有孤立地根据特征值本身的大小来判断是否对其进行保留,而是与随机因素进行对比后做出结论,符合因子分析化简数据的基本理念。

在实际应用中,需要研究者借助SPSS软件的"语法"(Syntax)自行编写分析命令(Hayton et al. 2004),或者采用Mplus 7.0以上的版本在"Analysis"命令下,增添一个简单的语句"parallel=×××"即可(Muthén et al., 1998-2015)。另外,进行平行分析的R程序可参考孔明等人的研究(2007),SAS程序则可参考Liu和Rijmen(2008)的研究。

⑤最小平均偏相关系数检验。因子分析的直接目的是通过公因子的抽取,保证各条目分数间具有最佳的局部独立性。基于此,Velicer(1976)提出了最小平均偏相关系数检验法,以作为保留公因子数目的判断标准。最小平均偏相关系数检验是基于偏相关分析,将公因子的特征值从基于条目实得分数计算的相关矩阵中排除。按照由大到小的顺序,看排除到多少公因子特征值后,矩阵中的各偏相关系数的平方的平均值最小。越小的平均值,反过来表明条目分数间的共变,更多是由于公因子的变异造成,条目分数间在排除公因子变异后(特征值),其独立因子的变异是相对较少的。后续研究者发现,取各偏相关系数的4次方后求平均值,会取得更准确的结果。实际应用中,可使用SPSS的"语法"(Syntax)自行编写命令执行该检验。

（4）因子旋转

一旦确定因子的个数,接下来就要让因子的意义更加明显。此时,就要考虑在公共因子空间用代数变换的方法对因子轴进行变换,即因子旋转。通过因子旋转,让一部分变量在某个因子上的负荷尽量大,在其他因子上的负荷则尽量接近0,即获得一个简单、容易解释的因子结构,以便于结果解释与因子命名。因子旋转的方法有很多种,大体上分为正交旋转(Orthogonal Rotation)和斜交旋转(Oblique Rotation)两种。其中,正交旋转假设各因子间不存在相关,而斜交旋转则没有这样的约束条件。在社会科学领域中,由于因子之间往往存在着某种关联性,因此大多数情况下推荐使用斜交旋转更符合实际。

实际应用中,SPSS软件中的正交旋转通常以Varimax为代表,斜交旋转则以Promax为代表,相应地Mplus软件中的斜交旋转以GEOMIN旋转为代表。

1.2.3 验证性因子分析

1）基本原理

验证性因子分析(CFA)是瑞典阿帕萨拉大学的统计学家K. G. Jöreskog于1969年提出的,CFA弥补了探索性因子分析的不足,拓展了因素分析的研究范围和应用。CFA与EFA同为处理观测变量(条目)和潜在变量(因子)之间关系的方法,两者最明显的区别为:观测变量(条目)与潜在变量(因子)之间的关系是事先确定的还是事后推定的。EFA一般在分析之前并没有完全明确各观测变量(条目)与潜在变量(因子)之间的具体隶属关系,其关系是在完成分析之后确定的,故EFA具有数据驱动的特征。而CFA则是在分析之前就已经确定了观测变量与潜在变量之间的隶属关系,故CFA具有假设检验的特点,具有理论驱动的特征。通过图1.3和图1.4可直观地比较EFA和CFA的特点(引自王孟成,2014)。

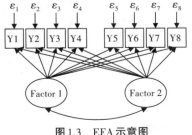

图1.3　EFA示意图

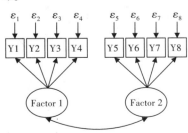

图1.4　CFA示意图

　　图1.3是EFA示意图,由于各观测指标(条目)与因子之间尚未确定归属关系,因此8个观测指标测量两个斜交因子,而图1.4为CFA示意图,条目Y1—Y4归属(测量)因子1,另外四个条目(Y5—Y8)归属(测量)因子2,条目与因子之间的关系事先已确定。

　　CFA作为结构方程模型中的测量模型,可以有不同的表达形式,包括路径图、方程与矩阵。以单因子3条目模型为例子,表1.1中呈现了三种表达形式(引自王孟成,2014)。这三种表达形式是一致的,正因为如此存在着不同取向的结构方程建模软件。例如,AMOS以路径图的形式进行模型设置,软件再将路径图所承载的信息转换成方程进行数据运算。而LISREL则长于使用方程与矩阵。表1.1还呈现了Mplus的表达形式。与其他三种形式相比,Mplus表达式更加简洁,这主要是由于其他信息(如误差的信息)已预定为软件默认设置。

表1.1　验证性因素模型的表达形式

	外生变量	内生变量
(1)路径图形式		

(2)方程形式	$x_1=\tau_1+\lambda_{11}\xi_1+\delta_1$	$y_1=\tau_1+\lambda_{11}\eta_1+\varepsilon_1$
	$x_2=\tau_2+\lambda_{21}\xi_1+\delta_2$	$y_2=\tau_2+\lambda_{21}\eta_1+\varepsilon_2$
	$x_3=\tau_3+\lambda_{31}\xi_1+\delta_3$	$y_3=\tau_3+\lambda_{31}\eta_1+\varepsilon_3$
(3)矩阵形式	$x=\tau_x+\Lambda_x\xi+\delta$	$y=\tau_y+\Lambda_y\eta+\varepsilon$
(4)Mplus形式	$\xi1$ by x1 x2 x3	$\eta1$ by y1 y2 y3

　　需要说明的是,在CFA中,测量方程中的均值部分即指标截距(τ_x和τ_y)中心化后为0,所以在表达测量方程时通常省去,但在涉及均值结构的模型(如潜均值比较)时则需要均值结构部分。

　　通常LISREL符号系统将测量模型分成两类:内生变量和外生变量。内生变量指影响其的因素在模型之内,即内生变量是受其他变量影响的变量;而外生变量则是影响其他变量的变量,而影响外生变量的因素在模型之外。图1.5(引自王孟成,2014)中的左图为两个外生相关潜变量,各由3个外生观测变量测量,右图为两个内生相关潜变量,各由3个内生观测变量测量。两个测量模型不同参数的符号见表1.2(引自王孟成,2014)。

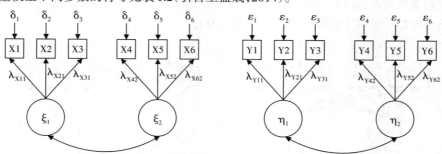

图1.5　2因子6条目的结构模型

表 1.2　CFA模型中的符号系统

名称	参数	矩阵	类型	描述
外生变量名				
Lambda-X	λ_x	Λ_x	回归系数	因子负荷
Theta delt	δ	Θ_δ	方差-协方差	误差方差-协方差
Phi	φ	Φ	方差-协方差	因子方差-协方差
Tau-X	τ_x		均值向量	协方差
Kappa	κ		均值向量	指标截距
Xi (Ksi)	ξ		向量	潜均值
内生变量名				
Lambda-Y	λ_y	Λ_y	回归系数	因子负荷
Theta epsilon	ε	Θ_ε	方差-协方差	误差方差-协方差
Psi	ψ	Ψ	方差-协方差	因子方差-协方差
Tau-Y	τ_y		均值向量	协方差
Alpha	α		均值向量	指标截距
Eta	η		向量	潜均值

2）CFA分析过程

（1）模型设定

模型设定（Model Formulation）是指模型涉及变量、变量之间关系、模型参数等的设定。根据理论假设或过往研究所得，确定因子个数及条目与因子之间的隶属关系（如图1.5）。由图1.5（引自王孟成，2014）可知，条目Y1—Y4测量了因子1，另外四个条目（Y5—Y8）测量了因子2，因子1和因子2之间存在相关。在心理与教育测验中，CFA常被用于测验编制或修订过程中的结构效度验证（DiStefano et al.，2005）。例如，流调中心抑郁量表（The Center for Epidemiological Studies Depression Scale，CES-D，Radloff，1977）为国外学者所编制的用于评估个体抑郁症状的测评工具，其有着较好的心理测量学属性。如果考虑将其引进到中国，则需要对其心理测量学属性在国内人群中的表现进行检验。鉴于该量表因子结构已经明确，条目隶属关系也得到充分论证，这时可直接选择做CFA。不过需要说明的是，选择做CFA的前提是承认该量表所测量的心理特质在国内人群中同样存在，否则研究者就需要根据国内人群的实际特点以及研究者本人对抑郁的操作性定义另外进行本土化的抑郁量表的构建和编制。

（2）模型识别

模型识别（Model Identification）是模型设定好了之后，需要检验所设定的模型是否能够识别，即理论模型是否存在合适的解。模型识别所关注的是，每个未知参数是否能从模型中得到唯一解，即是否能从观察数据得到唯一估计值。模型识别与否同样本协方差矩阵所提供的信息是否充足有关，通常将该规则称为 t 法则。假设某量表有17个条目（观测变量），可以提供17个方差和136个协方差，共计153个样本参数信息。如果数据提供的信息少于模型需要估计的自由参数 t，则模型不能识别（Unidentified），此时 $p \times (p+1)/2 - t = df < 0$。如果数据提供的信息正好等于需要估计的自由参数，则模型充分识别（Just-identified），此时 $df=0$；如果数据提供的信息多于需要估计的自由参数，则模型过度识别（Over-identified），$df>0$。由于不同的模型，设置的待估参数不同，所以识别规则也不同。除了 t 法则以外，模型识别的必要条件之一是为潜变量指定单位，否则任何模型都无法识别。实践中常用的设定方法有两种：固定任一指标负荷为1和固定因子方差法为1。目前几乎所有的SEM分析软件都会自动为潜变量指定单位,在Mplus中,因子的第一个指标的负荷默认为1,当然也可以采用因子方差法(将因子方差设定为1)。另外,更多模型识别的规则和方法请参考王孟成(2014)的潜变量建模专著。

（3）模型估计

模型估计(Model Estimation)是极小化样本方差/协方差与模型估计的方差/协方差之间的差异。常用的估计方法以极大似然估计(Maximum Likelihood Estimate, MLE)为基础。MLE的性质包括:

①MLE估计具有无偏性;

②MLE估计具有一致性;

③MLE估计具有渐近有效性;

④MLE估计具有渐近正态性;

⑤MLE函数不受限于变量的测量尺度;

⑥在多元正态与大样本假设下,MLE拟合函数乘以$n-1$接近卡方分布。

需要说明的是,MLE估计法适用于正态分布下的连续变量。在数据非正态分布的情况下,可考虑使用两种MLE稳健估计,即稳健极大似然估计(Robust Maximum Likelihood Estimator, MLR)和均数调整似然估计(Mean Adjusted Maximum Likelihood Estimator, MLM)。

（4）模型评价

模型评价(Model Evaluation)用于评估样本方差–协方差矩阵与模型估计方差–协方差矩阵之间的差异。模型评价可以分为:卡方检验和近似拟合检验。如同传统的显著性假设检验一样,如果观测样本方差–协方差与模型估计方差–协方差之间的差异达到显著性水平($p<0.05$),则模型将被拒绝;反之,如果差异不具有统计学意义($p>0.05$),则模型将被接受。通常样本估计方差–协方差与样本方差–协方差之间的差异采用χ^2检验,考虑χ^2检验容易受到其他因素的干扰(如样本量),学者们提出了其他评价模型拟合的指标,这些指标统称为近似拟合检验。最常用的拟合指标有:比较拟合指数(Comparative Fit Index, CFI)、非规范拟合指数(Nonnormedfit Index, NNFI,也称Tucker-Lewis Index, TLI)、标准化残差均方根(Standardized Root Mean Square Residual, SRMR)和近似误差均方根(Root Mean Square Error Of Approximation, RMSEA)。通常将CFI和TLI大于0.90, SRMR和RMSEA小于0.08作为可接受的标准(Hu et al., 1999)。另外,更多模型拟合评价的指标请参考侯杰泰等(2004)的结构方程模型专著。

（5）模型修正

当样本方差–协方差矩阵与模型估计方差–协方差矩阵之间的差异显著时即模型拟合不好时,需要进行模型修正(Model Modification)。为了改善实际数据与理论模型之间的拟合效果,常采用修正指数(Modification Indices, MI)(Sörbom, 1989)作为诊断指标来帮助修正模型设定。修正指数与模型的固定参数密切相连,一个固定参数的MI值相当于自由度$df=1$的模型卡方值,即如果把模型中某个受限制的固定参数改为自由参数,则模型卡方值将减少,相当于为该参数的MI估计值。如果一个MI很高,则表示相应的固定参数应该设定为自由估计以提高模型的拟合。最近,国内学者潘俊豪等(2017)将贝叶斯Lasso引入验证性因子分析中的模型修正。

需要说明的是,尽管模型修正能明显地提高实证数据与理论模型之间的拟合情况,但在考虑MI时最好要有一定的理论依据或逻辑依据,不能仅靠软件提示进行模型修正,还需要考虑在逻辑上或理论上的可行性。

1.3 实例分析

1.3.1 探索性因子分析示例

1）研究背景

生命意义问卷（Meaning in Life Questionnaire，MLQ）由美国学者Steger等（2006）编制，主要用于测量人生意义的2个因子：人生意义体验（5个条目）和人生意义寻求（5个条目），共计10个条目，每个条目均采用李克特7点记分（1=完全不同意，7=完全同意）。下面以王孟成和戴晓阳（2008）所修订完成的中文版本在大学生中的调查数据为例，演示探索性因子分析和验证性因子分析。

2）样本

以西部某高校在校大学生为调查对象，采取方便取样对357名大学生进行调查，其中男生162人，女生195人；文科179人，理科178人；年龄介于17~24岁。

3）测量工具

中文版人生意义问卷（C-MLQ），由王孟成和戴晓阳（2008）修订，包括2个因子共10个条目。人生意义体验因子是指个体目前所体验和知觉自己人生有意义的程度；人生意义寻求因子是指个体积极寻求人生意义或人生目标的程度。MLQ采用李克特7点记分（1=完全不同意，7=完全同意），被试得分越高，生命意义的体验与寻求就越好。

4）统计处理

分别采用SPSS 16.0和Mplus 7.0进行探索性因子分析。

5）数据分析与结果

（1）探索性因子分析的SPSS操作

①数据录入和准备。在SPSS软件中，以“E1—E10”表示大学生在MLQ各个条目上得分情况。（图1.6）

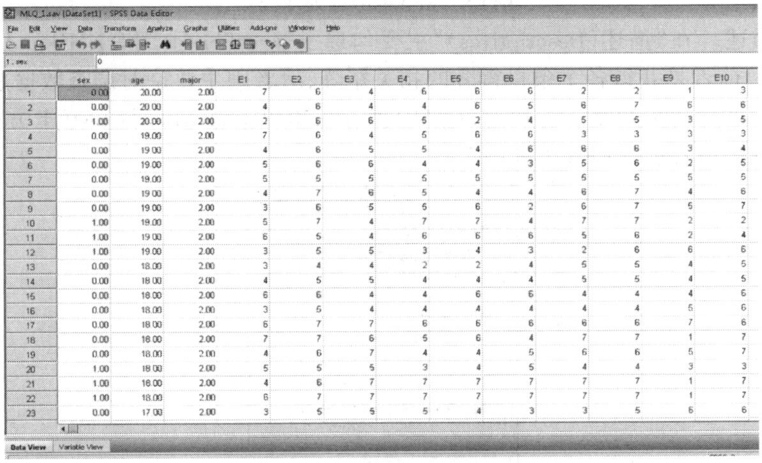

	sex	age	major	E1	E2	E3	E4	E5	E6	E7	E8	E9	E10
1	0.00	20.00	2.00	7	6	4	6	6	6	2	2	1	3
2	0.00	20.00	2.00	4	6	4	4	6	5	6	7	6	6
3	1.00	20.00	2.00	2	6	6	5	2	4	5	5	3	5
4	0.00	19.00	2.00	7	6	4	5	6	6	3	3	3	3
5	0.00	19.00	2.00	4	6	5	5	4	6	6	6	3	4
6	0.00	19.00	2.00	5	6	6	4	4	3	5	6	2	5
7	0.00	19.00	2.00	5	5	5	5	5	5	5	5	5	5
8	0.00	19.00	2.00	4	7	6	5	4	4	6	7	4	6
9	0.00	19.00	2.00	3	6	5	5	6	2	6	7	5	7
10	1.00	19.00	2.00	5	7	4	7	7	4	7	7	2	2
11	1.00	19.00	2.00	6	5	4	6	6	6	5	6	2	4
12	1.00	19.00	2.00	3	5	5	3	4	3	2	6	6	6
13	0.00	18.00	2.00	3	4	4	2	2	4	5	5	4	5
14	0.00	18.00	2.00	4	5	5	4	4	4	5	5	4	5
15	0.00	18.00	2.00	6	6	4	4	6	6	4	4	4	6
16	0.00	18.00	2.00	3	5	4	4	4	4	4	4	5	6
17	0.00	18.00	2.00	6	7	7	6	6	6	6	6	7	6
18	0.00	18.00	2.00	7	7	6	5	6	4	7	7	1	7
19	0.00	18.00	2.00	4	6	7	4	4	5	6	6	5	7
20	1.00	18.00	2.00	5	5	5	3	4	5	4	4	3	3
21	1.00	18.00	2.00	4	6	7	7	7	7	7	7	1	7
22	1.00	18.00	2.00	6	7	7	7	7	7	7	7	1	7
23	0.00	17.00	2.00	3	5	5	5	4	3	3	5	6	6

图1.6 MLQ数据的录入和准备

②数据处理。选择【分析（Analyze）】→【降维（Data Reduction）】→【因子分析（Factor）】。（图1.7）

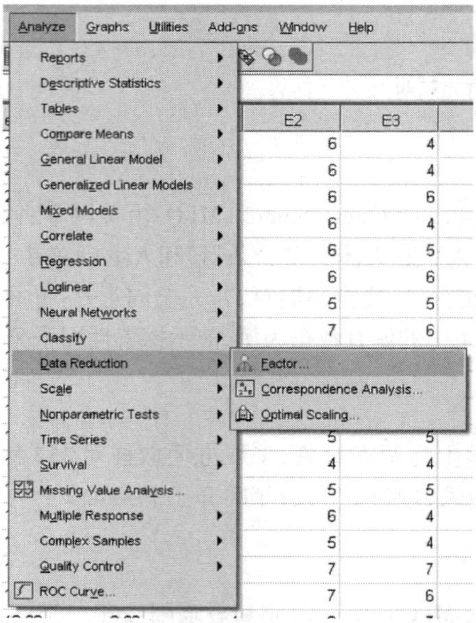

图1.7　EFA的数据处理（1）

在"Factor Analysis"对话框中，将"E1—E10"点入变量框；相应地在右边的描述（Descriptives）、抽取（Extraction）、旋转（Rotation）等窗口完成探索性因子分析。（图1.8）

图1.8　EFA的数据处理（2）

a.EFA：描述。在"描述（Descriptives）"主要勾选了"Coefficients"和"KMO and Bartlett's test of sphericity"。前者是获得各个条目得分的相关矩阵，后者则主要是对调查数据是否适合做探索性因子分析进行初步判断。一般建议KMO值在0.70以上，Bartlett's test（卡方检验值）中 $p<0.05$，均表明数据适宜进行EFA。（图1.9）

图1.9　EFA中的描述

b.EFA：提取。在"提取（Extraction）"中默认的提取公因子的方法是主成分法（Principal Components），同时也可考虑选择主轴法（Principal Axis Factoring）、极大似然法（Maximum Likelihood）等。Spss软件中保留公因子的常用方法是特征值大于1（Eigenvalues Over 1）和碎石图（Scree Plot）。

本次分析选择如下：主成分法（Principal components）、特征值大于1（Eigenvalues over 1）和碎石图（Scree plot）。（图1.10）

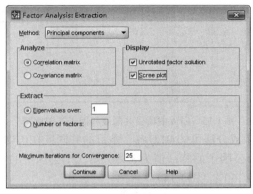

图1.10　EFA中的提取

c.EFA：旋转。在"旋转（Rotation）"中，可根据需要选择正交旋转和斜交旋转两种。正交旋转常用Varimax，斜交旋转常用Promax。

本次分析中选择Varimax正交旋转，以获得清晰的因子结构。（图1.11）

图1.11　EFA中的旋转

③分析结果。

Correlation Matrix

		E1	E2	E3	E4	E5	E6	E7	E8	E9	E10
Correlation	E1	1.000	.318	.105	.536	.518	.487	.072	-.007	-.423	-.056
	E2	.318	1.000	.455	.258	.256	.176	.372	.263	-.131	.396
	E3	.105	.455	1.000	.072	.057	.042	.458	.390	.039	.435
	E4	.536	.258	.072	1.000	.644	.592	.174	.095	-.468	-.006
	E5	.518	.256	.057	.644	1.000	.647	.124	.133	-.397	.004
	E6	.487	.176	.042	.592	.647	1.000	.110	.045	-.445	-.054
	E7	.072	.372	.458	.174	.124	.110	1.000	.563	.047	.495
	E8	-.007	.263	.390	.095	.133	.045	.563	1.000	.082	.475
	E9	-.423	-.131	.039	-.468	-.397	-.445	.047	.082	1.000	.189
	E10	-.056	.396	.435	-.006	.004	-.054	.495	.475	.189	1.000

KMO and Bartlett's Test

Kaiser-Meyer-Olkin Measure of Sampling Adequacy.		.823
Bartlett's Test of Sphericity	Approx. Chi-Square	1206.999
	df	45
	Sig.	.000

图1.12　EFA中的KMO和Bartlett's test

由图1.12可知，本次调查数据中的KMO值为0.823，Bartlett's test（$\chi^2=1206.999$, $df=45$, $p<0.001$），显示调查数据适合进行探索性因子分析。

Communalities

	Initial	Extraction
E1	1.000	.577
E2	1.000	.484
E3	1.000	.538
E4	1.000	.693
E5	1.000	.679
E6	1.000	.653
E7	1.000	.632
E8	1.000	.549
E9	1.000	.502
E10	1.000	.628

Extraction Method: Principal Component Analysis.

Total Variance Explained

Component	Initial Eigenvalues			Extraction Sums of Squared Loadings			Rotation Sums of Squared Loadings		
	Total	% of Variance	Cumulative %	Total	% of Variance	Cumulative %	Total	% of Variance	Cumulative %
1	3.350	33.501	33.501	3.350	33.501	33.501	3.170	31.695	31.695
2	2.586	25.859	59.360	2.586	25.859	59.360	2.766	27.665	59.360
3	.848	8.481	67.821						
4	.621	6.209	74.031						
5	.537	5.367	79.397						
6	.497	4.968	84.366						
7	.442	4.418	88.784						
8	.428	4.283	93.067						
9	.389	3.886	96.953						
10	.305	3.047	100.000						

Extraction Method: Principal Component Analysis.

图 1.13　EFA 中项目共同度和因子方差解释

由图 1.13 可知,基于主成分法可知 MLQ 各个条目的共同度在 0.484~0.693,抽取出特征值大于 1 的 2 个公因子;第一个公因子的特征值为 3.350,第二个公因子的特征值为 2.586;两个公因子的累积方差解释率为 59.360%。(图 1.14)

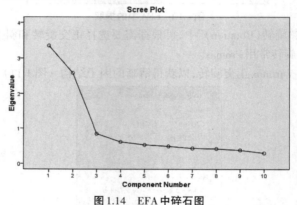

图 1.14　EFA 中碎石图

结合碎石图可知,第二个公因子之后碎石图陡度呈平缓,故选取 2 个因子。(图 1.15)

Rotated Component Matrix^a

	Component	
	1	2
E1	.757	.066
E2	.310	.622
E3	.029	.733
E4	.824	.118
E5	.815	.119
E6	.807	.038
E7	.071	.792
E8	-.007	.741
E9	-.692	.154
E10	-.141	.780

Extraction Method: Principal Component Analysis.
Rotation Method: Varimax with Kaiser Normalization.
a. Rotation converged in 3 iterations.

图 1.15　MLQ 的探索性因子负荷结果(Varimax)

基于 Varimax 正交旋转,条目 1、4、5、6、9(反向题)测量了因子 1(人生意义体验),条目 2、3、7、8、10 测量了因子 2(人生意义寻求)。

(2)探索性因子分析的 Mplus 操作

①数据录入和准备。

将 .sav 的 SPSS 文件转换为 .dat 的 Mplus 可读文件。(图 1.16)

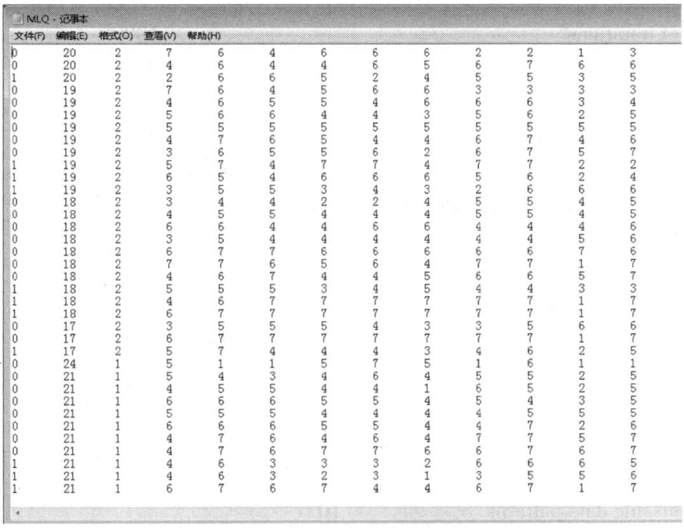

0	20	2	7	6	4	6	6	6	2	2	1	3
0	20	2	4	6	4	4	6	5	6	7	6	6
1	20	2	2	6	6	5	2	4	5	5	3	5
0	19	2	7	6	4	5	6	6	3	3	3	3
0	19	2	4	6	5	5	4	6	6	6	3	4
0	19	2	5	6	6	4	4	3	5	6	2	5
0	19	2	5	5	5	5	5	5	5	5	5	5
0	19	2	4	7	6	5	4	4	6	7	4	6
0	19	2	3	6	5	5	6	2	6	7	5	7
1	19	2	5	7	4	7	7	4	7	7	2	2
1	19	2	6	5	4	6	6	6	5	6	2	4
1	19	2	3	5	5	3	4	3	2	6	6	6
0	18	2	3	4	4	2	2	4	5	5	4	5
0	18	2	4	5	5	4	4	4	5	5	4	5
0	18	2	6	6	4	4	6	6	4	4	4	6
0	18	2	3	5	4	4	4	4	4	4	5	6
0	18	2	6	7	7	6	6	6	6	6	7	6
0	18	2	7	7	6	5	6	4	7	7	1	7
0	18	2	4	6	7	4	4	5	6	6	5	7
1	18	2	5	5	5	3	4	5	4	4	3	3
1	18	2	4	6	7	7	7	7	7	7	1	7
1	18	2	6	7	7	7	7	7	7	7	1	7
0	17	2	3	5	5	5	4	3	3	5	6	6
0	17	2	6	7	7	7	7	7	7	7	1	7
1	17	2	5	7	4	4	4	3	4	6	2	5
0	24	1	5	1	1	5	7	5	1	6	1	1
0	21	1	5	4	3	4	6	4	5	5	2	5
0	21	1	4	5	5	4	4	1	6	5	2	5
0	21	1	6	6	6	5	5	4	5	4	3	5
0	21	1	5	5	5	4	4	4	4	5	5	5
0	21	1	6	6	6	5	5	4	4	7	2	6
0	21	1	4	7	6	4	6	4	7	7	5	7
0	21	1	4	7	6	7	7	6	6	7	6	7
1	21	1	4	6	3	3	3	2	6	6	6	5
1	21	1	4	6	3	2	3	1	3	5	5	6
1	21	1	6	7	6	7	4	4	6	7	1	7

图 1.16　MLQ的数据准备

②数据分析：Mplus的EFA程序。

```
TITLE:an EFA for MLQ！ 标题。
DATA:FILE IS MLQ.dat;！ 指定数据存储位置。
VARIABLE:NAMES ARE sex age major y1-y10;！ 定义数据文件中的变量名。
          USEVARIABLES are y1-y10;！ 定义本研究中使用的变量。
MISSING=ALL(9);！ 定义缺失值，即缺失值用9来代替。
ANALYSIS:ROTATION=GEOMIN;！ 确定因子旋转方法，系统默认GEOMIN。
         ESTIMATOR=ML;！ 选择提取公因子的方法。
         TYPE=EFA 1 2;！ 定义抽取公因子的个数从1到2个。
OUTPUT: MODINDICES;！ 要求Mplus报告修正指数。
PLOT: TYPE IS PLOT2;！ 要求报告碎石图。
```

③具体结果(output)。

```
an EFA for MLQ
SUMMARY OF ANALYSIS
Number of groups                                            1
Number of observations                                    357
Number of dependent variables                              10
Number of independent variables                             0
Number of continuous latent variables                   0
Observed dependent variables
  Continuous
  Y1        Y2        Y3        Y4        Y5        Y6
  Y7        Y8        Y9        Y10
Estimator                                                  ML
Rotation                                               GEOMIN
Row standardization                               CORRELATION
Type of rotation                                      OBLIQUE
Epsilon value                                          Varies
Information matrix                                   OBSERVED
```

Maximum number of iterations   1000
Convergence criterion   0.500D−04
Maximum number of steepest descent iterations   20
Maximum number of iterations for H1   2000
Convergence criterion for H1   0.100D−03
Optimization Specifications for the Exploratory Factor Analysis
Rotation Algorithm
   Number of random starts   30
   Maximum number of iterations   10000
   Derivative convergence criterion   0.100D−04
Input data file(s)
   MLQ.dat
Input data format FREE
SUMMARY OF DATA
     Number of missing data patterns   10
COVARIANCE COVERAGE OF DATA
Minimum covariance coverage value   0.100
     PROPORTION OF DATA PRESENT
       Covariance Coverage

	Y1	Y2	Y3	Y4	Y5
Y1	1.000				
Y2	0.997	0.997			
Y3	0.989	0.986	0.989		
Y4	0.989	0.986	0.978	0.989	
Y5	0.997	0.994	0.986	0.986	0.997
Y6	0.994	0.992	0.983	0.983	0.992
Y7	0.997	0.994	0.986	0.986	0.994
Y8	0.994	0.992	0.983	0.983	0.994
Y9	0.992	0.989	0.980	0.980	0.989
Y10	0.997	0.994	0.986	0.986	0.994

       Covariance Coverage

	Y6	Y7	Y8	Y9	Y10
Y6	0.994				
Y7	0.994	0.997			
Y8	0.989	0.992	0.994		
Y9	0.986	0.989	0.986	0.992	
Y10	0.992	0.994	0.992	0.989	0.997

RESULTS FOR EXPLORATORY FACTOR ANALYSIS
     EIGENVALUES FOR SAMPLE CORRELATION MATRIX

	1	2	3	4	5
1	3.297	2.605	0.880	0.628	0.536

     EIGENVALUES FOR SAMPLE CORRELATION MATRIX

	6	7	8	9	10

| 1 | 0.506 | 0.439 | 0.421 | 0.386 | 0.301 |

这部分结果显示抽取出特征值大于1的公因子个数是2个。第一公因子的特征值是3.297,第二公因子的特征值是2.605。

EXPLORATORY FACTOR ANALYSIS WITH 1 FACTOR(S):! 抽取1个因子的EFA。
MODEL FIT INFORMATION
Number of Free Parameters   30
Loglikelihood
   H0 Value   −6069.049
   H1 Value   −5789.002
Information Criteria
   Akaike（AIC）   12198.098
   Bayesian（BIC）   12314.430
   Sample-Size Adjusted BIC   12219.256
   （n*=(n+2)/24）
Chi-Square Test of Model Fit
   Value   560.093
   Degrees of Freedom   35
   P-Value   0.0000
RMSEA（Root Mean Square Error Of Approximation）
   Estimate   0.205
   90 Percent C.I.   0.190 0.220
   Probability RMSEA<=.05   0.000
CFI/TLI
   CFI   0.572
   TLI   0.450
Chi-Square Test of Model Fit for the Baseline Model
   Value   1272.600
   Degrees of Freedom   45
   P-Value   0.0000
SRMR（Standardized Root Mean Square Residual）
   Value   0.171
MINIMUM ROTATION FUNCTION VALUE   2.74963! 旋转后的结果
   GEOMIN ROTATED LOADINGS（* significant at 5% level）
      1

Y1	0.662*
Y2	0.311*
Y3	0.111
Y4	0.797*
Y5	0.805*
Y6	0.755*
Y7	0.179*
Y8	0.112
Y9	−0.550*
Y10	−0.018

GEOMIN FACTOR CORRELATIONS（* significant at 5% level）

	1
1	1.000

ESTIMATED RESIDUAL VARIANCES

	Y1	Y2	Y3	Y4	Y5
1	0.562	0.903	0.988	0.365	0.351

ESTIMATED RESIDUAL VARIANCES

	Y6	Y7	Y8	Y9	Y10
1	0.430	0.968	0.988	0.697	1.000

S.E. GEOMIN ROTATED LOADINGS

	1
Y1	0.035
Y2	0.053
Y3	0.058
Y4	0.026
Y5	0.025
Y6	0.029
Y7	0.057
Y8	0.058
Y9	0.042
Y10	0.058

S.E. GEOMIN FACTOR CORRELATIONS

	1
1	1.000

S.E. ESTIMATED RESIDUAL VARIANCES

	Y1	Y2	Y3	Y4	Y5
1	0.046	0.033	0.013	0.042	0.041

S.E. ESTIMATED RESIDUAL VARIANCES

	Y6	Y7	Y8	Y9	Y10
1	0.043	0.020	0.013	0.046	0.002

Est./S.E. GEOMIN ROTATED LOADINGS

	1
Y1	18.955
Y2	5.888
Y3	1.926
Y4	30.545
Y5	31.609
Y6	26.262
Y7	3.171

	Y8	1.942
Y9	−13.154
Y10	−0.304

Est./S.E. GEOMIN FACTOR CORRELATIONS

1

_____

| 1 | 1.000 |

Est./S.E. ESTIMATED RESIDUAL VARIANCES

	Y1	Y2	Y3	Y4	Y5
	___	___	___	___	___
1	12.147	27.528	76.796	8.786	8.562

Est./S.E. ESTIMATED RESIDUAL VARIANCES

	Y6	Y7	Y8	Y9	Y10
	___	___	___	___	___
1	9.896	47.756	76.822	15.147	487.284

EXPLORATORY FACTOR ANALYSIS WITH 2 FACTOR(S):! 抽取2个因子的EFA。

MODEL FIT INFORMATION

Number of Free Parameters 39

Loglikelihood

H0 Value −5834.140

H1 Value −5789.002

Information Criteria

Akaike (AIC) 11746.279

Bayesian (BIC) 11897.511

Sample-Size Adjusted BIC 11773.785

(n*=(n+2)/24)

Chi-Square Test of Model Fit

Value 90.275

Degrees of Freedom 26

P-Value 0.0000

RMSEA (Root Mean Square Error Of Approximation)

Estimate 0.083

90 Percent C.I. 0.065 0.102

Probability RMSEA<=.05 0.002

CFI/TLI

CFI 0.948

TLI 0.909

Chi-Square Test of Model Fit for the Baseline Model

Value 1272.600

Degrees of Freedom 45

P-Value 0.0000

SRMR (Standardized Root Mean Square Residual)

Value 0.036

MINIMUM ROTATION FUNCTION VALUE 0.48258

GEOMIN ROTATED LOADINGS (* significant at 5% level)! 因子旋转

1 2

_____ _____

Y1	0.668*	−0.011
Y2	0.233*	0.491*
Y3	0.000	0.639*
Y4	0.794*	0.032
Y5	0.794*	0.040
Y6	0.759*	−0.020
Y7	0.063	0.730*
Y8	−0.003	0.677*
Y9	−0.595*	0.192*
Y10	−0.150*	0.716*

GEOMIN FACTOR CORRELATIONS（* significant at 5% level）

	1	2
1	1.000	
2	0.119*	1.000

ESTIMATED RESIDUAL VARIANCES

	Y1	Y2	Y3	Y4	Y5
1	0.555	0.678	0.592	0.363	0.361

ESTIMATED RESIDUAL VARIANCES

	Y6	Y7	Y8	Y9	Y10
1	0.427	0.453	0.542	0.636	0.490

S.E. GEOMIN ROTATED LOADINGS

	1	2
Y1	0.035	0.021
Y2	0.052	0.048
Y3	0.031	0.040
Y4	0.027	0.048
Y5	0.027	0.049
Y6	0.029	0.043
Y7	0.051	0.036
Y8	0.032	0.038
Y9	0.041	0.053
Y10	0.052	0.038

S.E. GEOMIN FACTOR CORRELATIONS

	1	2
1	0.000	
2	0.076	0.000

S.E. ESTIMATED RESIDUAL VARIANCES

	Y1	Y2	Y3	Y4	Y5
1	0.046	0.049	0.051	0.041	0.041

S.E. ESTIMATED RESIDUAL VARIANCES

	Y6	Y7	Y8	Y9	Y10

1	0.043	0.051	0.051	0.047	0.052

Est./S.E. GEOMIN ROTATED LOADINGS

	1	2
Y1	19.323	−0.512
Y2	4.460	10.289
Y3	−0.013	15.938
Y4	29.353	0.654
Y5	29.395	0.817
Y6	26.164	−0.459
Y7	1.233	20.229
Y8	−0.107	17.724
Y9	−14.621	3.586
Y10	−2.860	19.022

Est./S.E. GEOMIN FACTOR CORRELATIONS

	1	2
1	0.000	
2	1.559	0.000

Est./S.E. ESTIMATED RESIDUAL VARIANCES

	Y1	Y2	Y3	Y4	Y5
1	12.016	13.763	11.634	8.820	8.780

Est./S.E. ESTIMATED RESIDUAL VARIANCES

	Y6	Y7	Y8	Y9	Y10
1	9.846	8.871	10.561	13.444	9.444

FACTOR STRUCTURE

	1	2
Y1	0.667	0.069
Y2	0.292	0.518
Y3	0.075	0.639
Y4	0.797	0.126
Y5	0.798	0.134
Y6	0.757	0.070
Y7	0.150	0.737
Y8	0.077	0.677
Y9	−0.572	0.121
Y10	−0.065	0.698

表 1.3　MLQ 探索性因子分析模型拟合结果

Model	χ^2	df	CFI	TLI	SRMR	RMSEA[90%,CI]
单因子	560.093	35	0.572	0.450	0.171	0.205[0.190,0.220]
两因子	90.275	26	0.948	0.909	0.036	0.083[0.065,0.102]

由表1.3可知,MLQ的两因子模型拟合较好。

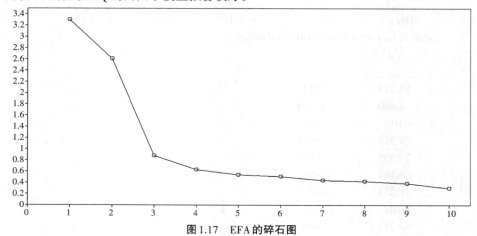

图 1.17 EFA 的碎石图

碎石图显示第二个因子后碎石图的陡度趋于平缓,提取2个因子是合适的。(图1.17)

表 1.4 MLQ 探索性因子负荷结果

条目	单因子	两因子	
	F	F1	F2
1	0.662*	0.668*	
2	0.311*		0.491*
3			0.639*
4	0.797*	0.794*	
5	0.805*	0.794*	
6	0.755*	0.759*	
7			0.730*
8			0.677*
9	−0.550*	−0.595*	
10			0.716*

注:*表示 $p<0.05$。因子负荷小于0.30者省略。

由表1.4可知,MLQ的单因子模型拟合较差(条目3、7、8、10的因子负荷小于0.30);MLQ的两因子模型中,条目1、4、5、6、9(反向题)测量了因子1,条目2、3、7、8、10测量了因子。MLQ的两因子结构在EFA中得到了较好支持。

1.3.2 验证性因子分析示例

1) 研究背景

同1.3.1的研究背景。

2) 样本

同1.3.1的样本。

需要说明的是,进行探索性因子分析和验证性因子分析时不能使用同一个调查样本,即调查样本不能同时用于EFA和CFA。比较合理的做法是:将该调查样本随机分为两个子样本(样本1和样本2),然后随机选择样本1进行EFA,样本2进行CFA。

3）测量工具

同1.3.1的测量工具。

4）统计处理

采用Mplus 7.0进行验证性因子分析。

5）数据分析与结果

（1）数据录入和准备

将.sav的SPSS文件转换为.dat的Mplus可读文件。（图1.18）

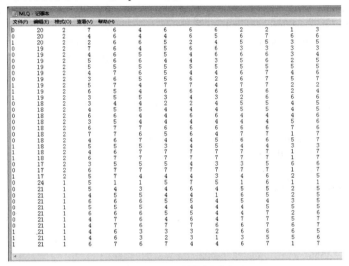

图1.18　MLQ的数据准备

（2）Mplus的CFA程序

TITLE: an CFA for MLQ！标题。

DATA: FILE IS MLQ.dat；！指定数据存储位置。

VARIABLE: NAMES ARE sex age major y1~y10；！定义数据文件中的变量名。

　　　　　USEVARIABLES are y1~y10；！定义本研究中使用的变量。

MISSING=ALL（9）；！定义缺失值，即缺失值用9来代替。

ANALYSIS: ESTIMATOR=ML；！选择估计方法ML，可根据需要选择MLR或MLM。

MODEL: f1 BY y1 y4 y5 y6 y9；！定义模型，因子f1由y1 y4 y5 y6 y9五个指标测量。

　　　f2 by y2 y3 y7 y8 y10；！定义模型，因子f2由y2 y3 y7 y8 y10五个指标测量。

OUTPUT: STANDARDIZED；！要求Mplus输出标准化解。

　　　　MODINDICES；！要求Mplus报告修正指数。

（3）具体结果（output）

INPUT READING TERMINATED NORMALLY　！提示INPUT语句读取正常。

an CFA for MLQ

SUMMARY OF ANALYSIS

Number of groups	1
Number of observations	357
Number of dependent variables	10

Number of independent variables	0
Number of continuous latent variables	2

Observed dependent variables

Continuous

Y1	Y2	Y3	Y4	Y5	Y6
Y7	Y8	Y9	Y10		

Continuous latent variables

F1	F2

Estimator	ML
Information matrix	OBSERVED
Maximum number of iterations	1000
Convergence criterion	0.500D−04
Maximum number of steepest descent iterations	20
Maximum number of iterations for H1	2000
Convergence criterion for H1	0.100D−03

Input data file(s)

MLQ.dat

Input data format FREE

SUMMARY OF DATA

Number of missing data patterns	10

COVARIANCE COVERAGE OF DATA

Minimum covariance coverage value   0.100

PROPORTION OF DATA PRESENT

Covariance Coverage

	Y1	Y2	Y3	Y4	Y5
Y1	1.000				
Y2	0.997	0.997			
Y3	0.989	0.986	0.989		
Y4	0.989	0.986	0.978	0.989	
Y5	0.997	0.994	0.986	0.986	0.997
Y6	0.994	0.992	0.983	0.983	0.992
Y7	0.997	0.994	0.986	0.986	0.994
Y8	0.994	0.992	0.983	0.983	0.994
Y9	0.992	0.989	0.980	0.980	0.989
Y10	0.997	0.994	0.986	0.986	0.994

Covariance Coverage

	Y6	Y7	Y8	Y9	Y10
Y6	0.994				
Y7	0.994	0.997			
Y8	0.989	0.992	0.994		
Y9	0.986	0.989	0.986	0.992	
Y10	0.992	0.994	0.992	0.989	0.997

THE MODEL ESTIMATION TERMINATED NORMALLY

MODEL FIT INFORMATION

Number of Free Parameters	31

Loglikelihood

```
          H0  Value                        −5861.857
          H1  Value                        −5789.002
Information Criteria
          Akaike（AIC）                    11785.715
          Bayesian（BIC）                  11905.925
          Sample−Size  Adjusted  BIC       11807.578
          (n*=(n+2)/24)
Chi−Square Test of Model Fit
          Value                             145.710
          Degrees  of  Freedom                 34
          P-Value                            0.0000
RMSEA（Root Mean Square Error Of Approximation）
          Estimate                          0.096
          90 Percent C.I.                   0.080    0.112
          Probability  RMSEA<=.05           0.000
CFI/TLI
          CFI                               0.909
          TLI                               0.880
Chi-Square Test of Model Fit for the Baseline Model
          Value                            1272.600
          Degrees  of  Freedom                 45
          P-Value                            0.0000
SRMR（Standardized Root Mean Square Residual）
          Value                             0.077
MODEL RESULTS
```

		Estimate	S.E.	Est./S.E.	Two-Tailed P-Value
F1	BY				
Y1		1.000	0.000	999.000	999.000
Y4		1.214	0.099	12.305	0.000
Y5		1.271	0.105	12.112	0.000
Y6		1.332	0.114	11.642	0.000
Y9		−1.069	0.116	−9.248	0.000
F2	BY				
Y2		1.000	0.000	999.000	999.000
Y3		1.464	0.176	8.303	0.000
Y7		1.750	0.214	8.164	0.000
Y8		1.513	0.196	7.727	0.000
Y10		1.538	0.187	8.233	0.000
F2	WITH				
F1		0.080	0.041	1.974	0.048
Intercepts					
Y1		4.625	0.075	61.457	0.000
Y2		5.704	0.065	87.102	0.000
Y3		4.890	0.077	63.115	0.000
Y4		4.479	0.075	59.359	0.000
Y5		4.742	0.078	60.994	0.000
Y6		4.318	0.086	50.133	0.000
Y7		4.838	0.079	60.881	0.000

Y8	5.345	0.076	70.214	0.000
Y9	3.618	0.095	38.187	0.000
Y10	5.207	0.078	66.412	0.000

Variances

F1	0.868	0.133	6.502	0.000
F2	0.413	0.089	4.618	0.000

Residual Variances

Y1	1.154	0.099	11.632	0.000
Y2	1.114	0.094	11.835	0.000
Y3	1.241	0.116	10.658	0.000
Y4	0.743	0.080	9.263	0.000
Y5	0.752	0.083	9.051	0.000
Y6	1.100	0.109	10.087	0.000
Y7	0.985	0.114	8.640	0.000
Y8	1.116	0.109	10.267	0.000
Y9	2.194	0.179	12.259	0.000
Y10	1.214	0.117	10.368	0.000

STANDARDIZED MODEL RESULTS

STDYX Standardization

		Estimate	S.E.	Est./S.E.	Two-Tailed P-Value
F1	BY				
Y1		0.655	0.035	18.525	0.000
Y4		0.795	0.026	30.097	0.000
Y5		0.807	0.026	31.624	0.000
Y6		0.764	0.028	27.004	0.000
Y9		−0.558	0.041	−13.483	0.000
F2	BY				
Y2		0.520	0.047	10.991	0.000
Y3		0.645	0.040	16.160	0.000
Y7		0.750	0.035	21.652	0.000
Y8		0.677	0.038	17.849	0.000
Y10		0.668	0.039	17.278	0.000
F2	WITH				
F1		0.134	0.064	2.095	0.036
Intercepts					
Y1		3.253	0.133	24.505	0.000
Y2		4.615	0.181	25.516	0.000
Y3		3.353	0.137	24.542	0.000
Y4		3.150	0.130	24.317	0.000
Y5		3.230	0.132	24.462	0.000
Y6		2.657	0.113	23.526	0.000
Y7		3.225	0.132	24.444	0.000
Y8		3.723	0.149	24.934	0.000
Y9		2.027	0.093	21.852	0.000
Y10		3.518	0.142	24.773	0.000
Variances					
F1		1.000	0.000	999.000	999.000
F2		1.000	0.000	999.000	999.000

Residual Variances

Y1	0.571	0.046	12.310	0.000
Y2	0.730	0.049	14.820	0.000
Y3	0.583	0.052	11.314	0.000
Y4	0.367	0.042	8.738	0.000
Y5	0.349	0.041	8.478	0.000
Y6	0.417	0.043	9.642	0.000
Y7	0.438	0.052	8.426	0.000
Y8	0.541	0.051	10.532	0.000
Y9	0.689	0.046	14.916	0.000
Y10	0.554	0.052	10.736	0.000

R-SQUARE

Observed Variable	Estimate	S.E.	Est./S.E.	Two-Tailed P-Value
Y1	0.429	0.046	9.262	0.000
Y2	0.270	0.049	5.495	0.000
Y3	0.417	0.052	8.080	0.000
Y4	0.633	0.042	15.048	0.000
Y5	0.651	0.041	15.812	0.000
Y6	0.583	0.043	13.502	0.000
Y7	0.562	0.052	10.826	0.000
Y8	0.459	0.051	8.924	0.000
Y9	0.311	0.046	6.742	0.000
Y10	0.446	0.052	8.639	0.000

QUALITY OF NUMERICAL RESULTS

Condition Number for the Information Matrix $\qquad$ 0.316E-02

(ratio of smallest to largest eigenvalue)

MODEL MODIFICATION INDICES! 模型修正

NOTE: Modification indices for direct effects of observed dependent variables regressed on covariates may not be included. To include these, request MODINDICES (ALL).

Minimum M.I. value for printing the modification index   10.000

		M.I.	E.P.C.	Std E.P.C.	StdYX E.P.C.
BY Statements					
F1	BY Y2	23.049	0.331	0.308	0.249
F1	BY Y10	18.388	−0.329	−0.306	−0.207
F2	BY Y9	14.303	0.545	0.350	0.196

WITH Statements! 依据MI指数大小进行修正

Y2	WITH Y1	19.451	0.291	0.291	0.257
Y3	WITH Y2	15.365	0.297	0.297	0.253
Y6	WITH Y5	10.637	0.286	0.286	0.314
Y8	WITH Y2	17.206	−0.307	−0.307	−0.276
Y8	WITH Y7	16.588	0.398	0.398	0.380

　　根据修正指数,可考虑允许条目1(Y1)和条目2(Y2)相关。相应地只需在Mplus程序中的"MODEL"处增加1列命令"Y1 with Y2"即可。

表 1.5　MLQ 验证性因子分析模型拟合结果（ML）

Model	χ^2	df	CFI	TLI	SRMR	RMSEA[90%, CI]
两因子	145.710	34	0.909	0.880	0.077	0.096[0.080, 0.112]
两因子(修正1)	124.677	33	0.925	0.898	0.071	0.088[0.072, 0.105]
两因子(修正2)	109.689	32	0.937	0.911	0.069	0.082[0.066, 0.100]

　　由表 1.5 可知,经过两次修正后,修正 1(Y1 with Y2)和修正 2(Y7 with Y8),CFI、TLI 和 SRMR 的拟合满足相关要求,RMSEA 的拟合还未完全达到要求,故还可考虑继续修正模型。同时进行模型修正时可考虑结合贝叶斯 Lasso 法(潘俊豪 等,2017)。

　　需要说明的是,尽管模型修正能明显地提高实证数据与理论模型之间的拟合情况,但在考虑 MI 时最好要有一定的理论依据或逻辑依据,不能仅靠软件提示进行模型修正,还需要考虑在逻辑上或理论上的可行性。

1.4　本章小结

　　本章简要概述了因子分析(EFA 和 CFA)的基本原理,特别是对 EFA 和 CFA 的分析步骤及结果解释进行了介绍。需要注意的是:本章只对一阶模型进行了介绍,其他的 CFA 形式(如高阶模型、MTMM、双因子模型等)可具体参考王孟成(2014)的潜变量建模专著,尤其请参考 Mplus 的实操手册。

本章参考文献

DiStefano, C., & Hess, B. (2005). Using confirmatory factor analysis for construct validation: An empirical review. *Journal of Psychoeducational Assessment*, 23, 225–241.

Hayton, J. C., Allen, D. G., & Scarpello, V. (2004). Factor retention decisions in exploratory factor analysis: A tutorial on parallel analysis. *Organizational Research Methods*, 7, 191–205.

Hu, L., & Bentler, P. M. (1999). Cutoff criteria for fit indexes in covariance structure analysis: Conventional criteria versus new alternatives. *Structural Equation Modeling*, 6, 1–55.

Jöreskog, K. G. (1969). A general approach to confirmatory maximum likelihood factor analysis. *Psychometrika*, 34, 182–202.

Liu, O. L., & Rijmen, F. (2008). A modified procedure for parallel analysis of ordered categorical data. *Behavior Research Methods*, 40, 556–562.

Muthén, L. K., & Muthén, B. O. (1998–2015). Mplus user's guide (7th ed.). Los Angeles, CA: Author.

Pan, J. H., Ip, E. H., & Dube, L. (2017) An alternative to post hoc model modification in confirmatory factor analysis: The Bayesian lasso. *Psychological Methods*, 22, 687–704.

Radloff, L. S. (1977). The CES-D scale: A self-report depression scale for research in the general population. *Applied Psychological Measurement*, 1, 385–401

Sörbom, D. (1989). Model modification. *Psychometrika*, 54, 371–384.

Steger, M. F., Frazier, P., Oishi, S., & Kaler, M. (2006). The Meaning in Life Questionnaire: Assessing the presence of and search for meaning in life. *Journal of Counseling Psychology*, 53, 80–93.

Velicer, W. F. (1976). The relation between factor score estimates, image scores, and principal component scores. *Educational & Psychological Measurement*, 36, 149–159.

戴晓阳,曹亦薇. (2009).心理评定量表的编制和修订中存在的一些问题.中国临床心理学杂志,17, 562–565.

侯杰泰,温忠麟,成子娟. (2004).结构方程模型及其应用.教育科学出版社.

孔明,卞冉,张厚粲. (2007).平行分析在探索性因素分析中的应用,心理科学,30,924–925.

王孟成. (2014).潜变量建模与 Mplus 应用: 基础篇.重庆大学出版社.

王孟成,戴晓阳. (2008).中文人生意义问卷(C-MLQ)在大学生中的适应性.中国临床心理学杂志,16, 459–461.

2 项目反应理论

2.1　引言

2.1.1　经典测量理论与项目反应理论

众所周知,测量是按照一定的规则与标准,对研究对象进行定量描述并赋予其确定数值的过程。而心理测量则是以一定的心理学理论为假设前提,通过实验、量表、问卷、数字记录等多源、客观的测量和数据采集手段,基于量化分析模型,对个体的心理特质或能力水平进行定量和分类的过程。20世纪初,随着能力测验的普及,经典测量理论(Classical Test Theory,CTT)名声大噪,并为心理测量学的发展与应用做出了重大贡献(郑日昌,1987)。直至今日,经典测量理论仍在心理与教育测量领域占据着重要地位。然而,由于经典测量理论存在一些理论体系上的缺陷,研究人员不得不寻找可以弥补其局限性的更优质的测量理论,而项目反应理论(Item Response Theory,IRT)的出现恰好为突破此困境提供了更优的解决方案。IRT作为现代测量理论在心理与教育测量领域的新发展(漆书青 等,1992),弥补了经典测量理论的不足之处,逐渐显示出了其优势所在。

1) 经典测量理论及其缺陷

经典测量理论的理论体系是建立在随机抽样理论的基础上的,其理论假设为:个体的观测分数(Observed score)等于真实分数(True score)和测量误差(Error)的总和,即$X=T+\varepsilon$(戴海崎 等,2018)。CTT在此理论假设的基础上,成功地将测量误差从个体的观测分数中分离了出来,而这种假设背后存在的最大问题在于误差的模糊性和不可知性。模糊性体现在个体的观测分数中可能包含了某些与心理特质的测量无关却的确会对观测分数的数值产生影响的因素(如测量工具选择不当等),而这些因素往往会导致不同程度的测量误差。在此基础上使得测量误差变得不可知,进而导致无法准确估计出被试的真实心理特质水平。因此,CTT在应用过程中逐渐暴露出了多方面的缺陷:

（1）观测分数等权重线性累加的不合理性

CTT中的许多指标都是基于观测分数的累加原则而获得的,但这种累加方法在很多情况下是不合理的,因为项目与项目间的难度、区分度并不相同,答对不同的项目就应该赋予不同权重的分数,然后再进行累加(Baker et al.,2004)。假设在0、1计分的项目中,一个低能力水平的被试答对一个较为简单的项目与一个高能力水平的被试答对一个较为困难的项目所获得的权重是一样的,这种等权重的累加方式并不能很好地体现出被试真实的能力差异。虽然CTT也可以进行加权计分,但是其加权的过程非常粗糙。也有一些测验在编制时会对不同难度的项目进行不同的赋分,但由于CTT本身的缺陷,其赋分的准确性并不高。

（2）对被试特质水平的评估依赖测验项目

CTT中对被试特质水平的评估指标主要为测验总分,而测验总分是被试观测分数之和(Brown,1985;Magno,2009)。在使用测验总分进行评估时,不同被试特质水平之间的比较只能在被试接受了相同测验的前提下才能进行,当被试接受了项目数量不同或内容不同的测验时,是无法进行比较的,除非两个测验是严格平行的测验,而严格平行的测验在实际中几乎不可能实现,所以在CTT框架下,被试特质水平的评估对于测验项目本身有着很强的依赖性。

（3）对测验与项目性能的估计依赖被试样本

CTT有一系列的参数指标,例如测验的信效度、项目的难度、区分度等。该理论采用相应样本统计量去估计总体参数,但这些参数的估计对样本的依赖性极大(Baker et al.,2004)。例如,对于项目难度来说,若作答同一项目的样本整体的特质水平偏低,则依据该样本所计算得出的难度值偏高;反之,则偏低。同样,由于区分度是被试项目得分与总分之间的相关系数,而相关系数会受样本全距的影响。测验的信效度也主要是计算相关系数,因此也会受到影响。一般情况下,为了避免抽样误差过大而导致参数估计偏差过大的情况发生,CTT强调在抽样时要尽量保证样本能够很好地代表其所在总体,故基于CTT的研究一般采用随机抽样的方法来进行样本选择,但在实际情况下几乎无法得到真正随机的样本(罗照盛,2012)。在这种情况下,找到对被试样本依赖性较小甚至不依赖被试样本的参数指标在CTT框架内是很难办到的。

(4)被试特质水平与项目难度含义之间的非统一性

一般而言,当研究人员使用某个测验去评估被试的特质水平时,往往希望能够挑选出难度与被试特质水平最为匹配的试题。在CTT中,项目难度的参照系是被试群体,项目的难度为0.8表示"通过"该项目的被试占比80%,而被试特质水平则是通过被试的卷面得分来反映(Baker et al.,2004)。被试卷面得分的参照系是全部试题,在百分制测验中获得80分表示被试在此测验上的得分率为80%,但我们无法推测出难度为0.8的项目是否与得分为80分的被试相匹配,更无法预测该被试在此项目上的精准作答概率(罗照盛,2012)。在CTT的框架下,虽然被试的特质水平与项目难度的含义界定都很清晰,但二者在不同的尺度上,很难将二者定义在同一参照系内,在测验的实际应用过程中也无法将二者较好地匹配、统一起来。

(5)测量误差估计的不精确和笼统性

测量的目的是获得目标对象的准确的真实值。但由于在任何测量中都无法避免误差的产生,所以在测量过程中对于误差的估计也非常重要。在CTT中,随机误差是通过估算测验信度来间接估计的。CTT中的信度是基于"平行测验"假设,通过估计相关系数而得到的,然而,所谓的"平行测验"本身可能并不是十分"同质",故信度的估计可能会存在较大的误差(Eisinga et al.,2013)。另外,在CTT中仅可根据所有被试的作答反应获得一个误差估计值,但实际上,不同被试在接受同一测验时,其产生的误差是不一样的(Jackson,1973)。这些因素均导致了信度估计本身就具有不精确性和笼统性(DeVellis,2006)。因此,以同一个误差估计值来评价所有被试测验结果的准确性是非常笼统和不精确的。

经典测量理论的局限性限制了其在实际应用中的持续推广,随着人们对经典测量理论局限性认识的逐渐深化,研究人员认为必须建立一套更为优质的测量理论,以满足心理测量相关研究的实际发展需要。项目反应理论就是在此背景下发展起来的一种新的现代测量理论。

2)项目反应理论及其优势

项目反应理论(Item Response Theory,IRT)是依据一定的项目反应模型,评估被试的作答反应与其潜在特质水平之间关系的一种心理测量理论。"潜在特质"和"项目特征曲线"是该理论中极为重要的两个概念,故其也被称为"潜在特质理论"或"项目特征曲线理论"。目前,IRT已被广泛应用于指导测验的编制、修订以及项目的改编、筛选,通过估计模型参数,可以确定测验项目是否能够很好地反映出被试的潜在心理特质水平(Embretson et al.,2000;Thomas,2011)。IRT作为心理与教育测量理论的新发展,具有超越CTT的优势。

一般而言,影响被试作答结果的因素有两个方面:被试本身的特质水平以及项目的测量学特性(项目难度、区分度、猜测度等)。例如,在同一个项目上,高能力水平的被试正确作答此项目的可能性更大;而对于同一个被试来说,被试正确作答"简单"项目的可能性更大。总而言之,项目反应理论的基本思想是依据被试在各个项目上的实际作答反应,经过项目反应模型估计出被试的能力水平或潜在心理特质水平,以及项目参数,从而建立起被试心理特质水平与其正确作答概率之间的关系(Embretson et al.,2000;Fraley et al.,2000)。其中,用来描述被试特质参数与被试正确作答概率之间关系的数学模型被称为项目特征函数(Item Characteristic Function,ICF),以图形的形式表示为项目特征曲线(Item Characteristic Curve,ICC)。

图2.1为典型项目特征曲线ICC的实例。其中,横轴表示被试的特质水平,纵轴表示被试的正确作答概率。曲线上的5个坐标点A—E分别代表了5位拥有不同特质水平的被试正确作答某项目的概率。如图2.1所示,随着被试特质水平θ的升高,其在项目上的正确作答概率值P也在逐渐增加。从图2.1中所呈现的ICC中也可发现被试在某特定项目上的正确作答概率仅受被试的目标潜在特质水平的影响,而与样本数量和项目参数无关。

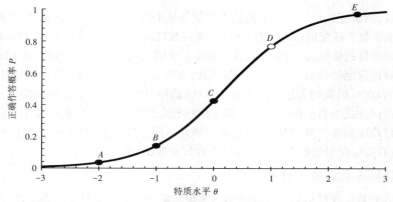

图2.1　典型的项目特征曲线

事实上,在心理学所研究的各种心理现象中,个体的潜在特质水平与外部行为表现之间的关系大多是非线性的,所以在描述被试的潜在特质水平与其作答反应之间的关系时,相比于CTT的线性表达,基于概率的IRT模型更能契合心理现象的本质规律。具体而言,IRT具有以下几个方面的优势:

(1)项目参数、被试特质参数的不变性

CTT中各参数估计值对于样本的依赖性较大,但在IRT中,项目参数的估计具有跨群体不变性,也就是说IRT的项目参数估计独立于被试样本(戴海崎 等,2018)。只要测量同一潜在特质的测验中的项目参数分布广泛,充分覆盖了不同难度水平的项目,即测验中既包含较困难的项目,也包含中等难度和较为简单的项目,而项目参数的估计不会依赖于被试样本。

此外,IRT还具有"被试特质参数估计独立于项目样本"的优点。理论上,被试特质水平估计的原理是:将项目按照难度从低到高排序,被试的特质水平应该高于其正确作答项目中可达到的最高难度参数值,而低于其错误作答项目中所达到的最低难度参数值,但实际中,由于猜测或失误等原因,此分界点可能并没有那么明确,但仍可通过一定方法加以确定(van der Linden et al.,1997;Parkin et al.,2018)。即使在不同的项目样本中,仍可依据此原理找到被试的特质水平值。由此可见,能否准确得知被试的潜在特质水平仅与项目难度的分布是否已有效覆盖该被试所具备的潜在特质水平值以及项目能否精细区分具有不同潜在特质水平的被试有关,而与项目数量、项目具体内容无关。

总而言之,在IRT中,项目参数的估计几乎不会受到被试潜在特质水平的影响,而被试潜在特质水平的估计亦不会受到项目特征的影响。

(2)潜在特质量尺的可选择性

项目参数的跨群体不变性只有在已经确定了潜在特质量尺的前提下才能显现出来。一旦

潜在特质 θ 的度量系统改变,项目参数就会随之改变,因此,当我们在施测不同被试群体时,要使其项目参数保持不变,就要使群体间的潜在特质量尺保持一致。可选择性是指量尺的参照点和度量单位可以任意选择,而其回归函数值保持不变。IRT 中可以任意选择潜在特质量尺以满足此要求(Embretson et al.,2000)。也就是说,当特质参数 θ 的参照点发生改变时(加上或减去某常数),只需将项目难度参数 β 作相同变化,$P(\theta)$ 仍会保持不变;同样地,当 θ 的测量单位发生改变时(乘以某常数),只需将项目难度参数 β 的测量单位作相应变化,并将项目区分度参数 α 的测量单位作相应的逆向变化(除以此常数),即可使 $P(\theta)$ 保持不变。利用这一性质,可将不同测验、不同被试的潜在特质参数与项目参数定义在同一度量系统上。IRT 的这一优良性质也为测验等值提供了理论基础(Matlock et al.,2016)。

(3)项目参数设计的科学性

项目反应理论参数设计的科学性体现在以下几点:首先,项目难度参数 β 与被试潜在特质参数 θ 定义在了同一度量系统上(van den Berg et al.,2007),为选择与被试特质水平相匹配的测验提供了条件。其次,区分度参数 α 与难度参数 β 相互独立(DeVellis,2006),为在任意难度水平上编制高区分度项目提供了保证。此外,项目参数设计的科学性还体现在猜测参数的实证性中(DeVellis,2006;罗照盛,2012)。在 CTT 中猜测参数是根据理论概率估计得出的,并不考虑实际是否有猜测,而 IRT 测验中的猜测参数可根据观测数据计算得出,体现出了一定的实证性。

2.1.2　项目反应理论的发展简史

作为测量理论的一大重要分支,IRT 现已经过了很长一段时间的发展与变迁。时至今日,IRT 已具有了十分清晰的理论框架与基础,被大众所接受且应用较为广泛。

自 20 世纪 30 年代末、40 年代初,IRT 便逐步发展出了最初的理论框架。1936 年,Richardson 澄清了 IRT 的模型参数与经典测量理论 CTT 模型参数之间的关系,为 IRT 的参数估计提供了初步的方法支持。之后,Lawley(1943,1944)提出了更加完善的参数估计方法。1946 年,Tucker 首次使用了项目反应理论领域的核心概念"项目特征曲线"一词(1916 年,Binet 和 Simon 最先研究 ICC),为后来 IRT 模型的建立奠定了一定的基础。其后,美国心理测量学家 Lord 于 1952 年首次提出双参数正态卵形模型(Two-parameter Normal Ogive Model)的公式,标志着项目反应理论的正式诞生。1957 年至 1958 年,美国数理统计学家 Birnbaum 用更为简洁的 Logistic 模型逐步取代了 Lord 的正态卵形模型,力求在数学运算方面提供一些便利。在此之后,丹麦数学家和统计学家 Rasch 于 1960 年提出著名的单参数模型——Rasch 模型,Rasch 模型的诞生是项目反应理论领域的又一重要的里程碑。在 Rasch 模型的发展过程中,研究者 Wright 起到了不可忽视的推动作用,使该模型得到了广大研究人员的认可与重视,推动了 IRT 模型在测验开发和实际评估中的应用。

随着计算机的不断发展和逐渐普及,高级语言开始迅速发展,计算机软件的出现使复杂的 IRT 模型参数的估计难度大大降低。1969 年,Samejima 在前人研究的基础上,实现了二级计分模型到多级计分模型的转变,并将 IRT 模型拓展至二参数模型,这是项目反应理论发展史中的重大突破之一。其后,IRT 模型继续扩展,并不断复杂化、多样化。1980 年,Lord 在"Applications of Item Response Theory to Practical Testing Problems"中提供了三参数模型的理论发展与应用的详细介绍,自此被试对于项目的猜测因素也列入了 IRT 模型参数估计的考虑之中。自 20 世纪 80 年代开始,随着个人计算机的全面普及,项目反应理论迅速发展,广泛应用于测验的开发、项目的分析以及测验质量监测等各个环节中,并推动了计算机化自适应测验的蓬勃发展。

近些年来,随着参数估计方法的逐步完善以及参数估计程序的不断精进,项目反应理论已经有了长足的发展。为了更好地测量项目特征和被试潜在特质之间的联系,研究者对以往的Rasch模型进行了拓展,衍生出了多侧面Rasch模型(Many-Facet Rasch Model,MFRM)。MFRM不仅可以实现对项目参数和被试特质水平的估计,还可考虑如评分者的评分标准的宽严程度等因素对研究结果的影响,在评估被试特质水平时体现出了一定程度的公平性(Linacre,1989;Linacre et al.,2002)。另外,传统的Rasch模型也可被视为多水平项目反应模型的特例,多水平项目反应模型可结合项目水平、被试水平甚至更高水平的层面来进行分析。Rasch模型中的参数项目和能力参数可与多水平项目反应模型中的参数相互对应(刘红云 等,2008)。

除此之外,考虑测验数据本身的多维性以及个体在完成一项测验任务时往往需要多种能力相互配合的情况,IRT的单维性假设往往与许多心理或者教育测验的实际需求并不相符(康春花 等,2010)。出于以上原因,开发能够同时考查多种能力或特质的测验模型的需求与日俱增,研究者们逐渐把目光放在将传统的项目反应理论扩展为多维项目反应理论(Multidimensional Item Response Theory,MIRT)的研究领域上。1981年,在前人研究的基础上,Bock和Aitkin建立了项目反应理论(IRT)和因素分析(Factor Analysis,FA)之间的直接联系,从而产生了真正意义上的多维项目反应理论的雏形,多维项目反应理论逐渐出现在人们的视野中。与此同时,考虑一些项目在实际测量中非常重要但却无法满足IRT强假设的原因,研究者们提出了非参数项目反应理论(Non-parametric Item Response Theory,NIRT),以期对参数项目反应理论(Parametric Item Response Theory,PIRT)起到一些补充作用,或将其用于探索数据结构的工作中(陈婧 等,2013;Meijer et al.,2014)。

随着人们对研究人类高级心理过程的求知欲望逐渐加深以及测量手段的不断精进,近三十年来,心理测量领域迎来了新一代测验理论——认知诊断理论(Cognitive Diagnostic Theory)。它将测量手段与个体的认知过程相结合,把认知心理学的理论巧妙地融入测验模型中,可以做到定量地考查被试的认知结构和个体差异(涂冬波 等,2008)。认知诊断理论是基于项目反应理论发展起来的(余娜 等,2009)。由于认知诊断模型是基于项目水平的反应概率模型,因此也被视为广义的项目反应模型。总而言之,认知诊断模型不仅充分应用了心理学的理论知识,该理论模型的产生还极大地推动了测量理论向前发展。

2.1.3 项目反应理论的应用

在实际应用中,人们不断对测量结果的精确性提出更高的要求,所以测量理论和模型表现出越来越复杂的趋势,以IRT为核心的现代测量理论取代了CTT的核心地位,在现代测量实践中发挥着重要的作用(辛涛 等,2012)。基于IRT的项目功能差异、测验等值、计算机化自适应测验等被广泛应用到了实际测量中。

1) 项目功能差异

项目功能差异(Differential Item Functioning,DIF)指的是,对于同一道测试项目,如果两组能力水平相同的被试答对该项目的概率不等,那么就称该项目存在功能差异。首先,将被试人为地划分为两组,具体以何种标准分组取决于研究的具体问题,常见的分组依据有性别、地域、民族、社会经济地位等。一般而言,在测验项目上的作答相对不利的那组被试被称为目标组,而在测验项目上的作答可能存在优势的被试组被称为参照组。分组完成后,需要依次找到两组中能力相同的所有被试,然后分析他们的作答反应是否存在差异。如果有差异则说明该项目存在DIF,反之则不存在DIF。通过前面的介绍,我们了解到IRT的优点之一在于它对被试潜在特质水平的估计和项目参数的估计是互相独立的,根据这一特性,我们可以直接运用根据IRT模型所得到的被试潜在特质水平来衡量两组被试的能力高低。在IRT的框架下,DIF的定义为：如果参照组和目标组之间的项目参数或项目特征曲线存在差异，则该项目有 DIF；如果不存在差异，则该项目没有 DIF（曾秀芹 等，1999）。分组完毕后，先分别计算参照组和目标组的项目参数，然后把参数放在同一个尺度上，比较两者之间的差异。常运用的检验方法有项目特征曲线（ICC）区域面积测量法（Raju，1990）以及 Lord 卡方检验（Lord，1980）。DIF 在实际应用中往往会呈现出两种模式：一种是某一项目在整个能力范围上，一致性地偏向参照组被试；另一种是在部分能力范围内，该项目偏向于参照组被试，而在另一部分能力范围内偏向于目标组被试。前者称为一致性 DIF，后者则称为非一致性 DIF。此外，IRT 框架下不仅可以对 0、1 计分的项目进行项目参数的估计，还可以对多级计分的项目进行分析，因此，基于 IRT 的项目功能差异还可被用于人格测验中进行不同群体之间的比较（曹亦薇，2003）。

2）等值

测验等值（Equating）是对测量同一心理构念的多个不同测验作出测量分数系统的转换，进而使得通过不同测验得到的分数之间具有可比性的过程。Holland 和 Dorans（2006）把一个测验上的分数转换到另一个测验分数所在的量尺上的过程叫作链接（Linking），主要包含预测（Predicting）、量尺化（Scale aligning）和等值（Equating）。预测的目的是根据被试在某个测验上的作答来推断出该被试在其他测验上的得分情况。等值是为了得到可互换的分数，而量尺化的目的则是得到可比较的分数。在三者之中，等值的假设最为严格，量尺化次之，预测的假设最为宽松；故而水平测验（同一测验的不同形式）之间的链接往往被认为是等值，而垂直测验（同一测验系列的不同水平）间的链接往往被认为是量尺化（叶萌 等，2015）。良好的数据收集设计是分数得以转换的前提，常见的设计类型有锚题设计、等组设计、锚测验设计以及这些设计类型之间互相结合的设计等。数据收集完成后，通过链接的载体（锚题或者锚人）实现分数的相互转换。在 CTT 的框架下得到的分数转换关系往往会随着样本的变化而发生改变，所以不同的研究者很难得出统一的结果。IRT 取向的测验等值是一种应用趋势（王烨晖 等，2011）。在 IRT 框架下，在施测锚题后，同一个项目参数（如难度）可得到两个参数估计值，由于相同能力的被试答对锚题的概率是一定的，故可以得到一个关于同一个项目参数的不同参数估计值之间的关系等式，最终得出具体的转换关系。近年来，多维项目反应理论也逐渐被应用于测验等值中（辛涛 等，2012）。

3）个人拟合

在心理测验或教育测验中，经常会出现被试的真实特质水平无法被准确评估的现象，这一现象往往归咎于被试的异常作答行为。例如，成就测验中的猜测、抄袭、创造性作答，以及人格测验中的随机作答、无动机、社会赞许性等（Meijer，1996；Reise et al.，1996）。而被试的这些异常作答往往会导致对于测验信效度的低估或其他不良影响（Liu et al.，2019；刘拓 等，2011）。为了更好地鉴别和筛除测验中存在的异常作答被试，个人拟合（Person-Fit）研究逐渐进入了人们的视野（王昭 等，2007；刘拓 等，2011a，2011b）。

IRT 作为个人拟合研究的理论基础之一，其基于对项目参数与被试特质参数的估计，将被试的实际作答模式与某种特定的 IRT 模型进行匹配（Meijer et al.，2001），根据个人拟合指标（Person-Fit Statistics，PFS）或曲线图形法（Graphical Person-Fit Analysis）等方法来判断被试的实际作答模式与假设模型的匹配程度（Liu et al.，2019；王昭 等，2007）。需要指出的是，在不同 IRT 模型的背景下，不同个人拟合指标的检测能力可能会存在差别（Karabatsos，2003），但总的来说，基于项目反应理论 lz 簇的个人拟合指标是当前检测能力较强且应用较为广泛的个人拟合指标之一（曹亦薇，2001；Nering et al.，1998）。

4）计算机化自适应测验

20世纪50年代，IRT的发展为计算机化自适应测验（Computerized Adaptive Testing，CAT）提供了测量理论基础（van der Linden et al.，2000）。CAT根据被试的能力水平自动化地为之选择测验项目，不仅大大缩短了测验长度，还极大地提高了测量准确性（毛秀珍 等，2011）。CAT研究需要考虑以下六个关键环节：研究所选用的项目反应模型、标定题库、初始项目的选择方法、能力估计方法、选题策略、终止规则（Weiss et al.，1984）。CAT的顺利发展得益于IRT框架下的项目参数与被试能力水平之间的独立估计，故可以清晰地掌握与特定能力水平的被试最匹配的试题的项目参数。在不考虑猜测参数和其他因素的情况下，最理想的项目是区分度最高，且难度与被试能力水平相当的项目。简而言之，CAT的具体实施步骤如下：首先，在IRT框架下建立题库，题库中的所有试题的项目参数已知，且试题的难度和区分度参数理应分布范围广泛。确立好题库后，进行初始项目的选择，而后，在IRT框架下根据被试的作答反应估计其能力水平。结合信息量函数，根据一定的规则从题库中挑选出与当前被试的能力水平相匹配的项目作为测试的下一题（辛涛 等，2013）。由于被试不能无休止地进行作答，故需设定相应的规则来终止测验。在本书的后面章节中将会对CAT进行详细介绍，具体过程请参见后面的章节。虽然CAT问世不久，但在现今互联网时代的大背景下，CAT的发展前景较为光明，已然在国内外大规模选拔性和资格性考试中得到了广泛应用（陈平 等，2006）。

2.2 基础项目反应模型

2.2.1 基本假设

一般而言，任何数学模型的成立都需要满足一些基本假设，并指定模型中可观测和不可观测结构之间的关系。在IRT中，基础项目反应模型的许多命题与论断是在一些前提假设的基础上建立起来的，确定研究数据是否满足某特定模型的基本假设将为模型的选择提供有用信息（Traub，1983）。与经典测量理论相比，项目反应理论是建立在强假设基础上的（Hambleton et al.，1985）。一般来说，项目反应理论主要包括以下三个基本假设：

1）潜在特质空间维度有限性假设

潜在特质是项目反应理论中的一个重要概念，指向个体内部的心理特征，如能力、人格、兴趣等，在项目反应理论的研究中，个体的潜在特质是研究所关注的重点之一，一般用变量θ来表示。而该假设的含义为任何一个项目反应模型都是建立在有限的潜在特质空间维度的基础上的。其中，潜在特质空间维度又称能力维度，是指被试的测验成绩是由被试的若干种心理特质或能力$\theta_1,\theta_2,\cdots,\theta_n$所决定的，这一$n$维空间称为潜在特质空间。在基础项目反应模型中，潜在特质空间单维性假设是一个非常重要的假设，即量表中包含的项目所测量的潜在特质是处在单维空间中的，在此单维空间中，不同被试之间的潜在特质水平可以相互比较。简而言之，基础项目反应模型假设被试的潜在特质处于同一单维空间中，被试的测验结果只取决于同一种潜在特质或能力，而其他潜在特质或能力的影响都可以忽略不计，即组成测验的所有项目均测量同一种能力或潜在特质。不过，值得注意的是该假设已被逐步发展出的多维项目反应模型逐渐突破。

2）局部独立性假设

该假设包含了两个方面的含义：一方面,同一被试(或同一水平的被试)在任意一个项目上的作答反应都不会受到同一测验上的任何其他项目的影响,这意味着个体在特定项目上的作答反应不会受到测验中任何其他项目的内容、形式或结构的影响；另一方面,在同一项目上,不同潜在特质水平被试的作答反应之间不会相互影响,这意味着个体的作答结果只决定于该个体本身的潜在特质水平的高低,此为局部独立性假设。当满足局部独立性时,任何作答模式发生的概率相当于被试在各测验项目上所得分数的发生概率的乘积。局部独立性假设是项目反应理论最基本的假设,项目反应理论所做出的一切推论都必须以局部独立性假设为前提(Wainer et al.,1990)。

3）项目特征曲线假设

如前文所述,项目特征函数(Item Characteristic Function,ICF)是用来描述被试特质参数与被试在某项目上的正确作答概率之间关系的数学模型。换言之,项目特征函数是一种数学函数,它将被试正确作答某特定项目的概率与研究所测量的潜在特质或能力建立起了联系。在基础项目反应模型中,依据项目参数的不同特征(区分度、难度、猜测度等参数)可建立起不同特质参数值与该特质水平的被试正确作答该项目的概率之间的非线性回归函数。研究人员试图以图形的形式来描述被试在某特定项目上的正确作答概率与其潜在特质水平之间的函数关系,由此得到的能够反映被试潜在特质水平与项目正确作答概率之间关系的"S"形曲线即项目特征曲线(ICC)。总而言之,项目特征曲线假设的基本含义是指被试在项目上的正确作答概率与其潜在特质或能力之间存在函数关系,体现了一种非线性的预测关系。

2.2.2 基本模型

本小节介绍了三种常见的二级计分IRT模型,在二级计分测验中,每个项目的得分均由0、1组成,正确作答的概率记作$P(\theta)$,错误作答的概率记作$1-P(\theta)$,被试在项目上的正确作答概率与被试的特质水平有一定的函数关系,能够表述这种关系的函数有很多,不同的项目特征曲线假设对应着不同的项目反应模型。到目前为止,研究者已经提出了众多的IRT模型,如正态肩形模型、Logistic模型等,其中较为成熟且较为常用的当属单参数Logistic模型(One-Parameter Logistic Model,1PLM)、二参数Logistic模型(Two-Parameter Logistic Model,2PLM)以及三参数Logistic模型(Three-Parameter Logistic Models,3PLM)。其中,1PLM属于Rasch模型(Wright,1968;Rasch,1960),模型中仅包含难度参数,二参数Logistic模型包含了难度和区分度两个参数(Lord,1952;Birnbaum,1968),三参数Logistic模型包含了难度、区分度和猜测度三个参数(Lord,1952;Birnbaum,1968)。

三种Logistic模型的数学计算公式及基于各模型的ICC曲线如图2.2—图2.4所示。

1）单参数Logistic模型（1PLM）

单参数Logistic模型(1PLM)为：

$$P_{ij}\left(\theta_j\right) = \frac{\exp\left(\theta_j - \beta_i\right)}{1 + \exp\left(\theta_j - \beta_i\right)} \tag{2.1}$$

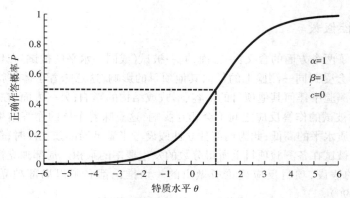

图 2.2　基于单参数 Logistic 模型的 ICC 曲线

2）二参数 Logistic 模型（2PLM）

二参数 Logistic 模型（2PLM）为：

$$P_{ij}(\theta_j) = \frac{\exp\left[\alpha_i\left(\theta_j - \beta_i\right)\right]}{1 + \exp\left[\alpha_i\left(\theta_j - \beta_i\right)\right]} \tag{2.2}$$

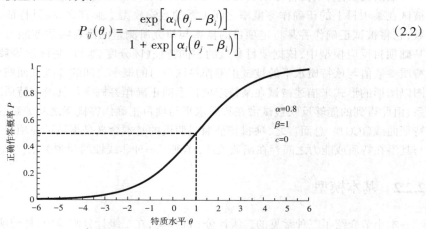

图 2.3　基于二参数 Logistic 模型的 ICC 曲线

3）三参数 Logistic 模型（3PLM）

三参数 Logistic 模型（3PLM）为：

$$P_{ij}(\theta_j) = c_i + (1 - c_i) \frac{\exp\left[\alpha_i\left(\theta_j - \beta_i\right)\right]}{1 + \exp\left[\alpha_i\left(\theta_j - \beta_i\right)\right]} \tag{2.3}$$

图 2.4　基于三参数 Logistic 模型的 ICC 曲线

　　图 2.4 所示的曲线图即项目特征曲线(ICC)。其中,exp 是以自然常数 e 为底的指数函数,j 为被试的编号;θ_j 表示第 j 位被试的能力水平(潜在特质水平);i 是项目的编号,α_i、β_i 和 c_i 分别代表第 i 道题的区分度参数、难度参数和猜测参数;$P_{ij}(\theta_j)$ 表示能力水平(潜在特质水平)为 θ_j 的第 j 个被试在第 i 道题上的正确作答概率。在项目参数中,难度参数 β 代表项目的难度,在项目特征曲线(ICC)中体现为曲线在横轴方向的位移,项目的难度参数越大,则表明若要正确作答该项目就需要比较高的能力水平。在实际应用中,难度参数 β 的一般取值范围为[-3,3];区分度参数 α 代表项目的区分度,它的数值越大,表示该项目对于不同能力水平的被试的鉴别力越强,即该项目可以很好地区分开能力水平较高和能力水平较低的被试;反之,若区分度参数值较小,则表明不能很好地将不同能力水平的被试区分开来。一般而言,区分度参数要在 0.8 以上项目较优。在项目特征曲线中,区分度参数可通过项目特征曲线的斜率来体现,项目特征曲线的斜率越大,则代表该项目的区分度越高。在 ICC 曲线中,$\theta_j = \beta_i$ 这一点的斜率与项目的区分度成正比,该点的斜率越大则表示项目的区分度越高。由式(2.1)可知,当 $\theta_j = \beta_i$ 时,被试有 50% 的概率正确作答该项目。此外,猜测参数(c)代表即使被试对于如何解答测验项目完全没有头绪时,仅靠猜测也能答对该项目的概率,若猜测参数的数值较大,表示不论被试能力水平高低,均容易答对该项目;反之,则表明被试仅凭猜测不易答对该项目。猜测参数在项目特征曲线中体现为曲线的下渐进线延长线与纵坐标交点处的高度,在实际应用中,项目的猜测参数不宜过高。

　　图 2.2 所示的是固定项目区分度参数与难度参数为 1,被试特质水平范围在 -6~6 的项目特征曲线,当被试的特质水平为 1 时($\theta = \beta$),正确作答该项目的概率为 0.5;如图 2.3 所示,当 $\theta = \beta = 1$ 时,项目特征曲线相应位置的斜率为 0.8,反映了该项目的区分度为 0.8,相比于图 2.2 中区分度为 1 的项目来说,图 2.3 所示的项目在区分不同特质水平的被试时所表现出的鉴别能力稍弱一些;图 2.4 所示的项目特征曲线的纵轴起点值为 0.2,可见该项目的猜测参数并不为 0,这代表即使被试能力水平较低,也有正确作答该项目的可能性。

　　通过对模型中的各项参数的估计,可以确定测验项目是否能够很好地反映出被试的能力水平(潜在心理特质水平)。研究人员可根据各自的研究目的,自行选择不同类型的 IRT 模型。一般而言,典型行为测验(如人格测试)选用二参数 Logistic 模型(2PLM)比较适宜。因为对于这类测试的项目来说,很难保证完全一致的区分度,且被试无须猜测,因此仅需保留区分度参数以及难度参数,而不需猜测参数,故 1PLM 和 3PLM 都不太适合。而对于最高行为测验,如智力测验,一般会存在猜测行为,故选用 3PLM 比较适宜。

2.3　多级计分模型

　　在心理与教育测验中,除了单项选择题(二选一)、判断题等 0、1 计分的项目类型以外,经常会包含一些其他类型的项目,如单项选择题(多选一)、多项选择题、简答题、计算题等,此类项目的计分方式一般会分为多个等级,根据被试的作答情况给予不同的分数,这种项目类型我们称为多级计分项目(漆书青 等,2002)。相较于二级计分来说,多级计分可以提供更多有关被试特质水平的信息,因为对于一些需要复杂思维过程的项目来说,简单地用 0、1 来评价被试是远远不够的,正确作答和错误作答某特定项目的不同被试往往拥有不同水平的潜在特质,因此,我们应尽可能采用能够更大程度地反映被试的不同潜在特质水平的计分方式来进行评价。

　　传统的多级计分模型一般可以划分为两大类型:一种是直接模型,另一种是间接模型。直接模型是指被试在解答此类项目的整个过程中,只要求运用相同的认知知识和技能就可使问题得到解决;而间接模型是指被试在解答此类项目的过程中需要用到不同的认知知识和技能才能使问题得以解决(漆书青 等,2002)。具体而言,间接模型下包含等级反应模型(Graded Response Model,GRM;Samejima,1969),直接模型下包含名义反应模型(Nominal Response Model,NRM;Bock,1972)、评定量尺模型(Rating Scale Model,RSM;Andrich,1978)、分步评分模型(Partial Credit Model,PCM;Masters,1982)和扩展的分步评分模型(Generalized Partial Credit Model,GPCM;Muraki,1992)。其中 GRM 是应用最为广泛的模型之一,NRM 是 RSM 和 PCM 的一般化形式,RSM 是 PCM 的特例,GPCM 是 PCM 的扩展。接下来将对以上模型进行一一介绍。

2.3.1 等级反应模型

等级反应模型(Graded Response Model,GRM)是基于单维性假设的模型,由 Samejima(1969)提出,该模型适用于一般主客观评分方式的多级计分项目(Koch,1983;Hansen et al.,2019)。对于多级计分项目而言,GRM 认为获得了某个等级分数及该等级以上分数的被试均是通过了这个等级的被试,这些被试均被标记为"通过"。反之,则被标记为"未通过"。在 GRM 中,特质水平为 θ 的被试在某特定项目上的得分为某个等级及该等级以上的概率为:

$$P_{ik}^{*}(\theta) = \frac{\exp\left[\alpha_i(\theta - \beta_{ik})\right]}{1 + \exp\left[\alpha_i(\theta - \beta_{ik})\right]}$$

式中,k 表示被试的得分等级,α_i 表示项目 i 的区分度参数,β_{ik} 表示项目 i 的第 k 个等级的难度参数,θ 表示被试的潜在特质水平。

该数学运算公式为等级反应模型的操作特征函数(Operating Characteristic Function,OCF),根据此函数可绘制出被试作答某特定项目的操作特征曲线(Operating Characteristic Curve,OCC)。现以一个满分为 3 分的项目为例进行解释。在该项目上,被试的得分共有四种可能(得分为 0、1、2、3 分)。被试在该项目上的操作特征曲线如图 2.5 所示。

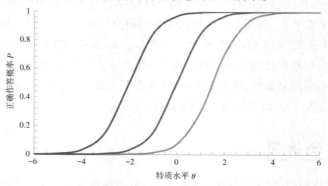

图 2.5 GRM 的操作特征曲线

需要注意的是,在 GRM 中,项目的每个等级几乎都有相应的等级难度 β,而得分为 0 的等级并没有相应的等级难度,这是由于被试得 0 分及 0 分以上的可能性为 1,这也是图中仅呈现出了 3 条曲线的原因所在。此外,获得不同等级分数的难度水平是不同的,且随着得分等级的升高,其难度也是单调上升的(Samejima,1969)。然而,每个项目仅存在一个区分度参数 α,这是因为对于符合直接模型的项目来说,被试在解决此类问题的整个思维推理过程是持续不变的。在等级反应模型中,项目参数决定了操作特征曲线的形状与位置。一般情况下,项目的区分度参数的数值越大,其操作特征曲线越陡峭。在操作特征函数的基础上,Samejima 又为项目等级定义了相应的函数式：

$$P_{ik}(\theta) = P_{ik}^*(\theta) - P_{i(k+1)}^*(\theta)$$

$$P_{ik}^*(\theta) = \frac{\exp\left[\alpha_i(\theta - \beta_{ik})\right]}{1 + \exp\left[\alpha_i(\theta - \beta_{ik})\right]}$$

式中，$P_{ik}^*(\theta)$表示被试得分为某个等级及该等级以上的概率，$P_{ik}(\theta)$表示被试获得某特定等级得分的概率。根据上述公式可以绘制被试在特定项目上的类别反应曲线（Category Response Curve，CRC），该曲线可反映出特定潜在特质水平的被试获得某特定等级分数的可能性。一般来说，项目包含多少个反应等级就意味着存在多少条类别反应曲线。对于一个满分为3分（得分可取0、1、2、3分）的项目来说，该项目的类别反应曲线如图2.6所示。

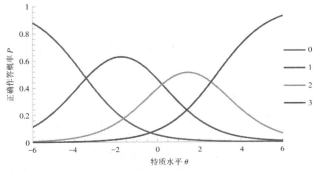

图2.6　GRM的类别反应曲线

从图2.6中可以看出，最左边的单调递减曲线表示不同特质水平的被试恰好得0分的概率，特质水平越低的被试恰好得0分的概率越大；同样，最右边的单调递增曲线代表特质水平越高的被试恰好得满分的概率越大。而中间各个等级分数的类别反应曲线呈现出单峰形态，表示只有某特定特质水平的被试恰好获得该等级分数的概率是最大的，被试的特质水平与该特定值之间的距离越远，则恰好获得该等级分数的可能性就会越低。

2.3.2　分步评分模型

1）分步评分模型

除GRM外，在对多级计分的项目进行分析时，还会用到分步评分模型（Partial Credit Model，PCM；Masters，1982）。具体而言，分步评分模型是针对有步骤且步骤有序的项目设计的。举个例子，想要得到$\sqrt{7.5/0.3 - 16}$的正确答案，需要分三步进行，第一步是正确得到7.5/0.3的计算结果为25，第二步是准确计算25-16的结果为9，第三步需要将9开根号，最终得到的结果为3。在这里，我们可以清晰地感受到正确作答此项目需要经历三个步骤，且这三个步骤具有一定的顺序。此外，完成这三个步骤的难易程度是不同的。在评估成就测验时，选择分步评分的方式往往更加合理。此外，分步评分模型（PCM）同样适用于多级计分的态度或人格测验（Masters et al.，1997）。

分步评分模型（PCM）是1PLM的延伸，被试在某一特定选项上的作答概率可以表示为指数除以指数的和的形式，具体模型为：

$$P_{ixn}(\theta) = \frac{\exp\left[\sum_{v=0}^{x}(\theta_n - \delta_{iv})\right]}{\sum_{r=0}^{m_i}\left[\exp\sum_{v=0}^{r}(\theta_n - \delta_{iv})\right]}$$

式中，$P_{ixn}(\theta)$表示第n位被试在第i道题的x选项上的作答概率，θ_n表示第n位被试的潜在特质水平，δ_{iv}表示项目i的第v个步难度，其数值相当于两毗邻类别反应曲线交点所对应的潜在特质水平值，r表示项目的选项，m_i代表步难度的总数量。需要注意的是，$r=0,1,2,\cdots,m_i$；$v=1,2,\cdots$，m_i。当$r=1$时，PCM的表达式与1PLM的表达式相同。

举个例子，若某项目存在0、1、2、3四个选项，那么相应地，该项目有$0\rightarrow1,1\rightarrow2,2\rightarrow3$三个步骤，对应着三个步难度，这三个步难度是没有大小顺序的。$0\rightarrow1$，被试是在1或者0中选择一个答案，类似于二级计分；$1\rightarrow2$，被试是在2或者1中选择一个答案，类似于二级计分；$2\rightarrow3$，被试是在3或者2中选择一个答案，亦类似于二级计分。图2.7所示为该项目的操作特征曲线。

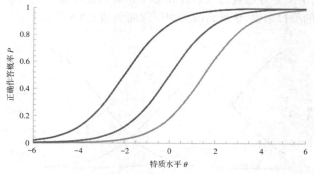

图2.7　PCM的操作特征曲线

操作特征曲线中的三条曲线分别对应着三个步难度，在本例中，从左至右的步难度依次为 −2、0、1.5，"S"形曲线代表了潜在特质水平在−6~6的被试通过某一步骤的概率。此外，由于PCM可被视为一种特殊的Rasch模型，其假设每个项目具有相同的斜率（Slope），且斜率为1，也就是说每个项目都具有相同的区分度，不同项目对不同潜在特质水平的被试的区分能力是一样的。PCM的类别反应曲线如图2.8所示。

类别反应曲线中反映出了潜在特质水平在−6~6的被试选择每个特定选项的概率，需注意的是，每个特定潜在特质水平的被试选择所有选项的概率之和为1。

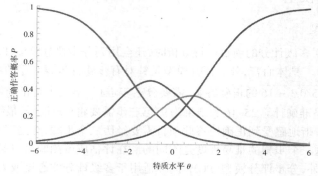

图2.8　PCM的类别反应曲线

2）扩展的分步评分模型

由于分步评分模型（PCM）只考虑了项目的步难度，而没有考虑区分度，即PCM假设不同的项目对不同潜在特质水平的被试的区分能力是没有差异的，然而，这在实际情况中并不常见。Muraki（1992）在PCM的基础上提出了扩展的分步评分模型（Generalized Partial Credit Model，GPCM）。GPCM允许不同项目对不同潜在特质水平被试的区分能力存在差别，其模型表达式如

下所示:

$$P_{ixn}(\theta) = \frac{\exp\left[\ \sum\limits_{v=0}^{x}\alpha_i(\theta_n - \delta_{iv})\ \right]}{\sum\limits_{r=0}^{m_i}\left[\exp\sum\limits_{v=0}^{r}\alpha_i(\theta_n - \delta_{iv})\ \right]}$$

值得注意的是,GPCM的表达式相比于PCM来说,仅增加了项目的区分度参数α_i,除此之外,该公式中其他参数的含义与PCM一致。

当项目的区分度参数$\alpha = 1$时,扩展的分步评分模型(GPCM)与PCM的表达式一模一样。假如某项目包含0、1、2、3四个选项,那么它有0→1,1→2,2→3三个步骤,对应着三个步难度;不同于PCM中默认区分度为1,我们将项目的区分度设定为2,并绘制了该项目的操作特征曲线,如图2.9所示。

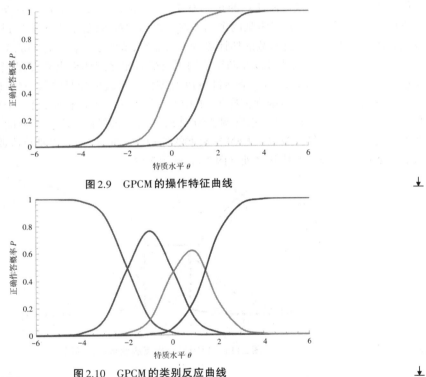

图2.9　GPCM的操作特征曲线

图2.10　GPCM的类别反应曲线

操作特征曲线所代表的含义与PCM中的相似,值得注意的一点是,本图例设定项目区分度为2,步难度均和前面的PCM图例一致,对比两图例后可以直观感受到,本图例中的每条曲线的倾斜程度均大于PCM下的三条操作特征曲线。由此我们可以更加清晰地体会到在操作特征曲线中的斜率所代表的含义。此外,该项目的类别反应曲线如图2.10所示。

同样地,类别反应曲线所代表的含义和PCM中的相似。对比PCM下的图例可以发现,在GPCM中,每个作答类别的曲线都被"瘦身"了,其背后的含义代表了某一特定范围特质水平的被试将倾向于选择某一作答类别,且这种倾向性更为明显。

总而言之,GPCM是在PCM的基础上,假设不同项目可以具有不同的区分度。由于GPCM是PCM的扩展形式,因此它不仅能够实现Rasch模型可以实现的一些目标,而且还可以提供更多关于测试项目特性的信息(van der Linden et al.,1997)。

3）评定量尺模型

评定量尺模型（Rating Scale Model，RSM）是分步评分模型（PCM）的特例，与PCM不同，RSM要求不同项目的选项之间的间隔要完全相等，例如某测验中第一题的第一个选项和第二个选项间的难度间隔应与第二题的第一个选项和第二个选项间的难度间隔相等。

评定量尺模型是由Andrich于1978年提出的，该模型表达式为

$$P_{ix}(\theta) = \frac{\exp\left[\sum_{v=0}^{x}\left(\theta - (\lambda_i + \tau_v)\right)\right]}{\sum_{r=0}^{m_i}\left[\exp\left[\sum_{v=0}^{r}\left(\theta - (\lambda_i + \tau_v)\right)\right]\right]}$$

式中，$P_{ix}(\theta)$表示特质水平为θ的被试在项目i上选择第x个选项的概率，r表示项目的选项，m_i代表步难度的总数量。需注意的是，$r = 0, 1, 2, \cdots, m_i$；$v = 1, 2, \cdots, m_i$。$(\lambda_i + \tau_v)$相当于PCM中的步难度δ_{iv}，在此公式中，τ_v代表某两个相邻选项之间的难度间隔，在不同项目之间，τ_v对应相等。该概念的引入也使得项目参数的估计数量大大缩减，节约了参数估计的成本。

由于RSM的独特之处可以在两个不同项目的对比之间体现出来，以两个项目为例，两项目均包含0、1、2、3四个选项，第一个项目与PCM图例中呈现的项目参数一致，即0→1，1→2，2→3三个步骤对应着的三个步难度依次为−2、0、1.5；与第一个项目相比，第二个项目的参数设定稍有差别，仅将项目的第一个步难度调整为−2.5，其余参数保持不变。下面的一系列图形分别呈现了上述两个项目在PCM以及RSM框架下的类别反应曲线，通过类别反应曲线的对比，我们可以清晰地观察到RSM的特殊之处。（图2.11a—图2.12b）

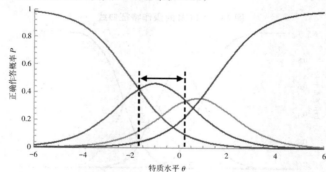

图2.11a　PCM的类别反应曲线（第一题）

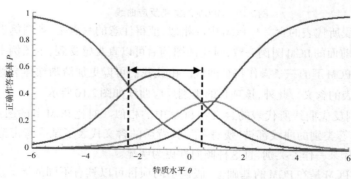

图2.11b　PCM的类别反应曲线（第二题）

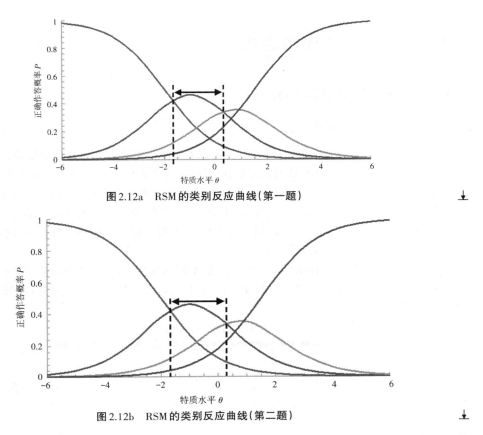

图 2.12a　RSM 的类别反应曲线（第一题）

图 2.12b　RSM 的类别反应曲线（第二题）

　　通过图中的辅助线条，我们可以观察到，在 PCM 中，两个项目的步难度之间的距离是不等的，然而，在 RSM 中，此距离是相等的，这就是 RSM 与 PCM 的不同之处。

2.3.3　名义反应模型

　　若将扩展的分步评分模型（GPCM）用评分函数（Scoring function）和级系数（Category coefficients）进行替代的话，GPCM 与名义反应模型（Nominal Response Model，NRM）的形式就会变得十分相似。名义反应模型（NRM）由 Bock 提出（1972），适用于包含多个选项但选项之间并不存在明显顺序的符合称名量尺的项目（van der Linden et al.，1997）。该模型表达式如下：

$$P_{ix}(\theta) = \frac{\exp\left(\alpha_{ix}\theta + \zeta_{ix}\right)}{\sum\limits_{x=0}^{mi} \exp\left(\alpha_{ix}\theta + \zeta_{ix}\right)}$$

式中，$P_{ix}(\theta)$ 被称为选项反应函数，表示特质水平为 θ 的被试在项目 i 上选择第 x 个选项的概率，其总和为 1，即任意一个被试在所有选项上的选择概率之和为 1。α_{ix} 和 ζ_{ix} 是与项目 i 的第 x 个选项相对应的项目参数，其中，α_{ix} 随着选项 x 的变化可能具有不同的值，其数值变化的规律取决于项目的性质。因在符合 NRM 的项目中，选项所对应的数值仅仅是一个识别标志，故 NRM 的主要功能是通过符合称名量尺的项目对被试的潜在特质水平作出评估（De Ayala，2009）。如果项目的各个选项之间没有顺序，或顺序未知，采用 NRM 进行模型拟合是更为妥当的选择。

2.4　项目反应模型的实现

2.4.1　二级计分模型的实现

1）二级计分的 Excel 实现

在该部分中，我们将介绍如何使用 Excel 以及 Mplus 实现二级计分项目反应模型的建构。首先要介绍的是使用 Excel 加载项来实现 IRT 分析，此处将用到 eirt 插件。eirt 插件来自项目反应理论库（Item Response Theory Library，libirt），项目反应理论库是基于 C 语言编写的一组函数，用于估计测验中的项目参数以及被试的潜在特质水平，项目反应理论库中包含两个常见应用——rirt 和 eirt。其中，rirt 是在编程软件 R 中使用的程序包，而 eirt 则是在 Excel 的加载项中发挥作用。读者可到相关网站自行下载。

在这里我们将以某次 HSK（汉语水平考试）的部分数据为例，说明如何使用 Excel 中的加载项（eirt）实现单维二级计分 IRT 模型的评估，根据 HSK 项目的特性，该部分将拟合 3PLM，作为实际操作的演示。

第一步，将数据导入 Excel 工作表中，如图 2.13 所示。

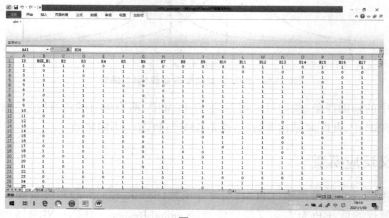

图 2.13

在本数据中，第一列为被试编号，其余列为被试在 HSK 项目上的作答反应，共 45 个项目，由于 HSK 项目的计分方式为二级计分，故被试的作答反应仅包含 0 和 1。本次分析所用的实际数据共包含 6225 名被试，图中仅展示了 25 名被试的观测数据。

第二步，建立模型：首先，在 Excel 工具栏中的点击顺序为：【加载项】→【eirt】→【Start the assistant】→ 选择数据（【Select】→【选中数据】）→【OK】→【Next >】（图 2.14—图 2.16）

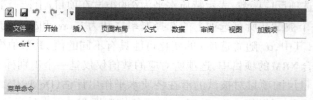

图 2.14

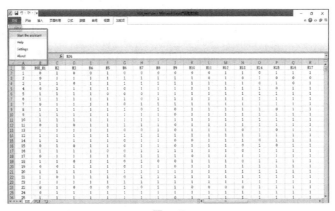

图 2.15

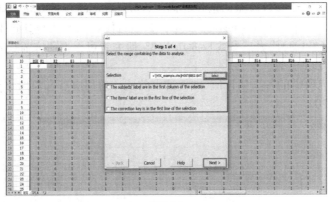

图 2.16

需要注意的是:在选择数据时只需选择被试的作答数据,即不应包含行标题以及列标题,否则需要勾选上图红色框中的相应选项。

其次,选择计分方式:【Dichotomous】→【Next >】(图 2.17)

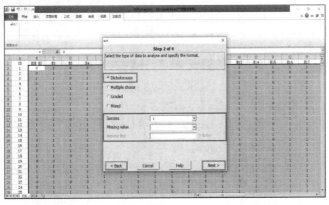

图 2.17

需要注意的是:如果数据中不存在缺失值,我们可以继续点击【Next >】,若数据中存在缺失值,那么应在 Missing value 的部分将替代缺失值的具体数值标注出来。

接下来,选择参数模型:【Three parameters logistic model(3PLM)】→【Next >】(图 2.18)

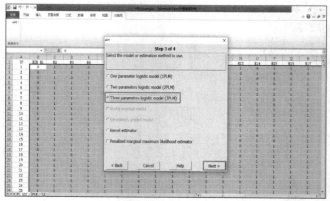

图 2.18

需要注意的是：在该参数模型的选择界面中，One parameters logistic model（1PLM）代表单参数 Logistic 模型，Two parameters logistic model（2PLM）代表二参数 Logistic 模型，Three parameters logistic model（3PLM）代表三参数 Logistic 模型，研究者可根据研究需要及项目具体特征选择适合的二级计分 IRT 模型。

最后，勾选研究所需的各项估计值（方框选中的估计值都应点击勾选）→【Next >】→ 查看结果（图 2.19、图 2.20）

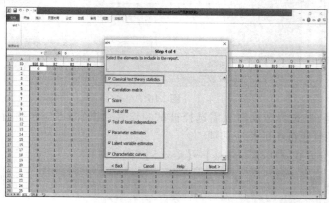

图 2.19

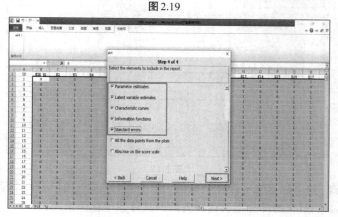

图 2.20

需要注意的是：Classical test theory statistics 代表经典测量理论的统计结果，Test of fit 代表拟合度测验，Parameter estimates 代表项目参数估计，即在 1PLM 中估计项目的难度参数，在

2PLM中估计项目的难度参数和区分度参数,在3PLM中估计项目的难度参数、区分度参数和猜测参数,Latent variable estimates代表被试潜在特质水平估计,Characteristic curves代表项目特征曲线ICC,Information functions代表信息函数曲线,该曲线能够体现出每个项目为估计被试潜在特质水平所提供的信息量,Standard errors代表标准误差,当勾选该项后,会计算出每个项目的作答情况的标准误差。

第三步,分析结果。

①CTT框架下的项目参数如图2.21所示。

Classical test theory statistics					
Number of subject	Number of item	Number of missing response	Score's mean	Score's standard deviation	Cronbach's Alpha
6225	45	0	33.168	6.721	0.841
Item	Mean (difficulty)	Standard deviation	Correlation (discrimination)		
ITEM1	0.614	0.487	-0.007		
ITEM2	0.628	0.483	0.211		
ITEM3	0.552	0.497	0.218		
ITEM4	0.938	0.241	0.252		
ITEM5	0.823	0.382	0.323		
ITEM6	0.605	0.489	0.083		
ITEM7	0.698	0.459	0.334		
ITEM8	0.868	0.338	0.312		
ITEM9	0.671	0.470	0.012		
ITEM10	0.613	0.487	0.199		
ITEM11	0.846	0.361	0.353		
ITEM12	0.793	0.266	0.266		

图2.21　CTT框架下的项目参数

上面所呈现的是在CTT框架下所获得的项目信息,包含此次分析所涉及的被试总人数、项目总数、缺失值数量、项目均分及其标准差、克隆巴赫α系数、项目难度(Mean)及题总相关系数(Correlation)等信息。研究人员可根据此部分的结果,自行选择可用信息并展开研究,或者采用下方所呈现的基于IRT框架下的研究结果进行分析与讨论。

②局部独立性检验的部分结果如图2.22所示。

Test of local independance				
Item	Item	Chi-square	Degrees of freedom	P-Value
ITEM1	ITEM2	514.255	1	0.000
ITEM1	ITEM3	11.432	1	0.001
ITEM1	ITEM4	99.560	1	0.000
ITEM1	ITEM5	381.490	1	0.000
ITEM1	ITEM6	188.584	1	0.000
ITEM1	ITEM7	334.348	1	0.000
ITEM1	ITEM8	177.638	1	0.000
ITEM1	ITEM9	5.697	1	0.017
ITEM1	ITEM10	90.201	1	0.000
ITEM1	ITEM11	321.198	1	0.000
ITEM1	ITEM12	159.851	1	0.000
ITEM1	ITEM13	165.143	1	0.000
ITEM1	ITEM14	97.583	1	0.000
ITEM1	ITEM15	337.242	1	0.000

图2.22　局部独立性检验的部分结果

项目反应模型是在满足基本假设的前提下成立的,考虑局部独立性假设是项目反应理论最为基本的假设,故在项目分析之前,需要进行局部独立性检验。局部独立性检验可通过卡方检验的方式来进行,即检验各项目之间的差异是否达到显著水平,若达到显著水平则说明项目之间存在显著差异,满足相互独立的条件。由图中(仅呈现了部分数据)可以看出项目间满足局部独立的条件,故可以进行项目反应模型的构建。

③3PLM的部分项目参数及被试特质参数估计值如图2.23、图2.24所示。

Parameter estimates

Item	Slope (a)	s.e.	Threshold (b)	s.e.	Asymptote (c)	s.e.
ITEM1	1.702	0.000	0.000	0.000	0.200	0.000
ITEM2	2.199	0.142	0.715	0.033	0.493	0.001
ITEM3	2.224	0.138	0.858	0.032	0.421	0.001
ITEM4	1.464	0.085	-2.024	0.109	0.254	0.041
ITEM5	1.875	0.095	-0.519	0.037	0.472	0.006
ITEM6	1.702	0.000	0.000	0.000	0.200	0.000
ITEM7	1.248	0.053	-0.528	0.039	0.180	0.009
ITEM8	1.809	0.097	-0.786	0.047	0.500	0.009
ITEM9	0.094	0.035	-4.312	1.720	0.178	0.018
ITEM10	1.365	0.086	0.673	0.043	0.426	0.003
ITEM11	1.888	0.084	-0.910	0.039	0.329	0.009
ITEM12	1.024	0.052	-1.187	0.075	0.199	0.019
ITEM13	1.516	0.077	0.292	0.032	0.364	0.004
ITEM14	0.714	0.040	-0.747	0.073	0.114	0.015
ITEM15	1.632	0.062	-0.010	0.023	0.172	0.004
ITEM16	1.214	0.055	-1.258	0.063	0.152	0.019
ITEM17	2.229	0.096	-1.144	0.036	0.257	0.009
ITEM18	2.421	0.104	-1.182	0.035	0.246	0.008
ITEM19	2.416	0.092	-0.890	0.026	0.200	0.005
ITEM20	1.379	0.072	-1.391	0.075	0.319	0.022
ITEM21	1.160	0.052	-0.483	0.042	0.204	0.010
ITEM22	2.406	0.096	-0.327	0.022	0.305	0.003
ITEM23	1.838	0.079	-1.250	0.045	0.210	0.014
ITEM24	2.318	0.084	-0.178	0.019	0.213	0.002
ITEM25	1.502	0.063	-1.111	0.025	0.168	0.014

图2.23　3PLM 的部分项目参数

Latent variable estimates

Subject	Z	s.e.	Subject	Z	s.e.
SUBJECT1	-1.150	0.042	SUBJECT3114	-0.642	0.051
SUBJECT2	-0.721	0.055	SUBJECT3115	0.471	0.062
SUBJECT3	-0.305	0.060	SUBJECT3116	-0.387	0.056
SUBJECT4	0.538	0.063	SUBJECT3117	-0.006	0.057
SUBJECT5	0.579	0.063	SUBJECT3118	-0.277	0.060
SUBJECT6	1.630	0.062	SUBJECT3119	0.379	0.059
SUBJECT7	0.225	0.061	SUBJECT3120	0.588	0.061
SUBJECT8	1.156	0.062	SUBJECT3121	-0.057	0.059
SUBJECT9	1.615	0.062	SUBJECT3122	-0.802	0.056
SUBJECT10	1.970	0.061	SUBJECT3123	-0.287	0.055
SUBJECT11	0.750	0.060	SUBJECT3124	-0.365	0.059
SUBJECT12	-0.208	0.057	SUBJECT3125	-0.194	0.055
SUBJECT13	1.722	0.060	SUBJECT3126	0.641	0.064
SUBJECT14	0.247	0.062	SUBJECT3127	-0.538	0.054
SUBJECT15	0.214	0.059	SUBJECT3128	1.026	0.061
SUBJECT16	-0.157	0.058	SUBJECT3129	-0.453	0.057
SUBJECT17	0.161	0.062	SUBJECT3130	-0.323	0.058
SUBJECT18	0.076	0.061	SUBJECT3131	0.268	0.065
SUBJECT19	0.155	0.060	SUBJECT3132	-0.985	0.047
SUBJECT20	1.067	0.062	SUBJECT3133	-0.172	0.057

图2.24　3PLM 的部分项目被试特质参数估计值

其中, Slope (a)代表区分度参数, Threshold (b)代表难度参数, Asymptote (c)代表猜测参数, Latent variable estimates 则是各被试潜在特质水平的估计值。由图中不难看出,各项目均分别对应着一个区分度参数、难度参数和猜测参数,而对于被试的潜在特质参数而言,每个被试均存在一个潜在特质水平的估计值 Z,由此可以获得对于各被试潜在特质水平的直观了解。

项目反应理论往往通过项目参数的估计值以及项目特征曲线来判断项目的优劣。一般而言,项目区分度原则上是越高越好,在 CTT 的框架下,其最低值不宜低于0.3,在 IRT 的框架下,其最低值不宜低于0.7。项目难度的取值范围在[-3,3]之内即可,而对于猜测参数来说,其值不宜过高,一般对于四选一的项目而言,猜测参数不宜超过0.25。研究者可根据项目参数的优劣对项目进行筛选。

④部分项目的项目特征曲线如图2.25所示。

以项目1、14、36为例绘制了项目特征曲线,从图中可以看出,ITEM 1 的区分度参数值最高,ITEM 36次之,ITEM 14 的区分度参数值较低,该项目对于不同潜在特质水平被试的区分能力较差,应考虑将此项目删除。此外,ITEM 36 的难度参数低于 ITEM 1,项目的猜测参数均在可接受的范围内,特质水平较低的被试也存在正确作答项目的可能性。

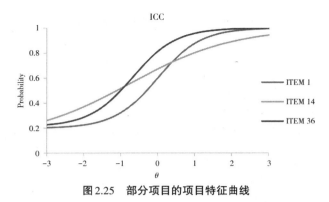

图2.25 部分项目的项目特征曲线

⑤部分项目的信息函数曲线如图2.26所示。

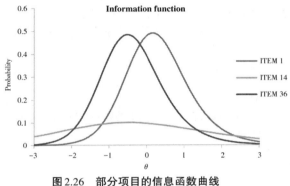

图2.26 部分项目的信息函数曲线

除了关注项目参数以及项目特征曲线之外,信息函数曲线在IRT分析中也至关重要。信息函数曲线反映了不同项目在评估被试潜在特质水平时的信息贡献关系。信息函数曲线的峰值代表了当被试的潜在特质水平与项目难度最为匹配时所能提供的最大信息量,项目所能提供的信息量越大,则表明该项目在评价被试的潜在特质水平时越有价值(罗照盛 等,2008)。

以项目1、14、36为例绘制了信息函数曲线,从图中可以看出,ITEM 1和ITEM 36分别能够为不同潜在特质水平的被试提供最大信息量,然而,ITEM 14能够提供的信息量非常有限,可见该项目的性能并不理想,综合考虑项目参数以及项目特征曲线的结果,可对该项目进行删减。

2）二级计分模型的Mplus实现

Mplus目前能够实现1PLM和2PLM的构建,此次分析选取成人版艾森克人格问卷(Eysenck Personality Questionnaire,EPQ)的外向-内向维度(E维度)的部分数据(EPQ_E.dat)用于Mplus实际操作,由于本次操作所使用的EPQ较适用于不含猜测参数的二参数Logistic模型(2PLM)来拟合数据,故仅呈现了2PLM的Mplus运行语句和具体运行结果(对单参数Logistic模型的运行语句与2PLM运行语句的不同之处进行了备注,如需使用单参数Logistic模型拟合数据,可对以下语句进行相应修改)。值得注意的是,为了使Mplus能够成功调用数据,数据格式应为dat格式或txt格式,并将数据放置于Mplus输入(.inp)及输出(.out)所在的同一文件夹内,或者将数据文件的具体位置写入"DATA"语句中。

首先,运行Mplus,并将命令写入Mplus语句框中(语句如下所示)→ 点击【RUN】→ 查看结果:

二参数 Logistic 模型（2PLM）的 Mplus 语句

> **TITLE:** The model is 2PLM;
> **DATA:** FILE is EPQ_E.dat;
> **VARIABLE:** NAMES are E1-E15;
>   USEVARIABLES are E1-E15;
>   CATEGORICAL are E1-E15; ! 类别变量
> **ANALYSIS:** ESTIMATOR = MLR; ! 稳健极大似然估计，适用于非正态和非独立数据
> ! 注：1PLM 中改为：
> ! ANALYSIS: ESTIMATOR = ML; ! 极大似然估计
> **MODEL:** F BY E1-E15*; ! 因子负荷设为自由估计
>   F@1; F 的方差固定为 1
> ! 注：1PLM 中改为：
> ! MODEL: F1 BY E1-E15@1; ! 固定因子负荷为 1，即区分度为 1
> !   [E1$1-E15$1*]; ! $ 设定变量的阈限，阈限个数等于变量类别个数减 1
> !   F1@1; ! 将 F1 的方差固定为 1
> **OUTPUT:** TECH1 TECH8; ! 技术报告
> ! 注：1PLM 中改为：
> ! OUTPUT: STDYX RESIDUAL TECH10;
> ! 提供标准化参数估计及对应的标准误；提供观察变量的残差值；提供技术报告
> ! SAVEDATA: SAVE =FSCORES;
> !   FILE IS EPQ1.dat;
> **PLOT:** TYPE = PLOT3;
> ! 注：1PLM 中改为：
> ! PLOT: TYPE IS PLOT1 PLOT2 PLOT3;
> ! PLOT1 提供样本的直方图、散点图和样本均值；PLOT2 提供项目特征曲线、信息曲线

    需要注意的是：本次操作所用数据仅为被试在 EPQ 的部分项目上的作答分数 E1-E15（分别对应原量表的第 1、5、13、14、17、21、41、45、49、53、55、61、65、80、84 题）。在 Mplus 运行结束后，所得结果如图 2.27 所示。

```
IRT PARAMETERIZATION

Item Discriminations

F        BY
    E1        0.759    0.084     9.000    0.000
    E2        1.406    0.120    11.701    0.000
    E3        0.467    0.071     6.528    0.000
    E4        1.527    0.125    12.246    0.000
    E5       -0.673    0.085    -7.945    0.000
    E6        0.750    0.081     9.305    0.000
    E7        1.262    0.105    11.993    0.000
    E8        1.138    0.103    11.037    0.000
    E9        1.519    0.130    11.658    0.000
    E10       1.088    0.117     9.297    0.000
    E11      -0.870    0.085   -10.199    0.000
    E12       0.356    0.069     5.131    0.000
    E13       0.487    0.071     6.896    0.000
    E14      -0.767    0.082    -9.309    0.000
    E15       1.317    0.108    12.202    0.000

Item Difficulties
    E1       -1.285    0.143    -8.983    0.000
    E2       -0.474    0.058    -8.242    0.000
    E3        0.900    0.174     5.171    0.000
    E4       -0.381    0.053    -7.222    0.000
    E5        1.670    0.202     8.258    0.000
    E6        0.139    0.080     1.736    0.083
    E7        0.053    0.055     0.973    0.331
    E8       -0.530    0.068    -7.826    0.000
    E9        0.579    0.058    10.020    0.000
    E10      -1.866    0.160   -11.630    0.000
    E11      -0.143    0.071    -2.012    0.044
    E12      -0.980    0.238    -4.117    0.000
    E13      -0.165    0.116    -1.337    0.181
    E14      -0.715    0.101    -7.078    0.000
    E15      -0.267    0.055    -4.815    0.000
```

图 2.27

    其中，Item Discriminations 为项目的区分度参数，而 Item Difficulties 为项目的难度参数，从中不难看出，项目 E2、E4、E7、E8、E9、E10、E15 的区分度较为理想，各项目难度值均在可接受的范围内。研究者可根据项目参数对项目进行初步的筛选。

（1）查看项目特征曲线

点击 Plot 可查看项目特征曲线，本次操作选择查看多个题项的项目特征曲线，具体点击顺序如下：【View plots】→【Item characteristic curves】→【View】→【Item characteristic curves for multiple items】→【下一步】→ 选中想要查看的项目并点击【Add】→【下一步】→【下一步】→【下一步】→【完成】，即可得到项目特征曲线。具体选择窗口如图 2.28—图 2.30 所示。

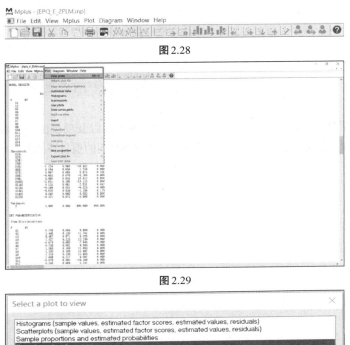

图 2.28

图 2.29

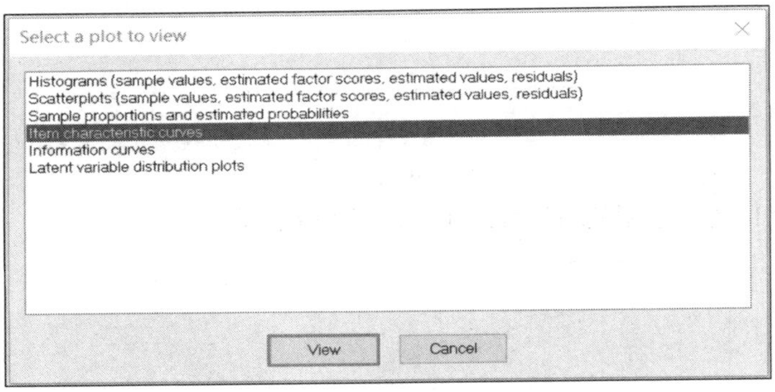

图 2.30

需要注意的是：在此步骤后，我们可以选择查看单个项目或所有项目的项目特征曲线，本例中选择查看多个题项的项目特征曲线，具体选择窗口如图 2.31、图 2.32 所示。

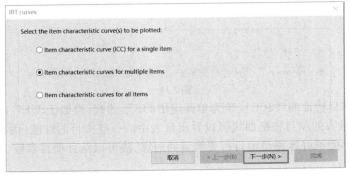

图 2.31

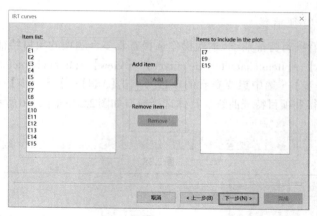

图2.32

分别选取项目参数部分中区分度参数较高的E7、E9、E15以及项目区分度参数为负值的E5、E11、E14为例绘制项目特征曲线。其中,以E7、E9、E15为例绘制的项目特征曲线如图2.33所示。

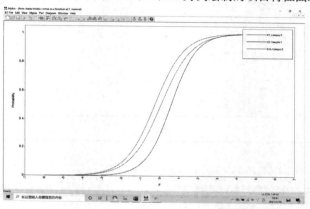

图2.33

以E5、E11、E14为例绘制的项目特征曲线如图2.34所示。

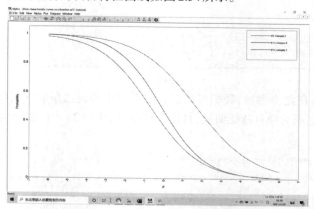

图2.34

一般来说,项目特征曲线ICC应该为单调递增的S形曲线(类似于以E7、E9、E15绘制所得的ICC),而从该量表的项目特征曲线可以看出量表中的一些项目的性能(例如,E5、E11、E14)并不是很理想,不能很好地测得项目所要测量的内容,故可以结合项目参数,对不太理想的项目进行修改或删减。

（2）查看信息函数曲线

点击Plot可查看信息函数曲线，本次操作选择查看多个题项的信息函数曲线，具体点击顺序如下：【View plots】→【Information curves】→【View】→【Item information curve（s）（IIC）for a single or multiple items】→【下一步】→ 选中想要查看的项目并点击【Add】→【下一步】→【下一步】→【完成】，即可得到项目的信息函数曲线。具体选择窗口如图2.35、图2.36所示。

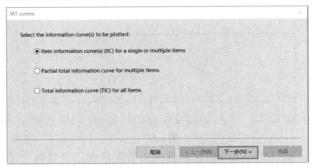

图2.35

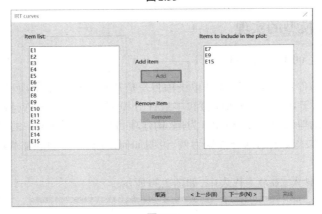

图2.36

在本次操作中，依旧选取项目区分度参数较高的E7、E9、E15以及项目区分度参数为负值的E5、E11、E14为例绘制信息函数曲线。其中，以E7、E9、E15为例绘制的信息函数曲线如2.37图所示。

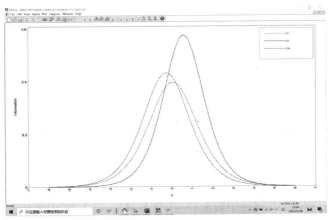

图2.37

以 E5、E11、E14 为例绘制的信息函数曲线如图 2.38 所示。

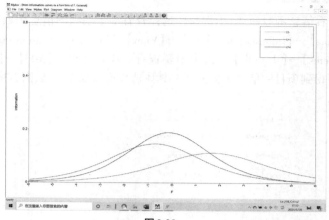

图 2.38

由上图可以看出,E7、E9、E15 的信息函数曲线所提供的信息量远大于 E5、E11、E14 的信息函数曲线所提供的信息量,这也可以作为项目筛选的依据。

2.4.2 多级计分模型的实现

1）等级反应模型的 Excel 实现

Excel 中的 eirt 插件通常被用来实现单维项目反应理论分析。单维项目反应模型可以分为二级计分模型（适用于 0、1 计分的情况）和多级计分模型（适用于如李克特 4 点计分的情况）。该部分以应用广泛的等级反应模型 GRM 为例,构建项目反应理论框架下的多级计分模型,在此处我们以简易应对方式量表的部分数据为例,说明如何使用 Excel 中的加载项 eirt 来构建 GRM,并实现项目分析。

第一步,将数据导入 Excel 工作表中,如图 2.39 所示。

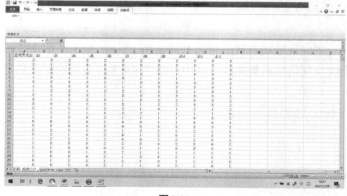

图 2.39

在本数据中,12 列数据分别代表被试在简易应对方式量表积极应对维度上的作答反应,本量表采用的计分方式为 4 级计分（0、1、2、3）。本次分析所用的实际数据共包含 3784 名被试,图中仅展示了 25 名被试的观测数据。

第二步,建立模型:首先,在 Excel 工具栏中的点击顺序为:【加载项】→【eirt】→【Start the assistant】→ 选择数据（【Select】→【选中数据】）→【OK】→【Next >】(图 2.40、图 2.41)

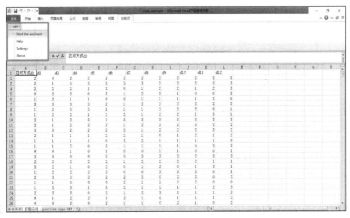

图 2.40

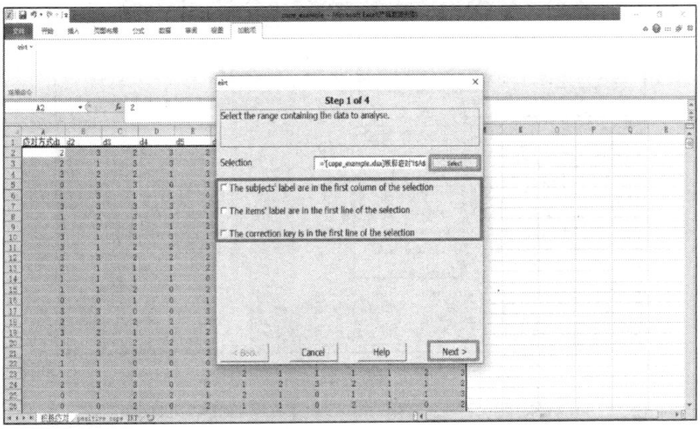

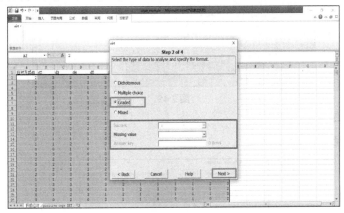

图 2.41

需要注意的是：在选择数据时只需选择被试的作答数据，即不应包含行标题以及列标题，否则需要勾选图 2.41 红色框中的相应选项。

其次，选择计分方式：【Graded】→【Next >】（图 2.42）

图 2.42

需要注意的是：如果数据中不存在缺失值，我们可以继续点击【Next >】，若数据中存在缺失值，那么应在 Missing value 的部分将替代缺失值的具体数值标注出来。

接下来，选择参数模型：【Samejima's graded model】→【Next >】（图 2.43）

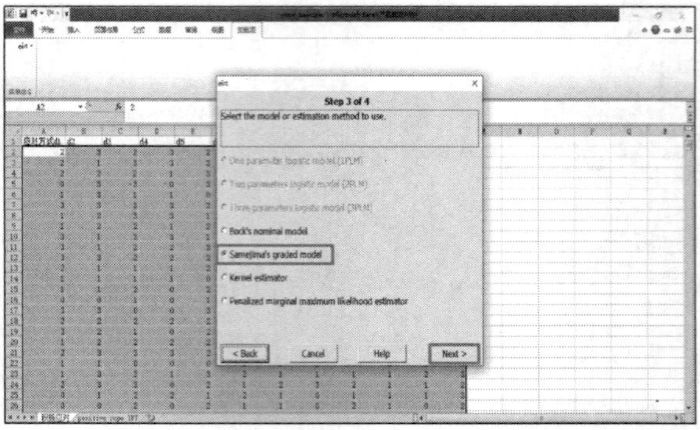

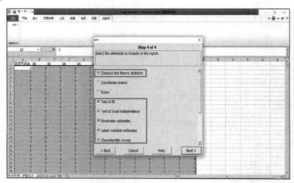

图 2.43

最后,勾选研究所需的各项估计值(方框选中的估计值都应点击勾选)→【Next >】→ 查看结果(图 2.44、图 2.45)

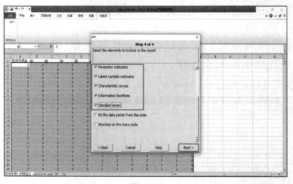

图 2.44

图 2.45

第三步,分析结果。

(1)CTT 框架下的项目参数

Classical test theory statistics

Number of subject	Number of item	Number of missing response	Score's mean	Score's standard deviation	Cronbach's Alpha
3784	12	0	19.623	6.656	0.796

Item	Mean (difficulty)	Standard deviation	Correlation (discrimination)
ITEM1	1.514	0.998	0.396
ITEM2	1.655	1.045	0.342
ITEM3	1.797	0.992	0.514
ITEM4	1.686	1.015	0.536
ITEM5	1.581	1.039	0.355
ITEM6	1.555	0.984	0.326
ITEM7	1.613	0.914	0.495
ITEM8	1.540	1.015	0.468
ITEM9	1.538	0.887	0.522
ITEM10	1.585	0.960	0.487
ITEM11	1.704	1.100	0.432
ITEM12	1.856	1.025	0.415

图 2.46 CTT 框架下的项目参数

图2.46所呈现的是在CTT框架下所获得的项目信息,包含此次分析所涉及的被试总人数、项目总数、缺失值数量、项目均分及其标准差、Cronbach's α系数、项目难度(Mean)及题总相关系数(Correlation)等各项信息。研究人员可根据此部分的结果,自行选择可用信息并展开研究,或者采用下方所呈现的基于IRT框架下的研究结果进行分析与讨论。

(2)局部独立性检验结果如下所示

局部独立性检验结果如图2.47所示。

Test of local independance				
Item	Item	Chi-square	Degrees of freedom	P-Value
ITEM1	ITEM2	54.935	9	0.000
ITEM1	ITEM3	73.253	9	0.000
ITEM1	ITEM4	67.084	9	0.000
ITEM1	ITEM5	67.182	9	0.000
ITEM1	ITEM6	75.045	9	0.000
ITEM1	ITEM7	68.794	9	0.000
ITEM1	ITEM8	85.563	9	0.000
ITEM1	ITEM9	108.743	9	0.000
ITEM1	ITEM10	87.475	9	0.000
ITEM1	ITEM11	143.865	9	0.000
ITEM1	ITEM12	89.289	9	0.000
ITEM2	ITEM3	80.070	9	0.000
ITEM2	ITEM4	98.703	9	0.000
ITEM2	ITEM5	87.750	9	0.000
ITEM2	ITEM6	53.925	9	0.000
ITEM2	ITEM7	85.964	9	0.000
ITEM2	ITEM8	307.958	9	0.000
ITEM2	ITEM9	71.809	9	0.000
ITEM2	ITEM10	80.652	9	0.000
ITEM2	ITEM11	65.672	9	0.000
ITEM2	ITEM12	97.596	9	0.000

图2.47　局部独立性检验结果

局部独立性是IRT的一个前提假设之一,故在项目分析之前,需要进行局部独立性检验。局部独立性检验可通过卡方检验的方式来进行,即检验各项目之间的差异是否达到显著水平,若达到显著水平则说明满足相互独立的条件。由图中(仅呈现了部分数据)可以看出项目间满足局部独立的条件,故可以进行项目反应模型的构建。心理学量表的项目往往存在较多的联系,局部独立的检验往往很难满足,因此心理学的研究对局部独立性存在着一定的容忍度。

(3)GRM的部分项目参数及被试特质参数估计值

GRM的部分项目参数及被试特质参数估计值如图2.48、图2.49所示。

Parameter estimates					
Item	Option	Slope (a)	s.e.	Threshold (b)	s.e.
ITEM1	0	0.960	0.034	-2.011	0.099
ITEM1	1	0.960	0.034	-0.906	0.052
ITEM1	2	0.960	0.034	0.893	0.052
ITEM1	3	0.960	0.034	1.586	0.081
ITEM2	0	0.808	0.033	-2.353	0.125
ITEM2	1	0.808	0.033	-1.252	0.072
ITEM2	2	0.808	0.033	0.588	0.048
ITEM2	3	0.808	0.033	1.326	0.078
ITEM3	0	1.452	0.041	-1.937	0.083
ITEM3	1	1.452	0.041	-1.139	0.051
ITEM3	2	1.452	0.041	0.219	0.024
ITEM3	3	1.452	0.041	0.778	0.040
ITEM4	0	1.595	0.042	-1.605	0.068
ITEM4	1	1.595	0.042	-0.889	0.040
ITEM4	2	1.595	0.042	0.353	0.025
ITEM4	3	1.595	0.042	0.879	0.041
ITEM5	0	0.891	0.034	-2.061	0.105
ITEM5	1	0.891	0.034	-1.015	0.059
ITEM5	2	0.891	0.034	0.726	0.049
ITEM5	3	0.891	0.034	1.421	0.077

图2.48

Latent variable estimates					
Subject	Z	s.e.	Subject	Z	s.e.
SUBJECT1	1.567	0.059	SUBJECT1893	0.057	0.079
SUBJECT2	2.085	0.051	SUBJECT1894	-0.419	0.086
SUBJECT3	0.098	0.078	SUBJECT1895	0.955	0.068
SUBJECT4	-0.204	0.092	SUBJECT1896	-0.135	0.084
SUBJECT5	-0.865	0.071	SUBJECT1897	1.381	0.061
SUBJECT6	2.097	0.051	SUBJECT1898	1.342	0.070
SUBJECT7	0.655	0.084	SUBJECT1899	-0.652	0.076
SUBJECT8	-0.031	0.077	SUBJECT1900	0.944	0.071
SUBJECT9	2.026	0.054	SUBJECT1901	0.100	0.077
SUBJECT10	0.517	0.077	SUBJECT1902	0.210	0.080
SUBJECT11	0.784	0.071	SUBJECT1903	-0.471	0.074
SUBJECT12	-0.500	0.075	SUBJECT1904	-0.062	0.080
SUBJECT13	-0.810	0.070	SUBJECT1905	-1.910	0.052
SUBJECT14	-0.690	0.076	SUBJECT1906	-1.964	0.049
SUBJECT15	-1.827	0.049	SUBJECT1907	-2.096	0.044
SUBJECT16	1.323	0.079	SUBJECT1908	0.160	0.079
SUBJECT17	0.265	0.073	SUBJECT1909	-0.344	0.083
SUBJECT18	-0.742	0.079	SUBJECT1910	-0.341	0.079
SUBJECT19	-0.201	0.079	SUBJECT1911	0.007	0.083
SUBJECT20	1.075	0.073	SUBJECT1912	0.002	0.077

图2.49

在Parameter estimates部分中,Slope(a)代表区分度参数,Threshold(b)代表难度参数,Latent variable estimates部分则是呈现了各被试潜在特质水平的估计值。由图中不难看出,每个项目的各个选项均分别对应着一个难度参数,而同一项目仅存在一个区分度参数,这是由模型的假设所决定的。一般而言,项目区分度原则上应该是越高越好,在CTT的框架下,其最低值不宜低于0.3,而在IRT的框架下,其最低值不宜低于0.7。另外,由于简易应对方式量表不属于最高行为测验,故项目难度适中即可(取值范围在[-3,3]之内即可)。

此外,对于被试的潜在特质参数而言,每个被试均存在一个潜在特质水平的估计值(Z),由此可以获得对于各被试潜在特质水平的直观了解。

(4)两样例项目的类别反应曲线如下图所示

两样例项目的类别反应曲线如图2.50、图2.51所示。

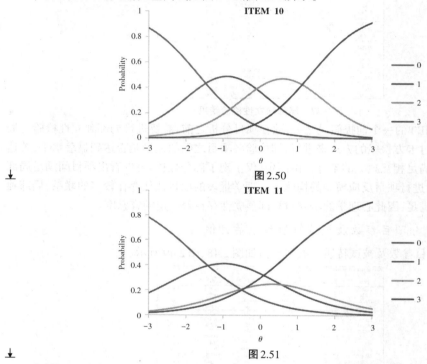

图2.50

图2.51

在图2.50、图2.51中,不同的曲线分别代表了某特定项目的不同选项。我们可以发现项目11(ITEM 11)的效果其实并不是非常理想,这是由于随着特质水平的上升,不同特质水平的被试对于选项2的选择概率均不高,被试从倾向于选择选项1直接过渡到倾向于选择选项3,这使得选项2的设置变得意义不大;而对于项目10(ITEM 10)来说,此项目的设置效果比较理想,不同潜在特质水平的被试在此项目上对于各选项的选择倾向性均有所区别,各个选项的设置都较有意义。

(5)两样例项目的信息函数曲线

两样例项目的信息函数曲线如图2.52所示。

图2.52为ITEM 10、ITEM 11两个样例项目的信息函数曲线的汇总表述,根据信息函数曲线,可以看出ITEM 10的信息函数曲线的高度远远高于ITEM 11,这表明ITEM 10所提供的信息量远高于ITEM 11。

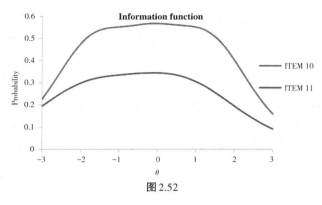

图 2.52

2）等级反应模型的 Mplus 实现

首先,运行 Mplus,并将命令写入 Mplus 语句框中(语句如下所示)→ 点击【RUN】→ 查看结果:

等级反应模型（GRM）Mplus 语句

```
TITLE: The model is GRM;
DATA: FILE is cope.dat;
VARIABLE:
        NAMES are d1-d12; ! dat 文件中所包含的变量
        USEVARIABLE are d1-d12; !本次分析需要用到的变量
        CATEGORICAL are d1-d12; !类别变量
ANALYSIS: ESTIMATOR = MLR; !本次分析所选用的方法为稳健极大似然估计,也可选择
其他方法
MODEL:
        F by d1-d12*; !表示将因子负荷设为自由估计
        F@1; !表示将 F 维度的方差固定为 1
OUTPUT: TECH1 TECH8; !RESIDUAL
SAVEDATA: SAVE = FSCORES; !选择保存的结果
        FILE IS COPE_OUT.dat; !命名保存的文件名称
PLOT: TYPE IS PLOT3; !选择输出的图的类型
```

在 Mplus 运行结束后,所得结果如图 2.53 所示。

```
MODEL RESULTS

                                            Two-Tailed
                  Estimate   S.E.   Est./S.E.  P-Value

 F        BY
    D1        0.959    0.046    20.822    0.000
    D2        0.807    0.045    17.867    0.000
    D3        1.452    0.065    22.370    0.000
    D4        1.595    0.067    23.857    0.000
    D5        0.890    0.047    18.954    0.000
    D6        0.778    0.044    17.627    0.000
    D7        1.381    0.056    24.817    0.000
    D8        1.221    0.054    22.612    0.000
    D9        1.626    0.066    24.666    0.000
    D10       1.391    0.059    23.771    0.000
    D11       1.058    0.048    22.034    0.000
    D12       1.054    0.048    21.811    0.000

 Thresholds
    D1$1     -1.937    0.054   -36.135    0.000
    D1$2      0.184    0.038     4.810    0.000
    D1$3      1.516    0.047    32.041    0.000
    D2$1     -1.906    0.051   -37.230    0.000
    D2$2     -0.127    0.037    -3.471    0.001
    D2$3      1.065    0.041    25.691    0.000
    D3$1     -2.824    0.077   -36.622    0.000
    D3$2     -0.503    0.045   -11.171    0.000
    D3$3      1.119    0.051    22.149    0.000
    D4$1     -2.572    0.075   -34.470    0.000
    D4$2     -0.288    0.047    -6.186    0.000
    D4$3      1.391    0.055    25.344    0.000
    D5$1     -1.842    0.052   -35.589    0.000
    D5$2      0.022    0.037     0.585    0.559
    D5$3      1.259    0.044    28.375    0.000
```

图 2.53

其中,上框中的内容(Estimate)为各个项目的区分度参数,每个项目仅对应一个区分度参数。下框中的内容(Estimate)为部分项目的各个选项所对应的难度参数,研究者可根据项目参数进行项目的初步筛选。

(1)查看类别反应曲线

点击Plot可查看类别反应曲线,本次操作选择查看单个题项的类别反应曲线,点击顺序如下:【View plots】→【Item characteristic curves】→【View】→【Item characteristic curve (ICC) for a single item】→【下一步】→【选择项目】→【下一步】→【下一步】→【下一步】→【完成】。具体选择窗口如图2.54—图2.56所示。

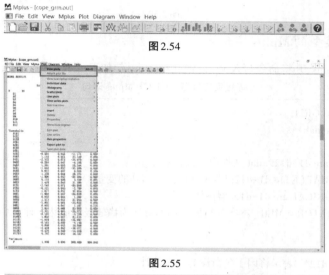

图2.54

图2.55

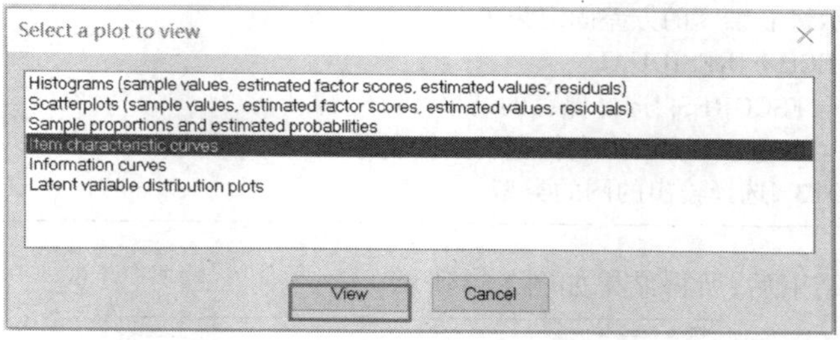

图2.56

需要注意的是:在此步骤后,可以选择查看单个项目或所有项目的类别反应曲线,下面以D10(ITEM 10)和D11(ITEM 11)为例,具体的选择过程如图2.57—图2.59所示。

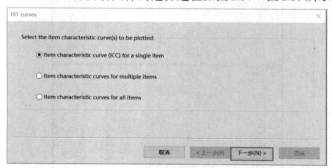

图2.57

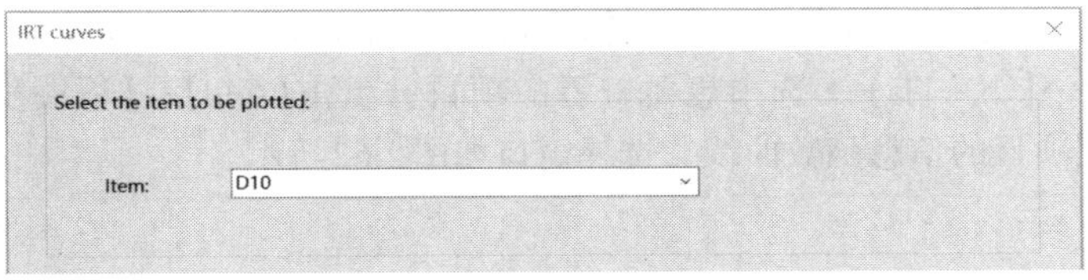

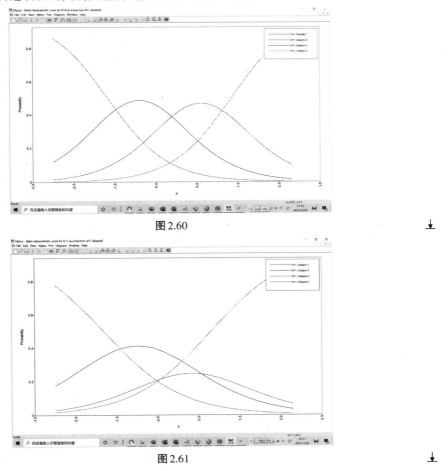

图 2.58

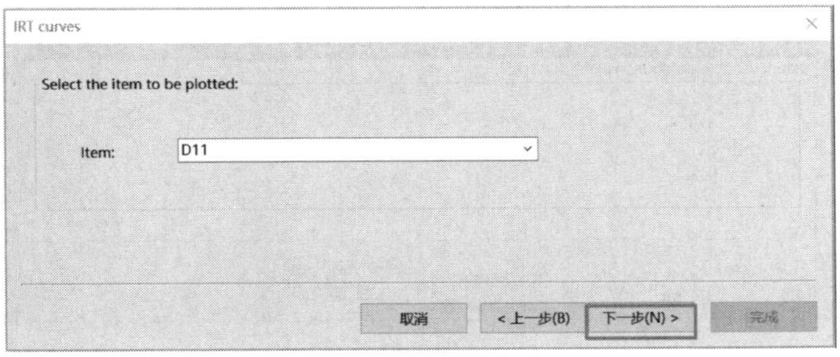

图 2.59

最终得到的所选项目的类别反应曲线如图 2.60、图 2.61 所示。

图 2.60

图 2.61

（2）查看信息函数曲线

点击 Plot 查看信息函数曲线，本次操作选择查看单个题项的信息函数曲线，具体点击顺序如下:【View plots】→【Information curves】→【View】→【Item information curve（s）（IIC）for a single or multiple items】→【下一步】→选中想要查看的项目并点击【Add】→【下一步】→【下一步】→【完成】，即可得到项目的信息函数曲线。选择窗口如图2.62所示。

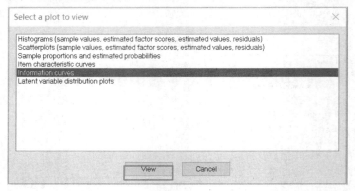

图2.62

需要注意的是:在此步骤后，可以选择查看单个项目或所有项目的信息函数曲线。下面以D10(ITEM 10)和D11(ITEM 11)为例，具体的选择过程如图2.63、图2.64所示。

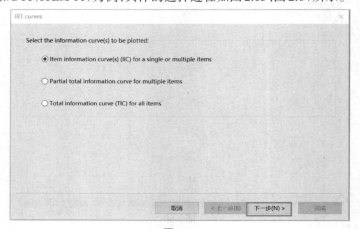

图2.63

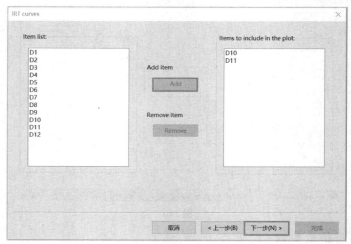

图2.64

最终得到的项目信息函数如图2.65所示。

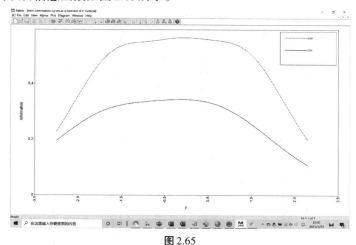

图 2.65

其中,上面的曲线为D10(ITEM 10)的信息函数曲线,下面的曲线为D11(ITEM 11)的信息函数曲线。从图中不难看出,D10(ITEM10)信息函数曲线纵坐标的高度远远高于D11(ITEM11),也就是说D10(ITEM10)所提供的信息量远高于D11(ITEM11)。

根据等级反应模型(GRM)修订量表的研究过程可参见:

任世秀,古丽给娜,刘拓.(2020).中文版无手机恐惧量表的修订.心理学探新,40(3),247-253.

3)GPCM 的 Mplus 实现

首先,运行Mplus,并将命令写入Mplus语句框中(语句如下所示)→ 点击[RUN] → 查看结果:

扩展的分步评分模型(GPCM)Mplus 语句

```
TITLE: The model is GPCM;
DATA: FILE is cope.dat;
VARIABLE:
        NAMES are d1-d12; !文件中所包含的变量
        CATEGORICAL are d1-d12 (gpcm); !类别变量
ANALYSIS: ESTIMATOR = MLR; !本次分析所选用的方法为稳健极大似然估计,也可选择
其他方法
MODEL:
        F by d1-d12*; !表示将因子负荷设为自由估计
        F@1; !表示将 F 维度的方差固定为 1
OUTPUT: TECH1 TECH8; !RESIDUAL
PLOT: TYPE IS PLOT3; !选择输出的图的类型
```

在Mplus运行结束后,所得结果如图2.66—图2.68所示。

可在 MODEL RESULTS 部分(Estimate)查看模型结果,Steps 表示的是每个项目的步难度(由于本量表的计分方式为四级计分,故各项目均存在三个步难度)。Item Discriminations 代表各项目的区分度参数,Item Locations 代表各项目的难度参数;Item Categories 表示的是步难度相比于项目难度的相对难度。

此外,点击Plot可查看类别反应曲线、信息函数曲线,具体操作与GRM中相似,故在此处不再赘述。

```
MODEL RESULTS

                                          Two-Tailed
               Estimate      S.E.   Est./S.E.  P-Value

 F        BY
    D1        0.551        0.031    17.677    0.000
    D2        0.438        0.027    15.976    0.000
    D3        0.920        0.051    17.862    0.000
    D4        1.027        0.054    18.859    0.000
    D5        0.484        0.030    16.248    0.000
    D6        0.434        0.028    15.612    0.000
    D7        0.918        0.045    20.272    0.000
    D8        0.737        0.039    18.712    0.000
    D9        1.142        0.058    19.527    0.000
    D10       0.899        0.046    19.379    0.000
    D11       0.566        0.030    19.010    0.000
    D12       0.599        0.032    18.723    0.000

 Steps

    D1$1     -1.113        0.055   -20.094    0.000
    D1$2      0.435        0.044     9.941    0.000
    D1$3      0.372        0.054     6.833    0.000
    D2$1     -0.914        0.055   -16.592    0.000
    D2$2      0.222        0.045     4.967    0.000
    D2$3      0.015        0.048     0.320    0.749
    D3$1     -1.747        0.083   -21.096    0.000
    D3$2     -0.106        0.048    -2.222    0.026
    D3$3      0.295        0.054     5.433    0.000
    D4$1     -1.557        0.078   -19.846    0.000
    D4$2      0.013        0.048     0.268    0.788
    D4$3      0.501        0.060     8.372    0.000
    D5$1     -0.911        0.055   -16.711    0.000
    D5$2      0.310        0.044     6.962    0.000
    D5$3      0.140        0.051     2.753    0.006
```

图 2.66

```
IRT PARAMETERIZATION

 Item Discriminations

 F        BY
    D1        0.551        0.031    17.677    0.000
    D2        0.438        0.027    15.976    0.000
    D3        0.920        0.051    17.862    0.000
    D4        1.027        0.054    18.859    0.000
    D5        0.484        0.030    16.248    0.000
    D6        0.434        0.028    15.612    0.000
    D7        0.918        0.045    20.272    0.000
    D8        0.737        0.039    18.712    0.000
    D9        1.142        0.058    19.527    0.000
    D10       0.899        0.046    19.379    0.000
    D11       0.566        0.030    19.010    0.000
    D12       0.599        0.032    18.723    0.000

 Item Locations
    D1       -0.185        0.040    -4.590    0.000
    D2       -0.515        0.052    -9.823    0.000
    D3       -0.565        0.035   -16.033    0.000
    D4       -0.338        0.029   -11.774    0.000
    D5       -0.317        0.045    -7.102    0.000
    D6       -0.366        0.054    -6.837    0.000
    D7       -0.291        0.033    -8.888    0.000
    D8       -0.143        0.032    -4.414    0.000
    D9       -0.139        0.028    -4.934    0.000
    D10      -0.163        0.030    -5.430    0.000
    D11      -0.497        0.041   -12.030    0.000
    D12      -0.785        0.047   -16.555    0.000
```

图 2.67

```
 Item Categories

 D1
    Category 1    0.000      0.000     0.000    1.000
    Category 2    1.834      0.097    18.924    0.000
    Category 3   -0.973      0.099    -9.791    0.000
    Category 4   -0.861      0.079   -10.916    0.000
 D2
    Category 1    0.000      0.000     0.000    1.000
    Category 2    1.571      0.113    13.933    0.000
    Category 3   -1.021      0.125    -8.181    0.000
    Category 4   -0.550      0.094    -5.842    0.000
 D3
    Category 1    0.000      0.000     0.000    1.000
    Category 2    1.335      0.061    21.912    0.000
    Category 3   -0.449      0.056    -8.032    0.000
    Category 4   -0.886      0.047   -19.028    0.000
 D4
    Category 1    0.000      0.000     0.000    1.000
    Category 2    1.178      0.050    23.754    0.000
    Category 3   -0.351      0.048    -7.238    0.000
    Category 4   -0.827      0.042   -19.675    0.000
 D5
    Category 1    0.000      0.000     0.000    1.000
    Category 2    1.564      0.101    15.553    0.000
    Category 3   -0.957      0.113    -8.495    0.000
    Category 4   -0.608      0.087    -7.004    0.000
```

图 2.68

2.5 本章小结

回顾本章节的知识,本章在第一节中着重分析了经典测量理论中存在的缺陷与不足,以及现代测量理论IRT的优势所在。同时,介绍了IRT的基本概念、基本假设和特点。项目反应理论(IRT)依据被试在项目上的实际作答反应结果,经过数学模型的运算,统一估计出项目参数以及被试的潜在特质参数,可以克服经典测量理论在测验中存在的误差估计不精确以及对于项目性能的估计依赖于被试样本等困难。

在第二节中进一步讨论各种IRT模型及其假设,在二级计分模型中,早期的测量学家为了更好地描述被试的潜在特质与项目参数提出了正态卵形模型、Logistic模型等测量模型,在实际应用中Logistic模型更为常用,在此模型下可涉及三种参数(难度、区分度、猜测),在本节中也详细介绍了各种参数的实际意义。此外,随着测验技术的发展,为了解决如何用更少的项目获取更多的信息这一问题,多级计分测验被广泛应用,常用于测量人格、智力等潜在心理特质,为了更好地评估被试的潜在特质以及项目的性能,等级反应模型(GRM)、分步评分模型(PCM)、扩展的分步评分模型(GPCM)以及名义反应模型(NRM)等各种复杂模型开始被应用到多级计分测验当中。

在第三节中,以实际数据为例,具体介绍了基于项目反应理论的二级计分模型、多级计分模型在Excel加载项eirt以及Mplus软件中的实现方法,并展示了如何解读结果,如何根据项目特征曲线、类别反应曲线和信息函数曲线来判断项目性能的优劣等。

与其他测量理论相似,项目反应理论自诞生以来,不断接受研究人员的考查与检验,仍在不断发展和精进。目前,项目反应理论被大众普遍接受,且应用十分广泛,其应用主要涉及项目功能差异的检验、测验等值、计算机化自适应测验、异常作答的诊断与识别等各个方面。相信在未来的研究中,项目反应理论的存在能够大力推动心理与教育测量领域的蓬勃发展。

本章参考文献

曹亦薇.(2001).异常反应模式的识别和分类.心理学报,33(6),558-563.

曹亦薇.(2003).项目功能差异在跨文化人格问卷分析中的应用.心理学报,35(1),120-126.

陈婧,康春花,钟晓玲.(2013).非参数项目反应理论回顾与展望.中国考试,6,18-25.

陈平,丁树良,林海菁,周婕.(2006).等级反应模型下计算机化自适应测验选题策略.心理学报,38(3),461-467.

戴海崎,张锋,陈雪枫.(2018).心理与教育测量(第四版).广州:暨南大学出版社.

康春花,辛涛.(2010).测验理论的新发展:多维项目反应理论.心理科学进展,18(3),530-536.

刘红云,骆方.(2008).多水平项目反应模型在测验发展中的应用.心理学报,40(1),92-100.

刘拓,曹亦薇,戴晓阳.(2011a).个人拟合指标在艾森克人格测验中的应用.中国临床心理学杂志,19(3),323-326.

刘拓,曹亦薇,戴晓阳.(2011b).个人不拟合对IRT项目参数估计的影响及净化对策.中国临床心理学杂志,19(5),323-326.

刘拓,戴晓阳.(2011).不拟合被试对测验信、效度的影响.中国临床心理学杂志,19(6),743-745-762.

罗照盛.(2012).项目反应理论基础.北京:北京师范大学出版社.

罗照盛,欧阳雪莲,漆书青,戴海琦,丁树良.(2008).项目反应理论等级反应模型项目信息量.心理学报,40(11),1212-1220.

毛秀珍,辛涛.(2011).计算机化自适应测验选题策略述评.心理科学进展,19(10),1552-1562.

漆书青,戴海崎.(1992).项目反应理论及其应用研究.南昌:江西高校出版社.

漆书青,戴海崎,丁树良.(2002).现代教育与心理测量学原理.北京:高等教育出版社.

任世秀,古丽给娜,刘拓.(2020).中文版无手机恐惧量表的修订.心理学探新,40(3),247-253.

涂冬波,蔡艳,戴海崎,漆书青.(2008).现代测量理论下四大认知诊断模型述评.心理学探新,28(2),64-68.

涂冬波,漆书青,戴海琦,蔡艳,丁树良.(2008).教育考试中的认知诊断评估.考试研究,4(4),4-15.

王烨晖,边玉芳,辛涛.(2011).垂直等值的应用及最新发展述评.心理学探新,31(5),472-476.

王昭,郭庆科,岳艳.(2007).心理测验中个人拟合研究的回顾与展望.心理科学进展,15(3),559-566.

辛涛,乐美玲,张佳慧.(2012).教育测量理论新进展及发展趋势.中国考试,5,3-11.

辛涛,刘拓.(2013).认知诊断计算机化自适应测验中选题策略的新进展.南京师大学报(社会科学版),6,81-87.

叶萌,辛涛.(2015).测验链接中的锚题代表性研究.心理科学,38(1),209-215.

余娜,辛涛.(2009).认知诊断理论的新进展.考试研究,5(3),22-34.

曾秀芹,孟庆茂.(1999).项目功能差异及其检测方法.心理学动态,7(2),41-47+57.

郑日昌.(1987).心理测量.长沙:湖南教育出版社.

Andrich, D. (1978). Application of a psychometric rating model to ordered categories which are scored with successive integers. *Applied Psychological Measurement*, 2(4), 581-594.

Baker F. & Kim S.H. (2004). *Item Response Theory: Parameter Estimation Techniques*. CRC PRESS, Taloy & Francis Group.

Binet, A., & Simon, T. H. (1916). *The development of intelligence in children*. Vineland, NJ: The Training School.

Birnbaum, A. (1957). Efficient design and use of tests of a mental ability for various decision-making problems. *Series Report No. 58-16*, Texas.

Birnbaum, A. (1958). Further considerations of efficiency in tests of a mental ability. *Technical Report No. 17*, Texas.

Birnbaum, A. (1958). On the estimation of mental ability. *Series Report No. 15*, Texas.

Birnbaum, A. (1968). Some latent trait models and their use in inferring an examinee's ability. In F.M. Lord & M.R. Novick (Eds.), Statistical theories of mental test scores (pp. 395-479). Reading, MA: Addison-Wesley.

Bock, R. D. (1972). Estimating item parameters and latent ability when responses are scored in two or more nominal categories. *Psychometrika*, 37(1), 29-51.

Bock, R. D., & Aitkin, M. (1981). Marginal maximum likelihood estimation of item parameters: Application of an EM algorithm. *Psychometrika*, 46(4), 443-459.

Brown F. G. (1985). *Psychology Testing and Assement*. Ally & Bacon.

De Ayala, R. J. (2009). *The theory and practice of item response theory*. Guildord Press.

DeVellis, R. F. (2006). Classical test theory. *Medical Care*, 44(Suppl 3), S50-S59.

Eisinga, R., Grotenhuis, M. T., & Pelzer, B. (2013). The reliability of a two-item scale: Pearson, Cronbach or Spearman-Brown?. *International Journal of Public Health*, 58(4), 637-642.

Embretson, S.E., Reise, S.P. (2000). *Item Response Theory for Psychologists*. Lawrence Erlbaum Associates, Inc.: Mahwah, NJ.

Fraley, R. C., Waller, N. G., & Brennan, K. A. (2000). An item response theory analysis of self-report measures of adult attachment. *Journal of Personality and Social Psychology*, 78(2), 350-365.

Hambleton, R.K., & Swaminathan, H. (1985). *Item Response Theory: Principles and applications*. Springer Science & Business Media.

Hansen, J., Sadler, P., & Sonnert, G. (2019). Estimating High School GPA Weighting Parameters With a Graded Response Model. *Educational Measurement: Issues and Practice*, 38(1), 16-24.

Holland, P. W., & Dorans, N. J. (2006). Linking and equating. In R. L. Brennan. (Ed.), Educational measurement (4th ed.)New York: American Council on Education/Praeger.

Jackson, P. H. (1973). The Estimation of True Score Variance and Error Variance in The Classical Test Theory

Model. *Psychometrika*, *38*(2), 183-201.

Karabatsos, G. (2003). Comparing the Aberrant Response Detection Performance of Thirty-Six Person-Fit Statistics. *Applied Measurement in Education*, *16*(4), 277-298.

Koch, W. R. (1983). Likert Scaling Using the Graded Response Latent Trait Model. *Applied Psychological Measurement*, *7*(1), 15-32.

Lawley, D. N. (1943). On problems connected with item selection and test construction. *Proceedings of the Royal Society of Edinburgh: Section A Mathematics*, *61*(3), 273-287.

Lawley, D. N. (1944). The factorial analysis of multiple item tests. *Proceedings of the Royal Society of Edinburgh: Section A Mathematics*, *62*(1), 74-82.

Linacre, J. M. (1989). *Many-facet Rasch measurement*. Chicago: MESA Press.

Linacre, J. M., & Wright, B. D. (2002). Construction of measures from many-facet data. *Journal of Applied Measurement*, *3*(4), 486-512.

Liu, T., Lan, T., & Xin, T. (2019). Detecting Random Responses in a Personality Scale Using IRT-Based Person-Fit Indices. *European Journal of Psychological Assessment*, *35*(1), 126-136.

Liu, T., Sun, Y. C., Li, Z., & Xin, T. (2019). The Impact of Aberrant Response on Reliability and Validity. *Measurement: Interdisciplinary Research and Perspectives*, *17*(3), 133-142.

Lord, F. M. (1952). *A theory of test scores (Psychometric Monograph No. 7)*. Richmond, VA: Psychometric Corporation.

Lord, F. M. (1980). *Applications of item response theory to practical testing problems*. Hillsdale, NJ: Erlbaum.

Magno, C. (2009). Demonstrating the Difference between Classical Test Theory and Item Response Theory Using Derived Test Data. *The International Journal of Educational and Psychological Assessment*, *1*(1), 1-11.

Masters, G. N. (1982). A Rasch model for partial credit scoring. *Psychometrika*, *47*, 149-174

Masters, G. N., & Wright, B. D. (1997). The Partial Credit Model. *In: W. J. van der Linden & R.K. Hambleton (Eds.). Handbook of Modern Item Response Theory*. Springer, New York, NY.

Muraki, E. (1992). A Generalized Partial Credit Model: Application of an EM Algorithm. *Applied Psychological Measurement*, *16*(2), 159-176.

Matlock, K. L., & Turner, R. C. (2016). Unidimensional IRT Item Parameter Estimates across Equivalent Test Forms with Confounding Specifications within Dimensions. *Educational and Psychological Measurement*, *76*(2), 258-279.

Meijer, R. R. (1996). Person-fit research: An introduction. *Applied Measurement in Education*, *9*(1), 3-8.

Meijer, R. R., & Sijtsma, K. (2001). Methodology Review: Evaluating Person Fit. *Applied Psychological Measurement*, *25*(2), 107-135.

Meijer, R. R., Tendeiro, J. N., & Wanders, R. B. K. (2014). The use of nonparametric item response theory to explore data quality. *In: S. P. Reise & D. A. Revicki (Eds.). Handbook of item response theory modeling: Applications to typical performance assessment*. New York: Routledge.

Nering, M. L., & Meijer, R. R. (1998). A Comparison of the Person Response Function and the lz Person-Fit Statistic. *Applied Psychological Measurement*, *22*(1), 53-69.

Parkin, J. R., Beaujean, A. A., Firmin, M. W., Qiu, X., & Firmin, R. L. (2018). Validity and Reliability Evidence for the Comprehensive Test of Nonverbal Intelligence-Second Edition Scores from an Independent Sample. *Journal of Psychoeducational Assessment*, *36*(5), 423-435.

Rasch, G. (1960). *Probabilistic models for some intelligence and attainment tests*. Chicago: University of Chicago Press.

Rasch, G. (1960). Studies in mathematical psychology: I. Probabilistic models for some intelligence and attainment tests.

Raju, N. S. (1990). Determining the significance of estimated signed and unsigned Are as between to item response functions. *Applied Psychological Measurement*, *14*(2), 197-207.

Reise, S. P., & Flannery, P. (1996). Assessing Person-Fit on Measures of Typical Performance. *Applied Mea-

surement in Education, 9(1), 9-26.

Richardson, M. W. (1936). The relation between difficulty and the differential validity of a test. *Psychometrika*, 1(2), 33-49.

Samejima, F. (1969). *Estimation of latent ability using a response pattern of graded scores (Psychometric Monograph No. 17)*. Richmond, VA: Psychometric Society.

Thomas, M. L. (2011). The Value of Item Response Theory in Clinical Assessment: A Review. *Assessment*, 18 (3), 291-307.

Traub, R. E. (1983). A priori consideration in choosing an item response model. In R. K. Hambleton (Ed.) Applications of item response theory (pp. 57-70). Vancover, B.C.: Educational Research Institute of British Columbia.

Tucker, L. R. (1946). Maximum validity of a test with equivalent items. *Psychometrika*, 11(1), 1-13.

van den Berg, S. M., Glas, C. A., & Boomsma, D. I. (2007). Variance Decomposition Using an IRT Measurement Model. *Behavior Genetics*, 37(4), 604-616.

van der Linden, W. J., & Hambleton, R. K. (1997). *Handbook of Modern Item Response Theory* New York: Springer.

van der Linden, W. J., & Glas, G. A. W. (2000). *Computerized Adaptive Testing: Theory and Practice*. Springer.

Wainer, H., & Lewis, C. (1990). Toward a Psychometrics for Testlets. *Journal of Educational Measurement*, 27 (1), 1-14.

Weiss, D. J., & Kingsbury, G. G. (1984). Application of computerized adaptive testing to educational problems. *Journal of Educational Measurement*, 21(4), 361-375.

Wright, B. D. (1968). Sample-Free Test Calibration and Person Measurement Proceedings of the 1967 Invitational Conference on Testing Problems. *Educational Testing Service. Princeton, Nj*.

3 认知诊断

3.1 引言

　　"诊断"在生活中经常发生。例如,医生根据病情对病人进行就诊,找到有效的康复方法;心理医生根据咨询情况对来访者进行心理治疗,配以心理干预方案;教练根据运动员身体状况,制订相应训练计划;教师根据学生的行为表现,提供个性化教学补救等等。可以说,诊断无处不在,诊断的目的就在于为诊断对象提供针对性方案,以期达到某种目标。本章内容主要聚焦于心理与教育测量范畴,因此,将围绕测验领域进行介绍。

　　纵观测验理论的发展史,前后经历了大致两个发展阶段:标准测验理论阶段和新一代测验理论阶段。标准测验理论包括经典测验理论、概化理论和项目反应理论(CTT、GT、IRT),认知诊断(Cognitive Diagnosis,CD)是新一代测验理论的代表。标准测验理论将所测量的心理特质视为心理学意义并不明确的"统计结构",仅在宏观层次上对个体作出一个整体评价,即在单维、线性、连续的度量系统上,依据"统计结构"所代表的数值进行安置、分配和评定。随着测验理论的不断发展以及人们对测验要求的提升,宏观而不够精确的评价显得有些抽象,并且很难为个体提供个性化改进和提高方案,或学习指导。强调在宏观能力水平和微观认知水平两种层次上进行评价的认知诊断理论便应运而生。

3.2 认知诊断概述

3.2.1 认知诊断

　　认知诊断被认为是测量个体特定的知识结构和加工技能的评估方式(Leighton et al.,2007)。DiBello、Roussos 和 Stout(2007)指出,测验评估主要包括两大类:一是根据个体能力进行排名(CTT 使用测验总分,IRT 使用潜在特质),二是诊断个体的多维技能(multiple skills)。标准测验理论可以实现第一个评估目标,认知诊断可以同时实现两个目标。不难看出,标准测验理论采用一个笼统的能力值(或特质水平、倾向程度)评估个体情况,这种概括性的描述不仅抽象,且难以设计针对性的教学补救。例如,根据标准测验理论编制的测验结果,可以获得某个学生数学能力处于中等水平,但并不知晓他哪个/些技能掌握得好(如约分),哪个/些技能尚有欠缺(如通分)。而每个学生的具体情况可能截然不同,若采用统一的教学补救方案,则费力、低效。认知诊断将抽象的能力划分为细致而具体的技能,或称为属性(attribute),教师可以根据诊断结果来决定应该补习约分还是通分,或兼有两者。当编制出关于小学数学某个内容领域的认知诊断测验,就可以诊断学生在该内容领域各属性上的掌握情况,进而针对性地对未掌握的属性进行补救教学,提高效率。

3.2.2 属性

　　属性是认知诊断评价的基本单位,其界定是构建认知模型,以及进行认知诊断评估的重要元素。目前对属性的定义有两种方式,一是正向定义方式,可将其称为认知属性(cognitive attri-bute)。例如,Tatsuoka(1990)将属性定义为产生式规则(production rule)、程序性操作、项目类型或更一般的认知任务。Leighton、Gierl 和 Hunka(1999)认为属性是对完成某一领域问题所需要的陈述性知识或程序性知识的描述。Leighton 和 Gierl(2007)认为属性是完成任务所应具备的知识结构和加工技能。此时,属性被看成成功解决问题的认知技能。另一种是反向定义方式,可将其称作迷失属性(misconception),即个体知识结构中错误的知识或加工技能,拥有这些迷失属性会使个体产生错误反应。例如,通常认为乘法运算会得到较大的数值,除法运算会得到较小的数值;较重的物体降落速度更快。

3.2.3　属性粒度

属性粒度(attribute grain size)指属性所对应概念内涵的大小,对属性定义越宽泛属性粒度越大,对属性定义越精细属性粒度越小。如"加法"属于粒度较粗的属性,"进位加法"就属于粒度较细的属性。粒度较粗的属性可被进一步分解为粒度更细的属性。与相对主观的属性定义方式相比,属性粒度在很大程度上依赖任务范围的广阔程度。理论上,对于复杂任务可以进行较细致的属性划分,但会增加属性数量,从而增加认知诊断模型中的潜变量个数,进而给项目参数估计及个体知识结构估计带来很大困难。心理与教育评估中,可以使用粒度粗糙的属性,而在与课程、补救措施紧密联系的标准评估中,可以使用粒度精细的属性(Rupp et al.,2007)。

属性粒度大小不一定反映属性掌握的难度,因为不同任务是给不同能力水平人群设计的。分数减法对于三年级学生来说是复杂的认知任务,需要界定出分数减法中包含的若干属性(如从整数部分借1、约分、通分等属性);对于八年级学生来说,解线性方程属于复杂认知任务,而分数减法已成为简单认知任务,因此,整个分数减法只需作为一个属性出现在八年级学生解线性方程的认知诊断中。可见,认知复杂性和属性粒度与认知诊断所对应的人群有着紧密联系。

3.2.4　属性层级关系

Leighton、Gierl 和 Hunka(2004)指出认知属性不是相互独立的,它们之间可能存在一定的心理加工顺序、逻辑顺序或层级关系。主要存在的属性层级关系有四种基本类型,分别为线型、发散型、收敛型及独立型(Guo et al.,2014),如图3.1所示。更为复杂的属性网络结构可由这四种基本结构构成。由图3.1中四种属性层级结构所示,箭头尾端的属性为箭头端属性的先决条件。例如,在线型结构中,受测者只有掌握了属性1才有可能掌握属性2,若未能掌握属性1,其他属性是不可能掌握的,以此类推。图3.1中的A、B和C三种结构均存在先决关系,D属于独立型结构,表示所有属性之间并无明显的层级关系,彼此相互独立。

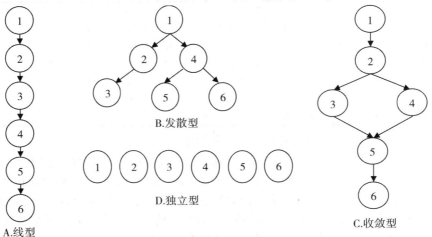

图3.1　属性层级结构的四种基本类型

3.3 Q矩阵理论

Q矩阵理论是描述属性及属性间层级关系、建立属性和题目之间关联，以及确定学生知识结构的理论体系。该理论的先驱Tatsuoka认为，Q矩阵理论旨在确定学生不可直接观察的知识结构，并运用可以直接得到的观察反应模式表示这些知识结构。学生的知识结构是由属性组成的向量表征。Q矩阵理论主要包括：属性层级结构（Attribute Hierarchy Structure，AHS）、邻接矩阵（Adjacency matrix，Q）、可达矩阵（Reachability matrix，Q）、缩减矩阵（Reduced Q-matrix，Qr）、测验Q矩阵（Test Q-matrix，Qt）、知识状态（Knowledge State，KS）等。以图3.1中B结构为例，对Q矩阵理论进行阐述。

图3.1B表示某测验界定的6个属性存在发散型层级关系，根据该结构，可以得到邻接矩阵A阵，它是描述属性间直接关系的$K*K$维方阵（K为属性个数），即表征了具有先后顺序的属性间的关系，如表3.1左侧所示。由A阵与同阶单位阵I的和A+I，通过Warshall算法可得到可达矩阵R阵，它是描述属性间直接、间接和自身关系的矩阵，如表3.1右侧所示。

表3.1 图3.1B结构下的邻接矩阵A阵及可达矩阵R阵

	A阵						R阵					
	A1	A2	A3	A4	A5	A6	A1	A2	A3	A4	A5	A6
A1	0	1	0	1	0	0	1	1	1	1	1	1
A2	0	0	1	0	0	0	0	1	1	0	0	0
A3	0	0	0	0	0	0	0	0	1	0	0	0
A4	0	0	0	0	1	1	0	0	0	1	1	1
A5	0	0	0	0	0	0	0	0	0	0	1	0
A6	0	0	0	0	0	0	0	0	0	0	0	1

注：A1—A6表示图3.1B中的6个属性，"1"表示存在关系，"0"表示不存在关系。

在得到R阵之后，可通过删除法（Tatsuoka，1995）或扩张算法（杨淑群 等，2008）推出所有可能存在的项目类别，即该结构下的测验能够编制出来的所有题目类型，如表3.2所示。其中，行代表属性，列代表典型题目类，该矩阵即为缩减矩阵Qr。在该属性结构中，最多只能出15种类型的题目。

表3.2 图3.1B结构下的缩减矩阵Qr阵

	1	2	3	4	5	6	7	8	9	10	11	12	13	14	15
A1	1	1	1	1	1	1	1	1	1	1	1	1	1	1	1
A2	0	1	0	1	1	0	1	0	1	0	1	0	1	0	1
A3	0	0	1	0	0	1	0	0	0	1	0	0	1	0	1
A4	0	0	0	1	0	0	1	1	0	0	1	1	0	1	1
A5	0	0	0	0	1	0	0	1	1	0	0	1	1	1	1
A6	0	0	0	0	0	1	0	0	1	1	1	1	1	1	1

注："1"表示题目考查了该属性，"0"表示题目没有考查到该属性。

在实际编制测验时，不要求涉及所有类型的题目，且通常来说，编制一道同时考查较多属性的题目较为困难。因此，就会存在某类型题目出现多次的情况，例如同时存在多道类型2[110000]的题目，将这种实际测验所表示的Q阵记作Qt阵。丁树良等人（2012）证明过，若采用0-1评分方式且属性对认知任务所起的作用是非补偿连接的，则期望反应模式集合与知识状态集合建立起双射（bijective）的充分必要条件是可达阵R是Qt的子矩阵。

知识状态 KS 是指属性层级结构下，所有可能出现的知识结构类型。KS 最简单的获取方式是将 Qr 阵转置并加上一行 0 向量（代表一个属性都未掌握情况）。图 3.1B 下所有可能的知识结构共有 16 种，如表 3.3 所示。例如，第一行表示 6 个所考查的属性均没有掌握的个体，记作 $\alpha = (0,0,0,0,0,0)$。当属性层级结构为独立型时，KS 的种类最多，等于 2^K。可以看出，有了层级的约束，会使得 KS 数量以及 Qt 阵里的题目类型数量大大减少。

表 3.3　图 3.1B 结构下的 KS 种类

KS 种类	属性					
	A1	A2	A3	A4	A5	A6
1	0	0	0	0	0	0
2	1	0	0	0	0	0
3	1	1	0	0	0	0
4	1	1	1	0	0	0
5	1	0	0	1	0	0
6	1	1	0	1	0	0
7	1	1	1	1	0	0
8	1	0	0	1	1	0
9	1	1	0	1	1	0
10	1	1	1	1	1	0
11	1	0	0	1	0	1
12	1	1	0	1	0	1
13	1	1	0	1	1	1
14	1	0	0	1	1	1
15	1	1	0	1	1	1
16	1	1	1	1	1	1

3.4　认知诊断模型

由于个体在头脑中的认知过程无法知晓，只有通过他们在测验上的作答反应进行评估。若使用已校准好的题目（题目参数已知），只需估计个体参数，即估计个体的知识状态即可；若测验是新开发的，那么个体参数和题目参数就需要同时估计，并以此来评价测验/题目的质量。为此，心理测量学家开发出了多种认知诊断模型（Cognitive Diagnostic Model，CDM）来实现上述目标。依据属性之间的作用机制，可以分为不同类型的 CDM。第一种为补偿式模型，该模型假设：当个体未掌握题目所考查的某个属性时，答对该题目的概率可由掌握了的其他属性进行弥补。这意味着，正确作答概率不会由于未掌握某个属性而急剧降低。补偿的重参数化统一模型（C-RUM；Hartz，2002）是代表。第二种为连接模型，要求个体掌握全部属性，才能正确作答，DINA 和 NIDA 模型（Junker et al.，2001）是代表。第三种为非连接模型，只要被试掌握题目考查属性的子集，就有较高的正确作答概率，DINO 模型（Templin et al.，2006）是代表。第四种为每多掌握一个属性，该属性就会单独提升正确作答概率，该模型为加法诊断模型（A-CDM；de la Torre，2011）。

随着 CDM 的研究发展，简约模型可被整合进一个更加广义的诊断模型中，例如 GDM（von Davier，2008）、LCDM（Henson et al.，2009）和 G-DINA 模型（de la Torre，2011）。通过对这些广义模型进行参数约束，便可得到 DINA 等一系列简约模型。广义模型的优势在于对同一份测验数据进行估计时，不必事先选定某个简约模型（实际上，同一份测验只使用某个简约模型进行估计的做法是不妥的,不同题目可能适合于不同模型)。根据结果,可知晓每道题目是由何种诊断模型估计得到。由于每道题目都是由"最佳模型"估计,数据模型拟合更好,个体知识状态估计更加精确(郭磊 等,2013)。

3.4.1 G-DINA模型

G-DINA模型可以区分出 $2^{K_j^*}$ 种知识状态,K_j^* 表示题目 j 所考查的属性个数,$K_j^* = \sum_{k=1}^{K} q_{jk}$,通常有 $K_j^* \leqslant K_j$。$\boldsymbol{\alpha}_{lj}^*$ 表示与 K_j^* 相对应的缩减知识状态,即只考虑在题目 j 所考查的属性上的掌握情况,$l = 1, \cdots, 2^{K_j^*}$。记 $P(X_j = 1|\boldsymbol{\alpha}_{lj}^*) = P(\boldsymbol{\alpha}_{lj}^*)$ 表示 KS 为 $\boldsymbol{\alpha}_{lj}^*$ 的个体答对题目 j 的概率,便可得到 G-DINA模型的表达式:

$$f\left[P(\boldsymbol{\alpha}_{lj}^*)\right] = \delta_{j0} + \sum_{k=1}^{K_j^*} \delta_{jk}\alpha_{lk} + \sum_{k'=k+1}^{K_j^*} \sum_{k=1}^{K_j^*-1} \delta_{jkk'}\alpha_{lk}\alpha_{lk'} + \cdots + \delta_{j12\cdots K_j^*} \prod_{k=1}^{K_j^*} \alpha_{lk} \tag{3.1}$$

式中,$f\left[P(\boldsymbol{\alpha}_{lj}^*)\right]$ 可取 $P(\boldsymbol{\alpha}_{lj}^*)$,$\log\left[P(\boldsymbol{\alpha}_{lj}^*)\right]$ 和 $\log it\left[P(\boldsymbol{\alpha}_{lj}^*)\right]$,分别表示恒等链接、log链接和logit链接。$\delta_{j0}$ 是题目 j 的截距项,δ_{jk} 是与 α_k 对应的主效应,$\delta_{jkk'}$ 是与 α_k 和 $\alpha_{k'}$ 对应的二阶交互项,$\delta_{j12\cdots K_j^*}$ 是与 $\alpha_1, \cdots, \alpha_{K_j^*}$ 对应的最高阶交互项。因此,每道题目将有 $2^{K_j^*}$ 个题目参数需要估计。关于G-DINA模型的更多细节,请参见de la Torre(2011)论文。

3.4.2 简约模型

由于G-DINA是饱和模型,对该模型的参数加以约束便可得到诸如DINA、DINO、A-CDM等简约模型。例如,若只保留饱和模型中的截距项 δ_{j0} 和最高阶交互项 $\delta_{j12\cdots K_j^*}$,将其余题目参数设置为0,便可得到DINA模型:

$$P(\boldsymbol{\alpha}_{lj}^*) = \delta_{j0} + \delta_{j12\cdots K_j^*} \prod_{k=1}^{K_j^*} \alpha_{lk} \tag{3.2}$$

若保留截距项 δ_{j0} 和主效应项 δ_{jk},并做如下约束:$\delta_{jk} = -\delta_{jk'k''} = \cdots = (-1)^{K_j^*+1} \delta_{j12\cdots K_j^*}$,其中 $k = 1, \cdots, K_j^*, k' = 1, \cdots, K_j^* - 1$,且 $k'' > k', \cdots, K_j^*$,其余题目参数设置为0,便可得到DINO模型:

$$P(\boldsymbol{\alpha}_{lj}^*) = \delta_{j0} + \delta_{jk}\alpha_{lk} \tag{3.3}$$

若将恒等链接的G-DINA模型中的所有交互作用项设置为0,便可得到A-CDM:

$$P(\boldsymbol{\alpha}_{lj}^*) = \delta_{j0} + \sum_{k=1}^{K_j^*} \delta_{jk}\alpha_{lk} \tag{3.4}$$

3.5 模型拟合与模型比较

陈孚、辛涛、刘彦楼、刘拓和田伟(2016)总结了CD中的模型数据拟合检验可大致分为3类。

①模型数据的全局拟合检验(global fit),用以考查整个测验数据与所选诊断模型的匹配程度。全局拟合检验又可进一步分为相对拟合(relative fit)检验和绝对拟合(absolute fit)检验。前者是考查多个模型对同一批测验数据拟合情况的比较,从而判断哪个模型是用于分析该批数据的最优模型;后者是考查所选定的模型与测验数据的拟合情况,报告出拟合指标即可。

②题目水平(item-level)检验,是指考查测验中的每道题目是否与所选模型拟合。通常来说,题目水平是绝对拟合检验。

③个人拟合(person fit)检验,是指考查个体的作答数据是否与所选模型拟合的检验。除此

之外,CD中还有一项重要的工作,即对Q矩阵的识别和修订,可被理解为对Q矩阵的拟合检验。本章内容主要介绍全局拟合、题目水平拟合检验及Q矩阵拟合检验。

3.5.1 CDM的全局绝对拟合检验

CDM的全局拟合检验是在固定了诊断模型后,仅对该模型是否拟合全部数据进行的检验,目的是考查所选模型的适用性及诊断的准确性。在CD中使用卡方类检验由于样本量较小,较多数量的期望作答模式会很容易得到一个稀疏列联表,即很多单元格中不存在观测值,这样会使卡方类检验所犯一类错误急剧膨胀。因此,卡方类检验基本无法用于CDM的全局绝对拟合检验中(陈孚 等,2016)。

此时,主要选用M2统计量(Jurich,2014;Liu et al.,2016),它使用两个题目构成的题目对(item pairs)信息进行拟合检验。具体来说,M2统计量反映的是观察的和期望的边际频数之间的差异,通过计算观察的和期望的二阶边际残差得到M2统计量(具体推导及计算参见Maydeu-Olivares et al.,2006)。绝对拟合统计量具有拟合临界点,用于判断通过模型和数据计算出的统计量是否达到显著性。

3.5.2 CDM的全局相对拟合检验

与绝对拟合检验不同,相对拟合检验是通过统计量数值的比较,从若干个备选模型中选择出最适合分析该批数据的模型,因此它们没有绝对的拟合临界点。通常来说,相对拟合统计量取值越小,说明模型越匹配数据。常用的相对拟合统计量有:−2LL、AIC、BIC、DIC、贝叶斯因子BF。这些统计量在结构方程模型以及项目反应理论中均是常用指标,故本章不再赘述。

3.5.3 题目水平的拟合检验

常见的题目水平拟合检验方法为卡方类检验,主要包括如下统计量:χ^2、G^2、Q_1、PD、Q_1^*、PD^* 等(Stone,2000;Wang et al.,2015;Yen,1981)。除此之外,Chen、de la Torre和Zhang(2013)从属性后验分布中采用抽样技术可以得到充分大样本的KS,使用这些KS和估计得到的模型参数,便可以生成题目j的期望作答模式。基于此,作者提出了三个题目水平的拟合统计量:基于题目的正确作答比例P_j、基于题目对的对数发生比$l_{jj'}$、基于题目对的相关系数$r_{jj'}$。详细计算过程参见Chen等人的论文。本章操作部分将会介绍Chen等提出的方法。

3.5.4 Q矩阵的拟合

认知诊断的根基在于Q矩阵,若Q矩阵界定不好,会直接影响个体的诊断效果。因此,许多学者从各个角度提出了许多修订或估计Q矩阵的方法,主要包括:δ法(de la Torre,2008)、s^2法(de la Torre et al.,2016),RSS法(Chiu,2013),基于残差的方法(Chen,2017)、数据驱动法(Liu,2012)、基于EM算法的方法(Wang et al.,2018)、RMSEA方法(Kang et al.,2018),γ法(涂冬波等,2012)、D2统计量方法(喻晓锋,2015),以及基于海明距离的方法(汪大勋,2018)等。感兴趣的读者可以参考上述文献。本章操作部分将会介绍ς^2法。ς^2法本质上是一种搜索算法(search algorithm),该算法首先计算出$2^K - 1$个q向量的ς^2估计值,记作$\hat{\varsigma}^2$。然后计算每个q向量的$\hat{\varsigma}^2/\hat{\varsigma}^2_{1:K}$值($\hat{\varsigma}^2_{1:K}$为遍历题目$j$所有$K$个属性计算得到的$\varsigma^2$估计值),满足$\hat{\varsigma}^2/\hat{\varsigma}^2_{1:K} \geq \varepsilon$($\varepsilon$为事先规定的方差占比,通常取0.95)的$q$向量即为该题目的考查模式。若不止一个$q$向量满足条件,则由$\hat{\varsigma}^2$的大小来决定。

3.6 实例与R软件操作

3.6.1 GDINA程序包的安装

GDINA程序包将认知诊断领域中大部分方面的研究都包含在内,它是集合了二值/多值计分模型的参数估计、二分/多分属性测验的参数估计、单策略/多策略模型的参数估计、模型拟合、模型比较、Q矩阵修订、DIF检验、数据模拟等功能的强大工具包,我们将在后文对它的主要功能进行详细操作说明。

在安装GDINA程序包之前,先要安装R以及Rstudio(为了使界面更加友好)。安装完毕后,打开Rstudio,在界面右侧的Package页面下点击install,随后会出现如图3.2的弹窗,在install from中选择Repository(CRAN),然后在Packages一栏中输入"GDINA",勾选install dependencies选项,最后点击install进行安装。(图3.2)

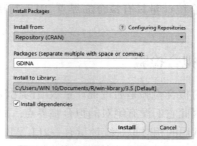

图3.2 GDINA程序包安装示意科

完成之后,在控制台(Console)框中运行语句library(GDINA)来检验是否安装成功,当出现类似如下的输出时,表示GDINA程序包安装成功。

> library(GDINA)
GDINA Package [Version 2.4.0;2019-3-10]
More information: https://wenchao-ma.github.io/GDINA

3.6.2 实例介绍

该实证数据来自GDINA程序包中自带的英语能力认证考试ECPE数据,包含2922人在28道题目上的作答数据,考查了3个属性:构词规则(Morphosyntactic rules)、衔接规则(Cohesive rules)、词汇规则(Lexical rules)。作答矩阵和Q矩阵可分别由ecpe$dat和ecpe$Q来进行调用。

3.6.3 模型估计

1)作答数据和Q矩阵的输入

尽管上述ECPE数据可使用现成命令进行调用,但考虑使用者更多的情况是输入自己研究的Q矩阵及数据,因此,我们将展示从外部导入的方式。在收集整理好被试作答数据之后,需要将作答数据和Q矩阵输入Rstudio中。首先,需要使用setwd()函数将Rstudio的工作区设置到作答数据data.txt文件和Q矩阵Q.txt文件所在的文件夹。在资源管理器中查看这两个文件,图3.3为data.txt文件,每一行为同一个被试在不同题目的得分情况,每一列为不同被试在同一题目的得分情况。图3.3为Q.txt文件,每一行为同一个被试在3个属性的掌握情况,每一列为不同被试在同一个属性的掌握情况。

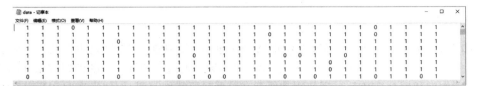

图 3.3　作答数据 data.txt 文件

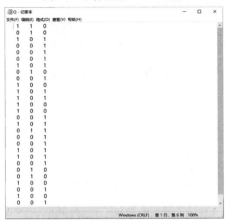

图 3.4　Q 矩阵 Q.txt 文件

使用 read.table( )函数录入数据,具体操作及输出如下:

```
> setwd("C:\\Users\\Win10\\Documents")
> library(GDINA)
> data1<-read.table(file="data.txt")
> head(data1)#head()函数,展示数据前6行
```

	V1	V2	V3	V4	V5	V6	V7	V8	V9	V10	V11	V12	V13	V14	V15	V16	V17	V18	V19	V20	V21	V22	V23
1	1	1	1	0	1	1	1	1	1	1	1	1	1	1	1	1	1	1	1	1	1	1	1
2	1	1	1	1	1	1	1	1	1	1	1	1	1	1	1	1	1	0	1	1	1	1	1
3	1	1	1	1	1	1	0	1	1	1	1	1	1	1	1	1	1	1	1	1	1	1	1
4	1	1	1	1	1	1	1	1	1	1	1	1	1	1	1	1	1	1	1	1	1	1	1
5	1	1	1	1	1	1	1	1	1	1	1	0	1	1	1	1	1	0	0	1	1	0	1
6	1	1	1	1	1	1	1	1	1	1	1	1	1	1	1	1	1	1	1	1	0	1	1

	V24	V25	V26	V27	V28
1	0	1	1	1	1
2	0	1	1	1	1
3	1	1	1	1	1
4	1	1	1	1	1
5	1	1	1	1	1
6	1	1	1	1	1

```
> Q1<-read.table(file="Q.txt")
> head(Q1)
```

	V1	V2	V3
1	1	1	0
2	0	1	0
3	1	0	1
4	0	0	1
5	0	0	1
6	0	0	1

2）GDINA 函数

GDINA(dat,Q,model,…)函数是 GDINA 程序包的主要功能,其作用是用于模型参数估计。前两个参数,分别是作答数据和 Q 矩阵,而第三个参数是所选用的认知诊断模型,在默认情况下估计模型为饱和模型 GDINA。当使用其他缩减模型时要特别写明,例如当选用 DINA 模型估计时,需要写明 model="DINA",具体代码如下:

```
> fit1<-GDINA(dat=data1,Q=Q1)#默认情况下使用 GDINA 模型
> fit2<-GDINA(dat=data1,Q=Q1,model="DINA")#使用 DINA 模型
```

在 Console 栏里输入 fit1 和 fit2,可以查看两个模型估计的结果信息。模型参数估计结果信息如下:

```
> fit1
Call:
GDINA(dat=data1,Q=Q1)
GDINA version 2.4.0（2019-3-10）
=========================================
Data
-----------------------------------------
# of individuals     groups     items
2922             1         28
=========================================
Model
-----------------------------------------
Fitted model(s)      =GDINA
Attribute structure  =saturated
Attribute level      =Dichotomous
=========================================
Estimation
-----------------------------------------
Number of iterations =188
For the final iteration:
Max abs change in item success prob.=0.0001
Max abs change in mixing proportions=0.0000
Change in-2 log-likelihood       =0.0002
Time used           =1.862 secs
> fit2
Call:
GDINA(dat=data1,Q=Q1,model="DINA")
GDINA version 2.4.0（2019-3-10）
=========================================
Data
-----------------------------------------
# of individuals     groups     items
2922             1         28
=========================================
Model
-----------------------------------------
```

```
Fitted model(s)        =DINA
Attribute structure    =saturated
Attribute level        =Dichotomous
============================================
Estimation
--------------------------------------------
Number of iterations =120
For the final iteration:
Max abs change in item success prob.=0.0001
Max abs change in mixing proportions=0.0001
Change in-2 log-likelihood        =0.0052
Time used              =1.219 secs
```

　　使用者可以在其中查看被试数量、题目数量、使用的模型、迭代的次数（Number of iterations）、估计使用时长等基本信息。

　　Templin和Bradshaw（2014）指出，ECPE测验考查的三个属性可能存在线性结构，即A3属性是A2属性的先决条件，A2属性是A1属性的先决条件。在这种情况下，我们需要在GDINA（）函数中添加属性结构参数att.str来将结构信息输入估计模型中，具体的代码如下：

```
> fit11<-GDINA(dat=data1,Q=Q1,model="GDINA",att.str=list(c(3,2),c(2,1)))
#用c(父辈属性,子辈属性)的格式进行填写
```

3）summary 函数

　　使用summary（object）函数可以输出测验的部分统计参数，用fit1和fit2作为输入，具体输出如下：

```
> summary(fit1)
Test Fit Statistics
Loglik=-42738.60
AIC    =85639.20  | penalty   =162
BIC    =86123.58  | penalty   =646.38

No. of parameters =81
  No. of estimated item parameters= 74
  No. of fixed item parameters= 0
  No. of distribution parameters= 7

Attribute Prevalence

    Level0  Level1
A1  0.6190  0.3810
A2  0.4444  0.5556
A3  0.3302  0.6698

> summary(fit2)
Test Fit Statistics
Loglik=-42841.59
AIC    =85809.17  | penalty   =126
```

```
BIC    =86185.92   | penalty   =502.74

No. of parameters  =63
   No. of estimated item parameters= 56
   No. of fixed item parameters= 0
   No. of distribution parameters= 7

Attribute Prevalence

     Level0  Level1
A1 0.5077  0.4923
A2 0.4381  0.5619
A3 0.3671  0.6329
```

其中,AIC和BIC为评判模型拟合优良性的相对拟合指标,通常,数值越小越好。No. of Parameters是参数估计的数量,相较饱和模型GDINA,其他的缩减模型的参数估计的数量会更少。Attribute Prevalence是属性流行率,以fit1为例,属性A1和Level1对应的值为0.3810,指在该数据结构中任意抽取一个人,其掌握属性A1的概率是0.3810,或者是该数据结构中所有人掌握A1的比率是0.3810。

4）coef 函数

coef（object,what="…",…）函数是用于调取题目参数的函数,使用what可以调取特定的参数,主要包括:"LCprob"是所有知识状态下的作答成功概率 $P(X_{ij} = 1|\alpha_{lj})$,"itemprob"是该题目所能区分出的知识状态下的作答成功概率 $P(X_{ij} = 1|\alpha^*_{lj})$,"gs"是题目的猜测与失误参数,"delta"是模型中的delta参数。在指定以上参数的同时,设定withSE=TRUE可以显示其估计的标准误。以fit1为例,输入与输出如下:

```
> head(coef(fit1,what="itemprob"))
$`Item 1`
   P(00)  P(10)  P(01)  P(11)
0.6990 0.4740 0.8034 0.9399

$`Item 2`
   P(0)   P(1)
0.7352 0.9063

$`Item 3`
   P(00)  P(10)  P(01)  P(11)
0.4139 0.6653 0.5018 0.7829

$`Item 4`
   P(0)   P(1)
0.4657 0.8240

$`Item 5`
   P(0)   P(1)
0.7463 0.9565
```

```
$`Item 6`
  P(0)  P(1)
0.7031 0.9277

> head(coef(fit1, what = "delta", withSE = TRUE))
$`Item 1`
        d0      d1     d2    d12
Est. 0.6990 −0.2250 0.1044 0.3616
S.E. 0.0161  0.2035 0.0370 0.2142

$`Item 2`
        d0     d1
Est. 0.7352 0.1711
S.E. 0.0143 0.0190

$`Item 3`
        d0     d1     d2    d12
Est. 0.4139 0.2514 0.0878 0.0297
S.E. 0.0192 0.1466 0.0321 0.1505

$`Item 4`
        d0     d1
Est. 0.4657 0.3583
S.E. 0.0186 0.0223

$`Item 5`
        d0     d1
Est. 0.7463 0.2102
S.E. 0.0154 0.0169

$`Item 6`
        d0     d1
Est. 0.7031 0.2246
S.E. 0.0164 0.0186
```

如果只需要调取某一个或几个题目的 itemprob 参数和 delta 参数，可以使用下框中的代码。

调取指定题目的参数

```
> coef(fit1, what = "itemprob", withSE = TRUE)[1] #不同知识状态类型在第一道题目的成功作答
概率
$`Item 1`
       P(00)  P(10)  P(01)  P(11)
Est. 0.6990 0.4740 0.8034 0.9399
S.E. 0.0161 0.2006 0.0278 0.0118

> coef(fit1, what = "delta", withSE = TRUE)[c(1,2,5)] #第一、二、五题的题目参数及其标准误
$`Item 1`
        d0     d1     d2    d12
```

Est. 0.6990 −0.2250 0.1044 0.3616
S.E. 0.0161   0.2035 0.0370 0.2142

$`Item 2`
        d0   d1
Est. 0.7352 0.1711
S.E. 0.0143 0.0190

$`Item 5`
        d0   d1
Est. 0.7463 0.2102
S.E. 0.0154 0.0169

此外，还可以使用plot()函数以图的形式呈现题目成功作答概率，可以从Rstudio右侧的Plots栏中查看图。用图像呈现题目成功作答概率如下：

```
> plot(fit1,what="IRF",item=c(1,2))
```

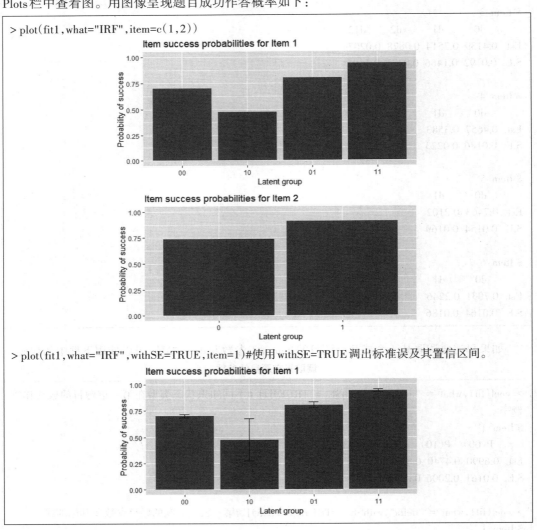

```
> plot(fit1,what="IRF",withSE=TRUE,item=1)#使用withSE=TRUE调出标准误及其置信区间。
```

```
> plot(fit2,what="IRF",item=c(1,2))
```

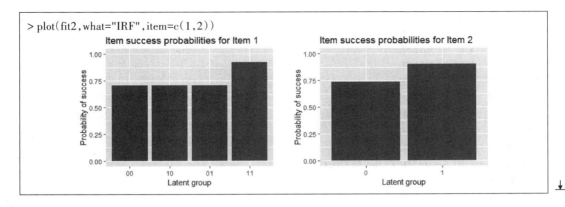

对比fit1和fit2在题目1的正确作答概率图,可以发现由于fit1是由GDINA模型估计得到的结果,因此四种知识状态下答对题目1的概率均不同,而fit2是由DINA模型估计得到的结果,因此在[00]、[10]和[01]这三种知识状态下答对题目1的概率是相同的。上述结果是由GDINA和DINA模型的差异产生的:GDINA是饱和模型,估计得到的参数要多于缩减的DINA模型,参见公式3.1和公式3.2。

5)personparm 函数

personparm(object,what="…")函数的功能是调用参数估计中的被试参数,其中包括被试的知识状态和对应的属性掌握边际概率等。知识状态可以由EAP(后验期望估计)、MAP(最大后验估计)、MLE(最大似然估计)三种估计方式得到,分别使用what对应"EAP""MAP""MLE"来调取它们,如果直接使用personparm(object)则默认使用EAP方法。此外,还可以用what对应"mp"来调取被试属性掌握的边际概率(marginal probability)。

被试水平的参数

```
> personparm(fit1)[c(1,320:330),]  #[c(1,320:330),]指调取第1名被试和第320到330名被试的估计
  知识状态,若不加[c(1,320:330),]这句命令,可得所有被试估计的知识状态
      A1  A2  A3
[1,]   1   1   1
[2,]   0   1   1
[3,]   1   1   1
[4,]   1   1   1
[5,]   1   1   1
[6,]   1   1   1
[7,]   0   1   1
[8,]   0   0   0
[9,]   0   1   1
[10,]  0   1   1
[11,]  0   1   1
[12,]  1   1   1

> personparm(fit1,what="MAP")[c(1,320:330),]
     A1  A2  A3  multimodes
1     1   1   1   FALSE
320   0   1   1   FALSE
321   1   1   1   FALSE
322   1   1   1   FALSE
```

```
323  1  1  1      FALSE
324  1  1  1      FALSE
325  0  1  1      FALSE
326  0  0  0      FALSE
327  0  0  1      FALSE
328  0  1  1      FALSE
329  0  1  1      FALSE
330  1  1  1      FALSE
> personparm(fit1,what="MLE")[c(1,320:330),]
      A1 A2 A3  multimodes
1    1  1  1      FALSE
320  0  1  1      FALSE
321  1  1  1      FALSE
322  1  1  1      FALSE
323  1  1  1      FALSE
324  1  1  1      FALSE
325  0  1  1      FALSE
326  0  0  0      FALSE
327  0  0  1      FALSE
328  0  0  1      FALSE
329  0  1  1      FALSE
330  1  0  1      FALSE

> personparm(fit1,what="mp")[c(1,320:330),]
          A1        A2        A3
[1,]    0.9967    0.9773    1.0000
[2,]    0.1650    0.6964    0.9359
[3,]    0.8245    0.8801    0.9352
[4,]    0.9976    0.9948    1.0000
[5,]    0.9249    0.9521    0.9993
[6,]    0.9925    0.9942    1.0000
[7,]    0.0004    0.8028    0.9846
[8,]    0.0040    0.0049    0.0131
[9,]    0.2001    0.5297    0.9797
[10,]   0.2959    0.6323    0.9868
[11,]   0.3026    0.8943    0.9589
[12,]   0.5905    0.6091    0.9552
```

  由结果可知,三种估计方法估计得到的被试知识状态有些许区别。例如,用EAP估计第327号被试的知识状态为[011],而使用MAP和MLE估计得到的知识状态为[001]。再如,用EAP和MAP估计第328号被试的知识状态为[011],而使用MLE估计得到的知识状态为[001]。因此,在实际估计时,需要注明所使用的方法。

  使用MAP和MLE估计时,同一被试可能存在多种可能的知识状态,查看multimodes列,如果显示FALSE则说明该被试仅有一种可能知识状态,而如果显示TRUE则说明存在多种可能知识状态。

  被试属性掌握的边际概率是指用EAP估计得到的被试在某个属性下的掌握概率,例如,第一行第一列的0.9967数值表示1号被试掌握属性A1的概率为0.9967。当这个概率值大于某个切分点（通常取0.5）时，可以判断该被试掌握了该属性，用1表示，小于切分点则判断该被试未掌握该属性，用0表示。最终可以得到被试的知识状态。

使用plot函数可以输出多名被试的属性掌握概率的直方图。用图像呈现被试的属性掌握概率如下：

```
> plot(fit1,what="mp",person=c(327:330))
#输出第327至330个被试的属性掌握概率图
```
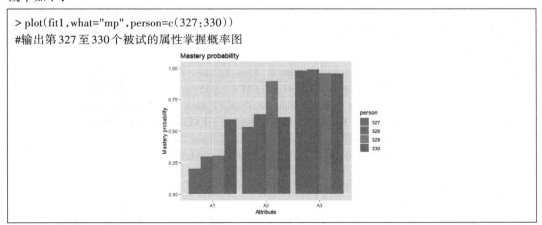

该表展示了多名被试的属性掌握概率，横坐标为不同的属性，纵坐标为掌握的概率值，值标签表示第几号被试。

6）extract 函数

extract(object,what="…")函数可以调取被试知识状态的参数、题目的区分度以及属性的流行度等参数。使用what指定"att.prior"可以调取各个知识状态的先验权重，"posterior.prob"可以调取各个知识状态的后验权重，"discrim"可以调取题目的区分度，计算公式为$D=1-g_j-s_j$，此处的g_j和s_j分别代表题目j的猜测和失误参数（详见 Templin et al.，2010），程序中输出的D值即为$P_{(1)}-P_{(0)}$，"prevalence"可以调取各个属性的流行度。使用extract函数调取部分参数：

```
> extract(fit1,what="att.prior")
[1] 0.301749129 0.002043036 0.012178003 0.124707609 0.014226723 0.015863990 0.180356658
0.348874853
> extract(fit1,what="posterior.prob")
        000          100          010          001          110          101          011          111
[1,] 0.3017608 0.002040486 0.01216348 0.1247138 0.01423077 0.0158654 0.1803514 0.3488738
> head(extract(fit1,what="discrim"))
      P(1)-P(0)          GDI
Item 1 0.2409258 0.013358659
Item 2 0.1710890 0.007227306
Item 3 0.3689555 0.025656117
Item 4 0.3583442 0.028400103
Item 5 0.2101974 0.009771782
Item 6 0.2246098 0.011157753
> extract(fit1,what="prevalence")
$all
       Level0       Level1
A1 0.6189895 0.3810105
A2 0.4443805 0.5556195
A3 0.3301955 0.6698045
```

7）其他函数

使用monocheck(object)可以检查题目是否符合单调性，即当被试每多掌握一个题目所考查的属性会导致该题目的作答成功概率提高，即符合单调性，否则就违反了单调性。使用indlogPost(object)可以调取被试在每个知识状态下的对数后验概率，若想要得到被试在每个知识状态下的后验概率，需要用exp(indlogPost(object))进行转换得到。单调性检验和后验概率调取操作如下：

```
> monocheck(fit1)# GDINA
Item 1   Item 2   Item 3   Item 4   Item 5   Item 6   Item 7   Item 8   Item 9 Item 10
TRUE    FALSE   FALSE   FALSE   FALSE   FALSE   TRUE    FALSE   FALSE   FALSE
Item 11   Item 12 Item 13 Item 14 Item 15 Item 16 Item 17 Item 18 Item 19 Item 20
FALSE    TRUE    FALSE   FALSE   FALSE   FALSE   FALSE   FALSE   FALSE   TRUE
Item 21 Item 22 Item 23 Item 24 Item 25 Item 26 Item 27 Item 28
FALSE   FALSE   FALSE   FALSE   FALSE   FALSE   FALSE   FALSE

> head(indlogPost(fit1))
            000          100          010          001          110          101          011
[1,]  -11.859478   -19.700444   -14.801416    -6.706487   -16.946275    -3.839675    -6.159125
[2,]  -12.134967   -19.975933   -16.320014    -5.923480   -18.464873    -3.056668    -6.187137
[3,]  -12.177419   -23.178006   -13.629055    -6.288916   -18.933535    -5.326014    -4.251253
[4,]  -15.013307   -22.854273   -16.464943    -8.179021   -18.609802    -5.312209    -6.141358
[5,]   -6.829455    -7.195449    -8.281092    -6.724135    -2.950978    -5.376761    -4.686472
[6,]  -12.802876   -21.690630   -14.254512    -7.097194   -17.446159    -5.316978    -5.059531
              111
[1,]  -0.025158987
[2,]  -0.053170011
[3,]  -0.021195979
[4,]  -0.007391128
[5,]  -0.071943703
[6,]  -0.012160583
> head(exp(indlogPost(fit1)))
              000            100            010            001            110            101
[1,] 7.071218e-06   2.781031e-09   3.731012e-07   0.0012229531   4.368440e-08   0.021500592
[2,] 5.368473e-06   2.111361e-09   8.171614e-08   0.0026758712   9.567701e-09   0.047044171
[3,] 5.145340e-06   8.588550e-11   1.204971e-06   0.0018567720   5.987840e-09   0.004863419
[4,] 3.018588e-07   1.187177e-10   7.069132e-08   0.0002804765   8.276865e-09   0.004931024
[5,] 1.081447e-03   7.499912e-04   2.532605e-04   0.0012015591   5.228854e-02   0.004622770
[6,] 2.752845e-06   3.800836e-10   6.446799e-07   0.0008274230   2.649900e-08   0.004907561
                011            111
[1,] 0.002114101   0.9751549
[2,] 0.002055705   0.9482188
[3,] 0.014246376   0.9790271
[4,] 0.002152000   0.9926361
[5,] 0.009219151   0.9305833
[6,] 0.006348533   0.9879131
```

在单调性检验中，当题目对应为FALSE时，表示该题目符合单调性，而为TRUE时，表示不符合单调性。当需要严格要求所有题目都符合单调性时，在模型参数估计时可增加一个强制单调性参数来加以控制。这样，所有题目均会符合单调性要求。操作如下：

```
> fit1<-GDINA(dat=data1,Q=Q1,model="GDINA")
> monocheck(fit1)

Item 1   Item 2   Item 3   Item 4   Item 5   Item 6   Item 7   Item 8   Item 9   Item 10  Item 11  Item 12
TRUE     FALSE    FALSE    FALSE    FALSE    FALSE    TRUE     FALSE    FALSE    FALSE    FALSE    TRUE
Item 13  Item 14  Item 15  Item 16  Item 17  Item 18  Item 19  Item 20  Item 21  Item 22  Item 23  Item 24
FALSE    FALSE    FALSE    FALSE    FALSE    FALSE    FALSE    TRUE     FALSE    FALSE    FALSE    FALSE
Item 25  Item 26  Item 27  Item 28
FALSE    FALSE    FALSE    FALSE
> fit12<-GDINA(dat=data1,Q=Q1,model="GDINA",mono.constraint=TRUE)
> monocheck(fit12)

Item 1   Item 2   Item 3   Item 4   Item 5   Item 6   Item 7   Item 8   Item 9   Item 10  Item 11  Item 12
FALSE    FALSE    FALSE    FALSE    FALSE    FALSE    FALSE    FALSE    FALSE    FALSE    FALSE    FALSE
Item 13  Item 14  Item 15  Item 16  Item 17  Item 18  Item 19  Item 20  Item 21  Item 22  Item 23  Item 24
FALSE    FALSE    FALSE    FALSE    FALSE    FALSE    FALSE    FALSE    FALSE    FALSE    FALSE    F ALSE
Item 25  Item 26  Item 27  Item 28
FALSE    FALSE    FALSE    FALSE
```

3.6.4 题目拟合与 Q 矩阵矫正

1）itemfit 函数

使用 itemfit（object）函数可以得到测验在题目水平的拟合信息，再使用 summary（）函数可以调取三个项目水平的拟合统计量（Chen, et al., 2013；可参考 5.3 部分）：基于题目的正确作答比例的 z 分数 z.prop、基于题目对的对数发生比的 z 分数 z.logOR、基于题目对的相关系数的 z 分数 z.r，以及三个统计量的 p 值和矫正 p 值。具体操作如下：

```
> itemfit1<-itemfit(fit1)
> head(summary(itemfit1))
```

	z.prop	pvalue[z.prop]	max[z.r]	pvalue.max[z.r]	**adj.pvalue.max[z.r]**
Item 1	0.0771	0.9385	2.9339	0.0033	0.0904
Item 2	0.2929	0.7696	2.7458	0.0060	0.1630
Item 3	0.0289	0.9769	2.5599	0.0105	0.2827
Item 4	0.2021	0.8398	3.7545	0.0002	0.0047
Item 5	0.1004	0.9200	2.9097	0.0036	0.0977
Item 6	0.1259	0.8998	3.7707	0.0002	0.0044

	max[z.logOR]	pvalue.max[z.logOR]	**adj.pvalue.max[z.logOR]**
Item 1	2.7867	0.0053	0.1438
Item 2	2.6690	0.0076	0.2054
Item 3	2.5346	0.0113	0.3039
Item 4	3.6439	0.0003	0.0073
Item 5	2.5787	0.0099	0.2678
Item 6	3.5512	0.0004	0.0104

通常，主要以最大对数发生比 z 分数的矫正 p 值 adj.pvalue.max[z.logOR]和最大相关系数 z 分数的矫正 p 值 adj.pvalue.max[z.r]作为评价题目拟合的参考依据（Chen, et al., 2013）。以前 6 道题目为例，题目 1、2、3、5 的两个矫正 p 值都大于 0.05，说明这四道题有较好的模型拟合度，而 4、6 题的两个矫正 p 值小于 0.05，说明这两道题的模型拟合度欠佳。

2）Qval 函数

Qval（object，eps=…）函数的作用是基于 ς^2 法修订 Q 矩阵，使用时要求 object 为 GDINA 模型估计得到的结果，使用其他模型不会反馈修订结果。eps 的值是为了确定方差所占比（the proportion of variance accounted for，PVAF）的割点，不加设定时，默认值为 0.95。在实际使用时 0.95 和 0.9 都可以使用。具体操作如下：

```
> Qval1<-Qval(fit1,eps=0.9)
> Qval1

Q-matrix validation based on PVAF method

Suggested Q-matrix:

   A1 A2 A3
1   1  1  0
2   0  1  0
3   1  0  0*
4   0  0  1
5   0  0  1
6   0  0  1
7   1  0  1
8   0  1  0
9   0  0  1
10  1  0  0
11  1  0  1
12  1  0  1
13  1  0  1*
14  1  0  0
15  0  0  1
16  1  0  1
17  0  1  1
18  0  0  1
19  0  0  1
20  1  0  1
21  1  0  1
22  0  0  1
23  0  1  0
24  0  1  0
25  1  0  0
26  0  0  1
27  1  0  0
28  0  0  1
Note: * denotes a modified element. #带*号的元素为修订后的值
> Q1[3,] #修订前题目3的q向量
   V1 V2 V3
3   1  0  1
> Q1[13,] #修订前题目13的q向量
   V1 V2 V3
13  1  0  0
```

这里需要指出的是,根据PVAF方法修订的q向量是数据驱动式的。除了该方法之外,还可以通过查看题目的Mesa图,并且结合实际题目的内容进行评定后才能确定是否修改。下框呈现了题目3和题目13的Mesa图。

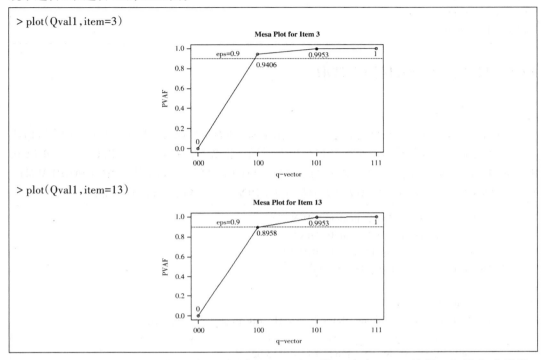

```
> plot(Qval1,item=3)
```

```
> plot(Qval1,item=13)
```

上框中实心点表示原始的题项q向量,PVAF法以第一个大于eps值的q向量为建议的q向量。对于第3题,显然100是第一个大于0.9的向量,所以建议选择修改。但在第13题中原始的q向量与0.9很接近,在这个时候通常不做修改(这是与ς^2法的区别)。

若要修改Q矩阵,我们可以使用Q[,]=c( )代码。

```
> Q2 <- Q1 #为做区分,定义修改后的矩阵为Q2,以区别修改前的Q矩阵Q1
> Q2[3,] <- c(1,0,0) # 对第3题进行修改
```

由于修改了Q矩阵,所以需要重新使用GDINA()函数来进行模型参数估计。

```
> fit1<-GDINA(dat=data1,Q=Q2,model="GDINA")
> summary(fit1)#由于输入的数据发生了改变,估计得到的参数也相应发生了改变
Test Fit Statistics


Loglik=-42742.60
AIC    =85643.19  | penalty   =158
BIC    =86115.62  | penalty   =630.42


No. of parameters =79
  No. of estimated item parameters= 72
  No. of fixed item parameters= 0
  No. of distribution parameters= 7


Attribute Prevalence
```

```
      Level0 Level1
A1  0.6122  0.3878
A2  0.4397  0.5603
A3  0.3305  0.6695
```

3.6.5　模型比较与最优模型选取

1）anova 函数

anova()函数可以用于嵌套模型之间的似然比检验（所有模型都与参与比较的模型中参数估计数量最多的那一个进行检验），来比较多个模型对同一批数据的拟合程度。以 GDINA、DINA 和 RRUM 的比较为例，在似然比检验中，后两个模型都与 GDINA 进行比较，因为 DINA 和 RRUM 都嵌套于 GDINA 模型中（DINA 和 RRUM 参数数量少于 GDINA）。具体的操作过程如下：

```
> fit1<-GDINA(dat=data1,Q=Q2,model="GDINA")
> fit2<-GDINA(dat=data1,Q=Q2,model="DINA")
> fit3<-GDINA(dat=data1,Q=Q2,model="RRUM")
#使用 GDINA、DINA、RRUM 分别进行模型估计

> anova(fit1,fit2,fit3)
Information Criteria and Likelihood Ratio Test #AIC/BIC 信息准则与似然比检验
      #par   logLik    Deviance    AIC       BIC      chisq   df  p-value
fit1   79  -42742.60  85485.19  85643.19  86115.62
fit2   63  -42840.71  85681.42  85807.42  86184.17  196.23  16  <0.001
fit3   71  -42749.77  85499.53  85641.53  86066.12   14.34   8   0.07

Notes: In LR tests,models were tested against fit1
       LR test(s)do NOT check whether models are nested or not.
```

在运行 anova()函数后，会输出一个统计表，其中需要着重注意几个参数：par（参数估计的总数）、AIC（赤池信息量准则）、BIC（贝叶斯信息量准则）、p-value（似然比检验的 p 值）。首先，查看 p 值结果，fit2 一行的 p 值小于 0.001，说明 fit2（DINA 模型）与 fit1（GDINA 模型）对这批数据的拟合质量存在显著差异。此时，需进一步比较 AIC 和 BIC 指标，选择 AIC 和 BIC 值较小的那一个模型。在本例中，GDINA 模型的 AIC 和 BIC 均小于 DINA 的值，因此，与 DINA 模型相比，GDINA 模型对这批数据的拟合更好。再看 fit3 一行的 p 值大于 0.05，说明 fit3（RRUM）与 fit1（GDINA 模型）对这批数据的拟合不存在显著差异。在这种情况下，选择参数估计数量 par 较小的一个模型，因为参数数量越少，表示模型越简洁。此处 fit3 参数估计数量小于 fit1，所以选择 fit3，也就是 RRUM 模型。

2）modelcomp 函数

在实际情况中，同一个模型不一定对整个测验的每一道题目都有最好的拟合效果，此时，可以对每道题目都采用最合适的模型来进行拟合。使用 modelcomp()函数可以通过 Wald 检验找到每个题目拟合最好的模型，这样得到的"模型集合"对整体测验数据的拟合效果更佳，且通常优于单个模型的拟合效果。

```
> modelcomp1<-modelcomp(fit1)
> modelcomp1
```

Item-level model selection:

test statistic: Wald
Decision rule: simpler model+largest p value rule at 0.05 alpha level.
Adjusted p values were based on bonferroni correction.

	models	pvalues	adj.pvalues
Item 1	RRUM	0.204	1
Item 2	GDINA		
Item 3	GDINA		
Item 4	GDINA		
Item 5	GDINA		
Item 6	GDINA		
Item 7	LLM	0.6175	1
Item 8	GDINA		
Item 9	GDINA		
Item 10	GDINA		
Item 11	RRUM	0.7925	1
Item 12	RRUM	0.9959	1
Item 13	GDINA		
Item 14	GDINA		
Item 15	GDINA		
Item 16	LLM	0.9702	1
Item 17	DINO	0.1429	1
Item 18	GDINA		
Item 19	GDINA		
Item 20	RRUM	0.2929	1
Item 21	LLM	0.9851	1
Item 22	GDINA		
Item 23	GDINA		
Item 24	GDINA		
Item 25	GDINA		
Item 26	GDINA		
Item 27	GDINA		
Item 28	GDINA		

　　此处最优模型的选择规则是：在检验中 p 值大于0.05的简约模型中选择 p 值最大的模型，若简约模型 p 值均小于0.05，则选择GDINA模型。需要注意的是，仅当题目考查的属性大于等于两个时，才会进行模型比较，若题目只考查一个属性，则直接选择GDINA模型。在找到最适合每道题的模型后，可用下框中的代码将模型信息替换为上方的模型集合，重新进行模型估计，并进行模型比较。

```
> models<-modelcomp1$selected.model$models
> models
```

```
 [1] "RRUM"  "GDINA" "GDINA" "GDINA" "GDINA" "GDINA" "LLM"  "GDINA"
 [9] "GDINA" "GDINA" "RRUM"  "RRUM"  "GDINA" "GDINA" "GDINA" "LLM"
[17] "DINO"  "GDINA" "GDINA" "RRUM"   "LLM"  "GDINA" "GDINA" "GDINA"
[25] "GDINA" "GDINA" "GDINA" "GDINA"
> fit4<-GDINA(dat=data1,Q=Q1,model=models)# 模型集合
> anova(fit1,fit4)#比较 fit1 和 fit4

Information  Criteria  and  Likelihood  Ratio  Test


       #par   logLik    Deviance    AIC       BIC       chisq   df    p-value
fit1    79   -42742.60  85485.19  85643.19  86115.62
fit4    70   -42749.07  85498.13  85638.13  86056.73   12.94    9     0.17
```

似然比检验中的 p 值大于 0.05，说明 fit1（GDINA 模型）和 fit4（模型集合）的拟合效果之间不存在显著差异，但是 fit4 的 AIC 和 BIC 指标都小于 fit1 的值，且 fit4 的参数估计数量小于 fit1 的量，因此建议选择 fit4 得到的结果，即使用 modelcomp( ) 函数得到的模型集合对这批数据的拟合相较于 GDINA 模型更好。

3.6.6 题目的筛选

由于题目的质量会影响模型的参数估计结果，因此，可以考虑使用题目的区分度指标对题目的质量进行筛选，根据经典测验理论中区分度的标准（L. Ebel, 1985），区分度小于 0.2 的题目需要进行剔除，在认知诊断理论中，没有明确提出区分度鉴别题目质量优劣的标准，所以此处的操作仅供参考，使用时需要结合实际情况进行判断。例如，若删除该题会影响被试的判准精度，那么建议保留。下面呈现了区分度的调取，以及题目、对应作答数据和模型的删减。

```
> disc<-extract(fit4,"discrim")
> disc
          P(1)-P(0)         GDI
Item  1   0.2372007   0.010933746
Item  2   0.1693542   0.007069446
Item  3   0.3381052   0.027230907
Item  4   0.3606774   0.029067669
Item  5   0.2103511   0.009886937
Item  6   0.2234835   0.011159979
Item  7   0.4585018   0.036682555
Item  8   0.1558524   0.005987152
Item  9   0.2573916   0.014803381
Item 10   0.3774601   0.033939111
Item 11   0.4277338   0.031523468
Item 12   0.5896050   0.061259458
Item 13   0.2458338   0.014395994
Item 14   0.2771596   0.018298612
Item 15   0.2254851   0.011360774
Item 16   0.4214603   0.030788327
Item 17   0.1436287   0.004394188
Item 18   0.1946710   0.008467883
```

```
Item 19    0.3848263    0.033090385
Item 20    0.5605487    0.056732305
Item 21    0.3711994    0.023980651
Item 22    0.4972274    0.055243653
Item 23    0.2852754    0.020059597
Item 24    0.3680531    0.033389841
Item 25    0.2495378    0.014833071
Item 26    0.2406338    0.012938542
Item 27    0.3981387    0.037759581
Item 28    0.2703933    0.016336694
> which(disc[,1]<0.2)#筛选出区分度小于0.2的题目
[1]  2   8   17   18
#题目以及对应作答数据和模型的删减
> Q3<-Q2[c(-2,-8,-17,-18),]
> data2<-data1[,c(-2,-8,-17,-18)]
> models<-models[c(-2,-8,-17,-18)]
> fit5<-GDINA(data2,Q3,models)#将修改后的Q矩阵、作答数据、模型再次进行模型估计
```

在重新进行模型估计之后,再使用coef()函数、extract()函数、personparm()函数调取所需要的参数结果。此外,还可以使用CA()函数得到模型在整体水平、模式水平和属性水平的分类准确性结果。其计算方法可以参见Iaconangelo(2017)和Wang等人(2015)的研究,操作如下:

```
> CA(fit5)# 分类准确性
Classification Accuracy
#测验水平分类准确性
Test level accuracy= 0.7477
#模式水平分类准确性
Pattern level accuracy:
   000      100      010      001      110      101      011      111
0.9011   0.1121   0.0000   0.4875   0.0445   0.0082   0.4398   0.9218
#属性水平分类准确性
Attribute level accuracy:
    A1       A2       A3
0.8961   0.8498   0.9092
> head(coef(fit5,what="gs",withSE=TRUE))
         guessing    slip    SE[guessing]   SE[slip]
Item 1    0.6987    0.0738      0.0146       0.0098
Item 2    0.4465    0.2176      0.0131       0.0148
Item 3    0.4753    0.1741      0.0182       0.0098
Item 4    0.7500    0.0414      0.0148       0.0053
Item 5    0.7081    0.0706      0.0159       0.0067
Item 6    0.4844    0.0632      0.0189       0.0094
> extract(fit5,what="att.prior")
[1] 0.318837532 0.013325223 0.004655044 0.124468094 0.006012259 0.019512939
[7] 0.156343554 0.356845356
> extract(fit5,what="posterior.prob")
     000         100         010         001         110         101         011
```

```
[1,] 0.31892 0.01332393 0.004561777 0.1245195 0.006013687 0.01953191 0.1563058
      111
[1,] 0.3568234
> head(personparm(fit5))
     A1 A2 A3
[1,]  1  1  1
[2,]  1  1  1
[3,]  1  1  1
[4,]  1  1  1
[5,]  1  1  1
[6,]  1  1  1
```

分类准确性的取值范围为 0 ~ 1,值越大说明效度越高。测验水平分类准确性是指针对整个测验的效度指标,结果为0.7477,说明该测验整体的效度良好;模式水平分类准确性是指每一类知识状态分类的效度。可以看出,仅有[000]和[111]两种知识状态的分类准确性较高,而其他的均较低;属性水平分类准确性是指每一个属性的效度。此处,三个属性都有良好的效度。

3.6.7 数据模拟

使用 simGDINA(N, Q, gs.parm, delta.parm, catprob.parm, model=" ", …)函数可以进行数据的模拟,其中N是被试数量,Q 为 Q 矩阵,gs.parm 为题目猜测和失误参数,delta.parm 为题目的delta参数,catprob.parm 是题目在考查属性对应的所有知识状态下的成功作答概率,model是用于模拟的模型。指定猜测和失误参数情况下的模拟如下:

```
> N<-500
> Q<-sim10GDINA$simQ #sim10GDINA$simQ是GDINA程序包中一个自带的Q矩阵
> Q
      [,1] [,2] [,3]
 [1,]   1    0    0
 [2,]   0    1    0
 [3,]   0    0    1
 [4,]   1    0    1
 [5,]   0    1    1
 [6,]   1    1    0
 [7,]   1    0    1
 [8,]   1    1    0
 [9,]   0    1    1
[10,]   1    1    1
> J<-nrow(Q)# J 为题目数量
> gs<-data.frame(guess=rep(0.1,J),slip=rep(0.1,J))#设置题目的猜测和失误参数均为0.1
> sim1<-simGDINA(N, Q, gs.parm=gs, model="GDINA")#使用 GDINA 进行模拟,其中包括生成作答矩阵
> extract(sim1,what="catprob.parm")#调取题目成功作答概率的真值
$`Item 1`
P(0) P(1)
 0.1  0.9
$`Item 2`
```

```
P(0) P(1)
 0.1  0.9
$`Item 3`
P(0) P(1)
 0.1  0.9
$`Item 4`
     P(00)      P(10)      P(01)      P(11)
0.1000000 0.7190500 0.4538841 0.9000000
$`Item 5`
     P(00)      P(10)      P(01)      P(11)
0.1000000 0.5418005 0.2499373 0.9000000
$`Item 6`
     P(00)      P(10)      P(01)      P(11)
0.1000000 0.6280907 0.3158932 0.9000000
$`Item 7`
     P(00)      P(10)      P(01)      P(11)
0.1000000 0.6665179 0.5351592 0.9000000
$`Item 8`
     P(00)      P(10)      P(01)      P(11)
0.1000000 0.5665314 0.2781978 0.9000000
$`Item 9`
     P(00)      P(10)      P(01)      P(11)
0.1000000 0.3170412 0.6993251 0.9000000
$`Item 10`
     P(000)     P(100)     P(010)     P(001)     P(110)     P(101)     P(011)     P(111)
0.1000000 0.3717949 0.4070265 0.2335530 0.8403095 0.4676972 0.6517541 0.9000000
> extract(sim1,what="delta.parm")#调取题目delta参数的真值
$`Item 1`
d0  d1
0.1  0.8
$`Item 2`
d0  d1
0.1  0.8
$`Item 3`
d0  d1
0.1  0.8
$`Item 4`
      d0         d1          d2         d12
  0.1000000  0.6190500   0.3538841  -0.1729341
$`Item 5`
      d0         d1          d2         d12
  0.1000000  0.4418005   0.1499373   0.2082622
$`Item 6`
      d0         d1          d2         d12
  0.10000000 0.52809072  0.21589322  0.05601606
$`Item 7`
      d0         d1          d2         d12
```

```
     0.1000000    0.5665179    0.4351592    −0.2016771
$`Item 8`
        d0          d1          d2          d12
    0.1000000    0.4665314    0.1781978    0.1552708
$`Item 9`
        d0          d1          d2          d12
    0.10000000   0.21704123   0.59932509  −0.01636632
$`Item 10`
        d0       d1         d2         d3         d12         d13         d23         d123
 0.10000000 0.27179490 0.30702648 0.13355297 0.16148807 −0.03765072 0.11117464 −0.14738635
> head(extract(sim1,what="dat"))#调取模拟被试作答数据
      [,1] [,2] [,3] [,4] [,5] [,6] [,7] [,8] [,9] [,10]
[1,]    0    1    0    1    1    0    0    1    0    1
[2,]    1    1    1    1    1    1    1    1    1    1
[3,]    0    1    1    0    1    0    1    0    1    1
[4,]    1    1    1    1    1    1    1    1    1    1
[5,]    0    0    1    1    0    1    1    0    1    1
[6,]    0    1    0    0    1    0    0    1    0    0

> head(extract(sim1,what="attribute"))#调取模拟被试的真实知识状态
     A1 A2 A3
[1,]  1  1  0
[2,]  1  1  1
[3,]  0  1  1
[4,]  1  1  1
[5,]  1  0  1
[6,]  0  1  0
```

以第10题的 delta 参数为例,d0 表示 GDINA 公式(1)中的截距项 δ_{j0},d1、d2、d3 表示公式中的主效应项 δ_{j1}、δ_{j2} 和 δ_{j3},d12、d13、d23 表示公式中的一阶交互项 δ_{j12}、δ_{j13} 和 δ_{j23},d123 则表示公式中的二阶交互项 δ_{j123}。

按照给定的每种知识状态下正确作答题目的概率进行模拟的示例如下:

```
> N<-500
> Q<-sim10GDINA$simQ
> itemparm.list<-list(item1=c(0.2,0.9),
+                     item2=c(0.1,0.8),
+                     item3=c(0.1,0.9),
+                     item4=c(0.1,0.3,0.5,0.9),
+                     item5=c(0.1,0.1,0.1,0.8),
+                     item6=c(0.2,0.9,0.9,0.9),
+                     item7=c(0.1,0.45,0.45,0.8),
+                     item8=c(0.1,0.28,0.28,0.8),
+                     item9=c(0.1,0.4,0.4,0.8),
+                     item10=c(0.1,0.2,0.3,0.4,0.4,0.5,0.7,0.9))
# 以上,题目1考查了1个属性,则 p(0)和 p(1)需要被指定,而题目10考查了3个属性,则 p(000),
p(100),p(010),…,p(111)均需要被指定
> sim2<-simGDINA(N,Q,catprob.parm=itemparm.list)#这种情况下,不需要指定模型的类型
```

指定delta参数情况下的模拟示例:

```
> delta.list<-list(c(0.2,0.7),
+               c(0.1,0.7),
+               c(0.1,0.8),
+               c(0.1,0.7),
+               c(0.1,0.8),
+               c(0.2,0.3,0.2,0.1),
+               c(0.1,0.35,0.35),
+               c(-1.386294,0.9808293,1.791759),
+               c(-1.609438,0.6931472,0.6),
+               c(0.1,0.1,0.2,0.3,0.0,0.0,0.1,0.1))
> model<-c("GDINA","GDINA","GDINA","DINA","DINO","GDINA","ACDM","LLM","RRUM",
"GDINA")#在指定delta参数的情况下需要指定每一道题目的模型
> N<-500
> Q<-sim10GDINA$simQ
> sim3<-simGDINA(N,Q,delta.parm=delta.list,model=model)
```

3.6.8　可视化使用者界面GUI

GUI界面是为无编程语言学习经验的使用者设计的一个简洁的可视化平台,用户仅需要在对话框中输入startGDINA()便可调出如图3.5所示的浏览器窗口,上传被试作答数据文件和Q矩阵文件便可以进行认知诊断分析。

图3.5　GDINA程序包中的GUI界面示例

首先在 Import response matrix 和 Import Q-matrix 两个窗口中上传被试作答数据和测验Q矩阵。若文件里的数据有"标题",则在Header选项中打钩;若没有,则不需勾选。在separator选项中选择数据分割的方式,例如制表键Tab、逗号Comma、分号Semicolon、空格Space。此处两个文件的数据分割的方式为空格,所以在Space处勾选,具体文件格式可以参考图3.3和图3.4,操作如图3.6所示。

图3.6

随后点击页面左侧的 Estimation Settings，在 Measurement models 窗口中设置模型参数估计的各种要求，如图3.7所示。在 select a single CDM for all items 选项中选择估计所有题目所用的模型，此处使用了 GDINA 模型，如果需要对每个题目选择不同的模型，则选择 To be specified，并在下方输入每个题目对应的模型，用逗号隔开。在下方可以勾选 Monotonic Constraints 选项，表示在估计中要求所有题目符合单调性。

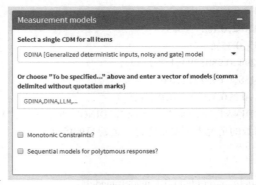

图3.7　模型设置界面

在 Other settings 窗口中可以在 joint attribute distribution 里选择联合属性分布的模型。例如，默认使用饱和模型，其余还有三个高阶 IRT 模型等。勾选【Q-matrix validation】可以输出矫正Q矩阵结果。勾选【Item-level model selection】可以进行题目水平的模型比较，如图3.8所示。点击页面中间的【Click to estimate】开始模型参数估计。

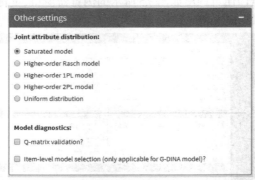

图3.8　其他设置窗口

点击页面左侧的选项，可以查看不同部分的估计结果，如图3.9所示。

图3.9　参数估计结果选项列表

图 3.10 和图 3.11 是模型参数估计的部分结果，具体解释可参考前文。

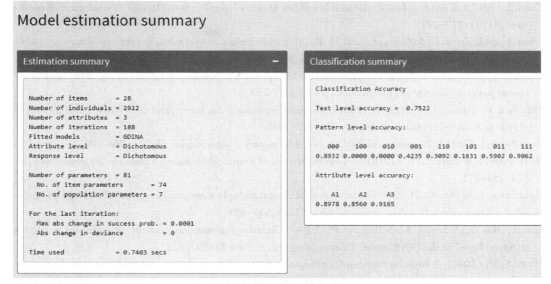

图 3.10　模型估计摘要汇总

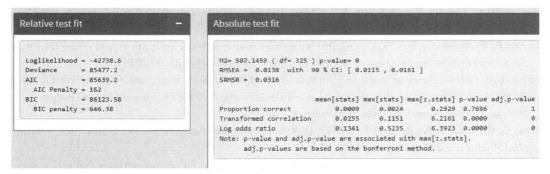

图 3.11　相对/绝对拟合结果

3.7　本章小结

通过本章内容的学习，读者可以掌握认知诊断理论中的基本概念，如 Q 矩阵理论以及认知诊断模型。此外，本章还讨论了模型拟合与模型比较相关内容。最后，基于数据分析软件 R 软件中的 GDINA 程序包，向使用者展示了三个主要操作内容：一是实证数据的分析过程，二是模拟研究的步骤，三是 GUI 的使用。使用者可以根据自己的研究目的进行选择。

认知诊断理论发展至今，还有很多研究的热点及其对应的功能，如诊断测验的 DIF 检验，Q 矩阵的在线校准，多策略的诊断数据分析，多分属性以及多级计分的诊断数据分析，认知诊断测验的信效度检验，非参数的认知诊断方法，以及认知诊断和计算机化自适应测验的结合等。由于本书侧重于基础知识的普及，因此这些需求可由感兴趣的读者自行学习或联系本书作者解答。

本章参考文献

Chen, J. (2017). A residual-based approach to validate Q-matrix specifications. *Applied Psychological Measurement*, 41(4), 277–293.

Chen, J., de la Torre, J., & Zhang, Z. (2013). Relative and absolute fit evaluation in cognitive diagnosis modeling. *Journal of Educational Measurement*, 50(2), 123–140.

Chiu, C.-Y., & Douglas, J. A. (2013). A nonparametric approach to cognitive diagnosis by proximity to ideal response patterns. *Journal of Classification*, 30(2), 225–250.

DiBello L V, Roussos L A, Stout W. (2007). *Review of cognitively diagnostic assessment and a summary of psychometric models*. Handbook of statistics, 26, 979–1030.

de la Torre, J. (2011). The generalized DINA model framework. *Psychometrika*, 76(2), 179–199.

de la Torre, J. & Chiu, C-Y. (2016). A General Method of Empirical Q-matrix Validation. *Psychometrika*, 81(2), 253–273.

de la Torre, J., & Douglas, J. (2008). Model evaluation and multiple strategies in cognitive diagnosis: an analysis of fraction subtraction data. *Psychometrika*, 73(4), 595–624.

Guo, L., Bao, Y., Wang, Z. R., & Bian, Y. F. (2014). Cognitive diagnostic assessment with different weight for attribute: based on the DINA model. *Psychological reports*. 114(3), 802–822.

Hartz, S. M. (2002). *A bayesian framework for the unified model for assessing cognitive abilites: blending theory with practicality*. Unpublished doctoral dissertation, University of Illinois at Urbana-Champaign, Urbana-Champaign, IL.

Henson, R. A., Templin, J. L., & Willse, J. T. (2009). Defining a family of cognitive diagnosis models using loglinear models with latent variables. *Psychometrika*, 74(2), 191–210.

Junker, B. W., & Sijtsma, K. (2001). Cognitive assessment models with few assumptions, and connections with nonparametric item response theory. *Applied Psychological Measurement*, 25(3), 258–272.

Jurich, D.P. (2014). *Assessing model fit of multidimensional item response theory and diagnostic classification models using limited-information statistics* (Unpublished doctoral dissertation). Department of Graduate Psychology, James Madison University, Harrisonburg.

Kang, C. H., Yang, Y. K., Zeng, P. F. (2019). Q-Matrix Refinement Based on Item Fit Statistic RMSEA. *Applied Psychological Measurement*, 43(7), 27–542.

Leighton, J. P., & Gierl, M. J. (2007). *Cognitive diagnostic assessment for education: theory and applications*. Cambridge University Press.

Leighton, J. P., Gierl, M. J., & Hunka, S. M. (2004). The attribute hierarchy method for cognitive assessment: a variation on Tatsuoka's rule-space approach. *Journal of Educational Measurement*, 41(3), 205–237.

Liu, Y., Tian, W., & Xin, T. (2016). An Application of M2 Statistic to Evaluate the Fit of CognitiveDiagnostic Models. *Journal of Educational and Behavioral Statistics*, 41(1), 3–26.

Maydeu-Olivares, A., & Joe, H. (2005). Limited-and full-information estimation and goodness-of-fit testing in 2^n contingency tables: A unified framework. *Journal of the American Statistical Association*, 100(471), 1009–1020.

Tatsuoka, K. K. (1995). *Architecture of knowledge structures and cognitive diagnosis: a statisticalpattern classification approach*. (pp. 327–359). Erlbaum: Hillsdale.

Templin, J., & Bradshaw, L. (2014). Hierarchical diagnostic classification models: A family of models for estimating and testing attribute hierarchies. *Psychometrika*, 79(2), 317–339.

Templin, J. L., & Henson, R. A. (2006). Measurement of psychological disorders using cognitive diagnosis models. *Psychological Methods*, 11(3), 287–305.

von Davier, M. (2008). A general diagnostic model applied to language testing data. *British Journal of Mathematical and Statistical Psychology*, 61(2), 287–307.

Wang, W., Song, L., Ding, S., Meng, Y., Cao, C., & Jie, Y. (2018). An EM-based method for Q-matrix validation. *Applied Psychological Measurement*, 42(6), 446–459.

陈孚,辛涛,刘彦楼,刘拓,田伟.(2016).认知诊断模型资料拟合检验方法和统计量.心理科学进展,24（12）,1946–1960.

丁树良,汪文义,罗芬.(2012).认知诊断中Q矩阵和Q矩阵理论.江西师范大学学报（自然科学版）,36（5）,441–445.

郭磊,苑春永,边玉芳.(2013).从新模型视角探讨认知诊断的发展趋势.心理科学进展,21(12),2256–2264.

涂冬波,蔡艳,丁树良.(2012).认知诊断理论、方法与应用.北京:北京师范大学出版社.

杨淑群,蔡声镇,丁树良,林海菁,丁秋林.(2008).求解简化Q矩阵的扩张算法.兰州大学 学报:自然科学版,44(3),87–91.

喻晓锋,罗照盛,高椿雷,李喻骏,王 睿,王钰彤.(2015).使用似然比D2统计量的题目属性定义方法.心理学报,47(3),417–426.

汪大勋,高旭亮,韩雨婷,涂冬波.(2018).一种简单有效的Q矩阵估计方法开发:基于非参数化方法视角.心理科学,41(1),180–188.

4 计算机化自适应测验

4.1　CAT 简介

4.1.1　CAT的定义

从古至今,随着时代的发展,测验的形式也随之改变,从纸笔测验(Paper & Pencil,P&P)发展为计算机化固定题目测验(Computerized Fixed-Item Testing,CFIT),再发展到计算机化自适应测验(Computerized Adaptive Testing,CAT)以及多阶段测验(Multistage testing,MST)。在对CAT下定义之前,我们首先对P&P和CFIT两种测验形式的特点进行简单回顾。

最为传统的P&P要求所有被试使用笔作答同一批题目或一组平行测验(如AB卷),其题目呈现在纸质试卷中,测验结束之后由老师手工阅卷。而CFIT则借助计算机的优点,将P&P"原封不动"地照搬到计算机上实施。两者的相同点在于固定题目(即在测验前所有题目以及题目的呈现顺序都已经确定),而不同点则在于CFIT的整个测验过程都在计算机上完成。表4.1对两者的优缺点以及应用进行了概括。

表4.1　P&P与CFIT的优缺点以及应用

测验形式	P&P	CFIT
优点	1.所有题目一次性呈现,被试可以不按题目的原始顺序作答,甚至可以随时对已作答的题目进行检查并修改答案 2.适合大规模团体测验,便于制订统一标准	1.采用计算机辅助测验,测量更加高效、精确和公平 2.与多媒体技术结合可以创设各种生动、形象的测验情境
缺点	1.高能力被试可能作答较多容易题,既浪费时间也可能导致其因粗心而误答。低能力被试很可能作答较多的难题,容易带来挫败感并增加猜测的可能性 2.手工评分,工作量大且容易产生误差 3.局限于教学目标,不太关注动作技能、实际动手能力	1.被试不论能力高低全都作答同一批题目,无法实现能力与题目难度的匹配 2.检查并修改答案经常不被允许,担心会明显地延长测验时间、增加测验费用
应用	高考、研究生入学考试、大学英语等级考试等	全国计算机等级考试的上机考试、驾校科目1和4考试

随着计算机技术与测量理论的飞速发展,CAT自20世纪70年代早期被引入测验领域,目前已经成为一种非常流行的测验模式(Cheng,2008)。CAT以项目反应理论(Item Response Theory,IRT)或认知诊断理论(Cognitive Diagnostic Theory,CDT)为指导,基于被试在已作答题目上的表现(称为作答历史)估计或更新他/她的能力水平,并根据选题策略依次地从剩余题库中选择最适合被试作答的题目施测被试,直至满足测验终止规则(Chang et al.,1996)。

Embretson和Reise(2000)认为:难题不易准确测量低能力被试,易题不易准确测量高能力被试。只有采用对于被试能力水平而言难度适中的题目(正确作答概率为50%),才能达到准确、高效测量被试能力的目的。而"量体裁衣、因人而异"的CAT恰恰可以有效避免被试作答与其能力水平相差较大的题目,从而可为每位被试提供最合适的、最优的、最个性化的测验。

从另外一个角度看,CAT实际上也是一种测验生成的形式,不同于P&P和CFIT是在被试作答之前就已经生成测验,CAT是在测验过程中逐步选择最适合被试作答的题目。介绍到这里,大家可能会问:在CAT中,不同被试作答的题目难度不同,作答题目数量也可能完全不同,那么它们的能力估计结果是否直接可比?回答这个问题可以结合IRT的性质进行解释:在IRT中,只要所有题目的参数在同一量尺上,对它们或部分题目进行作答得到的分数就可比,即使它们的难度水平不同或数量不同。而在经典测验理论(Classical Test Theory,CTT)中,只有平行测验之间的分数才能够进行合理比较,而理论上完美的平行测验是不存在的。

在对 CAT 有初步了解后,本章接下来依次对 CAT 的优缺点、CAT 的国内外应用、CAT 的重要组成部分以及 CAT 的发展新方向进行详细介绍,而且还提供一个具有 CAT 系统的计算机模拟实现程序以帮助读者更好地理解上述内容。希望读者通过本章的学习,对 CAT 有较为系统、全面的认识,并对这种测验形式产生兴趣。

4.1.2 CAT的优缺点

1）CAT 的优点

CAT 根据被试能力自适应地选择题目,具有差异化、个性化和自适应的测试特征,为现代教育测量带来巨大的变化。CAT 具有传统测验形式不可比拟的优点。

（1）提高能力估计效率

CAT 的能力估计效率高于 P&P 和 CFIT,即使用相同数量的题目,CAT 可以达到更高的估计精度（Wainer et al.,1990）。换句话说,CAT 在不损失测量精度的情况下,可以缩短测验长度（相当于节省主试和被试的时间）,从而提高测验效率。Weiss（1982）的研究表明,CAT 只需要大概一半的题目就能够达到与 P&P 相同的估计精度。

（2）丰富测验题目类型

由于 CAT 以计算机作为测量媒介,相比于 P&P,其题目的内容与形式得以大大丰富。CAT 与多媒体技术结合可以创设各种生动、形象的测验情境。例如,可以呈现一些音频和视频片段以及其他不可能或很难在 P&P 中实施的新颖题目类型（Cheng,2008）,像短时记忆题和空间记忆题。如果有语音合成器的话,还可进行听力和口语测试。

（3）丰富评价内容

CAT 与认知诊断相结合得到的认知诊断计算机化自适应测验（Cognitive Diagnostic CAT,CD-CAT）,可以测量新的技能类型（如学生对各个知识点或属性的掌握情况）;与多维项目反应理论相结合构建的多维计算机化自适应测验（Multidimensional CAT,MCAT）,可以提供学生在各个能力维度上的精细信息;与多级项目反应理论相结合,可以提供基于表现的题目类型（如简答题和计算题）。另外,通过计算机记录学生在每道题目上的作答反应时间或是在问题解决过程中的一举一动,并对这些结构化/非结构化的数据进行分析,可以更全面、更准确地评价学生的能力（如高阶思维能力/21 世纪能力）。

（4）提高测验公平性与安全性

相对于 P&P 和 CFIT,基于自适应算法的 CAT 可以降低某些题目的曝光率,CAT 由于采用自适应算法选题使得不同被试作答不同的题目集,因此可以减少某些试题的重复出现。另外,由于 CAT 施测的题目是通过依次从剩余题库中选取而最终确定,因此在测验开始之前不论是主试还是被试都无法知晓这些题目,从而可降低考试作弊的可能性,增强测试的保密性和公平公正性。而且,任意两名被试在同一时间不太可能作答相同题目,所以抄袭的收益不大。

（5）提高测验灵活性

当题库得到良好维护时,CAT 可以连续施测（即连续测验）,于是被试可以选择他们方便的时间参加测验。另外,相比大规模的 P&P 测验,CAT 不受考场限制,测验环境更为舒适且周围人数更少,因此受影响程度更低（Cheng,2008）。

2）CAT的缺点

尽管CAT存在诸多优点,但是在具体实施的过程中也存在一些不足或缺点。

（1）构建题库的费用较高

使用CAT的前提是需要构建一个题库,而且要求题库中所有题目的参数是已知的。为了获得稳定的题目特征(如区分度、难度和猜测度),所有题目都必须预先施测于某个较大的、有代表性的被试样本。因此,构建CAT题库的初期费用就会比较高(需要相当的人力、物力和财力),而且CAT题库不可能由完全崭新的、被试从未见过的题目组成。另外,题库建好后,在连续使用CAT的过程中还需要定期对题库进行管理和维护,如定期淘汰质量不好的题目、"休眠"曝光率较高的题目(陈平 等,2011a,2011b;陈平 等,2013)。

（2）不允许修改答案

大多数CAT不允许被试返回检查并修改答案,这主要是因为考试机构担心允许修改答案会带来诸多现实问题。例如,一些"聪明"的被试或"聪明"的备考机构所指导的被试通过使用Wainer"作弊"策略(Wainer,1993)和Kingsbury策略(Kingsbury,1996)获得能力高估值,从而影响测验的公平性、公正性和准确性;允许修改答案还会增加测验时间,相应地增加测验费用。但是从被试的角度来看,不允许修改答案使得他们在P&P中惯用的答题策略不能应用于CAT,这样会给他们带来压力(陈平 等,2008;林喆 等,2015)。另外,CAT的自适应算法本身就决定"被试只能答对一半左右的题目",这样同样会增加被试的焦虑水平并影响被试的测验表现(Olea et al.,2000)。所以在参加CAT时,被试都希望得到返回检查并修改答案的机会。

（3）题库安全性

题库的安全性一直是个巨大的挑战。1994年,美国Kaplan教育中心多次派出雇员参加美国研究生入学考试(Graduate Record Examination,GRE),让他们尽可能多地记住题目并反馈给Kaplan。在短短的时间内,Kaplan发现其雇员记住的题目已经占到GRE题库的相当大比例,为此美国教育考试服务中心(Educational Testing Service,ETS)被迫暂停GRE机考。此次事件属于一次有组织的大规模偷题事件,这也暴露出CAT连续施测存在的严重安全隐患(张华华 等,2005)。而在国内,新东方曾在未经授权或多次版权磋商未果的情况下,大规模使用或复制ETS的试题,结果两者产生纠纷,ETS把新东方告上法庭。2002年,ETS以考题泄密为由,宣布暂停在东亚一些国家的GRE机考,改为笔考。

（4）与P&P的兼容性问题

对部分被试来说,参加CAT的得分可能会低于参加P&P的得分(Chang,2004)。Chang 和 Ying(2008)针对此现象分析其低估原因,结果表明,常用于CAT的最大费舍尔信息量(Maximum Fisher Information,MFI)选题策略倾向于使用高区分度题目,这使得CAT在测验初期对被试能力的估计会产生较大的步长。具体来说,如果被试在测验初期错误作答一些题目且测验长度不太长时,他/她的能力会被低估;如果被试在测验初期能够通过猜测正确作答一些题目,那么其能力会被高估。另外,要准确分析上述现象可能也涉及另一个研究主题——测验模式效应,即当同一批题目用不同的测验形式(如P&P和CAT)进行呈现时是否会出现功能性差异(代艺,2020)。

4.1.3　CAT的国内外应用

CAT在测验领域的发展历史大约有40年,直到现在还可以看到CAT的各种衍生产品不断出现,之所以这样经久不衰肯定有它的迷人之处。上述的诸多优点使 CAT 在国内外大规模选拔性和资格性考试中得到广泛应用(Chang,2004;Cheng,2008;陈平 等,2006;陈平,2016)。

1）CAT 的国内应用

在国内,一些机构已经开始使用或者计划使用 CAT 进行教育、心理测验以及人才测评。

从 20 世纪 90 年代初开始,全国大学英语考试(College English Test,CET)委员会一直致力于 CAT 的研发。2008 年以来,CET 委员会进行多次远程网络考试的实验,并将 IRT 用于 CET 分数的等值处理中,但尚未开发出成熟的自适应测验(柴省三,2013)。国内的大规模语言测验中,除 CET 委员会外,中国汉语水平考试(HSK)中心也在积极研究将 CAT 用于考生汉语水平的测评。目前,HSK 的考点遍布全球百余个国家,使用计算机化测验能在相当程度上提高测评效率、节约成本。

在军队征兵系统中,我国每年的全国征兵心理检测系统也已开始应用 CAT 的方式,其实用性和准确性得到广泛认证(谢敬聃 等,2012)。第四军医大学也已开发考查应征公民空间能力的 CAT 拼图测验(田建全 等,2009)。而在人才测评方面,许多人才测评公司也致力于开发与应用 CAT 版本的笔试,使 CAT 在我国企事业单位的人才选拔与测评中得到广泛应用。

另外,CAT 技术还被应用于英语以及其他学科的教学中,如某些单词学习软件为用户制订个性化的学习方式,提高用户的学习体验和学习效率。

2）CAT 的国外应用

在国外,对 CAT 的研究及应用则开展得更早,其应用的规模也相对更大。由于军队常常需要在短时间内对大量候选者的能力水平进行评估从而实现人和岗位的良好匹配,因此在 CAT 出现之初,美国的军队人力资源管理部门就对其表现出浓厚的兴趣。1995 年,美国正式推出历经 15 年研发的计算机化自适应军事服役职业能力倾向成套测验(CAT-ASVAB),目前该测验已在西方国家征兵心理检测过程中被广泛采用。

而在教育领域,国外测评机构已将 CAT 应用于多项大型测验。1993 年,美国大学入学考试委员会(ACT)在 COMPASS 项目中使用计算机化自适应数学阅读和写作测验(Dodd et al.,1995)。1993 年,ETS 全面投入使用 GRE 的自适应版本。随后在 1997 年,美国商学院研究生入学考试(GMAT)开始使用自适应版本测验。此外,美国临床病理学家协会(ASCP)考试、美国医生护士资格考试(NCLEX)也先后推出 CAT 版本。在美国的 K-12 教育中,奥巴马政府于 2009 年推出"竞争卓越"(Race to the Top)教育改革计划,重点推动改造低绩效的学校。以此为背景,美国 25 个州组成智慧均衡测评联盟(Smarter Balanced Assessment Consortium,SBAC),并为 3 至 8 年级以及高中学生在英语语言艺术/读写、数学能力等方面开展 CAT 测验,对每位学生进行总结性评价、可选择的临时评价以及形成性评价。其中每项测验分为 CAT 部分与表现任务部分,对其 CAT 部分算法感兴趣的读者可以参考 Jon Cohen 和 Larry Albright(2014)撰写的 *Smarter Balanced Adaptive Item Selection Algorithm Design Report*。此外,犹他州"学生成长与卓越评价"(student assessment of growth and excellence)亦采用 CAT 的形式开展。

4.2　CAT 的组成部分

对于 CAT 的所有形式,不论是传统的 CAT 还是 CD-CAT 或者 MCAT,其主要包括以下五个重要组成部分:

①标定的题库(calibrated item bank);

②初始题目的选择方法（starting point for entry）；

③能力估计方法（ability estimation method）；

④选题策略（item selection strategy）；

⑤终止规则（stopping rule）。

Wainer和Mislevy（2000）将整个CAT过程概括为三个步骤：

①如何开始；

②如何继续；

③如何结束。

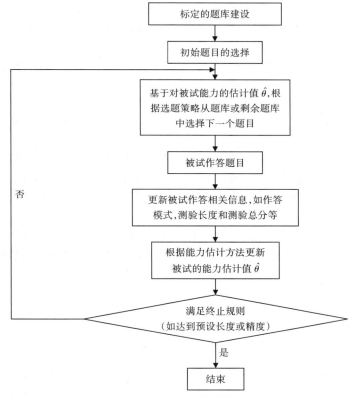

图4.1 CAT的流程图

图4.1呈现的是一个CAT实例的流程图。接下来，依次对CAT的五个重要组成部分进行简要介绍。

4.2.1 题库

题库是CAT的重要组成部分，也是CAT顺利实施的重要前提。题库本身并不是对大量题目的简单堆积，而需要依托专业的团队使用科学的方法进行构建（陈平 等，2013）。构建CAT题库一般包括"明确题库大小""确定题库结构""开发题目与标定参数"与"题库管理与维护"等核心步骤。每个步骤的完成质量都会影响题库质量，进而影响在后续评分过程中对被试能力进行估计的准确性（陈平，2016）。

1）题库大小

对于CAT而言，题库的大小是影响测验质量的重要因素。若题库过小，不仅会导致经常找不到与被试能力相当难度的题目,而且可能会导致部分题目的曝光率过高,危及题库安全。同时,由于构建题库需要耗费大量的人力、物力和财力,一味拓展题库也不现实。因此,确定合适的题库大小十分关键。但是对于"题库具体需要多少题目,才能保证对每名被试的能力有准确的估计、才能保证测验的安全性"这个问题,并没有确切的数量可供参考。学者对题库大小给出的建议如下:

①对于0-1评分CAT,建议题库超过100题;对于要求内容均衡的CAT或高风险CAT(如资格考试),则要求题库大小在500~1000(Dodd et al.,1995)。

②对于多级评分CAT,题库大小在30左右就可得到比较准确的能力估计值且迭代不收敛情况较少(Dodd et al.,1989)。这主要是因为多级评分题目(polytomously scored item)相对于0-1评分题目(dichotomously scored item),能够提供更多的信息量。本质上,多级评分题目的相邻两个等级或类别(category)就相当于一个0-1评分题目。

③Stocking(1994)建议题库大小至少是测验长度的12倍,Way(1998)称之为一种经验法则。

2)题库结构

题库应该合理覆盖所考查的整个能力范围和内容范围。如果测验目的是在整个能力范围内进行测量,理想的题库就应当是包含大量的高区分度题目、而且题目难度分布于整个能力范围,否则就会导致"在CAT中,无法为部分能力水平(特别是两端能力水平)的被试提供足够的、合适的题目"。题库结构还依赖于被试总体。如果被试总体中大部分是高能力水平被试,那么题库应该包括较大数量的难题。因此,在实际操作过程中,应当根据测验的目的、被试的情况来合理确定题库的结构。

另外,对于0-1评分CAT,Reckase(1981)建议题库中题目难度参数服从均匀分布。陈平等人(2006)通过模拟实验也发现:在多级评分CAT中,题目等级或类别难度参数服从均匀分布所产生的迭代失败次数会明显少于它们服从正态分布时的结果。

3)题目开发

这个步骤具体包括以下几个核心环节:

(1)题目编写

题目编写基于创建好的编题计划(题目的题型、目标要求和试题分布等)以及双向细目表(test specification),在每个内容/能力维度上编写数量足够多的、多样的以及难度分布较广的题目。需要特别注意的是,在编写题目时,应当编写的题目数量要多于题库需求的题目数量,这是因为在题库建立的过程中还会删减一些不满足IRT标准和其他测验要求的题目。

(2)质量检查

题目编写完成后应对题目的质量进行检查。具体来说,质量检查包括测验专业性检查(test specialist review)和测验敏感性检查(test sensitivity review)两方面。前者的目的是保证题目的高质量(如防止题目与编题计划出现偏差、题目表述歧义或含义不明、题目出现明显的功能性差异等),而后者是为了避免出现对被试子样本(如少数族裔)有偏或有冒犯性的内容或材料。

(3)新题预试

对新编写的题目进行预试,有两个目的:一是收集预试数据用于接下来的题目分析;二是检查测验题目是否测量它们想要测的内容,还可以帮助发现题目核查者没有发现的错误。这时主试应该提前告知被试:预试并不是为了评价被试,而是为了研究题目的性能。

（4）题目删改

基于预试数据,采用CTT和IRT方法对题目进行分析,并根据CTT和IRT的相关标准决定是删除还是修改不合适的测验题目。

（5）题目入库

题库中的题目一旦确定,需要将它们存入计算机题库。例如,借助大型数据库软件（Oracle、SQL Server、MySQL和SyBase等）将题目转化成计算机呈现形式,对题目题干（item stem）、题目选项（item option）、题目正确答案（item key）以及题目参数值等重要信息进行存储。

4）题库管理与维护

CAT在使用一段时间后,对题库的高质量管理与维护就显得愈发重要。因为随着时间的推移,题库中的部分题目可能会因存在缺陷（flawed）、过时（obsolete）或者过度曝光（overexposured）等原因不再适合被继续使用（Wainer et al.,1990）,这时就需要定期对题库进行更新和扩充。在更新和扩充题库的过程中,对新增题目（称为新题）的准确标定既是研究重点也是技术难点。

对新题进行标定,既可采用基于P&P的离线标定技术（offline calibration）,也可采用基于CAT的在线标定技术（online calibration）。在线标定技术是指在CAT实施过程中将新题以随机或自适应的方式分配给被试作答,然后在线收集被试在新题上的作答反应并估计新题参数的过程。与离线标定技术相比,在线标定技术具有很多优点,例如:①在通过CAT对被试能力进行准确、高效评价的同时,还能够对新题进行准确标定;②不需要进行事后链接（post hoc linking）就可自动将新题与旧题置于同一量尺上,不仅实现CAT题库的在线扩充,而且为大型题库建设中复杂的等值问题提供一种有效的解决方案（Chen et al.,2012）。目前,在线标定技术已被广泛应用于各种CAT形式的新题标定中,包括单维CAT（Ban et al.,2001;van der Linden et al.,2015）、CD-CAT（Chen et al.,2015;陈平 等,2011a,2011b;汪文义 等,2011）和MCAT（Chen,2017;Chen et al.,2016;Chen et al.,2017）。

另外,在线标定包括在线标定设计（online calibration design）和在线标定方法（online calibration method）两个重要环节（Chen et al.,2014）。其中,前者负责的是在CAT过程中应如何将新题分配给被试作答才能获得准确的标定结果,而后者则关注如何根据收集的被试作答反应对新题参数进行准确估计。关于这两方面的最新研究进展,可参见He和Chen（2020）,He、Chen和Li（2020）以及He、Chen、Li和Zhang（2017）。

4.2.2 初始题目的选择方法

CAT题库一旦确定,接下来需要考虑的问题是CAT如何开始,也即初始题目的选择问题。在CAT开始时,由于系统对被试的能力一无所知,因此系统在为被试选择第一道题目时的方法就有别于之后基于被试能力估计值以匹配题目的选题策略。一般而言,初始题目的选择方法有以下几种:

①从题库或题库的某个特定题目集中随机选择一道题目作为初始题目（Cheng,2008）。

②如果假设被试能力服从正态分布,那么被试的能力分布关于均值对称,由此可以假定被试能力初始值处于中等水平（如$-0.5 < \theta < 0.5$）。为满足自适应的要求,可选择与被试能力初始值最接近的题目（即中等难度的题目）作为初始题目。

③如果在测验开始前,能够获得关于被试能力的先验信息（如上学期的期末成绩）,就不必

随机选题或对被试能力进行假定。此时,研究者可以考虑基于先验信息选择初始题目(Embretson et al.,2000)。

另外,有些主试设计以一个相对容易的题目开始CAT,这使被试在有成功经验后可以减轻测验焦虑等问题(Embretson et al.,2000)。

4.2.3 能力估计方法

与P&P相比,CAT的一个最大不同在于对被试能力的估计上。CAT在被试作答完每道题目后都要对其能力进行估计或更新。一般来说,能力参数的估计方法分为两类:极大似然估计方法(Maximum Likelihood Estimation,MLE)和贝叶斯估计法(Bayes estimation method)。其中,贝叶斯估计法又分为期望后验方法(Expected A Posteriori,EAP)和最大后验方法(Maximum A Posteriori,MAP)两种。

1)极大似然估计(MLE)

为介绍MLE,读者不妨先从下面这个例子对其进行直观的感受。假设现在有3道题目且参数已知,被试能力已知为θ_α。现在想预测该被试在这三道题目上的作答模式。首先可以肯定的是,被试的作答反应模式来自以下$2^3 = 8$种作答模式中的一种。

表4.2 被试在3道题目上的所有可能作答模式

作答模式类别	题目1	题目2	题目3
1	0	0	0
2	0	0	1
3	0	1	0
4	0	1	1
5	1	0	0
6	1	0	1
7	1	1	0
8	1	1	1

在表4.2中,后3列代表题目,行代表被试所有可能的作答模式。若表中后3列的值为1,说明被试在对应的题目上作答正确;若为0,则说明作答错误。由于题目和被试能力参数都已知,所以可以计算该被试分别得到这8种作答模式的可能性。例如

$$P\left(1,1,1\middle|\theta_\alpha,a_1,b_1,c_1,\cdots,a_3,b_3,c_3\right) = P_{\alpha1}P_{\alpha2}P_{\alpha3},$$

表示能力为θ_α的被试正确作答所有3道题目的概率。而

$$P\left(0,0,0\middle|\theta_\alpha,a_1,b_1,c_1,\cdots,a_3,b_3,c_3\right) = Q_{\alpha1}Q_{\alpha2}Q_{\alpha3},$$

则表示该被试错误作答所有3道题目的概率,其中$Q = 1 - P$。

类似地,被试分获其他6种作答模式的概率也容易得出。因此,最大似然函数值所对应的作答模式最有可能成为该被试的实际作答模式,因为这样做的风险最小。

在上述例子中,由于被试能力已知,因此通过计算其获得各种作答模式的概率值可预测被试的实际作答模式。如果被试能力未知,但能够获得被试的作答模式,该如何反过来估计被试能力呢?很自然地,我们发现当作答模式给定时,上述的概率就变成关于能力θ的函数。那么能力为多少的被试最有可能得到这种已知作答模式呢?一种直观的想法是,使这个函数达到最大的θ即为被试的能力估计值。在给定观测X时,我们将关于参数θ的函数称为似然函数$L(\theta|X)$,它在数值上等于给定参数θ后变量X的概率。

用 $\boldsymbol{X} = (x_1, x_2, \cdots, x_t)$ 表示被试在 t 个题目上的作答情况 $[x_j \in \{0,1\}(j = 1,2,\cdots,t)]$，则似然函数可以表示为：

$$L(\theta|\boldsymbol{X}) = \prod_{j=1}^{t} \left(P_j(\theta)\right)^{x_j} \left(Q_j(\theta)\right)^{1-x_j}.$$

为便于计算，一般对似然函数取自然对数，得到对数似然函数 lnL。要求使 $L(\theta|\boldsymbol{X})$ 达到最大的 θ，可令 lnL 对 θ 的导数为 0，即

$$h(\theta) = \frac{\mathrm{d}\ln L}{\mathrm{d}\theta} = \frac{\mathrm{d}\ln L}{\mathrm{d}P_j(\theta)} \frac{\mathrm{d}P_j(\theta)}{\mathrm{d}\theta} = 0.$$

对于不同的 IRT 模型，$\dfrac{\mathrm{d}P_j(\theta)}{\mathrm{d}\theta}$ 会有不同的表达形式，相应地 $h(\theta)$ 也就有不同的表达形式，具体如下：

对于 1PLM

$$h(\theta) = \sum_{j=1}^{t} D\left(x_j - P_j(\theta)\right) = 0.$$

对于 2PLM

$$h(\theta) = \sum_{j=1}^{t} Da_j\left(x_j - P_j(\theta)\right) = 0.$$

对于 3PLM

$$h(\theta) = \sum_{j=1}^{t} Da_j \frac{P_j(\theta) - c_j}{1 - c_j} \frac{x_j - P_j(\theta)}{P_j(\theta)} = 0.$$

由于上述方程都是非线性方程，因此需要使用数值方法进行求解。这里简单介绍一种求解方法，即 Newton-Raphson 迭代法（简称"N-R 迭代"），其基本步骤如下：

对 $h(\theta)$ 在 θ_0 处作泰勒展开，有

$$h(\theta) = h(\theta_0) + h'(\theta_0)(\theta - \theta_0) + \frac{h''(\theta)(\theta - \theta_0)^2}{2!} + \cdots + R_n(\theta).$$

略去二阶及以上各项，于是可以得到 $h(\theta)$ 的近似线性估计式 $h(\theta) \approx h(\theta_0) + h'(\theta_0)(\theta - \theta_0)$。因此，可得到方程 $h(\theta) = 0$ 的近似根

$$\theta = \theta_0 - \frac{h(\theta_0)}{h'(\theta_0)}.$$

由此构造出的迭代式称为牛顿迭代公式，即

$$\theta_{k+1} = \theta_k - \frac{h(\theta_k)}{h'(\theta_k)}.$$

当 θ_k 收敛到值 α 时，α 即是非线性方程的数值解，记为 $\hat{\theta}_{MLE}$。

2）贝叶斯估计

贝叶斯方法是另一种广泛使用的统计学方法，它与 MLE 最大的区别在于需要提前知道或假设能力的先验分布（prior distribution）。有了先验分布，结合总体信息和样本信息根据贝叶斯公式（Bayes' formula）就可得到能力的后验分布（posterior distribution），然后基于后验分布再进行统计推断。贝叶斯学派认为先验信息对统计推断是有帮助的。

被试作答 t 个题目后，能力 θ 的后验分布通过贝叶斯公式可表示为

$$p(\theta|X) = \frac{L(X|\theta)g(\theta)}{\int L(X|\theta)g(\theta)\mathrm{d}\theta} = \frac{L(x_1, x_2, \cdots, x_t|\theta)g(\theta)}{\int L(x_1, x_2, \cdots, x_t|\theta)g(\theta)\mathrm{d}\theta},$$

式中，$g(\theta)$ 表示能力 θ 的先验分布。

（1）期望后验估计方法（EAP）

EAP 方法是将 $p(\theta|X)$ 的期望作为被试的能力估计，其具体的计算方法是

$$\hat{\theta}_{EAP} = E[\theta|X] = \int_\Theta \theta p(\theta|X)\mathrm{d}\theta = \sum_{k=1}^{q} \frac{x_k L(X|x_k)A(x_k)}{\sum_{s=1}^{q} L(X|x_s)A(x_s)},$$

式中，x_k 表示第 k 个积分节点，q 为积分节点数。$A(x_k)$ 为权重系数，$A(x_k) = \dfrac{g(x_k)}{\sum_{k=1}^{q} g(x_k)}$。当被试能

力的先验分布为标准正态分布时，$g(x_k) = \dfrac{1}{\sqrt{2\pi}}\exp(-\dfrac{x_k^2}{2})$。

（2）最大后验估计方法（MAP）

MAP 方法是将 $p(\theta|X)$ 的最大值作为被试的能力估计。本质上，MAP 方法是对 MLE 方法的拓展，但不同的是，MAP 方法融入了能力的先验分布信息。因此，MAP 方法可以看成规则化的 MLE 方法。

在后验分布 $p(\theta|X)$ 的计算公式中，由于分母部分已经对 θ 进行积分，因此不再含有 θ，故

$$\hat{\theta}_{MAP} = \underset{\theta}{\arg\max} \frac{L(X|\theta)g(\theta)}{\int L(X|\theta)g(\theta)\mathrm{d}\theta} = \underset{\theta}{\arg\max} \, L(X|\theta)g(\theta).$$

于是，可通过"对 $L(X|\theta)g(\theta)$ 求自然对数，再对 θ 求导后并令之为零"来计算 $\hat{\theta}_{MAP}$，即

$$m(\theta) = \frac{\mathrm{d}\ln L(X|\theta)}{\mathrm{d}\theta} + \frac{\mathrm{d}\ln g(\theta)}{\mathrm{d}\theta} = 0.$$

假设 θ 的先验分布为标准正态分布，即

$$g(\theta) = \frac{1}{\sqrt{2\pi}}\mathrm{e}^{-\frac{\theta^2}{2}}.$$

由此可得到，

$$\frac{\mathrm{d}\ln g(\theta)}{\mathrm{d}\theta} = \frac{\mathrm{d}}{\mathrm{d}\theta}\ln\frac{1}{\sqrt{2\pi}} - \frac{\mathrm{d}}{\mathrm{d}\theta}\frac{\theta^2}{2} = -\theta.$$

对于不同的 IRT 模型，由于 $L(X|\theta)$ 有不同的表达形式，故 $m(\theta)$ 也具有不同的表达形式，具体如下：

对于 1PLM

$$m(\theta) = \left[\sum_{j=1}^{t} D(x_j - P_j(\theta))\right] - \theta = 0.$$

对于 2PLM

$$m(\theta) = \left[\sum_{j=1}^{t} Da_j(x_j - P_j(\theta))\right] - \theta = 0.$$

对于 3PLM

$$m(\theta) = \left[\sum_{j=1}^{t} Da_j \frac{P_j(\theta) - c_j}{1 - c_j} \frac{x_j - P_j(\theta)}{P_j(\theta)}\right] - \theta = 0.$$

容易知道,当被试能力的先验分布是均匀分布时,

$$\frac{\mathrm{d} \ln g(\theta)}{\mathrm{d}\theta} = 0.$$

这时,MAP方法等价于MLE方法。

另外,上述三种能力估计方法(即MLE、EAP和MAP方法)的估计标准误分别为:

$$SE\left(\hat{\theta}_{MLE}\right) = \sqrt{\frac{1}{I\left(\hat{\theta}_{MLE}\right)}},$$

$$SE\left(\hat{\theta}_{EAP}\right) = \sqrt{\frac{\sum_{k=1}^{q}\left(x_k - \hat{\theta}_{EAP}\right)^2 L\left(\boldsymbol{X}|x_k\right) A\left(x_k\right)}{\sum_{k=1}^{q} L\left(\boldsymbol{X}|x_k\right) A\left(x_k\right)}},$$

$$SE\left(\hat{\theta}_{MAP}\right) = \sqrt{\frac{1}{I\left(\hat{\theta}_{MAP}\right) - \left.\frac{\partial^2 \ln g(\theta)}{\partial \theta^2}\right|_{\theta = \hat{\theta}_{MAP}}}}.$$

MLE方法作为一种经典的参数估计方法,具有渐近一致性(asymptotic consistency)和渐近正态性(asymptotic normality)等优点,但是它却不能够为具有全0或全1作答模式的被试提供能力估计。这是因为如果被试正确作答所有题目,似然函数是若干个正确作答概率(关于θ的单调递增函数)的乘积,没有最大值;如果错误作答所有题目,似然函数则是若干个错误作答概率(关于θ的单调递减函数)的乘积,同样也没有最大值。这时(特别指CAT的初始阶段,因为CAT初始阶段容易出现全0或全1的作答模式),可以临时采用EAP方法估计被试能力。因为即使被试只作答一个题目,EAP方法也能给出能力估计结果。

但是,有些研究者认为先验信息可能会影响被试能力的估计。例如,能力估计由于受到先验分布均值的回归效应的影响,EAP方法会有一个向内的偏差模式,即高估低能力水平被试、低估高能力水平被试(Kolen,2006;Vispoel et al.,1999)。因此,在CAT的初始阶段,有研究者采用固定步长法(fixed step)(如假设步长为0.20,如果正确作答,新的能力估计值为原值加上0.20;如果错误作答,新的能力值为原值减去0.20)估计被试能力(Dodd et al.,1995,陈平 等,2008),这个过程一直进行下去直到MLE能力估计方法可用为止。

尽管MLE方法具有"不能估计全0或全1的作答模式"和"具有向外的偏差模式(对于具有正值能力水平的被试,MLE会高估其能力值;对于具有负值能力水平的被试,MLE会低估其能力值)"(Lord,1983)等缺点,但是在MLE方法可用的前提下一般还是尽量使用MLE方法。这主要是因为在一般的正则条件(regularity condition)下,一些大样本结论(如渐近一致性和渐近正态性)可以保证MLE能力估计值收敛于真值(Chang et al.,1996),也即$\hat{\theta}_{MLE}$是θ的无偏估计。

针对MLE方法的缺点,研究者提出多种修改方案,如Warm(1989)提出使用加权的极大似然估计方法(Weighted MLE,WMLE),即通过极大化加权的似然函数得到$\hat{\theta}$。对于1PLM和2PLM,WMLE方法选用测验信息函数的平方根作为权重。Warm(1989)认为当使用相同的渐近方差时,WMLE产生的偏差小于MLE,更为重要的是WMLE适用于元素全为0和全为1的作答模式。

除了上述方法,其他的一些方法都是基于测验总分(number-correct score)而不是基于作答反应模式进行构建。尽管测验总分仅仅在1PLM情境下是最优估计值(对于1PLM,测验总分是能力的充分统计量),但是基于这些分数的方法更容易向被试解释,更易于在实践中被接受(Meijer et al.,1999)。

4.2.4 选题策略

选题策略负责CAT过程中"如何继续"的问题,也即负责根据被试当前的能力估计值从题库中选择最适合被试作答的题目施测被试。因此,选题策略是CAT测验中一个非常重要的环节,它的优劣直接关系到测验的准确性、效率与安全性(陈平 等,2006)。Chang和Ying(1996)认为今后在CAT中,最有可能得到进一步发展的理论研究应该是在选题策略领域。另一方面,CAT的选题策略除了应该满足统计上的最优(即最大限度地提高能力估计精度)之外,还应该尽可能地满足实际测验情境中经常需要考虑的一些非统计约束条件(non-statistical constraints),如题目曝光控制(即控制每道题目被选中的频率,行业标准是将曝光率控制在0.2以下)、内容均衡(即从每个要考查的内容领域都要选择一定比例的题目)、题目类型均衡(即不同类型题目的出现频率应符合一定比例)以及正确答案分布均衡(即正确答案出现在各个选项的频率应大致相当)等。这些非统计约束条件往往是一个CAT测验有效的保障(Cheng et al.,2009)。

选题策略的发展已经比较成熟,代表性的选题策略包括:MFI方法(Lord,1980)、近似贝叶斯选题策略(Owen,1975)、最大后验加权信息量方法、最大期望信息量方法和最小期望后验方差方法等(van der Linden,1998)、库尔贝克-莱布勒(KL)全局信息量方法(Chang et al.,1996)、按 a 分层选题策略(Chang et al.,1999)、b 分块的按 a 分层方法(Chang et al.,2001)、内容分块的按 a 分层方法(Yi et al.,2003)、SH 概率方法(Hetter et al.,1997)、最大优先指标方法(Cheng,2008;Cheng et al.,2009;潘奕娆,2011)等。

这里我们只对MFI方法、按 a 分层方法以及 b 分块的按 a 分层方法进行简单介绍,读者如果对其他方法感兴趣,可以参考相关文献。

1) 最大费舍尔信息量方法(MFI)

在正式介绍MFI方法前,首先需要引入测验或题目费舍尔信息量(test/item Fisher information)的概念。在统计学上,费舍尔信息量被定义为"对数似然函数对未知参数 θ 的一阶导的平方的期望",它反映的是可观察的样本数据 $\boldsymbol{X}$ 所携带的关于 θ 的信息数量。将测验层面的和题目层面的费舍尔信息量分别记为 $I(\theta)$ 和 $I_j(\theta)$,在局部独立性假设成立的情况下有

$$I(\theta) = E\left\{\left[\frac{\partial}{\partial\theta}\ln f(\boldsymbol{X};\theta)\right]^2 |\theta\right\} = \sum_{j=1}^{t} I_j(\theta) = \sum_{j=1}^{t} \frac{\left[P_j'(\theta)\right]^2}{P_j(\theta)\left[1 - P_j(\theta)\right]}.$$

对于3PLM下的题目 j 而言,将正确作答概率 $P_j(\theta)$ 代入其中,有

$$I_j(\theta) = \frac{\left(1 - c_j\right)D^2 a_j^2 \exp\left(-Da_j\left(\theta - b_j\right)\right)}{\left\{1 + \exp\left(-Da_j\left(\theta - b_j\right)\right)\right\}^2 \left\{1 - c_j + c_j\left(1 + \exp\left(-Da_j\left(\theta - b_j\right)\right)\right)\right\}}.$$

对于CAT,费舍尔信息量反映了不同题目在测量不同能力被试时对被试能力信息的贡献程度。因此,MFI是从剩余题库中选择在当前的能力估计值处能够提供最大信息量的题目作为下一个题目施测被试。

MFI方法的优点是:

①每一步都选择具有最大信息量的题目,可提供高效的、统计最优的能力估计。

②测验信息量具有可加性。在局部独立性假设成立的前提下,测验信息量等于测验包含题目的题目信息量之和。这一点对CAT特别重要,因为它允许单独计算每个题目的信息量,将它们求和即可得到每个阶段的最新测验信息量。

③测验信息量不直接依赖于被试在题目上的作答反应。

④θMLE处测验信息量的平方根的倒数是MLE估计结果的测量标准误的理论下界。

然而，MFI方法也存在不少缺点：

①在CAT初始阶段，对被试能力的估计不准确（即$\hat{\theta}$与θ相差较大），因此根据$\hat{\theta}$选择的题目对能力估计效率可能并不高。

②青睐高区分度题目而忽视使用低区分度题目，从而导致"高区分度题目过度曝光、低区分度题目曝光不足"。整个题库的使用不均衡，影响测验安全以及题库的使用效率。

③选题过于确定。因为它只选择具有最大信息量的题目，即使其他题目的信息量值与最大信息量值比较接近。

④未考虑被试能力参数和题目参数估计的不确定性。换句话说，计算得到的信息量值并不是100%的准确。

⑤MFI仅考虑测验的统计属性，忽略现实测验情境中需要考虑的非统计约束条件，如题目曝光控制、内容均衡、题目类型均衡以及正确答案分布均衡等。

2）按a分层方法

由于MFI方法存在"题目曝光度不均衡"的缺陷，Chang和Ying（1999）通过对"区分度a对真实的题目信息量和估计的题目信息量的影响"进行分析后认为：高a题目固然很有价值，但是当这些题目施测于能力真值θ与题目难度b不接近的被试时，该题目的价值并不能得到体现。作者还认为当对被试能力真值θ的认识有限时，应该尽量避免使用高a题目，而且发现"在CAT的初始阶段使用低a题目、测验后期使用高a题目"的方式是合理的。基于此，他们提出按a分层的选题策略，步骤如下：

步骤1：将整个题库按照题目区分度a值升序排列。

步骤2：根据a值将题库分成K个水平。

步骤3：相应地将测验也分成K个阶段。

步骤4：在测验的第$k(k=1,2,\cdots,K)$个阶段，基于题目难度b与能力估计值$\hat{\theta}$的接近程度依次从第k个题库水平选择n_k个题目，然后施测这些题目（注意$n_1+n_2+\cdots+n_k$等于测验长度）。

步骤5：重复步骤4。

例如，整个题库共有400个题目，分成4个水平，那么每个水平有100题；又假设测验长度为40，测验相应地分成4个阶段，每个阶段从相应的题库水平中选择10个题目。

按a分层的方法解决了MFI方法中题库使用不均衡的问题，而且在题目曝光和测验效率等方面有很好的均衡。但是，现实测验情境中题目区分度a和题目难度b经常呈现正相关（Chang et al.，2001），由于按a分层的方法要求每层中题目区分度a要相近，从而导致每层中题目难度分布不广。例如，由高a题目组成的分层一般具有较高的b值，在这些分层中由于缺少低b题目，导致低b题目被经常使用。所以在分层的时候，有必要同时考虑a和b。于是，Chang等人（2001）提出b分块的按a分层选题策略（a-stratified with b blocking）。

3）b分块的按a分层方法

这种方法的基本想法是使每个分层内的题目难度分布尽可能广，能够匹配不同被试的能力值$\hat{\theta}$。b分块的按a分层可以看成a分层方法与Weiss（1973）所提出b分层方法的结合，它对题库进行两次分层：第一次分层基于b值，第二次基于a分层。该方法的详细步骤如下：

步骤1：根据b值将题库划分为M块，所有分块应含有相同数量的题目（当题库中题目数量不可被M整除时，各分块间题目的数量最多相差1）。所有M个分块按照b值升序排列，第一个

分块中所含题目的 b 值最小,而第 M 个分块中所含题目的 b 值最大。

步骤2:将每个分块按照 a 值划分为 K 层。因此,对于第 $m(m = 1,2,\cdots,M)$ 个分块,第1层中包含 a 值最低的题目,第 K 层包含 a 值最大的题目。这种分层方法与 Chang 和 Ying(1999)的方法基本相同,不同之处在于它是在 b 分块内进行的。

步骤3:对于 $k = 1,2,\cdots,K$,将 M 个分块中每个分块的第 k 层重新组合成一个层,即可得到 K 个层。

步骤4:将测试分为 K 个阶段。

步骤5:在第 k 阶段,为当前考生从第 k 层中选择具有与其能力估计值 $\hat\theta$ 最接近的难度 b 的题目。

步骤6:对 $k = 1,2,\cdots,K$,重复步骤5。

b 分块按 a 分层后的题库有两个特点:(1)每层内题目难度的分布接近于整个题库难度的分布;(2)平均而言,区分度随分层序号的增大而增大。即第1个分层的平均题目区分度最小,最后1个分层的平均题目区分度最大。注意,当 a 和 b 不相关时,b 分块的按 a 分层方法等价于按 a 分层的方法。Chang 等人(2001)的模拟研究(基于真实的题库)表明:b 分块的按 a 分层方法在降低题目的过度曝光率、提高题库题目使用率以及改善测量精度等方面都优于按 a 分层的方法。

4.2.5 终止规则

在 CAT 中,被试每作答完一个题目后,其能力估计值及能力估计的标准误(可通过计算测验信息量获得)都会被及时更新,接着 CAT 根据选题策略选择下一个题目施测被试并循环往复。但是这个过程不会一直进行下去,CAT 提供一些规则用于终止测验。目前,CAT 终止规则主要包括两大类:动态终止规则(dynamic stopping rule)和静态终止规则(static stopping rule)。其中,动态终止规则下的 CAT 测验长度并不固定,也被称为变化长度的终止规则;而对于静态终止规则,CAT 给每名被试施测相同数量(如30道)的题目,因此也被称为固定长度的终止规则。

常见的动态终止规则有3种:①标准误阈限值终止规则。即不断施测题目直到测量标准误落在可以接受的范围内(如测量标准误低于阈限值0.2)。这就要求题库中的题目能够提供充分的测验信息量以满足终止规则。②最小信息量终止规则。即当剩余题库中所有题目的题目信息量都低于某个预设水平时,结束测验。③稳定性终止规则。连续估计得到的能力值之差小于某个预设值时(即能力估计值达到稳定),结束测验。

此外,还可以交错使用多种类型的终止规则,如在"达到预设测验长度"和"达到预设测量精度"两个条件中只要满足1个,CAT 就终止结束(Cheng,2008)。理论上,变化长度的终止规则更能体现 CAT 的优点。但是如果每个被试参加 CAT 时作答的题目数不同,可能会让被试或公众感到不公平,所以几乎所有重要的大规模 CAT 都采用固定长度终止规则(Thompson,2007)。Kingsbury 和 Houser(1993)的研究表明,不管是在多级评分 CAT 还是在0-1评分 CAT 中,动态终止规则在能力估计准确性、测验效率和能力估计的收敛等方面均优于静态终止规则,而且"标准误阈限值终止规则"要优于"最小信息量终止规则"。

上述5个组成部分不是相互独立的,当我们在构建 CAT 时需要综合考虑以上5个方面。例如,如果可以在测验开始前获得关于被试总体的充分信息(基于之前的测验施测或有用的协变量,如平均分或 GPA 等等),那么就可以给定能力的先验分布并使用 EAP 或 MAP 等贝叶斯参数估计方法。同时,与被试总体相关的知识也有助于题库建设和维护。另外,如果测验是高风险的,应该考虑使用具有曝光控制功能的选题策略。

CAT 的所有这些方面共同影响 CAT 的结果。例如,对于同一个被试,即便使用相同的选题策略,不同的能力估计方法也可能会得到不同的参数估计值,从而选择不同的题目。因此,为了研究某个因素(这里的因素指参数估计方法、选题策略和终止规则等)的不同水平对CAT结果的影响,需要控制其他的因素。例如,如果希望研究不同选题策略对CAT结果的影响,则需要固定参数估计方法和终止规则等其他因素。

4.3 CAT的研究方向

4.3.1 具有认知诊断功能的CAT(CD-CAT)

传统的教育测验一般只能为被试提供考试分数或能力分数。但仅仅通过分数,既无法显示被试具体掌握或未掌握哪些知识,也不能反映出被试错误作答的原因。对于相同分数的被试,更无法准确得到他们在知识状态或认知结构上可能存在的差异。认知诊断测验(cognitive diagnosis tests)是对被试属性(个体知识结构、加工技能或认知过程)层面的评价,因此解决传统测验的上述不足。CD-CAT将认知诊断与CAT结合起来,能够更高效地评价被试的知识状态,帮助教师进行补救教学以及学生自我学习。

1)CD-CAT的特点

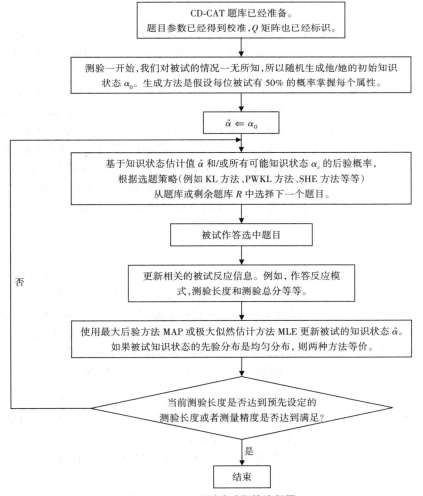

图4.2 CD-CAT测验过程的流程图

作为具有认知诊断功能的自适应测验,CD-CAT与传统CAT存在以下不同:

首先,"自适应"(adaptivity)的含义发生了相应的变化。在传统CAT测验中,"自适应"体现在基于被试当前的能力估计值选择难度与之匹配的题目施测被试。但是在CD-CAT中,"自适应"则体现在以最快的速度使得对被试知识状态的估计达到稳定或者高效、准确地得到被试知识状态估计值。

其次,在一些具体的细节上,CD-CAT也发生了很大变化。传统CAT基于单维的IRT模型,而CD-CAT基于认知诊断模型(Cognitive Diagnostic Model,CDM);在传统CAT中,待估计的被试能力θ是一维的连续变量。而在CD-CAT中,待确定的被试知识状态(Knowledge State,KS)是多维的离散变量。正是由于CD-CAT具有多维结构,其各个组成部分较传统CAT更为复杂。例如,CD-CAT的题库除了要求题目参数已知,还要求对各题目所测属性进行标识;CD-CAT中的选题策略除了可以从传统CAT选题策略中拓广而来,还可以采用其他的方法进行构建;等等。

一个CD-CAT测验实例的流程图如图4.2所示。

2）CD-CAT的构成

和传统CAT一样,CD-CAT也由本章第二部分所介绍的5个重要部分组成。但是,在具体操作上,CD-CAT的各个部分又有别于传统的CAT。

（1）CD-CAT题库

较传统CAT的题库建设,CD-CAT的题库建设除需要编制新题和估计新题的题目参数外,还需要标识每个新题测量的属性或者说构建与新题对应的Q矩阵。这就涉及CDM的参数估计以及Q矩阵的估计。

针对不同的CDM,研究者采用不同的参数估计方法进行参数估计。例如,de la Torre(2009a,2009b,2011)使用将边际极大似然估计/期望最大化算法(Marginal MLE with an Expectation Maximization Algorithm,MMLE/EM)和MAP/EAP相结合的方式估计"确定性输入,噪音'与'门"模型(the Deterministic Inputs,Noisy "and" Gate,DINA)、多项选择DINA模型(Multiple-Choice DINA,MC-DINA)以及广义DINA模型(Generalized DINA,G-DINA)的参数;de la Torre和Douglas(2004)采用马尔可夫链蒙特卡洛方法(Markov Chain Monte Carlo,MCMC)估计HO-DINA模型的参数。对于Q矩阵的估计,则可由专家讨论确定和/或根据数据驱动的方法确定(Liu et al.,2012)。

（2）CD-CAT初始题目的选择方法

在测验开始时,系统对被试的属性掌握情况一无所知,此时可以通过以下几种思路为被试选取适当的初始题目:① 随机生成初始KS(如假设每名被试有50%的概率掌握每个属性),然后基于选题策略选择第一个题目(Chen et al.,2012;Cheng,2009);② 随机选择几道(如5道)固定题目作为初始题目施测被试(Xu et al.,2003);③ 如果被试会参加一系列的诊断测验(如前测/正式测验/后测),可根据之前的分类结果选择初始题目(Huebner,2010);④ 选择可达矩阵(Reachability Matrix)"题目类"对应的题目作为初始题目(涂冬波 等,2013)。

（3）CD-CAT知识状态估计方法

CD-CAT中的被试KS估计方法主要有MAP和EAP两种。这里仅简单介绍MAP方法的计算公式,关于EAP方法感兴趣的读者可以参考Huebner和Wang(2011)。

MAP方法将具有最大后验概率的知识状态α_l作为被试知识状态的估计,即

$$\hat{\alpha}_i = \arg\max\left(P\left(\alpha_l|X_i\right)\right)\left(l = 1,2,\cdots,2^K\right),$$

其中K表示测验所测属性个数；$P(\alpha_l|\boldsymbol{X}_i)$为后验概率，表示为

$$P(\alpha_l|\boldsymbol{X}_i) = \frac{L(\boldsymbol{X}_i|\alpha_l) \cdot P(\alpha_l)}{\sum_{l=1}^{2^K} L(\boldsymbol{X}_i|\alpha_l) \cdot P(\alpha_l)} \propto L(\boldsymbol{X}_i|\alpha_l) \cdot P(\alpha_l).$$

（4）CD-CAT选题策略

CD-CAT的常用选题策略包括随机化选题策略、库尔贝克-莱布勒信息量选题策略（Kullback-Leibler，KL；Xu et al.，2003）、香农熵选题策略（Shannon Entropy，SHE；Xu et al.，2003）、后验加权KL选题策略（Posterior Weighted KL，PWKL；Cheng，2009）以及混合KL选题策略（Hybrid KL，HKL；Cheng，2009）。陈平，李珍和辛涛（2011）对上述各种选题策略的特点进行总结，如表4.3所示。

表4.3　CD-CAT测验中各种常用选题策略的特点

选题策略	是否使用后验	是否依赖$\hat{\alpha}$	判准率	题库使用均匀性	测验重叠率	运算速度
随机选题	否	否	很低	好	低	最快
KL	否	是	最低	差	高	很快
SHE	是	否	最高	差	高	最慢
PWKL	是	是	很高	差	高	慢
HKL	是	是	很高	差	高	很慢

接下来以KL和PWKL选题策略为例进行介绍。对于其他选题策略，感兴趣的读者可以参考相关文献。假设被试i已经作答t道题目，其作答反应为$x_i^t = (x_{i1}, x_{i2}, \cdots, x_{it})$，被试$i$当前的知识状态估计值用$\hat{\alpha}_i^t$来表示。另外，将被试$i$作答完$t$道题目后的可用题目集合记为$R_i^t$（也称为剩余题库），KS α_c的后验概率记为$\pi_{i,t}(\alpha_c)$。

①KL信息量选题策略：KL信息量是用于度量两个概率分布之间差异的大小。两个概率分布间的差异越大，则KL信息量也就越大。因此，KL信息量方法的实质是在当前知识状态估计$\hat{\alpha}_i^t$下，从剩余题库中选择具有最大KL信息量的题目进行施测，即选择最能将当前KS估计$\hat{\alpha}_i^t$与其他所有可能的潜在KS α_c进行区分的题目对被试进行施测。记$D_h(\hat{\alpha}_i^t|\alpha_c)$（$c = 1,2,\cdots,2^K$）为条件分布$x_{ih}|\hat{\alpha}_i^t$和$x_{ih}|\alpha_c$之间的KL距离

$$D_h(\hat{\alpha}_i^t|\alpha_c) = \sum_{q=0}^{1} \left(\log\left(\frac{P(x_{ih} = q|\hat{\alpha}_i^t)}{P(x_{ih} = q|\alpha_c)} \right) \cdot P(x_{ih} = q|\hat{\alpha}_i^t) \right),$$

则剩余题库中的题目h的KL指标为

$$KL_h(\hat{\alpha}_i^t) = \sum_{c=1}^{2^K} D_h(\hat{\alpha}_i^t|\alpha_c).$$

基于此，选择的第$t+1$道题目为使得KL指标最大的题目，即

$$\text{第}t+1\text{个题目} = \arg\max_{h \in R_i^t} \left(KL_h(\hat{\alpha}_i^t) \right).$$

②PWKL选题策略：KL选题策略中KL指标的计算公式（即$KL_h(\hat{\alpha}_i^t) = \sum_{c=1}^{2^K} D_h(\hat{\alpha}_i^t|\alpha_c)$）是对所有的KL距离$D_h(\hat{\alpha}_i^t|\alpha_c)$（$c = 1,2,\cdots,2^K$）进行等权求和。Cheng（2009）认为等权求和不太合理，因为随着被试作答的题目数越来越多（被试作答反应能够提供的信息越来越多），各种可能KS α_c（$c = 1,2,\cdots,2^K$）的后验概率的差异也会越来越大，也即各种可能KS的相对重要性也会有所不同。因此，她对KL指标进行修改，将KS α_c的后验概率作为KL距离$D_h(\hat{\alpha}_i^t|\alpha_c)$的权重然后加权求和，得到后验加权的KL指标：

$$PWKL_h\left(\hat{\alpha}_i^t\right) = \sum_{c=1}^{2^K}\left(D_h\left(\hat{\alpha}_i^t|\alpha_c\right)\pi_{i,t}\left(\alpha_c\right)\right).$$

于是,PWKL选题策略可表示为

$$\text{第}t+1\text{个题目} = \arg\max_{h\in R_i^t}\left(PWKL_h\left(\hat{\alpha}_i^t\right)\right).$$

（5）CD-CAT终止规则

与CAT的终止规则一样,CD-CAT的终止规则也可以分为静态终止规则和动态终止规则两大类。其中,静态终止规则是指在测验长度达到预定长度（如20道题）测验就结束。动态终止规则主要包括:

①后验的香农熵或邻近香农熵的变化合理地小,即

$$H\left(\pi_{i,t}\right)<\epsilon\text{ 或}\left|H\left(\pi_{i,t-1}\right)-H\left(\pi_{i,t}\right)\right|<\epsilon;$$

②邻近两次后验的KL距离变得足够小,即

$$KL\left(\pi_{i,t}\middle|\left(\pi_{i,t-1}\right)<\epsilon;$$

③基于最大后验概率的终止规则（如$\pi_{i,t}\left(\alpha_c\right)>0.9$）。

4.3.2 多维的CAT(MCAT)

传统的CAT测验需要满足单维性假定,即测试题目仅仅考查被试单一维度的能力。而在实际测验中,被试为完成测验任务往往需要使用多种能力。MIRT是在因子分析和单维项目反应理论(Unidimensional IRT,UIRT)基础上发展起来的测量理论,打破了UIRT对潜在特质的单维假定,能够从多个维度表征题目与被试能力之间的关系(Reckase,2009)。MIRT的出现恰恰顺应实际情况的需求,更准确地反映题目和被试之间相互作用的复杂性(康春花 等,2010)。MCAT是指采用多维项目反应理论(Multidimensional IRT,MIRT)为测量模型的CAT测验。

1）MCAT的特点

与传统CAT相比,MCAT的特点体现在以下几个方面:

首先,也是最明显的是,MCAT可以用于多维测验(Frey et al.,2011),同时测量被试在多个维度上的表现,为被试提供更多、更详细的诊断信息。

其次,在满足相同甚至更高的测量精度的情形下,MCAT所需的题目数量比传统CAT少1/3左右(Segall,1996)。因此,使用MCAT将进一步缩短测验时间,提高测验效率。

最后,MCAT可以自动地平衡内容覆盖度,而不需要使用内容平衡策略(Segall,1996)。例如,在科学测验中,可能需要为每名被试提供足够数量的物理、化学以及生物科目的题目,因为这些题目往往是限制在某个学科之内的。在传统CAT中,一种常见的选题策略是要求在每个学科中选择固定数量的题目。但是,当题目内容与难度相关时（例如,化学科目的题目比生物或物理更难）,该方法就可能会产生问题。将化学学科的题目强加给一个能力较低的被试,将无法提供有关其科学水平的信息,并导致测量效率的下降。而对于采用MCAT的选题策略,则可将这三个学科视作独立、但高度相关的维度,通过同时整合多方面信息（包括题目的特征信息、能力的先验联合分布等）,原则上可以提供一个有效的选题策略。

2）多维项目反应理论（MIRT）

作为MCAT的理论基础,不同的MIRT模型可以构建出不同的MCAT测验。目前,根据不同能力维度之间的关系,MIRT模型主要可以分为补偿模型(compensatory models)和非补偿模型

（non-compensatory models）两类。

补偿模型是指模型中不同维度的能力以线性组合的形式出现，因此被试在某个维度上能力的不足可以由其他维度的能力弥补。也即当一个维度上的能力值 θ 较低时，其他维度上较高的能力值 θ 可以维持其整体的总和不变。下面给出的是二值计分的多维两参数逻辑斯蒂克模型（M2PL；Reckase，2009）

$$P_j(\boldsymbol{\theta}_i) \equiv Prob\left(y_{ij} = 1|\boldsymbol{\theta}_i, \boldsymbol{a}_j, b_j\right) = \frac{1}{1 + \exp\left[-\left(\mathbf{a}_j^{\mathrm{T}}\boldsymbol{\theta}_i - d_j\right)\right]}$$

式中，y_{ij} 是取值为 0 或 1 的伯努利随机变量，$\boldsymbol{\theta}_i = \left(\theta_{i1}, \theta_{i2}, \cdots, \theta_{ip}\right)^{\mathrm{T}}$ 表示被试 i 的 p 维能力向量，T 表示转置；$\boldsymbol{a}_j = \left(a_{j1}, a_{j2}, \cdots, a_{jp}\right)^{\mathrm{T}}$ 为题目 j 在 p 个维度上的区分度向量，标题 d_j 与题目难度 b_j 存在线性关系，也即 $b_j = d_j / \left\| \boldsymbol{a}_j \right\|_2$。$\boldsymbol{a}_j^{\mathrm{T}}\boldsymbol{\theta}_i = \sum_{k=1}^{p} a_{jk}\theta_{ik}$。

非补偿模型又称部分补偿模型（partially compensatory models），它是指模型中不同维度的能力之间不可互相弥补。也即若被试在某一个维度上的能力值较低，即使他/她在其他某个维度上有较高的能力值，正确作答概率也不会很高。例如，在 GRE 数学部分的测试中，即使被试英语水平很高，但若未掌握相应的数学知识依旧无法正确作答题目。由此，Sympson（1978）提出非补偿的多维三参数模型：

$$Prob\left(y_{ij} = 1|\theta_i, a_j, b_j, c_j\right) = c_j + \left(1 - c_j\right)\left[\prod_{k=1}^{p} \frac{\exp\left(1.7a_{jk}\left(\theta_{ik} - b_{jk}\right)\right)}{1 + \exp\left(1.7a_{jk}\left(\theta_{ik} - b_{jk}\right)\right)}\right]$$

在上式中，连乘中的每一项表示成功完成题目中某一维度的概率，题目中的各个维度相互独立。注意每个题目只有一个猜测参数，而非各个维度都有各自的猜测参数。

4.3.3 满足非统计约束条件的 CAT

一个有效的 CAT 测验除了考虑统计优化，还应当充分考虑各种非统计约束条件，例如：①题目曝光率控制。题目曝光率应该控制在一个较低的阈值以下（如 0.2），这是因为如果题目的曝光率过高，被试可以通过先接受测验的被试提前获得关于题目的信息（Chang et al.，1999；Davey et al.，1995；Lunz et al.，1998；Stocking et al.，1998；Sympson et al.，1985）。②内容均衡。应从不同内容区域按比例选取题目构成测验。③题目类型均衡。按预设比例生成不同类型的题目（如多项选择题与建构反应题）。④正确答案分布均衡。正确答案的选项应该大致均匀分布在各个选项上。⑤在测试中应当只使用有限个"特殊"题目，例如"下面哪个选项是不正确的"（Cheng，2008）。

1）满足非统计约束条件的方法概览

研究者提出多种方法以满足 CAT 中的非统计约束条件，这些方法可以被分为两类：数学规划（mathematical programming）方法和启发式（heuristic）方法。其中，数学规划方法又包括网络流规划方法（Armstrong et al.，1998）和影子测验法（van der Linden et al.，1998）。影子测验法创建影子测验并将其作为题目选择的一部分，然后将焦点集中在全局最优选择而非仅对某个题目的最优选择。这类方法在管理非统计约束条件时非常有效，但是当约束条件较多时计算强度会比较大。值得注意的是，当所有约束条件不能同时得到满足时，数学规划方法将不提供解决方案。

启发式方法则可以避免计算强度过大、灵活性不足的问题。这类方法的优点是允许测验开发者完全控制题目的选择过程、容易实现且具有较高的非统计约束条件输入效率,缺点则包括:①由于题目选择是逐个进行,因此所得结果可能并不一定"最优",即有时并不能保证所有约束限制都能够得到满足;②方法的具体实现通常依赖于商业软件(Chang,2007)。这类方法的典型代表是Stocking和Swanson(1993)提出的加权离差建模方法(Weighted Deviation Modeling,WDM)。在WDM中,约束不需要被严格满足,目标函数是约束偏差和当前测试信息与目标信息值的距离的加权和,并通过最小化目标函数来选择下一题。通过启发式算法,CAT可以快速地进行题目选择,更为关键的是,该算法总能提供一种解决方案。但是在选择题目之前,研究者可能需要经历一个比较耗时的过程来调整权重(Leung et al.,2005)。为了解决WDM方法中存在的不足,Cheng(2008)提出最大优先级指标方法(Maximum Priority Index,MPI),将一系列约束条件直接整合到需要最大化的指标中。下面将详细介绍该方法。

2)最大优先级指标法(MPI)

MPI方法可以看成MFI方法的一种变式。具体地讲,MPI方法是通过将一个乘数加在题目费舍尔信息量前来构建指标,并通过最大化这个指标值来选择后续题目,而不只是将题目费舍尔信息量最大化。指标中的乘数衡量题目对满足约束条件的贡献度,而题目费舍尔信息量衡量的只是题目对能力估计的贡献。因此,两者相乘后的指标可被看成在约束条件下题目选择过程中对题目整体"吸引力"的度量。题目的指标值越大,说明该题目的优先级就越高。

假设C是大小为$J \times K$的约束关联矩阵,其中J为题库中的题目数,K为约束条件的个数。$C_{jk} = 1$表示约束k与题目j相关,否则$C_{jk} = 0$。C矩阵通常在题目选择之前由内容专家和心理测量学家进行标识。每个约束k都有一个权重ω_k,而且在实际应用中,一般对主要的约束条件设置较大的权重,而对其他约束设置较小的权重。由此,题目j的优先级指标可按以下方式进行计算:

$$PI_j = I_j \prod_{k=1}^{K} (\omega_k f_k)^{c_{jk}}$$

式中,I_j是当前被试能力估计值$\hat{\theta}$处的题目费舍尔信息量,f_k表示约束k的剩余配额(the scaled 'quota left')。对于内容约束k,假设测验中必须包括指定内容领域的X_k道题目、被试已作答符合该条件的x_k道题目。于是,剩余配额可表示为

$$f_k = \frac{(X_k - x_k)}{X_k}$$

接下来,再考虑使用该方法来控制题目曝光率。假设约束k'要求每道题目的曝光率控制在r以下,而且在已经参加测验的N名被试中有n名被试已经作答题目j,那么

$$f_{k'} = \frac{\left(r - \dfrac{n}{N}\right)}{r}$$

式中,n/N表示题目j的临时曝光率。由此,可以按照上述方法计算题库中每道题目的优先级指标PI值,并选择优先级指标最大的题目给被试作答。值得注意的是,当有多道题目的PI值相同时,选取题目费舍尔信息量最大的题目作为下一题。

4.3.4 允许检查并修改答案的CAT

如前文所言,传统CAT一般不允许被试返回检查并修改答案,这主要是因为修改答案有可能会影响CAT的估计精度以及测验公平等。但是在现实情境中,允许修改答案是被试迫切希望的功能,如何解决这一矛盾成为CAT领域的一项研究热点。

1）允许修改答案对传统 CAT 的影响

在 CAT 中,允许题目检查导致的一个主要问题是会降低能力估计的精度。大多数的 CAT 选题策略是通过最优化某种特定的指标来选择与被试当前的能力估计值相匹配的题目。当被试对作答进行修改后,被试的一系列能力估计值就会发生变化,进而与选题策略在选择题目时所依据的能力估计值产生差异。因此,选题策略选出的一系列"最优"题目对修改答案后的能力估计值来说并非最优。换句话说,题目修改导致选题策略的不精确定位,造成题目信息量减少,降低能力估计的精度(Lord, 1983)。在 CAT 实施过程中,完全精准的选题定位是不可能实现的,因为初始几个题目总是根据先验的能力值或不精确的能力估计值来选择。所以,探究允许题目检查对能力估计精度的影响也就变得更加复杂。研究表明:允许题目检查的 CAT 较传统 CAT 会产生更大的误差(Bowles, 2001;Olea et al., 2000;Wise, 1996)。尽管研究者研发不同方法来实现允许题目检查的 CAT,但目前仍然无法避免能力估计精度的降低,而只能保证能力估计精度的降低在相对合理的范围内(Han, 2013;Olea et al., 2000;Papanastasiou et al., 2007;Stocking, 1997;Vispoel, 1998;Vispoel et al., 2000;陈平 等, 2008)。

允许 CAT 题目检查引起的另一个主要问题是学生可能会使用作弊策略,如前文所提到的 Wainer 策略(Wainer, 1993)和 Kingsbury 策略(Kingsbury, 1996),它们的使用会严重影响测验效度和测验公平性。Stocking(1997)的研究表明:Wainer 策略不仅会使被试的能力估计值产生较大的误差,还会使具有低、中能力的被试从中获益。她还指出 Wainer 策略极大地影响测验的公平性,也让 CAT 的分数解释变得毫无意义。Kingsbury 作弊策略是另一种常见的 CAT 作弊策略:当被试在某种程度上了解每个题目难度都依赖于前一个题目的作答反应时,他们可以通过感知当前题目与前一个题目的难度变化来获得前一个题目是否作答正确的线索,进而对之前答案进行纠正。通过这个策略,被试有可能答对根据自身能力本无法答对的题目,从而影响测验的公平性与效度。

2）允许修改答案的必要性

对被试而言,返回检查并修改答案是有必要的。如果不允许修改答案,被试在 P&P 中的一些常用答题策略(例如,有些被试偏好先按顺序依次答题,作答完毕后进行检查,发现错误再进行修改;还有一些被试会将不能确定答案的题目先搁置,作答完其他题目后再返回作答搁置题目)不能应用到 CAT 中,这样会给他们带来压力。另外,对于不允许修改答案的 CAT,若某个被试完全有能力答对某个题目但因笔误而答错,他/她的能力会被低估。相反,若某个被试没有能力答对某个题目却猜对了,若不允许修改,他/她的能力会被高估。此外,CAT 的自适应算法本身就决定被试只能答对一半左右的题目,这同样会增加被试的焦虑水平并影响他们的测验表现。

总之,不允许题目检查不仅使 CAT 的效度受到测验无关因素的影响、阻碍 P&P 向 CAT 的转化(Stocking, 1997),而且会影响被试能力估计的准确性(Benjamin et al., 1984;McMorris, 1991)。Wise、Finney、Enders、Freeman 和 Severance(1999)认为如果允许题目检查可以排除或减少其对 CAT 估计精度的影响,那么允许题目检查对被试和测验开发者来说都很有意义。

3）允许修改答案的 CAT

为防止出现上述的两个主要问题,研究者从不同角度提出多种允许 CAT 题目检查的方法。例如,研究者从限制修改的角度提出的方法包括连续区块方法(successive block method;Stocking, 1997)、题目袋方法(item pocket method;Han, 2013)、区块题目袋方法(block item pocket method;林喆 等,2015)等。下面对其中几种方法进行简单介绍。

Stocking(1997)提出连续区块方法。根据这种方法,研究者在测验过程中人为设置一串连续的区块,为每个区块分配合理的题目数量和时间。被试可以在区块内进行题目检查和修改,直到时间用尽或主动跳入下一个区块。当进入下一个区块后,被试就无法再对先前区块内的题目进行修改。这种方法可以有效应对 Wainer 策略,因为被试无法通过答错所有题目来操纵CAT 的选题。研究结果表明:只要每个区块内的题目数量保持在较小范围内,被试的能力估计精度就不会显著降低;连续区块方法不仅能够有效应对 Wainer 策略与 Kingsbury 策略,而且能使能力估计精度的减少在合理的范围内(Vispoel et al.,1999,2000;Vispoel et al.,2005)。但是,连续区块方法也存在一些不足(Han,2013):①被试无法像参加 P&P 那样随时跳过某个题目,而且只能检查并修改当前区块内的题目,一旦跳过区块就无法检查之前的题目。②为保证能力估计精度,连续区块方法往往需要设置大量的区块,而每个区块包含少量的题目(Stocking,1997;Vispoel et al.,1999)。这种设置不仅增加了检查的限制,还增加了被试对时间决策的负荷,也为测验开发者如何分配区块时间带来了额外的负担。

针对连续区块方法的不足,Han(2013)提出题目袋方法。该方法是在测验中加入一个固定容量的题目袋作为缓存。被试可以将之后想进行检查的题目或想暂时跳过的题目放入题目袋中供其随时检查和修改。当题目袋装满后,被试需要替换题目袋中的某一题目或选择放弃放入,被替换的题目必须完成作答而且无法再修改。当达到终止规则后,被试需要答完题目袋中的所有题目,这些题目也会纳入最终的能力估计中,不答则视为错误作答。这种方法的优点在于:放入题目袋的题目不参与当前能力的估计,使得选题策略在整个 CAT 过程中都是基于根据最终作答得到的能力估计值来选题,可保证选题的精确性;此外,它给被试更充分的自主性,被试可以在CAT 过程中随时修改和替换题目袋中的题目,也可以跳过某个题目,从而更加符合 P&P 的作答习惯。Han(2013)发现当题目袋容量较小时,题目袋方法的估计精度与无修改条件下的估计精度差异不大。而且题目袋方法不仅可以有效地应对 Wainer 策略,更是对 Kingsbury 策略天然免疫,因为题目选择与题目袋中的题目无关,两者之间不存在任何联系。

此外,还有研究者从能力估计、模型以及选题策略等角度出发来实现具有题目检查功能的CAT。Bowles(2001)认为当题目修改后,最大信息量选题策略的定位是不准确的,但可以采用特定信息量的选题策略(Specific Information Item Selection,SIIS),这种选题方法通过为当前能力估计值选择一个特定信息量而不是最大信息量的题目,从而减少作答修改对选题定位产生的影响。Papanastasiou 和 Reckase(2007)提出题目重排序的方法,在估计最终能力时有选择地跳过一些不匹配的题目,防止这些不匹配的题目对能力估计造成偏差,从而提高能力估计精度。陈平和丁树良(2008)通过建立新的评分模型来"修复"能力估计的精度和偏差,同时能有效地应对 Wainer 策略。van der Linden、Jeon 和 Ferrara(2011)基于"被试的能力越高,初始作答的正确率越高,并且将错误答案修改为正确的概率也越高"的假设,提出一个两阶段的联合模型,将修改前后的答案同时纳入能力估计模型中估计被试的最终能力。van der Linden 和 Jeon(2012)使用该模型来检验 P&P 中的异常修改行为,结果显示通过模型残差分析可以在一定程度上诊断出异常修改行为。还有研究者从整合的视角,将连续区块方法,题目重排序方法与4PL 模型相结合来减少允许题目检查对估计精度的干扰(Yen et al.,2012)。

4.3.5 计算机化分类测验

在很多情况下,测验的目的是将被试分为两个(掌握和未掌握)或多个(如合格、良好和优秀)类别。这类测验称为计算机化分类测验(Computerized Classification Testing,CCT),也称计算机化掌握性测验。CCT与CAT的区别主要体现在以下两方面:(1)CAT的最终目的是获得精确的被试能力估计值,而CCT则是为了将被试划分为两个或多个不同的类别;(2)在CAT中,系统选择的题目需要在当前能力估计值处提供尽可能多的信息,而且当能力估计稳定后,终止测验。而在分类测验中,系统选择的题目应有利于区分被试的能力位于分界线哪一侧,当分类决策稳定后,停止测试。CCT的主要构建过程分为以下几大步骤:选取IRT模型、题库构建、题目选取规则、能力参数的估计方法以及终止规则。

与CAT类似,根据被试能力维度的数量,CCT可以分为单维CCT(Unidimensional CCT, UCCT)和多维CCT(Multidimensional CCT,MCCT)。下面以终止规则为例,分别对UCCT与MCCT进行介绍。

1)单维CCT的终止规则

研究者在单维IRT的基础上,建立了以似然比和贝叶斯决策为核心的一系列终止规则,如Wald(1947)提出的序贯似然比检验(Sequential Probability Ratio Test,SPRT),Lewis和Shehan(1990)提出基于贝叶斯决策理论的终止规则。随后,Finkelman(2003,2010)还在SPRT的基础上开发随机缩减的序贯似然比检验(Stochastic Curtailment SPRT,SCSPRT)以及有预测能力的序贯似然比(SPRT with Predictive Power,PPSPRT)。此外,Bartroff,Finkelman和Lai(2008)以及Thompson(2009)提出广义似然比(Generalized Likelihood Ratio,GLR)的方法,Huebner和Fina(2015)提出基于GLR的随机缩减方法(SCGLR)。各种方法的具体定义以及优缺点描述如下:

(1)序贯似然比检验(SPRT)

SPRT使用两个简单假设来判断被试的分类

$$H_0:\theta = \theta_l = \theta_0 - \delta,$$
$$H_1:\theta = \theta_u = \theta_0 + \delta,$$

式中,δ是一个小的常量,使得H_0恰好被划入未掌握的一类,H_1则恰好被划入掌握的一类。由于此时θ是一维的,可以用一个数轴来形象地展示上述两个假设。

未掌握	掌握
θ_l	θ_u

对上述假设检验,构建的检验统计量为

$$C_{i,j} = \log\left[\frac{L\left(\theta_u|y_{i,j}\right)}{L\left(\theta_l|y_{i,j}\right)}\right] = \log\left[L\left(\theta_u|y_{i,j}\right)\right] - \log\left[L\left(\theta_l|y_{i,j}\right)\right].$$

记犯第一类错误的概率为α、犯第二类错误的概率为β,令$A = \beta/(1-\alpha)$,$B = \dfrac{1-\beta}{\alpha}$。被试$i$作答完任一题目$j$后(作答反应为$y_{i,j}$),计算$C_{i,j}$。假设$D$表示在测验结束后系统根据规则对被试所属类别做出的判断,$D = m$表示被试属于掌握类,$D = n$表示被试属于未掌握。

$$\begin{cases} D = m,当C_{i,j} \geqslant \log(B)且j \leqslant J或C_{i,j} \geqslant \left[\log(A) + \log(B)\right]/2且j = J \\ D = n,当C_{i,j} \leqslant \log(A)且j \leqslant J或C_{i,j} \leqslant \left[\log(A) + \log(B)\right]/2且j = J, \\ \qquad 继续测试,当\log(A) < C_{i,j} < \log(B)且j \leqslant J \end{cases}$$

式中,J表示测验的最大长度。该方法存在的不足主要在于:实际测验中,相当一部分被试无法在达到最大测验长度前被分类。这将造成一部分不影响最终判断的题目被不必要暴露,既增加题库泄露的风险又增加测验时间。

（2）随机缩减的序贯似然比准则（SCSPRT）

当存在最大题目数 J 时，SPRT 并不是效率最高的终止规则，这种低效会导致题目不必要的暴露。随机缩减的思路是解决这一问题的一种方法：如果被试未来的作答反应在较大概率上不会改变当前对被试的分类判断，而仅在一个可以接受的小概率上会改变当前判断，那么此时便结束测验是合理的。SCSPRT 是一种结合了 SPRT 和随机缩减方法的终止规则，在尽可能不降低精度的前提下可减少测验题目的数量，是对 SPRT 的完善和发展。

被试 i 完成第 j 个题目后，设 $D_{i,j}$ 表示在此时系统根据规则对被试所属类别做出的判断。若此时能够按照上述 SPRT 的规则结束测验，则停止测验并做出对被试的判断；若按照 SPRT 规则需要继续测试，则计算

$$D_{i,j} = \begin{cases} m, C_{i,j} \geq \left[\log(A) + \log(B) \right] / 2 \\ n, C_{i,j} \leq \left[\log(A) + \log(B) \right] / 2 \end{cases}$$

设定两个错误率 ϵ_1, ϵ_2，若 $D_{i,j} = m$ 且 $P\left(D_{i,J} = m | C_{i,j} \right) \geq 1 - \epsilon_2$ 或 $D_{i,j} = n$ 且 $P\left(D_{i,J} = n | C_{i,j} \right) \geq 1 - \epsilon_1$ 则同样停止测验，被试被分为掌握或未掌握。

该方法的主要缺点在于计算 $P\left(D_{i,J} | C_{i,j} \right)$ 时需要知道 $j + 1$ 到 J 的题目顺序，否则只能通过中心极限定理计算渐进值。

（3）广义似然比规则（GLR）

GLR 在分类的过程中使用基于作答反应得到的被试能力估计值。也即，当被试 i 答完 j 个题目后，将其能力参数的估计值记为 $\hat{\theta}_j$，则构建的检验统计量为

$$C_{i,j} = \begin{cases} \log\left[L\left(\hat{\theta}_j | y_{i,j} \right) / L\left(\theta_l | y_{i,j} \right) \right], \hat{\theta}_j > \theta_u \\ \log\left[L\left(\theta_u | y_{i,j} \right) / L\left(\hat{\theta}_j | y_{i,j} \right) \right], \hat{\theta}_j < \theta_l \\ \log\left[L\left(\theta_u | y_{i,j} \right) / L\left(\theta_l | y_{i,j} \right) \right], or\ else \end{cases}$$

得到 $C_{i,j}$ 后，对被试的判断方法与 SPRT 一致。该方法与 SPRT 的缺点都在于仅考虑已作答题目，而未将剩余题目考虑在内。

2）多维 CCT 的终止规则

MCCT 建立在 MIRT 基础之上，这方面的研究开始得较晚，数量也较少。但是，MCCT 不管是在精度上还是在效率上较 UCCT 都有一定的提升。Glas 和 Vos（2010）基于多维 Rasch 模型（M-Rasch model）以及 Bayesian 终止规则建立一种 MCCT 算法，结果显示 MCCT 的效率要高于 UCCT。Nydick（2013）提出几种基于 MIRT 的 MCCT 终止规则。

（1）序贯似然比规则

约束的序贯似然比（Constrained SPRT，C-SPRT）将在约束分类函数上的极大似然估计点作为似然比检验中所使用的定点。首先，定义一条分类边界函数，$g(\boldsymbol{\theta})$。在被试 i 作答完第 j 个题目后，C-SPRT 算法将计算在边界函数上的极大似然估计，即

$$\hat{\boldsymbol{\theta}}_0 = \arg \max_{\boldsymbol{\theta} \in \boldsymbol{\Theta}_0} \left[\log L\left(\boldsymbol{\theta} | y_{i,j} \right) \right],$$

式中，$\boldsymbol{\Theta}_0 := \{ \boldsymbol{\theta} : g(\boldsymbol{\theta}) = 0 \}$。

由 $g(\boldsymbol{\theta})$ 可得在 $\hat{\boldsymbol{\theta}}_0$ 处与其正交的单位向量，记为 $\boldsymbol{\theta}_\delta$，则 $\boldsymbol{\theta}_\delta = \dfrac{\nabla g(\hat{\boldsymbol{\theta}}_0)}{\| \nabla g(\hat{\boldsymbol{\theta}}_0) \|}$。在 $\hat{\boldsymbol{\theta}}_0$ 处，$g(\boldsymbol{\theta}) = 0$ 的法

向上构造 δ 邻域,故 $\hat{\boldsymbol{\theta}}_l = \hat{\boldsymbol{\theta}}_0 - \delta\boldsymbol{\theta}_\delta, \hat{\boldsymbol{\theta}}_u = \hat{\boldsymbol{\theta}}_0 + \delta\boldsymbol{\theta}_\delta$,并由此按照 SPRT 的方法给出判断。

投影的序贯似然比(Projected SPRT, P-SPRT)通过将能力估计值投影在 $g(\boldsymbol{\theta}) = 0$ 所刻画的边界上来进行似然比的计算。在被试 i 作答完第 j 个题目后,其投影的能力估计值为

$$\hat{\boldsymbol{\theta}}_0 = \arg\min_{\boldsymbol{\theta} \in \boldsymbol{\Theta}_0} \|\hat{\boldsymbol{\theta}}_j - \boldsymbol{\theta}\|$$

式中,$\|\cdot\|$ 表示欧几里得范数。在确定 $\hat{\boldsymbol{\theta}}_0$ 后,P-SPRT 的判断过程与 C-SPRT 完全一致。

（2）多维广义似然比规则

多维广义似然比(Multidimensional GLR, M-GLR)的方法同样要求定义 $g(\boldsymbol{\theta})$,并由此划分出掌握类别的区域 $\boldsymbol{\Theta}_m$ 以及未掌握类别的区域 $\boldsymbol{\Theta}_n$。检验统计量为

$$C_{i,j} = \sup_{\boldsymbol{\theta}_1 \in \boldsymbol{\Theta}_m}[\log L(\boldsymbol{\theta}_1|y_{i,j})] - \sup_{\boldsymbol{\theta}_2 \in \boldsymbol{\Theta}_n}[\log L(\boldsymbol{\theta}_2|y_{i,j})]$$

确定 $C_{i,j}$ 后,M-GLR 的判断过程与 SPRT 一致。

4.4　实例分析

本小节通过蒙特卡洛(Monte Carlo)模拟方法采用 MATLAB 软件自编一个简单的 0–1 评分 CAT 程序,以帮助读者更好地理解上述内容。本实例以 1PLM 为测量模型,主要目的是通过模拟比较两种 CAT 选题策略的表现,两种策略分别是随机选题策略(作为比较基准)和"难度 b 匹配能力 θ"的选题策略。模拟细节描述如下:

①从标准正态分布 $N(0,1)$ 中随机抽取 1000 名被试的能力值 θ。

②从 $N(0,1)$ 中随机抽取 400 个题目的难度值 b。

③采用 MLE 和 EAP 相结合的方式对被试能力进行估计或更新。具体地讲,当至少作答完 5 道题目且作答模式既包括 0 又包括 1 时,采用 MLE 方法估计能力;否则,采用 EAP 方法估计能力。当使用 N-R 算法的 MLE 方法不收敛时,换用"格搜索"方法(Grid Search, G-S)。

④使用固定长度的终止规则,即每名被试作答 30 道题就结束测验。

⑤制作横坐标为能力真值 θ、纵坐标为能力估计值 $\hat{\theta}$ 的散点图,并在图中为每种选题策略都画一条 45 度直线和一条回归线。

⑥所有题目的难度参数和所有被试的能力参数都控制在 [-4,4] 的范围内,在实施 N-R 算法时将迭代精度设为 0.001,在实施 G-S 算法时将格宽度(或称为步长)设为 0.00001。

主程序的 MATLAB 代码如下:

```
%% clear content 清空内容
clear;
clc;
close all;
%% define constants 定义一些重要的常数变量(包括被试数、题目数及测验长度等)
nexaminees=1000;
nitems=400;
nISSs=2;
CAT_Test_Length=30;
LB=-4;
UB=4;
MLE_On=5;
Iteration_Accuracy=0.001;
```

```
Step_Size=0.00001;
D=1.702;

%% simulate the θ and b parameters via the prior distributions 据先验分布模拟能力及难度
[Theta,B]=Parameter_Simulation(nexaminees,nitems,UB,LB);

%% simulate the CAT process,which uses two item selection strategies 模拟整个CAT过程
Theta_Final=zeros(nexaminees,nISSs);
h=waitbar(0,'Please wait patiently……');
for i=1:nexaminees
    waitbar(i/nexaminees);
    Theta_Initial=(rand-0.5)/5;        %% 能力初值
    for ISS_ID=1:nISSs
        Item_Flag=zeros(nitems,1);
        U=zeros(CAT_Test_Length,1);
        V=zeros(CAT_Test_Length,1);
        Test_Length=0;
        Theta_Hat=Theta_Initial;
        flag=1;
        while (flag==1)
            switch ISS_ID
                case 1
                    Item_ID=Random_ISS(Item_Flag); %% 随机选题
                case 2
                    Item_ID=Matching_ISS(Item_Flag,Theta_Hat,B); %% b匹配θ
            end
            Item_Flag(Item_ID,1)=1;
            Score=Response_Simulation(Theta(i,1),B(Item_ID,1),D); %% 模拟作答
            Test_Length=Test_Length+1;
            U(Test_Length,1)=Item_ID;   %% 记录作答题号以及作答结果
            V(Test_Length,1)=Score;
            if ((Test_Length>=MLE_On)&& (sum(V)~=Test_Length)&& (sum(V)~=0))
                [Theta_Hat,exitflag]=MLE_Method(Theta_Hat,B,U,V,Test_Length,LB,
                UB,Iteration_Accuracy,D); %% MLE估计
                if (exitflag==0)
                    Theta_Hat=Grid_Search(B,U,V,Test_Length,LB,UB,Step_Size,D);
                end
            else
                Theta_Hat=EAP_Method(B,U,V,Test_Length,D,UB,LB); %% EAP
            end
            if (Test_Length>=CAT_Test_Length)
                flag=0;
            end
        end
        Theta_Final(i,ISS_ID)=Theta_Hat;
    end
end
close(h);
%% generate a scatter plot for θ and θ̂,and draw a 45 degree line and a regression line
```

```
hold on;
for i=1:nISSs
    subplot(1,2,i);
    if(i==1)
        plot(Theta,Theta_Final(:,i),'ob');
        title('Scatter Plot for the random item selection','fontsize',12,'color','b');
        xlabel('True Ability Value','fontsize',11,'fontweight','b','color','b');
        ylabel('Estimated Ability Value','fontsize',11,'fontweight','b','color','b');
    else
        plot(Theta,Theta_Final(:,i),'ok');
        title('Scatter Plot for the "match ability with b-parameter"','fontsize',12,'color','k');
        xlabel('True Ability Value','fontsize',11,'fontweight','b','color','k');
        ylabel('Estimated Ability Value','fontsize',11,'fontweight','b','color','k');
    end
    axis([LB,UB,LB,UB]);
    axis square;
    Step_Size=(UB−LB)/(nexaminees−1);
    X=LB:Step_Size:UB;
    Y=X;
    if(i==1)
        line(X,Y,'linewidth',1.5,'color','b');
    else
        line(X,Y,'linewidth',1.5,'color','k');
    end
    h=lsline;
    set(h,'linestyle','−−','linewidth',1.5);
end
hold off;
```

限于篇幅,这里不提供上述主程序中调用的子程序(即 Parameter_Simulation、Random_ISS、Matching_ISS、Response_Simulation、MLE_Method、Grid_Search 和 EAP_Method)代码,感兴趣的读者可以根据前文所述原理或公式自编程序以实现相应功能。

两种选题策略的模拟比较结果如图4.3所示。图中横坐标表示能力真值θ,纵坐标表示能力估计值$\hat{\theta}$,实线代表45度直线,虚线表示回归线。从图中可以发现:①"难度b匹配能力θ"选题策略得到的45度直线与回归线几乎重合,而随机策略产生的两条线存在一定程度的偏离;②相对于随机选题策略,"难度b匹配能力θ"选题策略得到的散点更向45度直线上靠拢。这两点都可以说明"难度b匹配能力θ"选题策略的能力估计精度较随机选题策略更高。

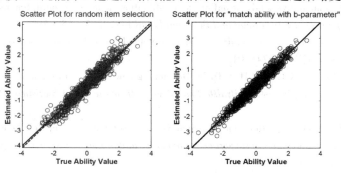

图4.3　随机选题策略和"难度b匹配能力θ"选题策略的模拟比较结果

4.5 本章小结

本章首先对CAT的定义、CAT的优缺点以及CAT的国内外应用进行描述;接着对CAT的5个重要组成部分(题库、初始题目的选取、能力估计方法、选题策略以及终止规则)依次进行介绍,包括各种方法/策略/规则背后的原理算法以及实操时的注意事项;然后对目前CAT研究领域的几个发展新方向(如CD-CAT、MCAT以及CCT)进行总结;最后通过一个简单实例呈现CAT程序的整个模拟过程。希望通过本章内容的学习,读者对CAT这种新兴的智能测验形式会有更深的了解以及更大的兴趣。

本章参考文献

Armstrong, R. D., Jones, D. H., & Kunce, C. S. (1998). IRT test assembly using network-flow programming. *Applied Psychological Measurement*, 22(3), 237−247.

Ban, J. C., Hanson, B. A., Wang, T., Yi, Q., & Harris, D. J. (2001). A comparative study of on-line pretest item—calibration/scaling methods in computerized adaptive testing. *Journal of Educational Measurement*, 38(3), 191−212.

Bartroff, J., Finkelman, M., & Lai, T. L. (2008). Modern sequential analysis and its application to computerized adaptive testing. *Psychometrika*, 73(3), 473−486.

Benjamin, L. T., Cavell, A., & Shallenberger, W. R. (1984). Staying with initial answers on objective tests: Is it a myth? *Teaching of Psychology*, 11(3), 133−141.

Bowles, R. (2001). An examination of item review on a CAT using the specific information item selection algorithm. *Adaptive Testing*, 35(3), 220−225.

Chang, H. H. (2004). Understanding computerized adaptive testing — From Robins-Moron to Lord, and beyond. In Kaplan, D. (Ed.), *The sage handbook of quantitative methods for the social sciences* (pp. 117−133). Thousand Oaks: Sage.

Chang, H. H. (2007). Book review: Linear models for optimal test design. *Psychometrika*, 72(2), 279−281.

Chang, H. H., Qian, J., & Ying, Z. (1999). *a*-stratified multistage computerized adaptive testing with b blocking. *Applied Psychological Measurement*, 25(4), 333−341.

Chang, H. H., & Ying, Z. (1996). A global information approach to computerized adaptive testing. *Applied Psychological Measurement*, 20(3), 213−229.

Chang, H. H., & Ying, Z. (1999). *a*-stratified multistage computerized adaptive testing. *Applied Psychological Measurement*, 23(3), 211−222.

Chang, H. H., & Ying, Z. (2008). To weight or not to weight? Balancing Influence of Initial Items in Adaptive Testing. *Psychometrika*, 73(3), 441−450.

Chen, P. (2017). A comparative study of online item calibration methods in multidimensional computerized adaptive testing. *Journal of Educational and Behavioral Statistics*, 42(5), 559−590.

Chen, P., & Wang, C. (2016). A new online calibration method for multidimensional computerized adaptive testing. *Psychometrika*, 81(3), 674−701.

Chen, P., Wang, C., Xin, T., & Chang, H. (2017). Developing new online calibration methods for multidimensional computerized adaptive testing. *British Journal of Mathematical and Statistical Psychology*, 70(1), 81−117.

Chen P., Xin, T. (2014). Online calibration with cognitive diagnostic assessment. In Cheng Y., Chang H.-H., (Eds.), *Advancing methodologies to support both summative and formative assessments* (pp. 287−313). Charlotte, NC: Information Age.

Chen, P., Xin, T., Wang, C., & Chang, H. H. (2012). Online calibration methods for the DINA model with independent attributes in cd-cat. *Psychometrika*, *77*(2), 201–222.

Chen, Y., Liu, J., & Ying, Z., (2015). Online item calibration for Q-matrix in CD-CAT. *Applied Psychological Measurement*, *39*(1), 5–15.

Cheng, Y. (2008). *Computerized adaptive testing-new developments and applications*. Unpublished doctoral thesis, University of Illinois at Urbana-Champaign.

Cheng, Y. (2009). When cognitive diagnosis meets computerized adaptive testing: CD-CAT. *Psychometrika*, *74*(4), 619–632.

Cheng, Y., & Chang, H. H. (2009). The maximum priority index method for severely constrained item selection in computerized adaptive testing. *British Journal of Mathematical and Statistical Psychology*, *62*(2), 369–383.

Davey, T., & Parshall, C. G. (1995, April). *New algorithms for item selection and exposure control with computerized adaptive testing*. Paper presented at the annual meeting of the American Educational Research Association, San Francisco.

de la Torre, J. (2009a). DINA model and parameter estimation: a didactic. *Journal of Educational and Behavioral Statistics*, *34*(1), 115–130.

de la Torre, J. (2009b). A cognitive diagnosis model for cognitively based multiple-choice options. *Applied Psychological Measurement*, *33*(3), 163–183.

de la Torre, J. (2011). The generalized DINA model framework. *Psychometrika*, *76*(2), 179–199.

de La Torre, J., & Douglas, J. A. (2004). Higher - order latent trait models for cognitive diagnosis. *Psychometrika*, *69*(3), 333–353.

Dodd, B. G., De Ayala, R. J., & Koch, W. R. (1995). Computerized adaptive testing with polytomous items. *Applied Psychological Measurement*, *19*(1), 5–22.

Dodd, B. G., Koch, W. R., & De Ayala, R. J. (1989). Operational characteristics of adaptive testing procedures using the graded response model. *Applied Psychological Measurement*, *13*(2), 129–143.

Embretson, S. E., & Reise, S.P. (2000). *Item response theory for psychologists*. Mahwah, NJ: Erlbaum.

Finkelman, M. D. (2003). *An adaptation of stochastic curtailment to truncate Wald's SPRT in computerized adaptive testing* (CSE Tech. Rep.). Los Angeles, CA: National Center for Research on Evaluation, Standards, and Student Testing (CRESST).

Finkelman, M. D. (2010). Variations on stochastic curtailment in sequential mastery testing. *Applied Psychological Measurement*, *34*(1), 27–45.

Frey, A., & Seitz, N. N. (2011). Hypothetical Use of Multidimensional Adaptive Testing for the Assessment of Student Achievement in the Programme for International Student Assessment. *Educational & Psychological Measurement*, *71*(3), 503–522.

Glas, C. A. W., & Vos, H. J. (2010). Adaptive mastery testing using a multidimensional IRT model. In W. J. van der Linden & C. A. W. Glas (Eds.), *Elements of Adaptive Testing* (409–431). New York, NY: Springer.

Han, K. T. (2013). Item pocket method to allow response review and change in computerized adaptive testing. *Applied Psychological Measurement*, *37*(4), 259–275.

He, Y., & Chen, P. (2020). Optimal online calibration designs for item replenishment in adaptive testing. *Psychometrika*, *85*(1), 35–55.

He, Y., Chen, P., & Li, Y. (2020). New efficient and practicable adaptive designs for calibrating items online. *Applied Psychological Measurement*, *44*(1), 3–16.

He, Y., Chen, P., Li, Y., & Zhang, S. (2017). A new online calibration method based on Lord's bias-correction. *Applied Psychological Measurement*, *41*(6), 456–471.

Hetter, R. D., & Sympson, J. B. (1997). Item exposure control in CAT-ASVAB. In W. A., Sands, B. K., Waters, & J. R., McBride (Eds.). *Computerized adaptive testing: From inquiry to operation* (pp. 141–144). Washington, DC: American Psychological Association.

Huebner, A. R. (2010). An overview of recent developments in cognitive diagnostic computer adaptive assessments. *Practical Assessment, Research & Evaluation, 15*(3), 1–7.

Huebner, A. R., & Fina, A. D. (2015). The stochastically curtailed generalized likelihood ratio: a new termination criterion for variable - length computerized classification tests. *Behavior Research Methods, 47*(2), 549–561.

Huebner, A., & Wang, C. (2011). A Note on Comparing Examinee Classification Methods for Cognitive Diagnosis Models. *Educational and Psychological Measurement, 71*(2), 407–419.

Kingsbury, G. G. (1996, April). *Item review and adaptive testing*. Paper presented at the annual meeting of the National Council on Measurement in Education, New York, NY.

Kingsbury, G. G., & Houser, R. L. (1993). Assessing the utility of item response models: Computerized adaptive testing. *Educational Measurement: Issues and Practice, 12*(1), 21–27.

Kolen, M. J. (2006). Scaling and Norming. In Brennan, R. L. (Eds.). *Educational Measurement* (4th ed., pp. 155–186). Westport, CT: American Council on Education and Praeger.

Leung, C. K., Chang, H. H., & Hau, K. T. (2005) Computerized adaptive testing: A mixture item selection approach for constrained situations. *British Journal of Mathematical and Statistical Psychology, 58*(2), 239–257.

Lewis, C., & Sheehan, K. (1990). Using Bayesian decision theory to design a computerized mastery test. *Applied Psychological Measurement, 14*(4), 367–386.

Liu, J. C., Xu, G. J., & Ying, Z. L. (2012). Data-driven learning of Q-matrix. *Applied Psychological Measurement, 36*(7), 548–564.

Lord, F. M. (1980). *Applications of item response theory to practical testing problems*. Hillsdale, NJ: Lawrence Erlbaum Associates.

Lord, F. M. (1983). Unbiased estimators of ability parameters, of their variance, and their parallel forms reliability. *Psychometrika, 48*(2), 233–245.

Lunz, M. E., & Stahl, J. A. (1998). *Patterns of item, exposure using a randomized CAT algorithm*. Paper presented at the annual meeting of the National Council on Measurement in Education, San Diego, CA.

McMorris, R. F. (1991). Why do young students change answers on tests? *ERIC Document Reproduction Service, ED 342803*.

Meijer. R. R., & Nering, M. L. (1999). Computerized adaptive testing: overview and introduction. *Applied Psychological Measurement, 23*(3), 187–194.

Nydick, S. W. (2013). *Multidimensional mastery testing with CAT*. Unpublished doctoral thesis, University of Minnesota.

Olea, J., Revuelta, J., Ximénez, M. C., & Abad, F. J. (2000). Psychometric and psychological effects of review on computerized fixed and adaptive tests. *Psicológica, 21*(1), 157–173.

Owen, R. J. (1975). A Bayesian sequential procedure for quantal response in the context of adaptive testing. *Journal of American Statistical Association, 70*(350), 351–356.

Papanastasiou, E. C., & Reckase, M. D. (2007). A "rearrangement procedure" for scoring adaptive tests with review options. *International Journal of Testing, 7*(4), 387–407.

Reckase, M. D. (1981). *Final report: Procedures for criterion referenced tailored testing*. Columbia: University of Missouri, Educational Psychology Department.

Reckase, M.D. (2009) *Multidimensional Item Response Theory*. New York, NY: Springer.

Segall, D. O. (1996). Multidimensional adaptive testing. *Psychometrika, 61*(2), 331–354.

Stocking, M. L. (1994). *Three practical issues for modern adaptive testing item pools* (ETS Research Rep. No. 94–5). Princeton, NJ: Educational Testing Service.

Stocking, M. L. (1997). Revising item responses in computerized adaptive tests: A comparison of three models. *Applied Psychological Measurement, 21*(2), 129–142.

Stocking, M. L., & Lewis, C. (1998). Controlling item exposure conditional on ability in computerized adaptive testing. *Journal of Educational and Behavioral Statistics*, 23(1), 57–75.

Stocking, M. L., & Swanson, L. (1993). A method for severely constrained item selection in adaptive testing. *Applied Psychological Measurement*, 17(3), 277–292.

Sympson, J. B. (1978). *A model for testing with multidimensional items*. In D. J. Weiss (Ed.), *Proceedings of the 1977 Computerized Adaptive Testing Conference* (pp. 82–98). Minneapolis: University of Minnesota, Department of Psychology, Psychometric Methods Program.

Sympson, J., & Hetter, R. (1985). Controlling item exposure rates in computerized adaptive testing. Proceedings of the 27th annual meeting of the Military Testing Association (pp. 973–977), San Diego, CA: Navy Personnel Research and Development Center.

Thompson, N. A. (2007). A practitioner's guide for variable-length computerized classification testing. *Practical Assessment Research and Evaluation*, 12(1), 1–13.

Thompson, N. A. (2009). *Utilizing the generalized likelihood ratio as a termination criterion*. Presentation at the GMAC Conference on Computerized Adaptive Testing, Minneapolis, MN.

van der Linden, W. J. (1998). Bayesian item selection criteria for adaptive testing. *Psychometrika*, 63(2), 201–216.

van der Linden, W. J., & Jeon, M. (2012). Modeling answer changes on test items. *Journal of Educational and Behavioral Statistics*, 37(1), 180–199.

van der Linden, W. J., Jeon, M., & Ferrara, S. (2011). A paradox in the study of the benefits of test item review. *Journal of Educational Measurement*, 48(4), 380–398.

Van Der Linden, W. J., & Reese, L. M. (1998). A model for optimal constrained adaptive testing. *Applied Psychological Measurement*, 22(3), 259–270.

van der Linden, W. J., & Ren, H. (2015). Optimal Bayesian adaptive design for test-item calibration. *Psychometrika*, 80(2), 263–288.

Vispoel, W. P. (1998). Reviewing and changing answers on computer-adaptive and self-adaptive vocabulary tests. *Journal of Educational Measurement*, 35(4), 328–345.

Vispoel, W. P., Clough, S. J., & Bleiler, T. (2005). A closer look at using judgments of item difficulty to change answers on computerized adaptive tests. *Journal of Educational Measurement*, 42(4), 331–350.

Vispoel, W. P., Hendrickson, A. B., & Bleiler, T. (2000). Limiting answer review and change on computerized adaptive vocabulary tests: Psychometric and attitudinal results. *Journal of Educational Measurement*, 37(1), 21–38.

Vispoel, W. P., Rocklin, T. R., Wang, T. Y, & Bleiler, T. (1999). Can examinees use a review option to obtain positively biased ability estimates on a computerized adaptive test? *Journal of Educational Measurement*, 36(2), 141–157.

Wainer, H. (1993). Some practical considerations when converting a linearly administered test to an adaptive format. *Educational Measurement: Issues and Practice*, 12(1), 15–20.

Wainer, H., & Mislevy, R. J. (1990). Item response theory, item calibration, and proficiency estimation. In H. Wainer (Ed.), *Computerized adaptive testing*: A primer (pp. 65–102). Hillsdale, NJ: Erlbaum.

Wald, A. (1947). *Sequential analysis*. New York. NY: John Wiley.

Warm, T. A. (1989). Weighted likelihood estimation of ability in item response theory. *Psychometrika*, 54(3), 427–450.

Way, W. D. (1998). Protecting the integrity of computerized testing item pools. *Educational Measurement: Issues and Practice*, 17(4), 17–27.

Weiss, D. J. (1973). *The stratified adaptive computerized ability test* (Research Report No. 73–3). Minneapolis MN: University of Minnesota, Department of Psychology, Computerized Adaptive Testing Laboratory.

Weiss, D. J. (1982). Improving measurement quality and efficiency with adaptive testing. *Applied Psychological Measurement*, 6(4), 473–492

Wise, S. L. (1996). *A critical analysis of the arguments for and against item review in computerized adaptive test-*

ing. Paper presented at the Annual Meeting of the National Conference on Measurement in Education, New York.

Wise, S. L., Finney, S. J., Enders, C. K., Freeman, S. A., & Severance, D. D. (1999). Examinee judgments of changes in item difficulty: Implications for item review in computerized adaptive testing. *Applied Measurement in Education*, 12(2), 185-198.

Xu, X., Chang, H. H., & Douglas, J. (2003). *A simulation study to compare CAT strategies for cognitive diagnosis*. Paper presented at the annual meeting of National Council on Measurement in Education, Montreal, Canada.

Yen, Y. C., Ho, R. G., Liao, W. W., & Chen, L. J. (2012). Reducing the impact of inappropriate items on reviewable computerized adaptive testing. *Educational Technology & Society*, 15(2), 231-243.

Yi, Q., & Chang, H.-H. (2003). *a*-Stratified CAT design with content blocking. *British Journal of Mathematical and Statistical Psychology*, 56(2), 359-378.

陈平. (2016). 两种新的计算机化自适应测验在线标定方法. 心理学报, 48(9), 1184-1198.

陈平, 丁树良. (2008). 允许检查并修改答案的计算机化自适应测验. 心理学报, 40(6), 737-747.

陈平, 丁树良, 林海菁, 周婕. (2006). 等级反应模型下计算机化自适应测验选题策略. 心理学报, 38(3), 461-467.

陈平, 李珍, 辛涛. (2011). 认知诊断计算机化自适应测验的题库使用均匀性初探. 心理与行为研究, 9(2), 125-132+153.

陈平, 辛涛. (2011a). 认知诊断计算机化自适应测验中在线标定方法的开发. 心理学报, 43(6), 710-724.

陈平, 辛涛. (2011b). 认知诊断计算机化自适应测验中的项目增补. 心理学报, 43(7), 836-850.

陈平, 张佳慧, 辛涛. (2013). 在线标定技术在计算机化自适应测验中的应用. 心理科学进展, 21(10), 1883-1892.

代艺. (2020). 测验模式效应检测方法的比较与应用. 硕士学位论文, 北京师范大学.

康春花, 辛涛. (2010). 测验理论的新发展: 多维项目反应理论. 心理科学进展, 18(3), 530-536.

林喆, 陈平, 辛涛. (2015). 允许CAT题目检查的区块题目袋方法. 心理学报, 47(9), 1188-1198.

潘奕娆. (2011). 改进的最大优先指标及在计算机化自适应诊断测验中的应用. 硕士学位论文, 江西师范大学.

田建全, 苗丹民, 杨业兵, 何宁, 肖玮. (2009). 应征公民计算机自适应化拼图测验的编制. 心理学报, 41(2), 167-174.

涂冬波, 蔡艳, 戴海琦. (2013) 认知诊断CAT选题策略及初始题选取方法. 心理科学, 36(2), 469-474.

汪文义, 丁树良, 游晓锋. (2011). 计算机化自适应诊断测验中原始题的属性标定. 心理学报, 43(8), 964-976.

谢敬聃, 苗丹民, 杨业兵. (2012). 项目反应理论及计算机自适应测验在临床心理评估中的应用. 临床医学工程, 19(2), 323-324.

张华华, 程莹. (2005). 计算机化自适应测验(CAT)的发展和前景展望. 考试研究, 1(1), 14-26.

5　概化理论

5.1 引言

当前公认的三大测量理论分别是指经典测量理论(Classical Test Theory, CTT)、概化理论(Generalizability Theory, GT)和项目反应理论(Item Response Theory, IRT)。其中,美国学者Gulliksen(1950)出版其专著 *Theory of Mental Tests* 标志着CTT的成熟。在测量发展史上,CTT无论是在理论的基础研究方面还是实际的实践应用方面,均为心理与教育测量的发展奠定了科学基础,做出了不可磨灭的巨大贡献。时至今日,CTT在测量研究(尤其是心理测量与评估)中依然占据着非常重要的地位,继续指导着心理测评工具的编制、修订以及应用。

随着心理与教育测量的理论研究和实际应用的飞速发展,CTT逐渐显现出它的缺陷与不足,CTT的理论假设——真分数假设或平行测验假设,受到了学者们的质疑与批判。相应地,测量学研究者们也开始着手找寻克服CTT缺点的新方法与新技术。其中一个研究与发展方向,就是注重测量的宏观层面,继续沿着随机样本理论的思路,着重讨论实施测评时的测量情景及条件与测评结果及结论推广应用范围之间的关系,沿着这条思路最终导致了概化理论的创立和发展。

概化理论(Generalizability Theory, GT),也称为概括化理论、概括力理论和拓广(力)理论,是一种把测量误差作为模型参数来处理的测量理论(Brennan, 2001a; Shavelson et al., 1991; 杨志明 等, 2003)。GT是对CTT在测量信度方面的强力延伸和发展,GT将实验设计的理念与方差分析技术应用到心理与教育测量,通过对测量情景中不同来源的测量误差进行具体分解与深入考查,并在一定范围内变化测量的情景与条件,以考查这种变动所引起的误差的相对变化,从而达到对误差方差进行控制,以提高测量信度。当前GT的应用主要涉及两大方面:其一是教育测量与评估方面(关丹丹 等, 2011; 黎光明 等, 2020; 王晓华, 文剑冰, 2010; 杨志明 等, 2004; Yin, 2005);其二是心理测验的编制与应用(安哲锋 等, 2008; 陈维 等, 2017; Føllesdal et al., 2009; 罗杰 等, 2018; Vispoel et al., 2018)。此外,GT也常用于表现性评价中评分者信度的评估(Brennan, 2000; 康春花 等, 2010; 黎光明 等, 2013; 孙晓敏 等, 2005; 徐思 等, 2009)。

本章将着重介绍GT在心理测验编制或修订中的应用,有关GT在教育测评中的实际应用请参考Brennan(2001a)的专著 *Generalizability Theory* 以及杨志明和张雷(2003)出版的《测评的概化理论及其应用》;同时涉及GT方法学的期刊文章请参考国内学者黎光明等的文章。

5.2 基本概念

5.2.1 概化理论对经典测量理论的发展

GT是在CTT的基础上,引进实验设计和方差分析,对测验情景中的各类误差进行分解和控制的一种测量理论(Brennan, 2001a; Shavelson et al., 1991; 杨志明 等, 2003)。与CTT相比,GT可根据测量误差的来源把总误差划分为多个分量误差,在同时考虑多个误差来源的基础上进行信度估计,故GT的信度估计比CTT更为细致和准确(Brennan, 2010)。GT对CTT的发展和突破主要体现在以下两个方面(漆书青, 2003):

第一,理论观念方面。GT提出了测量情境关系(the context of measurement situation, CMS)的概念,并由此出发来界定与考查真分数、测量误差及其来源的问题,改变了真分数固定不变,测量误差仅仅是个含混不清的随机误差,测验信度则是计算相关系数等传统的看法。

　　第二,工作方法方面。GT提出了概化研究(即 G 研究)和决策研究(即 D 研究)两步走。具体而言,就是在一定的测量情境条件下,设计并进行试验性测试,按所获数据资料估计出各种误差来源的方差分量,然后在考查改变测量情境关系的某些侧面时,基于相应的方差分量计算出概化系数(generalizability coefficient)与可靠性指数(Index of dependability)等指标,进而提出改进研究方案,降低实验误差,从而最终提高测量精度。这与 CTT 只是在施测完成后分析数据结果以确认测量误差的思路存在很大不同。

5.2.2　概化理论的基本概念

1)　测量目标与测量侧面

(1)测量目标

　　在 CTT 中,测量目标(object of measurement)主要是指被试的某种潜在心理特质(如智力、人格、价值观等),主要用真分数(true score)来表达;而 GT 中的测量目标既可以说被试的某种潜在心理特质水平,也可以说测验项目或评分者的某种特性。如在表现性评价中,研究者为了考查评分者的宽严程度和一致性时,此时的测量目标就是评分者的评价一致性。GT 可以依据研究目的和需要,自行确定测量目标。GT 中进行 G 研究时,通常用小写英文字母 p 来表示测量目标;进行 D 研究时,则用大写字母 P 来表示。此外,GT 用全域分数(universe score)即被试的某种潜在特质水平定义在具体的测量情境或条件全域(范围)上的分数,来刻画测量目标的取值结果。

(2)测量侧面

　　GT 认为,在探讨被试的某种潜在特质水平时,需要同时指出这种水平是在什么样的测量情境或条件下取得的,同时在根据行为样本的得分来估计行为总体的水平时,也需要指出测量条件样本是否也推论到了各自所对应的条件总体(全域)。相应地,测量条件就是所谓的测量侧面(facets)。在测量活动中,除了测量目标会引起测验分数的变异外,施测时的测量条件也会影响分数的变异。因此除了测量目标以外,凡是会影响测验得分的条件因素均统称为测量侧面,GT 中的测量侧面有点类似于数学中的维度,抑或是实验设计中的干扰因素。GT 中进行 G 研究时,通常用小写字母表示测量侧面(如 i 和 r);进行 D 研究时,则用大写字母来表示测量侧面(如 I 和 R)。

2)　测量模式与测量设计

(1)测量模式

　　相对于 CTT 来说,GT 的一个理论优势在于测量情境关系说。情境中的测量条件就是测量侧面,它们处在测量目标之外,其变异形成了测量误差的来源,同样的测量条件、同样的概化全域和观测全域,会因其测量模式不同,而导致测量信度不同。在测量侧面的设定上,可以设计成随机效应(推论至总体),也可以设计成固定效应(不推论至总体)等不同形式,这就是 GT 中独有的测量模式(measurement model)。测量模式不同,测量信度也会不同。GT 中的测量模式主要包括随机测量模式、固定测量模式与混合测量模式。其中,如果测量侧面的条件样本是从观测全域中随机抽取的,则该种测量模式为随机测量模式,这种模式中的测量侧面为随机测量侧面。随机测量侧面主要包括两种情况:①相对于测量侧面全域容量来说,侧面的样本容量非常小;②测量侧面的样本或者是从侧面全域中随机抽取的,或者在侧面全域中存在着与该侧面样本长度相等的其他可替代的侧面样本。另外,如果测量侧面的条件样本都是固定不变的,则称该种测量模式为固定测量模式,这种模式中的测量侧面为固定测量侧面。最后,随机测量模式与固定测量模式的结合,即在一次测量中的测量侧面有一部分是随机测量侧面,另一部分是固定测量侧面,则称为混合测量模式。

（2）测量结构

为全面分析测验的性质,GT要求测验实施之前必须进行测量设计,主要包括测量目标的界定,测量侧面的选择以及各个测量侧面水平的确定等。GT认为,在实际测量中,测量目标与测量侧面以及各个测量侧面之间的相互关系十分重要。不同的设计结构会导致不同的测量信度。GT中通常包含三种测验设计,分别是交叉设计、嵌套设计和混合设计。其中,在交叉设计中所有被试p需要作答所有项目i,记为$p \times i$。这一类设计在心理测验与评估中最常见。如果在某项测量活动中,要求被试p分别作答不同的项目i,如将被试随机分成两组,其中第一组被试要求作答奇数题,第二组被试要求作答偶数题,则称这类设计为嵌套设计即测验项目嵌套于被试,记为$i{:}p$。当存在多个测量侧面时,如果测量目标与测量侧面,抑或是各个测量侧面之间有部分是交叉设计,另一部分是嵌套设计,则这类设计称为混合设计。需要注意的是,尽管在实际测验中,各个测量侧面、测量目标之间不一定都是交叉设计,但是它们各自所对应的全域或总体之间均被看成交叉设计。此外,进行G研究时,用小写字母代表测量目标和测量侧面(如$p \times i$);进行D研究时用大写字母代表测量目标和测量侧面(如$P \times I$)。

3）相对误差与绝对误差

测量误差通常是指在测量过程中由那些与测量目的无关的因素所引起的不准确或不一致的测量效应。CTT认为测量误差包括随机误差和系统误差,测量误差的来源主要有三个方面,即测量工具、测量目标与施测过程。在CTT看来,随机误差影响测量信度,而测量效度同时受到随机误差与系统误差的影响。在GT中,则倾向于把测量误差分为相对误差和绝对误差。

（1）相对误差

GT认为,测量误差包括相对误差和绝对误差。其中,相对误差常用δ来表示,主要体现了由所有随机误差引起的测量误差。以常用的$p \times i$为例,δ指的是在概化全域上,被试的样本得分与全体被试样本得分的均值之差是否恰好和被试的全域分数与全体被试全域分数均值之差接近,即被试在样本上的离均差和与他的全域分数的离均差之间的差值即为相对误差。在D研究中,相对误差的方差$\sigma^2(\delta)$等于所有与测量目标有关的交互效应的方差之和。由于相对误差侧重关注被试之间的相对位置,主要用于常模参照性测验。

（2）绝对误差

与相对误差不同的是,绝对误差$\triangle$主要是指样本观测值与概化全域上的全域分数的差。以$p \times i$为例,$\triangle$指的是在概化全域上,所有无关因素(测量侧面)以及这些因素之间的交互作用所引起的测量误差均属于绝对误差。D研究中,绝对误差的方差$\sigma^2(\triangle)$等于除测量目标自身得分的方差之外的所有得分的方差之和。绝对误差主要关注被试的某种绝对水平,主要用于目标(标准)参照性测验。

4）概化系数与可靠性指数

由于CTT和GT关于测量误差的理解不同,CTT在随机误差和系统误差的基础上,采用信度和效度来评价一次测量;而GT则是在相对误差和绝对误差的基础上,用概化系数和可靠性指数来刻画测量的精度。

（1）概化系数

概化系数 $E\rho^2$ 将测量目标自身的有效变异占有效变异与相对误差变异之和的比值作为精度标准，即测量目标方差分量与测量目标方差分量加上相对误差方差分量之和的比值。它常用于衡量常模性参照测验的质量，主要评价其稳定性程度。

$$E\rho^2 = \frac{\sigma^2(p)}{\sigma^2(p) + \sigma^2(\delta)}$$

式中，$\sigma^2(p)$ 为测量目标的方差分量；$\sigma^2(\delta)$ 为相对误差的方差分量。

（2）可靠性指数

可靠性指数 Φ 是指测量目标自身的分数变异在全体分数变异中所占的比率，即测量目标方差分量与总效应方差分量（测量目标方差分量加上绝对误差方差分量之和）之比。它常用于评价目标参照性测验的质量，是对目标参照性测验分数稳定性和一致性两种程度的度量。

$$\Phi = \frac{\sigma^2(p)}{\sigma^2(p) + \sigma^2(\Delta)}$$

式中，$\sigma^2(p)$ 为测量目标的方差分量；$\sigma^2(\Delta)$ 为绝对误差的方差分量。

5）概化研究和决策研究

（1）概化研究（G研究）

在GT中需要讨论测量侧面的条件样本与条件总体之间的一致性。GT把测量侧面的条件样本所对应的条件总体称为条件全域（universe）。相应地，把实际测量活动中所有测量侧面条件全域的集合称为观测全域（universe of admissible observations）。如开展人事测评时，试题面条件全域和评价者面条件全域的集合就构成了人事测评的观测全域。在观测全域之上，研究者需要对测量目标和所有测量侧面以及两者之间的交互作用进行方差分量估计，这一过程称为概化研究（G研究）。G研究（Generalizability Study）的主要任务在研究设计上，即尽可能多地"挖掘"和"分解"出各种潜在的测量误差来源，并估计这些误差来源变异分量的大小即估算出测量目标与测量侧面的方差和协方差分量。另外，单变量概化G研究与多元概化G研究有所不同，其中单变量概化分析只需估计方差分量；而多元概化分析不仅要求估计出方差分量，还要估计出测量目标或侧面之间的协方差分量。

具体而言，G研究包括以下步骤：
①明确测量对象和测量目标。
②明确测量侧面和观测全域。
③明确测量模式和测量结构。
④依测量设计收集数据资料。
⑤计算方差与协方差分量。

（2）决策研究（G研究）

GT中进行G研究主要是为随后的D研究提供基础数据，而D研究才是概化理论最具特色的计量分析手段。在GT中，与观测全域和G研究相对的是，概化全域与D研究。其中，GT将概括推论测验结果时所涉及的测量条件全域的集合称为概括全域或者概化全域（universe of generalization）。值得注意的是，概化全域不同于观测全域，它仅是观测全域的一个子集，可以与观测全域相同，也可以不同。相应地，研究者基于概化全域，对测量目标或各个测量侧面或者两种之间交互作用的研究,这一过程称为决策研究(D研究)。D研究(Decision Study)就是把测量目标在观测全域上的表现水平概括推论为概化全域上的水平的一系列决策研究过程,其主要任务是实现某种特殊的决策需要,利用G研究所得到的变异分量估计值为基础,重新构建多种概化全域,通过调整测量过程中各方面的关系(如调整各个侧面样本水平数的多少、调整各个侧面之间的关系、改变不同变量权重等),探讨和控制测量误差变化,使得测量误差最小。

具体而言,D研究包括以下步骤:

①根据测量目的确定概化全域。

②根据概化全域中各个侧面的样本容量的个数,在侧面样本均值的意义上重新估计G研究中各因素的效应或因素间的交互作用,进而求取各因素的均值。

③在具体的一个概化全域上分别估计相对误差变异和绝对误差变异。

④在特定的概化全域上估计整个测验的概化系数和可靠性指数。

⑤重新确立概化全域,并重复上述②—④个步骤。

⑥比较各个概化全域上的测验结果的估计精度,并从中获得科学的或满意的推论和概化结论。

6）一元概化理论和多元概化理论

（1）一元概化理论

一般而言,如果不是特别说明的情况下,概化理论更多指的就是一元概化理论(Univariate Generalizability Theory,UGT)。在UGT中所探讨的测量目标的全域分数,都是定义在特定概化全域的所有测量侧面之上的一个单一的全域分数。简言之,在心理测验中如果某测评工具为单维结构,显然只能用UGT考查其测验精度;如果是多维结构的测评工具,而研究者以各个维度数(因子数)为测量侧面时,亦可采用UGT进行分析。UGT在考查测验工具整体结构时有明显优势(如考查因子数或条目数与测验信度的关系)。

（2）多元概化理论

在实际测量活动中,研究者通常会涉及一个测量目标同时具有多个全域分数的情况。如个体社会支持的评估就涉及主观支持、客观支持和支持利用度等三个因子,相应地就存在三个因子(维度)分和1个量表总分。这三个因子分可以理解为同一个测量目标(社会支持)所具有的三个全域分数。考虑每个因子的测量误差并不是一致的,因此需要研究各个因子测量误差的估计方法,以及测验总分合成方法。概化理论中探讨测量目标在某个特定概化全域之上具有多个全域分数等方面的问题主要涉及多元概化理论(Multivariate Generalizability Theory,MGT)。在心理测评中,研究者通常会面对多维结构的测验工具,并且相对于UGT而言,MGT更适宜处理多维问卷的信度问题,且可发现与解决总量表信度较高而分量表(因子)信度较低的问题。此外,进行G研究时,UGT只需估计方差分量,而MGT不仅要求估计出方差分量,还需要估计出测量目标或侧面之间的协方差分量。

5.3 实例分析

考虑在心理测验与评估中,交叉设计是最为常见和使用最普遍的,因此本章中一元概化理论和多元概化理论的实例分析均采用交叉设计($p \times i$),其他设计的案例分析请具体参考Brennan(2001a)的专著 *Generalizability Theory* 以及杨志明和张雷(2003)出版的《测评的概化理论及其应用》。

5.3.1 一元概化分析示例

1）研究背景

目前最具影响力的人格研究范式——大五人格模型,在过去的几十年里得到了心理学研究者的广泛研究,且被证明具有跨语言、跨文化的一致性和稳定性,且在人格维度层面得到了人格心理学家的接受和认同(John et al.,2008;McCrae et al.,1989;McCrae et al.,2005),以该人格理论模型为理论依据所编制的人格测验工具也被越来越多的心理学研究者所运用(John et al.,2008)。20世纪90年代初有研究者(王登峰,1994;杨坚,1997)将其介绍到国内,此后国内研究者对其进行积极研究,取得了相应的研究成果。

目前国内自编的大五人格测验主要有三个,分别是中学生人格五因素问卷(Five-Factor Personality Questionnaire,FFPQ;周晖 等,2000),王孟成等(2010a,2010b)编制的中国大五人格问卷(Chinese Big Five Personality Inventory,CBF-PI)及两个简化版(Chinese Big Five Personality Inventory Brief Version,CBF-PI-B;Chinese Big Five Personality Inventory-15,CBF-PI-15)(王孟成等,2011;Zhang et al.,2019)和罗杰等人(2015a,2015b)编制的中文形容词大五人格量表(the Chinese Adjectives Scale of Big-Five Factor Personality,BFFP-CAS)及简式版(the Chinese Adjectives Scale of Big-Five Factor Personality Short Version,BFFP-CAS-S)(罗杰 等,2018)。BFFP-CAS是形容词式的大五人格评估,和CBF-PI一样都能够同时测量大五人格结构的人格维度层面与特质层面。下面以BFFP-CAS在大学生中的调查数据为例,演示一元概化分析和结果解释。

2）样本

以西部某高校的在校大学生为调查对象,采取方便取样对209名大学生进行调查,其中男生53人,女生156人;大二119人,大三90人,年龄介于18~24岁。

3）测量工具

中文形容词大五人格量表(BFFP-CAS),由罗杰和戴晓阳(2015a,2015b)编制,包括5个维度量表和26个特质分量表(因子),总计104个条目。其中外向性维度包括热情、乐群、自我肯定、活跃和正性情绪等因子;宜人性维度包括信任、坦诚、利他、谦虚和温存等因子;严谨性维度包括条理性、责任心、事业心、自律性和审慎性等因子;神经质包括焦虑、愤怒、敌意、抑郁、自我意识、冲动性和脆弱性等因子;开放性维度包括艺术、情感、行动、观念和价值等因子。BFFP-CAS的测验条目采用双极形容词形式,记分采用Likert-type 6点记分方式。以"外向的—内向的"为例,1表示完全接近外向的,2表示比较接近外向的,3表示有点接近外向的,4表示有点接近内向的,5表示比较接近内心的,6表示完全接近内向的。

4）研究设计

采取$p×i$随机单面交叉设计。其中测量目标为被试者p,测量侧面为各人格维度的因子数i。

5）统计处理

采用SPSS16.0统计软件中的一般线性模型(General Linear Model,GLM)对BFFP-CAS各人格维度的调查结果进行一元概化分析。

6）数据分析与结果

(1)数据录入

以外向性维度为例，进行数据的录入和基本说明。(图5.1)

	subject	factor	score	var	var	var
1	1	1	18			
2	1	2	17			
3	1	3	17			
4	1	4	15			
5	1	5	15			
6	2	1	17			
7	2	2	17			
8	2	3	8			
9	2	4	13			
10	2	5	10			
11	3	1	21			
12	3	2	19			
13	3	3	11			
14	3	4	17			
15	3	5	20			
16	4	1	20			
17	4	2	18			
18	4	3	16			
19	4	4	21			
20	4	5	19			
21	5	1	17			
22	5	2	14			
23	5	3	16			

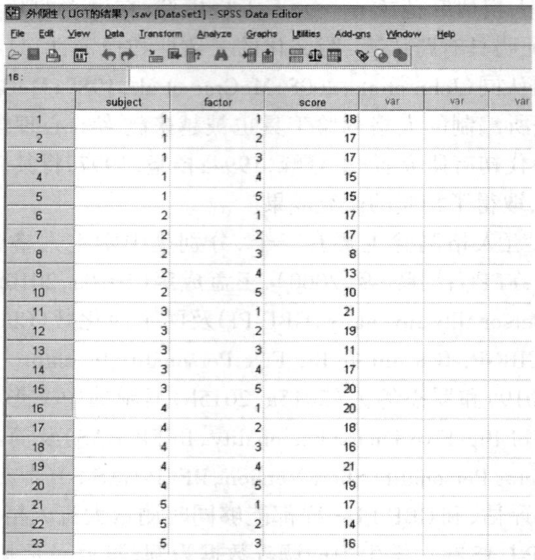

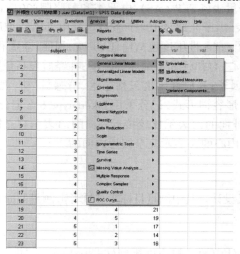

图5.1　UGT的数据准备

在SPSS软件中，以“subject”表示被试者即测量目标(p)，“factor”表示因子即测量侧面(i)，“score”表示被试在某因子上得分。第一行表示被试者1在因子1上得分为18，第二行则表示被试者1在因子2的得分是17，以此类推。

(2)G研究

①选择【Analysis】→【General Linear Model】→【Variance components】。(图5.2)

图5.2　UGT的SPSS分析

②在“Variance Components”对话框中将“score”点入因变量，将“subject”和“factor”作为自变量，点入随机因子窗口后，单击“OK”。(图5.3)

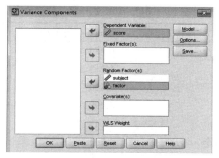

图5.3　UGT的SPSS分析

③方差分量。分析运行会得到"Factor Level Information"和"Variance Estimates"。其中"Factor Level Information"主要是基本描述性结果,而"Variance Estimates"是测量目标(p)和测量侧面(i)以及两者交互效应($p×i$)的方差分量值。(图5.4)

Factor Level Information

		N
subject	1	5
	2	5
	3	5
	4	5
	5	5
	⋮	⋮
	205	5
	206	5
	207	5
	208	5
	209	5
factor	1	209
	2	209
	3	209
	4	209
	5	209

Dependent Variable: score

图5.4　UGT的因子水平信息

注:图中原始表太长,页面无法全部展示,读者可扫描"简明目录"页中的二维码,在电子设备上查看完整表格。

根据方差分量结果可知,测量目标(p)的方差分量值为6.955,测量侧面(i)的方差分量值是1.213,两者交互效应的方差分量值为6.460。(图5.5)

Variance Estimates

Component	Estimate
Var(subject)	6.955
Var(factor)	1.213
Var(subject * factor)	6.460
Var(Error)	.000ᵃ

Dependent Variable: score
Method: Minimum Norm Quadratic Unbiased Estimation (Weight = 1 for Random Effects and Residual)

a. This estimate is set to zero because it is redundant.

图5.5　UGT的方差分量

分别对BFFP-CAS各人格维度进行分析后得到各人格维度中测量目标和测量侧面的方差分量值。结果见表5.1。

表 5.1 BFFP-CAS 的一元 G 研究

人格维度	变异来源	Estimated variance components	Percentage of total variance
外向性	被试者	6.955	47.546
	因子	1.213	8.292
	被试者×因子	6.460	44.162
宜人性	被试者	4.299	40.545
	因子	1.743	16.439
	被试者×因子	4.561	43.016
严谨性	被试者	7.768	61.808
	因子	0.061	0.485
	被试者×因子	4.739	37.707
神经质	被试者	5.838	34.449
	因子	2.384	14.067
	被试者×因子	8.725	51.484
开放性	被试者	7.252	56.732
	因子	0.636	4.975
	被试者×因子	4.895	38.293

表 5.1 的结果显示,各人格维度中测量目标的方差分量占总方差比重均较大(介于 34.45%~61.81%);而测量侧面的效应占总效应均较小(介于 0.49%~16.44%),这表明各人格维度中因子引起的测量误差较小。

(3)D 研究

D 研究在 G 研究的基础上,重新构建多种概化全域,在样本均值的层面上估计各种方差分量大小,进而考查各种测量误差和测量精度,为测量的改进和推广提供有价值的信息(杨志明等,2003)。

鉴于 BFFP-CAS 包括五个人格维度,每个人格维度下面各包括了 5~6 个次级特质(因子),为充分反映 BFFP-CAS 各人格维度随因子数目的增加其测量信度的变化情况,分别设置 1~6 的因子数进行 D 研究。

还是以外向性维度为例,说明 D 研究中概化系数和可靠性指数的运算。目前在 SPSS 中不能直接报告出概化系数和可靠性指数,可直接用 Excel 或计算器结合相关公式进行计算,该计算比较简单。本例中运用了 Excel 进行计算。

表 5.2 外向性的一元 D 研究

方差分量		因子数					
		1	2	3	4	5	6
$\sigma^2(P)$	6.955	6.955	6.955	6.955	6.955	6.955	6.955
$\sigma^2(I)$	1.213	1.213	0.607	0.404	0.303	0.243	0.202
$\sigma^2(PI,e)$	6.460	6.460	3.230	2.153	1.615	1.292	1.077
$\sigma^2(\delta)$		6.460	3.230	2.153	1.615	1.292	1.077
$\sigma^2(\triangle)$		7.673	3.837	2.557	1.918	1.535	1.279
$E\rho^2$		0.518	0.683	0.764	0.812	0.843	0.866
Φ		0.475	0.644	0.731	0.784	0.819	0.845

表 5.2 中的方差分量为前述 G 研究中所得到的结果。随后分别以不同因子数(1~6 个)重新计算在各概括全域下的各方差分量。下面以因子数是 3 为例,当因子数为 3 时,被试者(测量目

标)的方差分量保持不变,而因子(测量侧面)的方差分量=原方差分量/因子数,即1.213/3=0.404,被试者×因子交互的方差分量=原方差分量/因子数,即6.460/3=2.153。在D研究中,相对误差的方差$\sigma^2(\delta)$等于所有与测量目标有关的交互效应的方差分量之和,即被试者×因子交互的方差分量,故$\sigma^2(\delta)$=2.153。而绝对误差的方差$\sigma^2(\triangle)$等于除测量目标自身得分的方差之外的所有得分的方差之和,即测量因子的方差分量与被试者×因子交互的方差分量之和,故$\sigma^2(\triangle)$=0.404+2.153=2.557。

相应地,概化系数$E\rho^2$是将测量目标自身的有效变异占有效变异与相对误差变异之和的比值作为精度标准,即测量目标方差分量与测量目标方差分量加上相对误差方差分量之和的比值。而可靠性指数Φ是指测量目标自身的分数变异在全体分数变异中所占的比率,即测量目标方差分量与总效应方差分量(测量目标方差分量加上绝对误差方差分量之和)之比。参照5.2.2中4)的计算公式,可知本例中的概化系数$E\rho^2=\sigma^2(P)/\sigma^2(P)+\sigma^2(\delta)$=6.955/(6.955+2.153)=0.764,可靠性指数$\Phi=\sigma^2(P)/\sigma^2(P)+\sigma^2(\triangle)$=6.955/(6.955+2.557)=0.731。以此类推,可分别算出BFFP-CAS各人格维度的相应指标。

表5.3 BFFP-CAS的一元D研究

指标		因子数					
		1	2	3	4	5	6
外向性	$E\rho^2$	0.518	0.683	0.764	0.812	0.843	0.866
	Φ	0.475	0.644	0.731	0.784	0.819	0.845
宜人性	$E\rho^2$	0.485	0.653	0.739	0.790	0.825	0.850
	Φ	0.405	0.577	0.672	0.731	0.773	0.804
严谨性	$E\rho^2$	0.621	0.766	0.831	0.868	0.891	0.908
	Φ	0.618	0.764	0.829	0.866	0.890	0.907
神经质	$E\rho^2$	0.401	0.572	0.667	0.728	0.770	0.801
	Φ	0.344	0.512	0.612	0.678	0.724	0.759
开放性	$E\rho^2$	0.597	0.748	0.816	0.856	0.881	0.899
	Φ	0.567	0.724	0.797	0.840	0.868	0.887

表5.3的结果显示,随着因子数目的增加,各人格维度的概化系数$E\rho^2$和可靠性指数Φ均呈现递增的趋势。其中,神经质的因子数为6时,其概化系数达到0.80,其余各人格维度的因子数目在5时,概化系数均达到较好水平,且当因子数目为6时,概化系数分别增加0.023(2.68%)、0.018(2.02%)、0.025(3.01%)和0.016(1.85%),从提高信度的角度来说,增加因子数可行,但增加因子必然会带来编制和使用量表时耗费更大的人力物力。故从测量实施的效益来看,各人格维度取5~6个因子可达到相应目的。

综上可知,BFFP-CAS各人格维度的概化系数(均大于0.80)和可靠性指数(均大于0.75)达到较好水平,并且在同一水平时各人格维度的概化系数均比可靠性指数要大,这说明在同等条件下该量表更适合用于常模参照性测验。

5.3.2 多元概化分析示例

1) 研究背景

概化理论包括一元概化理论(UGT)和多元概化理论(MGT)。其中,UGT在考查测验工具整体结构时有明显优势(如考查因子数或条目数与测验信度的关系),当测评工具为单维结构时,可考虑采用UGT进行信度估计;考虑当前相当多的测评工具都是多维结构,相对于UGT而言,

MGT更适宜处理多维问卷的测量信度问题,且可发现与解决全量表信度较高而分量表(因子度)信度较低的问题,并能够提出相应的处理意见。

心理素质(Psychological Suzhi)作为心理学中国化研究的产物,是国内心理学者在积极开展我国学生素质教育背景下提出并发展起来的本土化构念(张大均,2003)。自20世纪90年代起,以西南大学张大均为代表的学术团队对我国大学生心理素质进行了完整的理论建构与实证分析。该团队基于其心理素质理论(认知特性、个性和适应性)所编制的大学生心理素质量表(the College Students' Psychological Suzhi Questionnaire,CSPSz)先后发展出四个版本。特别地,新近的第四版(简化版)量表既保留了以往版本的结构与内涵,又进一步精简了题数,使量表的针对性与全面性更强,为大学生心理素质及相关领域的研究提供了量化基础(张大均 等,2018)。下面则以CSPSz在大学新生中的调查数据为例,演示多元概化分析及结果解释。

2) 样本

来自全国六个地区(北京、天津、内蒙古、安徽、贵州和云南)的1111名大学新生参与了问卷调查。其中男生304人,女生802人,缺失5人;文科494人,理科409人,工科208人;汉族学生887人,少数民族学生204人,缺失20人;年龄在16~22周岁,平均年龄为18.59岁。

3) 测量工具

大学生心理素质问卷简化版(the College Students' Psychological Suzhi Questionnaire Simplified Version,CSPSz-SV) 该问卷由张大均和张娟(2018)编制,包括3个因子:认知品质(9个条目)、个性品质(9个条目)和适应性(9个条目),共27个条目,采用5级评分(1=非常不符合,5=非常符合),得分越高表明个体的心理素质水平越高。

4) 研究设计

采取多元$p \times i$随机测量模式。测量目标为被试者p,测量侧面为测验条目i。

5) 统计处理

采用SPSS16.0对数据进行了录入和整理。数据处理时以各因子的原始得分为基础,多元概化分析在mGENOVA2.1统计软件(Brennan,2001b)上进行。

6) 数据分析与结果

(1)MGT数据准备及运行

①将SPSS文件中的数据转为MGT的数据类型前,需将多余的人口变量等删掉后再进行转换。具体是,将".sav"数据转换为"带格式文本文件(空格分隔)"。如本例中"带格式文本文件(空格分隔)"的文件名为PSZ Data,并将"PSZ Data"的文件扩展名去掉。

②解压打开mGENOVA2.1软件,里面主要包括"mGENOVA.exe""mGENOVA_manual.pdf""cc.manual""readme mGENOVA for PC"等。其中,"mGENOVA.exe"是mGENOVA的运行文件;"mGENOVA_manual.pdf"是mGENOVA手册说明;"cc.manual"即mGENOVA的程序(语句)文件,并产生相应的MGT结果文件;"readme mGENOVA for PC"即成功运行mGENOVA的相关说明和注意事项等。

③在"cc.manual"中将所要运行的MGT程序语句写出来,下列程序语句属于MGSCALE这个文件,具体内容为:

```
GSTUDY      p x i Design for MGSCALE          表示进行 p × i 设计的 G 研究
COMMENT
COMMENT     MGSCALE                           表示"cc.manual"中的"cc"即文件名
COMMENT
OPTION      NREC 8 "*.out" TIME DEFAULT_DSTUDY
MULT        3 First Second Third              表示 CSPSz 的 3 个因子
EFFECT      *  p    1111  1111  1111          表示 G 研究中被试人数
EFFECT         i    9    9    9               表示 G 研究中各因子的条目数
FORMAT      0  1
PROCESS     "PSZ Data"                        表示进行 PZS 的数据,见(1)部分
DSTUDY      P X I Design for MGSCALE          表示进行 p×i 设计的 D 研究
DEFFECT     $  P    1111  1111  1111          表示 D 研究中的被试人数
EDFFECT        I    9    9    9               表示 D 研究中的各因子的条目数
ENDDSTUDY
```

④如何成功运行 MGT。

首先,将"mGENOVA.exe""mGENOVA_manual.pdf""MGSCALE""PSZ Data"等放在同一个文件夹中。(图5.6)

图5.6　MGT的文件信息

其次,双击"mGENOVA.exe"。(图5.7)

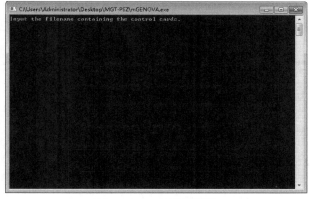

图5.7　MGT的运行界面

再次，直接把manual文件（即"MGSCALE"）拖入"mGENOVA.exe"。（图5.8）

图5.8 MGT的运行界面

最后，单击"Enter"键即可。

运行成功后，在文件夹中会出现一个新文件"MGSCALE.manual"（即MGT的结果文件）。（图5.9）

图5.9 MGT的结果文件

（2）MGT结果

CONTROL CARDS FOR RUN 1

Control Cards File Name: C:\Users\Administrator\Desktop\PSZ\MGSCALE.manual

p x i Design for MGSCALE

```
GSTUDY      p x i Design for MGSCALE
COMMENT
COMMENT    MGSCALE
COMMENT
OPTION     NREC 8 "*.out" TIME DEFAULT_DSTUDY
MULT       3 First Second Third
EFFECT     * p  1111  1111  1111
EFFECT       i   9     9     9
```

```
FORMAT      0  1
PROCESS     "PSZ  Data"
```

INPUT RECORDS FOR RUN 1

p x i Design for MGSCALE

RECORD NUMBER 1:

1.000	2.000	4.000	4.000	2.000	4.000	2.000	3.000	3.000	3.000
2.000	4.000	4.000	3.000	4.000	3.000	2.000	4.000	2.000	3.000
3.000	1.000	2.000	2.000	4.000	4.000	4.000			

RECORD NUMBER 2:

3.000	2.000	4.000	4.000	2.000	4.000	2.000	2.000	4.000	4.000
4.000	4.000	4.000	4.000	5.000	3.000	1.000	4.000	2.000	4.000
2.000	2.000	2.000	2.000	2.000	4.000	4.000			

RECORD NUMBER 3:

4.000	2.000	2.000	4.000	2.000	4.000	4.000	4.000	2.000	4.000
2.000	2.000	4.000	4.000	4.000	2.000	2.000	2.000	2.000	4.000
2.000	2.000	4.000	2.000	2.000	4.000	4.000			

RECORD NUMBER 4:

3.000	1.000	3.000	4.000	2.000	2.000	3.000	3.000	4.000	5.000
4.000	4.000	2.000	4.000	4.000	4.000	4.000	4.000	4.000	4.000
4.000	2.000	3.000	4.000	4.000	2.000	4.000			

RECORD NUMBER 5:

2.000	2.000	2.000	3.000	2.000	2.000	2.000	3.000	3.000	3.000
4.000	4.000	3.000	4.000	4.000	3.000	4.000	4.000	3.000	2.000
2.000	2.000	3.000	2.000	3.000	4.000	4.000			

RECORD NUMBER 6:

2.000	4.000	2.000	3.000	2.000	4.000	3.000	4.000	3.000	3.000
4.000	3.000	4.000	4.000	3.000	3.000	4.000	5.000	2.000	2.000
2.000	2.000	3.000	2.000	3.000	4.000	4.000			

RECORD NUMBER 7:

4.000	3.000	3.000	3.000	3.000	2.000	3.000	4.000	4.000	1.000
3.000	4.000	5.000	4.000	4.000	2.000	2.000	2.000	3.000	4.000
2.000	2.000	3.000	2.000	4.000	4.000	2.000			

RECORD NUMBER 8:

2.000	3.000	3.000	3.000	3.000	3.000	3.000	3.000	3.000	4.000
4.000	4.000	4.000	5.000	5.000	3.000	2.000	4.000	2.000	3.000
2.000	2.000	2.000	2.000	3.000	3.000	3.000			

G STUDY VARIANCE AND COVARIANCE COMPONENTS FOR RUN 1

p x i Design for MGSCALE

INFORMATION ABOUT VARIABLE 1:   First

Number of levels of i=9

Order   of levels of i=1 2 3 4 5 6 7 8 9

Means for i

3.286	3.278	3.479	3.596	2.909	3.401	3.271	3.366	3.449

Grand mean: 3.33723

INFORMATION ABOUT VARIABLE 2: Second

Number of levels of i=9

Order of levels of i=10 11 12 13 14 15 16 17 18

Means for i

4.216   3.878   3.943   3.953   4.118   4.404   3.855   3.787   4.149

Grand mean: 4.03370

INFORMATION ABOUT VARIABLE 3: Third

Number of levels of i=9

Order of levels of i=19 20 21 22 23 24 25 26 27

Means for i

3.581   3.512   3.449   3.581   3.424   3.460   3.559   3.863   3.771

Grand mean: 3.57786

STATISTICS FOR ESTIMATING G STUDY VARIANCE AND COVARIANCE COMPONENTS

Note. Diagonal elements are mean squares.

Lower-diagonal elements are observed covariances.

Upper-diagonal elements are observed correlations.

Effect	First	Second	Third
p	2.80837	0.51751	0.61813
	0.13223	1.88316	0.62524
	0.21115	0.17489	3.36539
i	41.40122		
		44.84228	
			24.68047
pi	0.53990		
		0.44263	
			0.46690

ESTIMATED G STUDY VARIANCE AND COVARIANCE COMPONENTS
MGT中G研究的结果,各因子的方差–协方差分量

Note. Lower diagonal elements are covariances.

Upper diagonal elements are correlations.

Effect	First	Second	Third
p	0.25205	0.65835	0.74110
	0.13223	0.16006	0.77030
	0.21115	0.17489	0.32205
i	0.03678		
		0.03996	
			0.02179
pi	0.53990		
		0.44263	
			0.46690

DEFAULT D STUDY FOR RUN 1
p x i Design for MGSCALE

SAMPLE SIZE STATISTICS FOR i

Statistic	First	Second	Third
ni	9	9	9

ESTIMATED D STUDY VARIANCE AND COVARIANCE COMPONENTS

Note. Lower diagonal elements are covariances.

Upper diagonal elements are correlations.

Diagonal

Effect	Divisor	First	Second	Third
p		0.25205	0.65835	0.74110
		0.13223	0.16006	0.77030
		0.21115	0.17489	0.32205
i	9.000	0.00409		
	9.000		0.00444	
	9.000			0.00242
pi	9.000	0.05999		
	9.000		0.04918	
	9.000			0.05188

UNIVERSE SCORE MATRIX AND ERROR MATRICES

Note. Lower diagonal elements are covariances.

Upper diagonal elements are correlations.

	First	Second	Third
Universe Score	0.25205	0.65835	0.74110
	0.13223	0.16006	0.77030
	0.21115	0.17489	0.32
Relative Error	0.05999		
		0.04918	
			0.05188
Absolute Error	0.06408		
		0.05362	
			0.05430
Error for Mean	0.00437	0.02647	0.05476
	0.00012	0.00463	0.04406
	0.00019	0.00016	0.00276

D STUDY RESULTS FOR INDIVIDUAL VARIABLES

MGT中 D 研究的结果,各因子的概化系数和可靠性指数

	First	Second	Third
Univ Score Var	0.25205	0.16006	0.32205
Rel Error Var	0.05999	0.04918	0.05188
Abs Error Var	0.06408	0.05362	0.05430
Er Var for Mean	0.00437	0.00463	0.00276
Univ Score SD	0.50205	0.40007	0.56750
Rel Error SD	0.24493	0.22177	0.22777
Abs Error SD	0.25313	0.23156	0.23302
Err SD for Mean	0.06609	0.06803	0.05252
Gen Coefficient	0.80775	0.76495	0.86126
Phi	0.79731	0.74906	0.85572

S/N-Rel	4.20161	3.25444	6.20788
S/N-Abs	3.93365	2.98494	5.93102

D STUDY RESULTS FOR COMPOSITE

MGT 中 D 研究的结果,各因子的权重数

Variable Wts	First	Second	Third
w-weights	0.33333	0.33333	0.33333

MGT 中 D 研究的结果,全量表的概化系数和可靠性指数:

Composite Universe Score Variance	0.19675
Composite Relative Error Variance	0.01789
Composite Absolute Error Variance	0.01911
Composite Error Variance for Mean	0.00141
Composite Universe Score Standard Deviation	0.44356
Composite Relative Error Standard Deviation	0.13377
Composite Absolute Error Standard Deviation	0.13824
Composite Error Standard Deviation for Mean	0.03755
Composite Generalizability Coefficient	0.91663
Composite Phi	0.91146
Composite S/N-Rel	10.99481
Composite S/N-Abs	10.29493

MGT 中 D 研究的结果,各因子对全域方差、相对误差方差及绝对误差方差的贡献:

Contributions to	First	Second	Third
Comp Univ Score Var	33.63%	26.38%	39.99%
Comp Rel Error Var	37.25%	30.54%	32.21%
Comp Abs Error Var	37.25%	31.18%	31.57%

(3)CSPSz-SV 的 MGT 分析

① G 研究。

根据 CSPSz-SV 的三因子结构,分别可以获得被试(p)、测验项目(i)、被试与测验项目间的交互效应($p×i$)在三个因子上的方差-协方差分量,结果见表5.4。

表5.4　三因子结构的G研究

效应	认知品质	个性品质	适应性
被试	0.25205	0.65835	0.74110
	0.13223	0.16006	0.77030
	0.21115	0.17489	0.32205
测验项目	0.03678		
		0.03996	
			0.02179
被试×测验项目	0.53990		
		0.44263	
			0.46690

注:主对角线元素为各个效应在对应因子上的方差分量,线以下为因子间协方差分量,线以上为因子间相关系数。

　　表5.4结果显示,心理素质的各个因子之间密切相关,与被试有关的效应(被试者效应、被试者与测验项目之间的交互效应)相对较大,而项目的方差分量相对较小。

　　② CSPSz-SV 的 D 研究。

　　根据 G 研究可获得被试在三个因子及问卷总分的概化系数、可靠性指数、相对信噪比和绝对信噪比等指标(表5.5)。

表5.5　3因子结构的D研究

指标	认知品质	个性品质	适应性	全域总分
全域方差	0.25205	0.16006	0.32205	0.19675
相对误差方差	0.05999	0.04918	0.05188	0.01789
绝对误差方差	0.06408	0.05362	0.05430	0.01911
均值误差方差	0.00437	0.00463	0.00276	0.00141
概化系数	0.80775	0.76495	0.86126	0.91663
可靠性指数	0.79731	0.74906	0.85572	0.91146
相对信噪比	4.20161	3.25444	6.20788	10.99481
绝对信噪比	3.93365	2.98494	5.93102	10.29493

　　表5.5的结果显示,三个因子的概化系数与可靠性指数均大于0.70,简化版的心理素质量表分为三个因子可行;同时问卷全域总分的概化系数和可靠性指数均高于0.90,且全域总分的相对误差方差分量和绝对误差方差均小于各个因子的对应结果。

　　③ CSPSz-SV 三个因子对全域方差贡献率的分析。

　　由 G 研究与 D 研究的结果,可分别得到三个因子对全域方差的贡献情况(表5.6)。

表5.6　各个因子对全域总分的贡献比

指标	认知品质	个性品质	适应性
各因子的题目数	9	9	9
各因子的因子分	45	45	45
权重系数(W)	0.33333	0.33333	0.33333
各因子分值比例	33.33%	33.33%	33.33%
对全域方差的贡献	33.63%	26.38%	39.99%
对相对误差方差的贡献	37.25%	30.54%	32.21%
对绝对误差方差的贡献	37.25%	31.18%	31.57%

　　表5.6的结果显示,认知品质和适应性对全域总分的贡献均高于各自在问卷中的分值比,而个性品质对全域总分的贡献则低于其在问卷中的分值比,同时认知品质因子对相对误差方差和绝对误差方差的贡献在三个因子中均为最高。

5.4　本章小结

　　本章简要概述了概化理论的基本概念及基本方法,特别对心理测验与评估中较为常见的随机交叉设计的一元概化和多元概化的分析步骤及结果解释进行了介绍。其他设计的案例分析请具体参考 Brennan(2001a)的专著 *Generalizability Theory*、杨志明和张雷(2003)出版的《测评的概化理论及其应用》,尤其请参考 Brennan 所编的 GENOVA 实操手册,对于全面、系统地了解和掌握 GT 具有重要作用。

本章参考文献

Brennan, R. L. (2000). Performance assessment from the perspective of generalizability theory. *Applied Psychological Measurement*, 24(4), 339−353.

Brennan, R. L. (2001a). *Generalizability theory*. Springer-Verlag Berlin Heidelberg GmbH.

Brennan, R. L. (2001b). *mGENOVA (Version 2.1)*[Computer software and manual]. University of Iowa.

Brennan, R. L. (2010). Generalizability theory and classical test theory. *Applied Measurement in Education*, 24(1), 1−21.

Eøllesdal, H., & Hagtvet, K. A. (2009). Emotional intelligence: The MSCEIT from the perspective of generalizability theory. *Intelligence*, 37(1), 94−105.

John, O. P., Naumann, L. P., & Soto, C. J. (2008). Paradigm shift to the integrative Big Five trait taxonomy: History, measurement, and conceptual issues. In O. P. John, R. W. Robins, & L. A. Pervin (Eds.), *Handbook of personality: Theory and research* (3rd ed., pp. 114−158). Guilford Press.

McCrae, R. R., & Costa, P. T., Jr. (1989). More reasons to adopt the five-factor model. *American Psychologist*, 44(2), 451−452.

McCrae, R. R., & Terracciano, A. (2005). Universal features of personality traits from the observer's perspective: Data from 50 cultures. *Journal of Personality and Social Psychology*, 88(3), 547−561.

Shavelson, R. J., & Webb, N. M. (1991). *Generalizability theory: A primer*. Sage Publications.

Vispoel, W. P., Morris, C. A., & Kilinc, M. (2018). Using G-theory to enhance evidence of reliability and validity for common uses of the Paulhus Deception Scales. *Assessment*, 25(1), 69−83.

Yin, P. (2005). A multivariate generalizability analysis of the multistate bar examination. *Educational and Psychological Measurement*, 65(4), 668−685.

Zhang, X., Wang, M.-C., He, L., Luo, J., Deng, J. (2019). The development and psychometric evaluation of the Chinese Big Five Personality Inventory-15. *PLoS ONE*, 14(8), e0221621.

安哲锋, 骆方, 张厚粲. (2008). 多元概化理论在评定量表编制中的作用——以音像教材测评数据分析为例. 心理科学, 31(5), 1192−1194.

陈维, 赵守盈, 朱丹, 张进辅. (2017). 高中生学习倦怠量表的编制及信效度研究——基于CTT、GT和IRT的分析. 西南大学学报(社会科学版), 43(4), 112−119.

关丹丹, 王博, 车宏生. (2011). 2007—2010年心理学专业基础综合考试的多元概化理论研究. 心理科学, 34(4), 950−956.

康春花, 姜宇, 辛涛. (2010). 概化理论在人事测评中的评分者一致性研究. 心理科学, 33(6), 1456−1460.

黎光明, 陈子豪, 张敏强. (2020). 高校教师教学水平评价概化理论预算限制下最佳样本量估计. 心理发展与教育, 36(3), 378−384.

黎光明, 张敏强, 张文怡. (2013). 人事测评中的概化理论应用. 心理科学进展, 21(1), 166−174.

罗杰, 戴晓阳. (2015a). 中文形容词大五人格量表的初步编制 I: 理论框架与测验信度. 中国临床心理学杂志, 23(3), 381−385.

罗杰, 戴晓阳. (2015b). 中文形容词大五人格量表的初步编制 II: 测验效度. 中国临床心理学杂志, 23(4), 571−575.

罗杰, 戴晓阳. (2016). 中文形容词大五人格量表的初步编制 III: 基于概化理论的视角. 中国临床心理学杂志, 24(1), 88−94.

漆书青. (2003). 现代测量理论在考试中的应用. 华中师范大学出版社.

孙晓敏, 张厚粲. (2005). 表现性评价中评分者信度估计方法的比较研究——从相关法、百分比法到概化理论. 心理科学, 28(3), 646−649.

徐思, 张敏强, 黎光明. (2009). 基于GT和多面Rasch模型的结构化面试分析. 心理学探新, 29(5), 77−82.

王登峰. (1994). 人格特质研究的大五因素分类. 心理学动态, 2(1), 34−41.

王孟成, 戴晓阳, 姚树桥. (2010a). 中国大五人格问卷的初步编制 I: 理论框架与信度分析. 中国临床心理学杂志, 18(5), 545−548.

王孟成,戴晓阳,姚树桥.(2010b)中国大五人格问卷的初步编制Ⅱ:效度分析.中国临床心理学杂志,18(6),687-690

王孟成,戴晓阳,姚树桥.(2011).中国大五人格问卷的初步编制Ⅲ:简式版的制定及信效度检验.中国临床心理学杂志,19(4),454-457

王晓华,文剑冰.(2010).多元概化理论在高等教育达标性考试中的应用.心理科学,33(5),1233-1226.

杨坚.(1997).个性结构研究中的五因素模式.中国临床心理学杂志,5(1),56-60.

杨志明,张雷.(2003).测评的概化理论及其应用.教育科学出版社.

杨志明,张雷,马世晔.(2004).从多元概化理论看高考综合能力测试的改进.心理学报,36(2),195-200.

张大均.(2003).论人的心理素质.心理与行为研究,1(2),143-146.

张大均,张娟.(2018).大学生心理素质问卷(简化版)的修编及信效度检验——基于双因子模型.西南大学学报(社会科学版),44(5),84-89.

周晖,钮丽丽,邹泓.(2000).中学生人格五因素问卷的编制.心理发展与教育,16(1),48-54.

6 信度概化

6.1 引言

信度概化(Reliability generalization,RG)是元分析(Meta-analysis)的一种形式,其主要以信度系数为效应值,对某一测量工具(测验或量表)在不同研究所报告的信度系数进行综合估计,分析这些信度系数是否存在异质性以及探索造成异质性的影响因素。这一技术源于对"信度引入"(Reliability induction)的批判。在心理测量学应用领域,有研究者误以为信度是测验本身的属性,所以在报告测验分数信度时往往引用测验开发者最先报告的信度系数而不是报告自己当前研究数据所得的信度系数。实际上,信度系数会随着样本的变化而变化。如果信度系数是测验本身的属性,那么即意味着测验的信度是不会变化的。针对某一测验的RG分析除了能够评估是否出现"信度引入"的错误之外,还能够分析测验信度估计的变异性及其影响因素。本章首先介绍信度的概念和类型,然后简要介绍RG出现和发展的历史背景,接着详细介绍RG的概念、基本原理以及实施过程中所涉及的方法和技术等,最后以一个实例详细介绍如何进行RG研究。

6.2 信度概化的概述

6.2.1 信度的概念及其类型

信度(Reliability)是指测量结果的一致性、可靠性程度,所以信度又称为可靠性。美国教育研究协会(American Educational Research Association,AERA)、美国心理学会(American Psychological Association,APA)以及美国国家教育测量委员会(National Council on Measurement in Education,NCME)共同编写的《教育与心理测试标准》(*Standards for Educational and Psychological Testing*;AERA et al.,2014)将信度定义为:某一个体或者一组群体重复测量过程的一致性程度(Reliability refers to the consistency of measurements when a testing process is repeated for an individual or group of individuals)。

实际上,信度的定义有很多,其中经典测量理论(简称CTT)下的信度定义是最为熟悉的。CTT将信度定义为:一组测量分数的真分数方差在测量分数方差中所占的百分比,具体公式表示为 $r_{xx} = \dfrac{S_t^2}{S_x^2}$,其中 r_{xx} 为信度,S_t^2 为真分数方差,S_x^2 为实测分数方差。

这个公式非常简单明确,但却存在无法计算的问题。因为真分数的方差和误差分数的方差都无法直接获得,所以这个公式只是CTT关于理想信度的构想,无法直接计算。可操作的信度系数通常是建立在平行测验的假设基础之上的。例如使用相关法进行重测信度、复本信度以及分半信度的估计。一般来说,根据估计方法可以将信度分成四种类型:重测信度(Test-retest reliability)、复本信度(Parallel forms reliability)、内部一致性信度(Internal consistency of reliability)以及评分者信度(Inter-rater reliability)(Kaplan et al.,2005)。

重测信度是指同一测验在两个不同的时间点测量同一组被试时结果跨时间的一致性程度。该信度反映的是测验分数跨时间的稳定性,通常用相关系数计算前后两次测验分数的相关程度,相关系数越高稳定性越高。重测系数的大小通常与两次测量的间隔时间呈单调递减,时间间隔越长系数越低。当然,重测信度使用的前提是测验所测量的特质或属性(Attribute)本身是相对稳定的,否则重测信度并不合适。

复本信度是指使用两套等值的平行测验测量同一组被试,所得测验分数间的相关程度。如果两个平行测验同时施测,所得结果主要反映测验内容间的一致性或稳定性,如果两个平行测验间隔一段时间施测,所得结果同时反映测量内容的一致性和时间间隔的稳定性。

与前面两种类型的信度不同,内部一致性信度是指测验题目内部之间的一致性程度,即题目是否测量相同的内容或属性。测量学家发展了很多方法计算内部一致性信度,其中比较著名的包括:库—理信度系数(Kuder-Richardson Formula)、Cronbach's α系数(Cronbach,1951)以及荷伊特信度等。其中,Cronbach's α系数是目前使用最广泛的指标,大部分心理学期刊要求作者报告当前样本的Cronbach's α系数。然而,已有研究指出:α系数高不代表测量是同质的(刘红云,2008;Revelle et al.,2009),应该使用同质性系数(Homogeneity coefficient)来衡量测量的同质性程度。目前,用于计算同质性系数的模型是双因子模型(Bifactor model),同质性系数在该模型中被定义为测验分数方差中全局因子分数方差所占的比例(王孟成 等,2014)。很多传统因子分析建模的多维测验都可以建立双因子模型从而计算同质性系数。例如,Raykov和Zinbarg(2011)根据二阶因子模型推导出因子方差所占比重(ω_h)来获得同质性系数。同质性系数越大表明测验总分越受到题目所测量的全局因子的影响,题目的共性越多。在题目同质的基础上把题目的分数相加得到的总分才有意义。

最后一种是评分者信度,用于评价不同评分者评价某个被评价对象所使用标准的一致性程度。一般来说,评分误差来源于两个方面:评分者自身(Intra-rater reliability)和评分者之间(Inter-rater reliability)。在实际操作过程中,通常使用计算Cohen's kappa系数来分析两个评价者之间的差异(Cohen,1960)。多个评分者间(两个及以上评分者)的评分一致性也可以使用肯德尔 W 系数。

6.2.2　信度概化的概念及其内涵

RG是一种以信度系数作为效应值的元分析技术。这一技术能够对某一测验的信度进行综合分析,探索影响该测验分数信度系数的因素(Vacha-Haase,1998,2000,2002)。具体来说,这种技术将已有研究所报告的信度系数作为研究对象,采用统计方法探索影响信度系数变异的因素。同时,指出在使用该测验时应注意的问题,对科学规范地应用心理测验具有重要意义(Vacha-Haase,1998;Thompson et al.,2000)。

RG作为元分析技术的一种,具有元分析的一些共性。这种技术是根据目前已有的研究成果进行综合分析,进而更加全面而综合地判断该领域现有的研究发现。当然,RG也具有其特殊性。与其他类型的元分析不同,RG以信度系数为效应值,根据纳入分析的信度系数进行总体估计,检验信度系数是否存在异质性,并探索信度系数出现异质性的影响因素。元分析技术在心理学的应用源于临床心理学,Glass(1976)提出了"元分析"作为一种量化的方式综合多项研究进行分析以解决当时很多关于某个临床治疗手段是否有效的问题。这种方法在后来越来越受到研究者的关注,例如应用于实验的期待效应(Rosenthal,1987)和人才测评(Schmidt et al.,1977)等。因此,其他类型的元分析(尤其是早期阶段)的效应值主要是集中在差异分析(如Cohen的d值、Glass的Δ值以及Hedge的g值)和相关分析的效应值(如相关系数r和方差比R^2)。直到后来,Vacha-Haase(1998)正式把信度系数纳入作为效应值,关注信度系数的影响因素。RG与其他类型元分析的不同,最直接的是研究问题。前面提及的效应值也是根据研究问题所决定的。例如,差异类的效应值研究实验组与控制组的区别,而相关类的效应值研究是变量之间关系。而RG研究与其他类型元分析的根本区别在于研究测量工具的信度。除了可以了解到某测验的综合信度以外,还能获取到其他的信息,例如:目前有多少项研究只是报告了信度系数的范围,而没有给出具体精确值?目前有多少项研究没有报告当前样本的信度,只是引用并报告了前人研究的信度结果?

6.2.3 信度概化的提出背景及其发展过程

Vacha-Haase(1998)对贝姆性别角色量表(the Bem Sex-Role Inventory)所报告的信度系数进行了一项元分析研究,并把这种技术称为RG(Vacha-Haase,1998)。但实际上,这一研究并非第一项以信度系数为效应值的元分析研究,也并非首次使用RG一词。在此之前,提出效度概化(Validity generalization)的两位研究者Schmidt和Hunter(1977)也曾对信度系数进行元分析,以及后来Hunter和Schmidt(1990)也进行过类似的分析,但是他们并没有把关注点直接放在不同研究所报告的信度系数上,因为当时他们所使用的元分析程序是否适用于信度估计并不确定。

另外,RG研究的提出源于研究者对信度引入问题的担忧。当时研究者越来越意识到在量化研究中报告测验信度结果的重要性。信度是测验分数的属性,并非测量工具本身的属性,也就是说信度会随着样本组成、测验情景以及施测方法等方面改变而发生变化(Vacha-Haase et al.,2002)。使用某个测验对不同的被试进行多次施测,由于样本的不同,所估计的信度系数也由此随之发生变化。因此,报告当前样本的信度估计是必要的。用以往研究或者测验手册中的信度系数代表当前研究的信度并不适合。针对这种信度引入的现象或者直接不报告信度估计结果的现象,一些杂志编辑(e.g. Vacha-Haase et al.,2002)和专业机构(e.g. ,AERA et al.,1999;Wilkinson et al.,1999)为了改善这种情况,提倡研究者理应报告当前样本信度估计的结果。然而在数十年后,这种情况仍然没有得到有效的改善。而RG正是在这样的背景下发展起来的,让研究者认识到信度随测量情景改变而变化的特性。

目前,已经有不少RG的研究成果发表在国际上教育与心理学领域的期刊(e.g. ,Grønnerød,2003;Hellman et al.,2008;Rouse,2007;Vassar et al.,2010)。一项以在1998年至2013年期间发表于同行评议期刊的107篇RG研究的元分析研究(即对RG的元分析)发现:67%的RG来自心理学领域,33%的RG文章发表在教育与心理测量(Educational and Psychological Measurement)期刊。由此可见,RG在教育与心理学领域的应用日益广泛。

RG研究成果能够让研究者了解影响信度变化的因素。Dimitrov(2002)指出研究者应该意识到施测过程和测验结果中哪些因素会影响信度的变化。在过去,Cortina(1993)使用不同题目数量和题目内部相关均值来计算Cronbach's α系数,结果发现题目数量对Cronbach's α系数有明显的影响,尤其是当题目内部相关均值较低的时候。另外,Kaplan和Saccuzzo(2005)提及了内部一致性系数受到测验长度的影响,即问卷长度增加,内部一致性系数也会随之增加。然而,也有其他研究者提出这一发现未必完全准确(e.g.,Warne,2008)。随着RG技术的提出和发展,越来越多的研究者使用RG技术分析影响量表信度系数的因素(e.g.,状态-特质焦虑测验;Barnes,Harp,& Jung,2002;贝克抑郁测验;Yin & Fan,2000)。随着RG研究的增加,Vacha-Haase和Thompson(2011)回顾了过去12年的RG研究发现及其特点,结果发现RG研究中使用最多的预测因素包括被试性别、样本量、被试年龄以及种族,而通常能够预测信度变异的预测因素有四个,分别是:测验长度、测验分数的标准差、被试年龄以及被试性别。通过这一研究方法,一方面能够验证在过去提出有关信度系数变异的潜在因素,另一方面促使研究者纳入并挖掘更多潜在影响因素探索信度系数的变异。除了Cronbach's α系数以外,也有研究发现重测信度受到施测间隔时间的影响(Kaplan et al.,2005)。重测信度由于本身的特点比较容易受到练习效应的影响,一旦施测间隔时间太短,这种效应会更加明显,估计的重测信度则会偏高。若间隔时间较长,这种效应就会减弱。因此,信度并非固定不变,而是会随着施测情景变化而变化。RG技术的出现不仅能够提高研究者对信度的认识,还能让研究者更加深刻地了解报告当前样本信度的重要性以减少信度引入。

6.3 信度概化的研究过程

这一部分将详细介绍RG的整个研究过程,具体可以概括为两个阶段:第一,前期准备阶段。作为一种在元分析基础上发展起来的量化分析技术,在开始统计分析前需要先进行全面的文献搜集与信息采集。当把所有的信息准确提取后,就可以进入第二个阶段:数据统计分析。这是对第一阶段所完成的信息提取进行统计分析,从而得出研究结果。下面将详细介绍这两个阶段的具体内容。

6.3.1 前期准备阶段

在进行统计分析前,首先需要获取文献中的信息,包括文献基本信息、样本特征以及每篇文献所报告的信度系数等。而这些信息的获取则需要通过一系列流程与步骤来实现。如图6.1所示,具体包括文献检索、文献筛选、信息提取和信息编码。

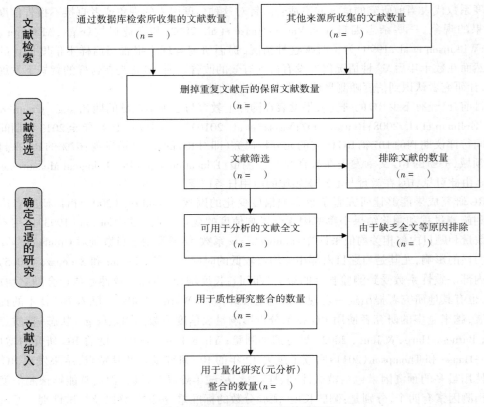

图6.1 前期数据准备阶段的流程图

注:图6.1来源于PRISMA[①]团队所制作的流程图。

1) 文献检索

文献检索是指根据选定的关键词在不同的数据库进行检索的过程。这是非常关键的一步,因为这将确定RG所涉及的文献纳入范围,如果文献检索的范围过小,那么将会导致接下来一系列的情况接连出现:与关键词有关的文献偏少→符合纳入分析的文献偏少→能够提取到

---

① PRISMA 的全称为 Preferred Reporting Items for Systematic Reviews and Meta-Analyses(Moher et al.,2009)

的效应值偏少,最终导致分析出来的结果出现偏颇或者由于数量太少无法进行统计分析。因此,在进行这一步骤之前,需要明确找到与主题有关的所有数据库和对应的关键词。在心理学领域,比较常用的数据库有 PsycINFO、PsycARTICLES 以及心理学及行为科学全文数据库。前两个为美国心理学会官方的数据库,最后一个为由 EBSCO 公司开发的涉及儿童青少年心理学的数据库。除此以外,还包括其他与心理学相关的数据库,例如 PubMed、MEDLINE 和 Scopus 等。这些都属于外文数据库,而中文数据库则有中国知网(CNKI)、万方数据库以及维普资讯等。另外,还有一些综合的搜索引擎包括谷歌学术、微软学术以及百度学术等。这些数据库和搜索引擎不仅能够检索到已发表的期刊论文,还可以检索到硕博学位论文。当然,也还有一些专门检索学位论文的数据库,例如 ProQuest 和优秀硕博论文库等。(心理学常用数据库网址见"简明目录"页二维码中内容)

不过,这里涉及一个目前仍具有争议性的话题:是否需要将学位论文纳入元分析?一项有关 RG 的元分析研究以 64 篇 RG 研究为研究对象,探索这些 RG 研究过程的特点,结果发现 31% 的 RG 研究把学位论文纳入分析(Henchy,2013)。另外,有研究者提出不把学位论文纳入元分析有其合理性。例如,学位论文一般会受到人力和时间等不同方面的研究资源限制,因此有可能只是由作者单独对信息进行提取与编码,这样会导致信息的准确性难以保证,从而影响研究结果的准确性。针对这样的情况,在进行 RG 研究的时候,如果时间允许,研究者可以考虑先把学位论文纳入,连同其他类型的文献(如期刊论文)一同进行前期的信息提取与编码,在正式做分析时再根据是否纳入学位论文分别进行统计分析,对比分析是否包含学位论文两种情况下所得出的结果是否存在差异再做进一步判断。另外,除了学位论文以外,还需要考虑是否有必要纳入学术会议论文或者未公开发表的论文。有研究者提出由于这些研究未经过同行评议或者未经有关审核,其科学性和规范性或许难以得到保证,因此研究结果未必准确,将其纳入分析后可能对 RG 总体结果造成不良影响。当然,这部分不仅讨论文献检索,还涉及文献的筛选过程。放在这里讨论主要是考虑到如果纳入的文献类型不同,对应的检索数据库的范围也有所不同。例如,在把学位论文纳入分析的情况下,研究者若只是在一般的数据库进行检索,忽略了在专门收录学位论文的数据库进行检索,很有可能会造成前期文献检索的不完整或者遗漏。因此,在开始 RG 研究前,需要在研究计划中全面考虑纳入元分析的文献类型及其依据。

除了明确文献检索的数据库以外,还需要考虑关键词的选择。首先,第一步需要先确定进行 RG 研究的测量工具。以为普遍熟知的大五人格测验为例,罗杰等人(2016)以"大五人格"和"大五人格测验"等作为题名、关键词和中文摘要的主题词进行检索,另外还检索全文中包含"人格特质"或"人格"的文献。这里所涉及的关键词包括"大五人格""大五人格测验""人格特质"和"人格",比较全面地覆盖了可能的检索范围。需要说明的是,这一项 RG 研究是以中文数据库作为检索范围,并不包括外文数据库,因此所涉及的只是中文的关键词。如果我们需要在外文数据库里进行检索,那么对应的关键词并不仅仅是中文所对应的英文翻译。由于中英文用语习惯不同,在选取英文关键词的时候也有所不同。同样是以大五人格测验为例,Caruso (2000)以"NEO""five-factor model""FFI"或者"five factor inventory"作为关键词进行检索。在以英文为写作语言的文献中有时候会以测验量表名称的英文缩写来表示,所以在文献检索中也理应把量表名称的缩写也纳入。另外,有些英文表达在中文理解里是同一意思,但是由于在英文单词表达中会分成不同词性以至于单词表达存在细微的差别。例如,一项以儿童孤独症评定量表(Childhood Autism Rating Scale)做 RG 的研究(Breidbord & Croudace,2013),以 child、childhood、children、childrens、children's、childrens'、ASD、Asperger、Aspergers、Asperger's、Aspergers'、autism、autisms、autism spectrum、autistic、autistic spectrum、autisma、autisme、autismi、autismin、autismo、autismus、autistica、autistico、autistique、rater、rating、ratings、report、response、scale、 scales、score、scores、survey 作为关键词,这里涉及一些意思类似但不同词性的单词,例如 autism 和 autistic。这一点在英文数据库里检索的时候需要多加留意,否则容易遗漏本来应该纳入的文献。针对这种情况,可使用布尔逻辑检索的逻辑运算符号以扩大检索范围。例如,需要检索所有与精神病态有关的文献,对应的英文关键词可能是 psychopathy、psychopaths、psychopathic 等,此时可以使用星号(*)表达成 psychopath*,这样所有只要含有 psychopath 的文献都能够检索出来,更加快速且有效。

另外,还有两点需要说明:第一,对国外本土化的中文版问卷进行 RG 研究时,选取关键词时需要留意问卷名称的中英文对应表达。在确定中文关键词时,需要多加注意英文对应中文翻译。例如尽管多数研究者将 the Inventory of Callous Unemotional traits 翻译成冷酷无情特质问卷,但仍有部分研究者会将其翻译成冷漠无情特质量表。这里的区别在于中文翻译为冷酷还是冷漠,虽然区别是细微的,但是当输入的关键词不同时,检索结果也可能有所不同。因此,需要留意问卷的英文表达可能存在不止一个中文翻译版本。第二,可以结合一些心理测量学检验的用词(例如"大五人格"和"信效度"或"大五人格"和"因素分析"等关键词)扩大检索范围,尽量避免文献的遗漏。这一考虑主要是测验问卷在用于测量某一变量之前通常会经过一系列心理测量学验证研究以保证其信效度质量,那么这些研究一般会报告该问卷的信度。因此,这些检验心理测量学特性的研究是纳入 RG 研究的重点对象。基于这一考虑,可结合体现心理测量学检索的关键词(如信效度和因素分析)一同进行检索。

2)文献筛选

文献筛选是指根据筛选条件决定检索获取的文献是否保留和纳入元分析的过程。这一过程主要是确定筛选条件,因为筛选条件就决定了正式纳入分析文献的数量,筛选条件越少,纳入数量越多,反之,则越少。筛选过程主要包括以下几个步骤:第一,综合全部数据库所检索到的文献,把完全相同的重复文献排除。第二,确定筛选条件,保留符合条件的文献。可能的筛选条件包括不同方面,例如文献类型(实证性研究或综述)、写作语言(中文或英文)以及被试特征等。被试特征具体包括年龄(儿童、青少年、成人)、性别、是否为临床样本(社区群体和临床群体如犯人和精神病患者)等。在对文献进行筛选时可根据研究主题的实际需要加以确定。但需要注意的是,因为涉及样本特征的筛选,那么该项研究所得出的结论也理应只适用于具有相对应样本特征的群体。例如,如果筛选时只是保留以成人作为被试的文献,那么这项研究所得结论只适用于成人。第三,在符合筛选条件的文献中排除那些只是引用了前人研究中报告的信度系数(即属于信度引入的文献)或者只是报告了信度系数范围而非具体值的文献,也就是说最终保留的只是精确地报告了根据当前样本所估计出来的信度系数,这样保留下来的信度系数才是 RG 研究中需要分析的效应值数据。另外,可能还包括一些其他的筛选原则,例如根据文章所发表的期刊是否属于同行评议期刊,即只是保留那些发表在属于同行评议期刊的论文。这一点主要是考虑学术期刊的质量参差不齐,一般来说同行评议的期刊普遍质量较高,这样相对来说研究过程比较可靠,分析所得结果也能得到一定的保证。但与此同时,当把那些不属于同行评议期刊的文献排除时,有可能会造成纳入分析的总体数量减少。一旦文献数量过少,结果的准确性就会受到统计效力影响而难以保证甚至无法进行分析,因为 RG 作为其中一种元分析技术,同样使用统计分析技术来进行推断统计,其准确性也会受到样本量的影响。因此,在进行文献筛选的时候,需要注意文献质量与数量之间的平衡。

3)信息提取与编码

信息提取是指对最终保留纳入正式分析的文献进行信息提取的过程。需要提供的信息包括效应值、样本特征、研究特征、人口学变量以及文献的基本信息等。而信息编码则是指在完成信息提取后对属于类别变量的信息进行编码，例如评定者方式和年龄类型。RG 研究的效应值为信度系数，其中 α 系数的应用最为广泛。即便如此，在提取效应值时也可考虑同时纳入其他类型的信度系数（如重测信度）以使研究更加完整。在提取信息时，注意判断每一个信度系数是根据全部样本计算所得的系数还是根据组别（例如性别、评定者方式）分开报告的信度系数，每一个信度系数应该对应其所在的样本特征。除了信度系数以外，还包括作为调节变量纳入调节效应分析的研究特征和人口学变量等信息，这些变量按照变量类型分成连续变量和类别变量。连续变量包括样本量、性别所占比例、被试年龄均值和标准差、量表总分的均值及其标准差、分量表总分的均值及其标准差、文献发表年份等。类别变量则包括评定者方式、样本类别、样本所在地区以及语言版本等。一篇以 RG 研究为综述的文章（Vacha-Haase et al., 2011）指出最常使用的预测变量包括性别、样本量、年龄以及种族，并指出预测变量的调节作用明显有四个：测验长度、量表分数的标准差、被试年龄以及性别。在选取调节变量时，可以多考虑这些调节变量在以往研究结果中是否存在差异。例如与他评版本相比，自评版本的 α 系数普遍较低，这种情况下可尝试把评定者方式作为调节变量纳入调节分析，进一步探索该变量对效应值是否具有调节作用。

当把所有的信息提取后，就可以开始对类别变量进行编码了。因为需要把类别变量转换成数值代码之后，才能对其进行统计分析。在编码之前，需要先制定编码规则，确定类别变量下的每一个类别对应的代码。例如，以样本类型的编码为例，该变量包含两个类别，即社区样本和临床样本，编码的过程就是将每一篇文献所提取的样本类型信息进行编码，把社区群体编码为 1，把临床样本编码为 2，这样就完成了对样本类型的编码。为了检验信息提取与编码的准确性，研究者还需要在纳入分析的总体文献中随机抽取其中一部分进行编码者同质性检验，即检验不同编码者对于相同文献信息提取的一致性。一般采用 Kappa 系数作为指标来判断对类别变量进行编码的一致性，而连续变量则计算组间相关系数（Interclass correlation coefficient, ICC）。当出现不一致情况时，编码者之间需要进一步对出现分歧的信息进行讨论以确定最终的版本。

综上所述，前期准备阶段包括以上提及介绍的四个步骤，即文献检索、文献筛选、信息提取和信息编码。每一步骤都是不可或缺的部分，为统计分析做好准备。

6.3.2 数据统计分析

接着，在完成前期数据准备后就可以进行数据统计分析了。作为元分析技术的一种，RG 的分析步骤是类似的。如图 6.2 所示，数据分析过程包括数据预处理、计算平均效应值、异质性检验、调节分析以及发表偏倚分析。RG 的效应值为信度系数，相比于其他类型的效应值，在数据预处理上有一些区别，主要表现在数据转换的方式。

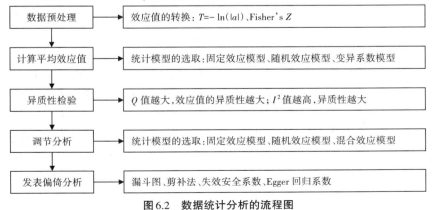

图 6.2　数据统计分析的流程图

1）数据预处理

为了使分布正态和稳定方差，通常会将原始值进行转换。RG 在前期数据处理时需要根据不同类型的信度系数使用对应的形式进行转换（Botella et al.，2010；Rodriguez et al.，2006）。例如，将内部一致性系数 α 通过 Bonett's（2002）的公式 $T=-\ln(|\alpha|)$ 进行转换，其中 T 是转换后的值，而 α 则是原始值。而重测信度和评分者信度则是将原始值转换成 Fisher's Z（Sánchez-Meca et al.，2013）。当然，也有一些研究者认为（e.g.，Henson et al.，2002；Leach，et al.，2006；Mason et al.，2007；Thompson et al.，2000）可以直接分析原始值（e.g.，Bachner et al.，2007）。因此，目前对于是否需要把原始值进行转换分析仍然是存在争议的。

2）计算平均效应值

在 RG 中，需要先计算信度系数的均值，这一计算过程涉及统计模型的选择。目前元分析中有三种统计模型比较常用，包括固定效应模型（the Fixed-Effect（FE）model；Hedges et al.，1985；Konstantopoulos et al.，2009）、随机效应模型（the Random-Effects（RE）model；Hedges et al.，1998；Raudenbush，2009）以及变异系数模型（the Varying-Coefficient（VC）model；Laird et al.，1990）。不同模型的选择需要考虑结果的推广性和效应值的整合处理。在结果的推广性方面，FE 和 VC 模型只适合把分析所获得的结论推广到具有纳入元分析样本特征的类似群体，而RE 模型则适合推广至更广泛的样本群体，因此与 FE 和 VC 模型相比，RE 模型的推广性更高。

在效应值的整合处理方式上，主要包括两方面：

第一，是否转换原始值。在转换方式上，除了以上提及的两种转换方法以外，还有另外一种，即 Hakstian-Whalen（1976）提出的转换方式。该转换方式后来被 Rodriguez 和 Maeda（2006）所推荐。这一转换方式与 Bonett（2002）提出的转换方式比 Fisher's Z 分数更适合用于 α 系数的转换。而相比于 Hakstian-Whalen（1976）的方式，Bonett（2002）的公式从理论基础上看，更适合用于使 α 系数的分布正态化和稳定其方差。表 6.1 归纳了信度系数的转换方式及其回转方式。

表 6.1 信度系数的转换方式及其对应回转方式

信度系数类型	转换方式	系数	回转方式
	不转换（保留原始值）	α_i	—
重测信度、评分者信度（相关系数 r）	Fisher's Z	$Z_i = \dfrac{1}{2}\ln\left(\dfrac{1+\alpha_i}{1-\alpha_i}\right)$	$\alpha_i = \dfrac{e^{2z_i}-1}{e^{2z_i}+1}$
Cronbach's α	Hakstian-Whalen	$T_i = \sqrt[3]{1-\alpha_i}$	$\alpha_i = 1-T_i^3$
Cronbach's α	Bonett	$L_i = \ln\left(1-|\alpha_i|\right)$	$\alpha_i = 1-e^{L_i}$

注：参考自 Sanchez-Meca 等人（2013）。

第二，是否对原始值设置权重。例如没有设置权重（即 $w_i=1$）对应使用最小二乘法（Ordinary least squares methods；OLS），而根据样本量来加权（即 $w_i=n_i$）则对应使用 RE 模型。一般来说，应用在 RG 研究中的权重方法包括四种：①应用 OLS 方法，权重为 1（没有设置权重）。②假设 FE 模型，以方差的倒数设置权重。③假设 RE 模型，以方差的倒数设置权重。这一方法与第二种方法对比，除了样本方差以外，还考虑了不同研究之间的方差估计。④假设 RE 模型，以样本量设置权重。表 6.2 为四种加权模式的对比。

表6.2   RG研究中的四种加权模式

统计方法	加权模式
不加权(OLS)	$w_i = 1$
方差的倒数:FE模型	$w_i^{FE} = \dfrac{1}{V(y_i)}$
方差的倒数:RE模型	$w_i^{RE} = \dfrac{1}{V(y_i + \tau^2)}$
样本量:RE模型	$w_i = n_i$

注:参考自Sa'nchez-Meca等人(2013)。$V(y_i)$为样本方法;n_i为样本量;τ^2为研究间的方差估计。

那么接下来,将具体介绍四种统计模型,包括最小二乘方法(OLS)、固定效应模型(FE)、变异系数模型(VC)以及随机效应模型(RE)。

(1)最小二乘法(OLS)

OLS是估计回归系数最常用的方法之一,通过使所求的数据与实际数据之间误差的平方最小化,从而获得最佳匹配的方程。这种方法在RG研究中的应用可以追溯于Vacha-Haase在1998年的一项RG研究。该研究通过计算原始信度系数的简单算数平均数来获得平均效应值,然后通过最小平方方法进行回归分析探索影响信度系数变异的因素。这种方法虽然在刚开始被一些研究者所推荐(Henson et al.,2002),并成为当时RG研究中使用最为广泛的统计模型(e.g.,Bachner et al.,2007)。但是,后来由于没有考虑正态分布的问题而逐渐被研究者所放弃。因此,后来的研究更多采用的是转换之后标准化的结果(例如Fisher's Z分数等)来进行分析。

(2)固定效应模型(FE)

FE模型假设由一系列独立的α系数来估算得出具有共同特征的α系数,在这一模型中将未能解释的方差归结于样本误差,即将随机误差设置为零。该模型只是用于在特定研究样本内进行比较,而不能将其推广至其他未包含在内的样本特征内进行分析。因此,根据FE模型所得出的结果只适用于推广在RG分析中所包含的样本特征的情况,而不适用于推广至其他未包含在内的情况。

(3)变异系数模型(VC)

变异系数模型(VC)实际上是一种FE模型,在FE模型基础上优化后的模型。有一些RG使用基于FE模型进行统计分析,假设所有的研究是基于相同样本的α系数进行估计。然而,这一假设是不太现实的。于是提出了VC模型假设每一研究所获得的系数用于估计当前样本的信度系数。这个模型由Laird和Mosteller(1990)首次提出,后来Bonett(2010)推荐在RG研究中使用。虽然该模型在FE模型基础上得到优化,但是仍然是一种FE模型,因此结果只能推广到纳入元分析的研究中。

(4)随机效应模型(RE)

与FE模型不同,RE模型认为效应值的变异包括两部分:第一,来自样本的变异,与固定效应模型所假设的一样。第二,由于随机抽样所引起的随机误差。相比FE模型,RE模型更多地考虑效应值所在样本分布的均值和方差。因此,RE模型的应用更适用于实际情况,考虑效应值的变异不仅来自不同的样本,而且来自不同研究或者测量方式。另外,有研究者提出使用传统的RE模型方法进行估计实际上并不准确,因为该方法假设样本方差是已知的,当这种包含在权重内的估计会造成不准确的结果,从而使得结论出现偏差。于是,Hartung(1999)提出了用t分布来替代之前的标准正态分布,并使用另外一个公式来计算整体信度估计的样本方差。类似地,Knapp和

Hartung（2003）提出用 t 检验来进行调节分析,还在回归系数的方差-协方差矩阵中提出了校正因子,并且在后来模拟研究中发现这种方法比传统方法表现更好(Sidik et al.,2005)。除此之外,还有一种基于样本量加权的 RE 模型。与其他 RE 模型不同,该模型是以样本量大小作为权重计算信度系数均值以及方差的估计,对于样本量较大的研究分配更多的权重。这种方法在 2000 年被 Yin 和 Fan 明确地推荐在 RG 研究中使用。

除了选取模型以外,还可以使用森林图(Forest plot)显示单个研究和汇总分析的结果。森林图是元分析中常见的图表之一,直观地描述了元分析的统计结果。如图 6.3 所示,这是一项关于青少年精神病态特质与欺凌之间关系的元分析研究的森林图。图中的左侧为纳入研究的名称,右侧为每项纳入研究的效应量和置信区间,图中的菱形代表多项研究合并后的效应值和置信区间。

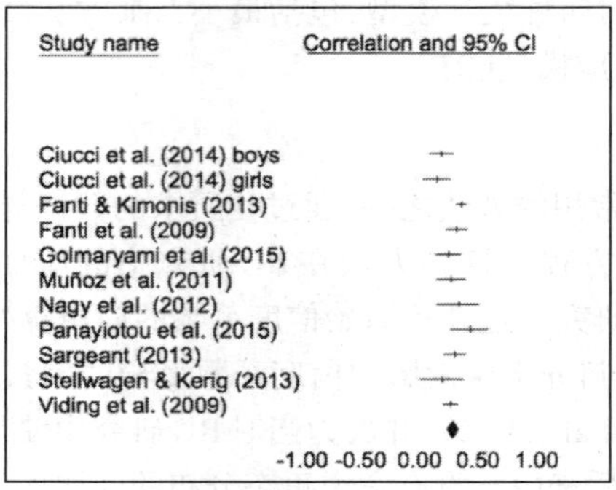

图 6.3　森林图示例

注:来源于 van Geel 等人(2017)。图中为青少年精神病态特质中冷酷无情特质与欺凌之间关系效应值的森林图。

3）异质性检验

在估计平均效应值后,通常会进行效应值的异质性检验。异质性检验是指分析效应值之间是否存在显著性的差异。如果显著,那么这些效应值是异质的;反之,则为同质。也就是说这些差异只是来源于随机误差。通常会使用 Q 检验进行效应值的异质性检验。一般来说,Q 值越大,效应值的异质性越大。另外,I^2 系数也是判断异质性的重要指标,I^2 值越高,异质性越大。具体来说,I^2 值为 25%、50% 和 75%,分别反映异质性低、中和高三个水平(Higgins & Thompson,2002)。Q 检验遵从卡方分布,这一过程与方差分析类似,可以分为组间差异检验(Q-between,Q_B)和组内差异检验(Q-within,Q_W),每部分的显著性检验都是单独进行的。若 Q 检验显著的话,则进行调节变量分析。

4）调节效应分析

在确定效应值具有异质性的情况下,将潜在的调节变量纳入进行调节效应分析。具体来说,使用连续变量作为调节变量纳入分析时需要建立元回归方程,而使用类别变量纳入分析时则进行类方差分析。最后选取对效应值具有显著调节作用的变量建立预测模型,探索具有影响力的调节变量对效应值的调节关系。在进行调节分析时,与计算效应值的均值类似,需要根据不同实际情况选择相应的模型。除了上文提及的 FE 模型和 RE 模型以外,还包括混合效应模型(Mixed-Effects model)。混合效应模型实际上是由固定效应和随机效应两部分组成的统计分析模型。该模型把研究特征看作固定效应的变量,虽然统计分析适用于类别变量,但是也可以应用线性混合回归模型来对类别和连续的调节变量进行分析。与计算效应值均值类似,在选择统计方法时主要考虑研究的推广性问题。具体来说,固定效应模型和变异系数模型只适合推广在与纳入元分析的研究特征类似的结果上,而随机效应模型则可以更广泛地应用结论,并不局限于某些研究特征类似的研究上。根据调节分析在统计学的显著性结果建立预测性模型,确定影响信度变化的因素。

在进行调节分析时,计算统计效力是相当重要的,主要是基于以下三个方面的考虑:第一,调节分析本身也是统计分析。调节分析是对交互作用的分析(例如效应值和调节变量之间的交互作用),但是在同一个研究设计里面,交互作用分析的统计效力一般低于主效应的统计效力(Cronbach et al.,1981)。所以,与效应值比较,调节分析的统计效力更低。进而,为保证涉及调节变量的统计分析,计算调节分析的统计效力极其重要。第二,统计效力在调节分析的实际应用中相当重要。调节分析通常被认为是敏感性分析,检验不同组别之间的差异。若不同组别间的差异统计量并不显著,就会做出不同组别间不存在差异的结论。然而,如果这个差异统计量存在统计上的问题,那么对应所做出的结论就会存在问题,例如准确的统计效力就是其中一个重要的影响因素。第三,在考虑与调节变量有关的模型拟合或者残差成分检验时需要进行统计效力检验。这些统计分析结果通常会作为元分析中建立预测性模型准确性和拟合程度的证据支持。一般而言,除非统计效力足够高去识别异质性水平或者模型误设,否则所建立的预测性模型结论与解释就会存在问题。

5) 发表偏倚分析

除了上文提及的统计分析以外,元分析研究还需要进行发表偏倚分析。考虑可能存在的发表偏倚对结果造成的偏差,还需要评估各种偏倚对研究结果的影响,例如文献发表偏倚。一般来说,能够发表在期刊上的研究结果和发现基本上都是显著的,这一倾向从根本上说忽视了结果并不显著的那部分文章,所以在一开始进行文献检索时就理应尽量检索那部分没有被公开发表的文章,使检索结果更具完整性。

发表偏倚分析是指由于研究者无法完全获得某一主题或领域的研究发现和结果而造成元分析结果存在偏倚的情况。研究者没有将结果不显著的文章纳入分析,类似于把这些文章放在文件柜里,因此这种现象也被称为文件柜问题(File-drawer problem)。

一般来说,评定某项元分析研究是否存在发表偏倚的方法有两种:第一,绘制漏斗图(Funnel plot)。这是一种较为直观的判定方法,由 Light 和 Pillemer 于 1984 年提出,用漏斗图将元分析中各项研究表示为直角坐标系里面的散点图。如图 6.4 和图 6.5 所示的漏斗图,图中 X 轴为效应值,Y 轴为标准误,竖线为合并效应值,两条斜线代表的是 95% 的置信区间。从分布情况来看,由于研究结果准确性随着样本量增大而增大,因此大样本研究集中分布于图形中部或者顶部,而小样本则分布在下方且更为分散。在理想情况下,漏斗图中每个散点应该是成堆且对称的,集中分布在平均效应量附近。然而,若存在发表偏倚,在漏斗图中则体现在出现缺角的情况。图 6.4 和图 6.5 分别列举了不同情况下的漏斗图。

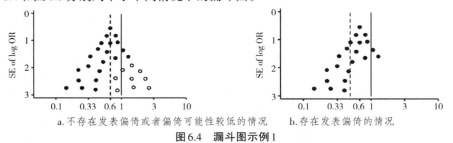

a.不存在发表偏倚或者偏倚可能性较低的情况　　b.存在发表偏倚的情况

图 6.4　漏斗图示例 1

注:来源于 Sterne 和 Harbord (2004)。图 6.4a 中散点集中在漏斗图上方,而且两边比较对称;图 6.4b 中出现一边缺角的情况。

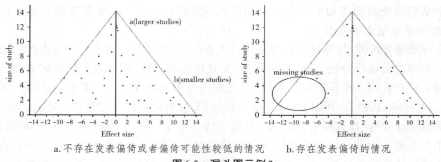

a.不存在发表偏倚或者偏倚可能性较低的情况　　b.存在发表偏倚的情况

图6.5　漏斗图示例2

注：来源于Choi和Lam（2016）。图6.5a中散点两边比较对称；图6.5b中出现一边明显的缺角。

第二，还可以使用剪补法（Trim and fill method）识别和校正由发表偏倚引起的漏斗图不对称问题（Duval et al.，2000）。这一方法的基本思想是剪掉漏斗图中不对称部分，用剩余的对称部分估计漏斗图的中心值，然后沿着中心两侧补上被剪部分和相应的缺失部分，最后基于剪补后的漏斗图估计合并效应值的真实值。总体来说，漏斗图适用于样本量比较多的情况，这样的研究精度比较高。这一方法能够直观地判断是否存在发表偏倚，方便且容易操作解读。然而，也存在一些局限性，例如主观性较强，难以提供定量的结论，无法说明偏倚的程度。

解决这一局限性，可以使用定量分析的统计方法判断是否出现发表偏倚。其中，常见的方法有计算失效安全系数（Fail-safe N）和计算Egger回归系数。计算失效安全系数这一方法由Rosenthal（1995）提出，将失效安全系数与 $5 * k + 10$（k为纳入分析数量）所计算得出的结果进行比较，若失效安全系数小于所计算得出的值，那么就有可能存在发表偏倚。因此，失效安全系数越大，表明结果越稳定，结论被推翻的可能性就越低。另外一种是计算Egger回归系数。Egger等人（1997）提出可以利用回归方程中的截距是否为0来推测是否存在发表偏倚。实际上，这种方法是基于漏斗图发展出来的，将每个研究表示成效应值的 Z 分数为标准误倒数的回归形式。当线性回归得到的截距接近0且不显著，则表明发表偏倚风险较低。

6.4　实例分析与技术实现

目前，专门用于元分析的统计分析程序和软件越来越多，主要包括 Comprehensive Meta-Analysis software version 3（CMA；Borenstein et al.，2013）、SPSS、SAS和Stata宏命令（Lipsey et al.，2001）以及R语言中用于元分析的多个程序包，例如 metafor（Viechtbauer，2010）、metaSEM（Cheung，2015）程序包等（详情见Polanin et al.，2017）。（有关网址见"简明目录"页二维码中内容）

其中，metafor是目前应用最为广泛的程序包之一，与其他程序包相比，其基本涵盖了元分析统计分析过程，包括计算效应值、调节分析、发表偏倚分析以及用多水平模型处理嵌套的因变量效应值等。然而，像这类使用编程代码的方式进行分析的程序软件虽然功能比较全面且运行方便，但是从使用者角度来看，对于刚开始学习编程的研究者来说操作难度较大，因此这类操作比较适合具有编程语言基础的研究者使用。而编程学习的初学者可以考虑使用CMA，相对容易上手。当然，读者可以根据研究问题、统计模型的需求以及自身情况进行考虑，自行选择合适的程序软件进行分析。

接下来，将会以一项RG研究的实例具体介绍如何进行一项RG研究。这部分的内容与一般介绍软件操作书籍的思路稍有区别，除了介绍如何用软件程序进行数据分析等方法部分的内容以外，更多的是从打算进行一项RG研究的学习者角度出发，提供更为全面而完整的操作指导过程。具体内容将从研究背景开始，提出一系列的研究问题：打算对哪一个测量工具进行

RG研究？其依据和考虑是什么？该测验的信度系数表现如何？是否出现信度较低的情况？这些根据不同样本所估计的信度系数之间是否存在显著性的差异？如果是，那么造成这些差异的因素有哪些？这一测量工具是否存在信度引入的情况？研究者可以基于这样的研究背景，通过RG这一方法来探索和回答这些问题，进而提出进行一项RG研究的计划和主要目的，即通过RG方法探索某一测验工具的综合信度及其潜在影响因素。

那么具体如何开展RG研究呢？这一问题主要涉及研究方法部分，除了上文提及的研究过程与步骤以外，还包括具体数据分析过程(例如分析步骤及其对应的语句)。这部分则是更加具体地介绍每一个数据分析步骤及对应的程序语句，让读者能够了解到除了上文提及的RG研究所涉及的统计学方面知识以外，还了解到如何通过程序软件实现这些统计分析。当完成数据统计分析后，就可以对结果进行归纳与整理，然后对比结果与提出的研究假设是否一致，探讨出现这些结果的原因与解释，最终根据结果得出结论。简单来说，这部分内容覆盖了一项RG研究的过程与步骤，从提出研究问题到得出结论，让读者除了了解RG的实现技术以外，还可以了解到这一方法的研究思路与实现过程。

下文将以一项对冷酷无情特质问卷(the Inventory of Callous Unemotional Traits, ICU; Frick, 2003)进行RG分析的研究作为例子(Deng et al., 2019)具体介绍如何进行一项RG研究。ICU是目前用于评估冷酷无情特质(Callous Unemotional traits, 简称CU特质)的测量工具之一，从无情(Unemotional)、冷酷(Uncaring)以及淡漠(Callousness)三个维度来测量CU特质。即使现在ICU较为广泛地用于评估CU特质，但是有不少研究发现其中无情因子的信度存在问题，例如内部一致性系数较低以及在不同应用情境下的不稳定性。信度是问卷编制与修订中常用于判断心理测量学特性的关键指标。使用某一测量工具对具有不同样本特征的被试进行测量，或者使用同一测量工具在不同情景下进行测量，问卷工具的信度系数会随之而发生变化，但是当这种变化过大时，则需要通过一些方法来探索引起这种不稳定性的因素。基于存在这样的异质性问题，本研究拟对ICU的内部一致性系数(Cronbach's α)进行一项RG研究，以便全面了解ICU的内部一致性系数的综合情况以及探索影响ICU及其分量表内部一致性系数变化的因素。接下来介绍本研究的研究过程，可分为两个阶段：前期准备阶段和数据分析阶段。在前期准备阶段主要是围绕ICU这一量表进行文献检索和文献筛选，然后对其Cronbach's α系数进行信息提取和信息编码。

6.4.1 前期准备阶段

1）文献检索

首先，本研究选取了国内外共7个数据库进行文献检索，具体包括：PsyINFO, PsyARTICLE, Psychology and Behavioral Sciences Collection, PubMed, Medline, CNKI, WANFANG DATA。在关键词方面，使用了"ICU""the Inventory of Callous Unemotional Traits"以及"Callous Unemotional Traits"作为核心关键词进行检索，同时使用"factor analysis" and "ICU"、"ICU" and "Reliability" "Validity"、"ICU" and "the validity of the Inventory of Callous Unemotional Traits"作为辅助关键词进行补充。另外，还通过检查是否有该研究领域内具有较高影响力的综述文章以及实证文章中所引用到文章作为补充检索以便避免遗漏。

2）文献筛选

在文献筛选时，纳入了两条筛选标准对所检索的文献进行保留与排除。本研究的文献筛选标准如下：第一，仅保留报告准确数值的Cronbach's α系数的文章。若文章仅报告了系数范围则排除,不会纳入后续分析。第二,仅保留报告原始数据的实证文章,因此非实证文章(例如综述类文章)将不会纳入。这一筛选标准主要是与研究主题有关,可根据研究问题进行调整。

除了筛选标准以外,还需要考虑重复文献和不同文献中所使用样本的重叠问题。重复文献是指在不同数据库中检索到的相同文献。对于这一问题,仅需要保留其中一篇文献即可以避免重复。而样本重叠问题是指不同研究报告的结果是基于同一批或者同一批中的部分样本,难以保证样本的独立性。为了解决这一问题,本研究通过比较不同研究之间的样本特征,例如年龄、所在区域以及样本性质等,检查是否存在样本重叠问题。另外,还通过联系原作者进行咨询确定是否存在使用同一样本以保证后续所分析样本的独立性。具体文献筛选过程请看图6.6。

如图6.6所示,本研究通过多个关键词从国内外多个数据库进行检索共下载了1125篇文献,然后通过筛选条件进行排除,最终共保留146篇文献。

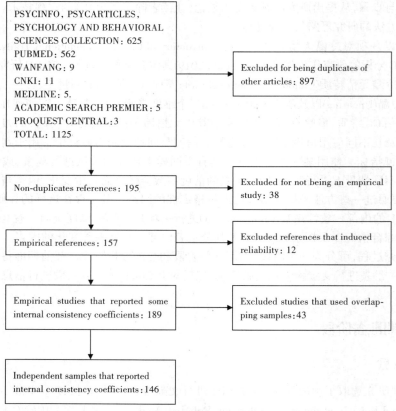

图6.6 文献筛选流程图

注:使用的关键词包括"ICU","the Inventory of Callous Unemotional Traits","Callous Unemotional Traits","factor analysis" and "ICU","ICU" and "Reliability" "Validity","ICU" and "the validity of the Inventory of Callous Unemotional Traits"。文献检索所使用的数据库包括PsyINFO,PsyARTICLE,Psychology and Behavioral Sciences Collection,Pubmed,Medline,CNKI,WANFANG DATA。

3) 信息提取与编码

在完成文献筛选后,对文献信息进行提取与编码。两名编码者对146篇文献进行信息的提取与编码,包括内部一致性系数(Cronbach's α 系数)、人口学变量(如样本年龄均值)以及研究特征(如评定者方式)等,所使用的编码原则如表6.3所示,具体信息提取与编码的数据列表如图6.7所示当全部信息都提取并编码且核对编码者一致性符合标准后,即完成了前期准备阶段。

表6.3 编码原则与过程样例

编码变量	编码原则
年龄类型	1=婴幼儿;2=儿童;3=青少年;4=成人
样本类型	1=犯人;2=非犯人;3=混合
语言类型	1=英语;2=非英语
评定者方式	1=自评;2=父母评;3=教师评;4=自评和父母评;5=自评和教师评;6=自评、父母评和教师评;7=母亲评;8=父亲评
题目版本	1=ICU-24;2=ICU-22;3=ICU-12;4=其他

NO	Title	Publication years	Author	ageM	ageSD	agetpyes	gendermale	size	offenders	totalSD	totalM	adformat	version	total	nitotal	ue	niue	uc	niuc	ca	nica
1	Callous-Unemotional Traits are related to combined deficits in recognizing afraid faces and body poses. Journal of American Academy of Child & Adolescent Psychiatry, 48, 554-562	(2009).	Muñoz, L. C.	11.8	1.9	2	100	55	2	11.24	34.16	1		1	24	0.48					
2	Linking callousunemotional traits to instrumental and non-instrumental forms of aggression. Journal of Psychopathology and Behavioral Assessment, 31, 285-298.	(2009).	Fanti, K. A., Frick, P. J., & Georgiou, S.	14.63		3	50.72	347				1	1	0.81	24	0.68	5	0.78	8	0.79	11
3	Validation of FFM PD counts for screening personality pathology and psychopathy in adolescence. Journal of Personality Disorders, 23, 587-605	(2009).	Decuyper, M., De Clercq, B., De Bolle, M., & De Fruyt, F.	16.46	0.88	3	59.6	188				1	1		24	0.77	5	0.69	8	0.76	11
4	Fledgling psychopathy in the classroom: ADHD subtypes psychopathy, and reading comprehension in a community sample of adolescents. Youth Violence and Juvenile Justice, 9, 43-58	(2011).	Delisi, M., Vaughn, M., Beaver, K. M., Wexler, J., Barth, A. E., & Fletcher, J. M.			3	67	432				3		0.92	22	0.89	5	0.93	8	0.94	9
5	General and maladaptive personality dimensions and the assessment of callous-unemotional traits in adolescence. Journal of Personality Disorders, 25, 681-701	(2011).	Decuyper, M., De Bolle, M., De Fruyt, F., & De Clercq, B.	15.21	15.68	3	30.3	509				1	1	0.77	24	0.74	5	0.71	8	0.69	11
6	General and maladaptive personality dimensions and the assessment of callous-unemotional traits in adolescence. Journal of Personality Disorders, 25, 681-701	(2011).	Decuyper, M., De Bolle, M., De Fruyt, F., & De Clercq, B.	15.21	15.68	3	30.3	480				1	2	0.84	24	0.75	5	0.82	8	0.7	11
7	Callous-unemotional traits and happy victimization:Relationships with delinquency in a sample of detained girls.International Journal of Forensic Mental Health, 11(1), 1-8.	(2012).	Kunimatsu, M., Marsee, M., Lau, K., & Fassnacht, G.	14.98	1.3	3	100	59	1	9.3	23.8	1	1	0.79	24	0.6	5	0.79	8	0.65	11
8	Vicious dogs part 2: Criminal thinking, callousness, and personality styles of their owners. Journal of Forensic Sciences, 57, 152-159.	(2012).	Schenk, A. M., Ragatz, L. L., & Fremouw, W. J.	20.17	2.91	4	26.8	754				1	1	0.81	24	0.72	5	0.72	8	0.71	11
9	A validation of the Inventory of Callous-Unemotional Traits in a community sample of young adult males. Journal of Psychopathology and Behavioral Assessment, 35. Advance online publication. doi:10.1007/s10862-012-9315-4	(2013).	Byrd, A. L., Kahn, R. E., & Pardini, D. A.	25.78	0.96	4	100	420	2	7.88	22.12	1	1	0.8	24	0.55	5	0.84	8	0.7	11
10	Callousunemotional traits robustly predict future criminal offending in young men. Law and Human Behavior, 37, 87-97.	(2013).	Kahn, R. E., Byrd, A. L., & Pardini, D. A.	25.76	0.95	4	100	417	1	7.9	22.1	1	1	0.8	24	0.55	5	0.84	8	0.7	11

图6.7 信息提取与编码的数据列表示例

6.4.2 数据分析阶段

接下来,进入数据分析阶段,即对提取的信息进行数据分析。数据分析过程主要包括三个部分:计算平均效应值、异质性检验(即 α 系数是否存在异质性呢?)以及调节分析(什么变量会影响 α 系数的变化?)。那么,接下来将介绍如何使用 metafor 程序包(Viechtbauer,2010)进行统计分析。

1)程序包的安装与运行

(1)程序包的安装

一般来说,安装的方式有两种:

第一,通过R studio工作空间界面右下角packages→install packages安装。如图6.8所示。

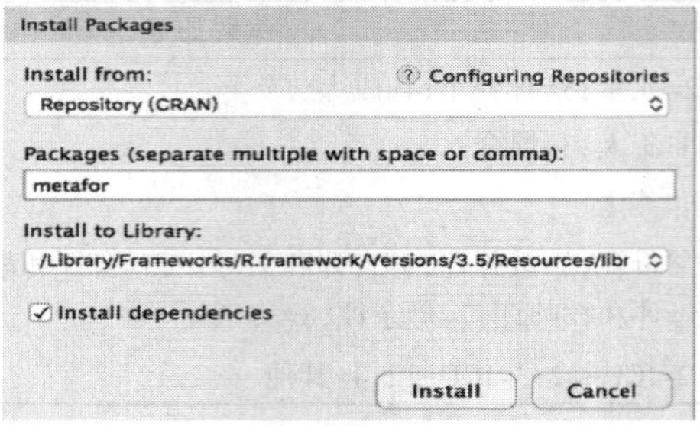

图6.8　程序包安装

第二,通过在console输入命令安装。具体命令如下:

```
> install.packages("metafor")#安装metafor程序包
```

（2）程序包的运行

>library(metafor)#使用library()函数用于启动程序包。

2）数据读取与导入

完成以上两个步骤,基本上就可以正式进行数据分析。不过由于接下来所演示的例子所使用的数据并非来自程序包自带的数据集,因此需要先导入数据。由于数据文件为Excel格式,因此使用readxl程序包用于数据读取与导入。具体命令如下:

```
> install.packages("readxl ")#安装readxl程序包,该程序包用于读取Excel格式数据
>library(readxl)#启动程序包
#使用read_excel()函数读取数据
#col_types用于定义变量类型
data<-read_excel("Documents/R/data.xlsx", col_types=c("numeric", "numeric", "numeric", "text", "nu-
meric", "numeric", "numeric", "text", "text", "text", "text", "text", "text", "numeric", "numeric", "text",
"text", "numeric", "numeric"))
>View(data)#查看数据
```

需要注意的是:在导入数据的时候需要先定义变量的类型。一般来说,R语言可以识别六种基本的数据类型:双整型（double）或者数值型（numeric）、整型（integer）、字符型（character）、逻辑型（logical）、复数类型（complex）以及原始类型（raw）。这里导入的数据包含ICU量表总分的α系数及预测变量。在这一数据集内,将连续变量和效应值定义为数值型,把类别变量定义为字符型。一般在正式分析之前,需要先按照实际情况定义数据内的每一变量的类型,否则可能会影响后续分析。

3）异质性检验

主要是使用rma.uni()函数对α系数的变异性进行检验,以检验纳入分析的效应值是否存在显著的异质性。具体命令如下:

```
>res_tot<-rma.uni(measure="ABT", ai=total_1_total, ni=size_1_total, mi=nitotal_1_total, dat=data)
```

其中,在命令中使用measure="ABT"为使用Bonett（2002）公式对Cronbach's α系数进行转换,而ai为Cronbach's α系数观测值,ni为样本量,mi为题目数量。

运行结果如下：

```
Random-Effects Model（k=154；tau^2 estimator: REML）
tau^2（estimated amount of total heterogeneity）: 0.0874（SE=0.0113）
tau（square root of estimated tau^2 value）:      0.2957
I^2（total heterogeneity/total variability）:     94.75%
H^2（total variability/sampling variability）:    19.06


Test for Heterogeneity:
Q（df=153）=2723.3931，p-val<.0001
Model Results:
    estimate      se      zval     pval    ci.lb    ci.ub
    1.6588    0.0254   65.2211   <.0001   1.6090   1.7087   ***

———
Signif. codes:  0 '***' 0.001 '**' 0.01 '*' 0.05 '.' 0.1 ' ' 1
```

异质性检验结果示例

上框使用随机效应模型估计的结果，读取的效应值数量为$k=154$，估计方法为限制最大似然估计方法（Restricted Maximum Likelihood Method；REML）。一般默认使用这种方法进行估计，若使用其他估计方法可以通过"method=" "设定。例如method="EB"使用贝叶斯估计。

上述结果还报告了四个用于判断异质性的指标，分别是τ、τ^2、H^2和I^2，结果对应为0.29、0.08、19.06、94.75%。其中，I^2为94.75%，根据判断标准属于高异质性水平。除此以外，最主要的是异质性的检验结果，结果显示Q为2723.39，$p<0.0001$，表明异质性检验显著，也就是这些效应值之间存在异质性。根据这一结果，发现ICU量表总分α系数是存在异质性的，因此有必要进一步探索造成这些α系数异质性的因素。

4）建立森林图

使用forest.rma()函数建立森林图，从而直观看到效应值分布情况。

```
>forest.rma（res_tot，annotate=TRUE，showweights=TRUE，transf=transf.iabt）
>addpoly（res_tot）
```

其中，在命令中使用annotate=TRUE用于设置图中的标注，一般默认TRUE，而transf用于把效应值转换，addpoly()用于增加森林图中的多边形。

运行结果如图6.10所示。

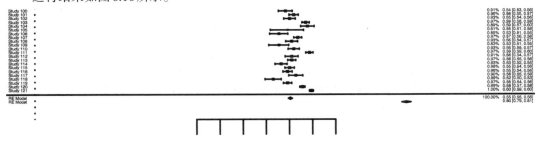

图6.9　森林图结果示例

如图6.9所示,第一列为研究名称,中间为效应值的分布情况,最右边为各项研究对应的信度估计结果,还报告了基于随机效应模型所估计的平均效应值结果0.80 [0.79, 0.81]。这里分析得出α系数均值结果为0.80,表明内部一致性良好。由于实例里纳入分析的研究较多而显得比较密集,所以这里选取了部分结果来演示。

通过对量表总分及其分量表α系数进行异质性分析,可归纳整理出以下结果(图6.10):

Table 1
Mean Reliability and Heterogeneity

Scale/Subscale	k	Mean	95% CI [Lb, Ub]	Tau^2	Q	I^2	H^2	Rosenthal's fail-safe N
Total	154	.81	[.80, .82]	.086	2723.39***	94.66	18.73	3,816,915
Unemotional	77	.70	[.67, .73]	.184	1852.13***	96.44	28.10	409,196
Uncaring	97	.78	[.77, .80]	.122	2397.13***	95.79	23.77	1,270,293
Callous	99	.75	[.73, .77]	.124	2596.14***	95.93	24.54	1,173,858

Note. k = number of Cronbach's alpha coefficients; I^2 = total heterogeneity index; H^2 = sampling variability index; Tau^2 = estimated total heterogeneity; Q = heterogeneity statistics in the distribution of the Cronbach's alpha.
*** $p < .001$.

图6.10　效应值均值和异质性检验结果示例

5) 调节效应分析

以量表总分均值作为例子呈现其纳入调节分析的命令,具体命令如下:

```
>res_tot_totalM<-rma (measure= "ABT", ai=total_1_total, ni=size_1_total, mi=nitotal_1_total, mod= ~to-
talM_1_total, method="EB", test="knha", dat=data)#加入 mod 用于调节分析
```

运行结果如下:

```
Mixed-Effects Model (k=121; tau^2 estimator: EB)

tau^2 (estimated amount of residual heterogeneity): 0.0739 (SE=0.0113)
tau (square root of estimated tau^2 value):         0.2718
I^2 (residual heterogeneity/unaccounted variability): 92.52%
H^2 (unaccounted variability/sampling variability):   13.37
R^2 (amount of heterogeneity accounted for):          4.37%


Test for Residual Heterogeneity:
QE(df=119)=1881.8533, p-val<.0001


Test of Moderators (coefficient 2):
F(df1=1, df2=119)=5.7302, p-val=0.0182


Model Results:

                  estimate      se     tval     pval    ci.lb    ci.ub
intrcpt            1.5083   0.0619  24.3796  <.0001   1.3858   1.6308
totalM_1_total     0.0057   0.0024   2.3938  0.0182   0.0010   0.0104

intrcpt            ***
totalM_1_total      *


---
Signif. codes:  0 '***' 0.001 '**' 0.01 '*' 0.05 '.' 0.1 ' ' 1
```

调节效应分析结果示例

从上框第一行可见,该调节分析结果是基于混合效应模型来进行估计的,使用贝叶斯进行估计的结果。另外,还报告了调节变量的调节效应结果,结果显示$p<0.05$表明量表总分均值对效应值是具有调节作用的。

通过分析每一变量对效应值的调节效应,可归纳整理出如下结果(图6.11和图6.12):

Table 3

Meta-ANOVA by Categorical Moderators

Moderator	Total			Unemotional			Uncaring			Callous		
	R^2	Q_B	p	R^2	Q_B	p	R^2	Q_B	p	R^2	Q_B	p
Administration format	.189	4.876	**<.0001**	.185	4.979	**.001**	.156	3.719	**.002**	.098	2.630	**.021**
Age group	.053	3.504	**.017**	.122	4.261	**.008**	.116	4.907	**.003**	.022	1.672	.178
Sample type	.000	.510	.602	.000	.138	.872	.010	1.451	.240	.024	2.115	.126
Item version	.000	.969	.409	.014	1.337	.269	.000	.995	.399	.000	.412	.745
Language version	.000	.041	.841	.033	3.413	.069	.019	2.761	.100	.000	.450	.504

Note. R^2 = total amount proportion of variance accounted for; Q_B = between-subgroup differences test; p = p value for the statistical tests of Q_B. Bold in the table indicates the significant result.

图6.11　类别变量对效应值调节分析结果截图

Table 5

Results of the Simple Meta-Regression Analysis by the Continuous Moderator Variables

Moderator variable	k	b	t	p	R^2	Q_E
Total scores						
Mean age (in years)	153	−.009	2.403	.123	.010	2703.94***
SD of age (in years)	153	−.008	.599	.440	.000	2708.65***
% of males in sample	152	.000	.068	.794	.000	2696.26***
Sample size	154	.000	.232	.631	.000	2513.27***
Mean of total scores	121	.006	5.730	.018	.044	1881.85***
SD of total scores	121	.024	8.637	.004	.069	1765.86***
Unemotional						
Mean age (in years)	77	−.010	.798	.374	.000	1681.53***
SD of age (in years)	77	.007	.200	.656	.000	1764.99***
% of males in sample	77	−.002	.857	.358	.000	1750.18***
Sample size	77	.000	.356	.552	.000	1771.76***
Uncaring						
Mean age (in years)	96	−.016	4.022	.048	.033	2072.18***
SD of age (in years)	96	.004	.081	.776	.000	2392.96***
% of males in sample	96	.002	2.256	.137	.014	2343.54***
Sample size	97	.000	.532	.468	.000	2290.01***
Callous						
Mean age (in years)	98	−.016	4.282	.041	.035	2523.77***
SD of age (in years)	98	−.023	3.395	.069	.026	2437.71***
% of males in sample	98	.001	.268	.606	.000	2543.52***
Sample size	99	.000	3.420	.068	.026	2083.67***

Note. k = number of the Cronbach's alpha coefficient for each subgroup of moderator variable; b = unstandardized regression coefficient; t = significance test of moderator regression coefficient; p = p value of significance test; R^2 = total amount proportion of variance accounted for; Q_E = statistic for test of residual heterogeneity.
*** $p < .001$.

图6.12　连续变量对效应值调节分析结果截图

注:图6.11和图6.12均来源于Deng等人(2019)。

6)发表偏倚分析

（1）漏斗图

漏斗图是敏感性分析最常用的分析技术,能够比较直观地目测当前研究是否存在偏倚情况。

具体命令如下：

```
>funnel(res_tot,atransf=transf.iabt)#建立漏斗图
>trimfill(res_tot)#使用剪补法应用于rma.uni()
```

运行结果如图6.13所示。

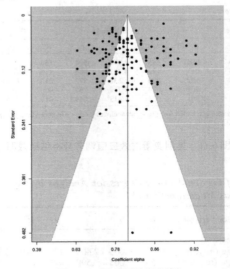

图6.13　漏斗图结果示例

从图6.13中可见，散点主要分布在漏斗图的顶部，向中间集中，表明不存在发表偏倚。

（2）计算失效安全系数

使用fsn()函数计算失效安全系数，具体命令如下：

> fsn(yi,vi,data=yidat_tot,type="Rosenthal")

运行结果如下：

```
Fail-safe N Calculation Using the Rosenthal Approach
Observed Significance Level: <.0001
Target Significance Level: 0.05
Fail-safe N: 1928115
```

失效安全系数结构示例

上框中第一行提示失效安全系数是通过"Rosenthal"方法计算所得。第二行为观测的显著水平。第三行为目标显著水平。第四行为失效安全系数，也是主要的报告结果。失效安全系数用于与 $5*k+10$（k 为纳入分析数量）所计算得出的结果进行比较，若失效安全系数小于所计算得出的值，那么就有可能存在发表偏倚。而上框中的结果显示失效安全系数为1928115，远远高于纳入分析的数量，因此表明不存在发表偏倚。

7）实例分析及其结果解读

通过数据分析得到以下发现：第一，ICU量表总分的内部一致性信度较好（$\alpha=0.81$）。第二，ICU量表总分的 α 系数具有异质性（$I^2>90\%$）。第三，量表总分的均值和标准差、年龄类型以及评定者方式对ICU的 α 系数具有调节作用（$p<0.05$）。第四，自我报告的ICU内部一致性系数（$\alpha=0.79$）比父母报告（$\alpha=0.83$）、教师报告（$\alpha=0.88$）的内部一致性系数更低。

8）小结

本部分通过一个实际的例子演示了RG分析的全过程。尽管我们尽可能详细地描述整个分析过程，但在实际分析过程中还需要大家注意以下几个方面的问题：

第一，在文献检索时，尽量大范围把所有涉及所研究的问卷测验工具的论文都收集，以避免出现发表偏倚的现象。发表偏倚现象会影响元分析结果，为了避免出现这种情况，在前期文献检索时需要尽量把潜在合适的文章纳入考虑范围，或者通过不同的检索方式扩大检索范围。

第二，在对文献进行筛选时，留意是否出现样本交叉的情况①。通过比较研究的样本特征（例如年龄、性别、所在地区和样本量等）初步确定是否出现样本交叉的情况，再联系原作者进一步确定。

第三，在对文献信息进行提取时，注意进行反复的检查与核对。文献信息提取是一个不断完善的过程，在初步提取的时候可能会遗漏掉某些信息，而这些信息会在后期完善时得到补充。另外，针对那些编码者之间出现分歧的编码信息，需要多次讨论分析直至达成一致。若在前期信息提取与编码出现失误，那么就会影响后续的数据分析过程与结果。

第四，在进行编码之前，先按照实际情况制定编码原则。根据从文献提取的信息制定编码原则。编码过程时需要注意每个信息都有其对应的代码，避免重复。

6.5 信度概化论文的报告

6.5.1 结果报告规范及其必要性

美国心理学会出版手册（第六版）（APA，2010）新增了对报告效应值、置信区间以及元分析报告的指引。具体来说，第六版的附录新增了一个专门针对元分析研究报告标准的内容：元分析报告标准（the Meta-Analysis Reporting Standards；MARS）。MARS提供了全面而具体的报告内容清单，让读者能够清晰了解如何规范地报告一项元分析研究。另外，还提供了三页的元分析手稿样本以及两页的元分析指南供参考。由此可见，元分析研究的规范化报告越来越受到重视与关注。然而，目前元分析报告的质量并非十分理想。一项有关工业与组织心理学的元分析报告质量的元分析（Naomi et al.，2017）发现2009年1月至2016年4月发表于工业与组织心理学前10名杂志的120篇文章在方法部分的报告与MARS的报告标准并不相符，尤其是在报告内容指标上存在较大差异。另外一项有关国内护理学的元分析质量评估研究（Jin et al.，2014）也指出该领域元分析研究数量越来越多，但是其质量不那么让人满意。该项研究发现63篇元分析研究在报告质量上的不足主要表现在文献综述、结果以及发表偏倚风险的报告，并提出该领域提高元分析报告规范性以及方法学质量的急迫性。因此，了解如何规范地报告一项元分析研究是具有必要性的。那么，应该如何规范地报告元分析研究呢？接下来，将会具体介绍元分析研究需要报告的内容以及一些辅助使用的方法工具。

6.5.2 如何进行规范性报告

一项元分析的规范报告应该严格遵循普遍所推荐的报告标准。目前，已有不少关于如何报告元分析的操作指导，主要包括以上提及的MARS、PRISMA（Preferred Reporting Items for Systematic Reviews and Meta-Analyses；Moher et al.，2009）以及MOOSE（Meta-analysis of Observa-

---

① 样本交叉是指两篇或者两篇以上文献使用同一批被试，因此出现报告了两次或两次以上α系数。

tional Studies in Epidemiology；Stroup et al.，2000）。其中，MARS 是 APA 出版与交流委员会针对期刊论文报告标准的工作小组所制定的，比较具有权威性。而且该报告标准涵盖了一篇论文的每一部分内容，具体包括题目、摘要、前言、方法、结果以及讨论六大部分。在方法部分的内容更为细致，可分为文献筛选标准、检索方法、编码过程以及统计分析方法。而 PRISMA 所制定的清单是目前使用最为广泛的工具，该清单所覆盖的内容与 MARS 类似，与其不同的是，把每一项内容都编号，并制订填写的清单列表让使用者可以写上该内容所在论文中的页码，更加方便研究者在撰写论文时检查报告的内容是否全面。

另外，目前已有一些研究者总结了针对 RG 研究论文报告的建议（Sánchez-Meca et al.，2013），这些建议是基于研究者对多项 RG 研究的元分析（即元分析的元分析，meta-meta-analysis）结果归纳总结得出，围绕统计模型的选取、确定调节变量、编码过程等不同方面给出建议。这些建议可分别从前言、方法、结果和讨论共 4 部分进行考虑，具体内容如表 6.4 所示。

表 6.4　RG 研究论文报告建议

论文部分	报告内容
前言	1. 在文章标题或摘要说明所研究的问卷测验名称和使用 RG 方法，或表示研究涉及信度系数的元分析
	2. 准确地说明研究结果，包括对信度系数均值的估计，对信度系数变异性的估计，确定影响信度系数变异性的调节变量，以及建立用于预测信度系数的统计模型
	3. 注意 RG 研究在本质上所体现的探索性，或者为元分析结果提供特定支持假设
	4. 说明问卷测验的历史发展背景，例如理论、政策以及涉及信度的实际应用
	5. 说明所研究的信度系数类型和潜在调节变量，并说明选择其的原理与考虑
方法	1. 描述研究检索过程，包括检索日期、数据库、文章类型、关键字和检索方式等
	2. 确定文献检索中文章类型并提供有关选取依据
	3. 说明研究的纳入和筛选标准、具体过程及其理由
	4. 描述研究筛选过程。通过仔细阅读文章内容，根据文章筛选标准对每篇文章逐一分类与筛选，并对该过程筛选与保留的文章数量进行统计，具体参考 PRISMA 流程图
	5. 描述信息编码过程，包括报告编码者的人数、编码者专业培训过程、编码者提取信息之间的一致性以及解决不一致信息内容的方法
	6. 报告编码信息的内容和类型，以及选择该信息的原理与依据
	7. 注意可能出现跨研究的数据重叠。当出现这种情况时，需要报告处理这种情况的方法
	8. 描述异质性分析过程，例如统计分析方法和判断是否存在异质性的指标
	9. 报告处理离散值和缺失值的方法
	10. 报告在分析中使用的相关统计公式，并在元分析中使用的分析软件及程序包
	11. 报告不同类型信度系数是否有合并或者转换处理及其依据
	12. 报告敏感性分析过程，例如分析方法及其判断依据
	13. 说明对信度系数和调节变量的合并处理，例如效应值的转换、准确性的校正、统计模型的选取以及是否使用加权处理等。除了报告这些信息以外，还需要说明这样处理的依据与理由
结果	1. 报告最终纳入分析的研究数量、效应值数量和元分析的总样本量等
	2. 报告信度系数均值和置信区间以及不同研究之间的效应值分布情况如森林图或箱形图等
	3. 报告信度系数之间是否存在异质性
	4. 报告调节分析的结果，包括连续变量和类型变量的调节作用
	5. 说明调节分析的统计效力
	6. 报告是否存在发表偏倚
讨论	1. 对元分析的主要发现进行了回顾，包括信度系数均值和异质性分析、具有调节作用的变量以及确定预测模型

续表

论文部分	报告内容
	2.讨论基于不同研究报告的信度系数的推广性问题
	3.说明并解释本研究的主要发现,包括综合多项研究基础上得出的信度系数所代表的内涵、具有调节作用的调节变量对效应值的调节过程等
	4.从理论与实践两方面讨论本研究主要发现的启发意义
	5.说明本研究的局限性以及未来的研究方向

6.6　本章小结

6.6.1　局限性与未来发展方向

RG作为元分析技术的一种在享有元分析技术的优点之外也包含了元分析技术自身的局限性。有研究者指出元分析的实施过程包括四个方面的不足(Glass,1976):第一,由于不同的研究采用的研究方法和研究材料可能存在差异,因此对其结果进行整合可能并不恰当。第二,元分析所纳入的研究有可能是低质量的,那么其结果的可靠性就难以保证。第三,元分析的结果可能存在发表偏倚问题,即研究结果显著的比不显著的论文更容易被接收。第四,在计算效应值的过程中,某些研究可能会存在多个效应值,如果这些效应值来自同一个样本,那么对这些效应值的整合就不合适。虽然这些局限性能够通过一定的方法得到有效的解决,但是在进行元分析研究时,需要充分考虑这些局限性,尽量减少这些局限性对结果的负面影响。

除此以外,RG这一方法也存在一些特定的局限性。例如,由于受到信度引入的影响,有些研究没有报告基于该研究样本测验分数的信度系数,因此可能会造成效应值在数量上受限以及难以确定其是否具有代表性,进而限制了RG的结果。另外,研究报告的信度系数类型单一限制了进行基于不同类型信度系数的RG研究的可能性。从报告信度系数的类型上看,Cronbach's alpha系数是研究者在文章中报告最多的信度系数(Hogan et al.,2000),而其他类型的信度系数却较少报告。由于研究数量较少使得统计功效较低,因此很多时候难以对其他类型的信度系数进行RG分析。

综上所述,元分析方法虽然存在一定的局限性,但是作为一种整合的研究方法,在目前的实际应用中还是具有相当的优势,有利于研究结论的推广。

6.6.2　小结

本章从元分析技术的内涵出发让读者理解什么是RG,然后以历史发展背景、必要性及整个分析流程与步骤等方面来进行阐述。最后,以实例详细介绍进行一项RG研究的操作过程,并提供和介绍使用metafor程序包进行数据分析的代码供读者作为参考。

本章内容主要归纳为以下三点:

①RG是一种以信度系数作为效应值的元分析技术。

②RG不仅能够全面了解某一测量工具的可靠性程度及其影响因素,还可以了解该工具是否存在信度引入的现象。

③RG的实施流程与步骤包括文献检索与筛选、信息提取与编码、效应值计算、异质性检验、调节分析以及发表偏倚分析。

本章参考文献

American Educational Research Association, American Psychological Association, & National Council on Measurement in Education(Eds.).(2014). *Standards for Educational and Psychological Testing*. American Educational Research Association.

American Psychological Association.(2010). *Publication Manual of the American Psychological Association (6th ed.)*. Washington, D.C.: Author.

Bachner, Y. G., & O'Rourke, N.(2007). Reliability generalization of responses by care providers to the Zarit Burden Interview. *Aging and Mental Health, 11*, 678–685. doi:10.1080/ 13607860701529965

Barnes, L. L. B., Harp, D., & Jung, W. S.(2002). Reliability Generalization of Scores on the Spielberger State-Trait Anxiety Inventory. *Educational and Psychological Measurement, 62*, 603–618.

Bonett, D. G.(2002). Sample size requirements for testing and estimating coefficient alpha. *Journal of Educational and Behavioral Statistics, 27*, 335–340.

Borenstein, M., Hedges, L., Higgins, J., & Rothstein, H.(2013). *Comprehensive Meta-Analysis Version 3*. Biostat, Englewood, NJ

Botella, J., Suero, M., & Gambara, H.(2010). Psychometric inferences from a meta-analysis of reliability and internal consistency coefficients. *Psychological Methods, 15*, 386–397.

Breidbord, J., Croudace, T.J.(2013). Reliability Generalization for Childhood Autism Rating Scale. *J Autism Dev Disord, 43*, 2855–2865.

Caruso, J. C.(2000). Reliability Generalization of the Neo Personality Scales. *Educational and Psychological Measurement, 60*, 236–254.

Cheung, M.(2015). metaSEM: An R package for meta-analysis using structural equation modeling(Version 0.9–2) [Software].

Choi SW, Lam DM.(2016). Funnels for publication bias——have we lost the plot? *Anaesthesia, 71*, 338–341. DOI: 10.1111/anae.13355.

Cohen, J.(1960). A coefficient of agreement for nominal scales. Educational and Psychological Measurement, 20, 37–46.

Cortina, J. M.(1993). What is coefficient alpha? An examination of theory and applications. Journal of Applied Psychology, 78, 98–104.

Cronbach, L. J.(1951). Coefficient alpha and the internal structure of tests. *Psychometrika, 16*, 297–334.

Cronbach, L. J., & Snow, R.(1981). *Aptitudes and instructional methods(2nd ed.)*. New York: Irvington.

Deng, J., Wang, M.-C., Zhang, X., Shou, Y., Gao, Y., & Luo, J.(2019). The Inventory of Callous Unemotional Traits: A reliability generalization meta-analysis. *Psychological Assessment, 31*, 765–780.

Dimitrov, D. M.(2002). Reliability: Arguments for Multiple Perspectives and Potential Problems with Generalization across Studies. *Educational and Psychological Measurement, 62*, 783–801.

Duval, S., & Tweedie, R.(2000). Trim and fill: A simple funnel-plot-based method of testing and adjusting for publication bias in meta-analysis. *Biometrics, 56*, 455–463.

Egger, M., Smith, G. D., Schneider, M., & Minder, C.(1997). Bias in meta-analysis detected by a simple, graphical test. *British Medical Journal, 315*, 629–634.

Fleiss, J. L.(1971). Measuring nominal scale agreement among many raters. Psychological Bulletin, 76, 378–382.

Frick, P. J.(2004). *The Inventory of Callous-Unemotional Traits*. Louisiana: The University of New Orleans.

Glass, G. V.(1976). Primary, secondary, and meta-analysis of research. *Educational Researcher, 5*, 3–8.

Grønnerød, C.(2003). Temporal stability in the Rorschach method: A meta-analytic review. *Journal of Personality Assessment, 80*, 272–293. doi:10.1207/S15327752JPA8003_06

Hakstian, A. R., & Whalen, T. E.(1976). A k-sample significance test for independent alpha coefficients. *Psychometrika, 41*, 219–231. doi:10.1007/BF02291840

Hartung, J. (1999). An alternative method for meta-analysis. *Biometrical Journal*, *41*, 901–916. doi:10.1002/(SICI)1521–4036(199912)41:83.0.CO;2–W

Hedges, L. V., & Olkin, I. (1985). *Statistical methods in meta-analysis*. Orlando, FL: Academic Press.

Hedges, L. V., & Vevea, J. L. (1998). Fixed-and random-effects models in meta-analysis. *Psychological Methods*, *3*, 486–504.

Hellman, C. M., Muilenburg-Trevino, E. M., & Worley, J. A. (2008). The belief in a just world: An examination of reliability estimates across three measures. *Journal of Personality Assessment*, *90*, 399–401. doi:10.1080/00223890802108238

Henchy, Alexandra Marie. (2013). REVIEW AND EVALUATION OF RELIABILITY GENERALIZATION RESEARCH. Theses and Dissertations——Educational, School, and Counseling Psychology, *5*.

Henson, R. K., & Thompson, B. (2002). Characterizing measurement error in scores across studies: Some recommendations for conducting 'reliability generalization' studies. *Measurement and Evaluation in Counseling and Development*, *35*, 113–126.

Higgins, J. P. T., & Thompson, S. G. (2002). Quantifying heterogeneity in a meta-analysis. *Statistics in Medicine*, *21*, 1539–1558.

Hogan, T. P., Benjamin, A., & Brezinski, K. L. (2000). Reliability Methods: A Note on the Frequency of Use of Various Types. *Educational and Psychological Measurement*, *60*, 523–531.

Hunter, J. E., & Schmidt, F. L. (1990). Methods of meta-analysis: Correcting error and bias in research findings. Newbury Park, CA: Sage.

Jin, Y., Ma, E., Gao, W., Wei, H., & Dou, H. Y. . (2014). Reporting and methodological quality of systematic reviews or meta-analyses in nursing field in china. *International Journal of Nursing Practice*, *20*, 70–78.

Kaplan, R. M., & Saccuzzo, D. P. (2005). *Psychological Testing*. Belmont, CA: Thomson Wadsworth.

Knapp, G., & Hartung, J. (2003). Improved tests for a random effects meta-regression with a single covariate. *Statistics in Medicine*, *22*, 2693–2710.

Konstantopoulos, S., & Hedges, L. V. (2009). Analyzing effect sizes: Fixed-effects models. In H. Cooper, L. V. Hedges, & J. C. Valentine(Eds.), *The handbook of research synthesis and meta-analysis*(2nd ed., pp. 279–293). New York: Russell Sage Foundation.

Laird, N. M., & Mosteller, F. (1990). Some statistical methods for combining experimental results. *International Journal of Technology Assessment in Health Care*, *6*, 5–30.

Leach, L. F., Henson, R. K., Odom, L. R., & Cagle, L. S. (2006). A reliability generalization study of the Self-Description Questionnaire. *Educational and Psychological Measurement*, *66*, 285–304.

Light, R.J. & Pillemer, D.B. (1984). *Summing Up. The Science of Reviewing Research*. Cambridge: Harvard University Press.

Lipsey, M. W., & Wilson, D. B. (2001). *Practical meta-analysis*. Thousand Oaks, CA: Sage.

刘红云. (2008). α系数与测验的同质性. 心理科学, *31*, 185–188.

罗杰, 周瑗, 陈维, 潘运, 赵守盈. (2016). 大五人格测验在中国应用的信度概化分析. 心理发展与教育, *32*, 121–128.

Mason, C., Allam, R., & Brannick, M. T. (2007). How to meta-analyze coefficient-of-stability estimates: Some recommendations on Monte Carlo studies. *Educational and Psychological Measurement*, *67*, 765–783. doi:10.1177/0013164407301532

Moher, D., Liberati, A., Tetzlaff, J., Altman, D. G., & PRISMA Group(2009). Preferred reporting items for systematic reviews and meta-analyses: the PRISMA statement. *PLoS medicine*, *6*, e1000097.

Polanin, J. R., Hennessy, E. A., & Tanner-Smith, E. E. (2017). A Review of Meta-Analysis Packages in R. *Journal of Educational and Behavioral Statistics*, *42*, 206–242.

Raudenbush, S. W. (2009). Analyzing effect sizes: Random-effects models. In H. Cooper, L. V. Hedges, & J. C. Valentine(Eds.), *The handbook of research synthesis and meta-analysis*(2nd ed., pp. 295–315). New York:

Russell Sage Foundation.

Raykov T, Zinbarg RE.(2001). Proportion of general factor variance in a hierarchical multiple-component measuring instrument: a note on a confidence interval estimation procedure. *The British Journal of Mathematical and Statistical Psychology*, *64*, 193–207.

Revelle, W., Zinbarg, R.E.(2009). Coefficients Alpha, Beta, Omega, and the glb: Comments on Sijtsma. *Psychometrika*, *74*, 145–154.

Rodriguez, M. C., & Maeda, Y.(2006). Meta-analysis of coefficient alpha. *Psychological Methods*, *11*, 306–322.

Rosenthal, R. (1987). Pygmalion Effects: Existence, Magnitude, and Social Importance. *Educational Researcher*, *16*, 37–40.

Rosenthal, R.(1995). Writing meta-analytic reviews. *Psychological Bulletin*, *118*, 183–192.

Rouse, S. V.(2007). Using reliability generalization methods to explore measurement error: An illustration using the MMPI-2 PSY-5 scales. *Journal of Personality Assessment*, *88*, 264–275.

Sánchez-Meca, J., López-López, J. A., & López-Pina, J. A.(2013). Some recommended statistical analytic practices when reliability generalization studies are conducted. *British Journal of Mathematical and Statistical Psychology*, *66*, 402–425.

Schalken, N., & Rietbergen, C.(2017). The Reporting Quality of Systematic Reviews and Meta-Analyses in Industrial and Organizational Psychology: A Systematic Review. *Frontiers in psychology*, *8*, 1395.

Schmidt, F. L., & Hunter, J. E.(1977). Development of a general solution to the problem of validity generalization. Journal of Applied Psychology, *62*, 529–540.

Sidik, K., & Jonkman, J. N.(2005). A note on variance estimation in random effects meta-regression. *Journal of Biopharmaceutical Statistics*, *15*, 823–838.

Sterne, J. A. C., & Harbord, R. M.(2004). Funnel Plots in Meta-analysis. *The Stata Journal*, *4*, 127–141.

Stroup, D. F., Berlin, J. A., Morton, S. C., Olkin, I., Williamson, G. D., Rennie, D., Moher, D., Becker, B. J., Sipe, T. A., & Thacker, S. B.(2000). Meta-analysis of observational studies in epidemiology: a proposal for reporting. Meta-analysis of Observational Studies in Epidemiology(MOOSE) group. *JAMA*, *283*, 2008–2012.

Thompson B, Vacha-Haase T.(2000). Psychometrics is Data metrics: The Test is not Reliable. *Educational and Psychological Measurement*, *60*, 174–195.

Thompson, B., & Vacha-Haase, T.(2000). Psychometrics is datametrics: The test is not reliable. *Educational and Psychological Measurement*, *60*, 174–195. doi:10.1177/0013164400602002

Vacha-Haase T.(1998). Reliability Generalization: Exploring Variance in Measurement Error Affecting Score Reliability Across Studies. *Educational and Psychological Measurement*, *58*, 6–20.

Vacha-Haase, T. Henson, R. & Caruso, J. C.(2002). Reliability generalization: moving toward improved understanding and use of score reliability. *Educational and Psychological Measurement*. *62*, 562–569.

Vacha-Haase, T., & Thompson, B.(2011). Score reliability: A retrospective look back at 12 years of reliability generalization studies. *Measurement and Evaluation in Counseling and Development*, *44*, 159–168.

Vacha-Haase, T., Henson, R. K., & Caruso, J. C.(2002). Reliability generalization: Moving toward improved understanding and use of score reliability. *Educational and Psychological Measurement*, *62*, 562–569. doi: 10.1177/001316402128775012

van Geel, M., Toprak, F., Goemans, A. *et al.* (2017). Are Youth Psychopathic Traits Related to Bullying? Meta-analyses on Callous-Unemotional Traits, Narcissism, and Impulsivity. *Child Psychiatry Hum Dev*, *48*, 768–777.

Vassar, M., & Bradley, G.(2010). A reliability generalization study of coefficient alpha for the Life Orientation Test. *Journal of Personality Assessment*, *92*, 362–370. doi:10.1080/00223891.2010.482016

Viechtbauer, W.(2010). Conducting meta-analyses in R with the metafor package. *Journal of Statistical Software*, *36*, 1–48.

王孟成, 叶宝娟.(2014). 通过 mplus 计算几种常用的测验信度. 心理学探新, 34, 48–52.

Warne, R. M. (2008) *Applied statistics: From bivariate through multivariate techniques*, Thousand Oaks, CA: Sage.

Wilkinson, L., & Task Force on Statistical Inference, American Psychological Association, Science Directorate. (1999). Statistical methods in psychology journals: Guidelines and explanations. American Psychologist, 54, 594-604.

Willson V L. (1981). An introduction to the theory and conduct of meta-analysis. *The Personnel and Guidance Journal*, 59, 582-585.

Yin, P., & Fan, X. (2000). Assessing the reliability of Beck Depression Inventory scores: Reliability generalization across studies. *Educational and Psychological Measurement*, 60, 201-223.

7 网络分析

7.1 引言

近年来,网络分析(Network analysis)方法在心理学领域的应用受到越来越多的关注,例如精神病理学(e.g.,Borsboom et al.,2013;Schmittmann et al.,2013)、人格心理学(e.g.,Costantini et al.,2012,2015,2016)以及心理学测量等(Fried et al.,2017)。这种方法正作为一种新的取向在心理学领域中逐渐成为除了潜变量建模方法以外的另一种选择。在心理测量学中,一般用模型来解释心理特性与观测变量之间的关系:第一种是反映性模型,该模型假设存在共同因子,所测得的观测变量共同反映这个因子,而这个因子则被认为是出现这些观测变量的共同原因。第二种是形成性模型,该模型认为心理特性由一系列的观测变量所构成,而这些变量则是影响心理特性的因素。与常用的反映性模型[①]与形成性模型[②]不同,网络分析模型将心理特性看作变量之间互相影响所构成的结果,并非潜在变量影响的结果。网络分析作为第三种解释模型使用变量之间互相影响的关系来理解心理特性,为理解心理特性与观测变量之间的关系提供新的思路与选择,而且这种方法受到越来越多的研究者关注。这种新取向能够有效解决传统建模技术的局限性,在临床应用中具有重要价值。另外,网络分析以图论作为理论基础,用可视化方式呈现统计结果,以便更直观地了解变量之间的关系。本章将从网络分析的概念与内涵、发展背景、实际应用以及最新发展动态等方面逐一展开介绍。最后,以一个实际例子演示如何进行一项网络分析研究。

7.2 网络分析概述

网络是指由一系列节点(Node)和节点之间的边线(Edge)所构成的模型(de Nooy et al.,2011)。如图7.1所示,这是一个简单的网络图,包含了六个节点和八条边线。在现实生活中,很多复杂的系统都可以建构成一种复杂的网络结构,例如交通网络、社交网络以及计算机网络等。节点代表存在的实体,边线表示这些实体之间所存在的关系。如图7.2所示,这是简单的社会关系网络图,表示了不同的人物以及人物之间的关系。社会网络分析(Social network analysis)是社会学家根据数学方法、图论等发展起来的定量分析方法,可简单地将社会网络理解为社会关系所构成的结构。这是20世纪70年代以来在社会学、心理学、人类学、数学、通信科学等领域逐步发展起来的一个研究分支(Luke et al.,2007)。

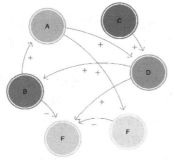

图7.1 简单网络图

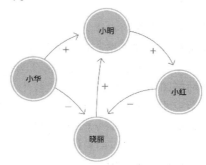

图7.2 社会关系网络图

---

① 反映性模型(Reflective model)是指通过一组指标来反映潜变量,由于潜变量的变异引起指标变异的测量模型,例如Spearman提出的因素分析所代表的模型。
② 形成性模型(Formative model)是指由一系列指标构成潜变量,认为指标变异造成潜变量变异的测量模型,其指标称为形成性指标或原因指标,例如社会地位、社会支持和工作满意度等。

与社会网络分析类似,本章所阐述的是网络分析在心理学中的应用。两者虽有相似的地方,但也有不同之处。心理测量网络分析(Psychometric network)与心理学其他领域中的网络分析(如社会网络分析、神经网络分析)是不一样的。这里所说的网络分析中节点之间的关系是不确定的,是需要进行分析的,而社会网络分析中的边线是确定的(Epskamp et al.,2012)。

7.2.1 心理测量网络分析的内涵

心理测量网络分析是指将网络分析方法在精神病理学、人格心理学以及心理测量等领域的应用。该取向认为心理特性是由一系列变量之间互相影响的关系所构成的,而并非按照传统取向那样,假设心理特性为潜在变量,通过一系列外在变量来反映这个潜在的心理特性。两种模型的对比如表7.1和图7.3所示。以抑郁作为例子(图7.3),潜变量模型(反映性模型)则将抑郁的症状(如疲倦、失眠等)看作抑郁的外显症状。因为有了抑郁才会有这些症状,即潜变量决定了观测变量。而网络分析把抑郁看作一系列互相影响的症状所构成的网络。因为失眠→疲倦→失去兴趣→自杀想法→失眠。

表7.1　两种模型取向对比

	反映性模型	网络分析模型
心理特性的理解	指标共同反映的潜在因子	互相影响的成分所构成的网络
术语	指标、因子	节点、边线
前提假设	存在潜在因子	节点之间的交互

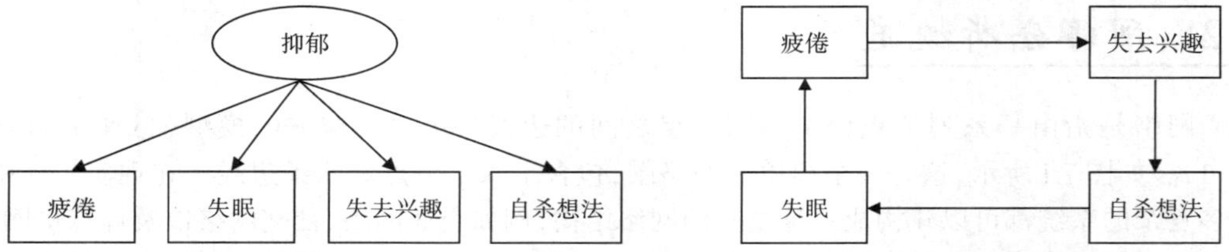

a.潜变量视角下的抑郁　　　　b.网络分析视角下的抑郁

图7.3　潜变量与网络分析模型对比图

7.2.2 核心概念

1）节点

节点是指存在的实体。在精神病理学的网络结构中,节点是指精神障碍的不同症状,例如焦虑和抑郁等。在人格心理学的网络结构中,节点是指不同的人格特质,例如宜人性、严谨性以及神经质等。多个节点构成了整个网络。

在网络图中,有些节点位于比较中心的位置,有些节点则位于图的外围,这就意味着并非每一个节点都是同样重要或者发挥相同作用。那具体如何知道哪个节点最重要或者比较重要?回答这个问题需要一些量化指标来进一步说明节点在整个网络中的核心程度。其中,中心指标(Centrality indices)是评估节点在网络结构中核心程度的量化指标。

中心指标又称为中心性,用于了解节点在整个网络里的中心程度。如果需要了解某个节点的重要性,我们可以通过了解该节点的中心性来判断其在网络中的重要性。一般来说,常见的指标有三个:强度(Strength)、紧密度(Closeness)以及中介度(Betweenness)。

强度是指某节点所有连接的加权值总和的点度中心性指标。点度中心性(Degree)是指某节点与其他节点直接相连节点数的总和。点度中心性应用于无加权网络,而强度应用在加权相关网络,因此强度在无加权网络中又称为点度。由于点度未考虑网络中不与该节点直接相连的其他连接,所以无法估计该节点在整个网络中的重要性。与节点相比,在实际应用中更多地使用强度作为评价节点中心性的指标。某一节点的强度越大,越是处于中心的位置,对于整个网络的重要性越高。这一指标强调某一节点单独的价值。

　　紧密度,也称为接近度,是指一个节点到其他所有节点的距离之和。该指标为路径长度的倒数,也就是说路径长度越短,紧密性越强。紧密性主要考虑的是某个节点到其他节点的距离,距离越短,那么它的中心性就越强。这一指标强调节点在网络中的近邻价值,紧密性越大,说明该节点距离其他节点都更近,越位于中心的位置。

　　中介度是指一个节点位于网络中两两相连节点的最短路径上的程度。如果一个节点充当"中介"角色的次数越多,那么该节点的中介性就越强,也就是说如果没有了这个节点,很多两两相连的节点将会无法连通。这一指标强调某节点在其他节点之间的调节能力,充当了控制其他接连点的角色,体现中介调节的效应与作用。表7.2展示了常见中心指标在不同方面的区别。

表7.2　节点中心指标对比

中心指标	概念	价值	突出特点
强度	与其他节点连接的加权值的总和	节点的单独价值	连接程度
紧密度	与其他所有节点的距离总和	节点的近邻价值	邻近程度
中介度	描述某节点被多少个节点之间最短距离经过的程度	节点之间的调节能力	中介程度

2）边线

　　边线是指网络中连接不同节点的直线,用于表示节点之间的关系。例如,在抑郁网络结构中失去兴趣和自杀想法之间的关系。而这些关系可能是正向的,也可能是负向的,可能是强的,也可能是弱的。一般来说,从三个方面理解和描述边线的特征:权重(Weight)、符号(Sign)以及指向性(Direction)。权重是指网络中边线所连接的节点之间关系的密切程度。在网络图中,通过观察边线的粗细程度来判断边线权重的大小。如图7.4中c和d所示,这是一个加权网络图的例子。通过观察可以明显看出图中的边线具有粗细的区别。边线越粗,说明这条边线所连接的两个节点之间的关系越为紧密。而在不加权的网络图中,所有边线的粗细程度都是相同的,说明该网络图并没有根据节点之间的关系强弱计算权重并表示出来。而符号是指边线的颜色,在网络图中会使用不同颜色的边线区分边线所连接的节点之间关系的性质。一般来说,绿色或者蓝色边线表示正向关系,红色表示负向关系。如图7.5所示,表示神经质的节点与表示宜人性和严谨性的节点之间连接的边线大部分都为红色,说明这些节点之间的关系大部分呈负相关关系。通过观察边线的颜色,能够快速且直观地判断哪些节点之间的关系为正相关,哪些节点之间的关系为负相关。在精神病理学和人格心理学研究中,权重和符号描述了症状或者特质之间关系的强弱和性质。实际上,这两个特性为相关分析提供了可视化结果。相比于变量之间的相关矩阵结果,读者可以通过观察边线的粗细和颜色更直观地了解变量之间的关系。

　　除此之外,指向性也是用于描述边线性质的重要指标。指向性是一种用于描述网络中边线是否具有因果关系的指标。如果节点之间具有因果关系,而在网络图中用边线的箭头表示所连接的节点存在因果关系。一般来说,被指向的节点为结果,则指向的节点为原因。例如,图7.3所展示的网络图中失眠指向疲倦,说明失眠会导致疲倦症状的出现。这一特性更多地应用于精神病理学领域,描述不同精神症状之间的因果关系,了解具体哪一症状会引起另一症状。这是理解网络分析的一个重要方面,以网络分析的观点来看,精神障碍实际上是互为因果关系的动态系统,即某一症状会引起另一症状的出现,而这个系统之所以是动态的,也是因为节点之间是互相影响的,当某一节点发生变化,与其相连的节点也会受到影响,发生相应的变化。

综上所述,边线可以通过权重、符号以及指向性三个方面的特性来描述其性质。根据这些特性的不同,可以将网络结构分成不同类型,例如加权的与不加权的、具有指向性的与不具有指向性的,不同类型的具体网络结构如图7.4所示。

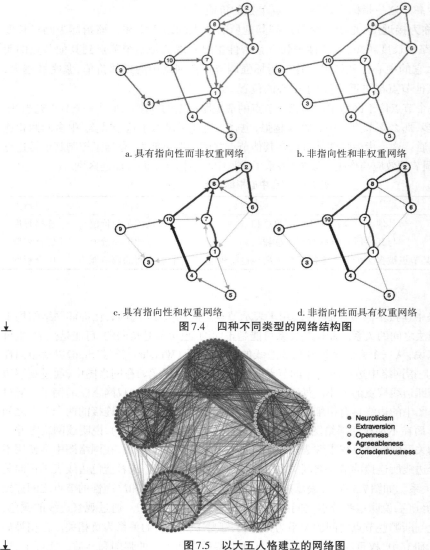

a. 具有指向性而非权重网络　　　　　　　b. 非指向性和非权重网络

c. 具有指向性和权重网络　　　　　　　　d. 非指向性而具有权重网络

图7.4　四种不同类型的网络结构图

图7.5　以大五人格建立的网络图

注:这里使用的例子来自Epskamp等人(2012)。

7.2.3　网络分析方法的提出与发展过程

将网络分析方法应用在心理学领域的提倡与推广主要源于Schmittmann等人(2013)在 *New Ideas in Psychology* 上发表的一篇文章。研究者基于以往用于解释观测变量与心理特性之间关系的两种模型的局限性,提倡使用网络分析方法理解心理现象(Schmittmann et al., 2013)。尽管以往的解释模型目前仍普遍使用,但是这些模型存在一些局限性。Schmittmann等人(2013)归纳总结了如下三个方面的局限性:第一,时间问题。一般来说,原因发生在结果或者产生作用之前,但是这两种模型难以明确表示这种前提假设。第二,解释建构概念与观测变量之间因果关系的不稳定性。第三,观测变量之间的从属问题。反映性模型假设观测变量之间不存在直接的因果关系,但是实际上反映心理特质的观测变量之间往往会存在因果关系。而网络分析方法能够避免这些局限性以解释观测变量与心理特质之间的关系。

网络分析将构念看作一个动态系统,把原来在潜变量模型中被看作指标的观测变量,重新定义为一系列存在因果关系的实体变量。与潜变量建模不同,网络中变量的发展路径并非独立的,而是互相影响的,也就是说某一变量的变化会引起另一变量的变化。从网络分析的角度来看,分析某一构念实际上就是分析一个网络系统,具体包括两个方面的内容:第一是网络结构,第二是网络动态。变量被看作这个网络系统的一部分,而并非测量构念,所以研究观测变量和构念之间的关系就是研究在网络中变量的作用。例如,哪个变量在网络中是最主要的?哪个变量发挥着中介的作用,用于连接非直接相连的变量?因此,网络分析方法所关注的研究问题主要是网络结构的主要构成以及内部不同节点之间的关系。

目前,网络分析方法在心理学领域的应用主要包括精神病理学、人格心理学以及心理测量。这一方法在精神病理学的应用源于对潜变量模型建构精神障碍的局限性,强调根据症状之间互相影响的关系来理解精神障碍。从网络分析技术的视角看,精神障碍由一系列互相影响的症状之间的关系构成。网络分析理论在精神病理学的应用包括四个基本原理:第一,共病性。共病性是指精神疾病之间会互相影响,一种疾病的出现通常都会伴随另外一种疾病的出现。在网络分析看来,这种现象可以被描述并解释为精神病理学网络中一系列不同成分相互影响的关系。通过这种技术,能够更加直观地看出哪些症状之间存在关系。第二,症状—成分的对应关系。精神病理学网络中的成分与过去和现在出现并被诊断的症状是对应的。第三,直接的因果关系。精神病理学的网络互为因果关系,互相影响。在这些网络中,症状之间是相互影响的,而且这种影响是直接的。第四,网络结构反映精神疾病。网络结构中部分的症状位于更加紧密的位置,这为一些精神症状同时出现提供了更多表征与解释。

随后,网络分析方法逐渐应用到人格特质以及心理测量等领域。在人格心理学领域,Epskamp等人(2012)使用网络分析方法来分析大五人格问卷数据(Dolan et al.,2009),用可视化的方式呈现这些题目的相关矩阵结构。Ziegler等人(2013)通过NEO-PI-R、HEXACO、6FPQ、16PF、MPQ以及JPI选取113个人格特质来构建相关矩阵网络结构,并将其解释为概念网络(Nomological network)用于量表的修订。Schlegel等人(2013)分析社会和情感的有效性的交互作用,使用相关矩阵网络发现4种有效成分。Franić等人(2013)用相关矩阵网络呈现NEO-FFI之间题目在基因与环境因素的协方差。纵观上述研究,目前将网络分析方法应用在人格心理学中主要是分析人格特质之间的关系。而这些人格特质的网络主要都是非指向性类型的网络。但是,研究者一般可能对具有指向性的网络分析更感兴趣。因此,未来可以考虑更多具有指向性的人格特质网络结构。当建立人格网络图时,网络中的节点可以是症状、行为、情绪、认知以及动机等,而且这些节点还会基于不同的个体和环境而发生改变。除此之外,节点还可以是问卷中的题目(Cramer et al.,2012)或者题目包(Costantini et al.,2016b)。具体如何选择合适的研究水平(例如题目还是维度)取决于哪一个水平更加能够反映研究问题(Costantini et al.,2012)。

纵观网络分析的发展(图7.6),统计方法技术以及相应分析软件的迅速发展,为网络分析方法在心理学领域的应用提供了基础,为理解精神障碍和心理现象提供了新的选择。

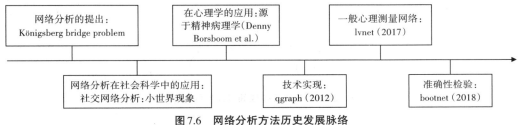

图7.6 网络分析方法历史发展脉络

7.2.4 网络分析的理论基础：网络理论

网络分析是一种基于网络理论所发展出来的方法。这种理论最初是源于数学领域的图论。而图论是数学的一个研究分支，该分支是以图作为研究对象，这些图由若干的点以及连接两点的线所构成，用于描述事物之间的某种特定关系。该方法使用图形直观而简洁地描述各种网络，因此该理论逐渐应用在社会科学的不同领域，其中包括心理学。图论的观点拓展了以往将心理特质看作潜变量的观点，为理解心理特质与观测变量的关系提供了新的视角。

7.2.5 网络分析的基本步骤及其统计原理

网络分析主要包括三个部分：第一，网络结构估计。第二，网络推断分析。第三，网络结构的准确性分析。接下来具体阐述每一部分的内容。

1）网络结构估计

首先，需要先进行网络结构估计。这里所指的网络结构估计是指建立网络结构图，了解节点所在位置以及节点之间边线的关联。网络结构图包括不同的类型，主要是涉及选择不同的矩阵类型。一般来说，包括两种类型：相关矩阵网络（Correlation networks）和偏相关网络（Partial correlation networks）。相关矩阵网络是最基本的一种网络结构。一般来说，相关矩阵描述变量之间的对称联系。这种类型通常会作为一种加权的矩阵来建立不具有指向性的网络结构。虽然相关矩阵网络是一种用于将变量之间关系可视化的常见类型，但是其本身具有一个明显的局限性，即存在比较多的虚假关系（spurious edges；Epskamp et al.，2018）。在网络结构中，可以发现存在这些虚假关系。虽然这些关系也能够呈现在网络中，但实际上是由于第三个节点的连接才构成的关联，而并非节点之间两两相连的直接联系。因此，相关矩阵网络有时候并不适用所有网络分析研究，尤其是打算建立网络用于简化数据结构的情况。针对这种情况，偏相关网络只是保留节点之间直接连接的边线，所以这种类型的网络结构是基于精简矩阵建立的（Lauritzen，1996；Pourahmadi，2011），故此也称为浓缩图（Concentration graphs；Cox et al.，1994）或者高斯图论模型（Gaussian graphical models；Lauritzen，1996）。同时，偏相关网络是一种更加广泛统计模型，称为配对马尔可夫随机场（Pairwise Markov Random Field，PMRF；Koller et al.，2009；Murphy，2012）。

马尔可夫随机场是建构心理网络结构中较为普遍和常用的类型，即基于多元正态分布计算网络中的偏相关系数（Borsboom et al.，2013；McNally et al.，2015）。PMRF是一种不具有指向的网络结构，这种网络的边线代表那些在控制了网络中其他节点后两个节点之间仍然存在关联的关系，即两个节点是直接关联的，并非由于其他节点而存在关系。如图7.7所示，图中A和C之所以存在关系，是因为B的存在，一旦去掉B，A和C的关系就不存在，A和C就是两个互相独立的节点。这是理解由于第三个节点引起两个节点之间存在间接关系的简单例子，而PMRF网络是排除了这些间接关联的网络类型。

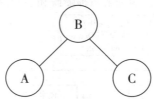

图7.7　由第三节点所构成间接连接的简单例子

目前PMRF的应用涵盖很多不同的领域，包括物理、机器学习、人工智能以及经济学等。用于解释这种类型里边线的观点有很多，其中与心理测量最为相关的解释有两点：第一，所代表的是条件独立关系。第二，配对交互作用。以图7.7为例，当B这个条件不存在时，A和C相互独立。

这种基于偏相关分析的高斯图论模型适合应用于所有变量均为连续变量的数据。这种类型的网络越来越普遍地应用一种来自机器学习领域的统计技术，即正则化（Regularization）来控制虚假连接。同时，使用这种技术可以获得在横断面研究中表现更好且更容易解释的网络结构。该技术的应用是为了能够获得一个尽可能简洁而且可解释变量之间的协方差的网络结构。这种技术主要使用了最小绝对值收敛和选择算子（the least absolute shrinkage and selection operator，LASSO；Tibshirani，1996）。这种算法通过强制让回归系数绝对值之和小于某固定值，即强制一些回归系数变为0，有效地选择了不包括这些回归系数对应的协变量的更简单模型。LASSO算法使用了调谐参数 λ（lambda）来控制减少虚假变量的程度。当该参数水平较低时，很少连接将会被剔除，即网络中还是会存在很多虚假连接；反之，当该参数水平较高时，很多连接将会被剔除，这样可能会导致全部虚假连接剔除的同时，部分真实存在应该保留下来的连接也会被一并剔除掉。因此，如何保证虚假连接最小化的同时又能够实现真实连接最大化呢？适当把握 λ 参数水平具有必要性（Foygel Barber et al.，2015；Foygel et al.，2010）。

一组网络可以基于不同 λ 参数水平来进行估计（Zhao et al.，2006），通过以下公式来进行调整：$\lambda_{min} = R\lambda_{max}$。其中 λ_{min} 是指 λ 最小值，λ_{max} 则是 λ 最大值，通过控制 R 比率来调节介于最小值和最大值的调谐参数对网络进行估计。

LASSO算法不仅可以用于单一网络估计，也可以用于一组网络估计之间的比较，例如包含所有连接的网络与全部连接剔除后的网络。那么具体如何在这个范围内选择最佳网络呢？这个过程可以通过检验网络与数据的拟合程度选出最佳的网络，即将一些信息准则最小化。其中，研究发现将拓展贝叶斯信息准则（the Extended Bayesian Information Criterion，EBIC；Chen et al.，2008）最小化能够较好地发现真实连接的网络模型（Foygel Barber et al.，2015；Foygel et al.，2010；van Borkulo et al.，2014），尤其是那些本身不存在太多真实连接的网络。这种基于EBIC的LASSO算法是目前研究发现比较具有特异性的算法，也就是说能够将虚假连接和真实连接区分，而且不对那些虚假连接（即不存在于真实网络中的连接）进行估计。但是，这种算法同时也具有多变的敏感性，这种敏感性会随着真实网络结构和样本量而发生改变。例如，当真实网络存在很多连接或者特定某些节点之间存在很多连接时，其敏感性就会减弱。这种把LASSO算法应用到偏相关网络结构中的类型称为自适应LASSO算法网络（Adaptive lasso networks）。

目前，使用不同方法来选择LASSO调整参数的LASSO变异已经被应用于开源软件，并将这种变异称为图像化的LASSO（Graphical LASSO，简称glasso，Friedman et al.，2008）。这是一种专门用于估计偏相关网络的LASSO快速变异。这种方法主要是针对在实际建模过程中为了处理避免网络图过于复杂而难以解释结果的情况，因此在偏相关网络模型的基础上加入惩罚因子（penalization factor），以便减少网络中关联相对较弱的连线。这种glasso算法已经应用到R语言glasso程序包（Friedman et al.，2007），而且使用这个程序包的功能与EBIC模型选择的结合目前已经加入qgraph程序包（Epskamp et al.，2012）中。综上所述，当使用连续数据建立网络的时候，需要建立GGM。

然而，在实际应用中并非所有数据都是连续的。当数据为二分变量时，需要对应选择伊辛模型（Ising model；Lenz，1920；Kindermann et.al.，1980）。该模型为一种多元逻辑回归模型，实际上是预测模型的结合。模型中的边线所代表的是某个节点能够预测其他节点的程度。纵观目前有关网络分析的研究成果，多数是使用连续数据或者二分数据进行估计的，但是在很多心理学研究中,可能会根据研究问题与目的把不同类型的数据放在一起进行分析,例如智力(连续数据)、性别(类别数据)以及年级(等级数据)等,此时则需要一种新的模型来进行估计,即混合图模型(Mixed graphical models,MGM)。该模型是用于建立使用混合数据的网络结构图。如图7.8所示,这是使用MGM估计自闭症网络结构的例子,该例子包含年龄(连续数据)、住房类型(类别数据)以及接受治疗次数(计数数据)等不同类型的数据。

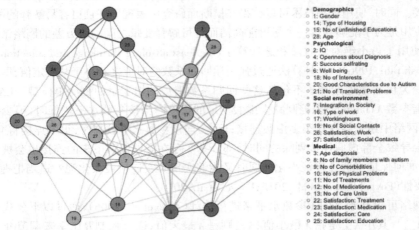

图7.8　使用MGM估计自闭症网络结构的例子

注:来源于Haslbeck和Waldorp(2020)以及Deserno等人(2016)。

2)　网络推断分析

当完成对网络的估计后,可以进一步对网络结构进行分析,主要包括两个方面:全局推断和局部推断。全局推断是指对整个网络结构进行分析,例如小世界现象(Small world theory)和密度(Density)。这类分析主要是用于具有权重的网络和PRMF网络。而局部推断则是指对网络中的节点或者边线进行的统计分析,例如节点的中心度指标以及社区检测(Community detection,或称为社区发现)。局部推断在心理学领域的应用中,主要体现在研究者通过计算节点的中心度指标以便了解网络结构中的核心成分。中心度指标用于估计网络中某个节点与其他节点之间的连接性。一般来说,计算中心度指标主要是用于非权重的网络,很少用于具有权重的网络。正如上述介绍核心概念时所提及的,分析节点的中心度指标主要是指计算节点的强度、紧密度以及中介度三个指标。

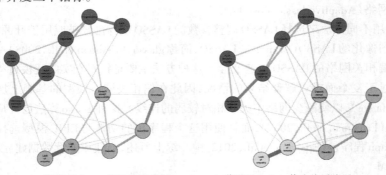

a.使用Walktrap算法的网络图　　　　b.使用Spinglass算法的网络图

图7.9　使用spinglass和walktrap用于社区检测的例子

注:结果来源于Preszler等人(2018)。

而社区检测则是用于揭示网络结构中聚集行为的一种方法,实际上是一种网络聚类的技术。

社区可以被理解为节点的子集,这些节点紧密相连,同时这些节点与社区以外节点的连接相对稀疏松散。近年来,这一技术得到快速发展,主要是模块度(Modularity)概念的提出(Newman,2003),使得可以通过这一指标判断网络聚类的优劣程度。不同社区划分对应不同的模块度。一般来说,模块度越大,对应的社区划分越合理,反之,模块度越小,则社区划分越模糊。常用的社区检测方法主要有以下三种:第一,基于图分割的方法,如Kernighan-Lin算法、谱平分法等。第二,基于层次聚类的方法,如GN算法、Newman快速算法等。第三,基于模块度优化的方法,如贪婪算法、模拟退火算法、Memetic算法、PSO算法、进化多目标优化算法等。其中,近年有两种算法用于精神病理学网络结构的社区检测分析,分别是spinglass (Cramer, et al., 2010; Heeren et al., 2016)和walktrap (Watters et al., 2016)。如图7.9所示,这是使用spinglass和walktrap用于社区检测的例子,两种算法较为一致地检测到该网络分类为两个社区(Preszler et al.,2018)。

3) 网络结构的准确性分析

在完成网络图估计与网络结构的推断分析后,需要进一步检验网络分析结果的准确性。与传统统计分析方法类似,网络分析的准确性同样受到样本量的影响。因此,对网络分析的准确性进行检验是必要的。在进行网络结果的准确性分析时,研究者最常考虑边线权重与中心度指标的稳定性两个方面。Epskamp等人(2018)提出了用Bootstraping法对估计结果进行验证分析,具体包括三个方面:第一,计算边线的Bootstrap置信区间。第二,检验节点在中心度指标的稳定性。第三,检验节点与节点或者边线与边线之间的差异。接下来,将从这三个方面来进行详细介绍。

(1)计算边线的Bootstrap置信区间

为了检验边线权重的变异性,可以使用bootstrapping (Efron, 1979)方法来对95%置信区间进行估计。这种方法的基本思路是对原始样本重复抽样产生多个新样本,针对每个样本求统计量,然后得到它的经验分布,再通过求经验分布的分位数来得到统计量的置信区间。一般认为,只要样本具有代表性,采用自助法需要的原始样本只要20至30个,重复抽样1000次就能达到满意的结果。通过这种方法,可以得到一个范围在$1/2\alpha$至$1-1/2\alpha$之间的区间值,并把这个区间称为bootstrap置信区间。这种估计通过两种方式实现,分别是非参数估计和参数估计。大多数情况下,会使用非参数估计对边线权重的bootstrap置信区间进行估计,因为参数估计需要数据的参数模型才可以完成。

(2)检验节点在中心度指标上的稳定性

除了检验边线权重的bootstrap置信区间之外,还可以考虑分析节点中心度指标的稳定性。这里所说的稳定性是指基于子数据集中心指标序列的稳定性。具体来说,主要是检验随着网络结构中样本量或者节点数量的减少,中心度指标的序列是否能够保持不变的程度。一般来说,会更多地分析随着样本量减少而出现变化情况,因为随着节点减少而出现变化情况在统计分析中更难解释。除此以外,为了能够量化节点中心度指标稳定性的分析结果,研究者提出了使用相关稳定性系数(Correlation stability coefficient,CS coefficient)。即计算逐渐减少样本量的估计结果与原样本量的估计结果的相关系数。一般来说,用CS(cor=0.7)代表最大可接受样本减少的程度,最低不能低于0.25,一般最好在0.5以上为可接受。

(3)检验节点或者边线之间的差异

最后一种分析方法是检验节点与节点或者边线与边线之间是否存在显著的差异。例如,点A的强度是否强于点B? A与B边线权重是否强于A与C边线权重? 这一检验同样是基于非参数估计的Bootstrapping来实现的,所以也称为Bootstrap差异检验。如果某个节点的稳定性显著地高于其他节点,则说明该节点的强度是具有稳定性的。综上所述,网络分析的基本步骤可以归纳总结为三部分(图7.10)。

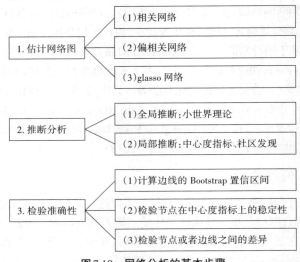

图7.10 网络分析的基本步骤

7.2.6 其他分析技术

1)统计技术可视化

网络分析技术除了可以将相关矩阵可视化之外,还可以将其他统计结果可视化,例如因素分析,包括探索性因素分析和验证性因素分析。在应用网络分析的因素分析结果中,将因子负荷看作网络中的边线权重,使用因子负荷来建立权重矩阵。因子负荷矩阵的可视化方式与相关矩阵的可视化方式类似,如图7.11所示。具体包括两种方式,第一种是反映性测量模型的探索性因素分析(图7.11a),第二种是形成性测量模型的主成分分析(图7.11b)。对比两种模型的可视化结果,可以发现:探索性因素分析可视化结果的边线箭头是从因子指向题目的,而且网络图上可以看到残差。而主成分分析可视化结果则相反,边线箭头指向是从题目指向因子的,而且没有残差。

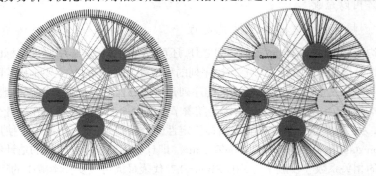

a.探索性因素分析可视化   b.主成分分析可视化
图7.11 因子负荷矩阵可视化结果

来源:这里使用的例子来源于Epskamp等人(2012)。

2)一般心理测量网络

在很多网络分析中,一般会用到GGM来建立网络图。实际上,GGM被看成心理测量中用来解释模型协方差结构的另外一种方式。因此,把网络分析与结构方程模型(Structural Equation

Modeling,SEM)结合,实际上就是把GGM放在SEM的框架下进行估计,具体包括以下两种模型:

第一,潜在网络模型(Latent Network Modeling,LNM)。如图7.12a所示,这种模型通过潜变量的协方差结构建立网络结构。通过这种网络,可以探索潜变量之间条件独立性关系的结构。LNM通过验证性因素分析模型的潜变量的方差–协方差矩阵建立GGM模型,使得研究者在没有清楚表明指向性假设基础上对潜变量之间的条件独立性关系进行建模。

第二,残差网络模型(Residual Network Modeling,RNM)。该模型通过SEM中的剩余方差结构建立网络结构。如图7.12b所示,RNM将剩余方差用于建立GGM模型。该模型把残差之间的关系看作是配对的交互作用。RNM允许研究者在没有局部独立性的假设条件下对SEM进行估计。

两种模型将网络分析技术和SEM结合来进行分析,建立了更加广泛的网络测量模型。

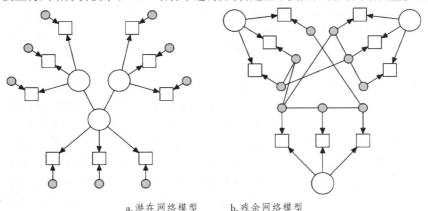

a.潜在网络模型　　　b.残余网络模型

图7.12　GGM在SEM下的两种模型

注:白色圆圈代表潜变量;正方形代表观测变量;灰色代表残差。带箭头方向的边线表示因素分析或者回归参数;不带箭头方向的边线表示配对交互作用。

7.2.7　网络分析在多组数据上的应用

1)　网络结构在横向研究中的应用

随着网络分析方法在精神病理学和心理学的应用逐渐广泛,研究者不仅研究基于单一样本的网络结构,而且还进一步研究基于多个样本的网络结构。例如一般社区样本与临床样本之间的比较、来自不同文化背景或者地区下的被试样本(Fried et al.,2017)、接受不同治疗或者干预组与控制组的样本等(Van Borkulo et al.,2015)。另外,还进一步研究基于同一样本下由于不同样本特征(例如性别)所构成的子数据之间的网络结构,例如来自男性与女性的数据所估计的网络结构是否存在差异。这些由不同被试数据所估计的网络需要通过比较分析才知道是否由于样本的不同造成了网络结构的差异。在过去的网络比较中,由于统计技术的缺乏以至于经常依赖视觉观察网络结构来判断不同网络结构之间是否存在差异(Bringmann et al.,2013;Koenders et al.,2015;Wigman et al.,2015)。然而肉眼的判断具有明显的局限性:主观性较强、缺乏客观量化指标。

为了弥补这些局限性,研究者提出了使用置换检测(Permutation testing)以对不同网络结构进行直接比较的统计技术,即网络比较分析(Network Comparison Test,NCT;van Borkulo et al.,2016)。这一分析技术主要是通过置换检验来比较不同网络结构的不变性,共包括三个方面,分别是网络结构的不变性、边线连接强度(edge strength)的不变性以及总体强度(global strength)的不变性。网络结构的不变性假设网络结构为一个整体,而且这一结构在不同子样本中保持不变。边线连接强度不变性是指检验网络结构中的某一特定边线强度在子样本中是否出现差异。总体强度不变性假设网络中总体的连接性在不同子样本中保持一致。通过比较这

三个方面的量化指标,可以分析得出不同网络结构之间是否存在差异。NCT的具体过程如下:
第一,使用来自不同样本的原始数据(即未置换的数据)进行网络结构估计。第二,对数据进行
置换处理,对个案进行随机排序,然后再进行第一步的分析。第三,使用参考分配(reference distribution)估计第一步观测检验的显著性。具体可以使用NetworkComparisonTest程序包(R Core Team,2018;van Borkulo et al.,2016)进行数据分析。

在对网络结构进行比较时,还可以使用一些联合网络估计技术(Joint network estimation techniques)进行差异比较,例如融合图lasso(Fused Graphical Lasso,FGL)(Danaher et al.,2014)。这一技术可用于观察比较基于不同样本被试的网络图。目前可以使用FGL这一技术的程序包有JGL(Danaher,2013)和EstimateGroupNetwork(Costantini et al.,2017)。其中,JGL无法进行调试参数设定。而EstimateGroupNetwork是最近新发展出来的程序包,包含了通过信息准则和k-fold交叉验证(Guo et al.,2011)的自动调试参数设定。因此,后者更常用于比较估计。FGL既不会掩盖网络之间的差异,也不会夸大不同组之间的相似性,具有一定的优势。

2) 网络分析方法在纵向研究的应用

与横向研究相比,纵向研究在研究方法上具有明显的优势,尤其是探索某一组样本随时间增长的变化趋势,为理解某种心理特性的稳定性提供了更为全面的证据支持。网络分析在纵向研究的应用主要是探索网络结构随时间变化的稳定性程度,例如探索某种精神障碍或者特质的核心特征是否会随着时间增长而出现变化,或者网络结构内部节点之间的关系随时间的变化趋势。回答这些问题,可以使用纵向的网络分析方法。纵向数据是指对同一批被试在不同时间节点所收集的数据,即同一样本的多组(次)数据。在处理多组数据的时候,可以考虑直接根据多组数据计算均值,以均值为数据对网络结构进行估计。这种方法具有一定的局限性,例如无法得到每个时间点的数据所估计的结果,以至于无法对每个时间点下所估计的网络结构进行比较以便分析网络结构在不同时间点的稳定性。因此,在处理纵向数据的时候,研究者更多地选择使用每个时间点的数据分别估计网络结构以作比较(e.g.,McElroy et al.,2018;Santos et al.,2018)。如图7.13所示,这是抑郁与焦虑关系的纵向网络分析图。图7.13呈现了不同时间点下的抑郁与焦虑关系的网络结构图。对比这些结构图,可以发现抑郁与焦虑的关系网络基本保持一致,具有较高的稳定性。

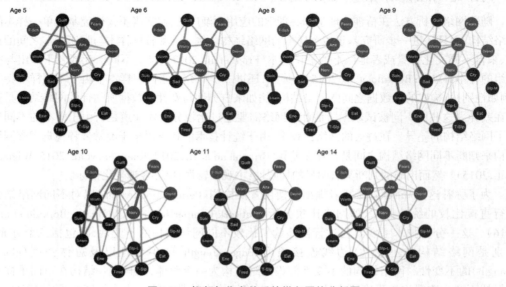

图7.13　抑郁与焦虑关系的纵向网络分析图

注:结果来源于McElroy等人(2018a)。

　　在处理不同时间点的纵向数据时,分别使用每次数据进行网络估计、计算中心指标以及分析网络结构的准确性。这些分析与处理单次的横向数据过程一致,可以把每个时间点的数据当作单独一次的数据进行处理。除此以外,在处理纵向的多组数据时,还需要对不同时间点的数据所估计的网络结构进行比较分析,进一步分析这些不同网络之间是否存在显著性差异。在对网络结构进行比较时,可以使用上述用于比较网络结构的 NetworkComparisonTest 程序包(R Core Team,2011;van Borkulo et al.,2016)进行数据分析。另外,还可以通过对网络的邻接矩阵和中心指标进行相关分析以作辅助分析,进一步比较不同时间点网络结构的相似点和差异。

7.3　实例分析与技术实现

　　目前用于网络分析技术的操作软件主要包括 Python 和 R。在 R 中,已有不同程序包可用于分析,包括 network(Butts,2012)、statnet(Handcock et al.,2008)、igraph(Csardi,2006)以及 qgraph(Epskamp et al.,2012)。虽然 igraph 的应用更加广泛,但 *qgraph* 是专门用于在心理学领域进行网络分析的程序包。接下来,将以两个实际例子具体介绍如何进行一项网络分析研究,以及使用 qgraph 来实现统计分析。这两个例子来源于 Deng 等人(2020)和 Wang 等人(unpublished)进行的两项研究。这两项研究分别从横向和纵向视角探讨冷酷无情特质和精神病态的网络结构,探讨了这两种网络结构基于不同群体和时间维度上的相似之处与区别。以下部分将围绕这两项研究对网络分析的研究过程展开介绍。

7.3.1　冷酷无情特质的核心特征:一项基于罪犯和社区群体的网络分析研究

　　下文将以一项冷酷无情特质网络分析研究作为例子(Deng et al.,2020)具体介绍如何进行一项网络分析研究。冷酷无情特质(Callous-Unemotional traits,简称 CU 特质)是一种表现出对他人冷漠、缺乏共情和懊悔感以及对表现漠不关心的人格特质(Frick,2004)。目前,美国精神疾病诊断与统计手册第五版(简称 DSM-5;APA,2013)已经将 CU 特质纳入为品行障碍(Conduct Disorder,CD)的诊断标准,并且将其命名为有限亲社会情感(Limited Prosocial Emotion,LPE)。然而,目前有关 CU 特质核心特征的研究较少。因此,本研究拟通过网络分析(Network analysis)方法探索 CU 特质的核心特征。与潜变量模型不同,网络分析将观测变量作为网络结构中的节点,这些节点之间的关系称为边线,从而建立由节点和边线组成的关系网络。这种以图论的方法构建的观测变量之间关系网络使得研究者通过可视化方式能更直观地了解网络结构中变量间的关系。而且,还可以通过分析各个节点的指标以探索这些节点在网络结构中的重要性以确定核心特征(Borsboom et al.,2013)。网络分析方法通过可视化技术为心理学研究提供了新的视角,近年来逐渐应用在精神病理学、临床心理学以及人格心理学等不同领域。基于以上考虑,本研究拟通过网络分析方法探索基于罪犯群体和一般社区群体的 CU 特质核心特征,进一步比较分析该核心特征在两群体的异同点从而得出更加稳健的结论。

　　该研究以国内 609 名青少年犯人(样本一)和 487 名社区儿童(样本二)作为研究对象进行分析,使用了自我报告版冷酷无情特质问卷(the Inventory of Callous-Unemotional Traits;Frick,2004)中文版(Wang et al.,2019)评估冷酷无情特质。这里以样本一的冷酷无情特质问卷数据作为例子来展示。该问卷共 24 题,包含三个分量表,分别是淡漠(Callousness)、冷酷(Uncaring)以及无情(Unemotional),使用李克特 4 级计分。接下来展示如何使用 qgraph 和 bootnet 程序包对数据进行网络分析。

1）程序包的安装与运行

首先需要安装与运行程序包，具体命令如下所示：

```
> install.packages("qgraph")#安装 qgraph 程序包
> library(qgraph)#运行 qgraph 程序包
```

2）数据读取与导入

由于所展示的例子、所使用的数据并非来自程序包自带的数据集，因此需要先导入数据。由于数据文件为excel格式，因此使用readxl程序包进行数据读取与导入。具体命令如下：

```
> install.packages("readxl")#安装 readxl 程序包，该程序包用于读取 excel 格式数据
>library(readxl)# 运行 readxl 程序包
```

使用read_excel( )函数读取数据，具体命令如下：

```
> data<-read_excel("data.xlsx")
```

3）建立网络结构图

当完成数据导入后，即可通过运行qgraph程序包进行网络分析。正如上文所提及的，可分为两个步骤：建立网络结构图和计算中心指标。现在，先从建立网络结构图开始。建立网络结构图主要是通过程序包中的qgraph( )函数来实现，具体命令如下：

```
> qgraph<-qgraph(cor_auto(data))
```

输出结果如图7.14所示。

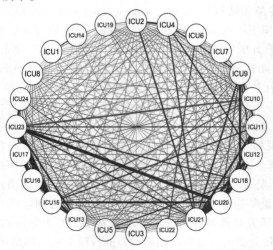

图7.14　基于相关矩阵的网络结构图（题目没有分组）

图7.14中，外围的白色圆圈表示网络图中的节点，一共24个节点，对应ICU问卷的24个题目。这是一个基于相关矩阵的网络图。需要注意的是，qgraph( )里面的参量可以是权重矩阵或者边列表。因此，在使用qgraph( )建立网络结构图之前需要事先建立所需类型的矩阵或者列表，具体通过例如cor_auto( )或者glasso( )实现。

如图7.14所示，这是一个没有区分分量表的网络图。如果需要区分，可用"groups="来实现，即把设定不同节点归属于同一分量表或组别。例如，对ICU问卷24个题目定义分组，定义每个题目所测量的内容，具体命令如下：

```
ICU24groups<-c("Callousness","Callousness","Unemotional","Callousness",
              "Callousness","Callousness","Callousness",
              "Callousness","Callousness",
              "Callousness","Callousness","Unemotional","Uncaring","Uncaring",
              "Uncaring","Uncaring","Uncaring","Uncaring","Uncaring","Uncaring",
              "Callousness","Unemotional","Unemotional","Unemotional")
```

使用"groups="定义每个题目所对应的分量表后,即可实现分组情况下的网络结构图,具体命令如下:

```
>qgraph(cor_auto(data),groups=ICU24groups)#通过"groups="设置分组
```

输出结果如图7.15所示。

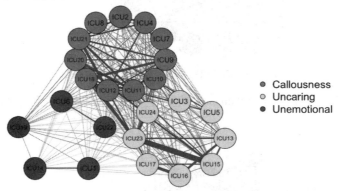

图7.15   基于相关矩阵的网络图(分组)

对比图7.14和图7.15,可以发现主要区别在于是否分组,在图中则体现在节点的位置和对应颜色上。如图7.15所示,左边是网络结构图,右边是网络结构图的图例。网络中节点共有3种颜色,从红色开始,顺时针分别是红色、绿色、蓝色,对应淡漠、冷酷以及无情。

除了节点之外,不同节点之间的边线呈现绿色和红色两种颜色。一般来说,绿色边线表示正相关关系,红色边线表示负相关关系。例如,图7.15中ICU19与其他节点的边线大部分是红色的,代表该节点与其他节点的关系大部分是负相关的。

除了可以设置分组之外,还可以通过其他参量设定网络结构图的格式。例如,使用"layout="来更改网络结构图的形状,具体命令如下:

```
>qgraph(cor_auto(data),groups=ICU24groups,layout="spring")#通过"layout="设定 spring 格式
```

输出结果如图7.16所示。

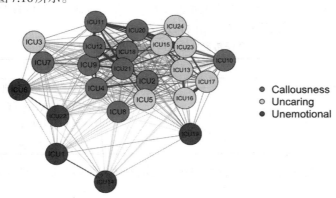

图7.16   基于相关矩阵的网络图(spring格式)

> qgraph(cor_auto(data),groups=ICU24groups,layout="circle")#通过"layout="设定circle格式

输出结果如图7.17所示。

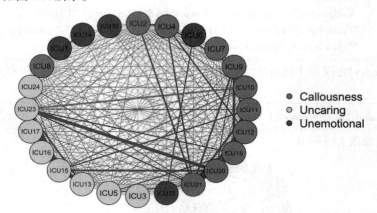

图7.17 基于相关矩阵的网络图（circle格式）

另外,还可以使用"palette="和"theme="改变节点的颜色。需要注意的是,"palette="需要配合"groups="一起使用。

输出结果如图7.18所示。

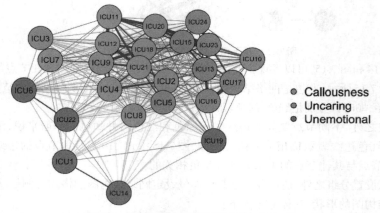

图7.18 基于相关矩阵的网络图（色盲格式）

除了更改网络结构图的整体格式之外,还可以根据需要调整某一方面的呈现内容和方式,例如节点大小、节点边界、边线颜色、根据边线权重决定是否呈现、图例位置及其大小等。这里列举了一些常见的参量可用于网络结构图的自定义设置（表7.3）。

表7.3 用于自定义设定网络结构图的常见参量

参量	用途
"minizum"	根据节点之间的关联程度决定呈现的节点数量
"borders"	是否呈现节点的边线
"vsize"	改变节点的大小
"legend"	控制标注的位置

当需要对网络结构图进行自定义设定时,可使用上述常见参量进行自定义设定,具体命令如下:

```
>qgraph(cor_auto(data),groups=ICU24groups,layout="spring",minimum=0.15,vsize=3,legend=TRUE,
borders=FALSE)
```

输出结果如图7.19所示。

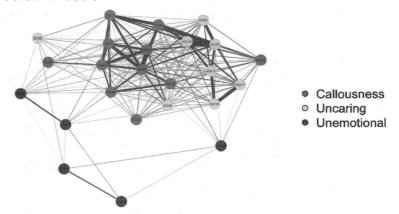

图7.19　基于相关矩阵的网络图（自定义格式）

除了自定义网络图格式之外，还可以使用"graph="设定不同类型的矩阵，具体命令如下：

```
>qgraph(cor_auto (data),groups=ICU24groups,layout="spring",minimum=0.15,vsize=3,legend=TRUE,
borders=FALSE,graph="pcor")#使用graph设定为偏相关矩阵
```

输出结果如图7.20所示。

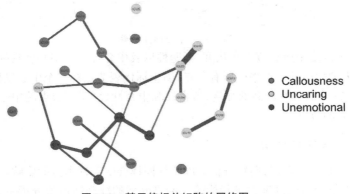

图7.20　基于偏相关矩阵的网络图

从图7.20可以明显看到基于两种矩阵所建立的网络结构图在边线密集程度上是不同的，在基于偏相关矩阵网络中呈现的边线更少，表明用相关矩阵建立的网络结构图实际存在一些虚假关系，即一些节点之间的关系是通过第三个节点建立起来的，并非为两两直接相连的边线，因此没有呈现出来。

最后，当建立网络结构图后，可以通过设置一些参量把网络图保存下来，例如"filetype="用于设定文件类型以及文件所在路径，具体命令如下：

```
> qgraph<-qgraph(cor_auto(data),groups=ICU24groups,layout="spring",minimum=0.15,cut=0.4,vsize=
3,legend=TRUE,legend=TRUE,borders=FALSE,,legend.cex=0.3,filetype="jpg",filename="qgraph",
height=5,width=10)#这里使用"filetype=jpg"将文件格式设置为jpg格式图片,filename="qgraph"将文件
命名为qgraph,而height=5,width=10则是设置图片大小。
```

4）计算中心度指标

当建立网络结构图后，即可计算网络中节点的中心度指标，以便了解网络中节点的重要程度。那么，如何计算中心度指标呢？可以通过"centrality_auto"这个函数实现。如果想进一步得到可视化结果，可使用"centralityPlot"这个函数实现。计算中心度指标及其可视化结果的具体命令如下：

```
> centrality_auto(qgraph)#计算中心指标
> centralityPlot(qgraph,include=c("Strength","Closeness","Betweenness"))#中心指标可视化结果
```

输出结果如图7.21所示。

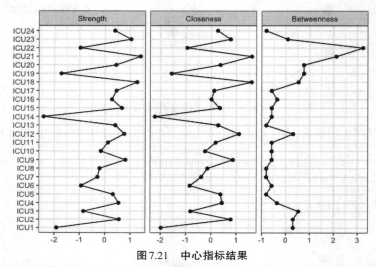

图7.21　中心指标结果

图7.21展示了网络中所有节点在强度、紧密性以及中介性三个中心度指标的可视化结果。如图7.21所示，纵轴代表的是网络中所有节点，横坐标代表节点在三个中心度指标上的标准化结果。例如，ICU21节点具有较高的强度、紧密性和中介性，表明该节点的中心性较高，即为网络结构中较为核心的节点。

5）网络分析的准确性检验

与其他统计分析方法类似，网络分析的准确性同样会受到样本量的影响。因此，在建立网络图后，需要对网络分析的准确性进行检验。网络分析的准确性检验分析主要是使用bootnet程序包（Epskamp et al.，2018）来实现，包括三种方法的检验：第一，计算边线的Bootstrap置信区间。第二，检验节点在中心度指标的稳定性。第三，检验节点或者边线之间的差异。接下来将具体介绍如何使用bootnet实现以上三种检验方法。

在进行准确性检验前，需要先建立网络图。除了qgraph包以外，还可以使用bootnet包的"estimateNetwork"函数来进行网络分析估计。

```
>library(bootnet)#运行bootnet程序包
>Network<-estimateNetwork(data,default="cor")#data为数据，这里用default="cor"来设定矩阵类型为相关矩阵。另外，还可以使用default="pcor"设定偏相关矩阵和default="glasso"设定为自适应LASSO算法矩阵"lasso"等。
>plot(Network,groups=ICU24groups,layout='spring')#建立网络图
```

输出结果如图7.22所示。

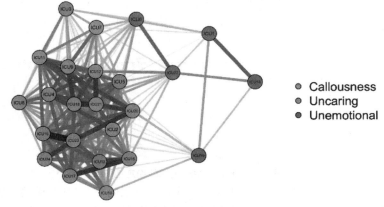

图7.22　基于相关矩阵的网络图

（1）计算边线的Bootstrap置信区间

```
>Results1<-bootnet(Network,statistics=c("strength","closeness","betweenness","edge"),nBoots=1000,
nCores=8)#使用statistics=""设定需要估计的统计量
>plot(Results1,labels=FALSE,order="sample")
```

输出结果如图7.23所示。

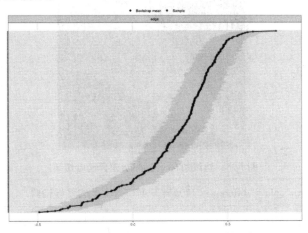

图7.23　边线权重的Bootstrapped置信区间

如图7.23所示，纵轴表示网络中的所有边线，横轴表示置信区间。图中包括两条不同颜色的线，对应原样本所估计的均值以及通过bootstrapping方法估计出来的均值，灰色部分则代表两种方法所对应的置信区间。一般来说，与传统的参数估计结果解释类似，不同边线权重的置信区间重叠代表这些边线权重的差异不显著。

（2）检验节点在中心指标的稳定性

```
>Results2<-bootnet(Network,statistics=c("strength","closeness","betweenness"),nBoots=1000,nCores=
8,type="case")
>plot(Results2,statistics=c("strength","closeness","betweenness"))
```

输出结果如图7.24所示。

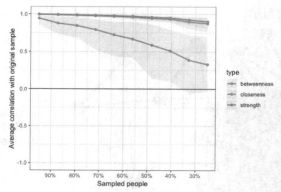

图 7.24 节点在中心指标的稳定性

如图 7.24 所示,纵轴为原样本与样本量减少所估计结果的关联程度,横轴为样本数量。图中红色表示节点在强调中心性的具体值,红色范围代表的是对应的置信区间。如图所示,随着样本量减少,强度的稳定性在逐步下降。

(3)检验节点或者边线之间的差异

```
>plot(Results1,"edge",plot="difference",onlyNonZero=TRUE,order="sample")#边线的差异检验
```

输出结果如图 7.25 所示。

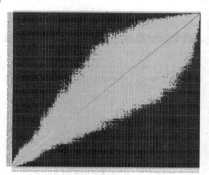

图 7.25 边线的 bootstrapped 差异检验结果

```
>plot(Results1,"strength",plot="difference")#分析节点在强度上的差异检验
```

输出结果如图 7.26 所示。

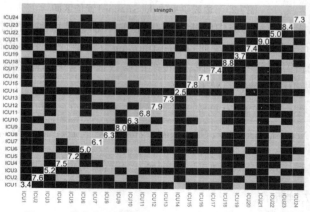

图 7.26 节点在强度中心性的 bootstrap 差异检验结果

图 7.25 和图 7.26 分别为网络中所有边线和节点之间的差异检验结果。纵轴和横轴为网络中的边线或者节点。图中黑色方格表示两者之间存在显著性差异,白色则表示两者之间的差异并不显著,中间斜线表示的是边线或者节点的具体值。如图 7.26 所示,与其他节点相比,节点 ICU21 与其他节点存在更多显著性差异。

综上所述,通过比较分析两样本的网络结构以及各个节点的中心性指标,发现淡漠因子题目位于网络结构的中间位置。另外,无情因子题目则位于网络结构的边缘位置,并呈现与淡漠因子和冷酷因子的题目存在较少的关联。本研究得出如下结论:淡漠是青少年 CU 特质的核心特征。本研究发现拓展了国内青少年 CU 特质核心特征的理解,为干预与治疗青少年 CU 特质提供了更多的理论意义和临床价值。

7.3.2 儿童精神病态纵向网络分析研究

下文将以一项儿童精神病态纵向网络分析研究作为例子(Zhang et al., 2022)具体介绍如何进行一项纵向网络分析研究。与上面的例子不同,这一研究在研究设计上使用了纵向研究方法,探讨的是网络结构在时间维度上的稳定性问题,即网络结构是否会随着时间推移而发生变化。除此以外,本研究仅比较单一样本的纵向网络结构。即便存在一些不同,但是这两项研究的研究思路基本是一致的,只是基于不同视角的网络结构比较,上面的例子是基于不同特征的样本进行比较,而本研究则是基于同一样本在不同时间截点上的比较。两项研究的基本思路都是进行以下分析步骤:估计网络结构、计算中心指标、网络结构的准确性分析以及不同网络之间的比较。因此,无论是进行横断研究还是纵向研究,可以按照上述思路对数据进行分析。

接下来将具体介绍这一项研究。精神病态(Psychopathy)是一种个体表现在人际关系、情感、生活方式以及反社会行为等方面的人格障碍,具体表现为缺乏同理心和懊悔感、自大、操纵他人、冲动以及不负责任等多种特点(Hare, 2003)。虽然精神病态的三因子和四因子结构得到较为一致的认可,但是精神病态的核心特征仍然存在较大的争议。这一争议在儿童青少年身上表现得尤为明显。有研究者认为应该重点关注精神病态的情感成分(即冷酷无情特质)(Frick et al., 2014),另外也有研究者认为精神病态的其他成分,例如人际关系和行为方式,这些特质连同冷酷无情特质同样需要关注(Salekin et al., 2018)。因此,为了解儿童精神病态的核心特征,本研究拟通过网络分析方法探索儿童精神病态的网络结构,从而揭示其核心特征。同时,为了进一步了解这一网络结构是否会随着时间推移而出现变化的稳定性问题,本研究通过纵向研究设计以分析在不同时间点的网络结构。基于以上考虑,这一研究以广东省某小学 268 名学生为被试,使用儿童问题行为问卷(the Child Problematic Traits Inventory)中文版(Wang et al., 2018)为测量工具探索儿童精神病态的网络结构。该测量工具共 28 题,包含三个分量表,分别是冷酷无情(Callous-unemotional, CU)、夸大欺骗(Grandiose-deceitful, GD)、冲动和刺激寻求(Impulsive-Need for Stimulation, INS),题目均采用李克特 4 级计分方式。本研究在 2016 年至 2019 年每间隔一年收集一次数据,共收集 4 次数据,数据分析的基本思路是分别对每个时间点的数据进行分析,然后再对比每个时间点上的网络结构结果进行分析。接下来展示如何使用程序包对数据进行网络分析。

首先,与上面的实例操作一样,需要先进行程序包的安装与运行以及数据读取和导入。这两部分内容与上文类似,在此不再赘述,直接从网络分析的步骤开始。

1)建立网络结构图

基本分析思路为先分别对每个时间点所收集的数据进行网络估计,再输出网络结构图。具体的分析语句如下所示:

```
>Network1<-estimateNetwork(Data1, default = "cor")#Time 1 的网络估计
>Network2<-estimateNetwork(Data2, default = "cor")#Time 2 的网络估计
```

```
>Network3<-estimateNetwork(Data3, default = "cor")#Time 3的网络估计
>Network4<-estimateNetwork(Data4, default = "cor")#Time 4的网络估计
```

为了方便不同网络结构的比较,这里使用了qgraph程序包中的averageLayout用于统一格式。

>L <- averageLayout(Network1,Network2,Network3,Network4)#将网络设置为统一格式用于比较

输出统一格式下网络结构图的语句如下所示:

```
>Network1G <- plot(Network1, layout = L, title= "Time 1", groups=groups, minimum=0.4, cut=0.4, vsize=8,
legend=FALSE,borders=TRUE, palette="colorblind",label.cex=1)#输出 Time 1 的网络结构图
>Network2G<- plot(Network2, layout = L, title= "Time 2", groups=groups, minimum=0.4, cut=0.4, vsize=8,
legend=FALSE,borders=TRUE, palette="colorblind",label.cex=1) #输出 Time 2 的网络结构图
>Network3G <- plot(Network3, layout = L, title= "Time 3", groups=groups, minimum=0.4, cut=0.4, vsize=8,
legend=FALSE,borders=TRUE, palette="colorblind",label.cex=1) #输出 Time 3 的网络结构图
>Network4G <- plot(Network4, layout = L, title= "Time 4", groups=groups, minimum=0.4, cut=0.4, vsize=8,
legend=FALSE,borders=TRUE, palette="colorblind",label.cex=1) #输出 Time 4 的网络结构图
```

输出结果如图7.27所示。

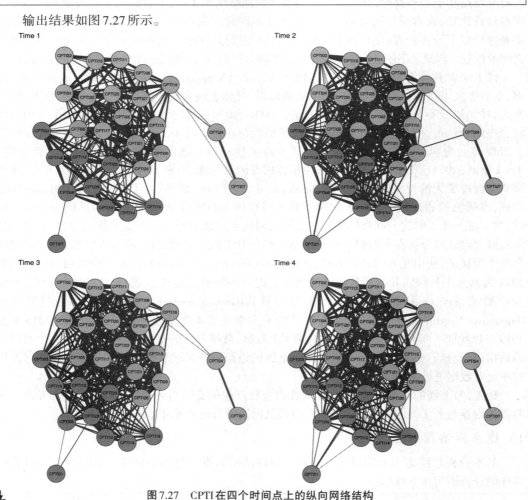

图7.27 CPTI在四个时间点上的纵向网络结构

注:橙色节点为CU特质题目,蓝色节点为夸大欺骗题目,绿色节点为冲动和刺激寻求题目。结果来源于Zhang等人(2022)。

如图 7.27 所示,发现 CPTI 网络结构在四个时间点的结果比较一致,表明该网络结构具有一定的稳定性。另外,还发现 CPTI 网络结构具有这样的特点:第一,分成三个聚类,与维度下题目所测量的内容相似性保持一致。第二,部分题目在网络中的位置具有明显区别,例如第 20、25 和 27 题位于 CU 特质题目聚类中较为中心的位置,第 15 和 21 题位于夸大欺骗题目聚类中较为中心的位置,而第 1、7 和 24 题则位于整个网络结构中较为外围的位置。

2)计算中心指标

基本分析思路为先分别计算每个时间点网络结构中节点的中心指标,然后输出中心指标比较的可视化结果。具体的分析语句如下所示:

```
centralityPlot(list(Time1=cor_auto(Data1),
        Time2 = cor_auto(Data2), Time3=cor_auto(Data3),
        Time4 = cor_auto(Data4)),
    include=c("Strength","Closeness"),orderBy="Strength")
```

输出结果如图 7.28 所示:

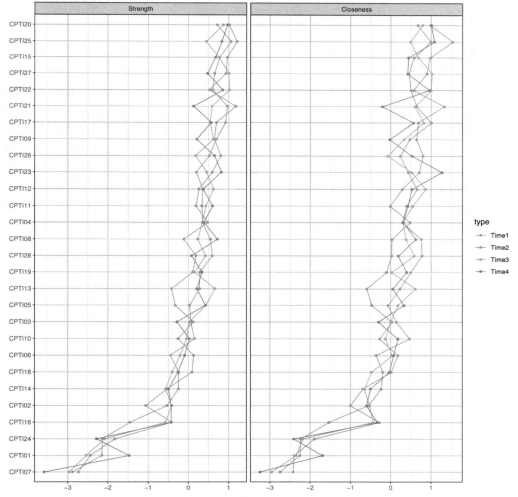

图 7.28　CPTI 纵向网络在四个时间点的中心指标结果

注:结果来源于 Zhang 等人(2022)。

如图 7.28 所示,发现 CPTI 题目在四个时间点上的中心指标结果较为一致,其中第 15、20、21、25、27 题具有较高的中心指标,表明这些题目位于网络结构中较为中心的位置,与图 27 的网络结构图结果一致。

3）网络分析的准确性检验

基本分析思路为分别对使用每个时间点所收集的数据进行估计的网络结构进行准确性分析。具体操作内容与上文例子类似,在此不再赘述。

综上所述,通过比较基于不同时间点的网络结构以及各个节点的中心性指标,发现 CPTI 纵向网络结构具有一定的稳定性,其中一些题目位于较为中心的位置,例如第 15 题"与同龄人相比,他/她更经常撒谎。"、第 20 题"他/她大多数时候看起来并不在乎别人的感受和想法。"、第 21 题"他/她认为通过欺骗他人来达到目的是有效的。"、第 25 题"他/她做了不被允许的事时并没有表现出内疚。"和第 27 题"他/她不会表现出和同龄人同样程度的内疚。"。综上这些发现表明缺乏懊悔感、不关心他人感受以及欺骗位于儿童精神病态网络结构中的核心位置,说明这些特征为儿童精神病态的核心特征。因此,本研究发现拓展了国内儿童精神病态核心特征及其稳定性的理解,为针对儿童精神病态的干预与治疗提供了更多的理论意义和临床价值。

7.4　本章小结

本章从网络分析的概念与内涵、发展背景、基本原理以及实际应用等方面来介绍网络分析方法,最后以一个实际例子具体展示如何进行一项网络分析研究,以及使用 qgraph 和 bootnet 程序包来实现统计分析。作为一种新取向,网络分析在临床心理学领域为理解精神障碍和症状之间的关系提供了新的视角。纵然已有一些研究成果,但目前处于初步发展阶段,需要更多研究对这种方法进行探索与验证,以保证其在心理学领域的推广性,尤其是研究结果的稳定性。目前研究者对网络分析结果的稳定性存在一些争议,例如有研究者对这种方法在研究结果的稳定性方面产生质疑(Forbes et al.,2017a;Forbes et al.,2017b)。因此,网络分析方法作为一种新的取向,未来需要更多研究对其进行验证。

本章的核心要点:

(1)网络结构由一系列节点以及这些节点之间的边线所构成。

(2)网络分析将心理特性看作是一系列变量之间互相影响所构成的结果。

(3)网络分析方法为理解变量之间的关系提供可视化结果。

(4)目前主要应用在精神病理学、人格心理学以及心理测量领域。

(5)除了估计网络结构之外,还需要进一步检验该网络结构的准确性和稳定性。

本章参考文献

American Psychiatric Association. (2013). *Diagnostic and statistical manual of mental disorders* (5th ed.). Washington, DC: Author.

Borsboom, D., & Cramer, A. O. J. (2013). Network analysis: An integrative approach to the structure of psychopathology. *Annual Review of Clinical Psychology*, 9, 91–121.

Bringmann, L. F., Vissers, N., Wichers, M., Geschwind, N., Kuppens, P., Peeters, F., ⋯ Tuerlinckx, F. (2013). A Network Approach to Psychopathology: New Insights into Clinical Longitudinal Data. *PLOS ONE*, 8, e60188.

Butts, C. T. (2008). "network: a Package for Managing Relational Data in R." *Journal of Statistical Software*, 24.

Chen, J., & Chen, Z. (2008). Extended bayesian information criteria for model selection with large model spaces. *Biometrika*, 95, 759–771.

Costantini, G., & Epskamp, S. (2017). EstimateGroupNetwork: Perform the joint graphical lasso and selects tuning parameters. R package (Version 0.1.2) [Computer software]. Retrieved from https://cran.r-project.org/web/packages/EstimateGroupNetwork/index.html

Costantini, G., & Perugini, M. (2012). The definition of components and the use of formal indexes are key steps for a successful application of network analysis in personality psychology. *European Journal of Personality*, 26, 434–435.

Costantini, G., & Perugini, M. (2016). The network of conscientiousness. *Journal of Research in Personality*, 65, 68–88.

Costantini, G., Epskamp, S., Borsboom, D., Perugini, M., Mõttus, R., Waldorp, L. J., & Cramer, A. O. J. (2015). State of the aRt personality research: A tutorial on network analysis of personality data in R. *Journal of Research in Personality*, 54, 13–29.

Cox, D. R., & Wermuth, N. (1994). A note on the quadratic exponential binary distribution. *Biometrika*, 81, 403–408.

Cramer, A. O. J., van der Sluis, S., Noordhof, A., Wichers, M., Geschwind, N., Aggen, S. H., ⋯Borsboom, D. (2012). Dimensions of normal personality as networks in search of equilibrium: You can't like parties if you don't like people. *European Journal of Personality*, 26, 414–431.

Cramer, A. O., Waldorp, L. J., van der Maas, H. L., & Borsboom, D. (2010). Comorbidity: a network perspective. *The Behavioral and brain sciences*, 33, 137–193.

Csardi, G., & Nepusz, T. (2006). The Igraph Software Package for Complex Network Research. InterJournal 2006, Complex Systems, 1695.

Danaher, P., Wang, P., & Witten, D. M. (2014). The joint graphical lasso for inverse covariance estimation across multiple classes. *Journal of the Royal Statistical Society: Series B (Statistical Methodology)*, 76, 373–397. doi:10.1111/rssb.12033

De Nooy, W., Mrvar, A., & Batagelj, V. (2011). *Exploratory social network analysis with pajek* (Vol. 27). Cambridge, UK: Cambridge University Press.

Deng, J., Wang, M-C., Shou, Y., & Gao, Y. (2020). Core features of Callous-Unemotional Traits: Network analysis of the Inventory of Callous-Unemotional Traits in community and offender Samples. *Journal of Clinical Psychology*. doi:10.1002/jclp.23090

Deserno, M. K., Borsboom, D., Begeer, S., & Geurts, H. M. (2017). Multicausal systems ask for multicausal approaches: A network perspective on subjective well-being in individuals with autism spectrum disorder. *Autism*, 21, 960–971.

Dolan, C., Oort, F., Stoel, R., & Wicherts, J. (2009). Testing Measurement Invariance in the Target Rotated Multigroup Exploratory Factor Model. *Structural Equation Modeling: A Multidisciplinary Journal*, 16, 295–314.

Efron, B. (1979). Bootstrap methods: another look at the jackknife. *The Annals of Statistics*, 7, 1–26.

Epskamp, S., & Fried, E. I. (2018). A tutorial on regularized partial correlation networks. *Psychological methods*, 23, 617–634.

Epskamp, S., Borsboom, D., & Fried, E. I. (2018). Estimating psychological networks and their accuracy: A tutorial paper. *Behavior Research Methods*, *50*, 195–212. doi: 10.3758/s13428-017-0862-1

Epskamp, S., Cramer, A. O. J., Waldorp, L. J., Schmittmann, V. D., & Borsboom, D. (2012). qgraph: Network visualizations of relationships in psychometric data. *Journal of Statistical Software*. Advance online publication.

Forbes, M. K., Wright, A. G. C., Markon, K. E., & Krueger, R. F. (2017b). Further evidence that psychopathology networks have limited replicability and utility: Response to Borsboom et al. (2017) and Steinley et al. (2017). *Journal of Abnormal Psychology*, *126*, 1011–1016.

Forbes, M., Wright, A., Markon, K., & Krueger, R. (2017a). Evidence that psychopathology symptom networks have limited replicability. *Journal of Abnormal Psychology*, *126*, 1011–1016.

Foygel Barber, R., & Drton, M. (2015). High-dimensional Ising model selection with bayesian information criteria. *Electronic Journal of Statistics*, *9*, 567–607.

Foygel, R., & Drton, M. (2010). Extended Bayesian information criteria for Gaussian graphical models. *Advances in Neural Information Processing Systems*, *23*, 2020–2028.

Frani'c, S., Borsboom, D., Dolan, C. V., & Boomsma, D. I. (2014). The big five personality traits: psychological entities or statistical constructs? *Behavior genetics*, *44*, 591–604.

Frick, P. J. (2004). *The Inventory of Callous-Unemotional Traits*. Unpublished rating scale, University of New Orleans.

Frick, P. J., Ray, J. V., Thornton, L. C., & Kahn, R. E. (2014). Can callous-unemotional traits enhance the understanding, diagnosis, and treatment of serious conduct problems in children and adolescents? A comprehensive review. *Psychological Bulletin*, *140*, 1–57.

Fried, E. I., & Cramer, A. O. J. (2017). Moving forward: challenges and directions for psychopathological network theory and methodology. *Perspectives on Psychological Science*, *12*, 999–1020. http://doi.org/10.17605/OSF.IO/BNEK

Fried, E. I., Eidhof, M. B., Palic, S., Costantini, G., Huisman-van Dijk, H. M., Bockting, C., Engelhard, I., Armour, C., Nielsen, A., & Karstoft, K. I. (2018). Replicability and Generalizability of Posttraumatic Stress Disorder (PTSD) Networks: A Cross-Cultural Multisite Study of PTSD Symptoms in Four Trauma Patient Samples. *Clinical psychological science*, *6*, 335–351.

Friedman, J. H., Hastie, T., & Tibshirani, R. (2008). Sparse inverse covariance estimation with the graphical lasso. *Biostatistics*, *9*, 432–441.

Friedman, J. H., Hastie, T., & Tibshirani, R. (2014). glasso: Graphical lassoestimation of gaussian graphical models [Computer software manual].

Friedman, J., Hastie, T., & Tibshirani, R. (2008). Sparse inverse covariance estimation with the graphical lasso. *Biostatistics*, *9*, 432–441. doi:10.1093/biostatistics/kxm045

Guo, J., Levina, E., Michailidis, G., & Zhu, J. (2011). Joint estimation of multiple graphical models. *Biometrika*, *98*, 1–15.

Handcock M, Hunter D, Butts C, Goodreau S, Krivitsky P, Morris M (2018). ergm: Fit, Simulate and Diagnose Exponential-Family Models for Networks. The Statnet Project (http://www.statnet.org).

Hare, R. D. (2003). *The Hare Psychopathy Checklist-Revised* (2nd ed.). Toronto, Canada: Multi-Health Systems.

Haslbeck, J. M. B., & Waldorp, L. J. (2020). mgm: Structure estimation for time-varying mixed graphical models in high-dimensional data. *Journal of Statistical Software*, *93*, 1–46.

Heeren, A., & McNally, R. J. (2016). An integrative network approach to social anxiety disorder: The complex dynamic interplay among attentional bias for threat, attentional control, and symptoms. Journal of Anxiety Disorders, *42*, 95–104.

Ising, E. (1925). Beitrag zur theorie des ferromagnetismus. Z. Phys. A-Hadrons. *Nucl*, *31*, 253–258.

Kindermann, R. & Snell, J. L. (1980) *Markov Random Fields and their Applications*. American Mathematical Society Providence, RI.

Koenders, M. A., Kleijn, R. de, Giltay, E. J., Elzinga, B. M., Spinhoven, P., & Spijker, A. T. (2015). A Network Approach to Bipolar Symptomatology in Patients with Different Course Types. *PLOS ONE*, *10*, e0141420.

Koller, D., & Friedman, N. (2009). *Probabilistic graphical models: Principles and techniques*. Cambridge, MA: MIT Press.

Lauritzen, S. L. (1996). Graphical models. Oxford, UK: Clarendon Press.

Luke, D. A., & Harris, J. K. (2007). Network analysis in public health: history, methods, and applications. *Annual review of public health*, 28, 69–93.

McElroy, E., Fearon, P., Belsky, J., Fonagy, P., & Patalay, P. (2018). Networks of depression and anxiety symptoms across development. *Journal of the American Academy of Child & Adolescent Psychiatry*, 57, 964–973.

McNally, R. J., Robinaugh, D. J., Wu, G. W., Wang, L., Deserno, M. K., & Borsboom, D. (2015). Mental disorders as causal systems a network approach to posttraumatic stress disorder. *Clinical Psychological Science*, 3, 836–849.

Murphy, K. P. (2012). *Machine learning: A probabilistic perspective*. Cambridge, MA: MIT Press

Newman, M. E. J. (2003). The structure and function of complex networks. *SIAM review*, 45, 167–256. 209

Pourahmadi, M. (2011). Covariance estimation: The GLM and regularization perspectives. *Statistical Science*, 26, 369–387.

Preszler, J., Marcus, D. K., Edens, J. F., & McDermott, B. E. (2018). Network analysis of psychopathy in forensic patients. *Journal of Abnormal Psychology*, 127, 171–182.

R Core Team (2018). *R: A language and environment for statistical computing*. Vienna, Austria: R Foundation for Statistical Computing.

Salekin, R. T., Andershed, H., Batky, B. D., & Bontemps, A. P. (2018). Are Callous Unemotional (CU) traits enough? *Journal of Psychopathology and Behavioral Assessment*, 40, 1–5.

Santos, H. P., Jr., Kossakowski, J. J., Schwartz, T. A., Beeber, L., & Fried, E. I. (2018). Longitudinal network structure of depression symptoms and self-efficacy in low-income mothers. PLoS ONE, 13, e0191675.

Schlegel, K., Grandjean, D., & Scherer, K. R. (2013). Constructs of social and emotional e↵ectiveness: Di↵erent labels, same content? *Journal of Research in personality*, 47, 249–253.

Schmittmann, V. D., Cramer, A. O. J., Waldorp, L. J., Epskamp, S., Kievit, R. A., & Borsboom, D. (2013). Deconstructing the construct: A network perspective on psychological phenomena. *New Ideas in Psychology*, 31, 43–53.

Tibshirani, R. (1996). Regression shrinkage and selection via the lasso. *Journal of the Royal Statistical Society Series B*, 58, 267–288.

van Borkulo, C. D., Borsboom, D., Epskamp, S., Blanken, T. F., Boschloo, L., Schoevers, R. A., & Waldorp, L. J. (2014). A new method for constructing networks from binary data. *Scientific reports*, 4, 1–10.

van Borkulo, C. D., Waldorp, L. J., Boschloo, L., Kossakowski, J., Tio, P., L., Schoevers, R.A., & Borsboom, D. (2016). Comparing network structures on three aspects: A permutation test. doi: 10.13140/RG.2.2.29455.38569.

van Borkulo, C., Boschloo, L., Borsboom, D., Penninx, B. W., Waldorp, L. J., & Schoevers, R. A. (2015). Association of Symptom Network Structure with the Course of Longitudinal Depression. *JAMA psychiatry*, 72, 1219–1226.

Wang, M.-C., Shou, Y., Liang, J., Lai, H., Zeng, H., Chen, L., & Gao, Y. (2019). Further Validation of the Inventory of Callous-Unemotional Traits in Chinese Children: Cross-Informants Invariance and Longitudinal Invariance. *Assessment*, 27, 1668–1680.

Wang, M-C., Colins, O. F., Deng, Q., Deng, J., Huang, Y., & Andershed, H. (2018). The Child Problematic Traits Inventory in China: A multiple informant-based validation study. *Psychological Assessment*, 30, 956–966.

Watters, C. A., Taylor, G. J., & Bagby, R. M. (2016). Illuminating the theoretical components of alexithymia using bifactor modeling and network analysis. *Psychological assessment*, 28, 627–638.

Wigman, J., van Os, J., Borsboom, D., Wardenaar, K., Epskamp, S., Klippel, A., ⋯ Wichers, M. (2015). Exploring the underlying structure of mental disorders: cross-diagnostic differences and similarities from a network perspective using both a top-down and a bottom–up approach. *Psychological Medicine*, 45, 2375–2387.

Zhang, X., Deng, J., Shou, Y., & Wang, M-C. (2022). Longitudinal Network Structure of Child Psychopathy Across Development in Chinese Community Children. *Current Psychology*.

Zhao, P., & Yu, B. (2006). On model selection consistency of lasso. *The Journal of Machine Learning Research*, 7, 2541-2563.

Ziegler, M., Booth, T., & Bensch, D. (2013). Getting entangled in the nomological net. *European Journal of Psychological Assessment*, 29, 157-161.

除了以上文献,还有一些网站上有相关资料可以参考,请扫"简明目录"页二维码查看。

8 分类测量学

8.1 引言

将事物进行归类几乎是人类的天性。人们总是把事情分类、命名,在此基础之上对事物进行研究。分类也是自然科学的核心。你无法想象化学家不对元素进行分类,物理学家不对细小的颗粒进行分类。当然,在行为科学领域也是如此。

分类对于关注个体差异的心理学家同样重要。临床心理学家的工作依赖于精神疾病分类系统,但是,研究者往往关注的是这些分类系统对于正常与异常区分的合理性。被精神疾病分类系统诊断为正常与异常的人到底是不是有本质的区别?还是他们仅仅是属于一个连续体上的不同位置?

虽然在心理学领域分类非常重要,但是在不同的问题上分类的精确性往往是学者关心的问题。例如,对于异常心理来说,依赖于精神疾病分类系统的方法,倾向于把精神障碍诊断成一个离散的、边界清晰的类别,类似于医学领域的诊断系统。对于特定的个体来说,有或者没有这些精神症状是分类的依据。与此相对的,在心理学的概念上,如智力和神经质,人们往往把这些特征看成是连续的、不同取值仅仅代表不同程度的连续体。心理结构是类别的还是维度的一直是心理学界争议的一个重要问题。区分心理结构的类别(间断的)或维度(连续的)属性对评估、分类、诊断、研究设计、统计分析和理论发展有重要意义(MacCallum et al.,2002;Meehl,1992;Meehl et al.,1994;Ruscio et al.,Ruscio,2006;Ruscio,2011)。尤其对于精神疾病来说,探明潜在结构不仅关系着恰当的临床诊断和干预,而且对确定特定的致病基因也非常重要(Demjaha et al.,2009;Haslam et al.,2002;Helzer, et al.,2006;Kamphuis et al.,2009;Lasky-Su et al.,2008;Widiger et al.,2005)。

用于探测潜在类别结构的统计技术有多种,如聚类分析(Cluster Analysis)、混合模型(Mixture Model)、潜类别分析(Latent Class Analysis)、潜在剖面分析(Latent Profile Analysis)、基于项目反应理论的分析方法(Dimension/Category, DIMCAT, De Boeck, Wilson, & Acton, 2005)以及Taxometric分析法(Meehl,1995)。其中发端于精神病理学领域的Taxometric分析法是目前使用最多的方法(任芬 等,2013;Ren et al.,2016;Ruscio et al.,2010)。

本章将着重介绍Taxometric分析法的使用条件和原理,选取几个常用的程序:MAMBAC、MAXEIG和LMode,对Taxometric方法的软件实现以及使用过程中需要考虑的一些重要问题进行说明(Ruscio et al.,2011),最后对Taxometric分析法的优缺点进行讨论。

8.2 Taxometric分析方法

Taxometric分析方法由明尼苏达大学Paul Meehl教授及其同事(Grove et al.,1993;Meehl,1995,1999;Meehl et al.,1994,1996;Miller,1996;Waller et al.,1998)创立和发展,这个分析法也是他们命名的,该分析法通过探测一组外显变量背后的潜在变量是连续的维度变量还是间断的分类变量来确定群体中是否存在异质群体。在Taxometric分析法中,一般将异质群体称为类别组(Taxon),剩余群体称为非类别组(Complement)。一个Taxon可以是一个类型、一个非人为的划分或者是一个自然的分类。所有的Taxon都是类别的,但不是所有的类别都是Taxon,必须是非人为的类型才可以称为Taxon。迄今为止,该分析法已经发展出十几种用于探测潜变量结构的程序,在近几年引起越来越多的关注(e.g., Lubke et al.,2010;Ruscio,2007;Ruscio et al.,2006;Walters et al.,2010),广泛用于精神病学、精神病理学和人格心理学等(Ren et al.,2013;Ren et al.,2020;Ruscio,2010;Ruscio et al.,2006)相关领域。

虽然一切分类方法都可以称为 Taxometric,但是本章涉及的 Taxometric 仅仅指基于切点一致动力学(Coherent Cut Kinetics,CCK)的分类方法。CCK 的名字就解释了这个方法的原理,是指"当切点在指标分布上移动时,会得到不同的亚群体,人们据此可以决定是否得到了预期结果"(Meehl,1999;2001)。这里的动力是指切点的移动变化,一致性指切分亚群体结果的一致。即,当切点在指定的指标变量上变化时,推论潜在参数(类别基础比率、均值等)应保持跨变量和跨程序的一致性。CCK 的数学基础为一般协方差混合理论(General Covariance Mixture Theorem,GCMT),关于该理论的数学原理可参见 Meehl 和 Yonce(1996)的文章以及 Schmidt、Kotov 和 Joiner(2004)的文章。CCK 包含一组统计程序,各程序对于指标的要求和需要的统计量是不同的,具体见图8.1。

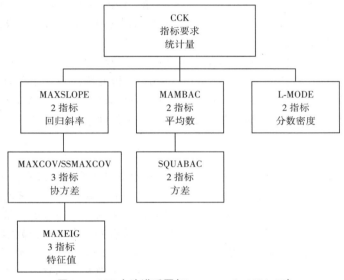

图8.1 CCK方法谱系图(Norman et al.,2004:89)

事实上,很多其他的探测潜类别结构的方法在计算上比 CCK 有优势,但是没有一种方法可以比拟 CCK 方法在认识潜变量本质上的优势。对于精神类疾病的诊断与认识是一项复杂的工作,但是 CCK 方法可以提供一个比较精准的认识(Lubke et al.,2010;Ruscio,2007;Ruscio et al.,2006;Walters et al.,2010)。

Taxometric 分析方法是一个有着许多特征的假设检验技术。第一,Taxometric 分析方法考查的是观测变量也就是指标(indicator)之间的关系,而不是被试在指标上的分数分布形态。第二,每个程序都会得到一些关于潜在类别的重要参数,且有直观的图形可以用来判断潜在结构的性质。第三,程序提供简洁的证据,可以很好地帮助理解结果。第四,多个程序的一致性可以提供一个聚合证据,而不是简单地根据假设检验得出显著性。第五,最终潜在结构的性质依赖于各个结果之间的一致性。

特征1:检验指标之间的关系

Taxometric 分析方法依赖于 Bootstraps 抽样(Cleland et al.,1996),在缺乏金标准的情况下,使用观测指标去估计心理构念的潜在结构。不管一个构念的指标是离散的分布还是连续的分布,指标之间的关系可以提供有用的价值。Taxometric 分析方法考查的就是在潜在分类存在与否的情况下,指标之间关系的不同模式,还可以根据一定的方法确定某一指标是否是必要的、充分的。

特征2：提供图形结果与模型参数的估计

Taxometric分析方法提供潜在类别的图形，可以用来对潜在类别进行判断，还可以提供重要的模型参数（如类别基础比率）。当Taxometric分析方法用于合适的数据时，会针对潜在的类别结构和潜在维度结构产生不同形状的图形。检验Taxometric曲线的形状，可以让研究者发现潜在的影响因素（如指标偏态），这是纯数据结果发现不了的，允许违反非必要的、严格假设的数据用于Taxometric分析。最后，有证据表明，Taxometric关于潜在变量结构的结果比其他程序要准确和可靠。在两项Monte Carlo研究中（Meehl et al.，1994，1996），让不同的被试对Taxometric分析得到的图形进行一致性判断，被试之间判断的一致性较高，且对于类别基础比率的估计较准确。但是需要注意的是，Monte Carlo研究中数据是模拟产生的，比较理想，产生的图形较实际数据的图形更易于判断。也有研究表明，对于实证数据而言，重要的模型参数（如类别基础比率）的估计是有偏差的。因此，即使Taxometric分析方法有各种优势，但是对于它的应用还没有普及。

特征3：提供简洁的证据

Taxometric分析方法通过一系列程序来对潜在变量的结构进行判定。每一个程序都会在类别的结构和维度的结构之间进行选择。Taxometric分析方法的各程序在原理和数学操作上又是各不相同的，所以各个程序之间可以互为辅助，为结果提供更多证据。也就是说，每个程序单独对潜在结构进行判断，这样避免了根据单一程序得到结论犯错的可能性。这与传统的统计检验不同。

特征4：要求聚合证据

Taxometric分析方法可以根据各程序的图形和模型估计参数对结果有一个判断，依据的是各个程序之间结果的一致性，而不是统计显著性检验。至于抛弃统计显著性检验的原因主要有两个：第一，任何关于目标变量结构的模型都是错的。因为我们在考虑模型对于数据的拟合时，仅仅可以得到一个模型优于另一个模型的结论，而没有办法直接比较数学或统计模型与目标变量的结构。而较优模型的判定依赖于模型拟合指数，拟合指数又受到特定检验假设的影响。例如，在潜在类别分析LCA中，含有较多个类别的模型总是比含有较少类别的模型在拟合指数上表现要好，因为较多类别的模型更能满足局部独立性假设。随着类别个数的增加，每个类别内渐渐变得同质，类别内指标分数的全距变窄，从而使指标的方差变小。其结果导致在含有多个类别的模型中，局部独立性得到更好的满足，不管真实的潜在结构如何，更容易选择多个类别的模型。第二，Taxometric分析方法不依赖于受大样本影响的统计显著性检验（Meehl，1967）。在大样本情况下，即使模型不拟合数据，基于p值的拟合指数也总是达到统计显著性。当然可以通过选用那些不是基于p值的拟合指数来对模型进行选择，这也仅仅是减少了大样本的影响；或者可以通过竞争模型来判断潜在结构，但是这仅仅是在几个备选模型中比较出了哪个模型较符合潜在结构，并没有办法判定选择出来的模型是否拟合数据，且比较模型的拟合依然受样本量影响。

特征5：要求一致性检验

与依赖于零假设的假设检验或基于竞争模型的拟合指数不同，Taxometric分析方法的基础是寻求尽可能多的非重复性证据，证据越多，结果越一致，那么就有更大的把握对潜在结构的属性进行判断。Taxometric分析方法的几个程序由独立的分析过程组成，使用多个分析程序的结果可以进行一致性检验。这种一致性检验系统是Taxometric分析方法独有的，保证了结果的准确性，避免根据单一结果进行解释可能的错误。

另外，还有很多方法可以对Taxometric结果的一致性进行检验。例如，Taxometric分析方法的每一个程序都可以使用不同的观测指标进行多次运算。每次运算可以使用不同指标的组合，也可以使用具有相同指标的不同样本。通过每次运算的图形和模型参数来考查结果的一致性。对于好的 Taxometric 分析来说,每次分析的结果都为潜在结构的检验提供了缜密的证据,这样可以避免单——次分析带来的误差等。

Taxometric 分析方法的推论框架

每个 Taxometric 分析方法或者是一致性检验都希望可以准确判断类别或维度数据。对于结果的理解部分地依赖于个体使用的推论框架。对于结果的解释至少有三种可能:数据是类别结构的、数据是维度结构的、数据的结构是没办法清晰判断的。这里简要介绍三种推论框架。

框架 1:零假设是数据为维度结构。

一般把想检验的假设作为零假设,这里把数据是维度结构作为零假设(H0),而与之对应的数据是类别结构作为备择假设(H1)。拒绝 H0,意味着没有找到足够的证据,不得不增加接受 H1 的可能。但是从逻辑上来讲,拒绝数据是维度结构的零假设,并不意味着数据是类别结构的。因为拒绝 H0 之后,也可能有别的结果出现,如非线性或多层模型,因此会出现犯一类错误的可能。如果没能成功拒绝 H0,结果会出现使研究者两难的情况。数据可能是维度的,或者是现在的数据没能成功探测到数据的类别结构,即没有足够的统计检验力去正确拒绝 H0,这就犯了二类错误。另外一种情况,研究者需要考虑更多的因素才能对数据的潜在结构进行推论。

在近似类别的结果时,如果想要接受 H1,需要对较复杂的维度模型进行估计。在近似维度的结果时,如果无法拒绝 H0,需要估计数据的结构与现在的程序分析假设是否一致。如果,数据适合 Taxometric 分析方法程序,使用特定的分析程序,很可能暂时得到数据结构是维度的结果。如果数据足够,但实现程序比较模糊,很可能得不到清晰的结果。这个逻辑对任何使用统计显著性检验的人来说都不陌生。Beauchaine(2007)以及 Beauchaine 和 Beauchaine(2002)认为这个推论框架是适合 Taxometric 分析方法的,但是,在得出数据结构是维度的结论时需要格外小心。

框架 2:零假设是数据为类别结构。

这里把数据是类别结构作为零假设(H0),而与之对应的数据是维度结构作为备择假设(H1)。拒绝 H0,意味着没有找到足够的证据,不得不增加接受 H1 的可能。而无法拒绝 H0,则意味着数据结构是模糊的、无法确定的:类别模型可能是正确的,或没有足够的统计检验力可以正确拒绝 H0。迄今为止,还没有任何一个研究者将数据是类别结构作为零假设。

框架 3:数据是维度结构还是类别结构作为竞争假设。

这种推论框架没有把任何一种数据结构作为零假设,而是采取另外的策略,比较数据更可能是维度的结构还是数据是类别的结构。也就是说,这种推论框架把数据是维度结构还是类别结构作为两种竞争假设。在对结果进行解释时,不再单纯地考虑是拒绝 H0,还是没有足够的证据拒绝 H0,而是看结果相对地更接近哪种数据结构。这样就会出现三种结果:数据支持维度结构、数据支持类别结构、数据哪种结构也不支持。Ruscio and Ruscio(2004)认为这种推论框架更适合 Taxometric 分析方法。同样,Meehl(2004)也支持这种推论框架。这种推论框架与信号检测论相似,其过程本质上是一种统计决策程序,需要在两种结果中选择一个,希望这两种结果重合部分尽量少。

这个推论框架与之前的不同之处在于:不再试图去寻找支持或者否定某一个假设的证据,而是寻找相对来说支持或否定两个竞争假设其中哪一个的证据。这也就意味着数据应该能够区分出类别或维度结构,可以为其中一个假设提供证据。这要求推论的证据可以支持一种潜在结构,而不支持与之相对的竞争结论即另一种潜在结构。

在 Taxometric 分析方法中,我们采取这种竞争—假设推论框架,并不要求其他的研究者也采取这种推论框架。有些研究者采取第一种推论框架,将数据是维度结构作为零假设,寻找可以拒绝零假设的证据,直到证据比较充分时,这种框架下得出的结论才是比较合适的。

对于分类问题的处理可以采取很多不同的分析技术:判定某一个潜在变量的结构是连续的维度还是离散的类别。判定离散类别的存在可以根据变量的分布形态来进行检验,如果是双峰分布,那么就可以判断存在Taxon。这种方法有着显而易见的缺陷,随着更成熟的多变量方法的发展而渐渐被淘汰。但是,对于分类问题的不同处理技术,如混合模型(Mixture Model)、潜类别分析(Latent Class Analysis)、聚类分析(Cluster Analysis)等并没有可以直接比较优劣的方法,而Taxometric分析方法可以直接区分出数据是更支持维度结构还是类别结构。Taxometric分析方法并不需要在不同的处理技术间做出比较,但是有某些特定的条件可以影响数据支持某一种竞争假设的程度。

混合模型(Mixture Model)、LCA、聚类分析(Cluster Analysis)等方法很难确定构念准确的潜在类别个数,尤其对一个潜在类别(维度)还是两个潜在类别(类别)的模型无法做出区分。Taxometric分析方法,在各种条件下均可以稳定、有效地区分数据结构是维度的还是类别的。Taxometric分析方法与其他分类方法的区别还在于有很多良好的特征,保证了在做出统计推论的时候有较大的信心和把握。因此,我们建议采用Taxometric分析方法来对变量的分类问题进行研究。

8.2.1 Taxometric适用的数据

在使用任何一个分析方法之前,我们需要考虑的是该方法适合什么样的数据。与其他数据分析技术一样,Taxometric分析方法要求足够的数据来获取可靠有效的结果。Taxometric分析方法对数据有一系列要求,包括样本的结构和特征、指标分数的分布、指标间的相关及其他重要的统计特征等。这一部分我们依据Monte Carlo研究的结果对Taxometric分析方法合适的数据进行一些讨论。Monte Carlo研究采取的是模拟数据的方法,根据实证数据的相关矩阵,用Bootstrap方法模拟出潜在结构是维度和潜在结构是类别的数据,采用Taxometric分析方法对这些模拟数据进行研究,从而找到影响Taxometric分析方法结果的因素(Efron et al.,1993)。模拟出的两个不同数据集在样本量、指标分布、指标之间的相关等方面均一样,区别仅仅在于一个潜在结构是维度,而另一个潜在结构是类别。所有这些Bootstrap方法得到的样本都需要进行Taxometric分析,产生严格符合某一种潜在结构的结果。样本的不同特征在Taxometric分析中表现出不同的结果,可以比较清晰地看到支持两种竞争假设中的哪一种。下面介绍一下这种技术及其在Taxometric分析中的作用。

8.2.2 有关样本的考虑

1)样本量

样本量大小是很多统计程序需要考虑的问题,如果样本量太小,使得抽样误差增大,统计推论效度会降低。模拟研究发现,在使用有效指标的前提下,样本量为200左右时即可顺利执行MAMBAC和MAXCOV程序(Beauchaine et al.,2002;Meehl,1995;Meehl et al.,1994)。但有时探索性Taxometric分析的指标并不能达到推荐的效度水平。在Monte Carlo研究(Meehl et al.,1994,1996)的基础上,Meehl(1995)建议进行Taxometric分析的数据样本量至少应该达到300。虽然在小样本的情况下,Taxometric分析方法依然可以成功地区分维度和类别结构,但是这种情况下对数据的要求就变得严格起来(如等组、组内相关低、正态分布等)。因为实际数据的复杂性,很难达到上述要求,很多研究者采用了Meehl推荐的最小样本量。Haslam和kim(2002)综述了66篇发表和未发表的Taxometric研究,发现样本量的中位数是585。而在随后的57篇已发表的相关文献中,样本量的中位数达到了809。另外,样本量的中位数在已发表的文献中呈现一个增长的趋势,2000年以前的文章中,这个数字是639;2000年之后的文献中则达到了923。所以,这个趋势是非常明显的,在Taxometric研究中,大样本是常态,是被期望的。

2) 类别的大小和基准概率

Taxometric分析对样本特征有一些要求,样本量不仅仅是大,而且要包含数目足够多的类别总体,也就是要求存在一些被判定为类别的个体,如被诊断为抑郁症的个体。这个特征保证了在样本中存在一定的基准概率(taxon base rate),因为在样本中,类别往往是两组数据中人数较少的组。但是,这种对数据的要求往往是针对两个潜在组别的相对大小,也就是说不论是类别基准概率p,还是补足组的概率q,都应该足够小,以至于两组之间的差异小到Taxometric分析无法区分。Meehl(1995)引用了一项Monte Carlo研究,推荐的最小的可以正确区分两组的类别基准概率p可以低到$p=0.10$。虽然这个结果是基于小样本的研究,且涉及的基准概率$p<0.10$,很多研究者采取$p>0.10$作为可以接受的合适阈值。但是,在实际应用的过程中有很多可以灵活处理的地方。

首先,在类别基准概率小于0.10的情形下,Monte Carlo研究很少考查Taxometric分析的表现。因此,Taxometric分析程序可以探知的类别基准概率的下限是未知的。Beauchaine和Beauchaine(2002)模拟产生和分析了类别基准概率小于0.10的数据,结果显示在一些情况下,这些小概率的类别可以被探测出来。但是,成功的探测依赖于一致性检验,且在识别潜在结构上表现不佳。在另外一个模拟研究中,Ruscio(2009)发现,在有些情况下,基准概率为0.05也可以被正确识别。这个研究仅提供了间接证据,但可以精确估计其大小。这种情况说明,Taxometric程序至少在某些情况下可以探测到较少的类别的存在。

其次,前人的研究显示,样本中类别群体的绝对数目至少与样本中类别群体的比例一样重要。Ruscio和Ruscio(2004)发现,在人为加大补足组的人数导致基准概率低于0.10的情况下,Taxometric分析法的探测程序识别出的类别群体个数是不变的。因此,在实际应用中更喜欢放弃小的类别群体而不是低基准概率类别这种便利,这样会低估类别组绝对数目的重要性以及在样本中的基准概率。事实上,虽然在实际中我们采用$p>0.10$的拇指法则在小样本中是合适的,但是有可能在大样本中这种策略太保守了。因为,在大样本中即使很小的类别基准概率,Taxometric程序依然可以探测出实际的类别数目。

现在,还不清楚到底类别群体的绝对数目与类别基准概率是怎样一起影响Taxometric程序的敏感性的。因此,我们建议研究者在考查数据是否适合进行Taxometric分析时同时考虑二者。例如,如果类别基准概率是在0.10左右,需要额外考虑类别群体的绝对数目才能确定潜在结构到底是维度结构还是类别结构。若类别基准概率低于0.10,这种额外考虑将会变得尤为重要。

最后,在小类别群体情况下,Taxometric程序的敏感性还依赖于很多其他特征。选用指标的效度是其中特别重要的部分,但受组内相关和指标分布偏度的影响比较大。在所有的指标均适合进行Taxometric分析的情况下,很容易探测出数目较少的小类别群体。对于不那么合适或者有问题的指标,很可能会错过小类别群体,也就是出现探测不出来的情况。另外,Taxometric分析法的各个程序的敏感程度也不一样。一项研究发现,随着小类别群体数目的增加,Taxometric程序的三个探测程序在实际中表现出不同的能力(Ruscio et al.,2004)。

基于以上原因,在实际数据分析过程中,如果不考虑数据的其他特征,仅指定单一的可接受的基准概率阈限很可能会误导研究者。有相关的Monte Carlo研究来探讨这个问题,因此推荐研究者:①灵活使用$p>0.10$的经验法则;②在收集数据时,尽量抽取混合群体的被试,保证类别群体的比例可以达到理想的 0.50;③对于要分析的数据,采取实证的方法去估计使用 Taxo-metric 程序的合适性。

3) 取样的总体

取样总体的性质会影响类别的大小以及指标分数分布的范围。例如,与社区人群或者非临床人群相比,临床相关的总体抽出的样本往往含有一定比例的精神病理学个体。如果抽样的总体是非临床人群,那么与研究临床人群相比,就需要比较大一些的样本。另外,临床群体中包含症状的不同严重程度也会影响指标的分数分布,从而增加探测到类别群体的可能性。

但是,使用临床群体依然有一些缺陷。首先,很多临床群体含有太多的类别群体。例如,某一特定障碍的治疗群体可能所有的人都具有某种障碍,意味着类别的人数是占大多数的,而补足组的人数则占少数。如果要区分出这两类人,实际操作上是比较困难的。同样地,如果服务的需求超过了特定诊断的能力,人们可能会选择仅对最严重症状的人或者残疾人提供服务。这样做可能会大大减少补足组的人数,且影响指标的分布全距,从而会影响 Taxometric 程序的分析,使得原来合适的数据变得不再适用 Taxometric 分析。其次,来自临床群体的样本并不意味着含有足够多的类别个体。例如,很多情况很可能在非病人群体中是很少出现的,要求数据含有足够多的类别个体以便 Taxometric 程序可以探测出来是有难度的。但在极端大的样本中,即使类别个体的出现比率比较低,但是因为人数众多依然可以保证 Taxometric 对结构的准确探测。

4) 有问题的抽样技术(sampling method)

除了样本的考虑之外,三种抽样的技术也需要引起研究者的重视。一种实际的做法是将病人群体和非病人群体合并为一个单一的样本进行分析。这种做法抽取的被试含有类别群体的被试,也含有补足组的被试,这样可以同时估计出被试的基准概率,最好是接近理想的 0.50(即各一半)标准。这种方法存在两个可能的问题:首先,这种方法依赖于被试群体的属性,如果群体中有类别个体,用这种方法可以选出合适的被试,但是如果被试的数目较少,可能会影响潜在结构的探测。其次,来自不同被试群体组成的样本可能在数量上存在差异,也可能导致 Taxometric 程序识别不出合适的类别。例如,Grove 和 Cicchetti(1991)的研究显示,当人为地选择高分的样本进入分析时,很可能会出现虚假的类别群体。如果研究者使用混合样本得到了比较清晰的类别结果,需要考虑该结果是域限效应或者是混合样本造成的中间分数导致的。当然,混合样本到底是会产生更倾向于维度还是类别的结果,还需要更多的研究来验证。

另外一个可能产生问题的实际做法是将得到的样本拆分成亚样本来进行 Taxometric 分析。虽然有多个亚样本可以对分析结果进行重复,但是,这种重复回答的问题仅仅是针对这个样本的结果受抽样误差的影响有多大,而不能回答分析结果是否能够推论到更大总体的问题。这种拆分样本的重复分析,对于外部效度、不同测量下是否可以得到一致的结果提供了较少的信息。因为,Taxometric 程序在大样本的情况下可以较好地区分维度还是类别结构,最好的做法可能是在单样本的情况下,通过一次系列的 Taxometric 分析,分析所有可能的个体,得到最具有统计检验力的结果。在类别群体数目特别少的情况下,拆分亚样本的做法是非常有问题的。因为,在每个亚样本的分析中,类别群体的数目会减少,因此每个分析可以正确探测到类别的概率降低。

第三个有问题的抽样技术是:从样本中丢掉可能的补足组个体人为导致类别基准概率的增加。出现这种结果的一个原因可能是来源于"类别基准概率是决定一个潜在结构被探测到是类别结构的重要因素"这样一种不成文的假设。类别群体的数目在潜在类别探测中很可能是一个重要的因素。因为,移除可能的补足组成员不会对类别群体的数目产生影响,因此,这种做法在小类别群体的情况下并不会提高分析的敏感性。事实上,Ruscio和Kaczetow(2009)的研究显示,删除低分数的个体(即那些可能属于补足组的成员)可能不会影响Taxometric分析的图形,而这些图形对理解结果非常重要。如果在高分组的亚样本中补足组的人数远远大于类别组的人数,移除低分的个体可能对探测类别结构没有作用。

另外一种提高类别基准概率的方法也可能是有问题的。该方法使用的标准是可能犯错误的,如纳入诊断统计量,去识别可能的补足组成员以及从样本中随机地删除一定的数目或者比例的个体,从而对类别基准概率进行操纵。例如,可以删除补足组的人,从而使得补足组和类别组的个体数目相等,将类别基础概率固定在0.50。为了说明这种抽样方法可能造成的后果,研究者在1000个人当中选出100个人作为类别组的个体,剩下的900个人作为补足组个体。为了使基础概率达到假定的值,需要删除补足组的个体。如果类别基础概率是0.50,那么需要在补足组删除800人才能和类别组的个体人数一致。如果随机删除补足组个体,那么指标分数的分布就会发生变化,从原来一个单峰的分布变成一个双峰分布。然后,使用这样的指标进行Taxometric分析,很可能会得到虚假的类别结构。与其他分析程序一样,Taxometric也不能识别出这种人为造成的双峰分布。虽然双峰分布的指标不一定会得到类别结构,如维度数据的Taxometric分析,在剔除了低分数据的情况下得到了混合的结果——有时候很明显是错误的类别结构,有时候是正确的维度结构,有时候是模糊的结果。这种潜在的混淆风险是通过抽样技术引入的,而这种风险比其他风险更严重。

为了减少这种不准确的有关潜在结构的结论,我们建议研究者从总体中抽样的方法包括:

①抽取具有足够代表性的假设类别组和补足组;

②使用的指标应该包括尽可能宽的全距。我们进一步推荐使用全部可能的个体,避免使用上述抽样技术,不对参与分析的个体进行选择。

如果这些建议没被考虑而得到了一个类别的结构,可能很难推论到更大的群体中,也有可能得到的类别结构是虚假的。但是,在这些条件下,得到维度结构的结果可能是比较可靠的,因为前面提到的抽样偏差对发现维度结构没有影响,不会引起解释的麻烦和误会。

抽样方法的影响需要考虑的最后一点:因为原始抽样误差或者抽样策略,如对于稀有群体的过度抽样,类别群体的基准概率与总体中的比例不一致等情况。这些情况在区分模型的潜在结构是维度还是类别的时候不一定会产生问题,但是,需要注意的是,在得到的类别基础概率推论到总体的时候需要格外小心。

8.2.3　指标方面的考虑

1)指标的代表性

心理构念一般是由指标来测量的,对于构念的结构做出推论依赖于所选指标的代表性(Widiger,2001)。如果进入分析的指标代表性较好,那么对于潜在构念做出推论的可靠性较高。这个方面的考虑可以用内容和区分效度来衡量。对于Taxometric分析或者任何一项检测潜在变量属性的技术,为了得到有效的结果,均需要对分析的指标有一定的要求:

①对目标构念的所有方面均有涉及;

②与其他构念没有密切关系。例如,研究者想对抑郁的潜在结构进行分析,那么要求选用的指标是可以代表抑郁的相关症状即有内容效度,同时又与其他的心理障碍(如焦虑、双向障碍等)没有密切关系即有区分效度。如果一组指标可以代表多个潜在结构,那么低区分效度的

指标会导致 Taxometric 分析出的潜在结构出现识别困难。当使用因素分析的结果作为分析的指标时，Taxometric 分析中目标结构的识别受指标之间的相似性的影响。因此，指标的选择是保证结果效度的一个重要考虑方面。

Taxometric 分析中的指标可以是一个单独的题目，也可以是一个测量工具的分量表或者是测量某一特征的几个题目的组合，也可以是目标结构的一个侧面（Facet）。在数据集中使用有效的变量，研究者可以通过对变量进行不同的组合处理得到一组可以分析的指标，那么这些指标的分析结果可以用来进行后续的一致性分析。不同的指标可以代表潜在构念的不同方面，可以在一个特定的数据集中对潜在变量的结构进行检验。例如，为了检验基于理论模型的抑郁的潜在结构，研究者可以根据 DSM-5 对抑郁的诊断标准，将不同的症状组合成一个或者多个可以进行 Taxometric 分析的指标，也就是形成一个指标集。还可以根据抑郁的认知理论，将抑郁的特征组合成第二个可以分析的指标集，第三个指标集的形成可以基于抑郁的人际交往模型界定的特征。依次进行下去，可以形成多个抑郁的指标集，从而进行 Taxometric 分析。另一方面，可以根据抑郁症状的实证关系来组成指标，研究者可以将一组相关度比较高的症状组合成一个指标集。最终，在进入 Taxometric 分析的指标中，既有基于先验理论的指标，也有基于抽取样本的实证结果的指标。

不论指标是怎样形成的，在进行 Taxometric 分析之前，均需要对指标的适切性进行检验，保证对于潜在结构来说，选取的指标是重要的、有代表性的。每个被选取的指标需要具有良好的内容和区分效度，且有可接受的测量学属性。

2）指标的效度和组内相关

选取的指标除了对潜在结构具有代表性之外，还需要可以有效区分补足组和类别组，且可以保证在不同组的组内指标之间的相关是低相关。效度是指每个指标将潜在类别分开的程度。如果指标效度太低，Taxometric 分析程序可能没有办法探测到真正的潜在分类边界。

因此，在进行 Taxometric 分析之前对所选指标的效度进行考查是必要的。在 Taxometric 分析中，指标的效度一般表示为补足组与类别组之间的均值差异，这个差异是通过联合组内方差来衡量的，这种衡量方法有个更响亮的名字是 Cohen's d，即

$$d = \frac{M_t - M_c}{\sqrt{\dfrac{(SD_t^2)(n_t - 1) + (SD_c^2)(n_c - 1)}{N - 2}}} \tag{8.1}$$

式中，t 表示该量是通过类别组计算的，c 表示该量是通过补足组计算的。Meehl（1995）年建议，一个进入 Taxometric 分析有效的指标应该可以把补足组和类别组至少分开 $d=1.25$。

另外一个需要考虑的因素是在特质水平上敏感的指标比较适合探测到真正的潜在分类边界。例如，在一个所有被试在潜在维度上有差异的情况下，依然可能有潜在分类的边界。也就是说，潜在结构可以认为是类别的，但是个体在一个连续的维度上有额外的组内变异。用项目反应理论的术语来说（Embretson，1996），指标可以看成用来区分潜在特质的不同水平上一定程度的变化。一个单一的指标在实际中比较少见，如果可以的话，它对被试间在连续的特质水平上差异的敏感程度是一样的。一般来说，在某个特质水平上最敏感，随着特质水平远离该值，敏感性逐渐降低。如果指标最敏感的特质水平和存在潜在分类边界的点之间不匹配，研究者在这种情况下即使使用有效的指标，也不会探测到该真正存在的潜在分类边界。例如，对于一种罕见且严重的精神疾病（如忧郁型抑郁症）使用一个自我报告的社区样本来构成指标，即使

个体在真正的潜在分类边界之下也可能会在指标上得到高分,从而导致该分数段的低区分度。理想的情况是,选取的指标不仅在类别组的得分上高于补足组,且在特质水平的真正的潜在分类边界附近达到最大的区分度。

除了指标的效度之外,Taxometric 分析程序在组内相关较低的情况下表现较好。因为 Taxometric 分析程序在组内相关偏离 $r=0.00$ 的情况下也是稳健的(Meehl et al.,1994,1996),所以组内相关不需要严格地等于0,仅需要保持低相关。Meehl(1995)建议,关于指标相关的一般原则是组内相关不高于0.30。实际上,一个比较常用的做法是,保证组内相关低于全样本相关。但是,因为 Taxometric 分析程序在组内相关接近0的时候具有较大的统计检验力,且较大的组内相关会妨碍 Taxometric 分析可提供的信息,所以尽量降低组内相关是非常重要的。

降低组内相关的一种方式是采取多方法测量(Meehl,1995)。例如,使用自我报告问卷形成的指标会比自评、面试、行为观察、物理测量等其他测量方法形成的指标造成较大的组内相关。多种方法形成的数据不仅可以降低因共同方法引起的组内相关,还可以提高分数的全距。另一种降低组内相关的方法是在选取和构建指标的时候就留意降低相关。当变量之间的测量范围重叠的时候,将变量作为合成一个指标而不是当作不同的指标来使用。这种组合的手段可以有效降低组内相关。同时,一些研究者会先选定一些指标,然后根据随机原则将内容不同的题目合成新的指标,类似于将题目进行打包。这种方法可以保证有丰富的指标进行分析,但是同时也增大了组内相关。

研究者怎样判断指标的有效性及组内相关的可接受程度呢?理想的状态是希望既可以确保潜在结构是类别的,同时可以依据可靠的标准正确地将个体分到补足组和类别组。而当我们的研究焦点是潜在类别的属性时,这两点都做不到。没有这些关键信息,那么估计重要的模型参数将会变得比较困难,更不用说估计一系列 Taxometric 分析所需要的指标的适切性了。然而,有方法可以评估指标可能的效度和组内相关。例如,可以依据已有的标准(如诊断标准)将个体分组,或者使用成熟的工具,根据阈限将个体分组。另外,可以根据样本来估计类别基准概率,将在所有指标上高分的个体划入类别组,低分个体划入补足组。一旦对个体进行了分类,就可以估计指标效度和计算组内相关。

虽然 Meehl(1995)推荐指标效度 $d \geqslant 1.25$,组内相关 $r \leqslant 0.30$,但是研究者在实际应用中仍然要对参数进行独立估计。二者联合起来才可以保证 Taxometric 分析的效度。例如,在 $N=600$,$p=0.50$,组内相关接近0的情况下,指标的平均效度达到 $d=1.25$ 可以探测到类别结构。但是在指标个数较少、样本量较小,类别个数越少、组内相关较大的情形下依然需要更大的指标效度才能探测到潜在类别结构。实际上,并没有一条适用于所有情况的指导标准。一般建议在综合考虑数据特征的基础上,考查指标效度和组内相关进行 Taxometric 分析。

在研究者选择合适的指标进行 Taxometric 分析时,会发现指标足够高的效度和足够低的组内相关很多时候是不能满足的。如果没有办法选取足够多的指标,一般基于两个原因:首先,数据可能不适合进行 Taxometric 分析。例如,许多测量可以进行其他分析而不能进行目的是区分个体、对效果量要求较大的 Taxometric 分析。其次,潜在结构可能是维度的。例如,无法将个体分成组间差异大,组内相关小的不同组,因为不存在类别潜在结构的边界,所有的指标相关是因为背后有一个或多个共同的潜在维度。研究者使用合适的样本进行了有效的分析依然不能探测到类别结构,这可能提示潜在结构很可能不是类别的。

3) 指标的分布

Taxometric 分析对正态性或连续性有要求,违反任一项都会对模型参数的估计和 Taxometric分析曲线的形状产生影响。例如,很多Taxometric分析程序在指标的分布是正偏态时容易产生高峰曲线(Ruscio et al.,2002),这种情况会对区分潜在结构是类别的还是维度的提出挑战(Ruscio et al.,2004)。很多心理学测量得到的数据是偏态的。但是,当指标的分布偏态是由于数据中含有补足组和类别组造成的时候,这个问题不用再考虑在分析程序内。当潜在结构是维度时,指标分布呈偏态;或潜在结构是类别时,类别组内的指标呈偏态分布;Taxometric分析的结果就会变得比较难理解。虽然指标分布呈偏态时可以进行Taxometric分析,但是需要认识到指标分布偏态确实会对结果的解释产生影响。

同样地,当指标在有序的类别内变化,而不是连续尺度的测量时,也会对Taxometric分析的曲线形状产生影响(Ruscio,2000),很可能对数据有其他的要求才能进行Taxometric分析。例如,很多Taxometric程序要求至少有一个指标的分数全距较宽,或允许进行多次切分,从而可以形成可以分析的有序的亚样本。如果得到的变量是有序的类别,那么需要对变量进行合并从而得到类似连续测量的指标进入分析。另外,也可以对类别变量通过因素分析等手段合成进行Taxometric分析的指标(Ruscio,2000;Ruscio et al.,2008)。虽然可以对有序类别变量进行分析,但是实际应用中如果可能的话,最好还是使用连续数据(Grove,2004)。

虽然Taxometric分析对数据的分布没有正态性要求,但是连续、正态分布的指标得到的结果更容易理解。另外,Monte Carlo模拟研究在很多情况下包含了连续、正态分布的指标,从而使结果更容易解释和理解(Cleland et al.,1996;Meehl et al.,1994,1996)。结果导致很多研究者仅仅对高度理想化的数据得到的曲线形状熟悉。这一部分我们仅仅强调,指标的分布形态会对Taxometric分析的曲线形状产生重要影响,进一步影响结果解释。

4) 指标个数

Taxometric分析包含的指标个数会对分析的弹性有影响,在某些条件下,甚至会对分析的统计检验力产生影响。虽然一些Taxometric分析程序仅仅要求2个指标,但是随着指标个数的增加,可以进行的分析种类增多,某些程序的统计检验力增加。

我们并不建议在Taxometric分析中包含尽可能多的指标。因为Taxometric分析要求在全样本中指标之间是正相关,但是在亚样本中要相对独立。对于目标构念的测量需要小心选择指标,才能保证类别组内指标的相关度低。但是不论怎么小心,大部分心理或行为的构念的测量指标不会多于6个,也就是还是有概念上的冗余和产生组内相关。虽然可以使用单独的题目作为指标进入Taxometric分析,保证有足够多的指标,但是这种做法很可能会产生不能接受的组内相关,因为单个题目之间测量的东西会有重叠。

我们推荐在实际应用中首先找到目标构念的关键题目,然后根据一定的规则对题目进行新的组合形成可以满足Taxometric分析的指标。最理想的情况是,目标构念的每个方面都有一个有效的指标可以代表。相比指标的数目,指标的代表性是更重要的考虑方面。

最后,需要明确的是,指标数目的增加对于提高统计检验力并没有直接的影响。只有在选取的指标比现有的指标更有效的情况下,且指标的组内相关足够低,才会增加统计检验力。因此,Taxometric分析使用较少数目的、有效的、非重复的指标可以较好地区分潜在变量的结构是维度结构还是类别结构,不建议使用多个无效的重复指标。

总结以往的文献发现,有太多因素会影响Taxometric分析的结果,那么到底什么样的数据适合进行Taxometric分析呢? 怎么去判断数据是否适合呢? 尤其是很多时候,一些条件满足推荐的标准,一些条件不满足,这个时候就比较难决策。我们的建议是:研究者可以将Monte Carlo模拟研究的理想情况作为经验法则,从而判断可以接受的数据参数。随着数据分析技术的发展,现在也有新的方法出现可以帮助研究者去检验实证数据的适切性。

8.2.4 基于实证的模拟

这一部分主要介绍一种新的技术,应用这种技术,研究者可以对一组特定的数据是否适合 Taxometric 分析进行判断。这种技术包含数据模拟以及对比一系列模拟出的维度和类别数据的结果,从而判断潜在结构的属性。对于模拟出的数据,除了潜在结构的属性不一样,其余的数据特征在维度数据和类别数据中尽量保持一致(Ruscio et al.,2004;Ruscio et al.,2007)。使用这种方法,基于2组类别模型模拟出类别数据,2组类别模型允许每个指标在2组上不同,还可以允许指标有组内相关。维度数据的产生使用的是共同因素模型,在该模型中,指标仅在一个或多个共同因子上有负荷。采用共同因子模型去产生指标间的相关矩阵(维度数据的全样本及类别数据的组内),对每个指标进行 Bootstrapping 抽样得到指标的分数分布,这样可以产生用来做决策的对比数据(Efron et al.,1993)。Bootstrapping 将观测到的指标分布作为总体分布的无偏估计,对其进行抽样。一般来讲,从每个指标的观测分布中进行的是有放回的随机抽样。

一旦得到比较数据,就可以将这些模拟出的数据进行 Taxometric 分析。这些分析产生了类别结果的实证抽样分布,在这种分析中没有任何分布假设。这种方法将实际得到的样本数据直接与接近维度结构还是类别结构进行比较,仅需要在两种竞争结构中选择一个。有时候,这两种结构的数据会有重叠而无法进行准确区分。即使无法确定是哪种结构,分析结果也可以提供一些有用的信息,如指标效度低、组内相关度高等。

1)保证结构推论的因素

这种估计数据方法的一个优势是可以提供基于结果推论的强有力证据。它依据 Taxometric 分析提供的潜在结构的属性,可以给出潜在结构是类别还是维度的概率。前面我们讨论了一些可能导致虚假类别的影响因素,如指标偏度的影响。成功地保证类别结构推论需要将其他相关的解释排除掉。

比如说,因子数目增多可能会导致虚假维度结果的出现。例如,类别结构可能存在的前提下,用来进行 Taxometric 分析的指标却没有足够的效度可以探测到类别的存在,使得结果与维度结构一致。其他的数据特征也可能导致虚假的维度结构,包括小样本,类别组人数太少,组内相关,Taxometric 分析方法不当或者是采用了不恰当的一致性检验。一旦结果显示更可能是维度结构而不是类别结构,为保证结果推论的有效性,需要排除其他可能的解释。

通过产生实证的类别和维度结果的抽样分布,我们可以评估哪种数据特征或者哪种决策的执行会产生有偏差的结果。如果数据或者执行过程是有问题的,那么这个分析就没有足够的统计检验力可以基于类别和维度抽样分布的比较数据来对潜在结构的属性进行有效区分,因为类别和维度抽样分布很可能是有重叠的。这种情况下,这样的研究数据就被认为结构是模糊的,无法解释的。但是,如果数据或者执行过程没有问题,我们会期望得到基于类别和维度抽样分布的比较清晰的结果。这种情况下,研究结果不是因为不恰当的数据或不合适的分析过程导致的,研究数据的结果是比较可信的。

确认研究者的数据是适合进行特定分析的可以回答某些 Taxometric 分析方法批评者的问题:Taxometric 分析的结果不会支持维度结构,因为这相当于接受零假设。这种批评源于传统的假设检验,在小样本、测量的低信度或者低效度的情况下,或者其他减弱假设检验的影响因素下,很大可能备择假设永远不会被支持。但是,当研究者可以确认两种相当的解释都是可行的时候(统计检验力高或测量比较精确),到底支持哪一种解释的证据其实是没有的。与之前提到的推论统计框架一致,在对 Taxometric 分析方法的结果进行推论的时候同样需要考虑这些问题。不管结论是支持维度结构还是支持类别结构,总是会有其他的备选解释来对现在的结论提出挑战。在一定程度上,这些解释可以被看成备选模型,可以根据分析结果更支持哪种解释来进行推论。在实际分析中,因为数据的特征可能不适合进行 Taxometric 分析,所以更可能产生虚假的维度结构而不是虚假的类别结构。所以,对数据的合适性进行检验是非常重要的,需要确保 Taxometric 分析可以探测出类别结构。即使对特定 Taxometric 分析方法要求的数据合适性或者一致性进行检验,也并不能消除得到虚假维度结构的可能性,在防止错误理解的道路上可能还有很长的路要走。

2) 实证抽样分布的优势和劣势

估计数据适切性的技术和帮助解释结果的方法是非常值得关注的。同样,对于维度和类别对比数据可以说明以及不能说明的问题有清晰的认识也是非常重要的。

首先,实证抽样数据是为了补充而不是替代 Monte Carlo 研究的结果。对于 Taxometric 分析方法的表现和一致性检验,在数据形态比较多样和分析条件比较多变,大量尺的、系统的研究可以对特定数据是否适合进行 Taxometric 分析提供指导意义。但是,理想化的 Monte Carlo 研究在对实际的 Taxometric 分析方法进行指导的时候毕竟还是有其局限性。如前所述,Monte Carlo 研究的数据来自连续、正态分布。但是,实际应用的数据很多时候不满足于这些分布条件,很可能是非连续的、非正态数据。同样地,Monte Carlo 研究模拟的变量有相似的效度、相似的分布、相似的组内相关。虽然进行 Taxometric 分析的时候,这种数据是合适的,但是并不代表实际得到的数据违反这些条件的时候不可以进行 Taxometric 分析。

Monte Carlo 研究并没有系统考虑 Taxometric 分析实现的可能条件。在前面部分,我们讨论了进行 Taxometric 分析的重要方面,有一些因素可能对结果产生非常重要的影响。而到现在为止,并没有 Monte Carlo 研究涉及怎么选取合适的 Taxometric 分析方法等。现在比较通用的做法是研究者采取一些方便的方法,虽然这些方便的方法可能会有比较低的统计检验力。

最重要的是,现在还没有关于研究者实际碰到的一些情况的模拟。这些实际经常遇到的情况是:我们在分析量表的数据时,往往根据其因子结构来组织成指标,这种方法是非常便捷的,但是这种情况下,Taxometric 分析的表现或一致性检验的表现,现在还没有模拟研究涉及。按照数据特征或者实际应用组织成指标,要求指标有足够宽的全距,可能产生不可预估的单元格数据。这对某些 Taxometric 分析方法来说非常重要,会非常难产生比较曲线。为了避免这种情况出现,研究者需要选取少数的、重要的因素进行 Monte Carlo 研究,在一定范围内进行合理的变化。这就导致有一些问题的研究现在还是空白状态。因此,使用 Monte Carlo 模拟研究对 Taxometric 分析方法提供指导意见不再是一系列已知条件下的内插法,而是一个开辟新条件的外插法。这会是一个非常大的挑战。也就是说研究者需要确定的不是已知部分信息的推断,而是已知信息几乎全无的情况下进行推断和研究。

而这里恰恰是实证抽样分布可以解决的问题。通过调整类别和维度模拟数据,可以将实际得到的数据估计的总体参数在两种备选结构下达到一致,从而检验实际分析结果到底支持哪种数据结构。这种技术考虑了研究数据的特征,如样本量、指标的分布和数目、指标的效度、组内相关等。类别和维度模拟数据的 Taxometric 分析可以产生参数空间的抽样分布,这是任何一种 Monte Carlo 研究所不具备的优点。Monte Carlo 研究受数据特征的影响比较大,而基于研究的实证抽样分布可以提供比较多的信息。

其次,一旦实证抽样分布产生,研究者可以同时评估数据的合适性和某个 Taxometric 分析方法的表现。实际情景下,一批数据可能适合一种 Taxometric 分析方法而不适合另外一种 Taxometric 分析方法。基于这个原因,建议研究者对每个计划进行的 Taxometric 分析或一致性检验都要进行指标合适性检验,仅基于实证抽样分布的结果进行结构属性的推论。

第三,即使进行了比较数据的分析且实证抽样分布可以很好地区分不同的潜在结构,研究数据的结果也可能是不好解释的。实证抽样分布的比较允许研究者去决定事先计划好的 Taxometric 分析能否区分出类别和维度结构。然而,在一些情况下,没有任何一种结构模型可以对目标构念的真正结构做出反应。例如,研究数据的结构是模糊不清的,落在维度和类别比较数据的中间位置。或者是研究数据可能和两种结构都一致,提示没有任何一个模型是接近真正结构。因此,产生实证抽样数据并不能保证一定可以得到清晰的结果。但是,研究者可以得到两种结果的比较,到底哪种更贴近真实的结构,而不是做出绝对化的推论。

第四,因为产生的实证抽样分布来源于样本分布的统计量,因此抽样技术带来的问题并不能避免。例如,无法避免抽样导致的与总体不一致的误差。例如,研究者抽取的样本是分布中的极端值,那么有问题的样本特征会继续影响实证抽样分布的数据产生虚假的类别结果。如果抽样误差导致抽出的样本对总体不具有代表性,而实证抽样分布并不能体现这个问题。虽然数据足够多的情况下也可以进行有效的分析,抽样误差的影响还是要重视;要想得到稳定的结果需要小心抽样、合理推断甚至在一个新样本中进行验证。

通过探讨实证抽样技术的优劣,我们可以知道其使用的条件和结果推论的稳健性。有兴趣的读者可以去阅读详细的技术手册及一些模拟研究的文章(Ruscio et al.,2004;Ruscio et al.,2004)。这里我们再次重申,模拟研究还是考查数据变化对分析结果影响的重要手段与技术。研究者可以采用传统的技术如 Bootstrap 方法,产生用于比较的实证抽样数据,例如,在前提条件被违反的情况下,用来估计标准误、估计置信区间等(Efron et al.,1993)。高级分析工具的使用者可以使用项目反应模型或者是潜在变量混合模型,使用 Bootstrapping 方法产生满足一系列特定要求的数据(Muthén,2001;Stone,2010)。Taxometric 研究者可以借用 Bootstrapping 方法去补充 Monte Carlo 方法没有考虑到的复杂情况。通过对参数分布范围的缩减,研究者可以据此来判断数据是否适合进行 Taxometric 分析。

8.2.5 小结

与任何一种研究潜在结构的方法一样,Taxometric 分析方法要求大样本,且要求避免方法学效应。其他重要的样本特征,包括类别代表性、高指标效度、低组内相关,要求指标数目和分布适合 Taxometric 分析,适合进行一致性检验。虽然数据是否适合进行 Taxometric 分析基于 Monte Carlo 研究的结果提供的指导原则,我们建议在根据实证数据特征产生模拟数据时可以使用 Bootstrapping 方法。

但是,现在的方法也是有缺陷的,这是研究者需要考虑的一点。虽然可以区分类别和维度结构,但是会受抽样误差的影响。研究者在使用过程中,结合 Monte Carlo 分析的结果,使用实证抽样数据作为补充可以得到比较稳健的结果。强烈建议研究者针对每一组指标均产生模拟数据,然后进行 Taxometric 分析和一致性检验。当实证抽样分布的结果不清晰时,谨慎使用该结果用到的指标。遵循这些原则可以尽量避免使用不合适的数据,得到错误的推论结果。

潜在结构的属性不清晰时,研究者有很多选择。例如,可以估计关键的模型参数,找出问题所在,重新组合题目形成新的指标进行分析,尝试不同的 Taxometric 分析方法。另外,重新定义指标或选取不同的 Taxometric 分析方法可能产生较高统计检验力。但是,有时候确实是数据不适合进行 Taxometric 分析,从而无法得到有信息量的结果。这种情况下无法得到数据到底是维度结构还是类别结构的推论。若使用条件严格的实证抽样分布,可能会减少得到不准确潜在结构的风险。

8.3 常用分析程序及统计指标

8.3.1 常用分析程序

1) MAMBAC (Mean Above Minus Below a Cut)

MAMBAC方法只需指定一个指标为输入变量,一个指标为输出变量(Meehl et al.,1994)。当有多个指标时,可以将除输出变量以外的剩余变量求和形成新的变量作为输入变量,或者选择几个变量求和作为输入变量,其他指标求和作为输出变量。确定输入和输出变量后,在输入变量上按照一定的规则确定一个划界分(Cutting Score),将高于划界分的数据归为高分组,低于划界分的数据归为低分组,计算两组的平均分差异。根据一定的规则可以在输入变量上确定多个划界分,得到多个平均分差异。然后以输入变量为横坐标,以平均分差异为纵坐标绘图。如果有 K 个指标便会形成 $K(K-1)$ 个图形。如果不存在潜在类别,那么所得到的MAMBAC曲线将是凹陷的或碗形的(注意这里不是平滑的曲线),否则会形成尖峰曲线。MAMBAC计算类别比率的公式为: $P=1/(D_{hi}/D_{lo}+1)$, D_{hi} 和 D_{lo} 分别表示两个组(高分组和低分组)在最高点和最低点处的差异(Meehl et al.,1994;Schmidt et al.,2004)。

在实施MAMBAC分析程序时遇到的一个突出问题是如何确定划界分,理论上存在无数个切点,而在实际研究中不可能尝试所有的切点。通常的做法是,将数据标准化,以0.25个标准差为单位从低分端向高分端移动,或以指标的每个(或每几个)观测值做切点,当指标为连续变量以及样本量大时,这种方法更适宜(Ruscio,2007;Ruscio et al.,2006;Schmidt et al.,2004)。

2) MAXEIG (MAXimum EIGenvalue)

MAXEIG(Waller et al.,1998)是MAXCOV的多变量扩展,可以同时处理多个变量,指定一个指标为输入变量,并在其上做一定数量的切点形成间隔区间(intervals),这些区间允许相互重叠,而且重叠的比例可变[通常设定的重叠率是90%,意味着两个相邻的区间有90%的个体是一样的,由于每个个体均有可能被分配到多个区间,因此这些区间又称为"重叠窗口"(windows)],然后从每个"窗口"群体中计算剩余指标的协方差矩阵,并从中提取最大特征值,以输入指标为横坐标,以每个区间的最大特征值为纵坐标绘图。每个窗口的样本量可以通过如下公式计算: $n_w=N/W(1-O)+O$, n_w 表示每个窗口的样本量, W 表示窗口数, O 表示重叠比例, N 为样本量。如果存在类别,那么将会得到一组尖峰分布图,否则将得到一组扁平分布图(Meehl et al.,1996)。尖峰的这个点称为"Hitmax",此位置是区分两个类别群体最有效的点。MAXEIG可根据Hitmax的位置来计算类别基础比率(taxon base rate)。

3) L-MODE (Latent-Mode factor analysis)

L-Mode (Waller et al.,1998)是用于处理三个及以上指标的分析程序。首先,以所有条目进行主轴因子分析,然后采用Bartlett法计算因子得分。由于因子分比指标受测量误差影响小,所以因子分更能揭示数据中的双峰分布。以计算的因子分绘图,如果存在类别,所得图形会出现双峰分布;反之,为单峰分布。需要注意的是,只有较大的群组差异才能产生双峰分布(McLachlan et al.,2000),因此双峰分布只是类别模型存在的弱指标(Beauchaine et al.,2002;Waller et al.,1998)。

8.3.2 常用统计指标

1）一致性检验

一致性检验是指某一程序内部各亚组分析结果之间是否一致以及不同分类程序之间所得结果是否一致。一致性检验是 Taxometric 分析法的一个显著特点，同时也是 Taxometric 法的基石（Grove，2004；Meehl，1995；Meehl et al.，1982；Meehl et al.，1994，1996；Waller et al.，1998）。Taxometric 拥有众多的一致性检验（不同程序之间即组成一致性检验），也正是一致性检验保证了 Taxometric 分析结论的可靠性。

一致性检验分为内部一致性检验和外部一致性检验，前者指单个研究（方法）结果一致性检验，如在 MAMBAC 的亚分析过程中会产生多个类别基础比率，如果所有的基础比率差异在一个可容忍的范围内，便得到一致的结果。外部一致性检验是指在不同样本群体以及不同 Taxometric 分析方法之间结果的一致性检验。例如，以 MAXEIG 程序发现某潜在结构是一个类别变量，如果以 MAMBAC 和 LMode 程序也得到类别的结果，那么将增加结果的可靠性。常用的一致性检验方法有以下几种：

（1）数量比较

数量比较（Nose count test）为内部一致性检验法，也是最基本的一致性检验法。通过每个分析所得图形来判断存在类别的图形多还是存在维度的图形多，即统计尖峰图的数量多还是扁平的或碗形图形的数量多。如果尖峰图的数量多于扁平的或碗形图形的个数，那么得到类别结果的结论便获得支持，该方法适用于所有产生多个图形的程序。此方法的优点是简单易用，缺点是通过主观判断很容易得到错误的结论（Miller，1996）。本例中采用内部一致性检验，3个分析程序得到的图形大都没有一个较明显的尖峰，且总体的图形也是扁平分布，采用直观的方法可以判断该组数据的潜在变量是维度结构的，该组样本中不存在类别群体。

（2）拟合指数

拟合指数（Goodness of Fit Index，GFI）指实际观测指标方差–协方差矩阵与模型预测指标方差–协方差矩阵之间的差异，这一指标常见于结构方程模型中。Waller 和 Meehl（1998）给出的临界值是 0.90，指标≥0.90 时支持类别结构。但研究显示，GFI 并不能很好地区分类别和维度数据（Cleland et al.，2000；Haslam et al.，2002；Ruscio et al.，2007）。由于 GFI 受扰嚷相关的影响较大，所以当得到低 GFI 值时，可能支持维度结构也有可能是扰嚷相关的干扰，所以依据 GFI 做判断时需格外小心。GFI 还有另外一个不足，即当维度结构和类别结构同实际观测指标结构拟合一样好时很难做出判断。

（3）比较曲线拟合指数（Comparison Curve Fit Index，CCFI）

Taxometric 分析法产生的图形有时比较模糊，特别是在结果不一致时，仅仅通过直观的判断很容易做出错误的结论，甚至不同研究者对同一研究结果会有很大的分歧。所以如果存在一个客观的指标，将会避免上述主观偏差，CCFI 指数可以满足这种要求，具体计算方法见公式8.2 和公式 8.3。

CCFI 取值范围在 0~1，以 0.5 为界，低于 0.5 时支持维度结构，高于 0.5 时支持类别结构，等于 0.5 时支持两种模型。CCFI 是比较拟合指数而非绝对拟合指数，所以通过该值仅能在维度和类别模型间做比较。一系列研究（Ruscio，2007；Ruscio et al.，2007；Ruscio et al.，2008，2009；Ruscio et al.，2009；Walters et al.，2009；Walters et al.，2010；Ruscio et al.，2010）结果表明 CCFI 与其他一致性检验方法相比具有更高的精确度，而且在数据偏态等不理想数据条件下仍表现稳健（Ruscio et al.，2009)，该指数自2007年提出后被广泛使用(e.g.，Walters et al.，2007；Guay et al.，2007；Parker et al.，2008；Marcus et al.，2011)，具体的计算步骤可参见Ruscio、Ruscio和Meron(2007)以及Ruscio和Kaczetow (2008)，该指数可通过Ruscio(2011)的R程序获得。

$$F_{it_{RMSR}} = \sqrt{\frac{\sum \left(y_{\text{res.data}} - y_{\text{boot.data}}\right)^2}{N}} \tag{8.2}$$

式中，$y_{\text{res:data}}$指实际研究所得到图形的数据点；$y_{\text{boot:data}}$指分别对应维度和类别结构时bootstrap抽样所得结果的数据点；N指每个曲线数据点的个数。

$$CCFI = F_{it_{RMSR-dim}} / (F_{it_{RMSR-dim}} + F_{it_{RMSR-tax}}) \tag{8.3}$$

通过式(8.2)可以分别计算类别和维度抽样分布的拟合指数，然后通过式(8.3)便可得到CCFI指数。

2) 诊断——将个体分配到相应组群

Taxometric分析法除探测类别是否存在之外，另一个重要目的和作用是将个体安排到不同的组。例如，临床研究中将抑郁症的病人筛选出来进行临床干预或药物治疗。在Taxometric分析法中常用的是类别基础比率和贝叶斯分组技术。

当类别存在时，可根据Taxometric分析法或以往研究或临床经验等确定类别基础比率，然后将所有被试的分数从高到低或从低到高排序，再以类别基础比率确定划界分，以确定类别组和补足组，高于划界分的归为类别组。

贝叶斯分组法要复杂很多，首先是要获得类别基础比率P和补足比率$Q(1-P)$，然后获取根据每个指标计算的真阳性率$(TP_1, \cdots, TP_k)$和假阳性率$(FP_1, \cdots, FP_k)$，真阳性率指类别组中得分高于指标某个阈限的比率，假阳性率指补足组中得分高于指标某个阈限的比率。然后将这些值代入式(8.3)，可计算每个个体属于某个类别的概率。Beauchaine和Beauchaine (2002)研究发现，与k均值聚类分析相比，贝叶斯分组法(基于MAXCOV分析程序)较少受指标效度、数量及基础比率减少和扰嚷相关增加的影响。然而Ruscio(2009)模拟研究发现类别基础比率分组精确度在多种数据条件下均超过贝叶斯分组法，而且能较好地平衡灵敏度和特异度。

$$Pr(taxon) = \frac{P \prod_{j=1}^{k} TP_j^{\theta}\left(1 - TP_j\right)^{1-\theta}}{P \prod_{j=1}^{k} TP_j^{\theta}\left(1 - TP_j\right)^{1-\theta} + Q \prod_{j=1}^{k} FP_j^{\theta}\left(1 - FP_j\right)^{1-\theta}} \tag{8.4}$$

式中，$\theta=1$指高于阈限值的反应，$\theta=0$代表低于阈限值的反应，$Pr(taxon)$可由Taxometric分析得到，实际研究中较少采用MAXCOV分析程序，有兴趣的读者可参见Ruscio等人(2006)的研究。

8.4 分析中的注意事项

8.4.1 指标来源

目前Taxometric分析的多为自评量表数据，这类数据易受方法学效应影响(Podsakoff et al.，2003)。由于数据本身存在很多潜在误差，这无疑会导致Taxometric结果出现偏差(Beauchaine，2007)。在精神病学、变态心理学等领域的研究数据常是通过有经验的临床医生或临床心理学家评估获得，而Beauchaine和Waters(2003)的研究结果表明，这种方式所得的数据很容易得到虚假的类别结构，因为有经验的临床医生或心理学家在做诊断时很容易受分类思维影响，而且这种影响是内隐的,并随个体经验的增长而越发明显(Simon et al.,2001)。由于数据来源本身存在种种不足,所以在探测变量结构属性时应尽可能地包含相对客观的指标,如脑电、各种生理测量指标等。只有在指标来源多样化的前提下,才能保证类别结果的可靠性(Beauchaine et al.,2002;Beauchaine et al.,2006;Beauchaine,2007;Meehl,1995;Widiger,2001)。

8.4.2 指标个数

如前所述,Taxometric 程序需要至少2~3个指标,其实研究者很少强调最少指标个数,因为和指标效度相比,指标个数对结果的影响要小得多。如果不加筛选,将所有指标都进行 Taxometric 程序分析,可能得到与事实不符的结果,因此在 Taxometric 程序分析之前,在广泛的样本群体中进行指标筛选是非常必要和重要的(Beauchaine,2007)。如果研究的指标都是有效的,指标个数当然是越多越好,一般来说至少需要5~6个指标(Beauchaine et al.,2006)。但在某些特殊情况下,研究者可能只有两个变量,这时能使用的程序会受到限制,如只能使用 MAXSLOPE、LMode 和 MAMBAC。Ruscio 和 Walters(2011)针对这种情况做了细致的模拟研究,结果发现,两个指标也是可行的,但条件是这两个指标的量尺分布(得分范围)足够广和样本量足够大。

8.4.3 指标效度

指标的效度是决定 Taxometric 分析质量的前提,当指标效度低时(缺乏区分度,指标的效度通过两个类别群体在指标上的平均差异来计算,常用 *Cohen's d* 值来表示),即使是类别结构,也可能得到类似维度结构的曲线。低效度的指标会产生一个模糊的尖峰分布,通过视觉很难做出正确判断,所以当采用一个已知是低效度的指标进行 Taxometric 分析时,通过视觉判断得到不存在类别的结果时需要特别谨慎。Meehl(1995)建议的指标效度值为 $d>1.25$,但有研究显示低于此值也能得到较理想的结果(Meehl et al.,1982)。根据 Schmidt、Kotov 和 Joiner(2004)等的建议,当成探索性 Taxometric 分析时,$d=1.0$ 的平均指标效度也是可以接受的,但结果的解释要谨慎。

如果指标的效度不高,类别探测程序得到的结果并不可靠,所以在得到指标效度信息后应将效度不高的指标删除。然而指标效度的考查是在 Taxometric 程序执行完之后进行,所以接着要重新进行 Taxometric 分析,这一过程显得很繁琐。Waller、Putnam 和 Carlson(1996)关于分离体验的研究提供了另外的途径,即先采用一种 Taxometric 程序筛选高效度的指标,再用其他 Taxometric 程序对这些优选的指标进行细致的分析。在他们的研究中,首先使用 MAMBAC 程序从18条分离体验量表中筛选能有效区分类别的8个条目,然后用 MAXCOV-HITMAX 和 MAXSLOPE 程序对这8个条目进行分析,结果发现这8个条目是探测类别存在最具有内部一致性的指标。

8.4.4 指标反应项数

Taxometric 程序至少需要一个指标是准连续变量,或者通过指标求和来构建连续变量。临床评估问卷或人格自评问卷往往为二级计分(如 MMPI),或4点计分(如 SDS)或5至7点 Likert 计分(如 Big Five)。就目前多数 Taxometric 研究来说,使用的数据多为 Likert 式自评问卷(Walters et al.,2009)。Walters 和 Ruscio(2009)模拟研究发现,二级计分的项目仍能得到精确估计结果,但指标的选项少于4个时对结果的解释需要小心。

8.4.5　样本量

样本量大小是很多统计程序需要考虑的问题,样本量太小会使得抽样误差增大,统计推论效度降低。模拟研究发现,在使用有效指标的前提下,样本量为200左右时即可顺利执行MAMBAC和MAXCOV程序(Beauchaine et al.,2002;Meehl,1995;Meehl et al.,1994)。但有时探索性Taxometric分析的指标并不能达到推荐的效度水平,所以Meehl(1995)推荐的最少300个样本还是很有指导意义的。此外,样本量还与类别基础比率和指标效度有关,如果类别基础比率和效度都很小,则需要很大的样本量来保证结果的有效性(Cole,2004)。

8.4.6　扰嚷协方差

扰嚷协方差(nuisance covariance)是指类别内指标之间的相关,用Pearson积差相关表示。如果一个样本为纯粹的同质性群体,那么指标之间的相关应为0。在实际情况下很少有这样纯粹的样本,所以扰嚷相关为同质群体指标间的相关值。模拟研究发现扰嚷相关系数在0.30以下时,Taxometric程序分析的结果较理想,当超过0.5时会高估类别基础比率(Meehl,1995),也有研究表明类别内相关系数达到0.6时仍能得到较好的结果(Beauchaine et al.,2002;Bernstein et al.,2007)。令人遗憾的是目前并没有专门针对扰嚷相关的模拟研究,所以扰嚷相关对各种Taxometric程序估计准确性和精确性的影响尚不明确。

8.5　实例演示

8.5.1　无事先分类

1）引言

目前,全球共有18亿青少年,他们占到了世界人口的四分之一以上。著名医学杂志《柳叶刀》发布的最新研究成果称,传统上人们对于成熟的认识已经不符合当代的情况,而青春期也不再是人们一生中最健康的岁月(Sawyer et al.,2012)。凡是给青少年健康、完好状态乃至终生的生活质量造成直接或间接损害的行为,通称青少年健康危险行为(adolescent health risk behavior)。我国学者参照国际惯例,针对国情,将其分为非故意伤害(unintentionally injury)、故意伤害(intentionally injury)、物质成瘾、精神成瘾等7类(孙江平 等,2001)。由于青少年健康危险行为的严重后果(如疾病的传播、意外怀孕)以及对未来心理健康和成年期精神疾病的预测作用,因此青少年期的危险行为引起了学者的广泛关注和极大重视。对于青少年危险行为潜在结构的认识可以有效地提高对青少年危险行为的认识,从而为青少年危险行为的临床诊断和干预提供重要的理论依据。

Taxometric分析法发端于精神病理学领域,是目前使用最多的探测变量潜在属性的方法之一。到目前为止,该分类技术已经发展出十几种用于探测潜变量类型的程序,而在最近几年该方法引起越来越多的关注,被广泛用于精神病学、精神病理学和人格心理学等相关领域。本研究使用Taxometric分析法对青少年健康相关危险行为量表的潜在结构的属性进行探讨。

2）对象与方法

（1）研究对象

普通中学学生:采用方便取样,从长沙、苏州、成都和银川各选取一所中学。共3226人,男生1746人,女生1480人,年龄在11～22岁,平均(16.35±1.205)岁。

（2）研究工具

王孟成等编制的青少年健康相关危险行为问卷(AHRBI),采用5级计分方式:"从不"计0分;"几乎不(每个月1次)"计1分;"有时(每个月2～4次)"计2分;"几乎经常(每周2～3次)"计3分;"经常(每周4次以上)"计4分,该量表从6个方面对健康相关危险行为进行测量,该量表的信效度良好,具有较好的心理测量学特性。

（3）研究方法

Taxometric分析法通过探测一组外显变量背后的潜变量是连续的维度变量还是间断的分类变量来确定群体中是否存在异质群体。按照Taxometric的术语,一般将异质群体称为类型组(Taxon),剩余群体称为非类型组(Complement)。本研究中,采用现在流行的3个不同的Taxometric程序来进行分析:MAXEIG(maximum eigenvalue)、MAMBAC(mean above minus below a cut)和L-Mode(latent mode factor analysis)。分析所用软件为R4.1.2版本。

（4）模拟类别和维度数据

在不知道研究数据到底是类别还是维度的前提下,需要根据研究数据得出的指标之间的协方差矩阵模拟出两组数据:一组为类别结构,另一组为维度结构,将研究数据和模拟数据进行比较,从而可以得到研究数据的潜在结构的属性。模拟数据的样本量与研究数据一致。模拟数据项目之间的协方差矩阵由基础比率分类技术得到,即由各个分析程序得到的最初的基础比率来对样本进行划分,分为潜在的类别组和潜在的非类别组。另外,在模拟维度数据中,所有项目假设负荷在一个共同的因子上。三个程序所使用的数据和需要估计的参数个数如表8.1所示。

表8.1　各程序和各数据得到的基础比率

指标/数据	程序		
	MAMBAC	MAXEIG	L-Mode
实证数据			
估计曲线数	30	6	1
M	0.15	0.12	0.67
SD	0.04	0.04	0.47
模拟维度数据			
估计曲线数	30	6	—
M	0.21	0.14	—
SD	0.02	0.05	—
模拟类别数据			
估计曲线数	30	6	—
M	0.19	0.12	—
SD	0.02	0.04	—

注:—为L-Mode程序未给出指标。

对比曲线拟合指数(Comparison Curve Fit Indices,CCFI)可以用来客观地判断潜在结构的属性,该指数的取值范围在0到1之间,以0.5为分界线,0.5之下越接近0越可能是维度结构,0.5之上越接近1越可能是类别结构,0.4~0.6为该指标的模糊区间,落入该区间解释需谨慎,该指标具有较好的稳健性。CCFI指标同样也被很多研究证实了其有效性(Ruscio et al.,2018)。

3）结果

（1）指标效度

青少年健康相关危险行为问卷从以下几个方面来考查被试的行为：自杀自残（5条）、攻击暴力（8条）、破坏纪律（6条）、吸烟饮酒（4条）、无保护性（4条）和健康妥协行为（5条）。本研究采用每个方面的总分作为一个指标，因此共有6个指标进入分析程序。所有指标之间的相关在0.21~0.73，指标之间的汇聚效度良好。另外，现在的样本中每个指标的全距在10~20，保证了Taxometric程序分析的信度和效度。各个指标的偏度（0.86~4.42，SE=1.34）和峰度系数（0.52~21.94，SE=8.53），除了一个指标的偏度和峰度系数较大，其余指标都在可接受的范围之内。综合考虑来说，青少年健康相关危险行为问卷适合进行Taxometric分析。

（2）MAMBAC分析

MAMBAC方法只要指定一个指标为输入变量，一个指标为输出变量。当有多个指标时，可以将除输出变量以外的剩余变量相加作为输入变量，或者选择几个变量相加作为输入变量，其他指标相加作为输出变量。接着在输入变量上按照一定的规则确定一个划界分（Cutting Score），将高于该划界分的数据归为高分组，将低于划界分的数据归为低分组，计算两组的平均分差异。然后以输入变量为横坐标，以平均分差异为纵坐标绘图。本研究中所选择的6个指标是有效的（Mean Cohen's ds=2.01，SD=0.59），各指标在潜在类别群体和潜在非类别群体的相关达到低或中等程度相关（类别群体：mean r=0.13，SD=0.21；非类别群体：mean r=0.17，SD=0.16；全样本：mean r=0.42，SD=0.16）。CCFI指标为0.53，落在区间0.4~0.6，需要谨慎解释得到的结果，有可能为维度结构也有可能为类别结构，需要结合其他手段来进行判断。如图8.2所示：研究数据和两种模拟数据的比较可以直观地看出研究数据更倾向于和类别模拟数据的图像吻合。

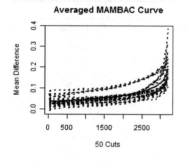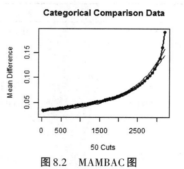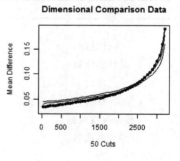

图8.2　MAMBAC图

（3）MAXEIG分析

MAXEIG指定一个指标为输入变量，并在其上做一定数量的切点形成间隔区间（intervals），这些间隔区间允许相互重叠（也称为窗口），且重叠比例是可变的，然后从每个"窗口"群体中计算剩余指标的协方差矩阵，并从中提取最大特征值，以输入指标为横坐标，以最大特征值为纵坐标绘图。本研究中所选择的6个指标是有效的（M Cohen's ds=2.14，SD=0.57），各指标在潜在类别群体和潜在非类别群体的相关达到低或中等程度相关（类别群体：mean r=0.11，SD=0.19；非类别群体：mean r=0.19，SD=0.18；全样本：mean r=0.42，SD=0.16）。得到的CCFI指标为0.39，落在区间0.4~0.6，需要谨慎判断潜在结构的属性是类别的还是维度的（Ruscio et al.，2018），可结合图形来判断。

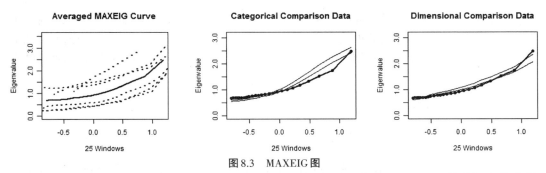

图8.3 MAXEIG图

图8.3的结果显示,研究数据更拟合模拟维度数据得到的曲线,因此可以说是拟合维度结果的。

（3）L-MODE分析

L-MODE用于处理三个及以上指标的分析程序。它是以所有条目进行主轴因子分析,然后采用Bartlett法计算因子分,以计算的因子分绘图。本研究中所选择的6个指标有效（MCohen's ds=1.06, SD=0.34）,各指标在潜在类别群体和潜在非类别群体的相关达到低或中等程度相关（类别群体:mean r=0.31, SD=0.19;非类别群体:mean r=−0.03, SD=0.10;全样本:mean r=0.42, SD=0.16）。得到的CCFI指标为0.53,落在区间0.4~0.6,处于判别维度和类别的模糊地带,需要借助其他工具来进行判断。

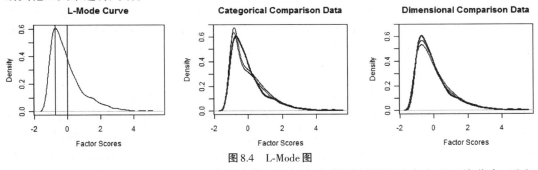

图8.4 L-Mode图

由图8.4可以直观地看出图形为单峰分布。根据存在类别所得图形会出现双峰分布,反之为单峰分布的原则,可以认为研究样本没有类别群体存在,即青少年健康相关危险行为的潜在结构更可能是维度的而不是类别的。

4）讨论

现在的疾病分类学倾向于把精神类疾病或心理问题划分为两类:有问题和无问题。但是本研究探讨了青少年健康相关危险行为的潜在结构,发现其潜在结构是维度的而不是类别的,为临床诊断和干预提供了有力的证据。研究采用了现在流行的3种Taxometric程序,对青少年健康相关危险行为的潜在结构分别进行了分析,综合得到的曲线图形和CCFI指标表明青少年健康相关危险行为的潜在结构更有可能是维度的而不是类别的结果。再者,模拟数据研究的结果也证实研究数据更拟合维度数据得到的结果而不是类别数据得到的结果。

CCFI指标在程序间的一致性较好,但是均落入了0.4~0.6的模糊区间内,它并没有明确地表明潜在结构的属性,需要结合其他手段来判断。究其原因,有可能是受指标峰度和偏度的影响,但是现在还没有确切的研究结果表明指标的分布形态对CCFI有怎样的影响。

将青少年健康相关危险行为的潜在结构判断为维度结构的,可以认为青少年之间的个体差异只是在一个连续的维度上的程度差别。第一,从病原学的角度看,可以寻找形成青少年健康相关危险行为问题的多重环境因素和基因因素,而不是寻找断续分散的原因。第二,对青少年健康相关危险行为问题的认识应该是一个范围或者程度的认识,而不是一个二分的、非此即彼的认识。第三,临床干预的目标是减少青少年健康相关危险行为的程度而不是杜绝这种现象发生。

8.5.2 有事先分类

1) 引言

对于暗黑人格理论结构的验证,从最初的研究来看,大多是在因素分析的基础上,基于模型比较的方法来确定其潜在因子数目及结构。如 Jones 和 Paulhus(2014)在开发暗黑人格简版问卷——短式三连征(Short Dark Triad,SD3)的时候使用探索性结构方程模型(Exploratory Structural Equation Modeling,ESEM;Asparouhov et al.,2009)对三维结构进行效度验证。为了解决潜变量的属性问题,对其属性进行直接探测是较为理想的一种做法。

2) 对象与方法

(1)被试和程序

被试通过在某省大学城各学校布告栏张贴的招募广告获得课题组联系方式,然后和研究助理约定时间在教室统一发放纸质问卷进行施测。被试在15~20分钟内采用自我报告形式完成暗黑十二条、年龄、性别等题目。研究共招募到550名被试,被试自愿参与研究且签署知情同意书;剔除规律作答、超过20%题目未答和人口统计学变量缺失2题的被试,最终有效被试507名,有效率92.2%,其中女生288名(56.8%),平均年龄20.69岁($SD=0.53$)。

(2)测量

参考暗黑十二条(Dirty Dozen;Jonason et al.,2010),主要采用耿耀国、孙群博等人(2015)修订的暗黑十二条中文版,共12题,分为三个维度,每4道题测量一个维度,采用1~7级 Likert 评分,1代表"完全不同意",7代表"完全同意",分数越高表示个体越倾向于具有某种暗黑人格特质。在原始中文版问卷中,暗黑十二条中文版总分及各因子的内部一致性系数在0.757~0.902,间隔6周的重测信度在0.725~0.879。而本研究中,暗黑十二条总分的内部一致性 alpha 系数为0.782,分维度的内部一致性 alpha 系数分别为:精神病态0.63,权术主义0.72,自恋0.84。

(3)Taxometric 分析

首先使用 TaxProg 2012-01-09.R 估计出群体中的基准概率,再根据总分划出两类不同的人群,然后在 RTaxometrics3.2 包中实现 MAMBAC 等最常用的三种程序,最后,采用 CCFI 剖面图来进一步辅助下结论。

3) 结果

(1)数据适切性检验

在进行 Taxometric 分析之前,需要对数据的适切性进行检验,需要满足三个条件:①样本量在300以上;②各变量的效果量大于等于1.25个标准差;③相关系数的均值,类别组和补足组在0.30以下。本研究中,样本量为507,满足条件1;三个变量的效果量以 Cohen's d 值衡量分别为2.12、1.47、2.07,均值为1.89,满足条件2;相关系数在类别组的均值为−0.22,在补足组的均值为0.28,小于0.30的推荐值,满足条件3。因此,数据适合进行 Taxometric 分析。本部分使用的语句为 library(RTaxometric),CheckData()。

满足前提条件之后,使用以下语句,可以非常简便地完成整个分析:

```
RunTaxometrics(x,seed=0,n.pop=1e+05,n.samples=100,reps=1,
MAMBAC=TRUE,assign.MAMBAC=1,n.cuts=50,n.end=25,MAXEIG=
TRUE,assign.MAXEIG=1,windows=50,overlap=0.9,LMode=TRUE,mode.l=
−0.001,mode.r=0.001,MAXSLOPE=FALSE,graph=1)
```

(2)Taxometric 分析结果

表8.2 各程序的CCFI指标

程序	CCFI	Base rate
MAMBAC	0.244	0.772
MAXEIG	0.402	0.824
L-Mode	0.210	0.698
Mean	0.285	0.765

三个常用程序的CCFI值均在0.50以下,均值为0.285,均提示潜在结构的维度属性。另外,根据图8.5的结果,发现图中代表实证数据的黑色加粗线条在所有三个程序中均更接近右边维度模拟的结果。因此,可以初步判断,暗黑人格的潜在结构为连续的维度,而不是间断的类别。

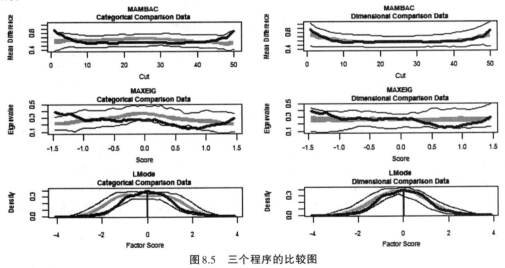

图8.5 三个程序的比较图

另外,为了使结果更稳健,根据不同的基准概率(base rate),我们可以得到CCFI的剖面图,如图8.6所示,在绝大多数情况下,三个程序及平均曲线均提示暗黑人格的潜在结构为维度。使用语句如下:

```
RunCCFIProfile(x,seed=0,min.p=0.025,max.p=0.975,num.p=39,
n.pop=1e+05,n.samples=100,reps=1,MAMBAC=TRUE,assign.MAMBAC=1,
n.cuts=50,n.end=25,MAXEIG=TRUE,assign.MAXEIG=1,windows=50,
overlap=0.9,LMode=TRUE,mode.l=−0.001,mode.r=0.001,MAXSLOPE=FALSE,
graph=1,text.file=FALSE,profile=TRUE)
```

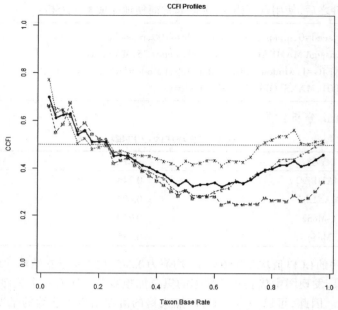

图8.6 各种基准概率下CCFI的剖面图

而根据CCFI剖面,计算出整合(Aggregate)的CCFI结果如表8.3所示。

表8.3 各概率下整合的CCFI指标

程序	CCFI	Base rate
MAMBAC	0.432	0.401
MAXEIG	0.502	0.631
L-Mode	0.425	0.483
Mean	0.446	0.518

在所有的CCFI指标中,MAXEIG的指标落入0.45~0.55的模糊区间内。依据Ruscio等人(2010)和Ruscio等人(2018)的标准,CCFI值在0.45~0.55为潜在结构判断的模糊地带,无法对其潜在结构进行准确判断。MAMBAC和L-Mode两个程序的CCFI指标均小于0.45,提示潜在结构为维度。另外,整合CCFI的均值0.446,根据Ruscio等人(2018)的标准,暗黑人格的潜在结构亦可以清晰地判断为维度。

4) 讨论

本研究为暗黑人格的潜在维度结构提供了基于非模型比较的证据。这与以往的、有关异常人格的研究结果一致,如边缘性人格障碍等(Arntz et al.,2009;Haslam,2003)。部分验证了暗黑核心(Dark Core)的研究结果,暗黑核心除包含暗黑人格的三个维度外,还包括受虐(sadism)维度,共包含四个维度。与本研究结果一致,Tran等人(2018)发现暗黑核心在总样本中为维度结构,在男性亚样本中为类别结构,而在女性亚样本中为维度结构。而本研究中,受制于总样本容量,无法分性别进行Taxometric分析。

在各程序的某些CCFI指标上,出现无法准确判断的模糊数据。究其原因,可能是因为本研究未纳入精神病态的异常人群,对于类别组的识别可能受到限制,导致出现低基准概率问题,也就是某些指标出现严重偏态,从而影响程序的结果(Haslam et al.,1996)。根据以往模拟研究的结果,对于指标的分布偏态问题,即使在程序中考虑了偏态问题,也可能无法得到类别结构,对于此类情况需要谨慎处理。

8.6 评价

Meehl 发展 Taxometric 方法的初衷是想通过统计学方法证明精神分裂症类型论的理论主张,虽然没能实现初衷,但由此而发展的 Taxometric 方法却流传了下来。Taxometric 作为探测数据潜在结构离散或连续属性的方法,为研究者提供了一种有效的途径,实证研究发现这一方法优于聚类分析(Cleland et al., 2000; Beauchaine et al., 2002)。Taxometric 方法的一个突出优点是无须复杂的模型设置和分布假设。因为 Taxometric 的数学基础是一般协方差混合理论,而不是基于模型(Model-based)的统计程序,所以在分析时不受数据分布形态的限制。其另外一个显著的优点在于原理简单,容易理解,分析过程简便,在变量不多的情况下采用手工计算也可以实现。再者,Taxometric 方法最显著的优点在于提供了多种一致性检验方法,且不同程序之间可以相互验证,为结果可靠性提供强有力的支持。

当然,任何方法都有其局限性,Taxometric 方法也不例外。其主要的不足之处有以下几点:

首先,探测类别能力存在局限性。Taxometric 方法设计之初主要是用于探测群体中是否存在潜在类别,更确切地说,其关注点是将被试群体区分成两个亚群体:类别组(如抑郁症组)和补足组(健康组)。如果群体中存在两个以上的类别群体,那么 Taxometric 方法将有其局限性。McGrath(2008)的分析结果表明,当存在三个类别时,Taxometric 方法将导致不正确的结论。然而,最近的研究发现,当数据中存在 3 个类别时,新近发展的 CCFI 指标也能给出正确结果(Walters et al., 2010)。

其次,受扰攘相关的影响尚不明确。扰攘相关系数在 0.3 以下时,Taxometric 方法处理的结果较理想(Meehl, 1995),但也有研究表明类别内相关系数达到 0.6 时仍能得到较好的结果(Beauchaine et al., 2002; Bernstein et al., 2007),这方面还需要更多的模拟研究来揭示扰攘相关的影响。

最后,处理重复测量数据能力不足。增长混合模型(Growth Mixture Model, GMM),潜在转换分析 LTA 等潜变量模型有多种方法来处理重复测量数据,而 Taxometric 则没有考虑处理这方面的问题。在临床干预研究中,干预前 Taxometric 可将某些个体划分到类别群体,干预后如何确定原属于类别群体的个体已经变成了补足群体,Taxometric 无法解决这类问题。

总之,Taxometric 方法为我们提供了一种有力的类别探测技术,在精神病理学领域有重要的应用价值,随着该技术的不断发展和完善,将为我们认识变量属性提供便利。

本章参考文献

Beauchaine, T. P. (2007). A Brief Taxometrics Primer. *Journal of Clinical Child and Adolescent Psychology*, *36*, 654–676.

Beauchaine, T. P., & Beauchaine, R. J. (2002). A comparison of maximum covariance and k-means cluster analysis in classifying cases into known taxon groups. *Psychological Methods*, *7*, 245–261.

Cleland, C., & Haslam, N. (1996). Robustness of taxometric analysis with skewed indicators: i. a Monte Carlo study of the mambac procedure. *Psychological Reports*, *79*, 243–248.

Cleland, C., Rothschild, L., & Haslam, N. (2000). Detecting latent taxa: Monte Carlo comparison of taxometric, mixture and clustering methods. *Psychological Reports*, *87*, 37–47.

Cole, D. A. (2004). Taxometrics in psychopathology research: An introduction to some of the procedures and related methodological issues. *Journal of Abnormal Psychology*, *113*, 3–9.

De Boeck, P., Wilson, M., & Acton, G. S. (2005). A conceptual and psychometric frame-work for distinguishing categories and dimensions. *Psychological Review*, *112*, 129–158.

Demjaha, A., Morgan, K., Morgan, C., Landau, S., Dean, K., Reichenberg, A., ⋯ Dazzan, P. (2009). Combining dimensional and categorical representation of psychosis: the way forward for DSM-V and ICD-11? *Psychological Medicine*, *39*, 1943-1955.

Efron, B., & Tibshirani, R. J. (1993). An Introduction to the Bootstrap: Monographs on Statistics and Applied Probability, Vol. 57. *New York and London: Chapman and Hall/CRC*.

Embretson, S. E. (1996). Item response theory models and spurious interaction effects in factorial anova designs. *Applied Psychological Measurement*, *20*, 201-212.

Grove, W. M., & Cicchetti, D. (1991). Thinking Clearly about *Psychology V2: Personality and Psychopathology*. University of Minnesota Press.

Grove, W. M. (2004). The MAXSLOPE taxometric procedure: Mathematical derivation, parameter estimation, consistency tests. *Psychological Reports*, *95*, 517-550.

Grove, W. M., & Meehl, P. E. (1993). Simple regression-based procedures for taxometric investigation. *Psychological Reports*, *73*, 707-737.

Haslam, N., & Cleland, C. (2002). Taxometric analysis of fuzzy categories: A Monte Carlo study. *Psychological Reports*, *90*, 401-404.

Haslam, N., & Kim, H. (2002). Categories and continua: A review of taxometric research. *Genetic, Social, and General Psychology Monographs*, *128*, 271-320.

Helzer, J. E., Kraemer, R H. C., & Krueger, R. F. (2006). The feasibility and need for dimensional psychiatric diagnoses. *Psychological Medicine*, *36*, 1671-1680.

Kamphuis, J. H., & Noordhof, A. (2009). On Categorical Diagnoses in *DSM－V*: Cutting Dimensions at Useful Points? *Psychological Assessment*, *21*, 294-301.

Lasky-Su, J., Neale, B., Franke, B., Anney, R., Zhou, K., Chen, W., Maller, J. B., ⋯Faraone, S. V. (2008). Genome-wide association scan of quantitative traits for attention deficit hyperactivity disorder identifies novel associations and confirms candidate gene associations. *American Journal of Medical Genetics Part B*, *147B*, 1345-1354.

Lubke, G., & Tueller, S. (2010). Latent Class Detection and Class Assignment: A Comparison of the MAXEIG Taxometric Procedure and Factor Mixture Modeling Approaches. *Structural Equation Modeling*, *17*, 605-628.

MacCallum, R. C, Zhang, S., Preacher, K. J., & Rucker, D. D. (2002). On the practice of dichotomization of quantitative variables. *Psychological Methods*, *7*, 19-40.

Meehl, P. E., & Yonce, L. J. (1994). Taxometric analysis: I. detecting taxonicity with two quantitative indicators using means above and below a sliding cut (mambac procedure). *Psychological Reports*, *74*, 1059-1274.

Meehl, P. E. (1992). Factors and taxa, traits and types, differences of degree and differences in kind. *Journal of Personality*, *60*, 117-174.

Meehl, P. E. (1995). Bootstraps taxometrics: Solving the classification problem in psychopathology. *American Psychologist*, *50*, 266-275.

Meehl, P. E. (1999). Clarifications about taxometric method. *Applied & Preventive Psychology*, *8*, 165-174.

Meehl, P. E. (2004). What's in a taxon?. *Journal of Abnormal Psychology*, *113*, 39-43.

Meehl, P. E., & Yonce, L. J. (1994). Taxometric analysis: I. Detecting taxonicity with two quantitative indicators using means above and below a sliding cut (MAMBAC procedure). *Psychological Reports*, *74*, 1059-1274.

Meehl, P. E., & Yonce, L. J. (1996). Taxometric analysis: II. Detecting taxonicity using covariance of two quantitative indicators in successive intervals of a third indicator (MAXCOV procedure). *Psychological Reports*, *78*, 1091-1227.

Miller, M. B. (1996). Limitations of Meehl's MAXCOV-HITMAX Procedure. *American Psychologist*, *51*, 554-556.

Muthén, B. (2001). Latent variable mixture modeling. In G. A. Marcoulides & R. E. Schumacker (eds.), New

Developments and Techniques in Structural Equation Modeling (pp. 1-33). Lawrence Erlbaum Associates.

Schmidt, N. B., Kotov, R., & Joiner, T. E. (2004). *Taxometrics: toward a new diagnostic scheme for psychopathology.* (PP.31-89). American Psychological Association.

Parker, J. D. A., Keefer, K. V., Taylor, G. J., & Bagby, R. M. (2008). Latent structure of the alexithymia construct: A taxometric investigation. *Psychological Assessment, 20*, 385-396.

任芬, 潘林, 王孟成, 姚树桥, 张建新. (2013). 区分类别与维度: Taxometric 分析法简介. 中国临床心理学杂志, 21, 786-789.

Ren, F., Wang, G., Wang, M., & Zhang, J. (2016). A taxometric analysis of the children's sleep habits questionnaire. *Sleep & Biological Rhythms, 14*, e241-e242.

Ren, F., Zhou, R., Zhou, X., Schneider, S. C., & Storch, E. A. (2020). The latent structure of olfactory reference disorder symptoms: A taxometric analysis. *Journal of Obsessive-Compulsive and Related Disorders, 27*, 100583.

Ruscio, A. M. (2010). The latent structure of social anxiety disorder: consequences of shifting to a dimensional diagnosis. *Journal of Abnormal Psychology, 119*, 662-671.

Ruscio, J. (2000). Taxometric analysis with dichotomous indicators: the modified maxcov procedure and a case-removal consistency test. *Psychological Reports, 87*, 929-939.

Ruscio, J. (2007). Taxometric analysis: an empirically-grounded approach to implementing the method. *Criminal Justice and Behavior, 34*, 1588-1622.

Ruscio, J. (2009). Assigning cases to groups using taxometric results: An empirical comparison of classification techniques. *Assessment, 16*, 55-70.

Ruscio, J. (2011). Why and how should we classify individuals introduction to the special section on categories and dimensions. *The Scientific Review of Mental Health Practice, 8*, 3-5.

Ruscio, J., & Carney, L. M., Dever, L., Pliskin, M., & Wang, S. B. (2018). Using the Comparison Curve Fit Index (CCFI) in taxometric analyses: Averaging curves, standard errors, and CCFI profiles. *Psychological Assessment, 30*, 744-754.

Ruscio, J., Haslam, N., & Ruscio, A. M. (2006). *Introduction to the taxometric method: A practical guide.* Mahwah, NJ: Lawrence Erlbaum Associates, Inc.

Ruscio, J., & Kaczetow, W. (2008). Simulating multivariate nonnormal data using an iterative algorithm. *Multivariate Behavioral Research, 43*, 355-381.

Ruscio, J., & Kaczetow, W. (2009). Differentiating categories and dimensions: Evaluating the robustness of taxometric analyses. *Multivariate Behavioral Research, 44*, 259-280.

Ruscio, J., & Marcus, D. K. (2007). Detecting small taxa using simulated comparison data: a reanalysis of beach, amir, and bau's (2005) data. *Psychological Assessment, 19*, 241-246.

Ruscio, J., & Ruscio, A. M. (2002). A structure-based approach to psychological assessment: matching measurement models to latent structure. *Assessment, 9*, 4-16.

Ruscio, J., & Ruscio, A. M. (2004). Clarifying boundary issues in psychopathology: the role of taxometrics in a comprehensive program of structural research. *Journal of Abnormal Psychology, 113*, 24-38.

Ruscio, J., Ruscio, A. M., & Keane, T. M. (2004). Using taxometric analysis to distinguish a small latent taxon from a latent dimension with positively skewed indicators: the case of involuntary defeat syndrome. *Journal of Abnormal Psychology, 113*, 145-154.

Ruscio, J., Ruscio, A. M., & Meron, M. (2007). Applying the bootstrap to taxometric analysis: Generating empirical sampling distributions to help interpret results. *Multivariate Behavioral Research, 42*, 349-386.

Ruscio, J. (2007). Taxometric analysis an empirically grounded approach to implementing the method. *Criminal Justice & Behavior, 34*, 1588-1622.

Ruscio, J., Walters, G. D., Marcus, D. K., & Kaczetow, W. (2010). Comparing the relative fit of categorical and dimensional latent variable models using consistency tests. *Psychological Assessment, 22*, 5-21.

Ruscio, J., & Walters, G. D. (2009). Using comparison data to differentiate categorical and dimensional data by examining factor score distributions: Resolving the mode problem. *Psychological Assessment*, *21*, 578–594.

Ruscio, J., Walters, G. D., Marcus, D. K., & Kaczetow, W. (2010). Comparing the relative fit of categorical and dimensional latent variable models using consistency tests. *Psychological Assessment*, *22*, 5–21.

Ruscio, J., & Walters, G. D. (2011). Differentiating categorical and dimensional data with taxometric analysis: Are two variables better than none? *Psychological Assessment*, *23*, 287–299.

Sawyer, S. M., Afifi, R. A., Bearinger, L. H., Blakemore, S. J., Dick, B., & Ezeh, A. C., et al. (2012). Adolescence: a foundation for future health. *Lancet*, *379*(9826), 1630–1640.

Schmidt, N. B., Kotov, R., & Joiner, T. E., Jr. (2004). Taxometrics: Toward a new diagnostic scheme for psychopathology. Washington, DC: American Psychological Association.

Simon, D., Pham, L. B., Le, Q. A., & Holyoak, K. J. (2001). The emergence of coherence over the course of decision making. *Journal of Experimental Psychology: Learning, Memory, and Cognition*, *27*, 1250–1260.

Stone, C. A. (2010). Monte Carlo based null distribution for an alternative goodness-of-fit test statistic in irt models. *Journal of Educational Measurement*, *37*, 58–75.

Waller, N. G., & Meehl, P. E. (1998). Multivariate taxometric procedures: distinguishing types from continua. *British Journal of Mathematical & Statistical Psychology*, *52*, 140–141.

Walters, G. D, McGrath, R. E, & Knight, R. A. (2010). Taxometrics, polytomous constructs, and the comparison curve fit index: A Monte Carlo analysis. *Psychological Assessment*, *22*, 149–156.

Walters, G. D., & Ruscio, J. (2009). To Sum or Not to Sum: Taxometric Analysis with Ordered Categorical Assessment Items. *Psychological Assessment*, *21*, 99–111.

Widiger, T. A. (2001). What Can Be Learned from Taxometric Analyses? *Clinical Psychology: Science and Practice*, *8*, 528–533.

Widiger, T. A., & Samuel, D. B. (2005). Diagnostic Categories or Dimensions? A Question for the Diagnostic and Statistical Manual of Mental Disorders—Fifth Edition. *Journal of Abnormal Psychology*, *114*, 494–504.

9 结构方程模型

9.1 结构方程模型简介

9.1.1 概述

结构方程模型(Structural Equation Modeling,SEM)是通过对变量协方差进行关系建构的多元统计方法,由于是基于变量协方差进行的建模,所以早期文献中也常称作协方差结构模型(Covariance Structure Modeling,CSM)。早期的SEM主要处理变量间的线性关系,所以也称作线性关系模型或简称LISREL模型(LInear Structural RELationship,LISREL)。

结构方程模型由两部分组成:测量模型和结构模型。测量模型即因子分析模型,主要处理观测指标与潜变量之间的关系,涉及潜变量的测量问题。狭义上来说SEM里的测量模型仅指验证性因素分析(本书第1章专门介绍了因子分析,包括探索性和验证性因子分析),但随着潜变量模型的发展,很多模型趋向于融合共生。例如,探索性结构方程模型(Asparouhov et al.,2009)将验证性因素分析和探索性因素分析融合在一起,所以在SEM里测量模型也可以以探索性因素分析的形式存在(例子可见Mplus使用手册里的例子5.25;Muthén et a.,1998-2017:97)。

结构模型涉及潜变量之间以及与非潜变量测量指标以外的观测变量的关系,主要处理不同概念之间假设的因果关系[①],如果模型中只有观测变量而没有潜变量,结构模型部分就变成传统的路径分析模型(王孟成,2014:第3章)。

SEM常常被用作理论验证的工具,如验证性因素分析常用作测验或量表结构效度的评价工具,结构模型用作验证理论假设间的关系。这体现了其验证性的特点,所以在使用SEM时很注重分析前的理论构建。在某种意义上来说,只有建立在坚实理论基础之上的SEM才是有意义的,否则具有数据驱动的特点,变成了探索性分析。当然,也有研究者使用SEM作为理论发展的工具,通过SEM的结果对理论进行修正、再验证,具有探索的意味,但这一过程本身还是由几个验证性过程组成的。

图9.1呈现了一个完整的SEM路径图。图中涉及四个潜变量,各带三个测量指标,其中f1-f2是外生潜变量,f3和f4为内生潜变量,其中f3又是中介变量。

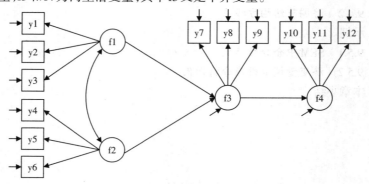

图9.1 SEM路径图

9.1.2 结构方程模型的优点

SEM的发展整合了传统的路径分析、多元回归和因子分析(Bentler,1980),与传统分析方法

① SEM是否能够处理因果关系的问题相当复杂,这里采用假设的因果关系不等于实际的因果关系,而是存在于理论或研究模型中假定的因果关系。

相比,SEM拥有许多优点:

第一,考虑测量误差。这个优点源自因素分析。因为只要是测量就存在误差,即使物理测量也不例外,所以考虑测量误差的模型才是更准确的模型。

第二,同时处理几个因变量。这一优点是对回归分析的突破,在回归分析中,一次只能处理一个因变量。在实际研究或真实世界里,变量或现象之间是彼此关联的,实际的关系往往是多个原因多个结果,很少有单纯的一因一果,这一点在非实验研究的调查研究中最为常见,所以使用SEM可以更好地解释多变量间的关系。当然并不局限于调查研究,SEM也可以用于实验研究数据的分析。

第三,同时考虑测量模型和结构模型。上述两点可以看成对传统因素分析和路径分析的继承和发展,将两种独立的模型合二为一是SEM最具特色的地方。对多种关系同时估计,在统计上便可对整个模型的拟合情况进行整体估计,这也是SEM的优点之一。

第四,SEM具有理论验证的特点。对于复杂现象的抽象模型简化了真实世界的关系,这种简化是否合理,需要实证数据的验证,SEM便是验证理论的工具。至于SEM能否验证变量间的因果关系,不同的研究者有不同的看法,目前学者公认的观点是通过特殊的研究设计SEM可以验证因果关系。能否检验因果关系是研究设计问题,与SEM本身无关。很多学者常使用SEM分析横断面数据,并常常误做因果推断,给人以错误印象,作为统计方法并不涉及因果关系问题。

9.1.3 结构方程模型的分析原理

SEM包含测量模型和结构模型两部分,所以矩阵表达式由测量和结构两部分组成:
测量方程:
$$x = \Lambda_x \xi + \delta$$
$$y = \Lambda_y \eta + \varepsilon$$

结构方程:
$$\eta = B\eta + \Gamma\xi + \zeta$$

式中,x为q个外生指标组成的$q \times 1$向量,ξ为n个外生潜变量组成的$n \times 1$向量,Λ_x是x在η上的$q \times n$因子负荷矩阵,δ为q个测量误差组成的$q \times 1$向量。y为p个内生指标组成的$p \times 1$向量,η为m个内生潜变量组成的$m \times 1$向量,Λ_y是y在ξ上的$p \times m$因子负荷矩阵,ε为p个测量误差组成的$p \times 1$向量。B为内生潜变量η间的$m \times m$系数矩阵,Γ为外生潜变量对内生潜变量的影响的$m \times n$系数矩阵,ζ为$m \times 1$残差向量。

SEM有以下基本假设:
(1)测量方程的误差ε和δ均值为0;
(2)结构方程的残差项ζ均值为0;
(3)误差项ε和δ与因子η和ξ不相关,ε和δ间也不相关;
(4)残差ζ与ε,δ和ξ不相关。

9.2 SEM建模过程

SEM的建模过程通常包含以下5步:①模型设定;②模型识别;③模型拟合评价;④排除等价模型或其他可能的竞争模型;⑤结果解释与报告。

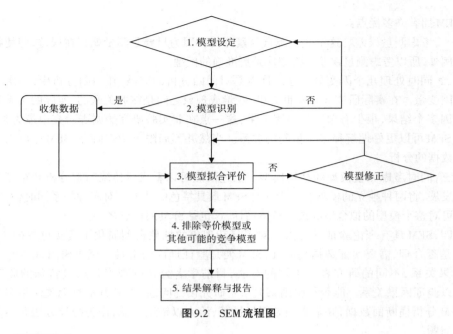

图9.2　SEM流程图

9.2.1　模型设定

模型设定（Model Specification）是指确定模型涉及的变量、变量之间关系、模型参数等的设定。测量模型主要涉及：①根据过往研究或理论，确定因子个数；②条目与因子间的隶属关系。结构模型主要涉及变量间的影响关系：相关（双向箭头）抑或是预测（单向箭头）。

模型设定的过程即是理论模型构建的过程。从整个研究过程来讲，理论构建最重要，工作量也最大，当然难度也最大。一旦确定理论模型，后续的数据收集和处理就相对简单了。从科学研究的角度讲，在研究设计之前就应该构建好理论模型，并借助路径图的形式呈现，然后收集数据对假设的模型进行验证。如果事先没有基于文献或理论假设的模型，而完全根据数据的提示修改模型，最后也能得到一个"理想"的拟合指数，这种做法显然不符合严谨的科学研究规范。

在SEM中，统计模型和概念模型并非完全对应，概念模型是基于理论的，变量间的关系是事先确立的，而统计模型中并不会考虑这一点，所以同样的变量可以构建多个等同模型（Equivalent Models），这些等同模型在统计上是完全一样的，但理论意义相差甚远。在实际研究中，研究者往往忽略等同模型的存在，有时甚至是故意的（MacCallum et al., 2000）。因此，在建模之前需要有合理的理论假设，变量之间的假设关系在逻辑上是合理的，否则执行SEM没有意义。

9.2.2　模型识别

模型设定好之后，需要检验所设定的模型是否能够识别，即理论模型是否存在合适的解。SEM主要有以下规则（Bollen, 1989）：

a. **t法则**：$t \leqslant (p+q)(p+q+1)/2$ 或 $df \geqslant 0$

t 为自由参数的个数，p 为内生指标的个数，q 为外生指标的个数

b. **两步法则**（Two-step Rule, Bollen, 1989）

将SEM分解成测量模型和结构模型两部分分别进行识别。

第一步,SEM的测量模型部分可以识别;

第二步,SEM的结构模型部分可以识别;

如果上述两步都满足,则SEM可以识别。

具体来说,第一步,对测量模型进行识别。不区分外生和内生变量,将所有测量模型做一个CFA模型进行识别(识别规则见表9.1)。如果测量模型可以识别,则接着进行下一步的结构模型识别检验。以图9.1的路径图为例,第一步的测量模型路径图如图9.3所示。根据CFA的识别规则,测量模型可以识别(实践中绝大多数SEM里的测量模型都是可以识别的)。

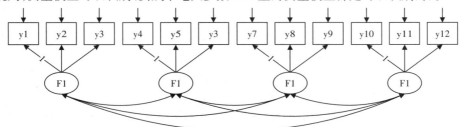

图9.3 测量模型路径图

表9.1 CFA的识别规则

(1)CFA模型识别规则

a.指定测量单位。在CFA中,每个因子都需要指定测量单位,否则不可识别。指定单位的方法有两种:一种是设定一个指标的负荷为1,另一种是设定因子方差为1。

b.t法则:$t \leq p(p+1)/2$ t为自由参数的个数,p为指标的个数。

c.三指标法则:每个因子至少有3个指标;每个因子只在一个指标上有负荷;误差不相关。

d.两指标法则:多于一个因子;每个因子至少有2个指标;每个因子只在一个指标上有负荷(指标不跨负荷);每个因子都有与之相关的因子;误差不相关。单个因子,2个指标负荷限定相等;误差不相关。

e.单指标法则:因子由单个指标测量需满足下列条件之一:

(1)指标误差方差固定为0或其他值(如,1−信度×指标方差)

(2)或在结构模型中存在额外的工具变量(Instrumental Variable),并且指标误差与工具变量的误差不相关。

(2)误差相关CFA模型识别规则

存在误差相关的CFA模型识别需要符合以下三个条件(规则2):

f. 对于每个因子,至少符合以下2条中的一条(规则2-1):

(1)至少有三个指标的误差彼此不相关;

(2)至少有两个指标的误差彼此不相关,并且这两个指标的误差不与其他因子指标的误差相关或这两个指标的负荷限制相等。

g. 对于每对因子,每个因子中至少存在一个指标的误差间不相关。(规则2-2)

h. 对于每个指标,至少有另外一个指标(不一定隶属于同一个因子)的误差与该指标的误差不相关。(规则2-3)

(3)存在跨负荷的CFA模型识别规则

跨负荷的指标需满足以下两个条件(规则3):

(1)跨负荷指标所属的因子必须满足规则2-1对最少指标数的要求;

(2)满足规则2-2,即每个因子至少有一个指标不与其他因子指标的误差相关。

跨负荷指标误差存在相关的模型需满足以下两个条件(规则3-1):

(1)满足规则3;

(2)跨负荷指标所负荷的因子必须有一个不存在跨负荷的指标,并且不与跨负荷指标误差相关。

第二步,对结构模型进行识别。将潜变量作为显变量按照路径分析模型的识别规则进行判别(表9.2),路径图如图9.4所示。结构路径模型为递归模型,根据路径模型的识别规则,所有的递归模型都可以识别。

表9.2　路径模型的识别规则

a. **t法则**: $t \leqslant (p+q)(p+q+1)/2$　　t为自由参数的个数,p和q分别为内生和外生变量的个数;

b. **递归**: 所有的递归模型都是可以识别的;

c. **零B**: 没有内生变量是自变量的模型都是可以识别的;

d. **阶条件**: 有$p-1$个变量(内生和外生)不在方程中;

e. **秩条件**: C_i矩阵的秩为$p-1$。

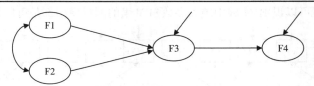

图9.4　结构模型路径图

经过如上两步可以判断此SEM满足两步法则,所以可以识别。

两步法则也可作为SEM的分析步骤,即首先建立测量模型,再建立SEM全模型。当然,也可以建立全模型直接进行估计,但是如果拟合得不好,很难确定是测量模型还是结构模型出了问题。而两步法先对测量模型进行估计,如果测量模型拟合不好,SEM模型会拟合得更糟糕;如果测量模型拟合得好,SEM可能拟合得好,也可能拟合得不好。一般来说,SEM拟合的好坏取决于测量模型,因为测量模型部分涉及的参数远多于结构模型的参数,所以拟合SEM模型选择良好的测量工具非常重要。

9.2.3　模型拟合评价

模型拟合是评价样本方差–协方差矩阵S与理论模型再生的方差–协方差矩阵之间的差距。模型拟合评价可以分为两类:假设检验和近似拟合检验。如同传统的显著性假设检验一样,如果模型隐含的方差–协方差与观测到的样本方差–协方差之间的差异达到一定显著性水平(如0.05或0.01)上的临界值,那么模型将被拒绝。相反,如果差异低于临界值便接受模型。理论矩阵E与样本矩阵S之间的差异服从χ^2分布,因此可以采用χ^2检验来衡量这个差异是抽样误差造成的还是实际存在的。由于χ^2容易受到其他因素的干扰(如样本量),所以研究者们又提出了评价模型拟合的其他指标,这些指标统称为近似拟合检验(Approximate Fit Tests)。学者发展了上百种用于评价模型拟合优劣的统计指标。拟合指数反映的是模型整体的拟合程度,即将模型各方面的差异用一个整体的数值来表示(Steiger,2007)。下面首先介绍卡方检验,接着介绍几种常用的近似拟合指数。

1)假设检验卡方

最基础也是报告最多的拟合指标是卡方(Chi-square,χ^2),而且多数拟合指标也是基于卡方统计量演变而来的。卡方统计量根据以下公式得到:

$$T = (N-1)FML$$

式中,FML为使用ML或其他估计法所得到的最小拟合函数值,N为样本量。当样本足够大,且符合多元正态分布时,$(N-1)FML$服从中央卡方分布(Central Chi-square Distribution),即从样本获得的值接近于卡方真值。SEM软件会报告卡方值及显著性检验的结果。

然而在实际研究中常得到显著的卡方检验结果,即拒绝研究提出的模型,特别是当样本量较大时更容易出现。这主要是由于卡方易受以下因素影响:

第一,样本量。卡方统计量对样本量非常敏感,倾向于随样本量的增加而变大。当样本量很大时,即使观测的S和E之间差异很小也很容易得到显著的卡方。

第二，数据分布形态。SEM最常用的ML估计法的前提假设是变量符合多元正态分布，如果违反此假设的前提，将会影响卡方统计量的准确性，当数据非正态分布时，可以选择其他估计法或报告校正卡方统计量。

第三，观测指标的质量。观测指标之间的相关系数较高时也会高估卡方统计量（Kline，2016）。

因此，在实践中研究者往往忽略显著的卡方差异检验结果，而将近似拟合指数作为接受模型的依据。Barrett（2007）强烈反对这种做法，认为所有SEM研究都应该报告卡方检验结果，并以此作为接受或拒绝模型的依据。尽管这种观点过于偏激，但显著的卡方检验至少说明模型拟合并不完美，这一点需要引起研究者注意（Kline，2016）。

2）近似拟合检验

近似拟合检验（Approximate Fit Tests）按照不同的标准可以进行不同的分类，但最常见的是将其分为以下三类：绝对拟合指数（Absolute Fit Indexes）、增值拟合指数（Incremental Fit Indexes）或比较拟合指数（Comparative Fit Indexes）以及简约拟合指数（Parsimony-adjusted Index）（Kline，2016）。限于篇幅，下面介绍几种Mplus提供的拟合指数。

（1）规范拟合指数（Normed Fit Index，NFI）和非规范拟合指数（Nonnormed Fit Index，NNFI）

规范拟合指数的取值范围多数都在0~1，其中NFI提出较早（Bentler et al.，1980），其意指研究模型与拟合最糟糕的独立模型相比的改善情况，其式如下：

$$NFI = \left(\chi^2_{M0} - \chi^2_{M1}\right)\big/\chi^2_{M0}$$

式中，χ^2_{M0}指变量之间不相关的独立模型的卡方值，χ^2_{M1}指研究设定模型的卡方值。χ^2_{M1}越大，拟合越差。

当研究的模型与理论暗含的模型相差较少时，NFI接近于1，反之接近于0，一般以0.9作为临界值。NFI受样本量影响较大，其值随样本量的增加而变大，且会受到模型复杂程度的影响，所以研究者提出了考虑模型复杂度的校正指数非规范拟合指数NNFI，也称作Tucker-Lewis index（TLI；Tucker et al.，1973），其式如下：

$$NNFI = \left[\left(\chi^2_{M0}\big/df_{M0}\right) - \left(\chi^2_{M1}\big/df_{M1}\right)\right]\Big/\left[\left(\chi^2_{M0}\big/df_{M0}\right) - 1\right]$$

由于NNFI的取值会超出0~1的范围，所以将其称为非规范拟合指数。通常将NNFI>0.90作为可接受的标准，>0.95拟合较好（Hu et al.，1999）。

（2）比较拟合指数

比较拟合指数（Comparative Fit Index，CFI；Bentler，1990）由Bentler于1990年提出，是目前使用最广泛的指标之一，也是最稳健的指标之一（Hu et al.，1999）。CFI对样本量不敏感，在小样本中也表现不错。

$$CFI = 1 - \left(\chi^2_{M1} - df_{M1}\right)\big/\left(\chi^2_{M0} - df_{M0}\right)$$

式中，CFI表示相对于基线模型（变量间不相关的独立模型），研究模型的改进程度，当CFI=1时仅指$\chi^2_M \leqslant df_M$，而非模型拟合完美。CFI基于非中央χ^2分布假设的统计量，当此前提不满足时，结果不精确。Hu和Bentler（1999）给出了取值范围是大于0.95，并推荐与SRMR（≤0.08）配对使用，但是随后的模拟研究并不支持这一论断（Fan et al.，2005）。

（3）标准化残差均方根（Standardized Root Mean Square Residual，SRMR）和加权残差均方根（weighted root mean square residual，WRMR）

除了可以从模型拟合的角度对模型进行评价，也可以从残差的大小来考查模型的失拟合程度,进而对模型拟合情况进行评价。SRMR 就是直接对残差进行评价的指标之一,其取值范围在 0~1,当值小于 0.08 时,表示模型拟合理想(Hu et al.,1999)。SRMR 易受样本量影响,在处理类别数据时,SRMR 表现不佳(Yu,2002)。

$$SRMR = \sqrt{\left\{2\sum_{i=1}^{p}\sum_{j=1}^{i}\left[\left(s_{ij} - \hat{\sigma}_{ij}/s_{ii}s_{jj}\right)\right]^2\right\}\Big/p(p+1)}$$

式中,p 为观测变量的个数,s_{ij} 为观测协方差,$\hat{\sigma}_{ij}$ 为模型生成的协方差,s_{ii} 和 s_{jj} 为观测变量标准差。

　　为了解决处理类别数据时 SRMR 表现不佳的问题,Muthen 等提出了 WRMR(Yu et al.,2002),目前主要由 Mplus(Muthén et al.,1998~2017)软件提供。

$$WRMR = \sqrt{\frac{2nF_{min}}{e}}$$

式中,F_{min} 是最小二乘估计时的最小拟合函数,n 表示样本量,e 代表样本统计量的数目。

　　最近 DiStefano 等人(2018)在 CFA 下考虑以下几个因素:样本量(250,500 和 100)、类别数目(2 个和 5 个)、负荷值(0.25,0.5 和 0.8)、模型误设(真模型、低水平误设=忽略 2 个跨负荷指标和高水平误设=忽略 2 个跨负荷指标+2 个因子合并为一个因子)、指标分布形态(正态和非正态),通过模拟检验了 WRMR 的表现。结果发现:①WRMR 随样本量增加而增大,类似卡方的特性——随样本量增加而趋向于拒绝原假设。②将 WRMR 临界值设定在 0.9 时在多少条件下是合适的,但考虑模型误设等条件,DiStefano 等设定的临界值为 1。需要注意的是,拟合指数的推荐值(临界值)都是基于模拟(就是统计实验)数据的,实践中的研究条件和模拟控制的条件出入较大,所以推荐的临界值仅供参考。模型的取舍除了参考统计指标,还要参考理论假设和可解释性。

　　(4)近似误差均方根(Root Mean Square Error of Approximation,RMSEA,Steiger et al.,1980)

$$RMSEA = \sqrt{\left(\chi_M^2 - df_M\right)\Big/df_M(N-1)}\sqrt{G}$$

式中,χ_M^2 和 df_M 分别表示研究假设的模型的卡方值和自由度,G 为组别数。

　　RMSEA 受样本量影响小,对模型误设较敏感,同时惩罚复杂模型,是比较理想的拟合指数,被广泛使用。RMSEA 虽对模型复杂程度进行了惩罚,但随着样本量的增加,惩罚的力度递减。Steiger(1990)推荐的标准为小于 0.01 拟合得非常好,小于 0.05 拟合得较好,小于 0.1 拟合可以接受。也有其他研究者推荐不同的标准,如 Hu 和 Bentler(1999)通过模拟研究给出的接受阈限为 0.06。McDonald 和 Ho(2002)推荐小于 0.08 作为可接受的模型,小于 0.05 作为良好模型的阈限。在 Mplus 中,软件会计算 RMSEA90% 的信度区间,并进行单侧检验的显著性,不显著的结果提示支持研究模型。

3) 拟合指数评价

　　近似拟合指数的临界值或划界分是研究者通过模拟研究或经验给出的,将这些临界值作为金标准(gold rule)用于拒绝或接受模型是非常危险的,因为临界值是通过模拟研究获得的,而模拟研究设置的条件与实际研究差异较大,以理想条件获得的标准去评价实际研究(非理想条件),多数情况下是不合适的(Marsh et al.,2004)。例如,在 Hu 和 Bentler(1999)的模拟条件下,指标因子负荷在 0.70~0.80,他们推荐的临界值为 CFI>0.95,SRMR<0.11,RMSEA<0.06($N\geqslant250$)和<0.08($N<250$)。而在实际研究中,指标因子负荷达到如此高的水平是非常不易的,当因子负荷改变,再想通过这个临界值评价模型显然站不住脚。总之,临界值或划界分更多是一种参考,而不是适应所有条件的金标准。

作为一般的 SEM 使用者，在根据拟合指数评价模型并做出选择时一定要带着审慎的态度，不能简单地根据单个拟合指数做出接受或拒绝模型的决定。同时认识到即使拟合指数达到了要求也不能说明模型是有效的（Hu et al.，1998；Marsh et al.，2004），也可能忽略了其他方面的问题（如等同模型），而正确的做法应该是综合各种拟合指数以及模型的预测力等多方面的信息（王孟成，2014；Kline，2016），如此才能将犯错误的可能降到最小。

9.2.4 排除等价模型或其他可能的竞争模型

等价模型（Equivalent Models）是一组同样拟合数据但在意义上存在显著差异的模型。具体说来，等价模型是这样一组模型：它们在拟合数据时会产生相同的卡方值和拟合指数，但这组模型在理论意义上完全不同。不难看出，等价模型与数据无关，而起源于模型参数的代数等价。而竞争模型（Alterative Models）是其他潜在的理论模型，它们拟合数据会产生不同的拟合指数。等价模型和竞争模型不同，但等价模型可能包含部分竞争模型。

实践中，竞争模型比较（同时拟合多个不同的理论模型）是建模常用的也是推荐的做法。例如，在量表结构效度检验时，除了拟合多因子的理论模型外，还会拟合单因子模型作为竞争模型。因为某一个领域可能存在不同的理论解释，所以在建模时采用竞争模型比较的策略突出了 SEM 理论验证的特点。

等价模型的威胁要大于竞争模型。因为同样的数据存在完全不同的理论解释，而且拟合指数又相同。如果研究者没有意识到等价模型的存在，同时缺乏严谨的态度，在构建模型时随意确定变量间的关系（翻转单箭头的方向就可以产生等价模型），这都将使 SEM 在理论检验上非常尴尬。因此，在模型构建阶段一定要非常慎重，变量间的关系都需要有理论或实证研究作为依据。

等价模型的存在是对 SEM 的一个极大的挑战，而在实践中又被研究者普遍忽略。就目前的处理方法来说，从技术层面辨别、淘汰等价模型的方法尚不成熟，多数情况下，等价模型仅停留在"纸上谈兵"阶段。追根到底，等价模型本身是一个理论问题，所以需要更多地从模型的理论意义上考虑。

9.2.5 结果解释与报告

上述步骤完成之后，就需要对获得的结果进行解释和报告。表 9.3 中的清单内容贯穿整个 SEM 研究过程的五个方面。这五个方面的内容不仅是报告结果要考虑的，在研究设计之初就应考虑周全，否则避免不了事后捏造之嫌。论文写作过程中，通常在论文前言或序言部分论述假设模型构建的依据：基于理论还是先前的实证研究。通过路径图呈现假设模型并明确箭头方向以示假设。研究方法部分报告 SEM 的参数估计方法、拟合指数及评价标准、缺失值处理方法、软件名称及版本等细节。结果部分主要报告模型拟合指数及模型与数据拟合情况，研究假设（变量间关系）的印证情况。讨论部分则主要论述模型与理论及过往研究的一致性或出入，并给出相应的解释。

表 9.3　SEM 研究报告标准

A 理论建构

　1. 模型构建的理论或实证依据；

　2. 模型检验数量和类型（因子间是相关、直角还是层级的）；

　3. 具体的模型设置（指标与潜变量之间的明确关系）；

　4. 模型路径图；

　5. 样本特征（取样方法、样本量、所选目标样本依据）；

续表

6. 等价模型的排除;

7. 模型是否可以识别。

B 数据准备

1. 数据正态性检验;

2. 缺失值分析及处理方法(全息极大似然估计 vs. 多重插补法);

3. 指标类型的说明(名义的、类别的还是连续的);

4. 数据转换的说明(如是否打包);

5. 数据分析的水平(指标 vs. 分量表)。

C 模型分析

1. 分析所用矩阵的类型(协方差 vs. 相关);

2. 矩阵是否可供读者索取;

3. 采用的参数估计方法及依据;

4. 潜变量定义的方法(固定方差还是固定负荷);

5. 分析采用的软件及版本。

D 结果报告

1. 模型评价是否采用多个拟合指标:卡方, df, p, RMSEA, CFI 和 TLI 等;

2. 模型修正的情况及依据;

3. 标准化模型系数。

E 讨论

1. 模型结果对理论的印证情况;

2. 模型结果的潜在应用。

SEM 常用于处理中介效应模型和调节效应模型,下面分别介绍两种模型并给出具体的分析示例。

9.3 潜变量中介模型

9.3.1 中介效应模型概述

中介效应分析是目前用于社会科学研究诸学科最流行的方法。Baron 和 Kenny(1986)关于中介调节效应的论文被引用 10 万多次;Preacher 和 Hayes(2008)关于中介效应分析的论文被引用了 2.9 万次。中介分析之所以如此流行,主要取决于以下几点原因(MacKinnon,2008):

第一,刺激—有机体—反应模型在心理学中的主导地位。

第二,中介变量是社会科学诸多理论中不可缺少的内容。

第三,方法学上的挑战,中介效应检验的精确性激起了方法学者的研究热情,新的方法或检验程序不断更新。

中介变量是联系两个变量之间关系的纽带,在理论上,中介变量意味着某种内部机制(MacKinnon,2008)。自变量 X 的变化引起中介变量 M 的变化,进而引起因变量 Y 的变化。例如,某种治疗癌症的药物(X)需要通过特定的酶(M)才能有效杀死肿瘤细胞(Y),如果体内缺少这种酶,药物的作用将无效。

9.3.2 中介效应检验方法

文献中存在多种中介效应检验的程序,包括逐步检验法、差异系数检验法、系数乘积检验法、Bootstrap 法和贝叶斯分析法。前面 3 种方法是传统方法,目前已不推荐使用,后面两种为新近的方法,是当前普遍推荐的方法。限于篇幅,本章只介绍 Bootstrap 法的中介效应检验,其他方法请参考王孟成(2014)相关章节。贝叶斯中介分析亦见本书 13.3.3 部分。

Bootstrap 的原理是当分布假设不成立时,经验抽样分布可以作为实际整体分布用于参数估计。Bootstrap 以研究样本作为抽样总体,采用放回取样,从研究样本中反复抽取一定数量的样本(例如,抽取 500 次),通过平均每次抽样得到的参数作为最后的估计结果(Efron et al.,1994)。模拟研究发现,与其他中介效应检验方法相比,Bootstrap 具有较高的统计效力,是目前理想的中介效应检验法(Preacher et al.,2008)之一。

Mplus 提供两种 Bootstrap:标准的 Bootstrap 和残差的 Bootstrap。标准的 Bootstrap 只适应于 ML、WLS、WLSM、WLSMV、ULS 和 GLS 估计法,因为 MLR、MLF、MLM 和 MLMV 估计法的标准 Bootstrap 与 ML 结果相同。残差的 Bootstrap 只适应于连续变量的 ML 估计。通过使用 Bootstrap 语句以及 MODEL INDIRECT 和 CINTERVAL,可以得到间接效应的 Bootstrap 标准误和偏差校正的 Bootstrap 置信区间。

9.4　潜变量调节模型

9.4.1　潜变量调节概述

调节变量是指一个影响预测变量和结果变量关系的大小和/或方向的变量,这个变量可以是定性变量(如性别,种族)或是定量变量(如奖赏水平)。在相关分析中,调节变量是影响零阶相关系数的第三方变量(Baron et al.,1986)。调节效应分析是社会科学研究的重要议题,是理论发展精确化的重要途径。由于传统回归模型没有考虑测量误差,通常会扭曲参数估计结果,而潜变量调节效应分析则可以避免上述问题,为学者所广泛采用。

潜变量调节效应检验的方法可以大致分为两类:乘积指标法和分布分析法(Kelava et al.,2011)。乘积指标法的研究较多而且更新速度较快,分布分析法包含两种主要的方法:潜调节结构方程法(Latent Moderated Structural Equations LMS;Klein et al.,2000)和准极大似然估计法(Quasi-Maximum Likelihood,QML;Klein et al.,2007)。由于 QML 需要专门的分析软件,目前仅停留在方法学研究上,实际使用并不多。乘积指标法和 LMS 是目前使用最广泛的方法,这两种方法各有优缺点,结果也基本一致。两种方法相比,LMS 操作简便,且用于处理复杂的有中介的调节或有调节的中介模型时同样非常简便,所以在实际应用中 LMS 更方便。

9.4.2　潜调节结构方程法

LMS 解决了乘积指标法面临的两个问题:乘积指标生成和乘积项非正态。LMS 将非正态分布视作条件正态分布的混合(Mixture of Conditionally Normal Distributions),因此交互效应项不需要人为构造指标,避免了不同乘积指标生成策略产生参数估计不一致的问题。LMS 不需要交互效应项正态分布的假设,所以解决了乘积项非正态产生的估计偏差问题(Kelava et al.,2011;Klein et al.,2000)。LMS 需要使用原始数据的全部信息,所以在分析时需要使用原始数据。参数检验使用 Wald z 检验,嵌套模型比较使用似然比检验,但就通常的研究样本量,似然比检验优于 Wald 检验(Kelava et al.,2011)。LMS 不提供模型拟合指数,模型比较可使用信息指数 AIC 和 BIC。从 Mplus 7.4 开始提供 LMS 法的标准化参数估计结果。

9.5　示例

下面我们以两个具体的例子演示潜变量中介效应模型和调节效应模型的分析过程,这里着重强调Mplus的分析过程,所以对该模型的理论基础并不严格限制,但在实际研究中,模型的提出要有坚实的理论基础。

9.5.1 SEM中介分析示例

1)理论模型设定

假设根据相关理论和过去的研究结果,我们提出如图9.5所示的假设模型。消极应对和自我效能感在应激和抑郁间起中介效应。

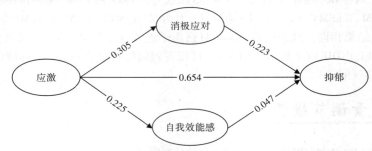

图9.5 假设的理论模型(测量指标和残差略去)

2)测量工具

自我效能感的测量:由Schwarzer等人编制的一般自我效能感(GSES)。该量表共有10个项目,采用1—4级计分。本例只选择前5个条目,条目内容列在表9.4中。

消极应对方式采用谢亚宁等编制的简易应对方式问卷(SCSQ)的消极应对分测验,包含8个条目,采用0—3四级评分,只选择前5个条目。

应激的测量选用郑全全等(2010)编制的中学生应激源量表,选择学习压力分量表,5个条目。

抑郁的测量采用SCL—90症状自评量表的抑郁分量表。该分量表包含13个条目,只选择前5个条目。采用1—5级评分:无(1)、轻度(2)、中度(3)、偏重(4)、严重(5)。

表9.4 测量工具汇总表

测量工具	项目内容
自我效能感 (self,5个)	1.如果我尽力去做的话,我总是能够解决难题的 2.即使别人反对我,我仍有办法取得我所要的 3.对我来说,坚持理想和达成目标是轻而易举的 4.我自信能有效地应付任何突如其来的事情 5.以我的才智,我定能应付意料之外的情况
消极应对 (negtive,5个)	1.试图休息或休假,暂时把问题(烦恼)抛开 2.通过吸烟、喝酒、服药和吃东西来解决烦恼 3.认为时间会改变现状,唯一要做的便是等待 4.试图忘记整个事情 5.依靠别人解决问题
应激 (stress,5个)	1.考试前复习紧张 2.考试成绩不理想 3.学习任务过紧,心理负担过重 4.所预期的评优落空 5.担心中考或高考成绩不理想

续表

测量工具	项目内容
抑郁 （depre，5个）	1. 对异性的兴趣减退 2. 感到自己的精力下降，活动减慢 3. 想结束自己的生命 4. 容易哭泣 5. 感到受骗，中了圈套或有人想抓住你

3）分析过程

按照SEM分析的2步法则，首先对假设模型的测量部分进行检验。该部分检验的Mplus语句同CFA模型在此不重复。拟合结果如下：$\chi^2=1205.936$，$df=164$，$p<0.001$，CFI=0.932，TLI=0.922，RMSEA=0.041，各拟合指数均达到推荐值。同时条目的因子负荷也在可接受的水平。据此，可以得到以下结论：测量部分拟合良好。

第二步结构模型部分。根据路径分析的识别规则（见王孟成，2014），结构模型部分是可以识别的，所以接着进行全模型的拟合检验，Mplus语句呈现如下。

中介SEM的Mplus语句和输出结果（部分）

```
TITLE:   this is an example of a SEM with two mediators；
DATA:   FILE IS 8-data.dat；
VARIABLE: NAMES ARE age gender a1-a5 e1-e13 b1-b20 c1-c17 d1-d10；
         USEVARIABLE=a1-a5 e1-e5 b13-b17 d1-d5；
ANALYSIS: Bootstrap=1000；
MODEL:   Stress BY a1-a5；！定义应激因子；
         Negative BY b13-b17；！定义消极应对因子；
         Self BY d1-d5；！定义自我效能感因子；
         Depre by e1-e5；！定义抑郁因子；
         Depre on Stress Negative Self；
         Negative on Stress；
         Self on Stress；
         negative with self；
MODEL INDIRECT：
         Depre IND Negative Stress；！定义通过negative的特定中介效应；
         Depre IND Self Stress；！定义通过Self的特定中介效应；
OUTPUT: STANDARDIZED CINTERVAL（bcbootstrap）；！申请报告偏差校正的Bootstrap置信区间


THE MODEL ESTIMATION TERMINATED NORMALLY
MODEL FIT INFORMATION
Number of Free Parameters            65
Loglikelihood
      H0 Value              -98390.904
      H1 Value              -97787.243
Information Criteria
      Akaike（AIC）            196911.809
      Bayesian（BIC）          197317.314
      Sample-Size Adjusted BIC  197110.775
      （n*=(n+2)/24）
```

Chi-Square Test of Model Fit

Value	1205.936
Degrees of Freedom	164
P-Value	0.0000

RMSEA（Root Mean Square Error Of Approximation）

Estimate	0.041
90 Percent C.I.	0.039 0.043
Probability RMSEA<=.05	1.000

CFI/TLI

CFI	0.932
TLI	0.922

Chi-Square Test of Model Fit for the Baseline Model

Value	15578.422
Degrees of Freedom	190
P-Value	0.0000

SRMR（Standardized Root Mean Square Residual）

Value	0.039

MODEL RESULTS

CONFIDENCE INTERVALS OF STANDARDIZED MODEL RESULTS

STDYX Standardization

! 标准化参数的偏差校正 Bootstrap 置信区间

	Lower .5%	Lower 2.5%	Lower 5%	Estimate	Upper 5%	Upper 2.5%	Upper .5%
STRESS BY							
A1	0.464	0.476	0.481	0.511	0.539	0.543	0.549
A2	0.550	0.560	0.565	0.590	0.615	0.621	0.630
A3	0.662	0.671	0.674	0.698	0.719	0.723	0.730
A4	0.438	0.451	0.457	0.488	0.517	0.522	0.533
A5	0.637	0.646	0.652	0.678	0.702	0.709	0.716
NEGATIVE BY							
B13	0.246	0.257	0.266	0.297	0.328	0.334	0.343
B14	0.260	0.271	0.278	0.317	0.355	0.362	0.374
B15	0.563	0.576	0.581	0.614	0.643	0.648	0.657
B16	0.561	0.573	0.580	0.610	0.643	0.650	0.659
B17	0.493	0.505	0.514	0.546	0.577	0.582	0.596
SELF BY							
D1	0.498	0.507	0.512	0.535	0.562	0.566	0.573
D2	0.497	0.513	0.518	0.543	0.569	0.574	0.586
D3	0.643	0.648	0.653	0.675	0.696	0.699	0.705
D4	0.753	0.757	0.762	0.779	0.795	0.800	0.806
D5	0.754	0.760	0.763	0.780	0.797	0.799	0.804
DEPRE BY							
E1	0.323	0.335	0.343	0.381	0.417	0.421	0.433
E2	0.641	0.652	0.656	0.683	0.710	0.714	0.725
E3	0.531	0.541	0.548	0.581	0.611	0.617	0.627
E4	0.428	0.441	0.447	0.477	0.509	0.515	0.527
E5	0.472	0.484	0.490	0.526	0.559	0.565	0.577

DEPRE ON							
STRESS	0.597	0.611	0.618	0.654	0.692	0.700	0.709
NEGATIVE	0.155	0.175	0.181	0.221	0.266	0.273	0.287
SELF	−0.007	0.003	0.010	0.046	0.081	0.089	0.099
NEGATIVE ON							
STRESS	0.245	0.262	0.269	0.307	0.348	0.358	0.368
SELF ON							
STRESS	−0.288	−0.271	−0.263	−0.227	−0.191	−0.184	−0.173
NEGATIVE WITH							
SELF	−0.037	−0.024	−0.017	0.027	0.067	0.072	0.084

CONFIDENCE INTERVALS OF STANDARDIZED TOTAL, TOTAL INDIRECT, SPECIFIC INDIRECT, AND DIRECT EFFECTS

STDYX Standardization 标准化直接和间接效应的偏差校正 bootstrap 置信区间：

	Lower.5%	Lower2.5%	Lower5%	Estimate	Upper5%	Upper2.5%	Upper .5%
Effects from STRESS to DEPRE							
Sum of indirect	0.030	0.038	0.041	0.058	0.075	0.078	0.083
Specific indirect							
DEPRE							
NEGATIVE							
STRESS	0.047	0.053	0.055	0.068	0.084	0.087	0.093
DEPRE							
SELF							
STRESS	−0.024	−0.021	−0.019	−0.011	−0.002	0.000	0.002

4）结果解释

全模型的拟合指数结果为：$\chi^2=1207.324$，$df=165$，$p<0.001$，CFI=0.932，TLI=0.922，RMSEA=0.041，各数均达到可接受的水平。

总效应等于直接效应加上间接效应，总的间接效应等于2个特定中介效应之和。具体来说，总的中介效应大小为0.058（$p<0.001$），通过消极应对方式的中介效应为0.068（$p<0.001$），而通过自我效能感的中介效应为−0.011（$p=0.038$）。模型可以这样理解：自我效能感可以缓冲生活压力对抑郁情绪的影响，如果个体具有较高的自我效能感，面对压力时不易出现抑郁。压力通过影响消极应对方式对抑郁产生影响。由于中介效应的值并不大，所以大部分压力直接影响抑郁的形成。

需要注意的是，两条中介路径系数的方向是相反的，当中介系数的方向与直接路径系数的方向不同时称作抑制效应。

9.5.2 潜变量调节效应分析示例

下面以一个假设的模型为例演示潜变量调节效应分析的过程。假设自我效能感调节消极应对和抑郁间的关系，即消极应对和抑郁间的关系在不同自我效能感水平个体上存在差异，假设的路径图如9.6所示。

图9.6 假设的潜变量调节效应路径图

LMS法检验交互效应的Mplus语句和结果呈现在下框中。在Mplus中，LMS的设置使用"|"和"XWITH"语句，例如f1xf2 | f1 XWITH f2，f1xf2为交互效应因子，通过f1 XWITH f2定义。在随后的分析中，f1xf2只能作为自变量使用。

由于LMS法不能得到常规的拟合指数，所以在实践中，研究者常常采用类似层次回归的思路进行模型比较。第一步建立没有交互项的模型，获得常规的模型拟合指数。接着建立包含潜交互项的模型，此时只有信息指数和对数似然值。通过比较两个模型的对数似然值差异（Muthén，2012）判断包含交互项的模型是否显著提高了拟合，因为包含交互项增加了模型复杂性，所以模型拟合会变好。

下面我们先拟合没有交互项的模型（M1），再拟合包含交互项的模型（M2）。

无调节效应模型的Mplus语句和部分输出结果

```
TITLE: this is an example of a SEM with latent moderation model using LMS;
DATA: FILE IS 8-data.dat;
VARIABLE: NAMES ARE age gender a1-a5 e1-e13 b1-b20 c1-c17 d1-d10;
                     USEVARIABLE=d1-d5 e1-e5 b13-b17;
ANALYSIS: Estimator=MLR;
MODEL:   self BY d1-d5;！定义测量模型;
         negative BY b13-b17;
         depre BY e1-e5;
         depre ON self（c1）
                  negative（c2）;
OUTPUT: stand;


MODEL FIT INFORMATION
Number of Free Parameters              **48**
Loglikelihood

        H0 Value                      **-72450.554**
        H0 Scaling Correction Factor   **1.3592**
            for MLR
        H1 Value                      -72078.872
        H1 Scaling Correction Factor   1.2509
            for MLR
Information Criteria

        Akaike（AIC）                  144997.108
        Bayesian（BIC）               145296.558
        Sample-Size Adjusted BIC       145144.036
            （n*=（n+2）/24）
```

Chi-Square Test of Model Fit

Value		624.047*
Degrees of Freedom		87
P-Value		0.0000
Scaling Correction Factor	1.1912	
for MLR		

* The chi-square value for MLM, MLMV, MLR, ULSMV, WLSM and WLSMV cannot be used for chi-square difference testing in the regular way. MLM, MLR and WLSM chi-square difference testing is described on the Mplus website. MLMV, WLSMV, and ULSMV difference testing is done using the DIFFTEST option.

RMSEA (Root Mean Square Error Of Approximation)

Estimate		0.040
90 Percent C.I.		0.037 0.043
Probability RMSEA<=.05		1.000

CFI/TLI

CFI	**0.935**
TLI	**0.922**

Chi-Square Test of Model Fit for the Baseline Model

Value	8418.961
Degrees of Freedom	105
P-Value	0.0000

SRMR (Standardized Root Mean Square Residual)

Value	0.039

STANDARDIZED MODEL RESULTS

STDYX Standardization

	Estimate	S.E.	Est./S.E.	Two-Tailed P-Value
SELF BY				
D1	0.533	0.015	36.122	0.000
D2	0.545	0.016	33.965	0.000
D3	0.672	0.013	51.965	0.000
D4	0.779	0.011	72.783	0.000
D5	0.782	0.011	73.734	0.000
NEGATIVE BY				
B13	0.298	0.020	14.993	0.000
B14	0.315	0.022	14.054	0.000
B15	0.613	0.019	33.078	0.000
B16	0.615	0.019	32.737	0.000
B17	0.542	0.019	28.592	0.000
DEPRE BY				
E1	0.393	0.024	16.483	0.000
E2	0.657	0.019	34.880	0.000
E3	0.593	0.021	27.647	0.000
E4	0.479	0.021	22.472	0.000
E5	0.536	0.023	23.551	0.000
DEPRE ON				
SELF	−0.091	0.024	−3.859	0.000

	Estimate	S.E.	Est./S.E.	P-Value
NEGATIVE	0.416	0.025	16.571	0.000
NEGATIVE WITH				
SELF	−0.044	0.025	−1.765	0.078
R-SQUARE				

Latent Variable	Estimate	S.E.	Est./S.E.	Two-Tailed P-Value
DEPRE	0.185	0.021	8.626	0.000

LMS调节效应的Mplus语句和部分输出结果

```
TITLE: this is an example of a SEM with latent moderation model using LMS;
DATA: FILE IS 8-data.dat;
VARIABLE: NAMES ARE age gender a1-a5 e1-e13 b1-b20 c1-c17 d1-d10;
         USEVARIABLE=d1-d5 e1-e5 b13-b17;
ANALYSIS: TYPE=RANDOM;! 选择的分析类型为RANDOM;
         ALGORITHM=INTEGRATION;
         PRPCESSPRS=2;! 设置使用两个处理器,可以提高计算速度;
MODEL:   self BY d1-d5;!! 自我效能感的测量模型;
         negative BY b13-b17;! 消极应对方式的测量模型;
         depre BY e1-e5;! 抑郁的测量模型;
         depre ON self(c1)
              negative(c2);
         f1xf2 | negative XWITH self;! 定义交互效应;
         depre ON f1xf2(c3);! 检验交互效应;
OUTPUT: stand tech1 tech8;! Mplus 7.4开始提供LMS法标准化解;
```

INPUT READING TERMINATED NORMALLY

MODEL FIT INFORMATION

Number of Free Parameters   49
Loglikelihood
   H0 Value   −72445.713
   H0 Scaling Correction Factor   1.3742
   for MLR
Information Criteria
   Akaike (AIC)   144989.426
   Bayesian (BIC)   145295.115
   Sample-Size Adjusted BIC   145139.416
   (n*=(n+2)/24)
STDYX Standardization

	Estimate	S.E.	Est./S.E.	Two-Tailed P-Value
SELF BY				
D1	0.534	0.015	36.138	0.000
D2	0.545	0.016	33.949	0.000
D3	0.672	0.013	51.918	0.000
D4	0.779	0.011	72.945	0.000
D5	0.781	0.011	73.547	0.000

NEGATIVE BY				
B13	0.296	0.020	14.820	0.000
B14	0.315	0.023	13.988	0.000
B15	0.613	0.018	33.123	0.000
B16	0.615	0.019	32.875	0.000
B17	0.542	0.019	28.652	0.000
DEPRE BY				
E1	0.393	0.024	16.427	0.000
E2	0.657	0.019	35.035	0.000
E3	0.594	0.021	27.633	0.000
E4	0.480	0.021	22.544	0.000
E5	0.537	0.023	23.600	0.000
DEPRE ON				
SELF	−0.097	0.025	−3.888	0.000
NEGATIVE	0.422	0.025	16.600	0.000
F1XF2	−0.080	0.037	−2.191	0.028
NEGATIVE WITH				
SELF	−0.046	0.025	−1.870	0.062
R-SQUARE				
Latent			Two-Tailed	
Variable	Estimate	S.E.	Est./S.E.	P-Value
DEPRE	0.198	0.025	7.842	0.000

通过上面两框可以获得以下信息：

①M1 的常规模型拟合指数可以接受（χ^2=624.047, df=87, CFI=0.935, TLI=0.922, RMSEA=0.04）。

②M1 和 M2 的 Loglikelihood 分别为−72450.554（尺度校正因子=1.3592）和−72445.713（尺度校正因子=1.3742），经过校正后的差异比较是显著的 TRd(df=1)=4.6232, p=0.0315，即加入交互项显著提高了模型拟合[①]。

③M1 的 R^2=0.185，M2 的 R^2=0.198，加入交互项后的模型提高了对因变量的解释力 ΔR^2=0.013。

④交互效应项的系数 $c3$=−0.080, p=0.028，在 0.05 水平上显著。

由于交互效应显著，接着需要进行简单效应检验，即计算在调节潜变量自我效能感取不同值时主效应的大小。因为潜变量是连续变量，所以在理论上调节变量可以取无数个值，实践中为了方便通常计算调节变量取均值和均值±1SD 三个值时的主效应结果，通过三个点的值画线。本例的相关语句见下框，语句大部分同上框，只是增加了估计调节潜变量方差和标准差，以及简单效应的语句，具体见框的后半部分。

LMS 调节效应的 Mplus 语句（估计简单效应）

```
TITLE: this is an example of a SEM with latent moderation model using LMS；
DATA: FILE IS 8–data.dat；
VARIABLE: NAMES ARE age gender a1–a5 e1–e13 b1–b20 c1–c17 d1–d10；
        USEVARIABLE=d1–d5 e1–e5 b13–b17；
ANALYSIS: TYPE=RANDOM；! 选择的分析类型为 RANDOM；
```

① TRd=2(L1−L0)(p1−p0)/(c1p1−c0p0)，p 为自由参数的个数，c 为尺度校正因子。

```
                ALGORITHM=INTEGRATION;
                PRPCESSPRS=2;! 设置使用两个处理器,可以提高计算速度;
MODEL:   self BY d1-d5;!! 自我效能感的测量模型;
                negative BY b13-b17;! 消极应对方式的测量模型;
                depre BY e1-e5;! 抑郁的测量模型;
                depre ON self(c1)
                        negative(c2);
                f1xf2 | negative XWITH self;! 定义交互效应;
                depre ON f1xf2(c3);! 检验交互效应;
                self(varself);! 获调节潜变量的方差
MODEL CONSTRAINT:
    NEW (stdself);
        stdself=SQRT(varself);! 获取调节潜变量的标准差
NEW (Slope_L Slope_M Slope_H);! 命名调节潜变量三个不同水平时的回归系数
Slope_L=c2+c1*(-1*stdself);! 当调节潜变量取-1SD时回归系数的大小
Slope_M=c2+c1*(0*stdself);! 当调节潜变量取均值时回归系数的大小
Slope_H=c2+c1*(1*stdself);! 当调节潜变量取 1 个 SD 时回归系数的大小
OUTPUT: stand tech1 tech8;
```

New/Additional Parameters				
STDSELF	0.463	0.014	33.055	0.000
SLOPE_L	0.493	0.051	9.598	0.000
SLOPE_M	0.458	0.050	9.151	0.000
SLOPE_H	0.424	0.050	8.422	0.000

New/Additional Parameters 部分呈现了调节潜变量三个不同取值时消极应对方式对抑郁的回归系数。由于调节项的系数是负值,所以调节潜变量的取值越高,主效应的值越小(图 9.7)。

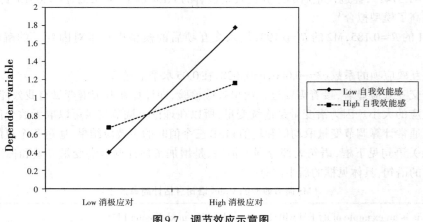

图 9.7 调节效应示意图

这里使用网站 http://www.jeremydawson.com/slopes.htm 提供的调节效应工具做了图 9.7。尽管消极应对方式对抑郁的回归系数都是正的,但在不同的自我效能感水平上会有差异,在低自我效能感个体中影响效应更大(实线),在高自我效能感个体上影响是衰减的(虚线)。

9.6　本章小结

　　本章作为SEM的入门介绍,希望能让大家对SEM有个基本的认识。如今,SEM已经不是传统意义上的结构方差建模,而是包含更丰富内容的多变量建模家族。然而限于篇幅,本章只介绍了SEM的基本原理和分析过程,并举了潜变量中介和调节效应分析的例子。SEM拓展内容包括它可以兼容多水平数据结构进行多水平SEM(本书第12章),也可以估计群体异质性进行混合SEM(本书第11章),如果存在多组样本数据亦可以进行多组SEM,当然可以将上述情况同时考虑,进行多组多水平混合SEM。

本章参考文献

王孟成.(2014).潜变量建模与Mplus应用:基础篇.重庆:重庆大学出版社.

Asparouhov, T., & Muthen, B. (2009). Exploratory structural equationmodeling. *Structural Equation Modeling*, *16*, 397–438.

Baron, R. M., & Kenny, D. A. (1986). The moderator-mediator variable distinction in social psychological research: Conceptual, strategic, and statistical considerations. *Journal of Personality and Social Psychology*, *51*, 1173–1182.

Barrett, P. (2007). Structural equation modeling: Adjudging model fit. *Personality and Individual Differences*, *42*, 815–824.

Bentler, P. M. (1980). Multivariate analysis with latent variables: Causal modeling. *Annual Review of Psychology*, *31*, 419–456.

Bentler, P. M. (1990). Comparative fit indexes in structural models. *Psychological Bulletin*, *107*, 238–246.

Bentler, P. M., & Bonett, D. G. (1980). Significance tests and goodness-of-fit in the analysis of covariance structures. *Psychological Bulletin*, *88*, 588–606.

Bollen, K. A. (1989). *Structural equations with latent variables*. New York, NY: Wiley.

Distefano, C., Liu, J., Jiang, N., & Shi, D. (2018). Examination of the weighted root mean square residual: evidence for trustworthiness? *Structural Equation Modeling*, *25*, 453–466.

Efron, B., & Tibshirani, R. J. (1994). *An introduction to the bootstrap*. CRC press.

Hu, L., & Bentler, P. M. (1999). Cutoff criteria for fit indexes in covariance structure analysis: Conventional criteria versus new alternatives. *Structural Equation Modeling*, *6*, 1–55.

Kelava, A., Werner, C. S., Schermelleh-Engel, K., Moosbrugger, H., Zapf, D., Ma, Y., ··· & West, S. G. (2011). Advanced nonlinear latent variable modeling: Distribution analytic LMS and QML estimators of interaction and quadratic effects. *Structural Equation Modeling*, *18*, 465–491.

Klein, A., & Moosbrugger, H. (2000). Maximum likelihood estimation of latent interaction effects with the LMS method. *Psychometrika*, *65*, 457–474.

Klein, A. G., & Muthén, B. O. (2007). Quasi maximum likelihood estimation of structural equation models with multiple interaction and quadratic effects. *Multivariate Behavioral Research*, *42*, 647–674.

Kline, R. B. (2016). *Principles and practice of structural equation modeling (4rd ed.)*. New York, New York: Guilford Press.

MacCallum, R. C., & Austin, J. T. (2000). Applications of structural equation modeling in psychological research. *Annual Review of Psychology*, *51*, 201–226.

Marsh, H. W., Hau, K.-T., & Wen, Z. (2004). In search of golden rules: Comment on hypothesis testing approaches to setting cutoff values for fit indexes and dangers in over generalizing Hu and Bentler's (1999) findings. *Structural Equation Modeling*, *11*, 320–341.

McDonald, R. P., & Ho, M.-H. R. (2002). Principles and practice in reporting structural equation analyses. *Psychological Methods*, *7*, 64–82.

MacKinnon, D. P. (2008). *Introduction to Statistical Mediation Analysis*. Mahwah, NJ: Erlbaum.

MacKinnon, D. P., Lockwood, C. M., Hoffman, J. M., West, S. G., & Sheets, V. (2002). A comparison of methods to test mediation and other intervening variable effects. *Psychological Methods, 7*, 83–104.

Muthén B. (2012). Latent variable interactions. Technical note, 1–9.

Muthén, L. K., & Muthén, B. O. (1998–2017). Mplus *user's guide (8th ed.)*. Los Angeles: Muthén & Muthén.

Preacher, K. J., & Hayes, A. F. (2008). Asymptotic and resampling strategies for assessing and comparing indirect effects in multiple mediator models. *Behavior Research Bethods, 40*, 879–891.e.

Preacher, K. J., Rucker, D. D., & Hayes, A. F. (2007). Addressing moderated mediation hypotheses: Theory, methods, and prescriptions. *Multivariate Behavioral Research, 42*, 185–227.

Rucker, D. D., Preacher K. J., Tormala, Z. L., & Petty, R. E. (2011). Mediation Analysis in Social Psychology: Current Practices and New Recommendations. *Social and Personality Psychology Compass, 5/6*, 359–371.

Steiger, J. H. (1990). Structural model evaluation and modification: An interval estimation approach. *Multivariate Behavioral Research, 25*, 173–180.

Steiger, J. H. (2007). Understanding the limitations of global fit assessment in structural equation modeling. *Personality and Individual Differences, 42*, 893–898.

Tucker, L. R., & Lewis, C. (1973). A reliability coefficient for maximum likelihood factor analysis. *Psychometrika, 38*, 1–10.

Yu, C.-Y., & Muthen, B. (2002). Evaluation of model fit indices for latent variable models with categorical and continuous outcomes. In annual meeting of the American Educational Research Association, New Orleans, LA.

10　发展模型

在行为科学、社会学、心理学、医学研究中，研究者常探讨干预前后某现象的变化情况，关心随着时间的变化研究中某些指标的整体发展趋势、个体发展趋势及变化趋势的个体差异。与横断面研究相比，纵向研究在心理学中处于特殊的地位，这一研究主要用来分析一段时间或某几个时间点总体的平均增长趋势和个体之间的差异。也就是说，对于纵向研究设计主要关心两个问题，一个是描述总体的平均增长趋势，另一个是描述不同个体之间增长趋势的差异。纵向研究与横向研究相比，最大的优点是纵向研究设计可以合理地推论变量之间存在可能的因果关系。常用的分析此类数据的统计方法主要有重复测量的方差分析、多水平模型、潜变量增长模型等，然而相对于其他方法而言，Linear Latent Growth 是一种更广义的方法。它能方便地在模型中纳入不同的结局变量，并能处理观察变量的测量误差。本章将介绍和演示各种增长模型。

10.1 线性潜变量增长模型

10.1.1 理论基础

潜变量增长模型应用中通常通过发展轨迹的特征来区分。例如，潜变量线性增长模型和潜变量曲线增长模型。图 10.1 是一个简单的无条件线性增长模型（unconditional linear LGM）。其中 y0~y3 是 4 个时间点的测量值，Intercept 是潜截距发展因子，指的是 4 次测量总体的平均截距；Slope 是潜斜率发展因子，指的是 4 次测量总体的平均斜率；$\varepsilon_0 - \varepsilon_3$ 指 4 次测量的残差，Intercept 上的 1 为因子载荷，Slope 上的 0~3 为时间分值。举个简单的例子，有三个学生，在三个多月里连续参加了四次数学考试。那么以时间为 x 轴，以数学成绩为 y 轴，为每位学生做回归，总共就有三次回归（图 10.2）。学生 1 的回归截距为 I_1，斜率为 S_1；学生 2 的回归截距为 I_2，斜率为 S_2；学生 3 的回归截距为 I_3，斜率为 S_3。那么平均截距就是 I，平均斜率为 S，而各自的方差显示其内部的变异程度或离散程度。

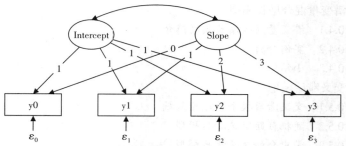

图 10.1 四次相等时间间隔测量的无条件线性 LGM 路径图

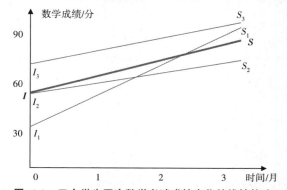

图 10.2 三个学生四次数学考试成绩变化的线性轨迹

如果用数学公式表示的话,式(10.1)显示无条件的 LGM(Unconditional LGM)的基本形式,即没有预测变量的 LGM:

$$y_{it} = I_{0i} + S_{1i} \times t + \varepsilon_{it} \tag{10.1}$$

式中,y 指的是我们感兴趣的研究变量(如数学成绩),$i=1,2,3,\cdots,n$(即研究对象或个体),$t=0,1,2,3,\cdots,T$(即时间),I 指回归截距(Intercept),S 指回归斜率(Slope),ε 指估计误差。那上述公式就表示个体 i 的回归方程。注意,在 LGM 中,如果测量的时间间隔是相等的,那么 t 在四次测量中可以定义为 $t=0,1,2,3$。如测量的时间间隔不相等,那么 t 则可以根据间隔的不同时间进行定义。例如,第一次测量之后,1 个月进行了第二次测量,2 个月后进行第三次测量,4 个月后才进行第四次测量,那么 t 则应该定义为 $t=0,1,3,7$。

例如,在相等的时间间隔内连续测量四次,可以表示为:

当 $t=0$ 时,　　　　　$y_{i0} = I_{0i} + S_{1i} \times 0 + \varepsilon_{i0}$ 　　　　　(10.2)

当 $t=1$ 时,　　　　　$y_{i1} = I_{0i} + S_{1i} \times 1 + \varepsilon_{i1}$ 　　　　　(10.3)

当 $t=2$ 时,　　　　　$y_{i2} = I_{0i} + S_{1i} \times 2 + \varepsilon_{i2}$ 　　　　　(10.4)

当 $t=3$ 时,　　　　　$y_{i3} = I_{0i} + S_{1i} \times 3 + \varepsilon_{i3}$ 　　　　　(10.5)

因为 LGM 是以结构方程模型为基础的,因此,其实上面的四个方程就是 LGM 的测量模型。即在 LGM 中,截距(I_{0i})和斜率(S_{1i})被作为潜变量,被 4 个显变量(Manifest Variable)测量。I_{0i} 和 S_{1i} 的载荷就是它们在上述回归方程里的系数。一般情况下,I_{0i} 的系数都会被设定为 1,而 S_{1i} 的系数则需要根据时间进行设定。

我们之前说过,LGM 包含两个步骤,其中第二个步骤是将每一个被研究个体回归线的初始水平(即 I_{0i})和变化率(即 S_{1i})进行平均,得到总体的平均截距(I_{00})和平均斜率(S_{10})以及各自的方差。I_{00} 描述的是所有个体的平均初始水平,而所有个体截距的方差 V_{00} 反应的就是样本内初始水平的个体差异。S_{10} 表示的是所有个体的平均变化率,而所有个体斜率的方差 V_{10} 显示的就是样本内部变化率的个体差异。另外,有时候研究者还会对截距和斜率的相关(ψ_{01})感兴趣,ψ_{01} 如果显著,表示初始水平(即截距)与变化趋势(即斜率)存在显著联系。

另外,需要指出的是,潜变量线性增长模型只是潜变量增长模型的一个特例。不一定所有的模型结果都为线性,还有可能为曲线增长模型。LGM 究竟为线性模型还是曲线模型,需要我们根据具体的研究问题,以及研究数据的收集次数来决定。一般来讲,LGM 估计线性模型的最少数据收集次数是三次(实际上最好是四次),而估计曲线模型的最少数据收集次数是四次(实际上最好是五次)。

10.1.2　实例分析

1)　工具

目前能用于估计结构方程模型的统计软件基本都能用于估计 LGM。例如,商业软件 AMOS、Mplus、LISREL 和 EQS,基于 R 语言的免费程序包 lavaan 和 OpenMx。这些软件中,从使用的便捷性、数据处理的灵活性以及对 LGM 其他高阶拓展模型的兼容性来说,Mplus 可能是目前最优秀的最适合分析 LGM 的统计软件。因此,接下来的实例讲解将使用 Mplus。

2)　数据

本例使用的数据(数据文件 Chapter-epb)来源于一项国家社会科学基金课题,包含四次调查数据(基线调查、基线后 6 个月、18 个月、24 个月的抽样调查)。取样了 818 名学生,其中城市贫困儿童 218 名,农村贫困儿童 600 名。年龄分布为 11~15 岁。在被试的年级分布上,其中四年级学生 216 人,五年级学生 354 人,六年级学生 162 人,七年级学生 86 人。其中男孩 330 名 (40.3%),女孩 488 名(59.7%),儿童平均年龄为 11.7 岁($SD=2.53$)。本例中纳入的变量有外化问题行为,使用 SDQ 问卷中品行问题及多动/注意障碍 2 个因子的总分来衡量儿童外化问题行为的水平。结局测量 y1、y2、y3、y4 为每次调查的外化问题行为水平。本例还纳入了其他变量,包括被试的性别、受教育程度以及家庭婚姻质量。

3)步骤

采用 Mplus 7.4 进行潜变量增长模型分析。首先进行无条件 LGM 分析,观察结局变量 y1,…,y4 来估计外化问题行为水平在两年内的发展轨迹。程序默认将各时间点潜截距发展因子(此例中的"I"因子)的因子载荷设定为 1;将潜斜率发展因子(此例中的"S"因子)的因子载荷,根据测试的时间,将潜斜率发展因子的因子载荷根据测试的时间分别设为 0、1、2、3(也可设定为 0、6、18、24),模型参数确定了其模型为潜变量线性增长模型。对此使用了 Hu 和 Bentler 推荐的以下模型拟合指数:比较拟合指数(the Comparative Fit Index,CFI;CFI≥0.95 为拟合良好)、Tucker-Lewis 指数(TLI;TLI≥0.95 为拟合良好)、近似均方根误差(the Root-Mean-Square Error of Approximation,RMSEA;RMSEA≤0.06 为拟合良好)和标准均方根残差(the Standardized Root Mean Squared Residual,SRMR;SRMR≤0.06 为拟合良好)。其次,在无条件模型的基础上加入性别、受教育程度、家庭婚姻质量等变量,构建条件潜变量增长模型,考查这些变量对儿童外化问题行为发展水平及速度的预测作用。另外,考虑数据非正态性可能会对结果造成影响,为减少这种影响,我们利用 MLR(Robust Maximum Likelihood Estimator)进行模型估计。

4)结果

(1)无条件线性 LGM

首先构建线性潜变量增长模型,需要估计截距和斜率两个参数,其中截距代表外化问题行为发展轨迹的起始水平,在模型设定中,所有的因子载荷限定为 1,斜率代表外化问题行为的发展速度,由于本研究中测试时间间隔相等,将因子载荷分别设为 0、1、2、3。无条件线性模型的拟合指数如下:$\chi^2(5)=13.990$,$p=0.016$,$CFI=0.969$,$TLI=0.963$,均大于 0.95,$RMSEA=0.047$,$SRMR=0.048$,模型拟合指标均比较理想。

无条件非线性模型的拟合指数如下:$\chi^2(1)=5.227$,$p=0.0222$,$CFI=0.985$,$TLI=0.913$,$RMSEA=0.072$,$SRMR=0.017$。从以上拟合指数可以看出,相对于非线性增长模型,线性增长模型的各项拟合指标有着更好的表现。因此本研究选择线性增长模型来拟合儿童外化问题行为的发展轨迹。无条件线性模型的截距和斜率的统计结果见表 10.1。

表 10.1 显示,儿童起始的外化问题行为水平 $\alpha=23.871$($p<0.001$),斜率 $\beta=0.221$($p<0.001$),表明外化问题行为在四次测试期间呈显著的线性增长趋势。此外,截距的变异($\sigma^2=6.16$,$p<0.001$)和斜率的变异($\sigma^2=0.90$,$p<0.001$)也均显著,表明儿童起始的外化问题行为水平及后来的发展速度均呈现出明显的个体间差异。同时,截距与斜率之间呈显著负相关($r=-0.259$,$p<0.05$),表明儿童起始外化问题行为水平越高,其外化问题行为的发展速度会变慢。无条件模型的结果支持了儿童的外化问题行为呈线性增长趋势。

表 10.1 外化问题行为的线性无条件潜变量增长模型分析结果

参数	固定效应		随机效应	置信区间 95%CI	
	系数	标准误(SE)	方差(σ^2)	Lower 2.5%	Upper 2.5%
截距	23.871***	0.125	6.161***	23.626	24.116
斜率	0.221***	0.064	0.898***	0.096	0.346

（2）有条件的线性LGM

下面我们在无条件模型第二个水平的方程中纳入性别、受教育程度、家庭婚姻质量等预测变量。构建如图10.3所示的条件模型，考查这些变量对儿童外化问题行为起始水平及增长速度的效应。首先对性别进行效应编码（1=男孩，2=女孩），并对受教育程度、家庭婚姻质量等变量进行标准化处理，考查每个协变量对外化问题行为起始水平和发展速度的预测（模型包含性别、受教育程度、家庭婚姻质量，共3个预测变量）。结果发现，3个预测变量即性别、受教育程度及家庭婚姻质量均对外化问题行为起始水平的预测统计显著，系数分别为−0.121、−0.121、−0.125。且家庭婚姻质量对外化问题行为增长速度的预测达到了0.05的统计显著性水平，系数为−0.132。该模型与数据拟合良好，$\chi^2(13)=17.815$，$CFI=0.987$，$TLI=0.977$，$RMSEA=0.024$，$SRMR=0.034$，模型统计结果见表10.2。

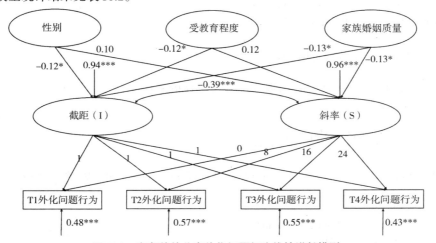

图10.3　有条件的儿童外化问题行为线性增长模型

表10.2　协变量影响下儿童外化问题行为增长的截距和斜率

预测变量	截距		斜率		置信区间95%CI（截距）		置信区间95%CI（斜率）	
	B	SE	B	SE	Lower 2.5%	Upper 2.5%	Lower 2.5%	Upper 2.5%
性别	−0.121[*]	0.051	0.096	0.064	−0.220	−0.021	−0.030	0.223
受教育程度	−0.121[*]	0.053	0.119	0.068	−0.225	−0.016	−0.014	0.253
家庭婚姻质量	−0.125[*]	0.051	−0.132[*]	0.065	−0.224	−0.025	−0.259	−0.004

表10.2的结果显示，在对贫困儿童外化问题行为增长模型截距的预测中，性别（$B=-0.121$，$p=0.017$）、受教育程度（$B=-0.121$，$p=0.023$）、家庭婚姻质量（$B=-0.125$，$p=0.014$）均有显著的负向预测作用。在对增长模型斜率的预测中，家庭婚姻质量有显著的负向预测作用（$B=-0.132$，$p=0.043$）。根据结果来看，性别、家庭婚姻质量和受教育程度均对贫困儿童青春期过渡阶段外化问题行为的初始水平起负向预测作用，家庭婚姻质量还对贫困儿童青春期过渡阶段外化问题行为的增长速度起负向预测作用。

10.1.3　小结

潜变量线性增长模型是LGM中最为基础的一种统计方法，也是其他LGM统计方法的起点。比起传统的纵向数据分析方法，LGM可以用于探索整体变化趋势的同时考虑个体的差异性。具体来讲,LGM能回答以下四个方面的问题:①研究的变量是否有增长变化? ②增长变化的形式是怎样的? ③增长变化是否存在个体差异? ④哪些变量能预测增长因素的个体差异,以及增长因素的个体差异是否可以预测某些结果变量? 本小节以一个实际例子介绍了 linear LGM 的具体操作及结果呈现和解释,以帮助读者更好地了解。

附:

1. 无条件线性增长模型 Mplus 语句

```
Data:File is Chapter-epb.dat;
   Variable: Names are age gender Education MQ epb1 epb2 epb3 epb4;! MQ 为家庭婚姻质量;epb 为外
      化问题行为
   Missing are all (-999);
      USEVARIABLES=epb1 epb2 epb3 epb4;
   ANALYSIS:ESTIMATOR=MLR
   Model:
   i s| epb1@0 epb2@1 epb3@2 epb4@3;
   i with s;
   Output:cinterval standardized tech1 tech4 sampstat PATTERNS tech3;
   Plot: Type is Plot3;
```

2. 有条件线性增长模型 Mplus 语句

```
Data:File is Chapter-epb.dat;
   Variable: Names are age gender Education MQ epb1 epb2 epb3 epb4;! MQ 为家庭婚姻质量;epb 为外
      化问题行为
   Missing are all (-999);
      USEVARIABLES=epb1 epb2 epb3 epb4;
   ANALYSIS:ESTIMATOR=MLR
   Model:
   i s| epb1@0 epb2@1 epb3@2 epb4@3;
   i with s;
   i s on age gender Education MQ;
   Output:cinterval standardized tech1 tech4 sampstat PATTERNS tech3;
   Plot: Type is Plot3;
```

3. 有条件曲线增长模型 Mplus 语句

```
Data:File is Chapter-epb.dat;
   Variable: Names are age gender Education MQ epb1 epb2 epb3 epb4;! MQ 为家庭婚姻质量;epb 为外
      化问题行为
   Missing are all (-999);
      USEVARIABLES=epb1 epb2 epb3 epb4;
   ANALYSIS:ESTIMATOR=MLR
   Model:
   i s q| epb1@0 epb2@1 epb3@2 epb4@3;
   i with s q;
   i s q on age gender Education MQ;
   Output:cinterval standardized tech1 tech4 sampstat PATTERNS tech3;
   Plot: Type is Plot3;
```

10.2 多组潜变量增长模型

10.2.1 多组潜变量增长模型的理论基础

在研究变量的动态变化上,追踪研究能够帮助研究者探索变量的具体变化趋势和规律,丰富变量的概念和特征,提高相关理论的解释力。相比横断研究,追踪研究获得的结果更能解释变量的因果关系。实际研究中,经常涉及不同的总体或组别,变量的效应或结局测量的变化轨迹是否因不同总体或组别而异。多组验证性因子模型(multi-group CFA model)和多组结构方程模型(multi-group SEM)专门针对这类研究(Kim et al.,2014)。模型中的组别可以是不同的国家、不同的地区、不同的省市的总体,或者不同社会、经济和文化背景的总体,也可以是不同个体特征的组别(如性别、年龄、民族、不同的受教育程度等)。多组模型还可以用于对不同的治疗或干预组进行比较,而无须考虑个体是否为随机地分配到各组之中。

用于纵向研究的潜发展模型,可以确定多个亚种群间纵向模式的变化(Duncan et al.,2009)。为探究不同总体/组别间随时间变化而变化的发展轨迹,可将LGM扩展为多组LGM模型,同时构建各组LGM模型。通过多组LGM或虚拟编码的协变量,能够揭示多个亚群体之间初始状态和发展轨迹在不同亚群体的差异。如Kim等人(2020)使用多组潜变量增长模型来检验小学三年级、六年级和十年级学生的母语环境是如何随时间变化的,以及在不同母语转换模式学生的英语读写成绩的发展趋势。从概念上来说,在估计Multi-group LGM时主要分两个步骤:首先,估计无条件潜变量增长模型($Unconditional$ LGM),即不添加任何其他变量的模型,检验观测变量呈线性发展趋势(linear growth)还是非线性发展趋势(quadratic growth)。其次,确定模型后,设定分组变量进行检验。

图10.4显示了带有三个时间点的无条件线性潜增长模型路径图的示例。在时间0、1和2时(以相同的时间间隔),通过矩形中的三个显性变量来估计两个潜在因子(截距和斜率)。如图10.1所示的模型可以用下列方程来描述。

$$y_{i0} = \pi_{0i} + \pi_{1i} \times 0 + \varepsilon_{0i}$$
$$y_{i1} = \pi_{0i} + \pi_{1i} \times 1 + \varepsilon_{1i}$$
$$y_{i2} = \pi_{0i} + \pi_{1i} \times 2 + \varepsilon_{2i}$$

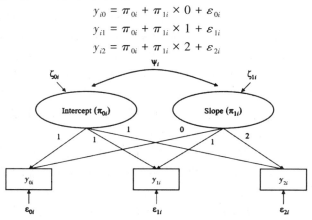

图10.4 线性无条件潜变量增长路径图

式中,y_{0i}、y_{1i}和y_{2i}表示个体i在三个不同时间点的观测结果;ε_{0i}、ε_{1i}和ε_{2i}是由随机测量误差和单个i的时间特异性影响组成的复合误差项;π_{0i}表示结果初始水平的截距因子;π_{1i}表示结果随时间变化的速率的斜率因子。图10.4中随机效应截距(ζ_{0i})和随机效应斜率(ζ_{1i})的方差表明了个体间初始状态和生长或变化速率的差异。斜率因子的均值在统计上显著,表示平均随时间变化,而方差在统计上显著,表示个体间生长速率具有显著变异性。两个潜在因素(ψ_i)之间的协方差表明了初始状态和变化率之间的关联。实际上,对于多组潜变量增长分析,其公式表达和解释与潜变量增长模型/潜在增长曲线模型是一致的。不同的是,多组潜变量增长可以同时拟合不同亚群组的潜在增长模型,并分别估计了各亚群组的初始状态和发展速度。

10.2.2 实例分析

数据分析步骤

本例使用的多组潜发展模型数据(数据文件 Chapter_m_g)来源于一项国家社会科学基金课题,包含四次调查数据(基线调查、基线后 6 个月、18 个月、24 个月的抽样调查)。结局测量 y1、y2、y3、y4 为每次调查的亲社会行为水平,采用 3 级记分:1——不符合;2——有点符合;3——非常符合。在多组 LGM 模型中,我们观察结局变量 y1,…,y4 来估计亲社会行为水平在两年内的发展轨迹。确定亲社会行为呈线性发展趋势后,将性别设定为分组变量,分别估计男生和女生亲社会行为的发展轨迹。

程序默认将各时间点潜截距发展因子(此例中的"I"因子)的因子载荷设定为 1.0;将潜斜率发展因子(此例中的"S"因子)的因子载荷,根据测试的时间分别设为 0、1、2、3。在估计多组潜发展模型前,需要先确定观测变量是呈线性增长趋势还是非线性增长趋势。确定发展轨迹为线性发展(linear growth),模型估计仅呈现截距和斜率因子载荷;确定观测变量的发展轨迹为非线性发展(quadratic growth),则需要添加曲率"q"曲率因子载荷。另外,在估计潜发展模型时,Mplus 默认设定所有观察结局测量截距为 0。

表 10.3 线性及非线性无条件潜变量增长模型的系数及拟合指标

	$\chi^2(df)$	p	CFI	RMSEA	SRMR	截距	斜率	曲率
							系数	
线性无条件模型	5.274(5)	0.001	0.99	0.008	0.029	9.060***	-0.262***	
非线性无条件模型	2.295(1)	0.130	0.99	0.041	0.013	7.664***	-0.112	-0.007

对于模型拟合估计,主要是利用极大似然法(Maximum Likelihood)。拟合指标包括 χ^2(Chi-Square)、AIC(Akaike Information Criterion)、BIC(Bayesian Information Criterion)、CFI(Comparative Fit Index)、TLI(Tucker Lewis Index)和 RMSEA(Root Mean Square of Approximation)等。根据 Hu 和 Bentler(1999)的推荐:$CFI > 0.95$,$TLI > 0.95$,$RMSEA < 0.06$,$SRMR < 0.08$ 提示模型的拟合较好。从以上拟合指标可以看出,线性无条件潜变量增长模型对数据的拟合优于非线性无条件潜变量增长模型,表明 4 次测量的亲社会行为的发展呈线性变化趋势。确定模型后,在模型中设定分组变量进行多组潜变量增长模型分析。

多组潜变量增长同时估计两个总体的结局测量发展轨迹,在整体模型指令语句"Model"之后,组模型指令"Model female"重新设定男生组群的结局测量发展轨迹,因此,潜变量增长模型可跨组变化。从示例结果输出中模型拟合指标可以看出,该多组潜变量增长模型拟合数据很好($\chi^2=40.60$,$df=10$,$p=0.00$;$CFI=0.96$,$TLI=0.95$,$RMSEA=0.05$,90% 置信区间为(0.03,0.11),精确拟合检验 $p=0.01$,$SRMR=0.07$)。

在多组潜发展模型参数估计中,主要看组别的截距(Intercept)和斜率(Slope),截距的均值反映了每个个体起始水平的平均,斜率的均值反映了总体的变化速度;组别的协方差(Covariance)反映了初始水平与下降速度的关系;组别的方差(Variances)中截距的变异反映了个体起始水平的异质性,斜率的变异则反映了变化速度的个体差异。

表10.4　无条件线性多组潜变量增长模型参数估计

组别	截距			斜率		
	系数(Est)	标准误(SE)	方差(σ^2)	系数(Est)	标准误(SE)	方差(σ^2)
男生（male）	5.931***	0.59	9.881***	−0.355**	0.125	0.067***
女生（female）	5.808***	0.386	5.025***	−0.233**	0.076	0.343***

注：male=Group 1，female=Group 2。

由 Mplus 输出的模型参数估计值可得出以下信息：第一，男生亲社会行为的初始水平（I=5.931，$p<0.001$）高于女生亲社会行为的初始水平（I=5.808，$p<0.01$）；第二，男生亲社会行为的下降速度（S=−0.355，$p<0.01$）快于女生亲社会行为的下降速度（S=−0.233，$p<0.01$）；第三，男生和女生初始水平与发展下降速度之间的协方差都是负的，分别为 $cov_{male}(I,S)$=−0.067（p=0.03）和 $cov_{female}(I,S)$=−0.164（p=0.01），这说明亲社会行为初始水平较高的个体在观察期内亲社会行为下降速度较快；第四，潜发展因子 I 和 S 均为随机参数，其方差分别为 $var(I_{男生})$=9.881（$p<0.01$），$var(S_{男生})$=0.067（$p<0.01$）；$var(I_{女生})$=5.025（$p<0.01$），$var(S_{女生})$=0.343（$p<0.01$）。这说明在男生和女生群体中，亲社会行为的初始水平和变化率均存在个体差异（均有统计显著方差）。最后，误差/残差方差在男生和女生间也不同，但我们通常不关注误差/残差方差的跨组不变性。

10.2.3　小结

多组潜变量增长是在潜变量增长模型的基础上进行的一种统计方法，用以探索不同组别整体变化趋势以及个体差异。具体来讲可以回答以下几个方面的问题：①研究变量不同组别的发展变化分别是怎样的？②不同组别是否存在个体差异？③预测因素能显著预测整体的发展轨迹，还是只能预测整体中一组群体？本小节以一个实际例子介绍了 Multi-group LGM 的操作及结果呈现和解释，以帮助读者更好地了解。

附：

1. 多组潜变量增长 Mplus 语句

```
TITLE: Multi-group LGM: testing latent intercept growth factor invariance
DATA:FILE=Chapter_m_g.dat;
VARIABLE:NAMES=gender sex age y1−y4;
      MISSING=ALL(−99);
      USEVAR=y1−y4 gender;
      GROUPING=gender（1=male 2=female）;
MODEL:I  S | y1@0 y2@1 y3@2 y4@3;
      I with S;
      Model female:
      I  S | y1@0 y2@1 y3@2 y4@3;
      I with S;
Output: Standardized cinterval tech11 tech14;
Plot: Type is Plot3;
Series=y1−y4（*）;
Savedata: SAVE=CPROB;
FILE IS pro_1.txt;
```

2. 多组潜变量增长 Mplus 结果输出

THE MODEL ESTIMATION TERMINATED NORMALLY
MODEL FIT INFORMATION

Number of Free Parameters	18

Loglikelihood

H0 Value	−9228.050
H1 Value	−9207.749

Information Criteria

Akaike (AIC)	18492.100
Bayesian (BIC)	18575.782
Sample-Size Adjusted BIC	18518.624
(n*=(n+2)/24)	

Chi-Square Test of Model Fit

Value	40.603
Degrees of Freedom	10
P-Value	0.0000

Chi-Square Contribution From Each Group

MALE	14.076
FEMALE	26.527

RMSEA (Root Mean Square Error of Approximation)

Estimate	0.056
90 Percent C.I.	0.032 0.118
Probability RMSEA<=.05	0.011

CFI/TLI

CFI	0.960
TLI	0.952

Chi-Square Test of Model Fit for the Baseline Model

Value	774.226
Degrees of Freedom	12
P-Value	0.0000

SRMR (Standardized Root Mean Square Residual)

Value	0.079

… …

STANDARDIZED MODEL RESULTS
STDYX Standardization

	Estimate	S.E.	Est./S.E.	Two-Tailed P-Value
Group MALE				
I				
Y1	0.658	0.058	11.398	0.000
Y2	0.710	0.063	11.341	0.000
Y3	0.625	0.058	10.806	0.000
Y4	0.669	0.070	9.547	0.000
S				
Y1	0.000	0.000	999.000	999.000
Y2	0.226	0.043	5.259	0.000
Y3	0.398	0.072	5.551	0.000
Y4	0.639	0.120	5.329	0.000
I WITH				

S	−0.067	0.203	−0.330	0.04
Means				
I	5.931	0.592	10.013	0.000
S	−0.355	0.125	−2.838	0.005
Intercepts				
Y1	0.000	0.000	999.000	999.000
Y2	0.000	0.000	999.000	999.000
Y3	0.000	0.000	999.000	999.000
Y4	0.000	0.000	999.000	999.000
Variances				
I	5.025	8.551	7.605	0.000
S	0.343	1.902	4.911	0.000
Residual Variances				
Y1	0.567	0.076	7.466	0.000
Y2	0.466	0.052	8.986	0.000
Y3	0.485	0.037	13.182	0.000
Y4	0.202	0.068	2.988	0.003
Group FEMALE				
I |				
Y1	0.673	0.037	18.171	0.000
Y2	0.758	0.042	18.132	0.000
Y3	0.677	0.043	15.757	0.000
Y4	0.674	0.050	13.582	0.000
S |				
Y1	0.000	0.000	999.000	999.000
Y2	0.287	0.030	9.523	0.000
Y3	0.513	0.050	10.252	0.000
Y4	0.766	0.081	9.479	0.000
I WITH				
S	−0.164	0.111	−1.478	0.01
Means				
I	5.808	0.386	15.052	0.000
S	−0.233	0.076	−3.059	0.002
Intercepts				
Y1	0.000	0.000	999.000	999.000
Y2	0.000	0.000	999.000	999.000
Y3	0.000	0.000	999.000	999.000
Y4	0.000	0.000	999.000	999.000
Variances				
I	5.025	8.551	7.605	0.000
S	0.343	1.902	4.911	0.000
Residual Variances				
Y1	0.547	0.050	10.953	0.000
Y2	0.414	0.038	10.800	0.000
Y3	0.392	0.030	12.905	0.000
Y4	0.129	0.048	2.696	0.007

10.3　带中介变量的潜变量增长模型

10.3.1　带中介增长模型的理论基础

在心理学研究的大多数领域,人们经常使用中介模型,因为对中介模型的检验可以提供解释两个变量关系间潜在影响机制的相关信息。然而,大多数关于中介效应的讨论都没有充分考虑中介机制的时间因素(Maxwell et al.,2007)。并且,横向中介方法通常会产生对纵向中介参数的实质性偏差估计(Maxwell et al.,2007)。由此,基于横断面数据检验中介效应的实践受到了批评(Jose,2016)。与横断面分析不同,纵向数据的中介分析明确考虑了时间因素。只有当研究设计提供自变量、中介变量和因变量的时间顺序信息时,才能避免统计等价性(Soest,2011;王孟成,2014)。此外,当在分析中使用显变量时,中介分析的能力可能会受到度量不可靠性的影响。潜变量的使用增加了分析的可靠性,因为测量误差得到了充分的处理。在纵向分析中,测量值的不可靠性特别重要,因为变化分数的可靠性在许多情况下远低于实际测量值的可靠性(Rogosa et al.,1982)。因此,估计潜在变化得分和适当处理特定时间差异的模型框架将提高纵向中介分析的能力和准确性。

潜在增长模型描述了几个时间点的变化轨迹,并预期会有相对较大的个体内部变化,因此特别适用于中介分析(Selig et al.,2009)。在增长曲线分析中,来自多个时间点的数据被用来描述个体心理特性或行为随时间的变化("增长")。更具体地说,两个参数被视为潜在变量:截距(intercept,通常测量每个人的初始状态)和斜率(slope,测量个体随时间的变化)。增长模型可以用以下潜在变量方程进行数学表示(Bollen et al.,2006):

$$y_{it} = \alpha_{iy} + \beta_{iy} \lambda_t + \varepsilon_{yit}$$

方程表示在研究期间内每个成员的预期轨迹。这个方程中使用了三个下标;y 表示预测 y_{it} 的方程中的所有参数,而 i 和 t 分别表示个体和时间点。因此,y_{it} 是个体 i 在时间 t 时轨迹变量的值;α_{iy} 是个体 i 的随机截距;β_{iy} 表示每个个体的随机斜率;λ_t 是用于表示时间的参数;ε_{yit} 是每个个体每个时间点的误差项。截距 α_{iy} 的值取决于 λ_t 的编码方式。在大多数情况下,第一次的时间编码为 $\lambda_t=0$,因此 α_{iy} 代表每个被试在第一个时间点的估计分数。斜率 β_{iy} 的值与相邻时间编码之间的间距有关。例如,当 $\lambda_t=0$ 和 $\lambda_t=1$ 时,β_{iy} 表示被试在前两个时间点之间的变化量。

纵向中介分析第二步检验自变量与因变量斜率的关系。为此,因变量的斜率必须回归到自变量上,如下斜率方程所示:

$$\beta_{iy} = \mu_{\beta y} + \gamma_{\beta y} x_i + \zeta_{y\beta i}$$

在这个方程中,$\mu_{\beta y}$ 是预测随机斜率 β_{iy} 的截距,xi 是预测斜率的独立变量,$\gamma_{\beta y}$ 是自变量的回归系数,而 $\zeta_{y\beta}i$ 是方程中的误差项。

下一步需要引入中介变量,假设的中介变量与因变量在同一时间点上被测量,这样就可以为中介变量的不稳定性构建一条与因变量的增长曲线相当的增长曲线。因此,可以为假设的中介变量指定以下轨迹方程:

$$\omega_{it} = \alpha_{i\omega} + \beta_{i\omega} \lambda_t + \varepsilon_{\omega it}$$

这个增长曲线方程代表了每个成员在假定的中介变量 ω 的预期轨迹。下标将所有参数标识为预测 ω_{it} 的一部分。ω_{it} 是个体 i 在时间 t 时的轨迹变量值,而 $\alpha_{i\omega}$ 和 $\beta_{i\omega}$ 分别代表每个个体的随机截距和斜率。每个个体每个时间点的误差项用 $\varepsilon_{\omega it}$ 表示。

中介分析中可以使用两种关于假设中介变量的信息:随机截距或随机斜率,提供变量初始状态的信息以及随时间的变化。当假设因变量的发展将由中介变量的初始测量水平来解释时,可以使用截距中介模型(Longitudinal intercept-only mediation model,见图10.5)。当假设因变量的发展将由中介变量的变化水平来解释时,可以使用斜率中介模型(Longitudinal slope-only mediation model,见图10.6)。当假设中介变量的初始水平和变化都可以预测因变量的变化,即同时检验假定中介的截距和斜率,可以使用多重中介模型(Longitudinal multiple mediation model,见图10.7)。von Soest 和 Hagtvet(2009)认为,在对截距和斜率中介效应进行检验的研究中应该使用多重中介模型,因为多重中介模型可以提供关于假设中介的初始状态和变化来解释自变量和因变量之间关系的重要信息。使用这种多中介模型的优点是,通过同时包含假定中介变量的截距和斜率作为预测因子,可以确保两个潜变量对因变量影响的相互控制。最后,当考虑自变量与因变量的初始状态相关,以及因变量的初始状态和斜率相关的情况,可以在多重中介模型的基础上,对因变量的截距进行控制(图10.8)(Seltzer et al.,2003)。Littlefield 等人(2010)指出,控制因变量的截距斜率,可以描述中介结构中唯一的中介。换句话说,中介分析不受因变量个体之间的初始差异而混淆。因此,调整因变量的截距并不是为了促进对因变量截距与斜率之间关系的因果解释,而是为了澄清中介过程中变量之间的关系。

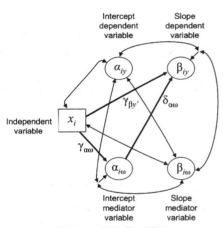

图 10.5　纵向截距模型

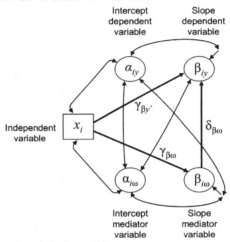

图 10.6　纵向斜率模型

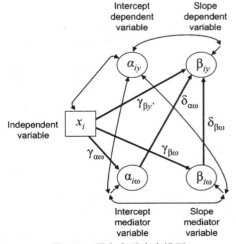

图 10.7　纵向多重中介模型

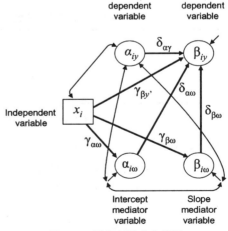

图 10.8　纵向多重中介模型
（控制因变量的截距）

10.3.2 实例分析

1）数据与变量介绍

本例使用的数据来源于一项国家社会科学基金课题,第一次测量时间为2017年,共进行了4次(每次间隔8个月)问卷调查。研究对象涵盖了湖南省6个市级以下的中小学学生,年龄范围从7岁到18岁。样本量为814人,均值为11.75岁,标准差为2.56岁。其中男性331人(占40.7%),女性483人(59.3%)。

本例纳入用于分析带中介的增长模型的变量包括自变量基线测量的父母关爱、中介变量希望及因变量亲社会行为、希望和亲社会行为,均测量四次。父母关爱采用父母教养方式问卷(Parental Bonding Instrument,PBI)中的关爱因子测量,希望采用儿童希望问卷(Children's Hope Scale,CHS)测量,亲社会行为采用儿童长处与难处问卷(Strengths and Difficulties Questionnaire,SDQ)中的亲社会行为因子测量。

2）分析步骤

使用Mplus程序运行潜变量增长模型的中介效应分为以下三步:①使用单潜增长模型分别考查中介变量和因变量的变化轨迹;②用自变量和多次因变量的数据建立有条件的潜增长模型考查自变量对因变量截距和斜率的直接预测作用;③使用纵向多重中介模型检验中介变量的中介效应。采用全信息极大似然法进行建模,中介效应的显著性检验采用Bootstrap法基于1000个样本获得校正的95%置信区间。

3）结果

(1)中介变量和因变量的发展轨迹

表10.5显示各拟合指标均达到可接受范围。亲社会行为的截距均值显著($\alpha=9.21$,$p<0.001$)代表基线的平均亲社会行为显著大于0,斜率均值显著($\beta=-0.27$,$p<0.001$)且为负值,表明亲社会行为在2年内4次追踪测量中呈线性下降趋势。希望的截距均值显著($\alpha=5.79$,$p<0.001$),但斜率均值不显著($\beta=-0.05$,$p>0.05$),代表希望在2年的发展趋势并未达到显著水平。

表10.5 主要研究变量的潜在增长模型拟合指数与截距和斜率

变量	χ^2	df	CFI	TLI	RMSEA	SRMR	系数 截距	系数 斜率
希望	9.52	5	0.99	0.98	0.03	0.04	5.79***	-0.05
亲社会行为	5.62	5	0.99	0.99	0.01	0.04	9.21***	-0.27***

注:*表示$p<0.05$,**表示$p<0.01$,***表示$p<0.001$,下同。

(2)自变量对因变量截距和斜率的直接预测

以父母关爱为预测变量,以亲社会行为为因变量构建有条件的增长模型,考查父母关爱是否预测亲社会行为的初始水平和增长速度。表10.6显示各拟合指标均达到可接受范围。由表10.7可知,父母关爱可显著正向预测亲社会行为截距($p<0.001$),表明基线亲社会行为受到父母关爱的影响,父母关爱水平越高,亲社会行为越多。父母关爱可负向预测亲社会行为斜率($p<0.001$),表明亲社会的增长变化受父母关爱的影响,父母关爱水平越高,亲社会行为的下降速度越慢。

表10.6 自变量预测因变量截距和斜率的模型拟合指数

	χ^2	df	CFI	TLI	$RMSEA$	$SRMR$
拟合数值	12.29	7	0.99	0.98	0.03	0.03

表10.7 自变量预测因变量截距和斜率的系数估计

	截距			斜率		
	Est	SE	P	Est	SE	P
父母关爱	0.59	0.05	<0.001	−0.23	0.06	<0.001

（3）纵向多重中介模型检验

进一步检验希望在父母关爱与亲社会行为间的纵向中介作用,使用Bootstrap（重复抽样1000次）对希望截距与斜率的中介作用进行验证。模型的结合结果见表10.8,模型结果均可接受。纵向中介模型的路径系数结果见表10.9。结果显示,截距方面,父母关爱显著正向预测亲社会行为的截距（$p=0.002$）和希望的截距（$p<.001$）,希望的截距能显著正向预测亲社会行为的截距（$p<0.001$）。斜率方面,父母关爱对亲社会行为的斜率预测不显著（$p=0.537$）,但能显著负向预测希望的斜率（$p<0.001$）。希望的截距对亲社会行为的斜率预测不显著（$p=0.859$）,但能显著正向预测亲社会行为的斜率（$p<0.001$）。Bootstrap中介效应的结果如表10.10所示,在验证的三条间接路径中,只有间接路径1"父母关爱→希望截距→亲社会行为截距"和间接路径3"父母关爱→希望斜率→亲社会行为斜率"均显著（$p<0.001$）,说明希望的截距在父母关爱和亲社会行为的截距之间具有完全中介作用,希望的斜率在父母关爱和亲社会行为斜率之间具有部分中介作用,而希望的截距在父母关爱和亲社会行为斜率之间的中介效应不显著。

表10.8 自变量预测因变量截距和斜率的模型拟合指数

	χ^2	df	CFI	TLI	$RMSEA$	$SRMR$
拟合数值	89.50	27	0.96	0.94	0.06	0.04

表10.9 纵向中介模型中的直接路径

直接路径	Est	SE	p
父母关爱→希望截距	0.52	0.04	<0.001
父母关爱→希望斜率	−0.31	0.06	<0.001
父母关爱→亲社会行为截距	0.20	0.06	0.002
父母关爱→亲社会行为斜率	0.06	0.10	0.537
希望截距→亲社会行为截距	0.73	0.09	<0.001
希望截距→亲社会行为斜率	−0.02	0.12	0.859
希望斜率→亲社会行为斜率	0.93	0.13	<0.001

表10.10 纵向中介模型中的间接路径

间接路径	Est	p	95% bootstrap
父母关爱→希望截距→亲社会行为截距	0.38	<0.001	[0.27,0.51]
父母关爱→希望截距→亲社会行为斜率	−0.01	0.860	[−0.15,0.10]
父母关爱→希望斜率→亲社会行为斜率	−0.28	<0.001	[−0.45,−0.15]

10.3.3 小结

带中介的潜增长模型允许研究者评估基线变量水平和变量增长变化关联的中介效应,考虑了横断面中介未能关注的时间因素。纵向中介分析关注的是自变量如何与因变量相关,即自变量是否能预测随时间变化的因变量所代表的行为或特征,而带中介的潜增长模型可以明确是中介变量自身的初始水平还是发展速度在其中发挥了中介作用,抑或两者兼而有之(常淑敏 等,2020)。

尽管使用潜在增长曲线中介模型有其优势,但该模型框架也需要谨慎使用。第一,当进行这种带中介的增长模型分析时,无法建立中介变量和因变量之间的时间关系,从而无法获得假定中介变量和因变量之间因果关系的支持,这是潜增长中介模型的一个主要缺点(Soest,2011)。因此,建议仅当文献中有证据表明中介变量和因变量之间存在因果关系时,或研究设计不提供构建分段增长模型的可能性,才使用此类模型。第二,潜在增长曲线中介分析特别适合时不变自变量,而对时变自变量的应用更难以解释,因为无法确定自变量和假设中介的时间顺序。MacKinnon(2008)描述了具有时变独立分析的生长曲线中介分析,其中独立变量、中介变量和因变量的潜在增长曲线是平行建模的,要强调的是,这一模型在解释因果关系方面存在严重的缺陷。第三,本章没有讨论包括非线性生长参数的中介分析。在进行纵向中介分析之前,必须选择适当形式的增长曲线,本文中的应用实例仅代表了一个特殊的案例。之所以选择这种模式,是因为两个二阶增长模型的构建将把重点放在解决此类问题的技术问题上,而不是放在中介分析上。

总之,潜在增长曲线模型框架下的纵向中介分析为研究者提供了一个全面而灵活的范式,允许相关模型的规范化和关键参数的估计。但框架的局限性,特别是一些模型的因果解释,必须加以考虑。在应用潜在增长曲线模型框架时,要慎重选择哪些模型对不同的研究问题最有用。

附:

1. 因变量发展轨迹 Mplus 程序语句(MAC 系统)

```
TITLE: Unconditional LCGM
DATA:
    FILE=MA.dat
VARIABLE:
    NAMES=caring hope1 hope2 hope3 hope4 pro1 pro2 pro3 pro4;
    USEVAR=pro1 pro2 pro3 pro4;
    MISSING=ALL（-99）;
ANALYSIS:
    ESTIMATOR=MLR;
MODEL:
    i sl pro1@0 pro2@1 pro3@2 pro4@3;
OUTPUT:
    SAMPSTAT STANDARDIZED TECH1;
```

2. 自变量对因变量截距和斜率的直接预测 Mplus 程序语句(MAC 系统)

```
TITLE: LCGM with predictors
DATA:
    FILE=MA.dat
VARIABLE:
    NAMES=caring hope1 hope2 hope3 hope4 pro1 pro2 pro3 pro4;
    USEVAR=caring pro1 pro2 pro3 pro4;
    MISSING=ALL（-99）;
ANALYSIS:
    ESTIMATOR=MLR;
```

```
Model:
    i s| pro1@0 pro2@1 pro3@2 pro4@3;
    i s on caring;
OUTPUT:
    SAMPSTAT STANDARDIZED TECH1;
```

3. 纵向多重中介模型检验Mplus程序语句（MAC系统）

```
TITLE: Mediation Analysis in LGCM
DATA:
    FILE=MA.dat
VARIABLE:
    NAMES=caring hope1 hope2 hope3 hope4 pro1 pro2 pro3 pro4;
    USEVAR=caring hope1 hope2 hope3 hope4 pro1 pro2 pro3 pro4;
    MISSING=ALL（-99）;
ANALYSIS:
    Bootstrap=1000;
Model:
    ipro spro| pro1@0 pro2@1 pro3@2 pro4@3;
    ihope shope| hope1@0 hope2@1 hope3@2 hope4@3;
    ihope with shope;
    ihope on caring;
    shope on caring;
    ipro on caring;
    spro on caring;
    ipro on ihope;
    spro on ihope;
    spro on shope;
MODEL INDIRECT:
    ipro IND ihope caring;
    spro IND ihope caring;
    spro IND shope caring;
OUTPUT:
    TECH1 SAMPSTAT STANDARDIZED CINTERVAL（BCBOOTSTRAP）;
```

10.4 潜变量混合增长模型

在追踪研究中，研究者不仅关心某一行为或特质随时间发展的趋势，即对总体趋势的研究，还需要关注个体之间发展趋势的差异及存在差异的原因。为了探明和检验潜在的不同群体的发展趋势或潜在的变化类，混合增长模型应运而生（刘红云，2007；王孟成 等，2014）。

10.4.1 潜变量混合增长模型简介

混合增长模型（Latent Growth Mixture Modeling；Bauer，2007）是潜在增长曲线模型（Latent Growth Curve Modeling）和有限混合模型（finite mixture modeling）的结合。因此，混合增长模型最大的特点就是将样本被试进行潜类别分类，属于不同的类别的被试有自己独特的、不一样的LGCM（Bauer，2007）。混合增长模型允许群体内存在异质性，在此模型中同时存在两种潜变量：

连续潜变量和类别潜变量(刘红云，2007)。连续潜变量用于描述初始差异和发展趋势的随机截距和随机斜率因子，与LGCM相同。类别潜变量则通过将群体区分成互斥的潜类别亚组来描述群体异质性。与多组分析不同，潜在类别组的划分是基于模型估计的，是一种事后分组。将不同的个体区分为不同的类进而考查发展轨迹在实际应用中有重要意义。由于不同类的个体，不仅其发展轨迹可能不同，且可能有不同的预测变量和结果变量。混合增长模型不仅可以区分不同潜在的变化类，而且可以估计出每个类中个体所占总体概率的大小，每个类的平均发展轨迹以及同一类中个体之间差异的大小，同时也给出每个个体最有可能属于的类。

混合增长模型的表达式如下：

$$yit = \sum_{k=1}^{k} p(c=k)\left[\alpha_{itk} + \beta_{1itk}\lambda_t + \varepsilon_{yitk}\right]$$

$$\alpha_{ki} = \mu_{\alpha k} + \zeta_{\alpha ik}$$

$$\beta_{ki} = \mu_{\beta k} + \zeta_{\beta ik}$$

模型中，c为类别潜变量，共有k个水平，p为类别概率，i为个体，t为测量时间，μ_α和μ_β分别表示全部个体截距和斜率的均值，即总均值，$\zeta_{\alpha i}$和$\zeta_{\beta i}$分别表示个体截距和斜率与对应的总均值间的差异，每个个体均有一个特定的值。$\mu_{\alpha k}$、$\mu_{\beta k}$和$\zeta_{\beta ik}$表示类别特定的上述参数。

图10.9是一个含有4个时间点的混合增长模型。其中，y1、y2、y3、y4表示同一特质的4次重复测量，潜变量i、s分别表示4次测量的变化，实际应用中可以通过i(截距)、s(斜率)到4次测量y1、y2、y3、y4的路径系数，使其描述不同的变化趋势。如对于4次间距相等的重复测量，可以分别将i、s到y1、y2、y3、y4的路径系数固定为1、1、1、1和0、1、2、3。这一部分模型相当于潜变量增长曲线模型。在LGCM基础上增加一个潜类别的分类变量C，用来描述变化趋势可能存在的类别。包含潜变量i、s和潜类别变量C的模型是最基本的潜类别混合增长模型。此外，在图10.9所示模型中还包括了一个不随时间变化的协变量X，一个最终的分类结果变量U。

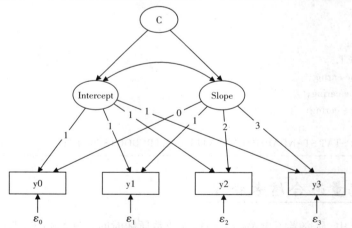

图10.9　四次等距时间点测量的潜变量混合增长模型

10.4.2　实例分析

1)　数据介绍

下面例子采用对初中生连续三次关于情绪问题的数据。情绪问题的测量采用长处与困难问卷(Strengths and Difficulties Questionnaire，SDQ)自评版进行。调查历时两年，共包含3次测量，分别为2017年、2018年、2019年。以2017年为基线水平，在删除流失样本后，共有444个数据完整的样本，年龄均值为13.59岁，标准差为1.60岁。其中，男性164人，女性280人。

2）数据的分析

Muthen（2003）提出潜变量混合增长模型可以对研究总体中更基本的个体之间的差异原因进行分析，即按照个体的增长特征将个体分为不同的类，并指出每个个体属于每个类的概率大小。下面按照这一方法，对数据进行分析，目的在于分析是否存在不同变化类型及趋势的群体。由于有3次测量时间点，可以定义为等距时间点的线性增长模型。

为解决上述问题，在下面的分析中，分别定义4个模型。

模型1：一个潜在类的模型，即在模型中定义潜在分类变量 C 只含有一个潜在类，相等于传统的潜变量增长曲线模型；

模型2：两个潜在类的模型，即在模型中定义潜在分类变量 C 含有两个潜在类，另外对不同类增长参数之间不作任何相等条件的限制；

模型3：三个潜在类的模型，即在模型中定义潜在分类变量 C 含有三个潜在类，另外对不同类增长参数之间不作任何相等条件的限制；

模型4：四个潜在类的模型，即在模型中定义潜在分类变量 C 含有四个潜在类，另外对不同类增长参数之间不作任何相等条件的限制。

用 Mplus8.3 对上面所定义的4个模型进行分析。基本语句示例如下：

```
VARIABLE:   MISSING ARE ALL（-99）；
            NAMES ARE number gender age qx qx2 qx3；
            usevariables   are  qx qx2 qx3；
            classes=c（3）；！类别数，根据需要逐步增加到拟合指标最好的数目。
                           本数据中，模型拟合最好的类别数为3。
ANALYSIS:   TYPE=Mixture；
            STARTS=200 100；
            ESTIMATOR=MLR；
            processor=4；
Model:      %Overall%！混合语句
            i s | qx@0 qx2@1 qx3@2；
Plot:       Type is Plot3；
            Series=qx qx2 qx3（*）；
OUTPUT:     SAMPSTAT TECH11 TECH14 standardized；
```

3）结果

模型拟合结果示例如下：

```
MODEL FIT INFORMATION

Number of Free Parameters              14
Loglikelihood
        H0 Value                       -2831.741
        H0 Scaling Correction Factor   1.1344
          for MLR
Information Criteria
        Akaike（AIC）                   5691.482
        Bayesian（BIC）                5748.824
        Sample-Size Adjusted BIC       5704.394
          （n*=(n+2)/24）
```

```
......
CLASSIFICATION QUALITY
    Entropy                                0.751
......
LO-MENDELL-RUBIN ADJUSTED LRT TEST
    Value                                  23.299
    P-Value                                    0.0523
......
PARAMETRIC BOOTSTRAPPED LIKELIHOOD RATIO TEST FOR 2 (H0)VERSUS 3 CLASSES
    H0 Loglikelihood Value                             −2844.027
    2 Times the Loglikelihood Difference        24.573
    Difference in the Number of Parameters      3
    Approximate P-Value                         0.0000
    Successful Bootstrap Draws                  20
```

拟合指标 Log(L)为对数似然值,Akaike Information Criterion(AIC)为艾凯科信息标准,Bayesian Information Criterion(BIC)为贝叶斯信息标准,这几个指标的值越小,表示模型拟合程度越好(Muthén et al.,2010)。Entropy 熵的取值范围在0~1,值越大,表示相应的模型拟合越好。Entropy 约等于0.8时表明分类的准确率超过了90%(Carragher et al.,2009)。似然比检验指标 Lo-Mendell-Rubin(LMR)和基于 Bootstrap 的似然比检验(BLRT)的 p 值显著,表示对应的 k 类模型优于 k-1类模型(Muthén et al.,2010)。模型的拟合指数结果见表10.11。

表 10.11　情绪问题的 LGMM 模型拟合指标

Model	K	Log(L)	AIC	aBIC	entropy	LMR (P)	BLRT(P)	类别概率
1	8	−2869.85	5755.70	5763.08				
2	11	−2848.67	5719.33	5729.48	0.704	<0.001	<0.001	0.79/0.21
3	14	−2835.26	5698.52	5711.43	0.775	0.055	<0.001	0.73/0.0.04/0.23
4	**17**	**− 2822.68**	**5679.37**	**5695.05**	**0.779**	**0.011**	**<0.001**	**0.14/0.03/0.46/0.37**
5	20	−2813.57	5667.14	5685.59	0.764	0.417	0.040	0.18/0.10/0.02/0.26/0.44

根据对 LGMM 模型的拟合信息指数进行分析后发现分为4个潜在类别是最合适的,进一步考查每个潜在类别的发展轨迹。

模型参数估计结果示例如下:

```
MODEL RESULTS

                        Estimate    S.E.    Est./S.E.   Two-Tailed P-Value
Latent Class 1
    ...
Means
    I                    6.290      0.185    34.030       0.000
    S                   −0.537      0.073    −7.341       0.000
    ...
Latent Class 2
    ...
```

Means					
	I	0.917	0.265	3.458	0.001
	S	1.520	0.204	7.450	0.000
	...				
Latent Class 3					
	...				
Means					
	I	1.268	0.121	10.447	0.000
	S	0.241	0.050	4.829	0.000
	...				
Latent Class 4					
	...				
Means					
	I	3.528	0.142	24.803	0.000
	S	−0.081	0.058	−1.404	0.160

以上部分展示了在 LGMM 中可以获得每个潜在类别的截距 (α) 和斜率 (β) 的均值。每个潜在类别的截距均值分别为：C1:6.290 ($SE=0.185$, $t=34.030$, $p<0.001$)；C2:0.917 ($SE=0.265$, $t=3.458$, $p=0.001$)；C3: 1.268 ($SE=0.121$, $t=10.447$, $p<0.001$)；C4: 3.528 ($SE=0.142$, $t=24.803$, $p<0.001$)。每个潜在类别的斜率均值分别为 C1:−0.537 ($SE=0.073$, $t=−7.341$, $p<0.001$)；C2:1.520 ($SE=0.204$, $t=7.450$, $p<0.001$)；C3:0.241 ($SE=0.050$, $t=4.829$, $p<0.001$)；C4:−0.081 ($SE=0.058$, $t=−1.404$, $p=0.160$)。

结合截距和斜率,可以看到四个潜在类别的变化趋势。C1 的情绪问题初始水平较高,但有明显的下降趋势,占总体样本比例的 14.9%；C2 情绪问题初始水平较低,但有明显的上升趋势,占总体样本比例的 3.6%；C3 情绪问题初始水平也较低,但上升趋势较缓慢,占总体样本比例的 45.5%；C4 情绪问题初始水平中等,也没有明显的变化趋势,占总体样本比例的 36.0%。

10.4.3 小结

潜变量混合增长模型为总体变化趋势不同质的追踪研究提供了有效的分析。具体而言,潜变量混合增长模型有以下特点:首先,潜变量混合增长模型可以帮助我们了解追踪研究数据中个体之间的变化差异,以及是否存在不同的潜在的子总体;其次,对于不同发展子总体,潜变量混合增长模型可以分析不同类型的增长趋势。但心理变化的过程中可能存在不连续的阶段特征,也即变化曲线可能有两个或两个以上的发展阶段,每个阶段可能有不同的增长速率,也可能有独特的函数形式(Chou et al.,2004;Cudeck et al.,2010)。潜变量混合增长模型难以对此做出分析。

在使用潜变量混合增长模型时,还需要考虑两个问题。一是数据是否为正态分布,非正态的数据会导致高估实际存在的潜类别数目(Bauer et al.,2003)。二是保留正确的潜类别数目。在实际应用中,应结合分类的实际意义和类别包含样本的数来确定最终保留的类别数。

总之,潜变量混合增长模型为分析个体之间发展变化的差异提供了更加合理有效的工具,尤其是在探索总体中是否有不同潜在变化类存在的情景下,具有一般追踪研究方法无法比拟的优势。

附:

1. 基本的潜变量混合增长模型 Mplus 代码示例如下:

```
TITLE:      this is an example of a GMM for a
            continuous outcome using automatic
```

```
                  starting values and random starts
DATA:        FILE IS ex8.1.dat；
VARIABLE:     NAMES ARE y1~y4；
             CLASSES=c（2）；！ CLASSES 选项用于为模型中的类别潜变量分配名称,并为每个类
                            别潜变量指定模型中潜在类的数量。在这个例子中,有一个类别
                            潜变量 c,它有两个潜类,可逐步增加到拟合指数最好的数目。
ANALYSIS:    TYPE=MIXTURE；  ！ 通过选择 MIXTURE,对混合模型进行估计。
             STARTS=40 8；    ！ 本例为 40 组初始值的初始阶段随机集,并执行了 8 个最终阶段
                            优化。
MODEL:       %OVERALL%
             i s | y1@0 y2@1 y3@2 y4@3；！ 对于混合模型,由标签%Overall%指定整体模型。| 符号
                            左侧的 i 和 s 分别是截距和斜率增长系数的名称。| 符号右侧的语
                            句指定增长模型的结果和时间分数。斜率增长因子的时间分数固
                            定为 0、1、2 和 3,为等距时间点的线性增长模型。结果变量的残差
                            方差被估计并允许随时间而不同,并且残差默认为不相关。
OUTPUT:      TECH1 TECH8；    ！ TECH1 选项用于请求包含模型中所有自由参数的参数规范和起始
                            值的数组。TECH8 选项用于请求在输出中打印估计模型的优化历
                            史记录。
Plot:        Type is Plot3；！ 输出图
             Series=y1 y2 y3 y4（*）；
```

10.5 交叉滞后模型

10.5.1 交叉滞后模型的理论基础

近年来,变量间因果关系(Causal Relationship)越来越受到学者们的关注。基于纵向面板数据的交叉滞后模型(cross-lagged panel model)被认为是检验纵向相关数据因果关系(causality)最恰当方法,它能够帮助研究者精准掌握变量间相互影响的机制,从而建立初步的因果关系。

本节将结合心理学究中常见的研究例子,梳理和比较各模型的建模逻辑和优劣势,从而形成一个兼具实用性和可读性的"简明教程"。首先,本节将简要介绍传统交叉滞后模型 CLPM,梳理交叉滞后模型中的基本要素、专业术语,以及在实证研究中的对应含义。之后,本章将分别介绍两种前沿的改良版交叉滞后模型 RI-CLPM 和 RE-CLPM。

如图 10.10 所示,在这一模型中,变量的稳定性通过加入变量的自回归关系(autoregressive relationship)来进行控制(即 β3 和 β4),然后因果关系通过比较交叉滞后的标准化路径回归系数来获得。

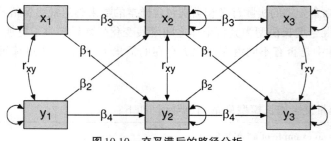

图 10.10 交叉滞后的路径分析

当时间点 T_1 的变量一指向时间点 T_2 的变量二的标准化回归系数 β_1 强于时间点 T_1 的变量二指向时间点 T_2 的变量一的标准化回归系数 β_2 时,研究者们倾向于支持变量一 (X) 对变量二 (Y) 的预测要强于变量二 (Y) 对变量一 (X) 的预测,从而推断变量一是变量二的成因。

采用纵向数据和交叉滞后模型建构因果关系相较于其他方法有以下几点重要优势。第一,这一方法的可行性和适用性较强——对于一些不方便使用实验法的场合(如研究组织中的越轨行为),观察数据相对而言较易获得。第二,该方法还可以直接用于分析一些大型数据库[如世界价值观调查(World Value Survey)]中的二手数据。第三,这一方法纳入了时间维度,研究者可以据此充分考查变量之间的关系随时间的变化性,从而获得更符合实际状况的模型估计和研究结论。一般而言,对于交叉滞后模型的适用与否,通常需要进行四个模型比较,然后通过比较模型拟合指数来确定最终模型(Sonnentag, et al, 2019):

Model 1: Stability Model

Model 2: Causality Model

Model 3: Reciprocal Model

Model 4: Causality Model+Reciprocal Model

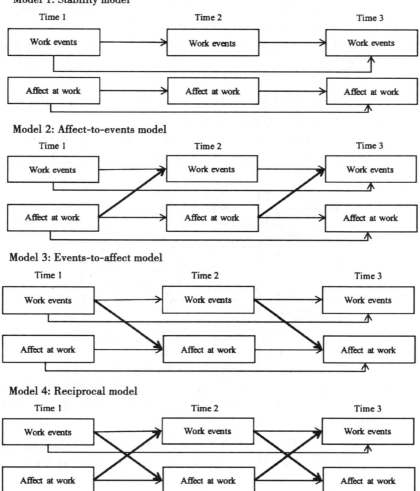

图10.11　交叉滞后的4个比较模型

然而,如前文所叙,传统交叉滞后模型主要有以下两项缺陷:

①它无法区分个体间效应(Between-subject Effect)和个体内效应(Within-subject Effect);

②冲击所带来的短期效应和长期效应的不一致性难以在建模过程中得以体现——无论是AR效应(自回归效应)还是CL效应(交叉滞后效应),它的长期效应都被局限为短期效应的传递和堆叠。这两项缺陷正是研究者推出更前沿交叉滞后模型的最大动因。

10.5.2 随机截距交叉滞后模型

在2015年,Hamaker、Kuiper和Grasman(2015)提出,传统的交叉滞后模型没有考虑变量稳定性可能存在不同形式,当变量在一定程度上服从一种特质水平的、不随时间变化的稳定性时,纳入自回归指标并不能很好地控制稳定性带来的影响。

传统交叉滞后模型所采用的自回归方法只能控制时间序列的稳定性(temporal stability),即每个个体在所有时间点内的两个变量上都围绕相同的样本均值μ和π在变化,也就是说不存在个体间在两个变量特质水平上的均值差异。

但纵向数据本身是一种多水平的数据,变量变异的来源可以天然分类到个体间水平和个体内水平。所以在传统交叉滞后模型的基础上,Hamaker等人(2015)提出了随机截距的交叉滞后模型(random intercepts cross-lagged panel model),通过结构方程模型的方法,在交叉滞后模型中引入一个随机截距的潜变量,用此潜变量来表征特质水平的、不随时间变化的稳定性。变量在个体间存在不同的截距水平,每个个体是随时间围绕自己的截距变化,不再是围绕统一的样本均值变化。

同时,传统的交叉滞后模型也能嵌套在随机截距交叉滞后模型中,即当个体间不存在截距水平上的差异时,所有个体又回归到围绕相同的样本均值变化。

如图10.12所示,变量一(X)和变量二(Y)的变异被分为个体间变异(截距)和个体内变异两部分,在使用随机截距交叉滞后模型时,研究者现在关注的是,在个体内水平,变量一与变量二的相互预测关系。

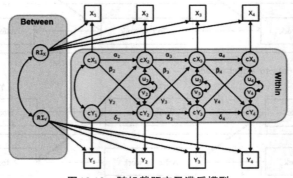

图10.12 随机截距交叉滞后模型

这一方法的思想更接近实验操纵的设计,也就是说在控制了个体特质水平的差异之后,个体变量一在前一个时间点的变化"导致了"变量二在后一个时间点的变化,故这一方法在推论因果关系时更加严格。

其次,这一方法保留了交叉滞后模型的基本思想,也就是模型关注的是变量间的纵向相关关系,而非变量间均值变化的相互预测(与autoregressive transition model或者latent score model不同)。

使用随机截距交叉滞后模型需要数据符合以下要求:

①至少需要三个时间点的测量数据(three measurement waves)才能估计出随机截距;

②原则上三个点的测量应该使用的是可比的相同的测量工具；

③起始模型中只加入截距项限定变量均值，但不限定变量间协方差跨时间稳定，即模型中交叉滞后和自回归的结构在时间点1→2和时间点2→3可能存在差异；

④当样本量不足或变量不存在随机截距时，应该只对某一变量建立随机截距，而另一（或多个）变量保留传统交叉滞后和自回归路径形式。

随机截距交叉滞后模型实例分析

研究问题：学生的GPA（Grade Point Average，平均成绩点数）和学生兼职的时间，究竟是学生兼职影响学生GPA还是学生GPA影响学生兼职的时间？

数据：6个时间点上GPA及工作时间的数据；

数据来源于Utrecht University网站

根据上面的模型，我们写出语句。

```
TITLE: Cross-lagged model with random intercepts;
DATA: FILE IS gpa.dat;
VARIABLE: NAMES= student sex highgpa
gpa1 gpa2 gpa3 gpa4 gpa5 gpa6 job1 job2 job3 job4 job5 job6;
USEVARIABLE=gpa1 gpa2 gpa3 gpa4 job1 job2 job3 job4;
MODEL:
! create two random intercepts
RI_gpa   BY gpa1@1 gpa2@1 gpa3@1 gpa4@1;
RI_job   BY job1@1 job2@1 job3@1 job4@1;
! CREATE within-person centered variables
cgpa1 BY   gpa1@1;cgpa2 BY   gpa2@1;cgpa3 BY gpa3@1;cgpa4 BY gpa4@1;
cjob1 BY   job1@1;cjob2 BY   job2@1;cjob3 BY   job3@1;cjob4 BY   job4@1;
! constrain the measurement erro variances to zero
gpa1-gpa4@0;
job1-job4@0;
! Estimate the lagged effects between
! the within-person centered variables
cgpa2 ON cgpa1 cjob1;cgpa3 ON cgpa2 cjob2;cgpa4 ON   cgpa3 cjob3;
cjob2 ON cgpa1 cjob1;cjob3 ON cgpa2 cjob2;cjob4 ON   cgpa3 cjob3;
! ESTIMATE the covariance between the within-person
! centered variables at the first wave
cgpa1 with cjob1;
! Estimate the covariances between the residuals of
! the within-person centered variables (the innovations)
cgpa2 with cjob2;cgpa3 with cjob3;cgpa4 with cjob4;
! Fix the correlation between the individual factors and the other
! exogenous variables to zero (by default these would be estimated)
RI_gpa WITH cgpa1@0 cjob1@0;
RI_job WITH cgpa1@0 cjob1@0;
OUTPUT: TECH1 STDYX SAMPSTAT;
```

运行得到结果：

MODEL FIT INFORMATION

Number of Free Parameters   35

Loglikelihood
    H0 Value   −475.212
    H1 Value   −462.278
Information Criteria
    Akaike（AIC）   1020.424
    Bayesian（BIC）   1135.865
    Sample-Size Adjusted BIC   1024.981
    （n*=(n+2)/24）
Chi-Square Test of Model Fit
    Value   25.868
    Degrees of Freedom   9
    P-Value   0.0021
RMSEA（Root Mean Square Error Of Approximation）
    Estimate   0.097
    90 Percent C.I.   0.054   0.142
    Probability RMSEA<=.05   0.037
CFI/TLI
    CFI   0.944
    TLI   0.824
Chi-Square Test of Model Fit for the Baseline Model
    Value   326.944
    Degrees of Freedom   28
    P-Value   0.0000
SRMR（Standardized Root Mean Square Residual）
    Value   0.079

CFI尚可,RMSEA略高;

CGPA2 ON				
CGPA1	0.033	0.124	0.267	0.789
CJOB1	0.046	0.070	0.660	0.509
CGPA3 ON				
CGPA2	0.222	0.113	1.970	0.049
CJOB2	0.073	0.069	1.070	0.285
CGPA4 ON				
CGPA3	0.528	0.071	7.442	0.000
CJOB3	−0.031	0.043	−0.708	0.479
CJOB2 ON				
CGPA1	0.400	0.135	2.956	0.003
CJOB1	0.135	0.093	1.450	0.147
CJOB3 ON				
CGPA2	−0.487	0.135	−3.599	0.000
CJOB2	0.097	0.090	1.076	0.282
CJOB4 ON				
CGPA3	−0.101	0.102	−0.985	0.325
CJOB3	0.102	0.070	1.466	0.143
CGPA1 WITH				
CJOB1	−0.018	0.008	−2.179	0.029
RI_GPA	0.000	0.000	999.000	999.000

RI_JOB	.000	0.000	999.000	999.000
CGPA2　　WITH				
CJOB2	−0.004	0.011	−0.368	0.713
CGPA3　　WITH				
CJOB3	−0.038	0.010	−3.792	0.000
CGPA4　　WITH				
CJOB4	−0.024	0.007	−3.341	0.001
RI_GPA　　WITH				
CJOB1	0.000	0.000	999.000	999.000
RI_JOB　　WITH				
CJOB1	0.000	0.000	999.000	999.000
RI_GPA	−0.016	0.006	−2.861	0.004

从交叉滞后模型可以看出工作对 GPA 影响并不显著,相反,GPA 显著影响兼职工作时间。奇怪的是 GPA2 对于 JOB3 回归系数为负值,其他为正值。

10.5.3　带中介的交叉滞后模型

对于带有中介的交叉滞后模型代码的编写,则需要另外讨论。Wu、Carroll 和 Chen(2018)发在 BRM(Behavior Research Methods, if 4.06)的文章指出,之前研究者忽略了 Preacher 的 CLPM 模型的局限性,即直接及间接效应在 CLPM 模型中被假定是固定不变的"The effects(e.g., direct and indirect)in the CLPM are assumed to be fixed(i.e., constant)across individuals"。 Wu 等人进一步发展 CLPM 模型提出了 random-effects CLPM,然后通过两个 simulation 及一个实证研究数据证明他们的模型比 CLPM 优(见原文 table5),并提供了具体详细的 Mplus 操作代码。因此,本章将结合这篇文章,结合实例演示如何进行 CLPM 及 RE-CLPM 的操作。

1) 数据要求

研究设计:longitudinal panel designs,即重复测量多次。

注:对于多次测量的数据,中介模型还可以利用 Multilevel-mediation,至于哪种模型更优,可能是统计学家的事情,这里不过多讨论。

2) 模型基本代码

(1)CLMP

```
variable:names are x1 x2 x3 m1 m2 m3 y1 y2 y3;
usevariables are x1 x2 x3 m1 m2 m3 y1 y2 y3;
model:
x2 on x1(stx);
x3 on x2(stx);
m2 on m1(stm);
m3 on m2(stm);
m2 on x1(am);
m3 on x2(am);
y2 on y1(sty);
y3 on y2(sty);
y2 on m1(bm);
```

```
y3 on m2(bm);
y3 on x1(c);

model constraint:
new(mab);
mab=am*bm;
```

这个代码很容易理解,通过 model constraint 的方法进行。

(2)RE-CLPM

```
DATA:
FILE=RI-CLMP.txt;
Variable:
NAMES=x1 x2 x3 m1 m2 m3 y1 y2 y3;
USEVARIABLES ARE x1 x2 x3 m1 m2 m3 y1 y2 y3;
MISSING=ALL(-99);
ANALYSIS:
TYPE=random;
ESTIMATOR=ML;
ITERATIONS=1000;
MODEL:
! stability model time 3 on time 2;time 2 on time 1
sx1|x2 on x1;
sx1|x3 on x2;
sm1|m2 on m1;
sm1|m3 on m2;
sy1|y2 on y1;
sy1|y3 on y2;
! path a X-M
a1|m2 on x1 ;
a1|m3 on x2;
! path b M-Y
b1|y2 on m1;
b1|y3 on m2;
[a1](am);
[b1](bm);
a1(av);
b1(bv);
a1 with b1(covab);
c1|y3 on x1;
[c1](cm);
c1(cv);
Model constraint:
new(mab varab);
mab=am*bm+covab;
varab=bm*bm*av+am*am*bv+bv*av+
2*am*bm*covab+covab*covab;
OUTPUT:SAMPSTAT STANDARDIZED CINTERVAL (bcbootstrap);
```

附：随机截距交叉滞后模型的基本语句

```
TITLE: Cross-lagged model with random intercepts;
DATA: FILE IS data.dat;
VARIABLE: NAMES=x1 x2 x3 x4 y1 y2 y3 y4;
USEVARIABLE=x1 x2 x3 x4 y1 y2 y3 y4;
MODEL:
! create two random intercepts
RI_x BY x1@1 x2@1 x3@1 x4@1;
RI_y BY y1@1 y2@1 y3@1 y4@1;
! CREATE within-person centered variables
cx1 BY x1@1;cx2 BY x2@1;cx3 BY x3@1;cx4 BY x4@1;
cy1 BY y1@1;cy2 BY y2@1;cy3 BY y3@1;cy4 BY y4@1;
! constrain the measurement erro variances to zero
x1-x4@0;
y1-y4@0;
! Estimate the lagged effects between
! the within-person centered variables
cx2 ON cx1 cy1;cx3 ON cx2 cy2;cx4 ON cx3 cy3;
cy2 ON cx1 cy1;cy3 ON cx2 cy2;cy4 ON cx3 cy3;
! ESTIMATE the covariance between the within-person
! centered variables at the first wave
cx1 with cy1;
! Estimate the covariances between the residuals of
! the within-person centered variables (the innovations)
cx2 with cy2;cx3 with cy3;cx4 with cy4;
! Fix the correlation between the individual factors and the other
! exogenous variables to zero (by default these would be estimated)
RI_x WITH cx1@0 cy1@0;
RI_y WITH cx1@0 cy1@0;
OUTPUT: TECH1 STDYX SAMPSTAT;
```

本章参考文献

Anne Casper, Stephanie Tremmel & Sabine Sonnentag. (2019). The power of affect: A three-wave panel study on reciprocal relationships between work events and affect at work. *Journal of Occupational and Organizational Psychology*.

Bauer Daniel J & Curran Patrick J. (2003). Distributional assumptions of growth mixture models: implications for overextraction of latent trajectory classes. *Psychological methods 8*(3).

Bauer, D. J. (2007). Observations on the use of growth mixture models in psychological research. *Multivariate Behavioral Research*, *42*(4), 757–786.

Bollen, K. A., & Curran, P. J. (2006). *Latent curve models. A structural equation perspective*. Hoboken, NJ: Wiley.

Carragher, N., Adamson, G., Bunting, B., & Mccann, S. (2009). Subtypes of depression in a nationally representative sample. Journal of Affective Disorders, 113(1–2), 88–99.

Chou, C. P., Yang, D. Y., Pentz, M. A., & Hser, Y. I. (2004). Piecewise growth curve modeling approach for longitudinal prevention study. *Computational Statistics & Data Analysis*, *46*, 213–225.

Cudeck, R., & Harring, J. R. (2010). Developing a random coefficient model for nonlinear repeated measures data. In S. M. Chow, E. Ferrer, & F. Hsieh (Eds.), *Statistical methods for modeling human dynamics: An interdisciplinary dialogue* (pp. 289-318). New York, NY: Routledge.

Duncan, T. E., & Duncan, S. C. (2009). The ABC's of LGM: An introductory guide to latent variable growth curve modeling. *Social and personality psychology compass*, *3*(6), 979-991.

Hamaker Ellen L, , Kuiper Rebecca M & Grasman Raoul P P P. (2015). *A critique of the cross-lagged panel model.. Psychological methods (1)*.

Hu, L. T., & Bentler, P. M. (1999). Cutoff criteria for fit indexes in covariance structure analysis: Conventional criteria versus new alternatives. *Structural equation modeling: a multidisciplinary journal*, *6*(1), 1-55.

Jose, P. E. (2016). The merits of using longitudinal mediation. *Educational Psychologist*, *51*(3-4), 331-341.

Kim, H., Barron, C., Sinclair, J., & Eunhee Jang, E. (2020). Change in home language environment and English literacy achievement over time: A multi-group latent growth curve modeling investigation. *Language Testing*, *37*(4), 573-599.

Kim, E. S., & Willson, V. L. (2014). Testing measurement invariance across groups in longitudinal data: Multi-group second-order latent growth model. *Structural Equation Modeling: A Multidisciplinary Journal*, *21*(4), 566-576.

Littlefield, A. K., Sher, K. J., & Wood, P. K. (2010). Do changes in drinking motives mediate the relation between personality change and "maturing out" of problem drinking? *Journal of Abnormal Psychology*, *119*, 93-105.

MacKinnon, D. P. (2008). *Introduction to statistical mediation analysis*. New York, NY: Lawrence Erlbaum Associates, Inc.

Maxwell, S. E., & Cole, D. A. (2007). Bias in cross-sectional analyses of longitudinal mediation. *Psychological Methods*, *12*, 23-44.

Muthen, L K, & Muthen, B. (2012). Mplus: User's guide.

Rogosa, D. R., Brandt, D., & Zimowski, M. (1982). A growth curve approach to the measurement of change. *Psychological Bulletin*, *92*, 726-748.

Roman, G. D., Ensor, R., Hughes, C. (2016). Does executive function mediate the path from mothers' depressive symptoms to young children's problem behaviors? *Journal of Experimental Child Psychology*, *142*, 158-170.

Selig, J. P., & Preacher, K. J. (2009). Mediation models for longitudinal data in developmental research. *Research in Human Development*, *6*, 144-164.

Seltzer, M., Choi, K., & Thum, Y. M. (2003). Examining relationships between where students start and how rapidly they progress: Using new developments in growth modeling to gain insight into the distribution of achievement within schools. *Educational Evaluation and Policy Analysis*, *25*, 263-286.

Soest, T. V., & Hagtvet, K. A. (2011). Mediation analysis in a latent growth curve modeling framework. *Structural Equation Modeling: A Multidisciplinary Journal*, *18*(2), 289-314.

Von Soest, T., & Wichstrøm, L. (2009). Gender differences in the development of dieting from adolescence to early adulthood. A longitudinal study. *Journal of Research on Adolescence*, *19*, 509-529.

Wei Wu, Ian A. Carroll & Po-Yi Chen. (2018). A single-level random-effects cross-lagged panel model for longitudinal mediation analysis. *Behavior Research Methods (5)*.

常淑敏, 郭明宇, 王靖民, 王玲晓, 张文新. (2020). 学校资源对青少年早期幸福感发展的影响: 意向性自我调节的纵向中介作用. 心理学报, 52(7), 874-885.

刘红云. (2007). 如何描述发展趋势的差异: 潜变量混合增长模型. 心理科学进展, 15(3), 539-544.

王孟成, 毕向阳, 叶浩生. (2014). 增长混合模型: 分析不同类别个体发展趋势. 社会学研究, (4), 220-241, 246.

11　混合模型：以个体为中心的分析方法

11.1 混合模型概述

本书其他章节介绍的绝大部分方法都是以变量为中心(variable-centered)的方法,即以变量作为分析对象的分析方法。例如,因素分析以量表或测验题目为分析对象,根据题目间相关大小将题目分到不同的组(因子)。结构方程模型则探讨不同研究变量间的关系,如中介或调节关系。

在方法学文献中还存在一类将个体作为分析对象的方法,即以个体为中心(person-centered)的分析方法,包括传统的聚类分析(cluster analysis)和基于模型的潜聚类分析,即潜类别分析(latent class analysis)。

以变量为中心的方法和以个体为中心的方法作为两种不同的分析思路,已逐渐融合形成混合模型(mixture model)。在混合模型中既包含连续的潜变量,也包含类别的潜变量。连续的潜变量称作因子(factor)或维度(dimension);类别潜变量称作潜类别(class)或潜剖面(profile)。个体在连续潜变量上的差异通常认为是量的差异,而在类别潜变量上的差异通常认为是群体异质性(heterogeneity),即群体内部个体间的差异较大,至于是否存在质的差异,目前学者间尚未达成一致。

根据潜变量及其指标的属性,Bartholomew 和 Knott(1999)将其分成四类模型,如表11.1所示。

表11.1 传统的潜变量模型分类

潜变量	外显变量	
	类别	连续
类别	潜在类别分析 Latent Class Analysis	潜在剖面分析 Latent Profile Analysis
连续	潜在特质分析/项目反应理论 Latent Trait Analysis/Item Response Theory	因素分析 Factor Analysis

因素分析和项目反应理论之间的区别在于作为观测指标是分类还是连续;潜剖面和潜类别之间的差异也仅在于观测指标是分类还是连续。潜类别与项目反应理论的区别在于潜变量的不同;潜剖面和因素分析的区别也是如此。

连续潜变量模型和类别潜变量模型之间的区分更多的是在概念上,统计上两者的界限是非常模糊的。一个抽取 m 个因子的因子模型可以被 $m+1$ 个类别的类别潜变量模型完美地拟合(Bartholomew,1987)。两类模型之间并非相互排斥的关系,而是互为补充的(Muthén et al.,2000)。在实践中,选择FA还是LCA更多地根据研究目的,因此同一个数据可以从两个不同的视角选择使用两种方法进行探索(王孟成 等,2018)。

除了表11.1的分类,还可以将研究设计纳入考虑进行更综合的分类(王孟成,毕向阳,2018)。表11.2将研究设计分成横断面和纵向设计两类,这样就可以将最新的模型整合到一个统一的混合模型框架[①]。

表11.2 拓展的潜变量模型分类

研究设计	连续潜变量	类别潜变量	混合(连续+分类潜变量)
横断面设计 Cross-section design	因子分析 (Factor analysis) 结构方程模型 (SEM)	回归混合模型 (Regression Mixture Modeling,RMM) 潜类别分析 (Latent Class Analysis,LCA)	因子混合模型 (Factor Mixture Modeling, FMM)
纵向设计 Longitudinal Design	增长曲线模型 (Growth Model)	潜在转换分析 (Latent Transition Analysis,LTA); 潜类别增长模型 (latent class growth modeling,LCGM)	增长混合模型 (Growth Mixture Model, GMM)

---

① 当然也可以将数据结构纳入考虑,如多水平数据结构,这样这个表就更加复杂完整了。

从表11.2不难看出，本书的一些章节已经被覆盖。例如，第1章的因子分析、第9章的结构方程模型和第10章的发展模型。因此，本章将对剩下的部分模型做简要介绍。

11.2　混合模型建模的一般过程

混合模型建模的一般过程和其他类模型的建模过程大体一致，在一些细节上有所区别。下面简要概括其一般过程。

11.2.1　模型选择

如前所述，选择以个体为中心还是以变量为中心的方法建模主要依据研究目的或研究假设。同一个数据，如果研究的目的是探索群体异质性（或假设群体不同质），混合模型就是最好的选择，反之则选择以变量为中心的方法（即假设群体同质）。

大的分析框架确定后，根据研究的具体理论假设选择进一步的模型，具体如表11.2所示。如果研究者想了解哪些因素可以解释或预测群体异质性或是不同群体分组有哪些后果，那么就可以选择RMM。例如，Deng等人（2020）的研究采用RMM揭示了教养方式的不同剖面对儿童精神病态特质的解释作用。

11.2.2　参数估计

混合模型的参数估计有两种基于极大似然估计的迭代算法：期望最大（Expectation-Maximization，EM）和牛顿–拉夫逊算法（Newton-Raphson）。迭代算法的一般过程分成两个阶段：第一阶段，以一个（组）开始值（Starting Values）为起点进行估计以获得最大值；第二阶段，用第一阶段的估计最大值再进行估计，直到达到设定的收敛标准。

两种算法各有优缺点，但两种算法均易产生局部最大化解（Local Maxima）而非整体最大化解（Global Maxima）。解决的途径是通过设置不同的起始值来估计同一模型，如果结果差异较大，说明获得的结果很可能是局部最大化解。在Mplus中，程序默认第一阶段从10个随机初始值开始估计；第二阶段，使用第一阶段获得的2个最大值进行估计。实际中，研究者可以通过ANALYSIS语句下的STARTS改变这一默认设置，设定更大的起始值，如200　50（第一阶段200个起始值，第2阶段50个起始值）。

11.2.3　模型拟合评价

确定潜类别数目是混合模型需要考虑的重要问题，低估和高估类别数目均不理想。目前，用于确定类别数目的指标可以分成两类：信息指数和基于似然比的检验统计量。

1）模型评价

模型的拟合评价方法主要有Peason卡方检验和似然比卡方G^2（LL）检验，以及信息评价指标AIC、BIC和样本校正的BIC（sample size-adjusted BIC，aBIC），这几种统计量都是通过比较期望值与实际值的差异来判断模型拟合的优劣，统计值越小表示拟合得越好。然而，当样本量很大时，卡方统计检验变得十分保守，即使期望值与观察值相差不大，也很容易判断为差异显著。大部分实证研究都使用BIC指标作为模型适配度比较的指标，一般是选择BIC最小的模型作为最佳模型（Xian et al.，2005）。

$$aBIC_{1=}-2\log L+t\log((N+2)/24) \tag{11.1}$$

在评价混合模型时,还常常使用Entropy去评价分类精确性,公式为

$$E_k = 1 - \frac{\sum_i \sum_k (-p_{ik} \ln p_{ik})}{n \ln K} \tag{11.2}$$

式中,P_{ik} 为个体 i 属于类别 k 的后验概率。

其取值范围为0—1,越接近1表明分类越精确。Lubke 和 Muthén(2007)指出,Entropy<0.60相当于超过20%的个体存在分类错误;Entropy=0.80表明分类准确率超过90%。 然而最近的模拟研究发现(王孟成 等,2017):①尽管 Entropy 值与分类精确性高相关,但其值随类别数、样本量和指标数的变化而变化,很难确定唯一的临界值;②其他条件不变的情况下,样本量越大,Entropy 的值越小,分类精确性越差;③类别距离对分类精确性的影响具有跨样本量和跨类别数的一致性;④小样本(N=50—100)的情况下,指标数越多,Entropy 的结果越好;⑤在各种条件下,Entropy 对分类错误率比其他变式更灵敏。

2)模型比较

似然比检验(LRT)并不适合 LCA 模型间的差异比较,主要由于 $k-1$ 个类别不是 k 个类别模型的特例,在 k 个类别模型中,第一个类别的概率被设定为0,导致差异间不再是卡方分布。所以替代的检验统计量被提出,其中基于 Bootstrap 的似然比检验(BLRT;McLachlan et al.,2000)和 LMR(Lo-Mendell-Rubin LMR;Lo,Mendell et al.,2001)亦称作校正的似然比检验(Adjusted LRT)较为流行。

BLRT 使用 Bootstrap 抽样估计两个嵌套模型间的对数似然比差异分布。BLRT 主要比较 $k-1$ 个和 k 个类别模型间的拟合差异。例如,对于一个有4个类别的 LCA 模型,BLRT 的 p 值比较3个类别和4个类别模型间拟合的差异。显著的 BLRT p 值表示4个类别的模型比3个类别的模型拟合显著改善。不显著的 BLRT p 值则表明4个类别的模型并未比三个类别的模型显著改善拟合。BLRT 值在 Mplus 中可以通过 TECH14 获得,也可以通过在 ANALYSIS 命令下调用 LRTBOOTSTRAP 获得更精确的估计(Muthén et al.,2010),通常推荐的 BOOTSTRAP 值为100(McLachlan et al.,2000),增加 BOOTSTRAP 值会延长计算时间。

LMR 与 BLRT 类似,用于比较 $k-1$ 个和 k 个类别模型间的拟合差异。显著的 LMR p 值表明 k 个类别模型优于 $k-1$ 个类别模型。Mplus 除了提供 LMR,还提供 LMR 的校正值,只是比较 $k-1$ 的模型为删除第一个类别的模型(Muthén et al.,2010)。

3)指标评价——保留正确的类别个数

保留正确的潜类别个数是目前混合模型领域的热点和难点问题。高估和低估潜类别个数都将影响结果推论的准确性,不少模拟研究对这一问题进行了探索。

模拟研究发现(Yang,2006),aBIC 是分类准确度最高的信息指数,其前提是每个类别至少要有50个被试(Yang,2006)。例如,潜类别数有5个,样本量至少有250个才能保证准确性。Yang 的研究还发现,AIC 在确定类别个数时表现欠佳(也见 Nylund et al.,2007),但也有模拟研究发现 AIC3 表现最佳(Dias,2007)。Nylund 等(2007)的研究在多种混合模型(LCA,因子混合模型和增长混合模型)中比较了 BLRT、LMR 和信息指数,结果发现 BLRT 和 BIC 分别为基于似然比和信息指数中表现最好的指标,而 BLRT 又优于 BIC,且在多种情况下(样本量、模型类型、指标个数及潜类别个数)具有一致的表现。

在实际应用中,各评价指标之间并不一致。例如,BLRT 的 p 值显著,而 LMR 的 p 值则远大于0。如果遇到此种情况,应结合分类的实际意义和类别包含样本数来确定最终的类别数目。具体来说,即使各项指标提示保留 m 个类别,而其中的一个类别个体数目有限或者不易解释时,应该考虑 $m-1$ 个类别的模型。

　　通常似然值或信息指数会随着类别数目的增加而减少，但有时类别数目增加了很多也未必能获得最佳的拟合模型。例如，BIC 值随类别数单调递减，始终未见最低值。遇到这种情况时，可以采用类似 EFA 中确定因子个数的陡坡图检验（Petras et al., 2010）。图 11.1 就是根据 aBIC 值从高到低依次排列的陡坡图。仅从图上来看，在 2 处存在明显的拐点，因此选取 2 个类别是合适的。

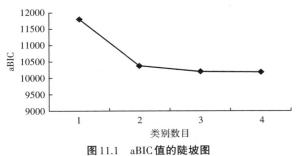

图 11.1　aBIC 值的陡坡图

11.3　潜类别模型与潜剖面模型

　　潜类别模型（Latent Class Model，LCM；Lazarsfeld et al., 1968）或潜在类别分析（Latent Class Analysis，LCA）是通过间断的潜变量即潜在类别变量来解释外显指标间的关联，使外显指标间的关联通过潜在类别变量来解释，进而维持其局部独立性的统计方法（图 11.2）。其基本假设是，外显变量各种反应的概率分布可以由少数互斥的潜在类别变量来解释，每种类别对各外显变量的反应选择都有特定的倾向（Collins et al., 2010）。与潜在类别分析非常相似的是潜在剖面分析（Latent Profile Analysis，LPA），区别在于前者处理分类观测变量，后者分析连续观测变量。

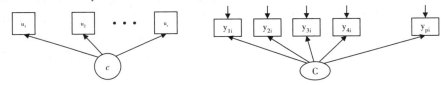

图 11.2　LCM 和 LPM 示意图

1）潜类别分析原理

　　LCM 是根据个体在观测指标上的反应模式，即不同的联合概率来进行参数估计的统计方法。例如，一份数学测验有 10 个判断题，数学能力强的个体可能全部正确地回答所有题目，数学能力差的学生只能正确回答容易的题目，数学能力中等的学生可能回答全部容易和部分困难的题目。不同数学能力水平的学生在正确回答不同难易水平的题目时表现出某种相似性，因此通过学生回答题目的情况可以将其分为不同的能力水平组。LCM 分析的逻辑就是根据个体在观测项目上的反应模式将其分类。

2）数学表达式

（1）潜类别分析模型

　　可以从方差分析的角度理解 LCM。方差分析的特点是将方差分解成不同的来源，常见的有组间 vs.组内和被试间 vs.被试内。在 LCM 中，可以将方差分解为类别内和类别间（Sterba, 2013）。

　　根据局部独立性（local independence）假设，类别内的任意两个观测指标间的关联已通过潜类别变量解释，所以它们之间已没有关联。根据独立事件联合发生的概率等于单独发生概率

之积的原理,在每个类别内部,多个两点计分项目的联合概率可以表示为

$$p(y_i|c_i = k) = \prod_{j=1}^{J} p(y_{ij}|c_i = k) \tag{11.3}$$

式中,y_i表示个体i在指标j的两个选项$y=1$或$y=0$的得分。下标j表示2点计分的指标,c为潜类别变量,有k个水平。

同时考虑多个类别水平时,上式扩展为

$$p(y_i) = \sum_{k=1}^{K} p(c_i = k) p(y_i|c_i = k) \tag{11.4}$$

$p(c_i = k)$表示某一类别组k所占总体的比率,亦称潜类别概率。

（2）潜剖面分析模型

LPA处理观测指标为连续型变量时的情况。此时,将连续指标的方差分解为类别/剖面间和类别/剖面内方差(Lazarsfeld et al., 1968)

$$\sigma_i^2 = \sum_{k=1}^{K} P(c_i = k)(\mu_{ik} - \mu_i)^2 + \sum_{k=1}^{K} P(c_i = k)\sigma_{ik}^2 \tag{11.5}$$

式中,μ_{ik}和σ_{ik}^2为剖面k内指标i的均值和方差。$P(c_i = k)$为类别概率,即每个类别个体占全体的比例。当满足局部独立性和同质假设时,上式简化为

$$f(y_i) = \sum_{k=1}^{K} P(c_i = k) f(y_i|c_i = k) \tag{11.6}$$

3）类别概率和条件概率

在LCM中,有两个非常重要的参数:潜类别概率和条件概率(Conditional Probability)。潜类别概率类似于FA中的解释方差比例。在FA中,解释方差比例说明每个因子在解释数据时所占的分量。LCM的潜类别概率类则用于将样本分成不同比例的类别。换句话说,潜类别概率就是用于说明各个类别的人数比例。例如,根据1000个被试在4个观测指标上的得分情况将其分成3个潜在类别,潜类别概率为70%、25%和5%,表示第1类有700个被试占70%,第2类有250个被试占25%,第3类有50个被试占5%。

条件概率指潜类别组内的个体在外显指标上的作答概率。例如,类别潜变量C有3个类别C1、C2和C3,外显指标A有3个选项,C1的条件概率就是计算C1内的个体在A的3个选项上的选择比例。以此类推,C2和C3也可以计算各自在A上的条件概率,共9个(每个类别有3个)。由于C1内的个体必然在A的3个不同选项的某个特定选项上选择,所以类别内的条件概率总和等于1,公式为

$$p(c_i = k) = \sum(p(c_i = 1) + p(c_i = 2) + \cdots + p(c_i = k)) = 1 \tag{11.7}$$

表11.3中呈现了下文探索性LCA分析时4个类别在前5个指标选项1上的条件概率和潜类别概率。

表11.3　条件概率和类别概率

潜类别	条件概率					潜类别概率
	T1	T2	T3	T4	T5	
C1	0.390	0.435	0.276	0.184	0.182	0.2054
C2	0.903	0.963	0.951	0.872	0.943	0.2946
C3	0.493	0.710	0.468	0.339	0.538	0.3357
C4	0.739	0.790	0.883	0.551	0.883	0.1643

注:T1—T5为5个项目;由于每个项目只有两个选项,所以表中只呈现了在一个选项上的条件概率,在第二个选项上的条件概率为1减表中数值。

条件概率与因子负荷类似，表达潜变量与外显变量之间关系的强弱。各潜在类别的概率总和以及每个外显变量的条件概率总和都为1，这是LCA模型的基本限制条件；也可以根据特定研究的相关理论对参数进行限定。

一旦最优的LCA模型拟合成功，就需要将每个个体归入不同的潜在类别。换句话说，就是确定每个个体的潜类别属性（Class Membership）。在LCA中，采用的分类依据是贝叶斯后验概率（Posterior Probability），公式为

$$p(c_i = k|y_i) = \frac{p(c_i = k) f(y_i|c_i = k)}{f(y_i)} \tag{11.8}$$

后验概率是根据个体的作答类型在LCA拟合后估计得来，其值表示个体属于某一类别的概率。常见的分类方法有三种：莫代尔分配法（Modal assignment）、比例分配法（proportional assignment）和虚拟类别法。莫代尔分配法根据个体后验概率的最大值将其归入特定类别。例如，某个体A在四个类别上的后验概率分别为0.80、0.10、0.05和0.05。根据此值，A在第一类别中的概率值最高，所以应将其归入第一类。比例分配法则不直接分类而使用后验概率作为权重。虚拟类别法从后验概率分布中随机抽取一定次数的值，然后采用类似多重插补的方法得到平均的结果。Mplus采用的是莫代尔分配法，后验概率和个体类别归属变量可通过如下命令获得：SAVEDATA: FILE=ptsd-lca-4.txt；SAVE=cprob；。

探索性LCA的Mplus语句

```
TITLE: This is an example of a classic LCA
DATA: FILE IS PTSD_2.dat;
VARIABLE: NAMES ARE x y0 y1-y17;
          USEVARIABLES ARE y1-y17;
          CATEGORICAL=y1-y17;
          CLASSES=c (3);! 设定潜类别个数,从1个类别开始,依次增加;
ANALYSIS: TYPE=MIXTURE;
          STARTS=200 50;! 避免局部最大化解,增加随机起始值数;
OUTPUT: TECH11 TECH14;
SAVEDATA: FILE=ptsdlca-1.txt;
          Save=cprob;! 保存后验分类概率;
          Plot:! 通过绘图命令,可以获得描述性统计图和条件概率示意图。
          type is plot3;
          series=y1-y17(*);
```

探索性LPA的Mplus语句

```
TITLE: This is an example of a classic LCA
DATA: FILE IS PTSD_2.dat;
VARIABLE: NAMES ARE x y0 y1-y17;
          USEVARIABLES ARE y1-y17;
          CLASSES=c (3);
ANALYSIS: TYPE=MIXTURE;
          STARTS=200 50;
OUTPUT: TECH11 TECH14;
SAVEDATA: FILE=ptsdlca-1.txt;
          Save=cprob;
          Plot: type is plot3;
          series=y1-y17(*);
```

11.4 因子混合模型

简单来说,因子分析的目的是将测验题目(变量)分组,而潜类别分析将研究参与者(人/个体)分组。如前所述,潜类别分析假设研究群体存在异质性或潜在分组,而因子分析则假设群体同质。当存在群体不同质同时又需要进行测验题目分组时如何处理呢?因子混合模型(Factor Mixture Model,FMM)就是用来处理这种情况的方法。

FMM同时具有潜类别模型和因子模型的特点(Lubke et al.,2005)。也就是说在FMM中,同时用连续的因子和间断的潜类别两种潜变量对观测数据进行建模,通过同时抽取两种潜变量来解释观测指标间的关联即达成局部独立性。FMM既可以像LCA那样将个体划分到某个类别群体中去,同时又像因子分析那样考虑个体在连续因子变量上程度的差异。

11.4.1 因子混合模型作为一般的模型

因子混合模型的数学表达式与因子分析模型类似,只是考虑了群体异质性,在公式上加了类别变量的下标,其意指类别特定的因子模型,公式为

$$y_{it} = \tau_t + \Lambda_t \eta_{it} + \varepsilon_{it} \qquad (11.9)$$
$$\eta_{it} = \alpha_t + \zeta_{it}$$
$$\zeta_{it} \sim N(0, \Psi_t)$$

式中,y为条目,i为个体,t为潜类别变量,τ为项目阈限向量(二分变量),如果是连续变量可改成截距ν,Λ为因子负荷矩阵,η为因子分向量,α为因子均值向量;ζ为假设正态分布的因子分残差矩阵,其均值为0,方差为Ψ。凡是带下标t的符号均表示可以估计类别特定参数即随类别不同而变化。

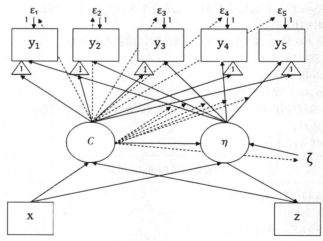

图11.3 FMM示意图(Masyn et al.,2010)

在图11.3 FMM示意图中,从类别潜变量C指向连续潜变量η的箭头表示不同潜类别间存在潜均值差异(类别特定的潜均值),对应公式中的α_t;由C指向η因子残差的箭头表示类别特定的方差和协方差,对应式中的ζ_{it},指向因子η的箭头表示潜类别内部因子分存在方差变异;由C指向条目负荷的虚线表示因子负荷在不同类别间是变化的,对应式中的Λ_t。由C指向条目的箭头表示条目阈限(截距)是跨类别变化的,对应式中的τ_t。从C指向条目误差的箭头表示类别特定的误差,对应式中的ε_{it}。

上述模型还可以扩展到包含前因和结果变量的模型，表达式为

$$y_{it} = \tau_t + \Lambda_t \eta_{it} + \Gamma_t x_i + \varepsilon_{it} \tag{11.10}$$
$$\eta_{it} = \alpha_t + \Gamma_t x_i + \zeta_{it}$$

式中，Γ_t 为协变量 x 预测 η 的类别特定的回归系数，对应图中 x 指向 η 的路径。由 x 指向 C 的路径表示个体的类别属性受 x 的影响；由 C 和 η 指向 z 的路径表示个体类别属性和 η 值差异可以预测变量 z 的得分（根据 z 的分布选择不同的回归模型）。

11.4.2 FMM的变式

1）概述

因子模型和潜类别模型可以作为因子混合模型的特例（三种模型的比较见表11.4）。当潜类别变量只有一个类别时即不存在群体异质性，因子混合模型简化为因子模型即上式的 $t=1$；当各潜类别内的方差为零时，因子混合模型简化为潜类别模型或潜在剖面模型（Lubke et al.，2005）。

表11.4　三种模型的比较

模型	特点
潜类别模型	将外显变量间的关联解释为个体属于不同的潜类别，类别内指标间不允许相关。
因子模型	将外显变量间的关联解释为个体在连续因子上的差异，全部样本同质。
因子混合模型	将外显变量间的关联解释为个体属于不同的潜类别，同时允许指标间存在相关。

可观测的分组变量通常看成调节变量，换句话说，就是检验某因子模型在分组变量不同水平上是否成立，如果成立说明分组变量的调节效应不显著。与之类似，类别潜变量也可视作调节变量，即检验某因子模型在不可观测的类别组中是否等值，如果模型成立说明模型具有跨潜类别的不变性即调节效应不显著。同多组模型，存在不同水平的跨类别不变性，根据不变性的设置可以衍生出多个FMM变式。Muthén（2008）根据是否设置测量不变性以及连续潜变量的分布情况（参数 vs. 非参数分布）将混合模型分成四类：混合因子分析（Mixture Factor Analysis，MFA），非参数混合因子分析，因子混合模型和非参数混合模型。Masyn、Henderson 和 Greenbaum（2010）在一般 FMM 基础上，根据模型中连续潜变量和类别潜变量的特点描述了八种模型，这些模型均可看成FMM的特例或变式。下面介绍几种常见的模型的具体参数设置情况和各自的特点。

2）混合因子模型

在混合因子模型（Mixture Factor Model，MFM）中，通常限定测量不变性但允许类别内方差和协方差自由估计，公式为

$$y_{it} = \tau + \Lambda \eta_{it} + \varepsilon_{it} \tag{11.11}$$
$$\eta_{it} = \alpha_t + \zeta_{it}$$
$$\zeta_{it} \sim N(0, \Psi_t)$$

该式与FMM的一般形式相比，τ 和 Λ 参数没有下标 t，说明这些参数跨类别等值，意味着观察指标所测量的连续潜变量在各类别间有着相同的意义。进一步来说，不同潜类别个体间的差异可以通过其在 η 上的差异来比较。

在图 11.4 的左图中，指向因子 F 的箭头代表因子存在方差变异，对应右图中的分布和式中的 ζ_{it}。右图中的正态分布说明总体由多个正态分布的亚组混合而成，因此各潜类别内部个体间存在变异（量的差异）。潜类别的个数决定分布的个数，位置代表因子分数（α_t）的差异。

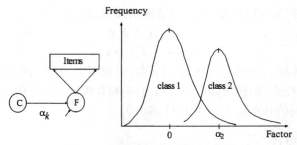

图11.4　混合因子分析模型示意图

混合因子模型与传统的因子模型相比,释放了多元正态分布的限定,整体分布由多个正态分布混合而成的非特定的连续型分布。混合因子模型可以理解为将非正态的整体分布分解为多个亚组,这些亚组符合或接近正态分布,并且因子模型在每个亚组内满足严格测量不变性,因此不同潜类别个体的差异可以通过其在 η 上的差异来比较。如果将传统的因子模型称作参数模型,那么混合因子模型也称作半参数因子分析(Semi-parametric Factor Analysis,**SP-FA**;Masyn et al.,2010)。

3）潜类别因子分析

当测量模型满足严格不变性时,即限定项目阈限(thresholds)和因子负荷跨类别等值,而只允许因子均值跨类别变化(同 MFM 的区别在于不允许类别内方差和协方差自由估计),称作潜类别因子分析模型(Latent Class Factor Analytic,LCFA),其表达式为

$$y_{it} = \tau + \Lambda \eta_{it} + \varepsilon_{it} \tag{11.12}$$
$$\eta_{it} = \alpha_t$$

该式与 MFM 的相比,缺失的 ζ 和 Ψ 说明因子方差和协方差固定为0即类别内不存在变异,模型示意图如下:

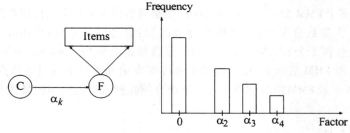

图11.5　LCFA模型示意图

在图 11.5 的左图中,C 指向 F 的路径表示因子均值跨类别变化,图中缺少从 C 指向条目的路径说明条目截距或阈限跨类别等值,或者说个体的类别属性仅由个体在因子上的得分差异决定;缺少从 C 指向因子负荷路径的虚线说明因子负荷跨类别不变。指向因子 F 的箭头消失说明因子不存在方差变异。图 11.5 右图中的矩形表示各潜类别因子分,说明类别内不存在变异即同类别内个体有相同的因子分(但不意味着有相同的观测分),换句话说,连续潜变量不存在参数分布,因此该模型也称作非参数 MFM(non-parametric MFM;Muthén,2008)和非参数因子分析模型[Non-parametric Factor Analysis,NP-FA;Masyn(latent Class Factor Analytic,LCFA)2010]。矩形的个数取决于潜类别的个数,矩形的高度代表类别内个体的数量或比例,矩形所在位置表示因子得分。

前两个模型满足严格测量不变性,条目所测量的连续潜变量 η 在不同类别具有相同的意义,所以不管个体属于哪个潜类别均可在潜变量 η 上进行差异比较(Masyn et al.,2010)。

LCFA 的 Mplus 语句

```
TITLE: LCFA or NP-FM of PTSD with 3 class and King model
DATA: FILE IS PTSD.dat；
VARIABLE: NAMES ARE x y0 y1-y17；
          USEVARIABLES ARE y1-y17；
          CLASSES=c（3）；
ANALYSIS: TYPE=MIXTURE；
          ESTIMATOR=MLR；
          STARTS=200 10；
          Processor=2；
MODEL:    %overall% ！这里用%overall%表示整体情况，凡是下面的语句表示所有类别适用。
          f1 by y1-y5；！因子模型，因子负荷等值；
          f2 by y6-y7；
          f3 by y8-y12；
          f4 by y13-y17；
          f1-f4@0；！根据LCFA设定因子方差为0；
          f1 with f2-f4@0；！根据LCFA设定因子协方差为0；
          f2 with f3-f4@0；
          f3 with f4@0；
          %c#1%
          [f1-f4*]；！类别1的因子均值自由估计；
          %c#2%
          [f1-f4*]；！类别2的因子均值自由估计；
          ！%c#3% 软件默认最后一个类别为参照组，因子均值固定为0；
OUTPUT: TECH4 TECH11 tech14；
SAVEDATA: file=PTSD-LCFA-king-3c.txt；
          save=cprob；
```

4）半参数因子混合模型

半参数因子混合模型（Semi-parametric Factor Mixture Model，SP-FMM）是 FMM 和半参数因子模型（SP-FM）结合后的模型，具有两者各自的特点。通俗地说，SP-FMM 就是使用一个潜类别变量将总体分成几个异质的亚组或类别（对应图 11.6 的右图中左右两簇分布），然后再在每个类别内单独做一个 SP-FM（对应图 11.6 的左图中各簇分布内相互重叠的分布图）。可见该模型存在两个潜在类别变量，第一个潜类别变量 C 用于描述总体异质性，第二个潜类别 C^{sp} 用于解释类别内的非正态性。在 SP-FMM 中，类别间测量模型不再限定严格不变性（在图 11.6 的右图中用间断的水平线表示），所以不同类别的因子模型测量不同的潜变量 η_i，也意味着不同类别个体不能在同一个 η 上进行差异比较。然而 SP-FMM 具有 SP-FM 的特征，即每个类别内部满足 SP-FM。由于 SP-FM 要求满足严格测量不变性，所以类别内部的亚组间可以在各自的 η_i 上进行差异比较。

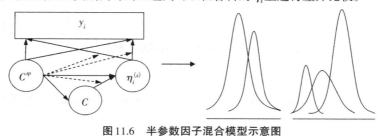

图 11.6 半参数因子混合模型示意图

三类别 SP-FM 或 MFM 模型的 Mplus 语句

```
TITLE: SP-FM or MFM of PTSD with 3 class and king model
DATA: FILE IS PTSD.dat;
VARIABLE: NAMES ARE x y0 y1−y17;
          USEVARIABLES ARE y1−y17;
          CLASSES=c（3）;
ANALYSIS: TYPE=MIXTURE;
          ESTIMATOR=MLR;
          STARTS=200 10;
          Processor=2;
MODEL:    %overall%
          f1 by y1−y5;
          f2 by y6−y7;
          f3 by y8−y12;
          f4 by y13−y17;
          f1−f4;！因子方差估计,但限定跨类别不变。
          f1 with f2−f4;！因子协方差估计,但限定跨类别不变。
          f2 with f3−f4;
          f3 with f4;
          %c#1%
          [f1−f4*];！均值自由估计
          %c#2%
          [f1−f4*];
OUTPUT: TECH4 TECH11 tech14;
SAVEDATA: file=PTSD−MFM−king−3c.txt;
          save=cprob;
```

5）非参数因子混合模型

非参数因子混合模型（Non-parametric Factor Mixture Model, NP-FMM）是 FMM 和非参数因子模型（NP-FM）结合后的模型,同时具有两者各自的特点。NP-FMM 与 SP-FMM 非常类似,差异仅在于各异质群体内部的各亚组的因子是否存在方差变异,如果存在方差变异则用分布表示,否则用矩形,其他特点同 SP-FMM。

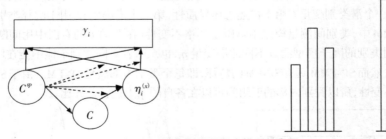

图 11.7　非参数因子混合模型示意图

6）其他变式

如果设定因子负荷和因子协方差跨类别不变,项目阈限（或截距）跨类别变化,公式 **FMM−1** 为

$$y_{it} = \tau_t + \Lambda\eta_{it} + \varepsilon_{it} \qquad (11.13)$$
$$\eta_{it} = \zeta_i$$
$$\zeta_{it} \sim N(0, \boldsymbol{\Psi})$$

此时的模型因子均值为0，所以在示意图上（图11.8）由 C 指向 F 的箭头消失了，同时多了由 C 指向指标的箭头，说明项目阈限跨类别变化即类别属性基于项目反应获得。

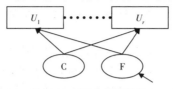

图11.8　FMM-3示意图

在上式的基础上允许协方差矩阵跨类别变化，表明在类别内部个体存在量的差异，表达式 FMM-2 为

$$y_{it} = \tau_t + \Lambda\eta_{it} + \varepsilon_{it} \qquad (11.14)$$
$$\eta_{it} = \zeta_{it}$$
$$\zeta_{it} \sim N(0, \boldsymbol{\Psi}_t)$$

进一步设定因子负荷跨类别变化，即得到类似于一般 FMM 的模型，表达式 FMM-3 为

$$y_{it} = \tau_t + \Lambda_t\eta_{it} + \varepsilon_{it} \qquad (11.15)$$
$$\eta_{it} = \zeta_{it}$$
$$\zeta_{it} \sim N(0, \boldsymbol{\Psi}_t)$$

表11.5总结了上述6种 FMM 相关模型的公式及参数设定要求，所有模型间的区别在于测量不变性和模型中因子参数分布与否。有些模型在实际应用中拟合研究数据存在困难（Clark，2010，下面的示例结果也存在拟合不良的问题），但分析思路同 MCFA 即从限定最松散的模型开始依次增加限定参数，通过比较统计指数差异确定拟合最优模型。

表11.5　几种常见 FMM 变式参数设置小结

模型	表达式	不变性参数	变化参数	其他设定
FMM	$y_{it} = \tau_t + \Lambda_t\eta_{it} + \varepsilon_{it}$ $\eta_{it} = \alpha_t + \zeta_{it}$ $\zeta_{it} \sim N(0, \boldsymbol{\Psi}_t)$	无	α_t Λ_t τ_t ζ_{it} $\boldsymbol{\Psi}_t$	无
LCFA 或 NP-FM	$y_{it} = \tau + \Lambda\eta_{it} + \varepsilon_{it}$ $\eta_{it} = \alpha_t$	τ Λ	α_t	$\zeta=0$ $\boldsymbol{\Psi}=0$
MFM 或 SP-FM	$y_{it} = \tau + \Lambda\eta_{it} + \varepsilon_{it}$ $\eta_{it} = \alpha_t + \zeta_{it}$ $\zeta_{it} \sim N(0, \boldsymbol{\Psi}_t)$	τ Λ	α_t ζ_{it} $\boldsymbol{\Psi}_t$	无
FMM-1	$y_{it} = \tau_t + \Lambda\eta_{it} + \varepsilon_{it}$ $\eta_{it} = \zeta_i$ $\zeta_{it} \sim N(0, \boldsymbol{\Psi})$	Λ ζ_i $\boldsymbol{\Psi}$	τ_t	$\alpha=0$
FMM-2	$y_{it} = \tau_t + \Lambda\eta_{it} + \varepsilon_{it}$ $\eta_{it} = \zeta_{it}$ $\zeta_{it} \sim N(0, \boldsymbol{\Psi}_t)$	Λ	τ_t ζ_{it} $\boldsymbol{\Psi}_t$	$\alpha=0$
FMM-3	$y_{it} = \tau_t + \Lambda_t\eta_{it} + \varepsilon_{it}$ $\eta_{it} = \zeta_{it}$ $\zeta_{it} \sim N(0, \boldsymbol{\Psi}_t)$	无	τ_t Λ_t ζ_{it} $\boldsymbol{\Psi}_t$	$\alpha=0$

11.4.3 FMM的分析过程

FMM作为新发展的方法在实际研究中应用并不多,到目前为止,尚未形成统一的分析步骤。但就目前为数不多的应用研究来看(e.g.,Bernstein et al.,2010;Clark,2010;Muthén,2006;Walton et al.,2011),多数研究采用FA、LCA和FMM三种模型同时比较的思路,即同时使用三种模型拟合数据,然后通过比较统计指标选择最优模型。按照多数研究者的做法,下面总结了FMM的分析步骤:

(1)拟合因子模型,逐步增加因子个数以确定最优因子结构;

(2)拟合潜在类别模型,逐步增加类别个数以确定最佳潜类别模型;

(3)根据因子模型和潜类别模型确定FMM的类别数和因子模型;

(4)逐渐减少类别个数和因子个数以获取最佳FMM模型;

(5)比较FMM与因子模型和潜类别模型,以获得最佳的拟合模型。

关于上述步骤有三点需要说明,第一,前两步的顺序并不重要,可以先做FA后做LCA,也可先做LCA后做FA。第二,LCA和FA最佳模型的类别或因子个数应该是随后FMM类别和因子个数的上限。因为如果存在程度上的差异,LCA会使用更多的类别来解释,所以当这种差异在FMM中使用连续的因子来解释时,相应的类别数应减少,至少不应增加。第三,潜类别个数和因子个数的减少应遵循先类别后因子的顺序。

11.5 回归混合模型

LCA处理的是类别潜变量和测量指标之间关系的测量模型,如果存在协变量(预测变量和结局变量),LCA将拓展为回归混合模型(Regression Mixture Modeling,RMM;e.g.,Clark et al.,2009)。例如,考查性别、种族等人口学变量对类别潜变量的影响。

模型包含的协变量通常存在两种类型[①]:预测变量(predictor variable)和结局变量(outcome variable or distal variable)。如图11.9所示,类别潜变量C由测量指标U测量;左图中预测变量X指向类别潜变量C的箭头表示协变量影响个体类别归属。例如,某研究者试图了解人口学变量对儿童行为问题潜在类别归属的影响,根据5个测量儿童行为问题的指标将450名儿童分成4个潜类别组(即潜类别变量"问题行为"有4个水平),然后做人口学变量(性别、家庭经济地位和年龄等)对潜类别变量的回归模型。

在右图中,箭头的方向从潜类别变量C指向结局变量y,表示类别属性(分类变量)预测结局变量。假设儿童问题行为的潜类别归属可能会影响儿童学习成绩(由于成绩通常是连续变量,所以此时为线性回归),换句话说,不同问题行为类别的儿童学习成绩存在差异(根据类别潜变量将儿童分成4组然后做方差分析。当然,此时的方差分析和线性回归是等价的)。

在回归模型中,通常是根据因变量的类型选择对应的回归模型。左图中,类别变量C通常有2个及以上水平,因此logistic回归和多项logistic回归是最常见的分析模型。右图的回归类型较为多样,主要取决于y变量的类型,可能是线性回归也可能是其他形式的回归模型。

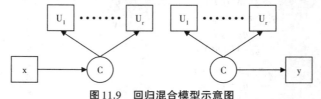

图11.9 回归混合模型示意图

---

① 这些变量在Mplus中统称为辅助变量auxiliary variable。

根据模型中协变量的位置可以将回归混合模型分为3类：①只包含预测变量的RMM；②只包含结局变量的RMM；③潜类别变量作为调节变量的RMM。由于预测变量和结局变量有不同的类型（特别是结局变量的类型），所以方法亦不同。同时包含预测和结局变量的RMM，限于方法和软件的原因，目前尚无法实现。类别潜变量作为调节变量的RMM也较为常见，下面分别介绍3类不同的RMM。

表11.6　各种情况处理方法汇总表

适用情况		方法	Mplus语句：Auxiliary=( )	评价
分类变量		单步法	无单独语句	直接将类别结局变量作为LCA的测量指标；这种做法显然会影响测量模型；纳入不同的结局变量会造成测量模型结果的差异，因此不推荐使用
		LTB	DCAT	是处理连续结局变量最好的方法之一，推荐使用
结局变量	连续变量	单步法	无单独语句	非正态时表现不佳
		BCH	BCH	是处理连续结局变量最好的方法之一，在DU3STEP不报告结果时使用
		稳健三步法：类别方差不等	DU3STEP	在结局变量类别内正态分布，方差不等时表现佳。但会出现类别水平顺序变化的不足
		稳健三步法：类别方差相等	DE3STEP	在结局变量类别内正态分布，方差相等时表现佳
		LTB	DCON	对假设前提比较敏感，当假设违反时会扭曲估计结果，不推荐使用
		PC method	E	精确性较差，不推荐实际使用
预测变量		PC method	R	结果有偏，不推荐使用
		单步法	无单独语句	表现良好，当变量较多时使用不便
		稳健三步法	R3STEP	表现良好，操作方便，推荐使用
MRM		稳健三步法	无单独语句；需两步手动完成	表现良好，推荐使用
		BCH	无单独语句；需两步手动完成	表现良好，推荐使用

11.5.1　只包含预测变量的RMM

稳健三步法或MML法

稳健三步法由Vermunt（2010）在Bolck、Croon和Hagenaars（2004）研究基础上提出的。由于同时采用莫代尔法分配法和极大似然估计，因此又叫莫代尔极大似然估计法（Modal ML）。Asparouhov和Muthén（2014）将其称作三步法（3-steps approach），为了区分简单三步法，我们在这里将其称作稳健三步法。其分析步骤同简单三步法，区别在于第二步考虑了分类误差，而简单三步法并未处理分类误差。稳健三步法的具体分析步骤如图11.10所示。

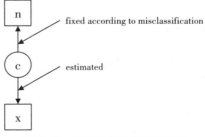

图11.10　稳健三步法分析流程图

稳健三步法最大的特点是在第二步考虑了分类误差或不确定性。假设W是基于模型估计的类别潜变量，与实际的类别潜变量C并不完全一致（完全一致时不存在分类误差），因此存在2个分类不确定率，即

$$p_{c_1, c_2} = P\left(C = c_2 | N = c_1\right) = \frac{1}{N_{C_1}} \sum_{N_i = c_1} P\left(C_i = c_2 | U_i\right) \tag{11.16}$$

式中，C为类别潜变量，N为根据后验分布概率将个体划分到不同潜类别组的变量（Mplus分析无条件LCA模型时保存后验概率后结果文件的最后一列），U为观测指标。N_{C_1}是根据N将个体划分到C_1类别的数量。

在Mplus的新近版本中（7.2之后的版本），p_{c_1, c_2}的值可以在结果输出部分获得。随后可以计算"分类错误率"：$P\left(N = c_1 | C = c_2\right)$即实际属于$C_2$类别但在LCA中根据后验概率却被归入$C_1$的概率，即

$$q_{c_2, c_1} = P\left(N = c_1 | C = c_2\right) = \frac{p_{c_1, c_2} N_{c_1}}{\sum_c p_{c, c_2} N_c} \tag{11.17}$$

式中，N_c是根据N将个体分配到C的数量。稳健三步法使用$\log(q_{c_1, c_2} / q_{k, c_2})$作为$N$估计$C$的权重，该值可在Mplus结果报告中直接获得。

在Mplus中，稳健三步法有两种实现形式：自动和手动。自动形式只需采用AUXILIARY的R3STEP选项，软件自动完成上述三步分析。手动形式需要分别执行两步分析：第一步，单独执行LCA分析，获得分类错误率的对数形式。第二步，在这一步分析中，将第一步保留的分组变量N的均值固定为分类错误率的对数值。下面两个框分别给出了稳健三步法自动和手动两种实现形式的例句。

稳健三步法自动实现的 Mplus 语句

```
DATA: FILE=3step.dat;
VARIABLE: NAMES=u1-u5 x;
CATEGORICAL=u1-u5;
CLASSES=c(3);
AUXILIARY=x(R3STEP);! 通过设置(R3STEP),X作为预测变量采用稳健三步法估计。
ANALYSIS: TYPE=MIXTURE;
MODEL:！ no model is needed,LCA is default
```

手动执行稳健三步法的 Mplus 语句

```
Title: Input for step 1 in the manual 3-step estimation
DATA: file=man3step.dat;
VARIABLE: Names are u1-u10 y x;
         usevariable=u1-u10;
         Categorical=u1-u10;
         Classes=c(3);
         auxiliary=y x;
ANALYSIS: Type=Mixture;
SAVEDATA: FILE=man3step2.dat;SAVE=CPROB;
Title: Input for step 3 in the manual 3-step estimation
DATA: file=man3step2.dat;
VARIABLE: Names are u1-u10 y x p1-p3 n;
         usevar=y x n;
```

```
            classes=c(3);
            nominal=n;
ANALYSIS: Type=Mixture;
            starts=200 50;
MODEL:     %overall%
           C on X;
           %C#1%
           [N#1@1.901];！数值1.901根据第一步的结果获得
           [N#2@-0.990];
           %C#2%
           [N#1@-0.486];
           [N#2@1.936];
           %C#3%
           [N#1@-2.100];
           [N#2@-2.147];
```

11.5.2 包含分类结局变量的 RMM

LTB 法在处理分类结局变量时表现较好,不会像分析连续结局变量时出现违反正态和方差同质假设后的估计偏差问题。在 Asparouhov 和 Muthén(2014)的模拟研究中,检验了 3 个样本量(N=200,500 和 2000)和 2 种分类精确性(entropy=0.5 和 0.65)下 LTB 的表现,结果发现仅在 N=200 和 entropy=0.5 时才会出现明显的偏差。

LTB 法分析带有类别结局变量 RMM 的 Mplus 语句

```
Title: the LTB estimation for RMM with categorical distal variable;
Data: File=8-data.dat;
Variable: Names are U1-U8 Y;
          Categorical=U1-U8;
          Classes=C(4);
Auxiliary=Y(DCATEGORICAL);
Analysis: Type=Mixture;
```

11.5.3 包含连续结局变量的 RMM

1)修正的 BCH 法

BCH 法最早由 Bolck、Croon 和 Hagenaars(2004)提出,用于处理包含分类预测变量的 LCA。该方法与稳健三步法逻辑类似,区别在于稳健三步法的第三步的估计方程采用极大似然估计,而 BCH 将其转换成加权方差分析,分类误差作为权重。

与稳健三步法相比,BCH 法的一个突出优点是不会改变潜类别的顺序。潜类别顺序的改变是极大似然估计的一个"副产品"。在上一章我们提到,由于 ML 估计常得到局部最大化解而非整体最大化解,所以混合模型估计通常设置多个起始值,而起始值通常由软件随机生成,所以每次分析的起始值不同得到的潜类别结果可能不同,潜类别的顺序也可能不同。尽管使用相同的数据和指标,所得到的拟合结果和类别数目也相同,但类别潜变量水平的顺序可能不同(第一个类别变成第二个类别),因此给潜类别分析带来很大的麻烦。

在稳健三步法分析中,Mplus自动监测顺序改变问题,一旦发生顺序改变,Mplus将不报告结果(Asparouhov et al.,2014)。BCH法的不足在于,当类别距离很小以及样本量小时,类别内的误差方差可能是负值。此时如果把类别内方差固定相等,也可以获得正确的类别组内结局变量的均值(Bakk et al.,2014)。

BCH法执行带有预测变量RMM的Mplus语句

```
Title: step 1 in the BCH estimation for RMM with predictor;
DATA: file=manBCH.dat;
VARIABLE: Names=U1-U10 Y X;
          Categorical=U1-U10;
          Classes=C(3);
          Usevariable=U1-U10;
          Auxiliary=Y X;
ANALYSIS: Type=Mixture;
SAVEDATA: File=BCH2.dat;
           Save=bchweights;
Title: step 2 in the BCH estimation for RMM with predictor;
Data: file=BCH2.dat;
Variable:   Names=U1-U10 Y X W1-W3 MLC;
            usevariable=X W1-W3;
            Classes=C(3);
            Training=W1-W3(BCH);
Analysis: Type=Mixture;
          Starts=0;
          Estimator=MLR;
          Model: %overall%
          C on X;
```

2) 稳健三步法

稳健三步法也可以用于处理结局变量是连续变量的RMM。包含连续结局变量的LCA模型表达式变为

$$P(N = s|Z_i) = \sum_{t=1}^{T} P(C = t) f(Z_i|C = t) P(N = s|C = t) \qquad (11.18)$$

$P(N = s|C = t)$被固定为第二步估计的分类精确性参数,$f(Z_i|C = t)$通常服从正态分布。如前所述,结局变量是连续变量的RMM的目的在于估计结局变量在潜类别不同水平上的均值差异,但结局变量的方差在不同类别组内可能相等也可能存在差异(类似方差分析时的组内方差同质假设)。针对方差的不同情况,稳健三步法有两种不同的变式:类别组内方差同质和类别组内方差异质。

稳健三步法(等方差和不等方差)处理连续结局变量的Mplus语句

```
TITLE: 3-step method done automatically using DU3STEP:
VARIABLE: NAMES=u1-u5 x;
CATEGORICAL=u1-u5;
CLASSES=c(3);
AUXILIARY=x(DU3STEP);
DATA: FILE=3 step.dat;
```

```
ANALYSIS: TYPE=MIXTURE;
TITLE: 3-step method done automatically using DE3STEP:
VARIABLE: NAMES=u1-u5 x;
CATEGORICAL=u1-u5;
CLASSES=c(3);
AUXILIARY=x(DE3STEP);
DATA: FILE=3 step.dat;
ANALYSIS: TYPE=MIXTURE;
```

3）几种方法的比较

　　模拟研究发现（Bakk et al.,2013；Lanza et al.,2013），当满足假设条件时[①]，稳健三步法，BCH和 LTB 均可以得到无偏的参数估计结果（即类别特定的结局变量的均值）。然而，当条件不成立时（非正态、方差不同质），稳健三步法和 LTB 表现较差，而 BCH 法则表现得很稳健（Bakk et al.,2016）。Asparouhov 和 Muthen（2014）通过模拟进一步比较了稳健三步法的两种变式（即类别等方差和类别不等方差；分别对应 Mplus 中的 DE3STEP 和 DU3STEP），LTB 法，单步法，PC 法和 BCH 法在连续结局变量非正态（双峰分布）时的表现，结果进一步证实了 BCH 的稳健性（其他方法表现均不佳）。尽管如此，当类别距离或分类精确性较小时（如 entropy=0.5），BCH 也会低估标准误。他们的结果还发现，当组内方差同质性不成立时，方差不等的稳健三步法（DU3STEP）和 BCH 法表现最佳，且前者更优。

11.5.4　潜类别变量作为调节变量的 RMM

1）稳健三步法

　　在 Mplus 里采用稳健三步法处理潜类别变量作为调节变量的 RMM 需要两步完成。第一步分析 LCA 并保存后验分类概率；第二步，考虑分类误差进行结构模型分析，下面给出了 2 步的示例。

类别潜变量作为调节变量的 RMM 的稳健 3 步法语句

```
Title: Input for step 1 in the manual 3-step estimation
DATA: file=man3step.dat;
VARIABLE: Names are u1-u10 y x;
         Categorical=u1-u10;
         Classes=c(3);
         usevariable are u1-u10;
         auxiliary=y x;
         Analysis: Type=Mixture;starts=0;
         Model:
         %Overall%
         %c#1%
         [u1$1-u10$1*-1];
         %c#2%
         [u1$1-u10$1*1];
         %c#3%
```

①　ML 和 BCH 假设连续结局变量在类别内的分布为正态分布。

```
            [u1$1-u5$1*1];[u6$1-u10$1*-1];
SAVEDATA: FILE=man3step2.dat;SAVE=CPROB;
Title: Input for step 3 in the manual 3-step estimation
data: File=man3step2.dat;
variable: Names are u1-u10 y x p1-p3 n;
          usevariable are y x n;
          classes=c(3);
          nominal=n;
          Analysis: Type=Mixture;starts=0;
          Model:
          %overall%
          Y on X;
          %C#1%
          [N#1@1.901];[N#2@-0.990];
          Y on X;Y;
          %C#2%
          [N#1@-0.486];[N#2@1.936];
          Y on X;Y;
          %C#3%
          [N#1@-2.100];[N#2@-2.147];
          Y on X;Y;
```

2）BCH法

与稳健三步法类似,BCH法处理潜类别变量作为调节变量的RMM也需要两步完成。第一步分析单独的LCA保留后验概率作为第二步分析的权重,具体使用savedata里的Save=bchweights。第二步使用Training语句将上一步保留的后验分类概率作为BCH法的权重,见下面的示例。

BCH法执行类别潜变量作为调节变量的RMM的Mplus语句

```
Title: step 1 in the BCH estimation for C as moderator;
DATA: file=BCH.dat;
VARIABLE: Names=U1-U10 Y X;
          Categorical=U1-U10;
          Classes=C(3);
          usevariable=U1-U10;
          Auxiliary=Y X;
ANALYSIS: Type=Mixture;
SAVEDATA: File=BCH2.dat;
          Save=bchweights;
Title: step 2 in the BCH estimation for C as moderator;
Data: file=BCH2.dat;
Variable: Names=U1-U10 Y X W1-W3 MLC;
          usevariable=Y X W1-W3;
          Classes=C(3);
          Training=W1-W3(BCH);
          Analysis: Type=Mixture;
```

```
Starts=0;
Estimator=MLR;
Model:
%overall%
Y on X;
%C#1%
Y on X;
%C#2%
Y on X;
%C#3%
Y on X;
```

11.6 混合结构方程模型

从某种意义上来说，RMM包含了SEM，或者说SEM只是RMM的一个特例。因为LCA模型纳入的变量可以是观测变量也可以是潜变量。如果纳入的是潜变量RMM模型就变成了结构混合方程模型（Structure Mixture Equation Model，SMM），SEM变成了它的特例，即不存在类别潜变量的SMM。在本章中，我们先讨论协变量是观测变量的情况即RMM，然后再介绍SMM。

除了上述两种形式的RMM，还存在另外一种更一般的形式，如图11.11所示：类别潜变量 C 有5个测量指标，自变量 X 和因变量 Y 构成一个简单的回归模型，C 指向回归系数的虚线表示回归系数的大小在 C 的不同水平是变化的。这里的类别潜变量 C 可以理解为调节变量：变量 X 和 Y 的关系在第三个变量的不同水平存在差异。

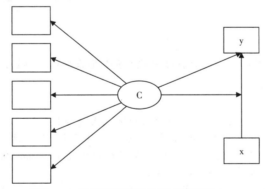

图11.11　潜类别变量作为调节变量的RMM

在RMM中，回归分析的逻辑很简单，类别潜变量作为分类变量纳入回归模型，但与传统回归模型又存在很大的差异。因为类别潜变量的各个类别水平是基于模型估计的，存在"测量误差"，而不能像观测类别变量那样不存在测量误差，可直接用于建模。如果潜在类别变量不存在分类误差，RMM就变成了传统的分组回归模型，但这种情况并不多见。在存在分类误差的前提下，协变量与类别潜变量之间的关系通常会被低估，误差越大低估越明显（Bolck et al.，2004；Vermunt，2010）。

由于潜类别分组的不确定性（存在分类误差），近几年方法学者提出了不同的处理方法。总的来说，目前处理回归混合模型的方法尚处在发展阶段，新的方法不断地被提出和改进。本章主要介绍目前已知方法，重点介绍两种比较有效的方法：单步法和三步法。

上述介绍的RMM有一个共同点，即类别潜变量都有自己的测量指标，协变量和结局变量通常不参与类别潜变量的计算(单步法除外)。而在混合结构方程模型中(图11.12),类别潜变量没有自己的测量指标,更确切地说,是根据模型中所有指标的数据进行潜在分组。

混合结构方程模型的Mplus语句

```
TITLE: this is an example of structural equation mixture modeling
DATA: FILE IS ex7.20.dat;
VARIABLE: NAMES ARE y1-y6;
    CLASSES=c (2);
ANALYSIS: TYPE=MIXTURE;
MODEL: %OVERALL%
    F1 BY y1-y3;
    F2 BY y4-y6;
    F2 ON f1;
    %c#1%
    [F1*1 F2];
    F2 ON F1;
OUTPUT: TECH1 TECH8;
```

注:资料来源于Mplus手册。

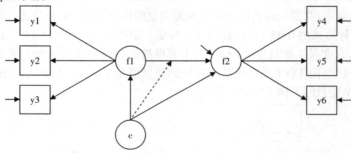

图11.12 混合结构方程模型示意图(来源Mplus手册)

本章参考文献

王孟成.(2014).潜变量建模与Mplus应用:基础篇.重庆:重庆大学出版社.

王孟成,毕向阳.(2018).潜变量建模与Mplus应用:进阶篇.重庆:重庆大学出版社.

王孟成,邓俏文,毕向阳,叶浩生,杨文登.(2017).分类精确性指数Entropy在潜剖面分析中的表现:一项蒙特卡罗模拟研究.心理学报,49,1473-1482.

Asparouhov, T. & Muthen B. (2014). Auxiliary variables in mixture modeling: Three-step approaches using Mplus. *Structural Equation Modeling*, 21, 329-341.

Bakk, Z. & Vermunt, J.K. (2016). Robustness of stepwise latent class modeling with continuous distal outcomes. *Structural Equation Modeling*, 23, 20-31.

Bakk, Z., Oberski, D. L., & Vermunt, J. K. (2016): Relating latent class membership to continuous distal outcomes: improving the LTB approach and a modified three-step implementation. *Structural Equation Modeling*, 23, 278-289.

Bakk, Z., Tekle, F. B., & Vermunt, J. K. (2013). Estimating the association between latent class membership and external variables using bias adjusted three-step approaches. In T. F. Liao (Ed.), *Sociological methodology* (pp.272-311). Thousand Oaks, CA: Sage.

Bartholomew, D. J. (1987). *Latent variables models and factor analysis*. New York: Oxford University Press.

Bartholomew, D. J., & Knott, M. (1999). *Latent variables models and factor analysis(2nd ed.)*. London: Arnold.

Bernstein, A., Stickle, T. R., Zvolensky, M. J., Taylor, S., Abramowitz, J., & Stewart, S. (2010). Dimensional,

Categorical, or Dimensional-Categories: Testing the Latent Structure of Anxiety Sensitivity Among Adults Using Factor-Mixture Modeling. *Behavior Therapy, 41*, 515-529.

Bolck, A., Croon, M. A., & Hagenaars, J. A. (2004). Estimating latent structure models with categorical variables: One-step versus three-step estimators. *Political Analysis, 12*, 3-27.

Clark, S. L. *Mixture Modeling with Behavioral Data*. University of California, 2010.

Clark, S. L., & Yang, C. (2006). Evaluating latent class analyses in qualitative phenotype identification. *Computational Statistics & Data Analysis, 50*, 1090-1104.

Deng, J., Wang, M-C., Shou, Y., Zhang, X., Lai, H., Zeng, H., & Gao, Y. (2020). Parenting Behaviors and Children Callous Unemotional Traits: A Regression Mixture Analysis. *Current Psychology*

Lanza, S. T., Tan, X., & Bray, B. C. (2013). Latent class analysis with distal outcomes: A flexible model-based approach. *Structural Equation Modeling, 20*, 1-26.

Lazarsfeld, P. F., & Henry, N. W. (1968). *Latent structure analysis*. Boston, MA: Houghton Mifflin.

Lo, Y., Mendell, N., & Rubin, D. B. (2001). Testing the number of components in a normal mixture. *Biometrika, 88*, 767-778.

Lubke, G. H., & Muthén, B. (2005). Investigating population heterogeneity with factor mixture models. *Psychological Methods, 10*, 21-39.

Lubke, G. H. & Muthén, B. O. (2007). Performance of factor mixture models as a function of covariate effects, model size, and class-specific parameters. *Structural Equation Modeling, 14*, 26-47.

Masyn, K., Henderson, C., & Greenbaum, P. (2010). Exploring the latent structures of psychological constructs in social development using the Dimensional-Categorical Spectrum. *Social Development*. 19, 470-493.

McLachlan, G. J., & Peel, D. (2000). *Finite mixture models*. New York: Wiley.

Muthén, B. (2008). Latent variable hybrids. In G. R. Hancock, & K. M. Samuelson (Eds.), *Advances in latent variable mixture models* (pp. 1-24). Charlotte, NC: Information Age Publishing.

Muthén, B. (2009). *Relating latent class analysis results to variables not included in the analysis.*

Muthén, B., & Muthén, L. (2000). Integrating person-centered and variable-centered analyses: Growth mixture modeling with latent trajectory classes. *Alcoholism: Clinical and Experimental Research, 24*, 882-891.

Muthén, L.K. & Muthén, B.O. (1998-2017). Mplus User's Guide. Eighth Edition. Los Angeles, CA: Muthén & Muthén

Nylund, K. L., Asparouhov, T., & Muthén, B. O. (2007). Deciding on the number of classes in latent class analysis and growth mixture modeling: A Monte Carlo simulation study. *Structural Equation Modeling, 14*, 535-569.

Petras, H., & Masyn, K. (2010). General growth mixture analysis with antecedents and consequences of change. In R. Piquero & D. Weisburd (Eds.), Handbook of quantitative criminology (pp. 69-100). New York, NY: Springer.

Sterba, S. K. (2013). Understanding linkages among mixture models. *Multivariate Behavioral Research, 48*, 775-815.

Vermunt, J. K. (2003). Multilevel latent class models. *Sociological Methodology, 33*, 213-239.

Vermunt, J. K. (2010). Latent class modeling with covariates: Two improved three-step approaches. *Political Analysis, 18*, 450-469.

Walton, K. E., Ormel, J., & Krueger, R. F. (2011). The Dimensional Nature of Externalizing Behaviors in Adolescence: Evidence from a Direct Comparison of Categorical, Dimensional, and Hybrid Models. *Journal of Abnormal Child Psychology, 39*, 553-561.

12 多水平潜变量模型

12.1 基础概念

12.1.1 嵌套数据结构

在实际调查和数据分析中,嵌套数据结构是非常普遍的。例如,研究学生成绩,学生来自不同的班级,这些班级又嵌套在不同的学校之中。研究企业,企业来自不同的产业区,产业区又位于不同的城市。在进行重复测量的设计时,不同试点的测量嵌套于同一个个体之内(历时数据、成长模型),参数的估计嵌套于不同的研究(meta-analysis)。嵌套(nested)、聚类(cluster-correlated)、分层(hierarchical)、多水平(multilevel)等概念都是用来刻画这种数据结构特点的。实际上,在抽样调查时,由于可以大幅度节省成本,多阶段聚类抽样(multi-stage cluster sampling)十分常用,或者进行历时研究,在不同时点对不同的个体做多次测量,都自然会形成嵌套数据结构。

不同的研究对象由于嵌套于不同的时空单位,彼此之间更具相关性。例如,来自同一家庭的兄弟姊妹,其相似性肯定比来自不同家庭的个体之间要高。这破坏了使用OLS回归残差相互独立的假定。在不存在内生问题的情况下,虽然回归系数估计仍然无偏,但标准误的估计偏小,尤其对于组群层面变量,导致统计效力损失,因此所犯第一类错误的概率往往偏大。许多显著结果可能是值得怀疑的。而且如果忽略嵌套结构,显然也未充分利用数据中包含的信息。在方法论上,如果没有注意分析单位的层次、变量的层次,因果推论时,分析单位和推论单位属于不同的层次,用某一层数据分析,而在另外的层上得出结论,这就会造成"生态谬误"(ecological fallacy)或"还原谬误"(atomistic fallacy)的方法论问题(Hox,2010)。

此时,多水平模型上场了。多水平模型契合嵌套数据结构与传统的单水平模型相比,多水平模型纳入微观、宏观不同层次的因素,同时又保持这些因素在各自的层次,避免混淆研究的层次带来的方法论问题。另外,多水平模型数据可采取多种估计方法和算法进行估计,具有更好的实用性,有效改进估计的质量,可提供稳健的标准误估计。

12.1.2 高水平构念类型

在多水平分析中,经常遇到低水平指标聚合到高水平使用的情况。低水平指标聚合的可行性建立在对高水平构念的类型学区分基础之上。

Kozlowski 和 Clein(2000)将高水平构念区分为汇集型(compilation)和合成型(composition)。前者植根于不连续理论模型,仅存在于组群层面,在个体层面没有意义,如性别比。后者植根于同构理论模型,来自群体内部个体的响应,但其心理测量学属性只出现在组群层面的分析中。在不同层面,往往被认为是同一性过程或具有同构关系(Bliese,2000)。此类构念聚合前需考虑组内一致性。Bliese(2000)另提出现实中更常见的模糊合成构念(fuzzy composition constructs),属部分同构构念,高水平构念与对应低水平构念均有意义,二者相关但不同,其间差异很大程度上受ICC大小影响。

在操作上,Kozlowski 和 Klein(2000)进一步将群体层次构念属性具体分为全局性特征(global properties)、构造性特征(configural properties)和共享性特征(shared properties)三类。整体特性即客观存在的组群层面特性,存在于宏观层面,不依赖个体知觉、经验、行为或个体交互作用而存在,如社区位置,可直接测量。构造性特征,源自个人层次,如年龄结构,测量要求各组群样本有足够代表性,但研究者只是力图捕捉个体置身其间的群体的构型或者序列,并不假定也不需要群体内部成员具有一致性。共享性特征,来源于群体成员具有共同的经验、态度、知觉、价值观、认知以及行为,只有个体共享相似知觉时才存在,如群体凝聚力。后两类构念测量均需通过个体完成。[①]

按 Chan(1998)总结的类型学标准,在可加的(additive)构成模型中,聚合水平现象独立于个体感知而存在,感知一致性程度只是作为信度估计的指标,而非构念自身存在的指标(Hofmann,2002)。而共识模型(直接共识、转移参照模型)构念,具有典型的共享特征,必须以较高的成员一致性为前提。个体之间的差异,代表着个体独特感知,尽管在多数分析中不是研究者感兴趣的因素,但却构成水平-2构念缺乏信度的根源(Marsh et al.,2012)。

12.1.3 聚合可行性指标

在传统多水平分析中,低水平变量是否可聚合为高水平构念,一般来讲都需要对组内一致性进行评价。常用评价指标包括组内相关(ICCs)和内部一致性系数(R_{wg})。ICCs 的主要功能在于显示总体变异多大程度上源于所属组群的特征(ICC(1),即 ICC),以及这种特征能否产生稳定的组均值(ICC(2))。一般所说的 ICC 也就是 ICC(1)(也以 ρ 表示)定义为组间方差占总方差的比例,即

$$ICC = \frac{\sigma_b^2}{\sigma_b^2 + \sigma_w^2} \tag{12.1}$$

式中,σ_b^2 为组间方差(between-group variance),σ_w^2 为组内方差(within-group variance),$\sigma_b^2 + \sigma_w^2$ 为总方差(total variance)。

组内同质即组间异质。因此,ICC 反映组间变异,其实另一面就是组内个体相关。其取值理论上是0到1之间。如果出现负值,可能是由于模型上设定错误或组间方差接近于零所致。ICC 趋近于0,表示没有组群效应,组内个体趋于相互独立。如果 ICC 很小,此时模型可使用一般回归模型进行估计,无须进行多水平模型分析。否则,传统回归模型观测值独立假设被破坏,需进行多水平分析。不同研究领域 ICC 标准差异很大。Cohen(1977)指出,ICC 小于0.059时,属于小的组内相关;介于0.059和0.138之间时,属于中等相关;高于0.138,属于高度组内相关。中等程度组内相关就不能忽略组内相似性的存在,因此一般来讲,结果变量 ICC 大于0.059时,就需要使用多水平模型进行分析。

ICC(2)是组群聚合值的信度(reliability of mean group score),表示的是区分不同群体的组均值(另一方面也是组间差异)的可靠性(Bartko,1976;Jame,1982)。格里克(Glick,1985)建议 ICC(2)值要大于0.6,通行经验标准一般是0.7。ICC(2)实际上是对 ICC(1)的组群规模调整。当样本足够大时,ICC(2)可依据斯皮尔曼-布朗公式由 ICC(1)推出(Shrout et al.,1979),即

$$ICC(2) = \frac{n \times ICC(1)}{1 + (n-1) \times ICC(1)} \tag{12.2}$$

式中,n 是一般的组群规模;ICC 为组内相关系数。

R_{wg} 指的是组内共识性程度,统计上定义为针对总体概念组群内个体回答测量题项的变异程度与个体属于随机或均匀分布下回答变异程度之比值。各组群都有自己的 R_{wg},如相差不大,可用均值代表一般情况。该指标一般也以高于0.7为标准。对于多题项量表,可计算 $R_{wg(j)}$。[②] 要注意的是,R_{wg} 只是评估组内一致性而不考虑组间变化,因为很有可能存在各组内部成员都同意但组间没有差异的情况,所以该指标不涉及高水平构念效度问题(Chan,1998)。相比之下,ICCs 由于包含组间方差信息,可作为高水平构念建构效度的衡量(Chen et al.,2004)。ICC(2)则提供了判断突生

---

① 马什等(Marsh et al.,2012)将由水平-1个体的响应聚合而来的水平-2构念区分为氛围(climate)和情境(context)变量,分别对应上述共享性和构造性特征变量。

② 由于对题项的整合会降低测量误差的影响,$R_{wg(j)}$ 通常会得到更高水平的内部一致性(徐晓锋 等,2007)。

性(emergent property)的证据(Bliese,1998,2000)。实际建模时,不仅要针对结果变量通过计算ICC等指标判断有无进行多水平分析的必要,解释变量能否聚合也要选择合适指标进行必要评估。具体运算中,Mplus在空模型中会给出结果变量的ICC(1),在多水平因子分析等模型中,也会分别给出各指标的ICC(1)。在Stata中使用xtmixed估计多水平模型后,可使用estat icc计算ICC(1)。为方便起见,推荐在R中使用multilevel包中的ICC_1、ICC_2、R_{wg}等函数实现相关指标计算。

12.1.4　中心化问题

多水平模型中还会遇到的一个处理是中心化(centering)。中心化也称"对中"或"平减",是一个常见的处理,也就是将某原始变量减去对应的总均值或组均值,作为新的变量带入模型。

中心位置的选择主要取决于研究目的,并没有普遍使用的原则。中心化一般有两种方式:总均值中心化(grand-mean centering)和组均值中心化(group-mean centering)。另外,在成长模型(growth model)中,涉及不同时点的观测数据,可选择具有特定现实意义的时间点作为基点进行定位。

中心化可以让结果便于解释。一般多元回归中,人们主要关注斜率。多水平回归模型(MLM)中,水平-1截距和斜率为宏观方程的因变量,因此水平-1随机回归系数尤其是截距有意义的解释就十分重要,否则水平-1随机系数在组水平变异的分析就不好解释。

当水平-1自变量值取零时截距意义不清楚时,对其进行中心化变换可使截距有合理解释。例如,若SES取值在200~600,那么β_{0j}应为第j学校当SES=0时结果变量的取值。此时β_{0j}并无意义,而且导致截距和斜率之间高度的相关性(Raudenbush et al.,2002:32-35)。此时,可以通过中心化定义或转化SES的测量值让截距变得有意义。如将每一个SES减去样本平均的SES。相当于SES均值的测量离差(deviation from the mean),代表某个体SES在样本均值中的相对位置。这样,具有样本SES均值的个体中心化SES为0,而截距β_{0j}就代表样本中具有平均SES者的结果变量的期望值。

经过中心化处理,变量测量值变成了相对值,是某个个体测量值与某常数之间的差,代表某个体在组群中的相对位置。因此,需注意测量转换后变量效应的解释。

中心化的好处还包括:中心化可以去掉随机截距与斜率之间的高相关,以及水平-1、水平-2与跨水平交互作用之间的高相关,从而改善了多重共线性引起的水平-2参数估计问题。中心化有助于解释交互作用中变量的主效应,使模型更为稳定,系数更具独立性,有助于提高模型运行速度,减少模型估计收敛不好的问题(Paccagnella,2006)。

如果水平-1以组均值中心化,最好将各组均值同时也纳入模型,以利于组均值效应的修正(Kreft et al.,1998)。对于随机斜率模型,自变量最好不要采用组均值中心化,除非有明确的理论指导或经验依据。组中心化值暗示了个体在其所属群体内的相对位置,在如参照群体、相对剥夺、教师排名对学生表现影响等问题中采用更为合适(Snijders et al.,2011)。

进行跨层交互作用的分析时,可以使用原始变量或者总中心化处理的变量。不过,由于此时水平-1的斜率包含了组内和组间的关系,因此跨层交互作用可能存在虚假成分。为此,Hofmann和Gavin(1998)建议对于此类问题,水平-1预测变量使用组中心化,同时在水平-2增加组均值作为控制变量。实际建模时可以两种方法同时估计,进行比较(廖卉 等,2012)。对水平-1预测变量采取组中心化处理的优势是,系数估计只包含组内效果,而且跨层交互和组间交互作用(采取总中心化)互相独立(Enders et al.,2007)。在一些特定的分析中,如基于MLM的多水平中介效应分析中,为了避免组内和组间效应的混淆,需要对水平-1预测变量进行组中心化处理(Krull et al.,2001;Preacher et al.,2011;Zhang et al.,2009)。

总之,研究者需要根据研究目的审慎地考虑选择哪种中心化模型,解释结果时也需要考虑中心化的影响。有关截距和截距标准误的解释,与截距相关的协方差的解释,要特别小心(Raudenbush et al.,2002:32-35)。

在Mplus中,如果数据中的变量未提前进行中心化,可以在 Mplus 中通过 DEDINE命令实现。

12.2 多水平回归模型

12.2.1 从空模型开始

多水平回归模型可视为一般回归模型的拓展。随机效应单因素方差分析(one-way ANO-VA with random effects)是最简单的多水平回归模型,又称为空模型(empty Model)或完全无条件(fully unconditional)模型,模型中不包括任何预测变量:

水平-1

$$Y_{ij} = \beta_{0j} + \varepsilon_{ij} \tag{12.3}$$

水平-2

$$\beta_{0j} = \gamma_{00} + \mu_{0j} \tag{12.4}$$

将式(12.3)代入式(12.4),得复合模型

$$Y_{ij} = \gamma_{00} + \mu_{0j} + \varepsilon_{ij} \tag{12.5}$$

式中,$\varepsilon_{ij} \sim$ iid $N(0, \sigma^2)$,$\mu_{0j} \sim$ iid $N(0, \tau_{00})$且 cov$(\varepsilon_{ij}, \mu_{0j}) = 0$。

下面是模型对应的代码。

带有随机效应的单因素方差分析代码

```
Title: One
Way ANOVA with Random Effects for PISA
Data:
FILE IS pisa.dat ;
Variable:
    Names =
    schoolid hisei pv1math sector;
    MISSING = all ( 9999 ) ;
    USEVARIABLES = pv1math;
    CLUSTER = schoolid;
    WITHIN = ;
    BETWEEN = ;
ANALYSIS: TYPE = TWOLEVEL;
    ESTIMATOR = ML;
MODEL:
    %WITHIN%
    pv1math;
    %BETWEEN%
    pv1math;
```

运行上述代码,输出结果见下框。

带有随机效应的单因素方差分析输出结果（部分）

```
SUMMARY OF DATA
Estimated Intraclass Correlations for the Y Variables
Intraclass
Variable Correlation
PV1MATH            0.250
MODEL RESULTS
Two-Tailed
```

	Estimate	S.E.	Est./S.E.	P-Value
Within Level				
Variances				
PV1MATH	5753.248	133.429	43.118	0.000
Between Level				
Means				
PV1MATH	485.286	3.723	130.347	0.000
Variances				
PV1MATH	1922.240	214.737	8.952	0.000

空模型的一个重要用途是可以计算结果变量的 ICC, 从而判断是否需要进行多水平分析。上述结果中已输出了 $ICC=0.250$。当然也可以自己计算, 根据上述结果为

$$var(\mu_{0j}) = 1922.240$$
$$var(\varepsilon_{ij}) = 5753.248 \tag{12.6}$$

那么, ICC 为

$$\rho = \frac{\tau_{00}}{\tau_{00} + \sigma^2} = \frac{1922.240}{1922.240 + 5753.248} \approx 0.250 \tag{12.7}$$

也就是说, 学生数学成绩呈现较强的聚类效应, 1/4 的变差可以归结为学校之间的差异。该值远远大于 0.059, 因此有必要进行多水平分析。

12.2.2　典型的多水平回归模型

下面给出一个典型的两水平回归模型的例子。在 PISA 数据中, 针对所有学校, 考虑研究学生 SES 对数学成绩的影响, 在个体层面构建模型为

$$Y_{ij} = \beta_{0j} + \beta_{1j}X_{ij} + \varepsilon_{ij} \tag{12.8}$$

式中, $\varepsilon_{ij} \sim iid\ N(0, \sigma^2)$。

每个学校学生 SES 与数学成绩的关系模式都有所不同, 需要建立针对 β_{0j} 和 β_{1j} 的模型来刻画。除了一些随机的因素, 可用学校的某种特征来预测, 如学校的性质属于私立学校（编码为 1）还是公立学校（编码为 0）。如果研究者假设私立学校比公立学校平均成绩高（截距大）, 而就 SES 对数学成绩的作用而言, 在私立学校比在公立学校要小（斜率小）。这种关系可以通过在水平-2 建立模型来刻画, 即

$$\beta_{0j} = \gamma_{00} + \gamma_{01}W_j + u_{0j} \tag{12.9}$$
$$\beta_{1j} = \gamma_{10} + \gamma_{11}W_j + u_{1j} \tag{12.10}$$

其中, $\begin{bmatrix} \mu_{0j} \\ \mu_{1j} \end{bmatrix} \sim N\left(\begin{bmatrix} 0 \\ 0 \end{bmatrix}, \begin{bmatrix} \tau_{00} & \tau_{01} \\ \tau_{10} & \tau_{11} \end{bmatrix} \right)$。

式 (12.9)、式 (12.10) 中, 令 $E(\beta_{0j})=\gamma_0$, $var(\beta_{0j})=var(\mu_{0j})=\tau_{00}$; $E(\beta_{1j})=\gamma_1$, $var(\beta_{1j})=var(\mu_{1j})=\tau_{11}$; $cov(\beta_{0j}, \beta_{1j})=\tau_{01}$。

各参数均有实际意义: γ_0 为学校平均成绩的总体均值; τ_{00} 为学校平均成绩的总体方差; γ_1 为各校 SES 与成绩间斜率的总体均值; τ_{11} 为各校斜率的总体方差; τ_{01} 为斜率和截距间的总体协方差。

式 (12.9) 和式 (12.10) 中各参数代表的意义为: γ_{00} 为公立学校的平均成绩; γ_{01} 为私立学校与公立学校在平均成绩上的差异; γ_{10} 为公立学校的 SES 状况对平均成绩作用的平均斜率; γ_{11} 为私立学校与公立学校在 SES 状况对平均成绩作用斜率上的平均差异; μ_{0j} 为在控制 W_j 不变时学校 j 对平均成绩的独特作用; μ_{1j} 为在控制 W_j 不变时学校 j 在 SES 对平均成绩作用斜率上的独特作用。

因为 β_{0j} 和 β_{1j} 不能观测, 式 (12.9) 和式 (12.10) 并不能直接进行估计, 将它们代入式 (12.8),

得复合模型(Composite Model)或混合模型(Mixed Model),即

$$Y_{ij} = \underbrace{[\gamma_{00} + \gamma_{10}X_{ij} + \gamma_{01}W_j + \gamma_{11}W_jX_{ij}]}_{\text{固定效应}} + \underbrace{[\mu_{0j} + \mu_{1j}X_{ij} + \varepsilon_{ij}]}_{\text{随机效应}} \quad (12.11)$$

式(12.11)随机误差具有复杂的形式,其值在各学校内部不是互相独立的,且各个学校之间也存在差异,因此不能用 OLS 估计,除非 μ_{0j} 和 μ_{1j} 同时为 0。[1]

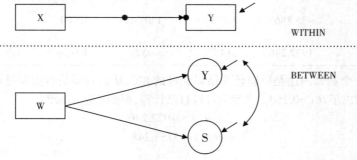

图 12.1　两水平回归模型

图 12.1 是一个 Mplus 风格的多水平回归模型图示。图形直观地显示出,在多水平回归模型中,高水平的预测变量对低水平结果变量的影响,是通过间接作用于低水平方程的截距和斜率的影响实现的。图中 S 代表斜率即 β_{1j},WITHIN 部分 Y 代表水平-1 的结果变量,BETWEEN 部分 Y 代表水平-1 截距即 β_{0j}。

对于上述多水平回归模型,对应的 Mplus 代码如下:

典型的多水平回归模型

```
Title: Intercepts-and Slopes-as-Outcomes Model for PISA
Data:
   FILE IS pisa.dat ;
Variable:
   Names =
       schoolid hisei pv1math sector;
   MISSING = all (−9999);
   USEVARIABLES = hisei pv1math sector;
   WITHIN = hisei;
   BETWEEN = sector;
   CLUSTER = schoolid;
!DEFINE: CENTER hisei (GROUPMEAN);        ! 组均值中心化
!DEFINE: CENTER hisei (GRANDMEAN);        ! 总体均值中心化
ANALYSIS: TYPE = TWOLEVEL RANDOM;
   ESTIMATOR = ML;
MODEL:
   %WITHIN%
      s | pv1math ON hisei
   %BETWEEN%
      pv1math s ON sector;
      pv1math WITH s;          ! 水平-2 残差协方差
```

[1] 本质上,多水平回归模型的优势之所以成立,在于多水平回归模型构建了适应嵌套数据结构的误差结构,考虑不同水平的变异,与单水平模型相比,区分了不同层次误差的来源,将单一的随机误差项分解到与数据层次结构相应的各水平上,更好地分解了方差-协方差成分,并提供了有效估计(廖卉 等,2012)。

上述代码中,数据定义、变量声明部分与一般的模型无异,但作为多水平回归模型,有几处特殊的地方需要注意:

①VARIABLE部分,需要声明区分不同组群的CLUSTER变量,本例中即学校编码schoolid。

②对于多水平回归模型,需要在VARIABLE部分,指明变量所属的水平,对于两水平模型,即属于WITHIN还是BETWEEN。在Mplus代码书写规范上,对于不同水平同时用到的变量,即所谓"组内-组间两用"(within-between status)变量,不要声明其所属层次。[1]

③ANALYSIS部分,对于两水平模型,设置TYPE=TWOLEVEL。如果模型有随机斜率,需要增加RANDOM选项。

④MODEL部分,各水平的方程分别设定,WITHIN部分即水平-1方程,BETWEEN为水平-2方程。

⑤"pv1math s ON sector",这是两个方程写在一行(当然也可以分别写),即水平-2针对水平-1截距 β_{0j} 和斜率 β_{1j} 的方程。需要注意的是,这里水平-2针对水平-1斜率 β_{1j} 的方程,等号左边的变量(即s)是新命名的,针对水平-1截距 β_{0j} 的方程等号左手边变量名使用的仍是水平-1的结果变量名pv1math。[2]

⑥水平-1中"s | pv1math ON hisei"中"s |"代表水平-1方程有斜率随机变动。实际上,这样的设置会自动生成水平-2变量sector和水平-1变量hisei的跨层交互项。

运行上述代码,即可在output文件得到相应结果。Mplus多水平回归模型输出结果解读可结合模型的定义进行。此处省略其他部分,直接对"MODEL RESULTS"进行解读,模型结果被分为"Within Level"和"Between Level"两个部分。不过,由于水平-1的截距和斜率都是由水平-2因素决定的,或者说其变化都体现在水平-2,方差存在于水平-2;对本例而言,各系数 γ_{00}、γ_{01}、γ_{10}、γ_{11}、μ_{0j}、μ_{1j} 其实都是水平-2方程的要素。因此,在Mplus输出结果中,"Within Level"部分只有水平-1的残差方差,即 σ^2,其值为5444.667。

"Between Level"部分,"S ON SECTOR"即方程12.10中,sector对 β_{1j} 的系数,即 γ_{11},从复合模型12.11来看,也就是sector和hisei交互项的系数,其值为-0.067。从结果来看统计上并不显著。

"PV1MATH ON SECTOR"即方程12.9中,sector对 β_{0j} 的系数,即 γ_{01},其值为32.509,实际意义也就是私立学校比公立学校学生数学成绩平均分高32.509分。

"PV1MATH WITH S"即 β_{1j} 与 β_{0j} 的协方差,即 τ_{01}。

"Intercepts"类目下列了"PV1MATH"和"S"两行,分别对应截距与斜率的均值,即 γ_{00} 和 γ_{10}。由于均随机变化,这些值在各学校之间不同,这里给出其均值。取值分别为421.336和1.215。由于存在sector和hisei的交互项,具体解释还要结合交互项的情况进行。

"Residual Variances"类目下,"PV1MATH"和"S"两行,则分别对应方程12.9和方程12.10中截距和斜率的误差项,即 μ_{0j} 和 μ_{1j}。

典型的多水平回归模型输出结果(部分)

MODEL RESULTS				
				Two-Tailed
	Estimate	S.E.	Est./S.E.	P-Value

---

[1] 除非特殊情况,如在基于多水平结构方程使用潜结构方程(LMS)方法进行多水平调节效应分析(Preacher et al., 2016)时,如果水平-1使用XWITH构造水平-1潜变量和水平-2显变量的交互项,水平-2变量可以放到水平-1使用,尽管Variable部分声明该变量属于水平-2。

[2] 这是因为,作为结果变量,pv1math没有指定隶属的层次,所以可以在两个水平参与子模型构建。在组间层次,即随机截距。实际上,pv1math在水平-1的方程截距的随机变化,表现在水平-2层次,在组间不同,方差存在于水平-2。在Mplus中,这其实符合多水平结构方程建模的思路,也就是将变量区分为组内和组间两部分。

Within Level				
Residual Variances				
PV1MATH	5444.667	114.084	47.725	0.000
Between Level				
S ON				
SECTOR	−0.067	0.347	−0.193	0.847
PV1MATH ON				
SECTOR	32.509	24.671	1.318	0.188
PV1MATH WITH				
S	−6.239	6.183	−1.009	0.313
Intercepts				
PV1MATH	421.336	5.211	80.848	0.000
S	1.215	0.082	14.742	0.000
Residual Variances				
PV1MATH	1621.901	445.938	3.637	0.000
S	0.151	0.107	1.411	0.158

上述模型也称作以截距和斜率为结果（intercepts-and slopes-as-outcomes）模型（即模型 5），除了空模型（模型 1）和以截距和斜率为结果的模型之外，两水平回归模型其他基本子模型还包括：以均值为结果（means-as-outcomes regression）模型（模型 2）、带有随机效应的单因素协方差分析（one-way ANCOVA with random effects）模型（模型 3）、随机系数模型（random-coefficients regression model）（模型 4）和非随机变动斜率模型（model with nonrandomly varying slopes）（模型 6）（参见 Raudenbush and Bryk, 2002）。为了便于比较，将上述各模型总结见表 12.1。

表 12.1　两水平模型各子模型

	水平-1	水平-2	
		截距	斜率
1.随机效应单因素方差分析	$Y_{ij} = \beta_{0j} + \varepsilon_{ij}$	$\beta_{0j} = \gamma_{00} + \mu_{0j}$	
2.以均值为结果的回归	$Y_{ij} = \beta_{0j} + \varepsilon_{ij}$	$\beta_{0j} = \gamma_{00} + \gamma_{01}W_j + \mu_{0j}$	
3.随机效应单因素协方差分析	$Y_{ij} = \beta_{0j} + \beta_{1j}(X_{ij} - \bar{X}_{..}) + \varepsilon_{ij}$	$\beta_{0j} = \gamma_{00} + \mu_{0j}$	$\beta_{1j} = \gamma_{10}$
4.随机系数回归模型	$Y_{ij} = \beta_{0j} + \beta_{1j}X_{ij} + \varepsilon_{ij}$	$\beta_{0j} = \gamma_{00} + \mu_{0j}$	$\beta_{1j} = \gamma_{10} + \mu_{1j}$
5.以截距和斜率为结果的模型	$Y_{ij} = \beta_{0j} + \beta_{1j}X_{ij} + \varepsilon_{ij}$	$\beta_{0j} = \gamma_{00} + \gamma_{01}W_j + \mu_{0j}$	$\beta_{1j} = \gamma_{10} + \gamma_{11}W_j + \mu_{1j}$
6.非随机变动斜率模型	$Y_{ij} = \beta_{0j} + \beta_{1j}X_{ij} + \varepsilon_{ij}$	$\beta_{0j} = \gamma_{00} + \gamma_{01}W_j + \mu_{0j}$	$\beta_{1j} = \gamma_{10} + \gamma_{11}W_j$

按照出版格式，将上述六个模型的结果整理到表 12.2 中。

表 12.2　多水平分析各模型

	(1)	(2)	(3)	(4)	(5)	(6)
Fixed Effect						
Intercepts (γ_{00})	485.286***	482.660***	485.867***	422.792***	421.336***	421.204***
	(3.723)	(3.761)	(3.251)	(5.122)	(5.211)	(5.263)
sector (γ_{01})		44.084**			32.509	35.251[+]
		(13.931)			(24.671)	(19.643)
hisei (γ_{10})			1.222***	1.219***	1.215***	1.220***
			(0.073)	(0.080)	(0.082)	(0.083)
hiseiXsector (γ_{11})					−0.067	−0.102
					(0.347)	(0.346)

续表

	(1)	(2)	(3)	(4)	(5)	(6)
Random Effect						
Intercepts (τ_{00})	1922.240***	1813.359***	1429.185***	1651.775***	1621.901***	1350.436***
	(214.737)	(204.077)	(186.954)	(447.244)	(445.938)	(342.899)
hisei (τ_{11})				0.154	0.151	
				(0.107)	(0.107)	
Residual (σ^2)	5753.248***	5753.070***	5477.431***	5444.662***	5444.667***	5476.861***
	(133.429)	(133.419)	(113.158)	(114.082)	(114.084)	(125.876)
Model Fit						
N	4842	4842	4842	4842	4842	4842
LL	−28015.996	−28011.922	−27879.976	−27878.507	−27876.335	−27877.606
AIC	56037.991	56031.844	55767.952	55769.015	55768.670	55769.211
BIC	56057.447	56057.784	55793.892	55807.925	55820.551	55814.607

括号内为标准误;模型3中hisei采取了总平均化形式。

$+p<0.1, * p<0.05, ** p<0.01, *** p<0.001$。

12.2.3 模型拟合与模型比较

对于一般的多元线性回归模型,R^2代表解释的方差所占比例(explained proportion of variance),可以衡量模型中自变量对因变量的解释力。但在多水平回归模型中,则没有这么直观,很难给出一个简单适用的 R^2。

Raudenbush 和 Bryk 的方法是(Raudenbush et al.,2002):水平-1 所解释的方差比例,即将自变量 X 纳入水平-1 模型,水平-1 削减方差比例,或"解释方差比例"。可以通过比较拟合模型的残差 σ^2 估计值和基准模型或参照模型的 σ^2 估计值得到。水平-1 参照模型一般选取带随机效应的 ANOVA 模型(即空模型)。

$$水平-1方差解释比例 = \frac{\hat{\sigma}^2(带随机效应的ANOVA模型) - \hat{\sigma}^2(拟合模型)}{\hat{\sigma}^2(带随机效应的ANOVA模型)} \quad (12.12)$$

例如,表 12.2 中,带有随机效应单因素协方差分析(3)与空模型(1)相比,水平-1 增加了 hisei 变量,模型中 σ^2 由 5753.248 减少为 5477.431,(5753.248−5477.431)/5753.248 ≈0.048,这意味着该变量增设,使得校内方差减少了 4.8%,也就是说社会经济地位可以解释学生层次数学成绩方差的 4.8%。

水平-2 各 β_q 所解释方差的比例,即将自变量 W 纳入水平-2 模型来解释某一 β_{qj} 时,这一水平-1 随机系数(包括截距与斜率)的方差削减比例或解释方差比例。该指标通过比较由拟合模型的残差 τ_{qq} 估计值和某一参照模型的 τ_{qq} 估计值计算而得。水平-2 参照模型一般选取随机系数回归模型。

$$\beta_{qj}方差解释比例 = \frac{\hat{\tau}^2(随机系数回归) - \hat{\tau}^2(拟合模型)}{\hat{\tau}^2(随机系数回归)} \quad (12.13)$$

例如,截距和斜率为结果的模型(5)与随机系数回归(4)模型,水平-2 增加了学校类型变量,τ_{00} 由 1651.775 减少为 1621.901,相对变化量为(1651.775−1621.901)/1651.775 ≈0.018,意味着学校类型解释了学校之间数学成绩实际差异的 1.8%。

需要注意的是,水平-2 参数解释的方差,是以水平-1 模型设置不变为条件的。因此,需要先建立水平-1模型,然后再纳入水平-2预测变量(Raudenbush et al.,2002)。[①]

当存在嵌套关系的模型之间进行比较时,如果模型使用的都是ML估计,像任何其他使用ML估计的模型一样,可以直接使用似然比检验(likelihood ratio test)或离差检验(deviance test)。

$$D_0 - D_1 = -2\ln(\frac{L_0}{L_1}) = -2(LL_0 - LL_1) \tag{12.14}$$

例如,对于表12.2随机系数模型(4)和截距与斜率作为结果的模型(5)(均使用ML估计),LL分别为-27878.507和-27876.335,自由参数分别为6和8。计算两模型离差值D0-D1=-2((-27878.507)-(-27876.335))=4.344,df=8-6=2。

借助卡方分布函数(如Stata:chi2tail(2,4.344)=0.1139;Excel:CHISQ.DIST.RT(4.344,2)=0.1139)或查卡方分布表,可以计算p值或临界值,从而判断是否存在显著差异。从结果来看两个模型差异不显著,水平-2增加的解释变量没有显著改善模型拟合。

需要注意,Mplus中,根据模型估计的方法不同,嵌套模型差异检验方法需要有所不同:

• 对于结果有卡方值输出的模型,可直接进行卡方差异检验(chi-square difference testing)。当在Mplus中执行以MLR、MLM或WLSM估计所得χ^2差异的检验时,需要用S-B校正法(Satorra-Bentler scaling correction)对卡方进行调整(Muthén et al.,2005;Satorra,2000;Satorra et al.,2001)。不过,MLM不适用多水平回归模型,WLSM估计多水平回归模型不能含随机斜率,所以对于多水平回归模型,S-B校正法主要针对的是MLR估计方法的结果。

• Mplus在多水平回归模型中,使用MLR、MLM和WLSM估计带有随机效应的模型,不输出Chi-Square Test of Model Fit。此时可以使用S-B校正法输出的校正因子对LL加以校正,然后进行模型比较检验。

• 对于使用MLMV、WLSMV和ULSMV估计的一般模型,差异检验则需要在SAVEDATA和ANALYSIS命令中使用DIFFTEST选项(Muthén et al.,2012:451-452)。不过,MLMV不能应用于多水平回归模型。在多水平回归模型中,当ANALYSIS含TYPE=RANDOM(即含随机斜率)时,不能用WLSMV和ULSMV进行估计。而且,DIFFTEST选项对于TYPE=TWOLEVEL也不可用。

S-B矫正方法与其他采用MLR估计的一般模型相同。可以使用一些专门的小软件,如Chi-Square Difference Calculator(CDC5)方便地根据Mplus输出结果进行模型比较检验,也可在R中借助MplusAutomation包来实现模型之间的比较。

12.2.4 基于MLM的跨层调节作用

跨水平交互作用(cross-level interactions)或微观-宏观交互作用(micro-macro interactions)是多水平分析中的一个重要问题。跨水平交互项具有重要的理论与实际意义,是多水平建模需要关注的一个重点。如果水平-1解释变量X_{ij}对于结果变量Y_{ij}的作用在各组之间有显著变异,即β_{1j}非固定,那么就需要进一步分析哪些情境变量会影响水平-1解释变量与结果变量之间的关系。如果在水平-2方程中,某情境变量W_{1j}对水平-1斜率系数β_{1j}效应统计上显著,表明水平-1解释变量与结果变量之间的关系取决于水平-2的解释变量W_{1j},也就是受到W_{1j}的影响和调节。

像在一般多元回归模型中一样,如果跨层交互项统计上显著,主效应也必须同时保留在模型之中,并将相应的效应计算在内。

根据目前数据,跨层交互项并不显著。不过这里以此为例,简单交代一下交互作用的估

---

① 除此之外,Snijders和Bosker(2011)仿照一般多元回归模型"削减误差比例"(proportional reduction of error)的方式,将多水平回归模型水平-1和水平-2拟合水平定义为预测水平-1结果和组均值时削减误差比例。具体计算方法可参见Snijders & Bosker(2011)。

计。忽略或者说平均掉随机效应，因变量均值可以表达为

$$\overline{pv1math}_{ij} = \gamma_{00} + \gamma_{10}hisei_{ij} + \gamma_{01}sector_j + \gamma_{11}sector_j \times hisei_{ij} \qquad (12.15)$$

如果想得到 $hisei$ 对因变量 $pv1math$ 均值的偏效应（partial effect），可计算有关 $hisei$ 的斜率方程，即

$$\frac{\partial \overline{pv1math}_{ij}}{\partial hisei_{ij}} = \gamma_{10} + \gamma_{11}sector_j \qquad (12.16)$$

本例中 $sector$ 只取 0、1 两个变量，所以其值在 1.215+（−0.067）× 0=1.215 和 1.215+（−0.067）× 1=1.148 之间变化。这一变化即体现了跨层调节效应的作用。Mplus 可以输出调节效应图，见下框。代码解释见相应注释。

跨层交互作用可视化

```
TITLE: Verfying Cross-level Interactions for PISA
DATA:
FILE IS pisa.dat ;
VARIABLE:
   NAMES = schoolid hisei pv1math sector;
   MISSING = all（−9999）;
   USEVARIABLES = pv1math hisei sector;
   CLUSTER = schoolid;
   WITHIN   = hisei;
   BETWEEN = sector;
ANALYSIS: TYPE = TWOLEVEL RANDOM;
   ESTIMATOR = ML;
MODEL:
   %WITHIN%
   s | pv1math ON hisei;
   %BETWEEN%
   pv1math ON sector;
   [s] (gam0);              ! 水平−2第一个方程，Beta_1j 取均值即截距 Gamma_10
   s ON sector (gam1);      ! 水平−2第二个方程，sector 和 Beta_1j 的斜率系数 Gamma_11
   pv1math WITH s;
MODEL CONSTRAINT:
   PLOT(ylow yhigh);
   LOOP(XVAL,−44, 48, 1);          ! 设定演示的取值范围，可取（中心化）hisei最小最大值
   ylow   = (gam0+gam1*0)*XVAL;    ! 上述偏微分公式，sector 0 1 变化，连续变量取+−SD
   yhigh  = (gam0+gam1*1)*XVAL;    ! 未含误差区间；不考虑随机效应
PLOT:
   TYPE = plot2;
```

代码执行输出图形后，点击PLOT菜单下 View Plots 按钮，Mplus 可以输出跨水平调节作用的图形。使用程序自带图形编辑功能（图形上点击鼠标右键可以看到）整理后，输出图形见图12.2。

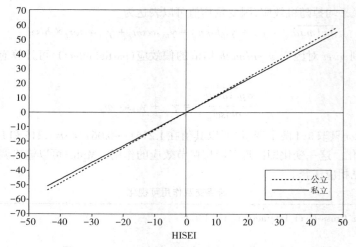

图 12.2　Mplus　多水平回归跨水平调节作用图

12.2.5　基于MLM的中介效应分析

采用分步法,利用一般回归模型进行单水平的中介效应检验,依次检验回归系数:①系数 c 显著;②系数 a 显著,且系数 b 显著;③如果 c' 不再显著,则为完全中介过程,否则为部分中介过程。相应的方程为

$$Y_i = \beta_0^{(1)} + cX_i + \varepsilon_i^{(1)}$$
$$M_i = \beta_0^{(2)} + aX_i + \varepsilon_i^{(2)}$$
$$Y_i = \beta_0^{(3)} + c'X_i + bM_i + \varepsilon_i^{(3)}$$

(12.17)

一般的中介效应分析仅针对单水平数据而言,在多水平数据的情况下,水平-1中 X 与 Y 之间的系数是水平-2变量的函数,往往随机变动。忽视数据的多水平结构和相似性将导致效应估计有偏,标准误低估,从而第 I 类错误概率增加。在多水平模型中,中介效应的两种表示 $c - c'$ 和 ab 并不相等(Krull et al.,1999)。

以两水平中介模型为例,根据 X、Y 和 M 所在的水平不同,理论上说可能的中介模型有8个类型(Krull et al.,2001;Preacher et al.,2010;温忠麟 等,2012:230)。

表 12.3　多水平中介效应的类型

类型	X	M	Y	MLM 局限
2-2-2	水平 2	水平 2	水平 2	没必要
2-2-1	水平 2	水平 2	水平 1	两步法
2-1-2	水平 2	水平 1	水平 2	不可用
2-1-1	水平 2	水平 1	水平 1	混淆
1-2-2	水平 1	水平 2	水平 2	不可用
1-2-1	水平 1	水平 2	水平 1	不可用
1-1-2	水平 1	水平 1	水平 2	不可用
1-1-1	水平 1	水平 1	水平 1	混淆

一般来讲,实际中很少出现较低水平变量影响较高水平变量的情况。[1] 因此,具体应用中

---

① 当然,在所谓"上行效应"(bottom-up effects)(Bliese,2000;Kozlowski,2000)或"微-宏观/突生效应"(micro-macro or emergent effects)(Croon and van Veldhoven,2007;Snijders Bosker,2011)的研究中,这类模型也有现实性。实例可参见 Nohe 等(Nohe,2013)的研究,使用的是 2-1-1-2模型。Preacher et al.(2010)提到了基于 MSEM 的 1-1-2 中介效应模型实例。

常见的主要是2-2-2、2-2-1、2-1-1、1-1-1四个类型。而对于2-2-2类型，可以采取聚合方式，在水平-2进行分析。所以研究中常见多水平中介效应模型的类型主要是2-2-1、2-1-1、1-1-1三个类型（Zhang et al.，2009）。相应模型图见图12.3-12.5。

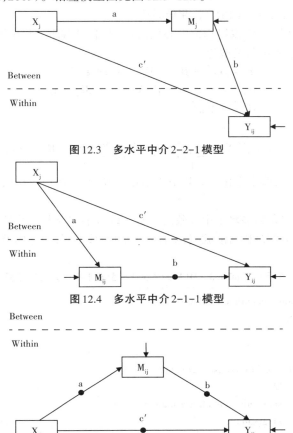

图12.3　多水平中介2-2-1模型

图12.4　多水平中介2-1-1模型

图12.5　多水平中介1-1-1模型

　　其中，多水平2-2-1中介模型属于高水平中介模型，2-1-1和1-1-1属于低水平中介模型。前者不含随机路径系数，后者含随机路径系数（Bauer et al.，2006）。多水平2-2-1随机中介效应模型属于固定效应模型。

　　分析多水平中介效应，可以采取MLM和MSEM两种方式。与MLM方式相比，使用MSEM进行中介效应分析，具有可以纳入对误差的考虑、不会混淆组内与组间中介效应、可以允许结果变量位于水平-2等优势（Preacher et al.，2011，2010）

　　基于MLM框架进行多水平中介效应分析要注意变量中心化问题。如果不对多水平中介模型水平-1预测变量进行恰当的中心化，会引起组内效应（within-group effect）和组间效应（between-group effect）的混淆（Krull et al.，2001；Zhang et al.，2009；Preacher et al.，2011）。例如，我们要研究学校学习氛围（X_j）通过学生阅读态度（M_{ij}）对阅读得分（Y_{ij}）的影响。对于这个2-1-1模型（图12.4），实际上，在总的间接效应中，一部分是学校整体学习氛围对学校学生总体阅读态度（以均值呈现）有影响，进而影响学生阅读得分；另外一部分是学生个体在不同学校整体学习氛围中，阅读态度个体之间存在差异，导致个体阅读成绩不同。传统的MLM无法区分出这一点，造成混淆。

　　为了避免此类错误，多水平中介效应分析（2-1-1、1-1-1模型）中，检验中介效应必须区分组间和组内不同的成分。经过组中心化，区分出组间中介效应。实际上，在2-1-1模型中，因为

X_j只有组间层面的方差,只能在水平-2组间变化。对某个固定的学校j而言,X_j是个定值,其对水平-1M_{ij}并不能产生直接的影响,而是通过影响第ij个个体在组群水平的均值即M_j间接实现的。因此,路径a实际上属于水平-2。所以如果X_j只影响M_{ij}的组间部分,在1-1关系中M_{ij}对Y_{ij}组内效应不应该包含在2-1-1的中介因果链条中。

以2-1-1模型为例,对M_{ij}取组均值中心化,并在水平-2截距方程中增加组均值,得到不混淆的(unconflated)多水平回归模型为

$$Y_{ij} = \beta_{0j}^{(3)} + \beta_{1j}^{(3)}(M_{ij} - M_j) + \varepsilon_{ij}^{(3)}$$
$$\beta_{0j}^{(3)} = \gamma_{00}^{(3)} + \gamma_{01}^{(3)}X_j + \gamma_{02}^{(3)}M_j + \mu_{0j}^{(3)} \qquad (12.18)$$
$$\beta_{1j}^{(3)} = \gamma_{10}^{(3)}$$

复合方程为:

$$Y_{ij} = \gamma_{00}^{(3)} + \gamma_{01}^{(3)}X_j + \underbrace{[\gamma_{02}^{(3)}]}_{\text{组间}}M_j + \underbrace{[\gamma_{10}^{(3)}]}_{\text{组内}}(M_{ij} - M_j) + \mu_{0j}^{(3)} + \varepsilon_{ij}^{(3)} \qquad (12.19)$$

在2-1-1模型,组均值中心化和总均值中心化不等价,应使用组均值中心化计算组水平中介效应。

以2-1-1模型为例介绍多水平中介效应分析。以水平-2学校教育资源质量scmatedu(X)、水平-1阅读态度readatt(M)和阅读成绩readsco(Y)的关系为例,构建模型。具体分析实例代码见下框。

基于Unconflated MLM的2-1-1模型多水平中介效应分析

```
TITLE: 2-1-1 mediation(unconflated MLM)
DATA: File is 211.dat;
Variable:
   Names are
      schoolid scmatedu readatt readsco greadatt;
   Missing are all （-9999）;
   USEVARIABLES = scmatedu readatt greadatt readsco;
   BETWEEN = scmatedu greadatt;
   WITHIN = readatt;
   CLUSTER = schoolid;
DEFINE: CENTER readatt （GROUPMEAN）
ANALYSIS:
   TYPE = TWOLEVEL;
MODEL:
   %WITHIN%
   readsco readatt;                    !估计y和m水平-1(残差)协方差
   readsco ON readatt;
   [readatt@0]                         !readatt为组中心化值,所以固定均值为0
   %BETWEEN%
   greadatt readsco;                   !估计x、m、y水平-2(残差)协方差
   greadatt ON scmatedu(a);            !m 对 x 回归,标记为a
   readsco ON greadatt(b);             !y 对 m回归,标记为b
   readsco ON scmatedu;
MODEL CONSTRAINT:
   NEW(indb);                          !命名(组间)间接效应
   indb = a*b;                         !计算(组间)间接效应
OUTPUT: CtINTERVAL;
```

在1-1-1模型中,情况更为复杂,可就是否存在组间中介效应、组内中介效应,或就两种中介效应同时进行研究甚至进行大小比较。如果将组间和组内部分混为一谈,会导致水平-1、水平-2或两个层面中介效应的误识(Zhang et al.,2009)。

对于1-1-1模型,组均值中心化和总均值中心化不等价,应做组均值中心化来区分组水平中介效应和个体水平中介效应。具体做法是,在1-1-1模型中,同时对X_{ij}和M_{ij}进行组中心化,并在水平-2(针对水平-1截距即β_{0j}的)方程中增加相应的组均值$X_{.j}$和$M_{.j}$。具体示例代码见下框。

基于Unconflated MLM 的1-1-1模型多水平中介效应分析

```
TITLE: Multilevel Mediation Analysis, 1-1-1 Model, unconflated MLM;
DATA:   File is 111.dat;
Variable:
  Names are
      schoolid hisei hedres ghedres readsco ghisei;
  Missing are all (-9999);
  USEVARIABLES = schoolid readsco hedres hisei ghisei ghedres ;
  WITHIN = hisei hedres;
  BETWEEN = ghisei ghedres;
  CLUSTER = schoolid;
Define: readsco = readsco/100;
        hisei = hisei/100;
        CENTER hisei hedres (GROUPMEAN);          ! hisei hedres 组均值中心化
ANALYSIS:
  TYPE = TWOLEVEL RANDOM;
MODEL:
  %WITHIN%
    hedres ON hisei(aw);          ! aw
    readsco ON hedres(bw);        ! bw
    readsco ON hisei;             ! cw'
    [hedres@0];                   ! hedres 已被组中心化,所以均值固定为零
  %BETWEEN%
    ghedres readsco;
    ghedres ON ghisei(ab);
    readsco ON ghedres(bb);
    readsco ON ghisei;
MODEL CONSTRAINT:
    NEW(indb indw);               ! 命名间接效应
    indw = aw*bw;                 ! 计算组内间接效应
    indb = ab*bb;                 ! 计算组间间接效应
OUTPUT: CINTERVAL;
```

12.3 多水平结构方程模型

12.3.1 多水平潜协变量方法

在多水平分析中,在缺乏一致性的条件下进行聚合,面临着缺乏信度的问题,特别是各组

观测数较少、ICC较小之时,结果会导致估计偏差(Asparouhov et al.,2006;Lüdtke et al.,2008;Muthén et al.,2011;Raudenbush et al.,1991;Snijders et al.,2011;Bliese,2000)。这一点从相应信度估计公式(Bliese,1998),即ICC(2)定义式[见式(12.2)]即可以看出。

实际上,即便对于构造性构念,由于测量误差,均值也未必是合适的统计量(Bliese et al.,1996;Bliese,1998;Grilli et al.,2011;Shin et al.,2010),聚合方式不仅导致情境效应估计有偏,而且会导致组间变量之间关系估计有偏,低估组群层面效应。由于组织研究中ICC(2)极少达到1,所以通常会发生低估。柯克曼等(Kirkman et al.,2001)对比共识法和聚合法分析实际数据的结果,也发现聚合方式会产生保守估计。

然而,从潜变量模型角度来看,即便通过ICCs、R_{wg}等指标计算表明可以对相关指标进行聚合处理,由此生成的情境变量,实际上假定了基于低水平变量聚合而得的高水平概念没有误差,但事实上聚合指标往往带有难以忽视的误差,真实值是不可观测或潜在的(Rabe-Hesketh et al.,2004)。[①] 如果潜在构念定义充分,只有很小的测量误差和抽样误差,使用简单均值是合适的,不过这样假定显然并不现实(Marsh et al.,2012)。聚合实际上是将观测的某个预测变量的组均值作为该变量在组群层面潜在特征的代理,这样做信度较差,会造成估计偏差(Lüdtke et al.,2008;Preacher et al.,2010)。

多水平结构方程模型(MSEM)为更有效地通过低水平测量建构高水平构念提供了一个解决思路。MSEM是结构方程(以下简称SEM)与MLM的结合。这种结合不仅有主观需求,而且有客观基础。实际上,MLM和SEM在数学和经验上是等价的,只需将分析单位变为组群,单变量MLM(人和组群)的下标转换为CFA(变量和人)的下标,也就是个体分值在概念上作为单独的变量(所谓"人也是变量")(Mehta & Neale,2005)。在广义潜变量模型框架下,前者组间方差和组内方差与后者共同方差和独特方差存在对应关系,可用一套通用公式来表述(Skrondal & Rabe-Hesketh,2004:97-99)。因此,嵌套数据结构可用SEM进行估计(潜增长模型即为典型,参见王孟成,毕向阳,2014),且具备如整合测量误差、可处理MLM难以处理的中介效应问题等优势(Curran,2003;Bauer,2003)。

循此脉络,Lüdtke等(Lüdtke et al.,2008;Preacher et al.,2010)基于Mplus潜变量分析框架系统地阐释了多水平潜协变量(Multilevel Latent Covariate,MLC)策略。MSEM建模是一种"分解优先"思路,其基础即使用MLC方法(实即随机效应ANOVA模型),将模型中各观测变量(除了只在某个层面变化的专用变量之外)自动分解为组内/组间两个独立、正交的部分,并作为潜变量(Lüdtke et al.,2008,2011;Preacher,2015;Preacher et al.,2011;Muthén et al.,2011)。与此相对,经典MLM中的聚合方法,称为多水平显协变量(Multilevel Manifest Covariate,MMC)。其中组均值是显变量,而非不可观测的潜在构念,聚合处理实际上相当于将组内微观单位当成无差异个体来对待。而基于MLC思路的MSEM将水平−1变量含有的无法直接观测的组群成分作为潜变量(潜组均值),水平−1单位可以理解为水平−2潜在构念的观测指标。这是二者之间的关键区别。Asparouhov等(Asparouhov et al.,2006;Lüdtke et al.,2008)使用数学方法推导证明,在进行多水平分析时,与MLC策略相比,MMC方法在估计组间效应和情境效应时存在偏误。随着组群规模或ICC减小,估计偏误会增加。模拟结果也支持数学推论。

从理论上来讲,如果水平−1指标本身设置就是为了测量水平−2构念,那么使用MLC的方式更适合。在一个更宽泛的尺度上,Lüdtke等(2008)将聚合构念区分为形成性(formative)和反映性(reflective)两种类型。后者假定了个体水平数据和组群水平概念的同构关系。水平−1指标反映性聚合至水平−2概念,参照点是组群水平构念,如通过对学生的调查测量"校

---

① 在广义潜变量模型框架中,误差、未观测异质性、缺失值、反事实等均属于潜变量范畴。概言之,人们无法在现实当中观测的随机变量均属于潜变量(Skrondal et al.,2004:1)。

风",应用 MLC 方式更适合,即使抽样比例比较大。前者中,聚合基于离散个体的不同属性,构念主要的目的是反映水平-1个体的差异,参照点是水平-1构念,如学生家庭社会经济地位。此时,若抽样比例较高,样本量和 ICC 较大,可使用 MMC 法。当抽样比例较小而水平-1和水平-2样本量较大时,考虑使用 MLC 法。理论上,如果各组样本量都足够大,两种方法结果应相近。

从 Mplus 代码书写规范的角度来讲,MMC 和 MLC 的区别就在于,对于特定变量,是否在变量声明部分(VARIABLE)设定水平-1变量所属的层次,即指定变量属于 WITHIN 还是 BE-TWEEN 层次,以及在模型部分(MODEL)是否分别在组内(WITHIN)和组间(BETWEEN)设定相应的变量名。如果在 Variable 部分不具体指定变量属于哪一层次,也就是属于所谓"组内/组间两用"变量(Asparouhov et al., 2006),那么按照 MLC 的思路,Mplus 默认将该变量分解为组内和组间两个不相关潜协变量部分,并同时在 MODEL 部分组内和组间两个层面参与建模。

从 Mplus 代码来看,传统的 MLM 模型使用的是 MMC 方式,只有水平-1结果变量 y 的变量名同时出现在 WITHIN 和 BETWEEN 两个部分,属于作为"组间/组内两用",其他协变量只属于特定的某个层次,即所谓"组内专用"(within-only)或"组间专用"(between-only)的类型。由于水平-1的协变量在 WITHIN 中的定义,因此不会在水平-2方程中出现。因此,在 MLM 模型中,如果水平-2需要水平-1对应的变量,需要手动将水平-1相应变量聚合(也就是取组均值)到水平-2,然后指定其属于 BETWEEN 层面,才能参与水平-2模型建构。

12.3.2　双潜多水平模型

不过从形式上来看,MLC 针对的是单指标观测变量,虽然可以控制抽样误差,但并没有考虑测量误差(Lüdtke et al., 2011)。通过强调各构念多观测指标测量并使用潜聚合方式形成水平-2构念,Marsh、Lüdtke 等研究者们(Marsh et al., 2009;Lüdtke et al., 2011;Marsh et al., 2012;Morin et al., 2014)将应用于情境效应分析中的 MSEM 称作双潜多水平模型(doubly latent multilevel model)。因为这样的设置实现了同时对水平-1与水平-2由于题项抽样(sampling items)造成的测量误差和由于在水平-1特征聚合构建水平-2构念过程中个体抽样(sampling of persons)存在的抽样误差的校正。

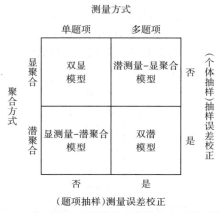

图 12.6　基于聚合和测量方式区分多水平模型类型

依此标准,传统 MLM 使用 MMC 策略,属于双显模型,特点是显测量、显聚合,两种误差均未考虑。如果构念采取的是单指标而非多指标测量,亦即未控制测量误差,但通过潜聚合控制了抽样误差,属于显-潜模型,MLC 即这种情况(Lüdtke et al., 2011)。诸如社会学研究中社区社会资本指标构建中常用"聚合+组间单水平因子分析"处理方式典型属于潜–显模型,虽然通过多指标控制了测量误差但没有通过潜聚合校正抽样误差。从 Muthén(1990;1994)有关组间和组内协方差矩阵的定义式来看,尽管经过一定校正并基于多指标潜测量构建,但水平–2 概念仍属于显聚合,所以 Marsh 等(2009)称之为潜—显模型。潜—显与显—潜模型同属部分校正模型。标准 MSEM 则属于双潜模型,也就是所谓潜测量、潜聚合。

12.3.3 多水平结构方程模型

嵌套或聚类数据结构破坏了许多统计模型所需的独立性假定,多水平回归模型可以用来解决独立性假设破坏的问题。然而多水平回归模型存在局限,如没有潜在变量(测量模型),不能处理测量误差;没有全局性拟合优度指标;模型较为简单,未能考虑组内和组间结构的复杂性;等等。传统的路径分析虽然可以厘清变量之间复杂的因果关系,但没有注意到存在的嵌套结构。如果我们想分析学生阅读得分在学校之间的差异多大程度上可由学校层面的变量来解释,或者进一步检验学校层面因素对于学生阅读得分校际差异的直接和间接效应,就需要纳入对数据嵌套结构的考虑,引入多水平路径分析。当然,路径分析没有考虑测量误差。如果同时满足上述这些条件,就需要引入多水平结构方程(MSEM)的框架。作为一个通用分析框架,MSEM 结合了 MLM 和 SEM 的优势。设置潜变量和多指标的方法校正了多水平回归模型在进行情境分析时存在的抽样误差和测量误差,同时解决了数据的嵌套结构和潜变量的估计问题。

MSEM 可以视作一般结构方程模型的拓展,为了体现组群水平随机效应,允许某些系数矩阵在不同组群之间变化(Muthén et al.,2008;Preacher et al.,2011,2010)。

测量模型:

$$Y_{ij} = \nu_j + \lambda_j \eta_j + K_j X_{ij} + \varepsilon_{ij} \tag{12.20}$$

组内结构模型(within-group structural model)为

$$\eta_{ij} = \alpha_j + B_j \eta_{ij} + \Gamma_j X_{ij} + \zeta_{ij} \tag{12.21}$$

组间结构模型(between-group structural model)为

$$\eta_j = \mu + \beta \eta_j + \gamma X_j + \zeta_j \tag{12.22}$$

模型中,Θ 和 Ψ 中元素假定不随组群而变化。含有模型参数的矩阵,包括 ν_j、α_j、λ_j、K_j、B_j、Γ_j 既可固定,也可在组间变化。其中,j 为组群指示标记,代表该参数随组群而变化。

需要注意的是,式(12.22)中 η_j 与式(12.21)中 η_{ij} 不同。η_j 包括所有 r 个随机效应,堆栈式(12.23)为式(12.22)中所有下标为 j 参数矩阵的随机元素(即 ν_j、λ_j、K_j、α_j、B_j、Γ_j),这是 MSEM 超越 SEM 的最主要的创新(Preacher,2015)。其形为

$$\eta_j = \begin{bmatrix} \text{vec}\{\nu_j\} \\ \text{vec}\{\alpha_j\} \\ \text{vec}\{\Lambda_j\} \\ \text{vec}\{K_j\} \\ \text{vec}\{B_j\} \\ \text{vec}\{\Gamma_j\} \end{bmatrix} \tag{12.23}$$

X_j 为所有组群水平协变量的向量,假定为 s 维。X_j 与 X_{ij} 也不一样,X_j 是所有组群层面协变量堆栈而成的 s 维向量。

向量 $\mu(r \times 1)$、矩阵 $\beta(r \times r)$ 和矩阵 $\gamma(r \times s)$ 包含所有估计的固定效应。其中,μ 为 $r \times 1$ 维固定效应向量,包含随机效应分布的均值、组间结构方程的截距;β 为 $r \times r$ 维向量,包含潜变量及随机截距和斜率彼此之间的关系的结构回归斜率系数;γ 为 $r \times s$ 矩阵,包含 η_j 中随机效应对于 s 各组群

水平外生预测变量的回归斜率。ζ_j 中组群水平残差服从均值为 0、协方差矩阵为 Ψ 的多元正态分布(Muthén et al., 2008; Preacher et al., 2010)。

　　按照 Lüdtke 等人(2008, 2011)和 Preacher 等人(2011, 2016)以及 Preacher(2015)的概括，MSEM 建模是一种"分解优先"(decomposed-first)思路。在 MSEM 框架下，水平-1(组内/组间两用)观测变量自动分解为组内(W)和组间(B)不同部分，从而区分出组内(W)和组间(B)效应。[①] 这种策略的优势在于，相对于 MLM 方法，将水平-1 变量组间部分(B)作为潜变量(潜组均值，实际即随机截距)，从而减少了由于在水平-2 采用手工计算组均值带来的偏误。同时，对组群水平系数估计进行校正(Muthén et al., 2007)。Mplus 所运用估计方法(默认基于 EM 算法的 MLR)满足一致性和渐进有效性(Asparouhov et al., 2006; Lüdtke et al., 2008)。[②]

1)　多水平验证性因子分析

　　对于存在聚类效应的数据，单水平因子分析忽略嵌套结构。由于组群内部个体的相似性，传统因子分析因为观测值独立性假设被破坏，卡方检验统计量、因子载荷、标准误有偏，统计显著性检验失效，因子得分也会有偏。而且这种偏差随着 ICC 增加而增大(Julian 2001; Dyer et al., 2005; Preacher et al., 2010)。而且，因为嵌套数据破坏独立性假定，即使去除潜变量影响，量表题项也仍然相关，这会影响研究者对量表是否单维的判断(Dyer et al., 2005)。根据模拟研究(Julian, 2001)的结论，一般 ICC 大于 0.05 且组群规模相对较大时，应该考虑将因子分析纳入多水平框架。

　　暂不考虑理论意义和聚合可行性，以下我们用 PISA 数据中学生学习策略(st27q01-13)作为多水平验证性因子分析示例。量表共 13 个题项，简单起见，这里选取其中的 8 个题项，见表 12.4。量表测度 1-4 级，近似视为连续变量，数据已经将负向计分调整为正向计分。经计算，总体 $KMO=0.8941$，适合做因子分析。

表 12.4　学习策略量表题项

变量名	标签	均值	标准差	ICC
ST27Q01	记住文本中的每个东西	2.505	0.899	0.037
ST27Q03	尽可能多地记住细节	2.872	0.902	0.030
ST27Q04	将信息与以往的知识建立关联	2.542	0.946	0.011
ST27Q05	读课文很多次直到能复述	1.944	0.918	0.056
ST27Q07	一遍又一遍地读文本	2.472	0.976	0.030
ST27Q08	搞清楚信息如何在课外派上用场	1.963	0.916	0.028
ST27Q10	将材料与自身经验建立联系以更好理解	2.254	0.963	0.009
ST27Q12	搞清楚信息如何与现实生活相适应	2.202	0.930	0.015

　　各题项中，st27q01、st27q03、st27q05、st27q07 与记忆(memorisation)有关；st27q04、st27q08、st27q10、st27q12 与理解(elaboration)有关。这里针对水平-1，设定为双因子结构。一般来讲，组群水平的因子往往呈现出聚合的现象，简化起见可采用单因子结构。其实际意义即：在学校层面，该量表视作对学生学习策略的整体测量。对于多水平因子分析而言，一个重要的优势是根据理论，可以对不同水平设定差异性的因子结构，而不是强加同结构的假定。这在某些研究中，具有重要意义。

---

①　水平-2 变量由于没有组内(W)部分，只作为组间效应(Only-B)变量。当然也存在只有组内效应的变量，但这种情况假定观测值独立，较为少见(Preacher et al., 2016)。组间/组内专用变量也可以视作相应组内/组间部分变差为 0。
②　另外，MSEM 的框架下允许结果变量可以处于水平-2，这一点 MLM 模型也无法做到。

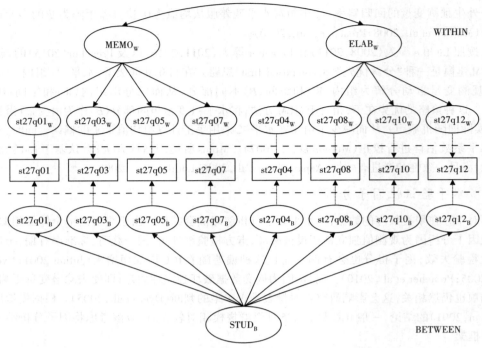

图12.7 水平验证性因子分析

使用联立方法估计多水平验证性因子分析模型代码的语法符合MLC模型的规范。由于st27q01—st27q12各指标需要分解到不同水平，所以变量声明部分未指定属于哪一层面。WITHIN和BETWEEN分别构建相应测量模型(用BY表示)，指标名称不加区分，但实际上分别对应组内和组间不同部分。另外需要注意的是，组内和组间的潜变量名称上要区别开，表示不同水平的构念。

多水平验证性因子分析

```
TITLE: Multilevel confirmatory factor analysis;
DATA:   FILE IS pisafactor.dat;
VARIABLE:
      Names are
            schoolid st27q01 st27q03 st27q04 st27q05 st27q07 st27q08 st27q10 st27q12
            hisei girl sector;
      USEVARIABLES = st27q01−st27q12;
      Missing are all (−9999);
      CLUSTER is schoolid;
      WITHIN = ;
      BETWEEN = ;
ANALYSIS: TYPE = TWOLEVEL;
          ESTIMATOR = ML;
MODEL: %WITHIN%
          MEMOw BY st27q01 st27q03 st27q05 st27q07;
          ELABw BY st27q04 st27q08 st27q10 st27q12;
       %BETWEEN%
          STUDb BY st27q01 st27q03 st27q04 st27q05 st27q07 st27q08 st27q10 st27q12;
OUTPUT: SAMPSTAT STDYX MODINDICES RESIDUAL;
```

相关输出结果进行整理,见表12.5。

表12.5 多水平验证性因子分析结果

	单水平		多水平		
	Total		Within		Between
	F1	F2	$F1_W$	$F2_W$	F_B
ST27Q01	0.676***		0.670***		0.850***
	(0.012)		(0.013)		(0.082)
ST27Q03	0.692***		0.688***		0.896***
	(0.012)		(0.012)		(0.086)
ST27Q05	0.651***		0.632***		0.995***
	(0.012)		(0.013)		(0.059)
ST27Q07	0.642***		0.630***		0.913***
	(0.012)		(0.013)		(0.061)
ST27Q04		0.630***		0.635***	0.283
		(0.011)		(0.011)	(0.213)
ST27Q08		0.709***		0.705***	0.938***
		0.009)		(0.009)	(0.085)
ST27Q10		0.766***		0.766***	0.868***
		(0.008)		(0.008)	(0.204)
ST27Q12		0.790***		0.789***	0.894***
		(0.008)		(0.008)	(0.137)
Corr	0.499***		0.492***		
	(0.015)		(0.016)		
Model Fit					
LL	−44472.725		−44381.879		
AIC	88995.450		88845.757		
BIC	89156.533		89109.934		
CFI	0.920		0.917		
RMSEA	0.104		0.074		
SRMR	0.049				
SRMR-Within			0.056		
SRMR-Between			0.223		
N	4644		4644		

标准化系数;括号内位标准误;
$p < 0.1$, * $p < 0.05$, ** $p < 0.01$, *** $p < 0.001$。

从拟合结果来看,多水平验证性因子分析整体优于不考虑嵌套结构的单水平因子分析。当然由于本例中各指标ICC较小,组间模型拟合较差。

2)多水平路径分析

多水平路径分析整合了多水平分析和路径分析,在考虑数据嵌套结构的框架下研究变量之间复杂的因果关系。在Mplus中,多水平路径分析允许随机截距和随机斜率。由于水平-1观测变量很难在水平-2没有对应的潜变量,除非相应ICC几乎为0,或者依照假设设定变量无组间变化即只属于组内专用变量,因此如果使用MLC策略引入潜协变量,模型可视为一般意义上的MSEM。

这里在组间设置了阅读得分与阅读兴趣的方程，从而可以估计后者对前者的组间效应。所以，实际的代码中，Variable 定义部分，只是规定了学生性别比（pcgirls）作为组间专用变量，学生性别（girl）作为组内专用变量。在多水平框架下构建阅读得分的路径分析模型，路径图见图12.8。

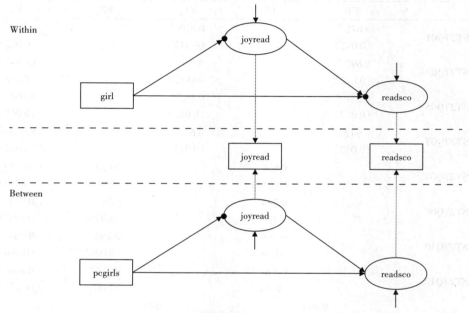

图12.8 阅读得分的多水平路径分析

简化起见，构建随机截距多水平路径分析模型。相应 Mplus 代码见下框。

多水平路径分析

```
TITLE: Multilevel Path Analysis with Random Intercept;
DATA:   File is pisampa.dat;
Variable:
    Names are schoolid joyread pcgirls girl readsco;
    Missing are all （-9999）;
    USEVARIABLES = joyread pcgirls girl readsco;
    WITHIN = girl;
    BETWEEN = pcgirls;
    CLUSTER = schoolid;
ANALYSIS:
    TYPE = TWOLEVEL;
    ESTIMATOR = ML;
MODEL:
    %WITHIN%
      readsco ON joyread girl;
      joyread ON girl;
    %BETWEEN%
      joyread readsco ON pcgirls;
      readsco ON joyread;
OUTPUT: SAMPSTAT STDYX;
```

注意,上述代码变量界定部分(VARIABLE),除了最终结果变量(即 readsco),也没有指定 joyread 所属的层次,因此属于组内-组间两用的变量,分析时会自动分解到组间和组内两部分。组内模型中,readsco 和 joyread 变量上的圆点代表相应方程截距有随机的变化。二者的随机截距实际上存在于各自的组间部分。在模型组间部分,二者跨组变动,或者说方差体现于水平-2。组间模型描述了它们如何受到学校层面因素的影响,二者之间在组间也存在结构关系。

这里 pcgirls 作为水平-2整体变量,刻画的是学校某方面的整体的特征,非由学生性别(girl)观测值聚合而成或分解出组间成分得到,其在组内没有方差变化,因此不能同时出现在 MODEL 部分的 WITHIN 和 BETWEEN 层面,只能在水平-2参与模型构建。同理,如果水平-1变量没有聚类效应,ICC 接近于0,可设定为仅组内变动变量(Only-W)。这里性别即做了这样的处理。输出结果整理为回归表格(表12.6),其中包括了单水平路径分析结果。

表12.6 学生阅读得分多水平路径分析

	单水平	多水平	
		组内	组间
Readsco			
Intercepts	531.725***		566.076***
	(7.778)		(26.128)
Joyread	37.122***	34.249***	117.670***
	(1.187)	(1.097)	(27.917)
Girl	2.931	6.661**	
	(2.526)	(2.285)	
Pcgirls	−0.602***		−0.782+
	(0.162)		(0.470)
Joyread			
Intercepts	−0.474***		−0.477**
	(0.096)		(0.138)
Girl	0.652***	0.660***	
	(0.030)	(0.030)	
Pcgirls	0.003		0.003
	(0.002)		(0.003)
Model Fit			
LL	−51470.147	−31280.951	
AIC	102966.295	62585.902	
BIC	103049.843	62662.545	
CFI	0.937	1.000	
RMSEA	0.142	0.000	
SRMR	0.041		
SRMR-Within		0.000	
SRMR-Between		0.000	

括号内为标准误;
$p<0.1$,* $p<0.05$,** $p<0.01$,*** $p<0.001$。

从结果来看,在单水平路径分析模型中,在个体层面,阅读兴趣影响阅读得分在统计上显著,但性别对阅读得分影响不显著,不过阅读兴趣对阅读成绩的间接效应显著。多水平路径分析结果中,阅读兴趣与阅读得分之间的关系在两个层面均显著。同时在水平-1,不同性别其阅读得分存在显著差异。对比单水平路径和多水平路径分析结果可以看到阅读兴趣与阅读成绩之间的关系,在单水平路径分析结果中,该系数为37.122,而从多水平路径分析结果来看,实际上该值混淆了组内和组间效应。从数量来看,组间效应(117.670)高于组内效应(34.249)。从模型相关拟合指标(表12.6)来看,多水平路径分析模型拟合要优于单水平路径分析模型。

3)多水平结构方程模型

与路径分析相比,结构方程可以像路径分析一样考虑复杂的因果关系,同时纳入潜变量,容许测量误差。然而对于存在嵌套结构的数据,单水平结构方程模型实际上可能存在问题。如果相关指标ICC达到一定水平,则有必要使用MSEM进行建模。

这里学校风气、性别比作为学校特征专属于水平-2的概念,基于个体测量的学生家庭社会经济地位、阅读策略属于组内/组间两用变量,性别作为水平-1专用变量。

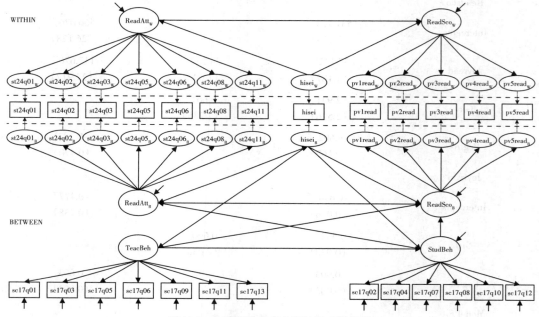

图12.9　阅读得分的多水平结构方程模型

相应的Mplus代码见下框。

阅读得分的多水平结构方程模型

```
TITLE: Multilevel Structural Equation Model with Random Intercept;
DATA: File is pisamsem.dat;
Variable:
   Names are schoolid st24q01 st24q02 st24q03 st24q05 st24q06 st24q07 st24q08 st24q11
      hisei pv1read pv2read pv3read pv4read pv5read sc17q01 sc17q02 sc17q03
      sc17q04 sc17q05 sc17q06 sc17q07 sc17q08 sc17q09 sc17q10 sc17q11 sc17q12
      sc17q13;
   Missing are all (-9999);
   USEVARIABLES = pv1read-pv5read st24q01 st24q02 st24q03 st24q05 st24q06 st24q07
```

```
                st24q08  st24q11  hisei  sc17q01-sc17q13;
  WITHIN   = ;
  BETWEEN = sc17q01-sc17q13 ;
  CLUSTER = schoolid;
ANALYSIS:
  TYPE  = TWOLEVEL;
  ESTIMATOR = MLR;
  MCONVERGENCE = 0.1;
MODEL:
  %WITHIN%
  ReadScow  BY  pv1read-pv5read;
  ReadAttw  BY  st24q01 st24q02 st24q03 st24q05 st24q06 st24q07 st24q08 st24q11;
  ReadScow  ON  ReadAttw hisei;
  ReadAttw  ON  hisei;
  %BETWEEN%
  ReadScob  BY  pv1read-pv5read;
  ReadAttb  BY  st24q01 st24q02 st24q03 st24q05 st24q06 st24q07 st24q08 st24q11;
  TeacBeh   BY  sc17q01 sc17q03 sc17q05 sc17q06 sc17q09 sc17q11 sc17q13;
  StudBeh   BY  sc17q02 sc17q04 sc17q07 sc17q08 sc17q10 sc17q12;
  ReadScob  ON  ReadAttb TeacBeh StudBeh hisei;
  ReadAttb  ON  TeacBeh StudBeh hisei;
  StudBeh   ON  TeacBeh hisei;
  TeacBeh   WITH  hisei;
OUTPUT: STDYX;
```

MSEM 的 Mplus 命令中,要区分 WITHIN 和 BETWEEN 不同层面。像多水平因子分析一样,不同水平会构建对应子模型。

如果需要在两个水平同时考虑阅读态度和阅读得分,也就是分别评价学生个体以及学校层面学生整体的阅读态度和阅读得分水平,需要在不同的水平构建相应的测量方程。由于 hisei 以及 pv1read—pv5read、st24q01—st24q11 各指标在两个水平均出现,属于组内/组间两用的类型,在变量界定部分不能指定所属层次。这体现了 MLC 的思路,也就是对观测协变量进行多水平的分解。在不同水平的方程中,这些变量以相同的变量名出现,分别表示各自的组内和组间部分。hisei 单个变量可以在组内/组间分别写上同样的变量名,对应组内和组间不同部分。另两组指标也会进行分解,WITHIN 和 BETWEEN 语句中相同的变量名代表组内/组间不同部分。不过由于这些指标需要在特定水平构建对应的潜变量,而这些构念分属不同层次,所以潜变量在名称上要注意进行区分。例如,本例中 ReadAttw 代表组内阅读兴趣,ReadAttb 代表组间阅读兴趣。教师行为和学生行为属于水平-2的测量,只是对学校某方面整体状况的度量,在组内无方差变化,所以设定为属于 BETWEEN 部分。

Mplus 中,MSEM 默认使用 MLR 进行估计,输出稳健 χ^2 统计量和稳健标准误。在中等程度违反分布假定的情况下,可以提供无偏的估计。如果因变量为类别变量,ML 需要高维数字积分,可能会出现迭代不收敛、估计不准确的问题,此时可以采用 WLSM(V)法进行估计。Mplus 高版本也支持 MSEM 中随机斜率的设定,需要设定数字积分算法。

整理结果见表 12.7。从输出的拟合指数来看,MSEM 拟合情况要优于单水平 SEM。不过组间模型拟合相对较差。

表 12.7 PISA 学生阅读得分多水平结构方程

	单水平	多水平	
		组内	组间
Readsco			
Readatt	49.501***	48.236***	262.679
	(1.602)	(1.626)	(298.813)
hisei	1.410***	0.910***	3.141
	(0.075)	(0.078)	(2.302)
Teacbeh	−4.961		−9.209
	(5.148)		(13.367)
Studbeh	30.066***		12.393
	(4.972)		(13.808)
Readatt			
hisei	0.006***	0.006***	0.011*
	(0.001)	(0.001)	(0.005)
Teacbeh	−0.001		0.036
	(0.049)		(0.044)
Studbeh	−0.021		−0.051
	(0.048)		(0.057)
Studbeh			
hisei	0.003***		0.024**
	(0.000)		(0.008)
Studcli			
Teaccli	0.802***		0.688***
	(0.026)		(0.120)
Teaccli with hisei	1.119***		1.123**
	(0.127)		(0.336)
Model Fit			
LL	−217101.289	−172642.595	
AIC	434382.577	345525.190	
BIC	434959.782	346294.797	
CFI	0.944	0.984	
RMSEA	0.036	0.024	
SRMR	0.036		
SRMR-Within		0.024	
SRMR-Between		0.152	

非标准化系数,省略测量方程、截距;括号内为标准误;
$p<0.1$,* $p<0.05$,** $p<0.01$,*** $p<0.001$。

  对比单水平和多水平 SEM 结果会发现,单水平 SEM 与多水平 SEM 中某些变量的显著性有所不同。例如,在组内方程中,家庭社会经济地位对学生阅读得分作用显著,但在组间方程中相应系数不显著,不过后者效应量大概还是前者的 3.5 倍。具体来看,$p=0.172$,如果学校样本量增加,该系数应该统计上会显著。社会经济地位与阅读兴趣之间,组内和组间的系数均统计上显著,组间系数大概是组内系数的 2 倍。另外还可以看到,在单水平 SEM 中,学生行为(Stud-Beh)对阅读得分的作用统计上是显著的。然而,从 MSEM 的角度来看,原则上该变量作为水平

-2变量,直接作用于学生个体阅读得分是有问题的,混淆了组间和组内效应。实际上,因为 StudBeh 只有组间方差,也就是说只能在水平-2变化。对某个固定的学校而言其实是一个定值,因此对水平-1变量并不能产生直接影响。从实际结果来看,在 MSEM 中,该变量作用于结果变量的组间效应,系数并不显著。

12.4 基于 MSEM 的多水平中介与调节效应分析

12.4.1 基于 MSEM 的多水平中介效应分析

尽管通过组中心化,MLM 方法区分出组内和组间中介效应,但仍然存在局限。MLM 方法实际上是将观测的某个预测变量的组均值(observed means)作为该变量在组群层面潜在特征的代理,这样做信度较差(题项过少会加剧这种情况),会造成估计的偏差,包括:1-1 关系组群层面主效应偏差(Lüdtke et al.,2008),以及 2-1-1 模型中组间中介效应偏差(Preacher et al.,2010)。

从 MSEM 来看,很容易理解这个问题。在 MSEM 中,水平-1单位可以被理解为水平-2潜在构念的指标(参见 Mehta et al.,2005)。就像因子分析当中那样,指标过少,或缺少共同度,可能造成因子之间关系估计的偏差,水平-1单位少或者 ICC 过小,也会造成组间效应估计的偏误(Lüdtke et al.,2008;Neuhaus et al.,2006)。解决这个问题,需要把水平-1变量含有的无法直接观测的组群成分作为潜变量(latent means),而 MSEM 可以满足这一点,实现组间、组内间接效应的无偏的估计。水平-1斜率可以设为固定或者随机变动(参见 Preacher et al.,2010)。另外,由于 MLM 的定义方式限制,只能分析因变量在水平-1的多水平中介效应,不能处理 2-1-2、1-2-1 等特殊的多水平中介效应模型设计。而 MSEM 的方式对因变量在水平-1和水平-2的多水平中介效应均可以分析,因此具有更广的适用性。

模型以图形来表示,如图 12.10、图 12.11、图 12.12 所示,与基于 MLM 的 2-2-1、2-1-1 和 1-1-1多水平中介效应模型(图 12.3、图 12.4、图 12.5)进行比照可以看到,基于 MSEM 的多水平中介效应分析中,不同水平只考虑本层要素的方差,其间也没有代表因果作用路径的跨层箭头存在,各水平之间是互相独立的。

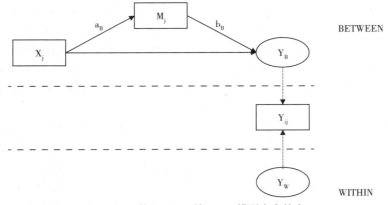

图 12.10　基于 MSEM 的 2-2-1 模型中介效应

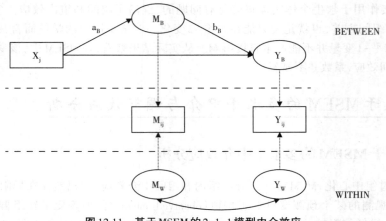

图 12.11 基于 MSEM 的 2-1-1 模型中介效应

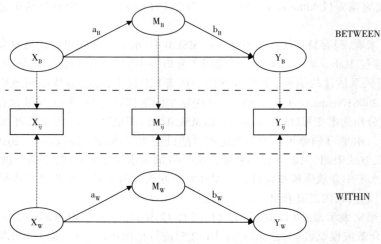

图 12.12 基于 MSEM 的 1-1-1 模型中介效应

基于"分解优先"的策略,MSEM 多水平中介效应分析框架,层次清晰,不会混淆组内和组间效应。水平-2模型解释水平-2要素的方差,包括水平-2变量及水平-1变量的组间部分;水平-1模型解释水平-1要素的方差,包括水平-1变量的组内部分,以及严格界定只在水平-1变化无组间方差的变量。在基于 MSEM 的多水平中介效应分析的模型中,可能有组间中介效应,也可能有组内中介效应,但并不存在从水平-2到水平-1的中介效应。实际上,基于 MSEM 的多水平中介效应分析的一个原则是,只要预测变量、中介变量和结果变量中有一个属于水平-2变量,则中介效应必定在组间水平发生(Preacher et al.,2010)。

在 MSEM 框架下,2-2-1模型(组间)中介效应可以通过 $a_B \times b_B$ 来检验。对于2-1-1模型固定效应,(组间)中介效应通过 $a_B \times b_B$ 检验。对于带有随机斜率的2-1-1模型,b 分为组间和组内两部分,一部分是水平-2 M_j 对 Y_j 的系数 b_B,另一部分是水平-1 M_{ij} 对 Y_{ij} 的系数 b_w。由于随机变化,b_w 取均值作为斜率的估计(即随机斜率的均值,实际表现于水平-2),总的间接效应即 $a_B \times (b_B + b_w)$。对于 M_{ij}、Y_{ij} 对应方程均固定斜率的1-1-1模型,组内中介效应通过 $a_w \times b_w$ 检验,组间中介效应通过 $a_B \times b_B$ 检验。对于斜率均随机变化的1-1-1模型,组内间接效应为 $a_w \times b_w + Cov(a_w, b_W)$(Kenny et al.,2003;Preacher et al.,2010)。(表12.8)

表 12.8　基于 MSEM 的两水平中介效应表达式

模型	固定/随机斜率	组间中介效应	组内中介效应
2-2-1	无	$a_B \times b_B$	无
2-1-1	$M_{ij} \rightarrow Y_{ij}$ 固定斜率	$a_B \times b_B$	无
2-1-1	$M_{ij} \rightarrow Y_{ij}$ 随机斜率	$a_B \times (b_B + b_W)$	无
1-1-1	$X_{ij} \rightarrow M_{ij}$、$M_{ij} \rightarrow Y_{ij}$ 固定斜率	$a_B \times b_B$	$a_W \times b_W$
1-1-1	$X_{ij} \rightarrow M_{ij}$、$M_{ij} \rightarrow Y_{ij}$ 随机斜率	$a_B \times b_B$	$a_W \times b_W + \mathrm{Cov}(a_W, b_W)$

多水平中介效应分析时,2-2-1、2-1-1、1-1-1 模型在实际中最为常见。[①] 在不考虑理论意义和相关变量(潜)聚合可行性的情况下,PISA 数据中学生行为 studbeha(M)、教师行为 teacbeha(X)属于水平-2 变量,研究其与水平-1 学生数学成绩 pv1math(Y)的关系,即为 2-2-1 模型。

基于 MSEM 的 2-2-1 模型多水平中介效应分析

```
TITLE: 2-2-1 Mediation(MSEM)
DATA: File is 221.dat;
Variable:
  Names are
    schoolid pv1math studbeha teacbeha;
  Missing are all (-9999);
  USEVARIABLES = pv1math studbeha teacbeha;
  BETWEEN = studbeha teacbeha ;
  CLUSTER = schoolid;
ANALYSIS:
  TYPE = TWOLEVEL;
MODEL:
  %WITHIN%
    pv1math;
  %BETWEEN%
    studbeha ON teacbeha(a);      ! m 对 x 回归,斜率标记为 a
    pv1math ON studbeha(b);       ! y 对 m 回归,斜率标记为 b
    pv1math ON teacbeha;
MODEL CONSTRAINT:
    NEW(ab);                      ! 命名(组间)间接效应
    ab = a*b;                     ! 计算(组间)间接效应
OUTPUT: CINTERVAL;
```

以水平-2 学校教育资源质量 scmatedu(X)、水平-1 阅读态度 readatt(M)和阅读成绩 readsco(Y)的关系为例,构建 2-1-1 模型。

基于 MSEM 的 2-1-1 模型多水平中介效应分析(固定斜率)

```
TITLE: 2-1-1 mediation (MSEM)
DATA: File is 211.dat;
Variable:
  Names are
```

[①]　篇幅所限,其他具有上行效应的模型这里不再列出,可参见 Preacher 等(2010)或王孟成、毕向阳(2018:271-276)。从 MSEM 的框架来看,其实对于这类模型可以比照 2-2-1 模型进行中介效应分析,如对于 1-2-2 模型,只需考虑 X 变量组间变化与 M、Y 的中介关系即可。另外,按照上述原则和一般的结构方程模型构建方法,也可以构建 1-(1,1)-1 之类的复杂的中介模型,或进行带有测量方程的多水平结构方程模型中介效应分析。

```
    schoolid scmatedu readatt readsco greadatt;
  Missing are all（-9999）;
  USEVARIABLES =  scmatedu readatt readsco;
  BETWEEN = scmatedu;
  CLUSTER = schoolid;
ANALYSIS:
  TYPE = TWOLEVEL;
MODEL:
  %WITHIN%
    readsco readatt;                !估计y和m水平-1(残差)协方差
    readsco ON readatt;
  %BETWEEN%
    scmatedu readatt readsco;       !估计x、m、y水平-2(残差)协方差
    readatt ON scmatedu(a);         !m对x回归,标记为a
    readsco ON readatt(b);          !y对m回归,标记为b
    readsco ON scmatedu;
MODEL CONSTRAINT:
    NEW(indb);                      !命名(组间)间接效应
    indb = a*b;                     !计算(组间)间接效应
OUTPUT: CINTERVAL;
```

基于 MSEM 的 2-1-1 模型多水平中介效应分析（随机斜率）

```
TITLE: 2-1-1 mediation（MSEM with random slope）
DATA: File is 211.dat;
Variable:
  Names are
      schoolid scmatedu readatt readsco greadatt;
  Missing are all（-9999）;
  USEVARIABLES =  scmatedu readatt readsco;
  BETWEEN = scmatedu;
  CLUSTER = schoolid;
ANALYSIS:
  TYPE = TWOLEVEL RANDOM;
MODEL:
  %WITHIN%
    readsco readatt;                !估计y和m水平-1(残差)协方差
    s | readsco ON readatt;         !组内bw路径作为随机效应进行估计
  %BETWEEN%
    scmatedu readatt readsco;       !估计x、m、y水平-2(残差)协方差
    readatt ON scmatedu(a);         !m对x回归,标记为a
    readsco ON readatt(bb);         !y对m回归,标记为bb,为情境效应,非组间斜率
    readsco ON scmatedu;
    s WITH scmatedu readatt readsco;
    [s](bw);                        !估计s均值,标记为bw
MODEL CONSTRAINT:
    NEW(b indb);
    b = bb + bw;                    !计算组间b路径
    indb = a*b;                     !计算(组间)间接效应
OUTPUT: CINTERVAL;
```

以 PISA 数据中水平–1 学生家庭社会经济地位 hisei（X）、家庭文化资源 hedres（M）和阅读得分 readsoc（Y）三个变量为例，构建 1–1–1 模型。

基于 MSEM 的 1–1–1 模型多水平中介效应分析（固定斜率）

```
TITLE: Multilevel Mediation Analysis, 1-1-1 Model, with fixed slopes, MSEM;
DATA:  File is 111.dat;
Variable:
   Names are
       schoolid hisei hedres ghedres readsco ghisei;
   Missing are all（-9999）;
   USEVARIABLES = hedres hisei readsco;
   CLUSTER = schoolid;
Define: readsco = readsco/100;
        hisei = hisei/100;
ANALYSIS:
   TYPE = TWOLEVEL;
MODEL:
  %WITHIN%
     hedres ON hisei（aw）;      ! aw
     readsco ON hedres（bw）;    ! bw
     readsco ON hisei;          ! cw'
  %BETWEEN%
     hisei hedres readsco;            ! 估计水平–2（残差）方差
     hedres ON hisei（ab）;
     readsco ON hedres（bb）;
     readsco ON hisei;
MODEL CONSTRAINT:
   NEW（indb indw）;             ! 命名间接效应
  indw = aw*bw;                 ! 计算组内间接效应
  indb = ab*bb;                 ! 计算组间间接效应
OUTPUT: CINTERVAL;
```

基于 MSEM 的 1–1–1 模型多水平中介效应分析（随机斜率）

```
TITLE: Multilevel Mediation Analysis, 1-1-1 Model, with Random slopes, MSEM;
DATA:  File is 111.dat;
Variable:
   Names are
       schoolid hisei hedres ghedres readsco ghisei;
   Missing are all（-9999）;
   USEVARIABLES = hedres hisei readsco;
   CLUSTER = schoolid;
Define: readsco = readsco/100;
        hisei = hisei/100;
ANALYSIS:
  TYPE = TWOLEVEL RANDOM;
MODEL:
  %WITHIN%
     sa | hedres ON hisei;                ! 组内 aw 路径作为随机效应进行估计
```

```
    sb | readsco ON hedres;              ! 组内bw路径作为随机效应进行估计
    sc | readsco ON hisei;
  %BETWEEN%
    sa sb sc hisei hedres readsco;       ! 估计水平-2(残差)方差
    sa WITH sc hisei hedres readsco;
    sa WITH sb(cab);                     ! 估计水平-2 sa与sb协方差,命名为cab
    sb WITH sc hisei hedres readsco;
    sc WITH hisei hedres readsco;
    hedres ON hisei(ab);                 ! ab,注意这里为情境效应,非组间斜率
    readsco ON hedres(bb);               ! bb,注意这里为情境效应,非组间斜率
    readsco ON hisei;
    [sa](aw);                            ! 估计 sa 均值,命名为 aw
    [sb](bw);                            ! 估计 sb 均值, 命名为 bw
MODEL CONSTRAINT:
    NEW(a b indb indw);      ! 命名间接效应
    a = aw + ab;             ! 计算组间 a 路径
    b = bw + bb;             ! 计算组间 b 路径
    indw = aw*bw + cab;      ! 计算组内间接效应
    indb = ab*bb;            ! 计算组间间接效应
OUTPUT: CINTERVAL;
```

基于 Lüdtke 等人（2008）、Preacher 等人（2010, 2011），以及 Preacher（2011）等人的研究，Preacher（2015）总结了基于 MLM 的中介效应分析的局限：①2-1 斜率其实对水平-2 而言是特定的,非跨层的斜率；②1-1 效应是混淆的,除非对水平-1 测量变量进行中心化,但即使通过组均值中心化将混淆的效应分解为组特定的成分,以观测的组均值作为预测变量,水平-2 效应仍然存在偏误；③MLM 不能处理结果变量处于高层的模型。相比之下,基于 MSEM 的多水平中介效应分析建模方式,更为富于弹性,估计结果也更具信度。

当然,相对于基于 MLM 方法,基于 MSEM 的多水平中介效应分析也存在一定局限。例如,基于 MSEM 中介效应分析对样本量的要求更高,基于 MLM 多水平中介效应分析适合小样本的情况。Li and Beretvas（2013）的模拟研究表明,对于 2-2-1 模型,尽管 MSEM 法可以更好地估计中介效应大小,但组群样本量小于 80 时,遇到了严重的迭代不收敛的问题,因此建议只有组群样本量大于 80,并且是最简单的多水平中介效应分析才可以使用基于 MSEM 的方法。相比之下,基于 MLM 的方法对样本量要求要低。McNeish（2017）的模拟研究发现,仅 10 个组群即可满足需求。此外,由于需要的运算量相对较大,如果模型复杂,涉及变量较多,基于 MSEM 的多水平中介效应分析更容易出现迭代不收敛等情况,尤其是组群样本量小,水平-1 变量 ICC 较低的情况下。McNeish（2017）的模拟研究,在情况良好（如间接效应效应值较大,组内样本量较大）时,基于 MSEM 的多水平中介效应分析水平-2 推荐样本量为 50；而基于 MLM,组群样本量 15-30 即够。

鉴于 MSEM 估计多水平中介效应得到准确的中介效应以统计功效的降低、需要大样本（尤其水平-2）为代价,有研究者（方杰 等,2014）建议可以采取 Ledgerwood 和 Shout（2011）针对单水平中介效应分析的"两步法"的策略：在进行多水平中介分析时,中介效应的点估计值以 MSEM 的分析结果为准,中介效应的显著性以 MLM 的分析结果为准。

另外需要强调的是,一般单水平中介效应分析中,由于乘积项 $a \times b$ 通常不服从正态分布,推荐使用自举法（Bootstrapping）进行中介效应检验（Lockwood et al., 1998；MacKinnon, 2007；Preacher et al., 2012）。不过目前在 Mplus 中,多水平模型并不支持使用自举法,也就是在 ANAL-

YSIS部分使用TYPE=TWOLEVEL的同时进行bootstrap设定。OUTPUT部分设定CINTERVAL属于输出基于正态假设的置信区间。如果需要输出自举法汇报的经验分布，可以根据Mplus输出结果中a、b路径系数及相应标准误等参数，另行编写程序进行以参数为基础的自举法（parameter-based bootstrapping）估计复合系数的置信区间（参见刘东 等，2012；王孟成 等，2018：259–270）。

12.4.2 基于MSEM的多水平调节效应分析

在指出基于MSEM的多水平中介效应分析的局限时Card（2012），提到基于MSEM的调节效应尚无完整的解决方案。不过，Preacher等在2016年的一篇论文中对基于MSEM的多水平调节效应分析进行了探讨。他们指出，传统方法不能区分不同层次的效应为正交形式，而是将这些效应置于一个单一的系数，从而混淆了这些效应（Preacher，2010；Preacher，2016）。与基于MSEM的多水平中介效应分析逻辑一致，其思路是依照MLC的思路，将所有参与建模的非专用变量分解为组间或组内不同部分作为潜变量，然后连同各水平专用变量，以及两用变量分解后的不同部分之间，再根据相关假设通过随机斜率（RCP）或潜交互（LMS）的方式进行跨水平或同水平的调节效应分析。例如，对于一个$2 \times (1 \rightarrow 1)$模型（调节变量处于水平-2，预测变量、结果变量处于水平-1），基于上述方法，可以单独分析Z_j调节了X_{ij}对Y_{ij}的组内（W）效应，或者Z_j调节了X_{ij}对Y_{ij}的组间（B）效应。

例如，对于一个两水平的MLM（随机系数）模型为

$$Y_{ij} = \beta_{0j} + \beta_{1j}X_{ij} + \varepsilon_{ij}$$
$$\beta_{0j} = \gamma_{00} + \mu_{0j} \quad (12.24)$$
$$\beta_{1j} = \gamma_{10} + \mu_{1j}$$

其复合模型为

$$Y_{ij} = \gamma_{00} + \gamma_{10}X_{ij} + \mu_{0j} + \mu_{1j}X_{ij} + \varepsilon_{ij} \quad (12.25)$$

水平-1变量X_{ij}影响Y_{ij}只是通过γ_{10}的均值以及一个组间方差$Var(\mu_{1j}) = \tau_{11}$起作用，即$X_{ij}(\gamma_{10} + \mu_{1j})$。然而，按照MLC的思路，$X_{ij}$可以区分为W和B两部分，这里分别以$X_i$和$X_j$表示。这样，以$(X_i + X_j)$取代混合模型中的$X_{ij}$，可得：

$$Y_{ij} = \gamma_{00} + \gamma_{10}^* X_i + \gamma_{01}^* X_j + \mu_{0j} + \mu_{1j}^* X_{ij} + \mu_{1j}^* X_j + \varepsilon_{ij} \quad (12.26)$$

式中，γ_{10}^*是X_i对Y_{ij}的效应，代表个体X_{ij}相对于组均值的位置；而γ_{01}^*则是X_{ij}的潜组均值（latent cluster mean）（非观测的组均值）的效应。γ_{10}^*和γ_{01}^*代表的意义不同，而在MLM中则混在了一个系数即γ_{10}中。另外，随机斜率残差μ_{1j}^*也是与X_i和X_j两个变量相乘（Preacher，2016）。

在MLM传统中，可以通过中心化的方式处理分解组内和组间效应。但X_j非组均值，而是组群的潜在特征，如果以组均值替代之存在误差（Lüdtke et al.，2008；Lüdtke et al.，2011；Marsh et al.，2009）。尽管大样本、ICC较大可以减少这一偏差，但在MSEM中将B部分作为潜变量，从而充分考虑了该问题（Lüdtke et al.，2011，Marsh et al.，2009，Preacher et al.，2010）。

不过，在多水平模型中，调节效应的分解要比中介效应更复杂。因为水平-1预测变量X_{ij}和Z_{ij}的乘积项$X_{ij}Z_{ij}$不能简单区分为B和W两个部分（Preacher et al.，2016），而需要对X_{ij}和Z_{ij}单独区分B和W部分后，再看交互项的情况。

以两水平为例，根据预测变量所属层次不同，可分为$L_1 \times L_1$、$L_1 \times L_2$、$L_2 \times L_2$三种情况。其中同水平交互项需要事先生成，而跨水平交互项则可由水平-2带有预测变量的针对水平-1斜率的方程自动生成，即所谓斜率作为结果的模型。不过，基于MSEM框架，多水平调节效应变量的位置可以更为灵活，根据调节变量、预测变量和结果变量测量的层次，理论上可能存在更多

种可能的组合(Preacher et al.,2016)。

表12.9 基于MSEM的两水平中介效应表达式

编号	描述	变量	类型
A1	Z_{ij}的W部分调节了X_{ij}对Y_{ij}的W效应	$Z_i \times (X_i \rightarrow Y_{ij})$	$1 \times (1 \rightarrow 1)$
A2	Z_{ij}的B部分调节了X_{ij}对Y_{ij}的W效应	$Z_j \times (X_i \rightarrow Y_{ij})$	$1 \times (1 \rightarrow 1)$
A3	Z_{ij}的B部分调节了X_{ij}对Y_{ij}的B效应	$Z_j \times (X_j \rightarrow Y_{ij})$	$1 \times (1 \rightarrow 1)$
B1	B变量Z_j调节了X_{ij}对Y_{ij}的W效应	$Z_j \times (X_i \rightarrow Y_{ij})$	$2 \times (1 \rightarrow 1)$
B2	B变量Z_j调节了X_{ij}对Y_{ij}的B效应	$Z_j \times (X_j \rightarrow Y_{ij})$	$2 \times (1 \rightarrow 1)$
C	B变量Z_j调节了X_j对Y_{ij}的B效应	$Z_j \times (X_j \rightarrow Y_{ij})$	$2 \times (2 \rightarrow 1)$
D	Z_{ij}的B部分调节了B变量X_j对Y_{ij}的B效应	$Z_j \times (X_j \rightarrow Y_{ij})$	$1 \times (2 \rightarrow 1)$

使用随机系数预测(Random Coefficient Prediction,RCP)方法,即向MSEM方程中加入随机系数,可产生跨层调节效应。对于同水平的交互效应,则推荐使用潜调节结构方程(Latent Moderated Structural Equations,LMS)。由于水平-1预测变量的随机斜率属于水平-2变量,不能表达为另一个水平-1变量的函数,所以RCP方法应用的条件是需要至少有个水平-2变量或一个水平-2变量的B部分,对于$1 \times (1 \rightarrow 1)$模型,RCP无法使用。LMS则适合上述各种情况。

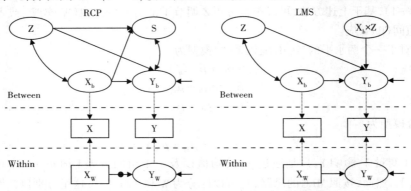

图12.13 基于MSEM的$2\times(1\rightarrow1)$多水平调节效应模型

LMS在解决单水平SEM调节效应分析的问题时,是一种重要的方法(参见王孟成,2014)。RCP只能用于跨水平的变量(或分解到不同水平的部分)之间,对于同水平的变量交互效应,需要使用LMS法。LMS可以直接用于基于MSEM的多水平调节效应分析,而且不仅可以用于同水平交互效应,也可以用于跨水平的交互效应。使用LMS法的一个前提是,参与生成交互项的变量首先是潜变量。而且如果效应存在于两个水平,应该设定为两用变量。

Preacher等人(Preacher et al.,2016)的模拟结果表明,在跨水平调节效应分析中,RCP和LMS法表现相当,但在水平-2调节效应分析中,RCP相比LMS法会产生更大的参数估计偏差并存在更多的不收敛情况。由于RCP与LMS法效果相当,在跨水平调节效应分析中,建议使用RCP法;在同水平调节效应分析中,建议使用LMS法。

RCP和LMS法可以联合使用,以不同的方式检验同一模型中不同调节效应假设。Preacher等(Preacher et al.,2016)建议,如果模型既包括跨水平调节,又包括同层调节,则可尝试将RCP和LMS法混合使用,以减少运行时间。一般来讲,LMS耗时更多。根据有关模拟研究(Kim et al.,2020),组群样本规模、平均组群规模越大,相比于RCP和传统的组中心化分解策略(OPC,the orthogonal partitioning SEM approach with CWC,其中CWC指的是centering within cluster),LMS有最好的表现,RCP方式更容易出现迭代无法收敛的情况。

　　按照Mplus的语法规则,对于显变量,是在DEFINE部分定义交互项;而对于潜变量,则是在代码 MODEL 部分,使用XWITH进行定义。XWITH用于TYPE=RANDOM情况下连续型潜变量之间或一个连续型潜变量、一个观测变量之间的交互。因此,这里会遇到一个问题:如果使用显变量的形式,即数据中的原变量名,就需要在DEFINE部分定义交互项。然而,这样并不能实现自动将交互项分解为组间和组内部分,实际上正如上文所言,多水平调节效应分析,也不能通过原变量之间的交互项分解为组内和组间部分来实现。

　　为了在不同水平生成相应的交互效应,一个可行方式是通过在不同层面使用LMS的方式,也就是在不同层面将原变量通过单指标的测量方程转化为组间/组内部分(对于水平−1,需要在组内组间同时转化,对于水平−2变量,只在水平−2转化)的潜变量后,再使用XWITH的方式,生成相应水平潜变量之间的交互项,然后再使用RCP或者LMS进行多水平的调节效应分析。

　　基于MSEM,即使使用RCP的方法,也可以将各变量先转化为不同水平的潜变量之后,再使用RCP进行多水平调节效应的分析。另外,如果模型涉及的变量本身就是多指标的潜变量,更需要先通过测量方程构建出潜变量后,再运用RCP或者LMS法进行潜变量之间的调节效应的分析。

　　以下分析实例来自 Preacher 等人(Preacher et al., 2016),数据来自 Raudenbush 和 Bryk (Raudenbush et al., 2002),此处关注家庭社会经济地位(ses)、学校规模(size)和数学成绩变量(mathach),其中size属于学校水平测量指标,因此模型属于 $2 \times (1 \rightarrow 1)$ 的多水平调节效应模型。下面两个框分别使用LMS和LMS+RCP检验B1、B2假设。

基于LMS的 $2 \times$（$1 \rightarrow 1$） 多水平调节效应

```
TITLE: B1 and B2 hypotheses using LMS, 2x(1-1) design;
DATA: FILE IS HSB.dat;
VARIABLE:
    NAMES ARE school minority female ses mathach size sector pracad disclim
              himinty meanses;
    USEVARIABLES ARE ses size mathach;
    BETWEEN IS size;
    CLUSTER IS school;
DEFINE: size=size/1000;
ANALYSIS: TYPE IS TWOLEVEL RANDOM;
          ESTIMATOR IS MLR;
          ALGORITHM IS INTEGRATION;
          INTEGRATION IS 5;
MODEL:
    %WITHIN%
    sesw BY ses@1; sesw*.436; ses@.01;   !单指标潜变量,固定负荷为1,方差为.01
    mathachw BY mathach@1; mathachw*36.6; mathach@.01;
    b1 | mathachw ON sesw;
    sessizew | sesw XWITH size;
    mathachw ON sessizew*.58;
    %BETWEEN%
    sesb BY ses@1; sesb*.15; ses@.01;
    mathach*2.06;
    sessizeb | sesb XWITH size;                  !LMS法设定水平2交互项
    mathach ON size*-.11 sesb*7.1 sessizeb*-.52;
```

```
        [ses@0 sesb*-.01 mathach*12.81 b1*1.6];
        b1*.6; mathach WITH b1*-.23;
        sesb WITH size*-.03; b1 WITH sesb*.07 sesb@0;
OUTPUT: TECH1 TECH3;
```

从 MSEM 来看,传统的基于 MLM 的跨层调节效应分析是混淆的(conflated)。从以上 MSEM 模型输出结果来看,学校规模与对于学生社会经济地位与数学成绩的影响主要是体现在个体层面。对于学校整体数学成绩而言,学校规模与学校层面学生家庭社会经济地位之间的交互效应统计上不显著。以上是同时检验两个层面的调节效应,当然也可以采用 RCP 或 LMS 法单独对某个层面的调节效应进行估计,或者加入其他变量进行更复杂的多水平调节效应分析。

基于 LMS+RCP 的 2×(1→1) 多水平调节效应

```
TITLE: B1 using RCP and B2 using LMS, 2x(1-1) design;
DATA: FILE IS HSB.dat;
VARIABLE:
    NAMES ARE school minority female ses mathach size sector pracad disclim
                himinty meanses;
    USEVARIABLES ARE ses size mathach;
    BETWEEN IS size;
    CLUSTER IS school;
DEFINE: size=size/1000;
ANALYSIS: TYPE IS TWOLEVEL RANDOM;
        ESTIMATOR IS MLR;
        ALGORITHM IS INTEGRATION;
        INTEGRATION IS 5;
MODEL:
    %WITHIN%
    sesw BY ses@1; sesw*.436; ses@.01;
    s1 | mathach ON sesw; mathach*36.9;
    %BETWEEN%
    sesb BY ses@1; sesb*.15; ses@.01;
    mathach*2.09;
    sessizeb | sesb XWITH size;              !LMS法设定水平2交互项
    mathach ON size*-.1 sesb*7.12 sessizeb*-.585;
    s1 ON size*.58; s1*.61;                  !跨层交互项
    [ses@0 sesb mathach*12.8 s1*1.6];
    s1 WITH mathach*-.23;
    sesb WITH size*-.03; s1 WITH sesb*.07;
```

由于涉及多水平、潜变量交互、随机斜率等情况,基于 MSEM 的多水平调节效应分析,在使用中的局限性即模型复杂,很容易迭代不收敛。而且因为存在连续型潜变量交互、随机斜率的情况,估计方法需要设置数字积分算法(integration algorithm),计算量大,运算时间长。在使用数字积分(rectangular、Gauss-Hermite)算法时,如果超过 3 个积分维度,可适当减少每个维度的积分点(默认 15 个)(以牺牲精度为代价)。在积分维度较多的情况下,推荐使用 Monte Carlo 积分(5000 积分点)。

对于估计困难的模型，Preacher(2015)建议，可以采用贝叶斯方法或考虑使用观测均值的方法（尽管存在偏差）。贝叶斯法能有效改善数据收敛困难或不合理收敛（如负方差）的问题，贝叶斯方法还能在某些（如样本量和ICC都较小）情况下，改善水平-2估计的准确性（Depaoli et al., 2015；Zitzmann et al., 2016）。不过对于贝叶斯方法，目前 Mplus 在模型存在交互项时并不支持，所以只是在 RCP 法时才能使用。从实际经验来看，在模型设定契合数据的前提下，通过设置和调整初始值（starting values）是较为现实可行的方法。可将多水平回归模型的调节效应分析结果当成多水平结构方程的调节效应分析的初始值（Preacher, 2016；Depaoli et al., 2015）。

12.4.3 与调节效应结合的多水平中介效应分析

目前可以在 MLM 框架下进行有中介的调节效应或者有调节的中介效应（参见 Bauer et al., 2006）的建模分析，但相比于 MSEM 的策略，可能存在偏差（Preacher et al., 2010）。理论上当然可以结合前两节内容进行 MSEM 框架下多水平有中介的调节效应或者有调节的中介效应，但只要掌握上述基于 MSEM 的多水平中介和调节效应的建模原理和程式，关键不是概念图绘制和模型构建的问题，而是采取对模型进行适当简化、选取合适的估计方法、设置合理的初始值将模型估计出来的问题。

刘东等（2012）提供了基于多水平路径分析的有中介的调节效应或有调节的中介效应分析示例，虽然从 MSEM 框架来看还不够彻底，表现在模型中只有水平-1 的内生变量才会出现在水平-2（实际上相当于 Mplus 框架下 MLM 中结果变量的处理），而非使用多水平潜协变量（MLC）处理方式将各预测变量（如果可能且必要）同时进行组内/组间的分解，然而具有较强的可操作性。以下按照刘东等（2012）的思路，在一般多水平路径分析的框架下给出若干常见多水平框架下中介效应和调节效应分析相结合的实例，以供参考。掌握基本的建模原则、策略和代码书写规范后，其他类似模型可由此进一步拓展。

1）多水平有中介的调节效应分析

预测变量和调节变量通过交互作用影响中介变量，中介变量进而对结果变量产生影响，即所谓有中介的调节效应（Baron et al., 1986；Edwards et al., 2007）。

以水平-2 学校教育资源质量 scmatedu(X)、教师参与 tchparti(W)、水平-1 总结元认知 metasum(M)和阅读得分 readsco(Y)为例，构建两水平类型 I 有中介的调节作用路径分析模型。概念图如图 12.14 所示。该实例属于上述第一种情况。

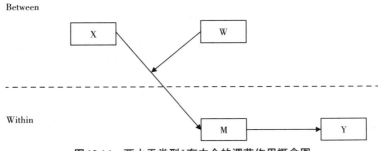

图 12.14 两水平类型 I 有中介的调节作用概念图

实际建模时，可遵照图 12.15 所示进行模型设定。从图 12.15 可以看到，元认知 metasum(M)和阅读得分 readsco(Y)作为内生变量，属于组内/组间两用，有组间方差。水平-2 基本上接近于单水平的有中介的调节效应模型路径图（参见王孟成，2013:49），只是针对的 M、Y 的组间部分。

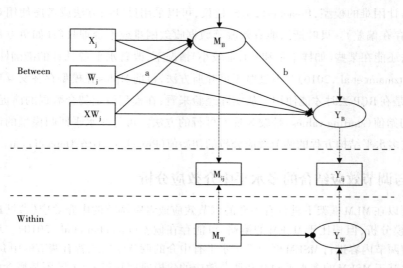

图12.15 两水平类型I有中介的调节作用模型图

如前所述,在 MSEM 的多水平中介效应分析中,X、M、Y中只要有一个变量属于水平-2,则中介效应必发生于组间。在此固定斜率的两水平类型I有中介的调节效应模型中,中介效应体现于水平-2,属于组间中介效应模型。在有随机斜率模型中,需要考虑水平-1中$M{\rightarrow}Y$的组内路径系数。相应的代码下框。[①]

两水平类型I有中介的调节作用

```
Title: A two-level Type I mediated moderation path analysis model
      Scmatedu(X) and tchparti(W) are level 2,
      metasum(M) and readsco(Y) are level 1, and have between-group variance;
DATA:
      FILE IS 2-211.dat;
VARIABLE:
      NAMES ARE schoolid metasum scmatedu tchparti readsco;
      USEVARIABLES ARE scmatedu metasum tchparti readsco scmatedutchparti;
      Missing are all (-9999);
      CLUSTER = schoolid;
      WITHIN = ;
      BETWEEN = scmatedu tchparti scmatedutchparti;
DEFINE:
      CENTER scmatedu tchparti (GRANDMEAN);   ! 水平-2 预测变量、调节变量总中心化
      scmatedutchparti = scmatedu*tchparti ;
ANALYSIS: TYPE = TWOLEVEL;
MODEL:
      %WITHIN%
        readsco on metasum (bw)      ! y 与 m 组内关系,当前模型中与效应量计算无关
      %BETWEEN%
```

---

① 注意按照刘东等人(2012)的方式,被中介的调节效应定义为ind=a×bb,实际上这是"纯粹"意义的有中介的调节效应,也就是交互项系数乘上第二阶段的b路径系数(存在于组间)。读者可以参照一般单水平有中介的调节效应(参见王孟成,2014:48-50)进行重新界定,将X变量的主效应也包括进来。

```
        metasum on scmatedu tchparti
                scmatedutchparti（a）;                ! 被中介的交互效应,标记为 a
    readsco on metasum（bb）                          ! y 与 m 组间关系,标记为 bb
                scmatedu tchparti scmatedutchparti;  ! 控制其他变量
MODEL CONSTRAINT:
    NEW（ind）;
    ind = a * bb;
OUTPUT: SAMPSTAT CINTERVAL;
```

2）多水平有调节的中介效应分析

以下为两水平第一阶段有调节的中介效应模型实例。其中,学生行为studbeha(w)是调节变量,处于水平-2;学生家庭社会经济地位hisei(x)、家庭文教育资源hedres(m)、阅读得分readsco(y)处于水平-1,其中hedres(m)和readsco(y)有组间方差变化,属于组间/组内两用变量。studbeha(w)对$X{\rightarrow}M{\rightarrow}Y$中介效应第一阶段有调节作用。

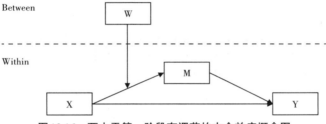

图12.16　两水平第一阶段有调节的中介效应概念图

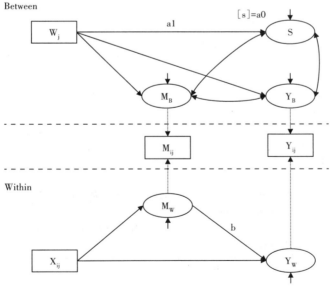

图12.17　两水平第一阶段有调节的中介效应模型图

因为调节变量W处于水平-2,而预测变量X处于水平-1,无组间变化,因此该模型的调节作用需要使用随机斜率的方法实现。由于是第一阶段的调节,WX交互项作用于M的组内部分,其中包括了固定的跨层交互作用a_1(即XW的系数)以及随机变化的部分,可通过对s取均值估计(a_0)。b路径存在于组内。

相应代码见下框。其中，为了减轻因变量测度尺度悬殊造成的模型迭代不易收敛的问题，连续变量 hisei 和 readsco 均除以 100。单位的变化不改变变量之间的实质关系，只是结果解释的时候注意一下即可。

两水平第一阶段有调节的中介效应模型

```
TITLE: A two-level first-stage moderated mediation path analysis model,
       studbeha(w) is level 2 , hisei(x), hedres(m), readsco(y) are level 1,
       hedres(m) and readsco(y) both have between-group variance;
DATA: FILE IS 2-111.dat;
VARIABLE:
    NAMES ARE schoolid hisei hedres studbeha readsco ;
    USEVARIABLES ARE hisei hedres studbeha readsco;
    Cluster = schoolid;
    WITHIN = hisei;
    BETWEEN = studbeha;
DEFINE:
    readsco = readsco/100;
    hisei = hisei/100;
    CENTER studbeha（GRANDMEAN）;！水平-2 调节变量 w 总中心化
CENTER hisei（GROUPMEAN）;     ！水平-1 预测变量 x 组中心化
ANALYSIS: TYPE = TWOLEVEL RANDOM;
MODEL:
    %WITHIN%
    s | hedres on hisei;
    readsco on hedres （b）
                     hisei;
    %BETWEEN%
    s on studbeha（al）;    ！跨层交互作用
    [s]（a0）;              ！随机斜率均值
    hedres on studbeha;
    hedres with s;
    readsco with hedres ;
    readsco with s;
    readsco with studbeha;
MODEL CONSTRAINT:
    NEW（ind_h ind_l diff）;
    ind_h = （a0 + al*(.8035087)）*b;    ！w 均值为 0, SD 为 .8035087
    ind_l = （a0 + al*(-.8035087)）*b;
    Diff = ind_h - ind_l;              ！显著表明有调节的中介效应存在
OUTPUT: SAMPSTAT  CINTERVAL;
```

本章参考文献

Asparouhov, T., & Muthen, B.（2006）. Constructing covariates in multilevel regression. Mplus Web Notes, 11.

Baron, R. M., & Kenny, D. A.（1987）. The moderator-mediator variable distinction in social psychological re-search: conceptual, strategic, and statistical considerations. *Journal of Personality & Social Psychology*, *51* (6), 1173-1182.

Bartko, J. J.（1976）. On various intraclass correlation reliability coefficients. *Psychological bulletin*, *83*(5), 762-765.

Bauer, D. J. (2003). Estimating multilevel linear models as structural equation models. *Journal of Educational and Behavioral Statistics*, 28(2):135−167.

Bauer, D. J., Preacher, K. J., and Gil, K. M. (2006). Conceptualizing and testing random indirect effects and moderated mediation in multilevel models: new procedures and recommendations. *Psychological methods*, 11(2):142−163.

Bliese, P. D. (1998). Group size, ICC values, and group-level correlations: A simulation. *Organizational Research Methods*, 1(4): 355−373.

Bliese, P. D. (2000). Within-group agreement, non-independence, and reliability: Implications for data aggregation and analysis., In K. J. Klein & S. W. Kozlowski (Eds.), *Multilevel theory, research, and methods in organizations* (pp. 349−381). San Francisco: Jossey-Bass.

Bliese, P. D., & Halverson, R. R. (1996). Individual and Nomothetic Models of Job Stress: An Examination of Work Hours, Cohesion, and Well-Being. *Journal of Applied Social Psychology*, 26(13): 1171−1189.

Card N. A.(2012). Multilevel mediational analysis in the study of daily lives. In MR Mehl, TS Conner (Eds.), *Handbook of Research Methods for Studying Daily Life* (pp. 479−94). New York: Guilford.

Chan, D. (1998). Functional relations among constructs in the same content domain at different levels of analysis: A typology of composition models. *Journal of Applied Psychology*, 83(2): 234−246.

Chen, G., Mathieu, J. E., and Bliese, P. D. (2005). A framework for conducting multi-level construct validation. *Multilevel Issues in Organizational Behavior and Processes*, 3, 273−303.

Cohen, J. (1977). *Statistical power analysis for the behavioral sciences*. Lawrence Erlbaum Associates, Inc.

Croon, M. A. and van Veldhoven, M. J. (2007). Predicting group-level outcome variables from variables measured at the individual level: a latent variable multilevel model. *Psychological Methods*, 12(1): 45−57.

Curran, P. J. (2003). Have multilevel models been structural equation models all along? *Multivariate Behavioral Research*, 38(4): 529−569.

Depaoli, S., & Clifton, J. P. (2015). A Bayesian approach to multilevel structural equation modeling with continuous and dichotomous outcomes. *Structural Equation Modeling: A Multidisciplinary Journal*, 22(3): 327−351.

Dyer, N. G., Hanges, P. J., and Hall, R. J. (2005). Applying multilevel confirmatory factor analysis techniques to the study of leadership. *The Leadership Quarterly*, 16(1):149−167.

Edwards, J. R. and Lambert, L. S. (2007). Methods for integrating moderation and mediation: a general analytical framework using moderated path analysis. *Psychological methods*, 12(1), 1−22.

Enders, C. K. and Tofighi, D. (2007). Centering predictor variables in cross-sectional multilevel models: A new look at an old issue. *Psychological Methods*, 12(2):121−138.

Glick, W. H. (1985). Conceptualizing and measuring organizational and psychological climate: Pitfalls in multilevel research. *Academy of Management Review*, 10(3): 601−616.

Grilli, L. & C. Rampichini 2011, "The Role of Sample Cluster Means In Multilevel Models: A View on Endogeneity and Measurement Error Issues." *Methodology: European Journal of Research Methods for the Behavioral & Social Sciences*, 7: 121−133.

Hofmann, D. A. (2002). "Issues in Multilevel Research: Theory Development, Measurement, and Analysis." In S. G. Rogelberg (ed.), *Handbook of Research Methods in Industrial and Organizational Psychology* (Pp. 247−274). Oxford: Blackwell Publishers Inc.

Hofmann, D. A. and Gavin, M. B. (1998). Centering decisions in hierarchical linear models: Implications for research in organizations. *Journal of Management*, 24(5):623−641.

Hox, J. J., Maas, C. J., and Brinkhuis, M. J. (2010). The effect of estimation method and sample size in multilevel structural equation modeling. *Statistica Neerlandica*, 64(2):157−170.

James, L. R. (1982). Aggregation bias in estimates of perceptual agreement. *Journal of Applied Psychology*, 67(2): 219−229.

Julian, M. W. (2001). The consequences of ignoring multilevel data structures in nonhierarchical covariance modeling. *Structural Equation Modeling*, 8(3): 325−352.

Kenny, D. A., Korchmaros, J. D., and Bolger, N. (2003). Lower level mediation in multilevel models. *Psychological Methods*, 8(2): 115.

Kim, S., & Hong, S. (2020). Comparing Methods for Multilevel Moderated Mediation: A Decomposed-first Strategy. *Structural Equation Modeling: A Multidisciplinary Journal*, 27(5): 661-677.

Kirkman, B. L., Tesluk, P. E., & Rosen, B. (2001). Assessing the incremental validity of team consensus ratings over aggregation of individual-level data in predicting team effectiveness. *Personnel Psychology*, 54 (3): 645-667.

Klein, K. J., & Kozlowski, S. W. (2000). From micro to meso: Critical steps in conceptualizing and conducting multilevel research. *Organizational Research Methods*, 3(3): 211-236.

Kozlowski, S. W. J. & K. J. Klein 2000, "A Multilevel Approach to Theory and Research in Organizations: Contextual, Temporal, and Emergent Processes." In K. J. Klein & S. W. J. Kozlowski (eds.), *Multilevel Theory, Research, and Methods in Organizations: Foundations, Extensions, and New Directions* (Pp.3-90). San Francisco: Jossey-Bass.

Krull, J. L. and MacKinnon, D. P. (1999). Multilevel mediation modeling in group-based in-tervention studies. *Evaluation Review*, 23(4): 418-444.

Krull, J. L. and MacKinnon, D. P. (2001). Multilevel modeling of individual and group level mediated effects. *Multivariate behavioral research*, 36(2): 249-277.

Ledgerwood, A., & Shrout, P. E. (2011). The trade-off between accuracy and precision in latent variable models of mediation processes. *Journal of Personality & Social Psychology*, 101(6): 1174-88.

Li, X., & Beretvas, S. N. (2013). Sample size limits for estimating upper level mediation models using multilevel SEM. *Structural Equation Modeling: A Multidisciplinary Journal*, 20(2): 241-264.

Lockwood, C. M., & MacKinnon, D. P. (1998). *Bootstrapping the standard error of the mediated effect.* In Proceedings of the 23rd annual meeting of SAS Users Group International (pp. 997-1002).

Lüdtke, O., Marsh, H. W., Robitzsch, A., & Trautwein, U. (2011). A 2×2 taxonomy of multilevel latent contextual models: accuracy-bias trade-offs in full and partial error correction models. *Psychological Methods*, 16 (4): 444-467.

Ludtke, O., Marsh, H. W., Robitzsch, A., Trautwein, U., Asparouhov, T., & Muthen, B. (2008). The Multilevel Latent Covariate Model: A New, More Reliable Approach to Group-Level Effects in Contextual Studies. *Psychological Methods*, 13(3): 203-229.

MacKinnon, D. P., Fritz, M. S., Williams, J., & Lockwood, C. M. (2007). Distribution of the product confidence limits for the indirect effect: Program PRODCLIN. *Behavior research methods*, 39(3), 384-389.

Marsh, H. W., Lüdtke, O., Nagengast, B., Trautwein, U., Morin, A. J., Abduljabbar, A. S., & Köller, O. (2012). Classroom climate and contextual effects: Conceptual and methodological issues in the evaluation of group-level effects. *Educational Psychologist*, 47(2), 106-124.

Marsh, H. W., Lüdtke, O., Robitzsch, A., Trautwein, U., Asparouhov, T., Muthén, B., & Nagengast, B. (2009). Doubly-latent models of school contextual effects: Integrating multilevel and structural equation approaches to control measurement and sampling error. *Multivariate Behavioral Research*, 44(6), 764-802.

McNeish, D. (2017). Multilevel mediation with small samples: A cautionary note on the multilevel structural equation modeling framework. *Structural Equation Modeling: A Multidisciplinary Journal*, 24(4): 609-625.

Mehta, P. D., & Neale, M. C. (2005). People are variables too: multilevel structural equations modeling. *Psychological Methods*, 10(3): 259-284.

Morin, A. J., Marsh, H. W., Nagengast, B., & Scalas, L. F. (2014). Doubly latent multilevel analyses of classroom climate: An illustration. *The Journal of Experimental Education*, 82(2): 143-167.

Muthén, B. and Asparouhov, T. (2008). Growth mixture modeling: Analysis with non-gaussian random effects. In Fitzmaurice, G., Davidian, M., Verbeke, G., & Molenberghs, G. (Eds.). *Longitudinal Data Analysis*, Pp.143-165. CRC press.

Muthén, B. and Muthén, B. (2005). Chi-square difference testing using the satorra-bentler scaled chi-square.

Visto el, 6.

Muthén, B. O. (1990). Mean and covariance structure analysis of hierarchical data. *UCLA Statistics Series*, 62.

Muthen, B. O. (1994). Multilevel covariance structure analysis. *Sociological Methods & Research*, 22(3): 376–398.

Neuhaus, J. M. and McCulloch, C. E. (2006). Separating between-and within-cluster covariate effects by using conditional and partitioning methods. *Journal of the Royal Statistical Society: Series B (Statistical Methodology)*, 68(5): 859–872.

Nohe, C., Michaelis, B., Menges, J. I., Zhang, Z., and Sonntag, K. (2013). Charisma and organizational change: A multilevel study of perceived charisma, commitment to change, and team performance. *The Leadership Quarterly*, 24(2): 378–389.

Paccagnella, O. (2006). Centering or not centering in multilevel models? the role of the group mean and the assessment of group effects. *Evaluation Review*, 30(1): 66–85.

Preacher, K. J. (2011). Multilevel SEM strategies for evaluating mediation in three-level data. *Multivariate Behavioral Research*, 46(4): 691–731.

Preacher, K. J. (2015). Advances in mediation analysis: A survey and synthesis of new developments. *Annual Review of Psychology*, 66: 825–852.

Preacher, K. J. (2015). Advances in Mediation Analysis: A Survey and Synthesis of New Developments. *Annual Review of Psychology*, 66: 825–852.

Preacher, K. J. and Selig, J. P. (2012). Advantages of monte carlo confidence intervals for indirect effects. *Communication Methods and Measures*, 6(2):77–98.

Preacher, K. J., Zhang, Z., & Zyphur, M. J. (2016). Multilevel structural equation models for assessing moderation within and across levels of analysis. *Psychological Methods*, 21(2): 189–205.

Preacher, K. J., Zyphur, M. J., & Zhang, Z. (2010). A General Multilevel SEM Framework for Assessing Multilevel Mediation. *Psychological Methods*, 15(3): 209–233.

Rabe-Hesketh, S., Skrondal, A., & Pickles, A. (2004). Generalized multilevel structural equation modeling. *Psychometrika*, 69(2): 167–190.

Raudenbush, S. W., & Bryk, A. S. (2002). *Hierarchical Linear Models: Applications and Data Analysis Methods*. Thousand Oaks, CA: Sage.

Raudenbush, S. W., Rowan, B., & Kang, S. J. (1991). A multilevel, multivariate model for studying school climate with estimation via the em algorithm and application to u. s. high-school data. *Journal of Educational and Behavioral Statistics*, 16(4), 295–330.

Satorra, A. (2000). Scaled and adjusted restricted tests in multi-sample analysis of moment structures. In Heijmans, R. D., Pollock, D. S. G., & Satorra, A. (Eds.). *Innovations in multivariate statistical analysis* (pp. 233–247). Springer, Boston, MA.

Satorra, A., & Bentler, P. M. (2001). A scaled difference chi-square test statistic for moment structure analysis. *Psychometrika*, 66(4), 507–514.

Shin, Y., & Raudenbush, S. W. (2010). A latent cluster-mean approach to the contextual effects model with missing data. *Journal of Educational and Behavioral Statistics*, 35(1): 26–53.

Shrout, P., & Fleiss, J. (1979). Intraclass correlations: Uses in assessing rater reliability. *Psychological Bulletin*, 86(2): 420–428.

Snijders, T. A. and Bosker, R. J. (2011). *Multilevel analysis: An introduction to basic and advanced multilevel modeling*. Sage Publications Limited.

Zhang, Z., Zyphur, M. J., and Preacher, K. J. (2009). Testing multilevel mediation using hierarchical linear models problems and solutions. *Organizational Research Methods*, 12(4): 695–719.

Zitzmann, S., Lüdtke, O., Robitzsch, A., & Marsh, H. W. (2016). A Bayesian approach for estimating multilevel latent contextual models. *Structural Equation Modeling: A Multidisciplinary Journal*, 23(5): 661–679.

Kreft & Leeuwu. (2007). 多层次模型分析导论. 邱皓政, 译. 重庆: 重庆大学出版社.

方杰, 温忠麟, 张敏强, 等. (2014). 基于结构方程模型的多层中介效应分析. 心理科学进展, 22(3): 530-539.

廖卉, 庄瑗嘉. (2012). 多层次理论模型的建立及研究方法. 徐淑英等. 组织与管理研究的实证方法. 北京: 北京大学出版社. 442-476.

刘东, 张震, 汪默. (2012). 被调节的中介和被中介的调节: 理论构建与模型检验. 徐淑英等. 组织与管理研究的实证方法. 北京: 北京大学出版社. 553-587.

王孟成, 毕向阳. (2018). 潜变量建模与 Mplus 应用: 进阶篇. 重庆: 重庆大学出版社.

王孟成. (2014). 潜变量建模与 Mplus 应用: 基础篇. 重庆: 重庆大学出版社.

温忠麟, 刘红云, 侯杰泰. (2012). 调节效应和中介效应分析. 北京: 教育科学出版社.

徐晓锋, 刘勇. (2007). 评分者内部一致性的研究和应用. 心理科学, 30(5): 1175-1178.

13　贝叶斯结构方程模型

13.1 引言

结构方程模型(Structural Equation Modeling,SEM)的主要估计方法分为频率学派方法(如极大似然估计)和贝叶斯方法两类。尽管目前频率学派方法的应用更为广泛,但近年来,由于贝叶斯方法的流行及其在统计建模中的诸多优势,关于贝叶斯结构方程模型的方法类和应用类研究数量稳步增长。尤其是自2012年以来,基于贝叶斯结构方程模型的应用研究数量大幅增加(Van de Schoot et al.,2017)。

贝叶斯方法和频率学派方法的本质区别是:频率学派将未知参数看成常数,根据样本参数估计总体参数;而贝叶斯方法则将未知参数视为随机变量,分析的目的是得到未知参数的后验分布(王孟成 等,2017)。在用贝叶斯方法分析SEM时,研究者可以根据理论或以往研究结果确定未知参数或潜变量的先验分布,如果没有准确的先验信息也可以提供无信息先验分布(如均匀分布)或模糊信息先验分布(如方差极大的正态分布);根据贝叶斯公式,结合先验分布和数据似然函数可以得到未知参数和潜变量的后验分布;而由于后验分布常常难以采用公式推导等方式计算出显式解,因此需要采用马尔科夫链蒙特卡罗(Markov Chain Monte Carlo,MCMC)算法(如Gibbs抽样法和Metropolis-Hastings算法等)从后验分布中迭代地抽取大量样本;通过抽取的样本来反映后验分布的均值、可信区间(Credible Interval)及其他统计量,进而进行统计推断(李锡钦,2011)。

采用贝叶斯方法分析SEM的具体步骤包括:

①设定模型并为未知参数提供先验信息:研究者需要针对SEM模型中不同的参数或潜变量提供不同的先验分布,先验分布的具体形式将在下文详细介绍。

②设定MCMC算法迭代次数:在其收敛后才进行模型拟合评估和参数估计。算法是否达到收敛可以通过自相关图、踪迹图和潜在尺度缩减因子进行评估(详见王孟成 等,2017)。

③模型拟合评估和参数估计:模型与数据的整体拟合程度可以通过后验预测检验(Posterior Predictive Checking)评估,在模型拟合良好的前提下,研究者可以进行后续的参数估计。模型拟合评估的标准将在下文进行详细介绍。

④敏感性分析:为避免先验信息主观性的影响,研究者可以通过敏感性分析(Sensitivity Analysis;Greenland,2001)检验不同先验信息下估计结果是否稳定,增强结果的可靠性。

与传统方法相比,贝叶斯结构方程模型有着诸多优势,例如:①相比于频率学派的方法,基于抽样的贝叶斯方法较少地依赖大样本渐近理论,因此在小样本中依旧表现优良(Muthén et al.,2012);②贝叶斯结构方程模型的分析基于原始观测值,这相比于传统方法关注的协方差矩阵更易于处理。因此更易于处理复杂的模型和数据情况,如存在缺失值的数据、潜变量间存在非线性关系的情况等,而传统方法在这种情况下容易遇到模型识别问题(李锡钦,2011);③在模型拟合评估、模型比较和参数估计方面,贝叶斯方法能够提供更有效的统计量(Pan et al.,2017);④贝叶斯方法能够灵活地在模型估计中纳入先验信息,如预实验和前人研究结果,而有效的先验信息可以使未知参数估计更加准确(Yuan et al.,2007)。

尽管采用贝叶斯结构方程建模有着诸多优点,能够更好地满足应用研究者在实证研究中的需求,如处理复杂模型、小样本问题等,但其在国内心理学领域的应用不足。本章将介绍几类常用的贝叶斯结构方程模型及其应用研究进展,并以验证性因子分析和多组模型为例,通过实例分析详细介绍贝叶斯结构方程模型的建模步骤和评价标准,展示贝叶斯方法结合先验信息的独特魅力。

13.2 模型评价与拟合指标

由于传统的模型拟合指标并不适用于贝叶斯估计,因此在使用贝叶斯方法时,需要运用以下指标对模型进行有效的评估。

13.2.1 后验预测p值

模型和数据的拟合程度可以通过后验预测检验来进行评估(Gelman et al.,1996)。后验预测检验比较了实际数据与假设模型产生的数据之间的差异,可以用于评估模型和实际数据的拟合程度。具体来说,在MCMC算法每一次迭代后我们都可以获取假设模型产生的数据,计算其检验统计量(如,卡方值),比较它和实际数据检验统计量之间的大小并计次。在MCMC算法的多次迭代中,依据理论模型生成的统计检验量大于样本数据的统计检验量的比例就是后验预测p值(Posterior Predictive p-value,PPp值)。

因此,PPp值在0.5左右,即接近随机概率1/2时,表示模型拟合得很好。此外,后验预测检验还能够给出样本数据与模型生成数据之间统计检验量差异的95%置信区间,当该区间的下限为负数,且0落在区间中心时,表示模型拟合得很好(Muthén et al.,2012)。

PPp值与假设检验中的p值含义不同,而且PPp值不能用于模型比较。此外,由于PPp值在0.5左右的标准较为模糊,容易受到研究者主观性的影响,模拟研究显示在Mplus软件中进行贝叶斯结构方程建模时通常可以采用0.1的截断值(Muthén et al.,2012;Meghan et al.,2018),即PPp值大于0.1并且后验预测区间包括0时,可以认为模型拟合良好。

而基于贝叶斯建模结合先验信息的特性,有研究者提出了更适用于小方差先验分布下的贝叶斯结构方程模型的拟合指标(Prior Posterior Predictive p-Value,PPPp;Hoijtink et al.,2017),PPPp值在0.5左右意味着模型拟合良好。

13.2.2 贝叶斯因子

贝叶斯因子(Bayes Factor,BF)是用于模型比较的重要统计量,它可用于比较非嵌套模型。它可以比较在已有数据集下,支持M_0与M_1两个竞争模型的概率。这样的比较不依赖于假设检验,即使样本量很大也不会倾向于支持备择假设M_1(李锡钦,2011)。Kass和Raftery(1995)提出了解释贝叶斯因子的准则(表13.1)。例如,贝叶斯因子介于1到3之间表示该数据对两个模型的支持程度差不多,此时在模型选择时还需要考虑"简约性"原则,或结合其他指标进行判断。遗憾的是,由于贝叶斯因子对计算量的需求较大,目前在结构方程模型领域的应用还不够广泛。

13.2.3 贝叶斯信息准则

贝叶斯信息准则(Bayesian Information Criterion,BIC;Schwarz,1978)是相对模型拟合指标,可以用于模型拟合比较。BIC在评价模型拟合的同时考虑了模型复杂度,对复杂的模型进行惩罚。BIC的值越小,说明该模型拟合更好。其具体评价标准见表13.1。

表13.1 贝叶斯因子和贝叶斯信息准则的评价标准(Kass et al.,1995;Raftery,1995)

BF	$BIC_{M0} - BIC_{M1}$	反对M_0的证据
<1		支持M_0
1–3	0–2	差别"不值一提"
3–20	2–6	正证据
20–150	6–10	强证据
>150	>10	决定性证据

13.2.4 偏差信息准则

与 BIC 一样,偏差信息准则(Deviance Information Criterion,DIC)也被用来比较竞争模型(Spiegelhalter et al.,2002)。DIC 越小表示模型拟合越好。由于 DIC 更加符合贝叶斯偏差(Bayesian Deviance)的概念(Kaplan et al.,2012),其应用更为普遍。相比之下,BIC 更多被用于频率学方法中的模型比较。

13.3 经典的贝叶斯结构方程模型

13.3.1 贝叶斯验证性因子分析

验证性因子分析(Confirmatory Factor Analysis,CFA)模型主要用于根据理论假设去验证外显变量和潜变量间的关系,即检验潜变量的因子结构。其定义为

$$y_i = \mu + \Lambda\omega_i + \varepsilon_i, \quad i=1,2,\cdots,n \tag{13.1}$$

其中 y_i($p\times1$)为第 i 个被试在 p 个相关的外显变量上的观测值,μ($p\times1$)为截距项,Λ($p\times q$)为因子载荷矩阵,用于反映外显变量 y_i 和潜变量 ω_i($q\times1$)之间的关系,ε_i($p\times1$)是外显变量的测量误差项,服从于 $N[0,\Psi_\varepsilon]$ 的分布(其中 Ψ_ε 为测量误差的方差协方差矩阵),测量误差和潜变量间不存在相关。

在传统的 CFA 模型中,局部独立性(Local Independence)假设要求外显变量间的相关完全是由于潜变量的存在导致的,当给定了潜变量的值后,外显变量之间就不再存在相关。因此测量误差的方差协方差矩阵 Ψ_ε 被假设为对角矩阵,即非对角线元素(测量误差相关)的值均被限制为 0。传统的测量模型还通常假设潜变量的数目以及潜变量与外显变量间的关系已知,且每个外显变量只负载在一个潜变量上,不存在交叉载荷。但是在实际研究中,这种严格的约束条件容易导致模型拟合不好甚至被拒绝(Muthén et al.,2012)。一些研究者指出,传统方法对模型施加的限制是过于严格的,甚至是不必要的,这种限制在大样本情况下很容易拒绝实际上和数据拟合良好的模型(Lu et al.,2016;Marsh et al.,2009;Muthén et al.,2012)。且有研究者发现,在实际数据分析中对模型添加过多的约束条件还会导致未知参数估计的准确性降低(Asparouhov et al.,2009;Hsu et al.,2014)。

在传统方法中,为了解决这种限制带来的问题,研究者往往会结合理论和修正指数(Modification Index;Sörbom,1989)的建议,在模型中增加交叉载荷或测量误差间的相关。但是这种基于修正指数的方法仍然存在一些局限,例如:①由于需要逐个参数进行修正,当需要修正的参数较多时,修正的过程耗时、繁琐;②容易导致模型的过拟合,削弱其泛化能力(Maccallum et al.,1992);③难以找到全局最优的模型(Chou et al.,1990);④容易导致一类错误率增大(Draper,1995)等。

而在贝叶斯验证性因子分析中,研究者首先需要对模型中不同的未知参数提供如下所示的共轭先验分布,令 $k=1,\cdots,p$(李锡钦,2011):

$$\mu\sim N(\mu_0,H_{\mu0}),\Lambda_k\sim N(\Lambda_{0k},H_{0k}),\Phi^{-1}\sim\text{Wishart}(R_0\rho_0)$$

式中,Λ_k^T 是载荷矩阵 Λ 的第 k 行,μ_0、Λ_{0k}、ρ_0 和正定矩阵 R_0、$H_{\mu0}$、H_{0k} 是根据理论或以往研究结果给定的超参数值,反映先验信息及研究者对先验信息准确性的把握。研究者对先验信息准确性的把握体现在先验分布的方差大小中,先验分布的方差越小,对未知参数后验分布的影响越大。例如,在传统方法中被限制为 0 的交叉载荷就可以被视为提供了均值为 0、方差为 0 的先验分布。

Muthén 和 Asparouhov(2012)基于贝叶斯方法结合先验信息的特性,创造性地提出了一种

结合了探索和验证方法的贝叶斯验证性因子分析模型,放宽了模型对于测量误差相关或交叉载荷的限制。在传统方法中,交叉载荷和测量误差间的相关被严格限制为0,这既是基于模型简洁性的考虑,也是因为如果自由估计这些参数容易导致模型不可识别。但是Muthén和Asparouhov(2012)提出的方法在保证模型可识别的同时,通过对交叉载荷提供一个均值为0、方差极小的正态先验分布,或对误差项矩阵提供合适的逆Wishart分布来放宽对其的限制,允许这些参数在0附近波动。模拟研究显示,这种方法在放宽对交叉载荷或测量误差相关的限制时,得到的显著的交叉载荷或测量误差相关的数目比修正指数方法得到的更少,且模型拟合在一次分析中就可以得到满意的结果,而传统方法通常需要进行多次修正。

自Muthén和Asparouhov(2012)放宽模型限制的思想被提出以来,由于其上述优势及其易于在Mplus软件中实施的特点,采用贝叶斯CFA进行数据分析的应用研究越来越多。基于贝叶斯方法在处理复杂模型时的优良特性,Golay、Reverte、Rossier、Favez和Lecerf(2013)重新分析了韦氏智力量表的四因子结构,分别检验了二阶因子模型和双因子(Bifactor)模型,结果显示贝叶斯方法在模型识别和估计上都比极大似然估计表现得更好,而传统的极大似然估计法在处理Bifactor模型时经常会遇到模型无法收敛的情况;Falkenström等人(2015)则在检验病人版工作智力量表(Patient Version of the Working Alliance Inventory)的结构效度时发现,极大似然估计显示模型拟合较差,但采用贝叶斯方法放宽对测量误差相关的限制后,模型和数据拟合很好。此外,由于小样本中贝叶斯方法对于参数的估计更加准确(Muthén et al.,2012),Crenshaw、Christensen、Baucom、Epstein和Baucom(2016)在临床的小样本研究中使用贝叶斯CFA方法修订了沟通模式量表(Communication Patterns Questionnaire;52名被试,模型有18个未知参数,包括9个因子载荷和9个测量误差方差);而由于与传统的极大似然估计方法相比,贝叶斯方法在小样本的情况下对因子分的估计更加准确(Muthén et al.,2012),Alessandri和De Pascalis(2017)在脑电实验研究中采用贝叶斯CFA估计51名被试"生活导向"(Life Orientation)因子的因子分,再用于后续因子间关系的分析中。

但是Muthén和Asparouhov(2012)提出的这种方法在放宽模型限制的同时,也容易导致较多非零交叉载荷或测量误差相关的产生(Lu et al.,2016),使得因子载荷矩阵或误差项矩阵过于复杂。因此模型容易出现过拟合的情况,对研究结果的解释和重复造成困难。Lu等人(2016)指出Muthén和Asparouhov(2012)的方法本质上是将贝叶斯Ridge正则化(Regularization)方法应用于CFA模型中。针对其存在的上述问题,Lu等人(2016)引入了另一种贝叶斯正则化方法:通过对载荷矩阵提供spike-and-slab先验分布,保留重要的交叉载荷,将其他微弱的交叉载荷压缩到零。这种方法避免了Ridge正则化方法可能导致的模型过拟合,及其对重要交叉载荷的过度压缩等问题。

Pan等人(2017)则针对误差项的方差协方差矩阵,将协方差Lasso(Least absolute shrinkage and selection operator)正则化方法引入CFA模型。通过估计稀疏化的误差协方差矩阵,在放宽对测量误差相关限制的同时,将微弱的、不重要的测量误差相关向零压缩,避免因为测量误差相关过多而导致的模型过拟合或误差项矩阵不正定等问题。其实证研究发现在允许"少量"测量误差相关的情况下,CFA模型的简约性和拟合程度都得到了满足。该方法目前可以通过R软件包"blcfa"(Pan & Zhang,2019)实现。

遗憾的是,由于发展时间尚短,Lu等人(2016)和Pan等人(2017)所提出的方法目前还不能在Mplus软件中进行建模,Lu等人(2016)的方法在R软件中的建模、编程过程也较难被应用研究者快速掌握,"blcfa"软件包处理有序分类变量的功能还有待开发,这些局限限制了这两种方法的应用。相信随着贝叶斯结构方程建模的发展,这些建模思路也可以更快捷、有效地在软件中实施,进而避免Muthén和Asparouhov(2012)的方法仍然存在的局限。

实例展示

本章将采用实例分析详细演示贝叶斯验证性因子分析的建模步骤,实例分析的数据来源于《潜变量建模与Mplus应用:基础篇》第五章验证性因素分析部分(王孟成,2014)。王孟成(2014)检验了创伤后应激障碍筛查表(The Posttraumatic Stress Disorder Checklist, PCL; Weathersm et al.,1993)中文版在560名初中地震受灾者样本中的结构效度。该量表包括17个条目,通常采用三因子模型结构(包括体验、回避、过度唤起或高警觉三个因子)。量表和数据的具体信息以及极大似然估计法的分析过程详见王孟成(2014)。

首先进行峰度、偏度分析,一般认为偏度的绝对值大于2和峰度的绝对值大于7就是非正态(West et al.,1995),结果显示峰度在-1.04至0.94间,偏度在0.36至1.4间,各条目基本满足正态分布,且由于量表为李克特5点计分,可视为连续变量处理。因此,在传统的频率学派估计方法中可采用ML估计方法。ML CFA的结果显示模型拟合指数在临界值左右(模型卡方值$=386.868$,$TLI=0.888$,$CFI=0.904$,$AIC=27748.035$,$BIC=27981.743$,$RMSEA=0.065$)。因此,研究者结合理论和修正指数的建议,对该模型结构进行了一次修正,卡方差异检验显示修正后的模型拟合得到了提升,各拟合指标也显示模型拟合达到良好(模型卡方值$=314.382$,$TLI=0.917$,$CFI=0.929$,$AIC=27677.549$,$BIC=27915.585$,$RMSEA=0.056$)。

从修正指数的结果来看,模型中还可以纳入一些交叉载荷或测量误差相关参数,进一步提升模型拟合。而这也是传统的事后模型修正方法(Post-hoc Modification; MacCallum et al.,1992)存在的主要问题,因为何时结束修正、选取哪些参数进行修正都非常容易受到研究者主观判断的影响。此外,这种模型修正的方法在每修正一个参数时都需要进行一次模型拟合比较,当模型较为复杂、需要修正的参数较多时,这一过程会比较繁琐。而采用贝叶斯估计方法结合先验信息可以较好地避免上述问题。

贝叶斯验证性因子分析模型

在贝叶斯估计中不需要假定数据服从多元正态分布,首先直接将估计方法从ML改为BAYES,不提供信息先验分布,采用Mplus默认的无信息先验分布用于模型估计。结果显示,PPp值为0且后验预测区间不包括0,模型和数据的拟合并不令人满意,可以看出,贝叶斯方法在采用无信息先验分布时拟合结果和ML估计方法类似,同样难以令人满意。

贝叶斯验证性因子分析的Mplus语句和部分结果 (无信息先验)

```
TITLE:   The structure of PTSD of DSM-4 using bayes in table 5-8
DATA:   FILE IS PTSD.dat;
VARIABLE: NAMES ARE x1 x2 y1-y17;
USEVARIABLES are y1-y17;
ANALYSIS:
ESTIMATOR=BAYES;
PROC=2;
!  PROCESSORS的简写,如果电脑有多个处理器可用,PROC=2可以减少程序运行时间。
BITERATIONS=200000(10000);
! 设定MCMC算法最小迭代次数10000次,最大迭代次数200000次。如果没有设置BITERATIONS,
mplus默认最小迭代次数为0,最大迭代次数为50000。
MODEL:
f1 BY y1-y5;
f2 by y6-y12;
f3 by y13-y17;
OUTPUT: TECH1  TECH8  STDY;
```

！TECH1用于为模型中所有需要自由估计的参数提供Mplus默认的初始值
！TECH8用于在模型运算时在屏幕中输出实时迭代次数等信息
！STDY 用于输出标准化解

PLOT: TYPE=PLOT2；
！用于在贝叶斯估计中显示参数估计的后验分布等结果

！拟合结果：
THE MODEL ESTIMATION TERMINATED NORMALLY
USE THE FBITERATIONS OPTION TO INCREASE THE NUMBER OF ITERATIONS BY A
FACTOR OF AT LEAST TWO TO CHECK CONVERGENCE AND THAT THE PSR VALUE
DOES NOT INCREASE.

MODEL FIT INFORMATION

Number of Free Parameters   54

Bayesian Posterior Predictive Checking using Chi-Square

95% Confidence Interval for the Difference Between
the Observed and the Replicated Chi-Square Values

228.130   307.429

Posterior Predictive P-Value   0.000

Information Criteria

Deviance（DIC）   27747.408
Estimated Number of Parameters（pD）   53.010
Bayesian（BIC）   27982.365

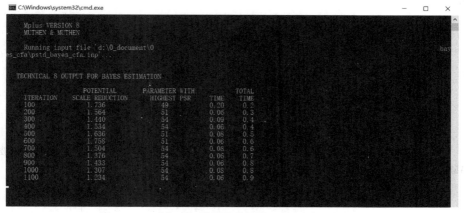

图13.1　贝叶斯验证性因子分析的Mplus程序运行过程

注：ITERATION指MCMC算法迭代次数，POTENTIAL SCALE REDUCTION（PSR）指潜在尺度因子值，当迭代次数大于最小迭代次数且不超过最大迭代次数时，如果PSR值小于临界值，即模型收敛，Mplus会停止迭代并输出结果。如果迭代次数达到最大迭代次数时PSR值仍未满足标准，Mplus不会输出估计结果，并会提醒研究者需要增加迭代次数。

　　根据Muthén和Asparouhov（2012）的建议，对交叉载荷提供$N(0,0.01)$的先验分布，对误差项矩阵提供合适的逆Whishart分布。允许这些参数有95%的概率落在$(-0.2,0.2)$之间，放宽传统方法的严格限制。具体来说，研究者可以对误差项矩阵提供$IW(I,df)$先验分布，其中I为单位矩阵，df为自由度（$df=p+6$，其中p为观察指标数，本例中df为23）。在Mplus软件中提供这两种先验分布的方法详见下框。

　　研究结果发现模型拟合良好，PPp为0.53且后验预测区间包括0。此外，由于对交叉载荷和测量误差协方差矩阵提供了小方差先验分布，Mplus还输出了PPPp指标，PPPp值0.526在0.5附近同样显示模型拟合良好。而参数估计结果显示，在放宽了对交叉载荷或测量误差相关的限制后，未发现显著的交叉载荷，但发现了五个显著的测量误差相关，即这五个测量误差相关的后验分布的95%可信区间不包括0。Muthén和Asparouhov（2012）指出放宽模型限制后发现的显著的交叉载荷或测量误差相关可以视为不需要理论解释的、由抽样变异性导致的冗余参数（nuisance parameters）。

　　从上述分析中可以看出，采用贝叶斯估计方法纳入先验信息后可以有效地放宽传统方法对模型的严格限制，模型在一次估计中就可以达到良好的拟合，而避免了模型修正过程的繁琐及研究者主观性的影响。

　　此外，在实证研究中，同时放宽对交叉载荷和测量误差相关的限制往往使得模型需要更多的迭代次数才能收敛、运算时间更长、收敛率也会降低。而由于交叉载荷可以以测量误差相关的形式被反映出来（Pan et al.，2017），因此在实证研究中也可以只对误差项矩阵提供逆Whishart分布来放宽对误差项矩阵的严格限制。

贝叶斯验证性因子分析的Mplus语句和部分结果（放宽对交叉载荷和测量误差相关的限制）

```
TITLE:   bayes cfa ptsd
DATA:    FILE IS PTSD.dat;
VARIABLE: NAMES ARE x1 x2 y1-y17;
 USEVARIABLES are y1-y17;
ANALYSIS:
      ESTIMATOR = BAYES;
      PROC = 2;
      BITERATIONS = 400000(10000);
MODEL:
      f1 BY y1-y5;
      f2 by y6-y12;
      f3 by y13-y17;

      f1 BY y6-y17(LAM1-LAM12);
      f2 BY y1-y5(LAM13-LAM17)
              y13-y17(LAM18-LAM22);
      f3 BY y1-y12(LAM23-LAM34);
      !标记交叉载荷参数,用于后续提供先验分布。例如,条目6在因子1上的交叉载荷被标记
为LAM1参数
      y1-y17(P1-P17);
      y1-y17 with y1-y17(P18-P153);
        !标记测量误差和测量误差相关参数
MODEL PRIORS:
      LAM1-LAM34~N(0,0.01);
        !对交叉载荷参数提供均值为0、方差为0.01的正态分布
```

```
    P1-P17~IW(1,23);
    P18-P153~IW(0,23);
```
　　　　!对测量误差协方差矩阵提供IW(I, 23)的先验分布。体现在代码上为,对测量误差方差:
P1-P17~IW(1,23);对测量误差协方差:P18-P153~IW(0,23)。

```
OUTPUT: TECH1  TECH8  STDY ;
PLOT: TYPE= PLOT2;
```

MODEL FIT INFORMATION

Number of Free Parameters   224

Bayesian Posterior Predictive Checking using Chi-Square

　　　　95% Confidence Interval for the Difference Between
　　　　the Observed and the Replicated Chi-Square Values

                          −52.467   49.482

　　　　Posterior Predictive P-Value   0.530

　　　　Prior Posterior Predictive P-Value   0.526

Information Criteria

　　　　Deviance（DIC）   27504.940
　　　　Estimated Number of Parameters（pD）   81.489
　　　　Bayesian（BIC）   28676.818

MODEL RESULTS

	Estimate	Posterior S.D.	One-Tailed P-Value	95% C.I. Lower 2.5%	Upper 2.5%	Sig
F1	BY					
Y1	1.000	0.000	0.000	1.000	1.000	
Y2	1.022	0.358	0.000	0.478	1.899	*
Y3	1.407	0.349	0.000	0.910	2.231	*
Y4	1.202	0.363	0.000	0.692	2.158	*
Y5	1.326	0.399	0.000	0.768	2.310	*
Y6	0.066	0.099	0.257	−0.133	0.253	
Y7	0.035	0.094	0.355	−0.151	0.217	
Y8	−0.001	0.096	0.497	−0.189	0.188	
Y9	−0.015	0.095	0.438	−0.201	0.173	
Y10	−0.026	0.094	0.390	−0.212	0.156	
Y11	0.019	0.098	0.422	−0.171	0.212	
Y12	0.009	0.099	0.462	−0.186	0.202	
Y13	0.029	0.101	0.388	−0.166	0.228	

Y14		0.016	0.098	0.435	−0.176	0.206	
Y15		−0.021	0.097	0.415	−0.215	0.167	
Y16		0.006	0.098	0.476	−0.187	0.196	
Y17		0.005	0.097	0.480	−0.186	0.194	
F2	BY						
Y6		1.000	0.000	0.000	1.000	1.000	
Y7		1.495	0.506	0.000	0.862	2.727	*
Y8		1.773	0.827	0.000	0.789	3.882	*
Y9		1.931	0.868	0.000	0.870	4.005	*
Y10		2.110	0.824	0.000	1.052	4.151	*
Y11		1.770	0.726	0.000	0.906	3.744	*
Y12		1.339	0.769	0.000	0.515	3.512	*
Y1		0.001	0.098	0.496	−0.192	0.192	
Y2		−0.005	0.099	0.482	−0.197	0.189	
Y3		0.005	0.098	0.480	−0.188	0.197	
Y4		0.001	0.099	0.496	−0.195	0.194	
Y5		0.008	0.100	0.468	−0.187	0.206	
Y13		0.018	0.098	0.428	−0.174	0.210	
Y14		0.010	0.099	0.459	−0.186	0.201	
Y15		0.003	0.099	0.488	−0.192	0.197	
Y16		0.008	0.099	0.466	−0.186	0.203	
Y17		−0.014	0.100	0.444	−0.211	0.181	
F3	BY						
Y13		1.000	0.000	0.000	1.000	1.000	
Y14		1.041	0.447	0.000	0.615	2.395	*
Y15		1.167	0.439	0.000	0.708	2.527	*
Y16		1.187	0.541	0.000	0.693	2.811	*
Y17		1.199	0.569	0.000	0.689	2.993	*
Y1		−0.015	0.097	0.440	−0.206	0.177	
Y2		0.013	0.098	0.445	−0.179	0.207	
Y3		0.007	0.096	0.471	−0.179	0.196	
Y4		0.002	0.100	0.492	−0.198	0.192	
Y5		0.016	0.099	0.437	−0.178	0.209	
Y6		0.069	0.099	0.244	−0.126	0.258	
Y7		−0.003	0.097	0.488	−0.190	0.192	
Y8		−0.002	0.098	0.492	−0.196	0.190	
Y9		0.008	0.096	0.468	−0.181	0.195	
Y10		−0.022	0.095	0.405	−0.210	0.163	
Y11		0.020	0.097	0.419	−0.174	0.206	
Y12		0.011	0.098	0.458	−0.186	0.199	
F2	WITH						
F1		0.173	0.074	0.000	0.066	0.348	*
F3	WITH						
F1		0.276	0.095	0.000	0.098	0.479	*

F2		0.201	0.087	0.000	0.050	0.385	*

Y1	WITH						
Y2		−0.127	0.090	0.081	−0.290	0.062	
Y3		0.018	0.111	0.435	−0.182	0.260	
Y4		0.020	0.118	0.425	−0.191	0.289	
Y5		−0.047	0.107	0.337	−0.243	0.169	
Y6		0.190	0.084	0.009	0.036	0.366	*
Y7		0.222	0.087	0.002	0.063	0.406	*
Y8		0.001	0.070	0.494	−0.127	0.151	
Y9		−0.037	0.071	0.299	−0.170	0.112	
Y10		−0.025	0.069	0.357	−0.145	0.131	
Y11		0.076	0.079	0.160	−0.067	0.245	
Y12		0.001	0.074	0.494	−0.137	0.157	
Y13		0.058	0.087	0.235	−0.095	0.248	
Y14		0.010	0.075	0.445	−0.121	0.171	
Y15		−0.009	0.074	0.454	−0.140	0.149	
Y16		0.013	0.082	0.434	−0.136	0.184	
Y17		−0.002	0.082	0.491	−0.155	0.168	
Y2	WITH						
Y3		−0.044	0.112	0.347	−0.226	0.202	
Y4		−0.200	0.107	0.044	−0.375	0.040	
Y5		−0.103	0.119	0.195	−0.305	0.157	
Y6		0.055	0.077	0.222	−0.083	0.222	
Y7		0.028	0.077	0.351	−0.112	0.197	
Y8		0.004	0.077	0.477	−0.131	0.175	
Y9		−0.074	0.073	0.153	−0.205	0.083	
Y10		−0.038	0.074	0.294	−0.163	0.131	
Y11		0.017	0.080	0.411	−0.127	0.199	
Y12		0.112	0.083	0.088	−0.046	0.282	
Y13		0.094	0.091	0.135	−0.072	0.295	
Y14		0.115	0.084	0.075	−0.040	0.287	
Y15		0.004	0.082	0.477	−0.142	0.184	
Y16		0.140	0.092	0.057	−0.034	0.326	
Y17		0.077	0.091	0.173	−0.077	0.279	
Y3	WITH						
Y4		−0.031	0.136	0.401	−0.221	0.328	
Y5		−0.185	0.108	0.069	−0.352	0.067	
Y6		0.106	0.096	0.119	−0.057	0.319	
Y7		0.159	0.095	0.023	0.002	0.380	*
Y8		0.014	0.076	0.424	−0.117	0.182	
Y9		−0.006	0.075	0.465	−0.139	0.158	
Y10		0.068	0.075	0.156	−0.058	0.241	
Y11		0.053	0.085	0.229	−0.078	0.266	
Y12		0.024	0.086	0.388	−0.128	0.213	
Y13		0.068	0.097	0.204	−0.082	0.314	
Y14		0.054	0.080	0.235	−0.084	0.229	

Y15		0.016	0.080	0.413	−0.122	0.195	
Y16		0.004	0.083	0.482	−0.137	0.185	
Y17		0.060	0.098	0.268	−0.111	0.266	
Y4	WITH						
Y5		−0.101	0.126	0.213	−0.304	0.197	
Y6		0.175	0.101	0.030	−0.007	0.385	
Y7		0.149	0.099	0.041	−0.019	0.373	
Y8		0.012	0.083	0.437	−0.132	0.199	
Y9		−0.033	0.087	0.347	−0.183	0.165	
Y10		−0.007	0.085	0.464	−0.143	0.197	
Y11		0.094	0.094	0.118	−0.058	0.317	
Y12		0.006	0.087	0.471	−0.146	0.197	
Y13		0.042	0.102	0.321	−0.121	0.289	
Y14		0.013	0.089	0.441	−0.138	0.212	
Y15		−0.036	0.086	0.336	−0.185	0.155	
Y16		0.025	0.094	0.391	−0.143	0.231	
Y17		0.158	0.107	0.049	−0.025	0.393	
Y5	WITH						
Y6		0.174	0.103	0.038	−0.018	0.385	
Y7		0.156	0.101	0.045	−0.022	0.373	
Y8		0.050	0.085	0.263	−0.100	0.235	
Y9		0.019	0.086	0.407	−0.132	0.204	
Y10		0.015	0.082	0.428	−0.127	0.193	
Y11		0.103	0.091	0.105	−0.051	0.306	
Y12		0.031	0.088	0.359	−0.129	0.220	
Y13		0.055	0.101	0.276	−0.107	0.302	
Y14		0.165	0.094	0.025	0.000	0.365	*
Y15		0.001	0.090	0.494	−0.150	0.201	
Y16		0.068	0.094	0.225	−0.102	0.266	
Y17		0.122	0.102	0.116	−0.067	0.332	
Y6	WITH						
Y7		0.324	0.123	0.008	0.074	0.559	*
Y8		−0.097	0.089	0.151	−0.258	0.085	
Y9		−0.140	0.093	0.079	−0.310	0.059	
Y10		−0.040	0.101	0.354	−0.215	0.179	
Y11		0.060	0.108	0.293	−0.130	0.286	
Y12		−0.105	0.089	0.124	−0.266	0.082	
Y13		−0.027	0.088	0.376	−0.168	0.188	
Y14		0.088	0.085	0.136	−0.061	0.266	
Y15		0.048	0.082	0.271	−0.095	0.232	
Y16		0.102	0.092	0.120	−0.064	0.298	
Y17		0.171	0.100	0.046	−0.027	0.366	
Y7	WITH						
Y8		−0.065	0.094	0.250	−0.230	0.140	
Y9		−0.112	0.089	0.115	−0.259	0.096	
Y10		−0.107	0.089	0.143	−0.237	0.116	
Y11		−0.009	0.103	0.466	−0.173	0.236	

Y12		−0.117	0.093	0.124	−0.270	0.098
Y13		0.077	0.093	0.172	−0.074	0.300
Y14		0.081	0.083	0.143	−0.059	0.266
Y15		0.008	0.078	0.456	−0.120	0.193
Y16		0.067	0.087	0.200	−0.086	0.261
Y17		0.042	0.093	0.325	−0.128	0.238
Y8	WITH					
Y9		−0.077	0.097	0.218	−0.245	0.135
Y10		−0.006	0.094	0.473	−0.165	0.208
Y11		−0.112	0.080	0.098	−0.251	0.069
Y12		−0.091	0.093	0.159	−0.264	0.106
Y13		0.059	0.090	0.236	−0.089	0.266
Y14		0.003	0.070	0.482	−0.121	0.152
Y15		0.059	0.079	0.215	−0.085	0.230
Y16		−0.022	0.073	0.379	−0.154	0.132
Y17		0.022	0.085	0.394	−0.130	0.202
Y9	WITH					
Y10		0.066	0.100	0.240	−0.102	0.288
Y11		−0.140	0.085	0.068	−0.278	0.056
Y12		−0.104	0.103	0.173	−0.280	0.117
Y13		0.004	0.090	0.483	−0.143	0.217
Y14		0.072	0.074	0.144	−0.057	0.233
Y15		0.054	0.077	0.225	−0.085	0.224
Y16		0.057	0.078	0.228	−0.083	0.221
Y17		−0.019	0.083	0.412	−0.171	0.157
Y10	WITH					
Y11		−0.006	0.090	0.470	−0.142	0.216
Y12		−0.091	0.104	0.196	−0.262	0.140
Y13		0.049	0.091	0.273	−0.093	0.273
Y14		0.048	0.071	0.234	−0.077	0.205
Y15		0.104	0.076	0.061	−0.025	0.273
Y16		−0.026	0.071	0.356	−0.153	0.125
Y17		−0.010	0.082	0.451	−0.155	0.164
Y11	WITH					
Y12		0.013	0.114	0.451	−0.192	0.264
Y13		0.098	0.098	0.110	−0.051	0.349
Y14		0.060	0.081	0.210	−0.084	0.237
Y15		0.087	0.082	0.103	−0.049	0.281
Y16		0.145	0.090	0.043	−0.019	0.339
Y17		−0.085	0.080	0.157	−0.220	0.094
Y12	WITH					
Y13		0.086	0.094	0.164	−0.083	0.289
Y14		0.119	0.087	0.077	−0.045	0.299
Y15		0.075	0.087	0.183	−0.080	0.263
Y16		0.042	0.090	0.318	−0.112	0.236
Y17		−0.064	0.085	0.226	−0.213	0.123
Y13	WITH					

Y14		−0.063	0.120	0.306	−0.259	0.220
Y15		−0.087	0.122	0.242	−0.255	0.232
Y16		−0.181	0.113	0.083	−0.341	0.114
Y17		−0.159	0.120	0.110	−0.354	0.147
Y14	WITH					
Y15		−0.083	0.095	0.200	−0.247	0.127
Y16		−0.121	0.095	0.115	−0.287	0.085
Y17		−0.126	0.102	0.121	−0.311	0.093
Y15	WITH					
Y16		−0.125	0.095	0.107	−0.287	0.089
Y17		−0.150	0.107	0.096	−0.335	0.076
Y16	WITH					
Y17		−0.044	0.122	0.362	−0.264	0.211

13.3.2　贝叶斯结构方程模型

在测量模型的基础上,结构模型被用于检验不受测量误差影响的潜变量间的"因果效应"。而随着对测量模型限制的放宽,对结构模型中未知参数的估计也更加准确。Pan等人(2017)在建立测量模型时采用贝叶斯Lasso方法对误差协方差矩阵进行估计发现:与传统方法相比,贝叶斯Lasso方法下结构模型中路径系数的估计偏差也更小。

此外,在对结构模型的估计中,使用贝叶斯方法可以对所有的路径系数提供一定的先验分布。和贝叶斯验证性因子分析相似的是,Muthén和Asparouhov(2012)指出可以对原先被限定为0的路径系数提供均值为0,方差极小的正态先验分布来放宽对其的限制,在一次估计中可以同时实现对模型探索和验证。

在实证研究中,越来越多的应用研究者也开始采用这种方法。Scherer、Siddiq和Teo(2015)基于所研究的潜变量间存在概念重叠的情况,认为建模时必须要考虑交叉载荷,但传统方法中加入过多的交叉载荷会出现模型识别或估计问题。基于贝叶斯结构方程模型的思想,Scherer等人(2015)采用了贝叶斯方法放宽对测量模型的限制,并在此基础上建立结构模型以检验教师对信息技术的利用与教师自身特征的关系。Salarzadeh、Moghavvemi、Wan、Babashamsi和Arashi(2017)同样采用该方法研究了影响学生使用电子学习平台意愿的因素,并对比极大似然估计和贝叶斯估计的结果,发现贝叶斯估计下模型估计结果更准确,误差均方根和绝对平均误差更小。

13.3.3　贝叶斯中介模型

中介分析在心理学领域中扮演着非常重要的角色,它可以用于解释自变量对因变量的作用机制,有助于已有理论的验证和新的理论的构建(罗胜强 等,2014)。在检验中介效应时,关键是检验间接效应的显著性,即自变量是否会通过中介变量"显著地"影响因变量。在Yuan和MacKinnon(2009)的贝叶斯中介建模方法出现之前,心理学研究中大多数中介效应分析都在频率学派的框架下进行(Nuijten et al., 2015)。目前频率学派中检验间接效应显著性的常用方法是Sobel法和Bootstrap法。其中,Sobel法即直接检验直接效应系数乘积的显著性(H_0: $ab=0$;a、b即两个直接效应系数),但是该方法需要假设系数的乘积服从正态分布,否则估计将产生偏差。而这个假设在实际数据分析中往往很难被满足,但Bootstrap法通过构建区间估计可以避免这一问题(温忠麟 等,2014)。

在贝叶斯框架下的中介分析则是通过 MCMC 算法进行,这种方法基于从后验分布中抽取的样本进行参数估计。在获取了直接效应系数的后验分布后,可以很容易地对参数的各种函数形式进行估计,如两个直接效应系数的乘积,而且该方法易于构造间接效应的可信区间(Yuan et al.,2009)。因此贝叶斯方法易于处理复杂的中介模型,如贝叶斯序列中介模型(Tofighi et al.,2016),有调节的中介模型(Wang et al.,2015)等。而传统方法在处理复杂模型时则常常会遇到模型识别和估计问题(Kenny et al.,2003)。

此外,贝叶斯中介模型不需要假设系数乘积服从正态分布。以往的研究发现,除无信息先验条件下贝叶斯方法和传统方法的估计结果比较相似外,在信息先验和模糊信息先验条件下,贝叶斯方法的检验力都更高,对于参数的估计也更加准确(MacKinnon et al.,2004;Tofighi et al.,2011,2016),在小样本中表现也更好(Miočević et al.,2017)。

由于中介分析的重要性及贝叶斯中介模型的优良特性,采用贝叶斯方法检验中介效应的研究也越来越多。鉴于贝叶斯分析不依赖于参数的正态分布假设,Shuck、Zigarmi 和 Owen(2015)通过贝叶斯多重中介模型检验了工作投入、员工敬业度、工作热情在基本心理需求对工作意图的影响中的中介效应;而由于研究的样本量较少,Zeman、Dallaire、Folk 和 Thrash(2017)同样采用该方法检验了在监禁风险经历和环境风险对儿童精神障碍的影响中儿童情绪管理的中介效应;此外,结合贝叶斯中介建模和贝叶斯 CFA 放宽测量模型限制的方法,Jacobson、Lord 和 Newman(2017)验证了焦虑通过情绪智力中介影响抑郁症状。

13.4　贝叶斯多组结构方程模型

在实证研究中,研究者常常会根据某些变量将人群分为多个组别,如根据性别划分出男女两组。在这种情况下,数据往往表现为组数较少、每组观测值较多且组内观测值均是独立的,即多组数据。在多组数据的结构方程建模中,研究者可以通过分组建立模型来研究不同组间模型的相似性和差异性。多组结构方程模型所感兴趣的是检验不同组间模型的各种不变性假设(李锡钦,2011)。

不变性假设的检验首先需要在测量模型中进行,即测量不变性(Measurement Invariance)假设。检验测量不变性可以通过一系列嵌套步骤进行,按顺序包括结构不变性(各组具有相同的因子结构),即量表条目在不同组中均被负载到相同的潜变量上;载荷不变性(条目载荷跨组相等);截距不变性(条目截距跨组相等)以及误差方差/协方差不变性(条目误差方差跨组相等)(Vandenberg et al.,2000)。测量不变性是进行潜变量水平参数的跨组比较的基础,即对结构不变性的检验,结构不变性包括因子方差/协方差不变性和因子均值不变性(王济川 等,2011)。当模型不符合跨组截距不变性时,跨组因子分的差异通常不能清楚地反映潜变量水平的真实差异(Schmitt et al.,2008)。

在检验不变性时,传统方法首先需要确定每个组的基线模型;然后构建组态模型(Configural Model),即整合各组的基线模型;在组态模型中对相应参数(如载荷、截距)施加跨组不变的限制;再根据模型拟合变化情况判断模型是否满足该不变性限制(王济川 等,2011)。但是在实证研究中,多组 CFA 方法对于跨组不变性的限制往往过于严苛,要求载荷、截距严格跨组相等,即这些参数的跨组差异被严格限制为 0,这使得添加限制条件后的模型更容易被拒绝(Asparouhov et al.,2014;Kim et al.,2017)。Marsh 等人(2018)指出在实证研究中截距不变性模型几乎不会被满足,且这种现象在组数较多的情况下更为严重,极大地影响了研究的后续分析(Rutkowski et al.,2014)。

在实证研究中,当载荷或截距的跨组不变性不被满足时,研究者通常可以采用事后模型修正方法,结合理论和修正指数(Modification Index)的建议释放一些违背跨组不变性的参数以改善模型拟合情况,即建立部分测量不变性(Partial Measurement Invariance)模型。但是建立部分测量不变性模型的方法依然存在着一些局限:①基于修正指数的事后模型修正方法每释放一个参数都需要进行模型拟合比较,当需要修正的参数过多时,修正过程会极为繁琐;②通过修正指数发现的违背测量不变性的参数可能是由于抽样变异性导致的(Asparouhov et al.,2014),同时,参数的释放还会受到研究者主观判断的影响,这增加了一类错误率,降低了结论的可重复性;③在这种部分测量不变性模型的基础上进行组间比较,容易导致对跨组因子均值差异的有偏估计(Marsh et al.,2018)。

而贝叶斯方法可以通过对参数的跨组差异值提供合适的先验分布,放宽对参数严格跨组不变的限制,一定程度上允许参数跨组存在微小的差异[建议采用$N(0,0.01)$分布,即在数据被标准化处理的前提下,允许跨组差异有95%的变异落在(-0.2,0.2)之间;Muthén et al.,2013],从而避免限制过于严格而导致的模型拟合过差等问题,这种多组建模方法被称为贝叶斯渐近测量不变性方法(Bayesian approximate Measurement Invariance;Muthén et al.,2013)。

基于放宽模型限制的思想和贝叶斯方法的优良特性,渐近测量不变性方法相比于传统方法有着诸多优势:①避免了传统方法限制过于严格而容易导致模型拟合过差的问题;②在一次估计中就可以放宽对所有参数的限制,而不需要进行多次事后模型修正。避免了修正时重复利用同一批数据可能导致的更高的一类错误率、有偏的参数估计等问题(Draper,1995);③可以作为一种检验违背测量不变性的参数的工具(Muthén et al.,2013):渐近测量不变性方法能够一次性发现所有显著违背不变性的参数(non-invariant parameters);④通过提供不同的小方差先验分布可以检验数据违背不变性的程度(Cieciuch et al.,2017)等。模拟研究也显示,在载荷或截距参数存在着较小的跨组差异时,贝叶斯渐近测量不变性方法在模型拟合和参数估计中表现都很好(Kim et al.,2017;van de Schoot et al.,2013)。

13.4.1 建模步骤

在渐近测量不变性建模中,首先需要建立形态不变性模型,即要求因子结构跨组相同。在模型拟合良好的基础上,对载荷和截距参数的跨组差异提供$N(0,0.01)$的正态分布,允许参数存在微小的跨组差异,建立载荷和截距不变性模型。

这里和传统方法不同的是,传统方法需要按顺序依次施加载荷和截距跨组不变性的限制,即依次建立载荷不变性模型、截距不变性模型。这主要是由于传统方法在出现模型拟合显著变差,即模型违背跨组不变性限制时,需要通过事后模型修正方法逐个释放违背不变性的参数。在这种情况下,如果同时施加载荷和截距跨组相等的限制,会导致引起模型拟合变差的潜在因素过多,影响对违背不变性的参数的寻找(Little & Card,2013)。渐近测量不变性方法则可以通过对载荷和截距的跨组差异提供均值为0、方差极小的先验分布,在一次估计中放宽对所有载荷和截距跨组相等的严格限制。

如果载荷和截距不变性模型拟合良好,需要进一步进行敏感性分析,以避免先验信息主观性的影响,得到更可靠的结果:敏感性分析需要对跨组差异提供方差更大的先验分布,通常为$N(0,0.05)$(Kim et al.,2017;van de Schoot et al.,2013)。通过模型拟合比较含有两种先验分布的模型:如果结果显示先验分布为$N(0,0.01)$的模型拟合更好或两个模型没有明显差异,则可以认为模型满足跨组载荷和截距不变性;若$N(0,0.01)$的先验分布下模型拟合明显更差,则说明对模型施加跨组渐近不变的限制是错误的,导致了模型拟合明显变差,即模型不满足跨组不变性(Kim et al.,2017)。

在进行模型拟合比较时,Kim等人(2017)建议采用DIC指标。因为BIC指标总是会选择先验分布方差为0.05的模型,这可能是由于方差0.05允许存在的跨组差异相对更大,通常会发现更多显著违背不变性的参数,而DIC则会惩罚过于复杂的模型。在分析中,当两个模型DIC差异的绝对值大于7时,则有足够的证据认为DIC更小的模型优于另一个模型,否则可以认为两个模型没有明显差异(李锡钦,2011;Spiegelhalter et al.,2002)。

13.4.2　实例展示

为了详细展示贝叶斯多组比较的分析步骤和评价标准,以贝叶斯CFA部分的数据为例,本章将检验创伤后应激障碍筛查表在不同性别中是否满足测量不变性和因子均值不变性。

在进行贝叶斯多组比较时,首先需要分组建立形态不变性模型,根据Muthén和Asparouhov(2012)的建议,对每组的误差项矩阵提供$IW(I, df)$的逆Wishart分布(本例中df=23),即允许每个测量误差协方差参数有95%的变异落在$(-0.2, 0.2)$之间。结果发现模型拟合良好,PPp为0.558且后验预测区间包括0。

形态不变性模型的Mplus语句和部分结果

```
TITLE: bayes_configural model
DATA:    FILE IS PTSD gender.dat;
VARIABLE: Names are group y1−y17;
         USEV = y1−y17;
         KNOWNCLASS IS c（group=1−2）;
!定义变量c为分组变量,定义group变量的编码（1、2编码）
         CLASSES ISc（2）; !组数为2

ANALYSIS:
         MODEL=CONFIGURAL;
         !形态不变性模型,Mplus会根据该命令设定各组潜变量和指标间对应关系一致,但是对
各组的载荷、截距和测量误差进行自由估计。该命令也适用于传统的极大似然估计法。
         TYPE=MIXTURE;
!贝叶斯估计中需要用KNOWNCLASS、CLASSES和TYPE=MIXTURE命令来设定多组模型
         ESTIMATOR = BAYES;
         PROC = 2;
         BITERATIONS = 400000（10000）;
MODEL:
      %OVERALL%
        !OVERALL命令下定义各组共有的模型结构
      F1 BY y1* y2 y3 y4 y5;
      F2 BY y6* y7 y8 y9 y10 y11 y12;
      F3 BY y13* y14 y15 y16 y17;
      F1-F3@1;
         !采用固定因子法识别模型:采用*允许F1-F3对应的第一个指标（y1 y6 y13）的载荷参数
自由估计,固定F1-F3的因子方差为1

      y1-y17（P#_1-P#_17）;
      y1-y17 with y1-y17（P#_18-P#_153）;
         !定义测量误差方差和测量误差协方差参数。采用#表示组别（1/2）,_符号前定义组别,_
符号后定义参数。如P#_1指第#（1/2）组的条目1的测量误差参数。
```

MODEL PRIORS:
      DO(1,2)P#_1-P#_17~IW(1,23);
      DO(1,2)P#_18-P#_153~IW(0,23);
        !对测量误差矩阵提供先验分布。其中DO(1,2)表示对#参数赋值循环,从1循环到2结束。当#为1时,即对第一组的测量误差协方差矩阵提供先验分布。

OUTPUT: TECH1 TECH8 STDY;
PLOT: TYPE=PLOT2;

MODEL FIT INFORMATION

Number of Free Parameters   380

Bayesian Posterior Predictive Checking using Chi-Square
      95% Confidence Interval for the Difference Between
      the Observed and the Replicated Chi-Square Values
                        -77.273   68.697
      Posterior Predictive P-Value   0.558

Information Criteria
      Deviance (DIC)   28215.637
      Estimated Number of Parameters (pD)   330.922
      Bayesian (BIC)   29964.984

Posterior Predictive P-Value (Confidence Limits), Deviance (DIC), and Estimated Number of Parameters (pD) From Each Group
Group 1 (1)   0.554 (-55.631, 52.065)   14746.268   165.261
Group 2 (2)   0.544 (-53.302, 48.568)   13469.368   165.662

FINAL CLASS COUNTS AND PROPORTIONS FOR THE LATENT CLASSES
BASED ON THE ESTIMATED MODEL
Latent Classes

    1   296.00000   0.51930
    2   274.00000   0.48070

    在形态不变性模型拟合良好的基础上建立载荷和截距不变性模型,对载荷和截距参数的跨组差异提供$N(0,0.01)$先验分布。结果发现模型拟合良好,且在放宽了对跨组差异的严格限制后,DIFFERENCE OUTPUT部分未发现任何显著违背渐近测量不变性的参数(见下框)。

    在实证研究中,如果存在显著违背渐近测量不变性的参数,Muthén和Asparouhov(2013)建议研究者需要对这些参数进行自由估计,建立部分测量不变性模型再进行后续分析。因为贝叶斯渐近测量不变性方法假设载荷和截距参数中存在着诸多微小的组间差异,在这种数据条件下该方法可以实现准确的参数估计。但是如果数据中一些载荷或截距参数存在着较大的组间差异,$N(0,0.01)$的小方差先验可能会严重压缩这些参数真实的组间差异,进而造成对跨组均值差异的有偏估计(Muthén et al.,2013)。因此研究者们建议在发现显著违背测量不变性的参数后,可以采用部分渐近测量不变性(Partial Approximate Measurement Invariance)方法对这些参数进行自由估计,以实现更准确的跨组因子均值比较(Muthén et al.,2013;van de Schoot et al.,2013)。

载荷和截距不变性模型的 Mplus 语句和部分结果

```
TITLE: bayes_scalar model
DATA:   FILE IS PTSD gender.dat;
VARIABLE: Names are group y1-y17;
          USEV = y1-y17;
          KNOWNCLASS IS c (group=1-2);
          CLASSES IS c(2);
ANALYSIS:
          MODEL=ALLFREE;
     !所有参数跨组自由估计,通过提供先验分布限制载荷和截距参数跨组渐近不变
          TYPE=MIXTURE;
          ESTIMATOR = BAYES;
          PROC = 2;
          BITERATIONS = 300000(10000);
MODEL:
          %OVERALL%
          F1 BY y1* y2 y3 y4 y5*(lam#_1-lam#_5);
     !定义各组的 y1-y5 指标的载荷参数为 lam#_1-lam#_5
          F2 BY y6* y7 y8 y9 y10 y11 y12(lam#_6-lam#_12);
          F3 BY y13* y14 y15 y16 y17(lam#_13-lam#_17);
          [y1-y17](nu#_1-nu#_17);
              !定义各组的截距参数
          y1-y17(P#_1-P#_17);
          y1-y17 with y1-y17(P#_18-P#_153);

          %c#1%    !定义第一组为参照组,即因子方差为1,均值为0
          f1-f3@1;
          [f1-f3@0];

          %c#2%    !定义第二组因子参数自由估计
          f1-f3;
          [f1-f3];

MODEL PRIORS:
          DO(1,2)P#_1-P#_17~IW(1,23);
          DO(1,2)P#_18-P#_153~IW(0,23);
          DO(1,17)DIFF(lam1_#-lam2_#)~N(0,0.01);
          ! DIFF(lam1_#-lam2_#)指第一组和第二组的第#个载荷参数的跨组差异,DO(1,17)对#
     参数从1循环到17。例如,当#循环到2时,即对 y2 的载荷参数在两组中的差异(DIFF(lam1_2-lam2_
     2))提供 N(0,0.01)的分布。
          DO(1,17)DIFF(nu1_#-nu2_#)~N(0,0.01);

OUTPUT: TECH1 TECH8 STDY;
PLOT: TYPE=PLOT2;

MODEL FIT INFORMATION
```

Number of Free Parameters   386

Bayesian Posterior Predictive Checking using Chi-Square
        95% Confidence Interval for the Difference Between
        the Observed and the Replicated Chi-Square Values
                             −80.784   58.376
        Posterior Predictive P-Value   0.583

Information Criteria
        Deviance (DIC)   28201.957
        Estimated Number of Parameters (pD)   321.032
        Bayesian (BIC)   30007.502

Posterior Predictive P-Value (Confidence Limits), Deviance (DIC), and Estimated Number of Parameters (pD) From Each Group
Group 1 (1)   0.562 (−57.276, 42.925)   14740.095   161.397
Group 2 (2)   0.543 (−55.337, 47.206)   13461.862   159.635

FINAL CLASS COUNTS AND PROPORTIONS FOR THE LATENT CLASSES
BASED ON THE ESTIMATED MODEL
    Latent Classes
      1   296.00000   0.51930
      2   274.00000   0.48070

MODEL RESULTS

		Estimate	Posterior S.D.	One-Tailed P-Value	95% C.I. Lower 2.5%	95% C.I. Upper 2.5%	Significance
Latent Class 1 (1)							
F1	BY						
Y1		0.689	0.073	0.000	0.537	0.823	*
Y2		0.678	0.087	0.000	0.509	0.856	*
Y3		0.960	0.065	0.000	0.833	1.086	*
Y4		0.846	0.083	0.000	0.687	1.016	*
Y5		0.961	0.086	0.000	0.770	1.110	*
F2	BY						
Y6		0.649	0.071	0.000	0.517	0.798	*
Y7		0.775	0.069	0.000	0.633	0.901	*
Y8		0.720	0.068	0.000	0.582	0.848	*
Y9		0.781	0.080	0.000	0.622	0.934	*
Y10		0.862	0.065	0.000	0.728	0.977	*
Y11		0.805	0.072	0.000	0.652	0.941	*
Y12		0.604	0.093	0.000	0.400	0.767	*

F3	BY						
Y13		0.825	0.083	0.000	0.661	0.989	*
Y14		0.815	0.080	0.000	0.651	0.966	*
Y15		0.839	0.073	0.000	0.683	0.972	*
Y16		0.831	0.092	0.000	0.636	1.004	*
Y17		0.945	0.100	0.000	0.733	1.123	*
F2	WITH						
F1		0.631	0.038	0.000	0.551	0.699	*
F3	WITH						
F1		0.664	0.035	0.000	0.590	0.728	*
F2		0.629	0.039	0.000	0.547	0.699	*
Y1	WITH						
Y2		−0.153	0.072	0.021	−0.290	−0.006	*
Y3		0.015	0.084	0.435	−0.129	0.193	
Y4		−0.155	0.079	0.035	−0.295	0.014	
Y5		−0.127	0.079	0.072	−0.264	0.044	
Y6		0.085	0.061	0.069	−0.025	0.212	
Y7		0.154	0.067	0.009	0.026	0.289	*
Y8		0.010	0.062	0.438	−0.105	0.136	
Y9		−0.086	0.065	0.092	−0.214	0.042	
Y10		−0.053	0.060	0.190	−0.167	0.066	
Y11		−0.004	0.063	0.473	−0.123	0.131	
Y12		−0.029	0.072	0.343	−0.166	0.115	
Y13		0.073	0.073	0.147	−0.057	0.224	
Y14		−0.002	0.070	0.487	−0.138	0.140	
Y15		−0.046	0.065	0.238	−0.169	0.086	
Y16		0.027	0.078	0.365	−0.113	0.195	
Y17		−0.010	0.072	0.438	−0.142	0.140	

! 略去其余测量误差相关结果部分

Means					
F1	0.000	0.000	1.000	0.000	0.000
F2	0.000	0.000	1.000	0.000	0.000
F3	0.000	0.000	1.000	0.000	0.000

Intercepts						
Y1	2.284	0.059	0.000	2.160	2.397	*
Y2	1.967	0.062	0.000	1.839	2.084	*
Y3	2.258	0.066	0.000	2.117	2.376	*
Y4	2.594	0.066	0.000	2.457	2.714	*
Y5	2.276	0.068	0.000	2.133	2.399	*
Y6	2.046	0.057	0.000	1.938	2.163	*
Y7	2.108	0.061	0.000	1.995	2.232	*
Y8	2.141	0.060	0.000	2.028	2.265	*

Y9	2.022	0.064	0.000	1.901	2.154	*
Y10	1.889	0.062	0.000	1.773	2.020	*
Y11	1.903	0.061	0.000	1.788	2.029	*
Y12	1.825	0.063	0.000	1.703	1.949	*
Y13	2.139	0.063	0.000	2.009	2.260	*
Y14	2.158	0.061	0.000	2.037	2.274	*
Y15	2.436	0.063	0.000	2.310	2.557	*
Y16	2.209	0.064	0.000	2.081	2.333	*
Y17	2.816	0.067	0.000	2.679	2.943	*

Variances

F1	1.000	0.000	0.000	1.000	1.000
F2	1.000	0.000	0.000	1.000	1.000
F3	1.000	0.000	0.000	1.000	1.000

Residual Variances

Y1	0.768	0.106	0.000	0.590	0.997	*
Y2	0.952	0.126	0.000	0.698	1.197	*
Y3	0.633	0.103	0.000	0.440	0.836	*
Y4	0.838	0.128	0.000	0.583	1.082	*
Y5	0.717	0.133	0.000	0.501	1.033	*
Y6	0.738	0.097	0.000	0.537	0.923	*
Y7	0.656	0.098	0.000	0.479	0.859	*
Y8	0.710	0.098	0.000	0.538	0.922	*
Y9	0.848	0.118	0.000	0.644	1.106	*
Y10	0.566	0.096	0.000	0.398	0.778	*
Y11	0.645	0.102	0.000	0.469	0.874	*
Y12	1.090	0.129	0.000	0.865	1.372	*
Y13	0.848	0.134	0.000	0.578	1.099	*
Y14	0.779	0.127	0.000	0.537	1.047	*
Y15	0.783	0.116	0.000	0.592	1.046	*
Y16	0.929	0.149	0.000	0.659	1.237	*
Y17	0.883	0.156	0.000	0.623	1.230	*

Latent Class 2 (2)

·········略

Means

F1	0.041	0.103	0.343	−0.160	0.246
F2	0.006	0.110	0.481	−0.228	0.206
F3	−0.181	0.096	0.035	−0.365	0.013

Intercepts

Y1	2.366	0.073	0.000	2.217	2.504	*
Y2	1.924	0.073	0.000	1.777	2.061	*
Y3	2.230	0.084	0.000	2.058	2.383	*

Y4	2.715	0.082	0.000	2.549	2.864	*
Y5	2.180	0.090	0.000	1.996	2.346	*
Y6	2.121	0.071	0.000	1.989	2.269	*
Y7	2.131	0.076	0.000	1.991	2.288	*
Y8	2.122	0.076	0.000	1.985	2.283	*
Y9	1.968	0.078	0.000	1.826	2.134	*
Y10	1.910	0.080	0.000	1.768	2.082	*
Y11	1.928	0.079	0.000	1.786	2.094	*
Y12	1.747	0.070	0.000	1.620	1.896	*
Y13	2.088	0.077	0.000	1.933	2.235	*
Y14	2.211	0.074	0.000	2.059	2.355	*
Y15	2.417	0.080	0.000	2.256	2.572	*
Y16	2.153	0.080	0.000	1.997	2.309	*
Y17	2.894	0.083	0.000	2.730	3.054	*
Variances						
F1	1.017	0.174	0.000	0.732	1.408	*
F2	1.093	0.180	0.000	0.813	1.515	*
F3	0.904	0.151	0.000	0.675	1.269	*
Residual Variances						
Y1	0.843	0.116	0.000	0.638	1.089	*
Y2	0.894	0.127	0.000	0.642	1.139	*
Y3	0.625	0.116	0.000	0.429	0.882	*
Y4	0.880	0.126	0.000	0.667	1.160	*
Y5	0.784	0.155	0.000	0.532	1.148	*
Y6	0.711	0.107	0.000	0.544	0.955	*
Y7	0.657	0.099	0.000	0.493	0.880	*
Y8	0.892	0.114	0.000	0.687	1.131	*
Y9	0.821	0.114	0.000	0.613	1.058	*
Y10	0.648	0.107	0.000	0.446	0.878	*
Y11	0.660	0.108	0.000	0.461	0.889	*
Y12	0.859	0.123	0.000	0.633	1.111	*
Y13	0.820	0.119	0.000	0.609	1.072	*
Y14	0.780	0.119	0.000	0.569	1.029	*
Y15	0.715	0.114	0.000	0.542	0.997	*
Y16	0.746	0.115	0.000	0.518	0.968	*
Y17	0.850	0.170	0.000	0.570	1.222	*

DIFFERENCE OUTPUT

!如果存在显著违背渐近测量不变性的参数,则该参数对应的输出行会出现*号

	Average	Std. Dev.	Deviations from the Mean	
			LAM1_1	LAM2_1
1	0.698	0.068	−0.007	0.007
			LAM1_2	LAM2_2
2	0.661	0.081	0.019	−0.019
			LAM1_3	LAM2_3

3	0.940	0.065	0.020	−0.020
			LAM1_4	LAM2_4
4	0.850	0.076	−0.004	0.004
			LAM1_5	LAM2_5
5	0.956	0.087	0.005	−0.005
			LAM1_6	LAM2_6
6	0.665	0.061	−0.013	0.013
			LAM1_7	LAM2_7
7	0.769	0.060	0.005	−0.005
			LAM1_8	LAM2_8
8	0.707	0.062	0.012	−0.012
			LAM1_9	LAM2_9
9	0.773	0.073	0.006	−0.006
			LAM1_10	LAM2_10
10	0.846	0.061	0.017	−0.017
			LAM1_11	LAM2_11
11	0.814	0.066	−0.007	0.007
			LAM1_12	LAM2_12
12	0.600	0.084	0.002	−0.002
			LAM1_13	LAM2_13
13	0.798	0.076	0.027	−0.027
			LAM1_14	LAM2_14
14	0.809	0.070	0.006	−0.006
			LAM1_15	LAM2_15
15	0.841	0.070	−0.004	0.004
			LAM1_16	LAM2_16
16	0.845	0.084	−0.014	0.014
			LAM1_17	LAM2_17
17	0.948	0.102	0.000	0.000
			NU1_1	NU2_1
18	2.325	0.057	−0.041	0.041
			NU1_2	NU2_2
19	1.946	0.059	0.021	−0.021
			NU1_3	NU2_3
20	2.243	0.066	0.014	−0.014
			NU1_4	NU2_4
21	2.655	0.065	−0.060	0.060
			NU1_5	NU2_5
22	2.228	0.070	0.049	−0.049
			NU1_6	NU2_6
23	2.084	0.055	−0.037	0.037
			NU1_7	NU2_7
24	2.119	0.060	−0.012	0.012
			NU1_8	NU2_8
25	2.131	0.059	0.009	−0.009
			NU1_9	NU2_9
26	1.995	0.062	0.027	−0.027

			NU1_10	NU2_10
27	1.899	0.064	−0.011	0.011
			NU1_11	NU2_11
28	1.916	0.062	−0.013	0.013
			NU1_12	NU2_12
29	1.786	0.057	0.037	−0.037
			NU1_13	NU2_13
30	2.115	0.061	0.025	−0.025
			NU1_14	NU2_14
31	2.185	0.058	−0.027	0.027
			NU1_15	NU2_15
32	2.427	0.062	0.009	−0.009
			NU1_16	NU2_16
33	2.182	0.063	0.027	−0.027
			NU1_17	NU2_17
34	2.855	0.066	−0.039	0.039

进一步进行敏感性分析,对载荷和截距的跨组差异提供 $N(0, 0.05)$ 的先验分布,结果显示两种不同的先验分布下模型拟合无明显差异($DIC_{0.05}$=28203.622,|ΔDIC|=1.665<7),即数据满足载荷和截距的跨组不变性。

表 13.2 贝叶斯渐近测量不变性分析——模型拟合及模型比较

模型	PPp	95%C.I.[1]	BIC	DIC	ΔDIC^2
形态不变性	0.558	[−77.273, 68.697]	29964.984	28215.637	
载荷和截距不变性 (先验方差0.01)	0.583	[−80.784, 58.376]	30007.502	28201.957	
敏感性分析 (先验方差0.05)	0.597	[−87.491, 64.925]	30001.169	28203.622	1.665

注:1.95%C.I.为后验预测区间。

2.ΔDIC 为敏感性分析检验先验方差为 0.01 和 0.05 的两种模型的 DIC 差异。

在载荷和截距不变性模型的基础上,研究者可以进行后续因子均值的比较,探究多群组在同一构念上表现的差异。结果未发现男女两组在三个因子上的得分有显著差异(95% 后验预测区间均包括 0)。

此外,尽管渐近测量不变性方法目前已经可以满足大部分实证研究的需求,但还没有合适的先验分布能够放宽对方差/协方差矩阵跨组不变的严格限制,因此渐近测量不变性方法还难以支持组间方差/协方差不变性的检验。希望随着贝叶斯方法的蓬勃发展,未来可以有更好的方法解决这一局限。

13.5 软件介绍

尽管采用贝叶斯方法估计 SEM 有着诸多优点,但其应用一直较为滞后,一个重要的原因就是它看起来要求研究者具备很好的贝叶斯统计基础(Muthén et al., 2012)。但实际上目前能够采用贝叶斯方法分析 SEM 的软件不仅可以满足大多数研究者的需求,而且易于学习使用。其中常用软件主要有以下几个,除 Mplus 外其余软件均为免费开源软件:

①目前最为流行的潜变量分析软件 Mplus(Muthén et al., 1998—2017),其编程语言简单易

学,由于其默认设定较多,在使用中研究者一般只需要将估计方法从极大似然估计换为贝叶斯估计,并提供相应先验信息即可。如果没有提供先验信息Mplus通常会默认提供无信息先验分布。此外,Mplus软件更新非常快,Mplus 8.3版本已经可以估计贝叶斯潜调节模型(即调节变量为潜变量的模型)等特殊的模型。当研究者将估计方法设定为贝叶斯估计时,Mplus 8.3能提供PPp值、DIC和BIC值作为模型拟合与评价的指标,当先验分布为小方差分布时Mplus也会提供PPPp值。

②WinBUGS (Windows version of Bayesian Inference Using Gibbs Sampling; Lunn et al., 2000)是专门用于贝叶斯统计推断的软件包。相比于Mplus,其对研究者的贝叶斯统计基础有更高的要求。Mplus中一些默认的估计设定在WinBUGS中需要研究者自己设定,但是它功能强大,可以灵活地对复杂模型进行估计。WinBUGS能提供DIC值作为模型拟合与评价的指标。

③软件Stan (Stan Development Team, 2014)可以对复杂的BSEM(如潜调节模型、多层模型等)进行估计,且可以与最流行的数据分析语言(如R、Matlab、Python等)接口。

④R软件中的blavaan包(Merkle et al., 2015)尚不能估计一些特殊的模型,如潜调节模型、含有序分类变量的模型等。不过用户可以根据需要导出JAGS (Just Another Gibbs Sampler; Plummer, 2005)代码来估计复杂、特殊的模型。此外,通过$mplus$2lavaan()函数还可以将Mplus软件与blavaan接口。blavaan能提供PPp值以及DIC值作为模型拟合与评价的指标。

在本章所介绍的应用研究中,大部分研究都采用了Mplus软件进行贝叶斯结构方程建模(例如,Crenshaw et al., 2016;Falkenström et al., 2015;Golay et al., 2013;Zeman et al., 2017),但也有研究者会采用R和JAGS软件进行建模(Praetorius et al., 2017;Winans-Mitrik et al., 2014)。研究者可以根据自己的建模需要选择相应的分析软件。

13.6　本章小结

在结构方程建模中贝叶斯方法有着无可替代的优势,在模型识别和拟合,参数估计,处理复杂模型和小样本情况等方面,贝叶斯方法都有着更好的表现。该方法在近几年的发展也颇为迅猛(van de Schoot et al., 2017)。基于贝叶斯方法结合先验信息,不依赖方差协方差矩阵等特性,衍生出了新的建模思路,如放宽对传统测量模型的严格限制(Lu et al., 2016;Muthén et al., 2012;Pan et al., 2017),多组模型中允许组间存在较小的差异(Muthén et al., 2013)等,而这些建模思路在传统方法中都难以实现。此外,贝叶斯估计法在多层结构方程模型、含有序分类变量的模型、非线性模型等结构方程模型中也可以发挥它的优势,由于本章篇幅有限,没有进行详细的讨论,感兴趣的研究者可以参阅李锡钦(2011)。

但是截至2018年6月,在中国知网数据库检索发现,在国内心理学期刊中尚未有贝叶斯结构方程模型的应用研究。希望本章可以为国内心理学研究者在实证研究中提供新的思路,在应对小样本、传统方法下模型无法识别等情况时可以游刃有余。此外,频率学派方法的主导地位使得心理学研究者对贝叶斯方法的了解不足。王孟成等人(2017)也指出学术界对贝叶斯的了解是相当有限的,这使得应用研究者在面对这种新的研究工具时可能会担心无法很好地掌握这种方法。但实际上对于有结构方程建模基础的研究者来说,采用Mplus软件进行贝叶斯估计是非常易于掌握的,希望本章的介绍可以打破这种刻板印象。

尽管使用贝叶斯方法有着诸多优势,但先验的潜在影响、贝叶斯特征与结果的错误解读,以及不正确的贝叶斯结果报告都可能带来错误。针对以上几点潜在的危险,Depaoli和van de Schoot (2015)提出了WAMBS清单以避免贝叶斯方法的误用,研究者可以参考这个清单以避免结果报告的错误。而随着采用贝叶斯方法估计结构方程模型的应用和方法研究越来越多(Van de Schoot et al., 2017),相信其建模方法、使用技巧和报告规范会越来越完善。

本章参考文献

李锡钦.(2011).结构方程模型:贝叶斯方法.蔡敬衡,潘俊豪,周影辉,译.北京:高等教育出版社.

罗胜强,姜嬿.(2014).管理学问卷调查研究方法.重庆:重庆大学出版社.

王济川,王小倩,姜宝法.(2011).结构方程模型:方法与应用.北京:高等教育出版社.

王孟成.(2014).潜变量建模与Mplus应用,基础篇.重庆:重庆大学出版社.

王孟成,邓俏文,毕向阳.(2017).潜变量建模的贝叶斯方法.心理科学进展,25(10):1682−1695.

温忠麟,叶宝娟.(2014).中介效应分析:方法和模型发展.心理科学进展,22(5):731−745.

Asparouhov, T., & Muthén, B. (2009). Exploratory structural equation modeling. *Structural Equation Modeling*, *16*(3), 397−438.

Asparouhov, T., & Muthén, B. (2014). Multiple-group factor analysis alignment. *Structural Equation Modeling: A Multidisciplinary Journal*, *21*(4), 495−508.

Alessandri, G., & De Pascalis, V. (2017). Double dissociation between the neural correlates of the general and specific factors of the life orientation test-revised. *Cognitive Affective & Behavioral Neuroscience*, *17*(5), 917−931.

Chou, C. P., & Bentler, P. M. (1990). Model modification in covariance structure modeling: A comparison among likelihood ratio, Lagrange multiplier, and Wald tests. *Multivariate Behavioral Research*, *25*(1), 115−136.

Cieciuch, J., Davidov, E., Algesheimer, René., & Schmidt, P. (2017). Testing for approximate measurement invariance of human values in the European social survey. *Sociological Methods & Research*, *47*(4), 665−686.

Crenshaw, A. O., Christensen, A., Baucom, D. H., Epstein, N. B., & Baucom, B. R. W. (2016). Revised scoring and improved reliability for the communication patterns questionnaire. *Psychological Assessment*, *29*(7), 913−925.

Depaoli, S., & van de Schoot, R. (2015). Improving transparency and replication in Bayesian statistics: The wambs-checklist. *Psychological Methods*, *22*(2), 240−261.

Draper, D. (1995). Assessment and propagation of model uncertainty. *Journal of the Royal Statistical Society. Series B (Methodological)*, *57*(1), 45−97.

Falkenström, F., Hatcher, R. L., & Holmqvist, R. (2015). Confirmatory factor analysis of the patient version of the working alliance inventory-short form revised. *Assessment*, *22*(5), 581−593.

Gelman, A., Meng, X. L., Stern, H. S. (1996). Posterior predictive assessment of model fitness via realized discrepancies. *Statistica Sinica*, *6*(4), 733−760.

Greenland, S. (2001). Sensitivity analysis, Monte Carlo risk analysis, and Bayesian uncertainty assessment. *Risk Analysis*, *21*(4), 579−583.

Golay, P., Reverte, I., Rossier, J., Favez, N., & Lecerf, T. (2013). Further insights on the French WISC-IV factor structure through Bayesian structural equation modeling. *Psychological Assessment*, *25*(2), 496−508.

Hoijtink, H., & Rens, V. D. S.. (2017). Testing small variance priors using prior-posterior predictive p values. *Psychological Methods*, *23*(3): 561−569.

Hsu, H.-Y., Troncoso Skidmore, S., Li, Y., & Thompson, B. (2014). Forced zero cross-loading misspecifications in measurement component of structural equation models: beware of even "small" misspecifications. *Methodology: European Journal of Research Methods for the Behavioral and Social Sciences*, *10*(4), 138−152.

Kaplan, D., & Depaoli, S. (2012). Bayesian structural equation modeling. In R. H. Hoyle (Ed.), *Handbook of structural equation modeling* (pp. 650−673).

Kass, R. E., & Raftery, A. E. (1995). Bayes factors. *Journal of the American Statistical Association*, *90*(430), 773−795.

Kenny, D. A., Korchmaros, J. D., & Bolger, N. (2003). Lower level mediation in multilevel models. *Psychological Methods*, *8*(2), 115−128.

Kim, E. S., Cao, C., Wang, Y., & Nguyen, D. T. (2017). Measurement invariance testing with many groups: a comparison of five approaches. *Structural Equation Modeling: A Multidisciplinary Journal*, *24*(4), 524−544.

Jacobson, N. C., Lord, K. A., & Newman, M. G. (2017). Perceived emotional social support in bereaved spouses mediates the relationship between anxiety and depression. *Journal of Affective Disorders*, *211*, 83–91.

Little, T. D., & Card, N. A. (2013). *Longitudinal structural equation modeling*. The Guilford Press.

Lu, Z. H., Chow, S. M., & Loken, E. (2016). Bayesian factor analysis as a variable-selection problem: alternative priors and consequences. *Multivariate Behavioral Research*, *51*(4), 519–539.

Maccallum, R. C., Roznowski, M., & Necowitz, L. B. (1992). Model modifications in covariance structure analysis: the problem of capitalization on chance. *Psychological Bulletin*, *111*(3), 490–504.

MacKinnon, D. P., Lockwood, C. M., & Williams, J. (2004). Confidence limits for the indirect effect: distribution of the product and resampling methods. *Multivariate Behavioral Research*, *39*(1), 99–128.

Marsh, H. W., Muthén, B., Asparouhov, T., Lüdtke, O., Robitzsch, A., Morin, A. J., & Trautwein, U. (2009). Exploratory structural equation modeling, integrating CFA and EFA: application to students' evaluations of university teaching. *Structural Equation Modeling: A Multidisciplinary Journal*, *16*(3), 439–476.

Meghan K. Cain & Zhang Z. Y. (2018). Fit for a Bayesian: an evaluation of PPp and DIC for structural equation modeling. *Structural Equation Modeling: A Multidisciplinary Journal*, *25*(4): 1–12.

Merkle, E. C., & Rosseel, Y. (2015). Blavaan: Bayesian structural equation models via parameter expansion. *Statistics*, *58*(6), 129–138.

Muthén, B., & Asparouhov, T. (2012). Bayesian structural equation modeling: a more flexible representation of substantive theory. *Psychological Methods*, *17*(3), 313–335.

Muthén, B., & Asparouhov, T. (2013). *BSEM measurement invariance analysis*: Mplus Web Note 17. http://www.statmodel.com/examples/webnotes/webnote17.pdf.

Miočević, M. MacKinnon, D. P. & Levy, R. (2017). Power in Bayesian mediation analysis for small sample research. *Structural Equation Modeling: A Multidisciplinary Journal*, (2), 1–18.

Muthén, L. K., & Muthén, B. O. (1998–2017). *Mplus user's guide. Eighth Edition.* Los Angeles, CA: Muthén & Muthén.

Nuijten, M. B., Wetzels, R., Matzke, D., Dolan, C. V., & Wagenmakers, E. J. (2015). A default Bayesian hypothesis test for mediation. *Behavior Research Methods*, *47*(1), 85–97.

Pan, J. H., Ip, E. H., & Dubé, L. (2017). An alternative to post hoc model modification in confirmatory factor analysis: the Bayesian lasso. *Psychological Methods*, *22*(4), 687–704.

Praetorius, A. K., Koch, T., Scheunpflug, A., Zeinz, H., & Dresel, M. (2017). Identifying determinants of teachers' judgment (in)accuracy regarding students' school-related motivations using a Bayesian cross-classified multi-level model. *Learning and Instruction*, *52*, 148–160.

Raftery, A. E. (1995). Bayesian model selection in social research (with discussion). *Sociological Methodology*, *25*, 111–195.

Rutkowski, L., & Svetina, D. (2014). Assessing the hypothesis of measurement invariance in the context of large-scale international surveys. *Educational & Psychological Measurement*, *74*(1), 31–57.

Salarzadeh, H. J., Moghavvemi, S., Wan, C. M. R., Babashamsi, P., & Arashi, M. (2017). Testing students' e-learning via facebook through Bayesian structural equation modeling. *Plos One*, *12*(9), e0182311.

Schwarz, G. (1978). Estimating the dimension of a model. *The Annals of Statistics*, *6*(2), 461–464.

Schmitt, N., & Kuljanin, G. (2008). Measurement invariance: review of practice and implications. *Human Resource Management Review*, *18*(4), 210–222.

Scherer, R., Siddiq, F., & Teo, T. (2015). Becoming more specific: measuring and modeling teachers' perceived usefulness of ICT in the context of teaching and learning. *Computers & Education*, *88*, 202–214.

Shuck, B., Zigarmi, D., & Owen, J. (2015). Psychological needs, engagement, and work intentions: A Bayesian multi-measurement mediation approach and implications for HRD. European *Journal of Training and Development*, *39*(1), 2–21.

Sörbom, D. (1989). Model modification. *Psychometrika*, *54*, 371–384.

Spiegelhalter, D. J., Best, N. G., Carlin, B. P., & Van der Linde, A. (2002). Bayesian measures of model complexity and fit (with discussion). *Journal of the Royal Statistical, Series B, 64*, 583–616.

Stan Development Team. (2014). *Stan modeling language: users guide and reference manual, Version 2.2.0.*

Vandenberg, R. J., & Lance, C. E. (2000). A review and synthesis of the measurement invariance literature: suggestions, practices, and recommendations for organizational research. *Organizational Research Methods, 3* (1), 4–70.

van de Schoot. R., Kluytmans, A., Tummers, L., Lugtig, P., Hox, J., & Muthén, B. (2013). Facing off with scylla and charybdis: a comparison of scalar, partial, and the novel possibility of approximate measurement invariance. *Frontiers in Psychology, 4*, 770.

van de Schoot, R., Winter, S. D., Ryan, O., Zondervan-Zwijnenburg, M., & Depaoli, S. (2017). A systematic review of Bayesian articles in psychology: The last 25 years. *Psychology Methods, 22*(2), 217–239.

Tofighi, D., & MacKinnon, D. P. (2011). R mediation: an R package for mediation analysis confidence intervals. *Behavior Research Methods, 43*(3), 692–700.

Tofighi, D., & Mackinnon, D. P. (2016). Monte Carlo confidence intervals for complex functions of indirect effects. *Structural Equation Modeling: A Multidisciplinary Journal, 23*(2), 194–205.

Wang, L., & Preacher, K. J. (2015). Moderated mediation analysis using Bayesian methods. *Structural Equation Modeling: A Multidisciplinary Journal, 22*(2), 249–263.

Weathersm, F. W., Litzm, B. T., Herman, D. S., Huska, J. A., Keane, T. M. (1993). *The PTSD Checklist: Reliability, validity, and diagnostic utility.* Paper presented at the Annual Meeting of the International Society for Traumatic Stress Studies, San Antonio, TX.

West, S. G., Finch, J. F., & Curran, P. J. (1995). Structural equation models with nonnormal variables. *Structural equation modeling: Concepts, issues, and applications*, 56–75.

Winans-Mitrik, R. L., Hula, W. D., Dickey, M. W., Schumacher, J. G., Swoyer, B., & Doyle, P. J. (2014). Description of an intensive residential aphasia treatment program: Rationale, clinical processes, and outcomes. *American Journal of Speech-Language Pathology, 23*(2), 330–342.

Yuan, Y., & Mackinnon, D. P. (2009). Bayesian mediation analysis. *Psychological Methods, 14*(4), 301–322.

Zhang, L.J., Pan, J.H., Dubé, L., & Ip, E.H. (2021). blcfa: An R Package for Bayesian Model Modification in Confirmatory Factor Analysis. *Structural Equation Modeling: A Multidisciplinary Journal*, 28(4), 649–658.

Zeman, J. L., Dallaire, D. H., Folk, J. B., & Thrash, T. M. (2017). Maternal incarceration, children's psychological adjustment, and the mediating role of emotion regulation. *Journal of Abnormal Child Psychology, 46* (2), 223–236.

Zhang, Z., Hamagami, F., Wang, L. L., Nesselroade, J. R., & Grimm, K. J. (2007). Bayesian analysis of longitudinal data using growth curve models. *International Journal of Behavioral Development, 31*(4), 374–383.

14 元分析

14.1 引言

科学研究都必须建立在前人研究的基础之上,然而,同一研究领域经常出现结果不一致甚至相互矛盾的情况,作为决策者该相信哪一个分析结果呢?于是当某一领域出现大量独立实证研究时,就会有学者对这些研究进行综合,即文献综述(Literature review)。文献综述是对同一主题不同研究结果的总结,也是对过去研究的概括、提炼。同时也要从中发现问题,为将来这一主题的研究指明方向,为解决问题的决策者提供科学依据。

但传统的文献综述常常难以让人满意,因为它容易出现以下几个问题:①传统文献综述以定性分析或描述为主,难以给出一个定量的结论,并且随着研究数量的增加,研究结果可能会发生根本性变化;②传统文献综述一般不会详细交代文献检索的范围和方式,如是否同时进行计算机检索和手工检索,计算机检索中使用了哪些数据库、哪些关键词,检索了哪些语种的外文文献等。同时,传统文献综述一般也不会交代进行综述时排除了哪些检索到的文献,其依据是什么,导致其他研究者很难对其研究结论进行重复或验证;③传统综述中没有考虑研究质量、样本大小等因素对研究结论带来的影响;④传统文献综述无法探讨调节变量(患者群体、药物剂量和人口学变量等因素)对结局变量的影响,因此难以深入解释以往研究不一致的原因。总之,传统的文献综述未使用任何系统方法对所综述内容的原始数据进行收集、综合,也未进行定量整合分析。因此传统文献综述常常只是罗列以往的研究结果,这使得研究结论不可避免地带有较强的主观性。

元分析(Meta-analysis)是用定量统计分析的方法,去收集与分析以往学者针对某个主题所做的众多实证研究,从中找出问题的关键,以及所关切的变量之间的明确关系模式,可弥补传统文献综述的不足(Glass,1976)。元分析的思想最早可追溯到20世纪30年代,并在60年代逐渐应用于教育、心理学等社会科学领域。具体地说,元分析具有以下优势:①元分析可以得到同类研究的平均效应水平,使有争议甚至相互矛盾的研究结果得出一个定量的结论,同时使效应估计的有效范围更精确;②通过元分析能发现以往研究的不足之处,回答单个研究中尚未提及或不能回答的问题,揭示单个研究中存在的不确定性,并据此为新的研究问题和新实验的设计提供帮助;③通过把许多同类研究结果进行整合分析,增大了样本量,一定程度上起到了改进和提高统计学检验功效的目的,同时也提高了对结论的论证强度和效应的分析评估力度;④元分析详细交代了文献检索的范围和方式,并通过制订严格的纳入标准,评估每篇文献的研究质量,确保了研究的规范性和结果的有效性;⑤元分析通过异质性检验(Heterogeneity test)的方法判断研究间存在不一致的程度,估计可能存在的发表偏倚(Publication bias),并通过考查相关调节变量,深入揭示以往研究不一致的原因。总之,元分析通过整合已有研究成果,降低单一研究结果中存在的测量误差和抽样误差,有助于从宏观角度得出更普遍、更准确的结论,是获取和评价大量文献非常有效的统计方法。

正是由于元分析技术具有上述重要优势,元分析已经成为最具影响力和前沿性的文献综述方法之一。同时,随着近年来元分析的不断演进,特别是在方法论的探索上,发展了诸如贝叶斯元分析、结构方程模型元分析(Meta-analytic structural equation modeling)等系列高阶元分析方法。元分析技术的应用范围已从最初的循证医学、心理学迅速扩展到认知神经科学、经济学、管理学等其他专业领域。本章将从教育与心理学的视角出发,详细介绍元分析的基本概念和操作流程。

14.2 元分析的重要概念

14.2.1 文献搜索与筛选

确定研究主题并依据研究范围进行文献搜索是元分析的基础。一般情况下,考虑研究的全面性和统计功效,元分析应尽可能地对所有符合标准的文献进行搜索。其中,中文数据库包括中国知网、维普、万方数据库等。英文数据库包括 Web of Science、PubMed、Google Scholar、Scopus、PsycINFO 等。此外,为了避免遗漏,可以尝试对下载的论文参考文献进行二次搜索,见图 14.1。但值得注意的是,并不是每篇搜索到的文献都要纳入元分析,选择纳入文献的标准应根据所解决问题来定。这里可以参考 PRISMA 声明的标准(Moher et al.,2009),它是由 PRISMA 小组通过对原有的《随机对照试验元分析质量报告》(Quality of Reporting of Meta-Analyses)即《QUOROM 声明》进行修订并总结所制订的系统综述和元分析报告标准。PRISMA 声明是由 27 个条目组成的清单以及一个四阶段(检索、初筛、适宜和纳入)的流程图组成。其主要针对的是随机对照试验的系统评价,但也适合作为其他类型研究系统评价报告的基础规范,尤其是对干预措施进行评价的研究。作为 PRISMA 的补充,与之相关的材料均可从 PRISMA 网站获得。

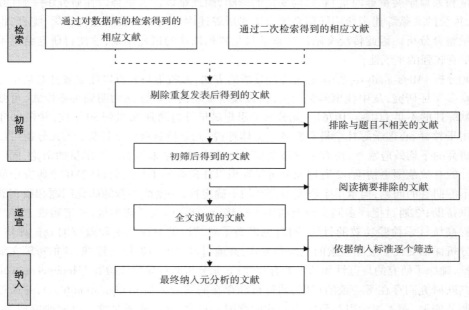

图 14.1 文献纳入流程图

14.2.2 文献质量评估与编码

依据上述纳入标准进行文献筛选,可以确保拟纳入的文献符合本研究的主题,但这并不能保证每篇文献的研究质量均在可接受范围内。鉴于一篇元分析的质量及结果有效性很大程度上取决于其纳入文献的研究质量,若各研究的质量不同,也必然会导致分析结果的不准确。为了克服这一问题,元分析在进行结果处理前需要对每篇拟纳入的文献进行质量评估。即事先指定两位评分者按照评分标准[①]对所有拟纳入的文献进行单盲打分,完成后剔除被判定低质量

---

① 根据研究主题的不同,研究者需要参考不同的质量评估标准,如临床随机对照试验的研究可参考 Jadad 等人(1996)编制的 Jadad 量表;流行率的研究可参考 Boyle(1998)编制的评估量表;相关类研究可参考 Ivie 等人(2020)编制的评估量表。

的文献,并计算两位评分者的一致性 Kappa 值。根据判断标准:Kappa 值在 0.40 ~ 0.59 为一般,0.60 ~ 0.74 为相当好,0.75 及以上为非常好(Orwin,1994)。如果二位评分者的结果整体一致性较好,则在保留评分一致的文献的基础上,对评分不一致的文献进行讨论,直到双方意见达成一致为止。若二位评分者的结果整体一致性较差,则重新制订质量评估标准。

为方便统计和分析数据,研究者需要对纳入文献的重要信息进行编码。录入的信息一般为研究者感兴趣或与研究主题相关的内容,可包括:文献信息(作者名+文献时间),出版年,样本量,人口学变量(如,女性比例,被试群体,文化背景和测量工具)等。对每个研究进行独立编码,若一篇论文包含多个独立样本或结局指标,则应进行多次编码。同时,为保证结果的准确性,上述编码变量在文献中若未报告或不清晰的,将不纳入分析。该过程首先经 1 名研究者查阅资料编制文献编码表。然后,由另 2 名研究者依据文献纳入和排除标准各自独立完成编码,最后再经 1 名研究者将两份结果进行反复校对,核查数据的准确性。

14.2.3 效应量

效应量(Effect size)是反映效应程度大小的统计量,代表变量之间的紧密或差异程度。在元分析中,研究者需要将纳入文献的所有效应量合并,以代表整体的研究水平。根据研究类型的不同,可将元分析的效应量分为四类:第一类,对于普遍报告均值和标准差的独立研究(如评估认知行为治疗对抑郁症的疗效),效应量通常选择为原始均值差(Raw Mean Difference,RMD)、标准化均值差(Standardized Mean Difference,SMD)和响应比(Response Ratio,RR)。它适合测量结果为连续数据的研究,目前主要应用于教育学、心理学和临床医学。第二类,对于来自前瞻性研究(如随机对照试验)的数据,效应量通常选择为风险比(Risk Ratio,RR)、优势比(Odds Ratio,OR)和风险差(Risk Difference,RD)。它适合测量结果为分类数据的研究,目前主要应用于临床医学。第三类,对于报告两个连续变量之间相关性的独立研究(如评估网络成瘾与人际适应的关系强度),相关系数(Correlation Coefficient,r)本身可以作为元分析的效应量,目前主要应用于教育学、心理学等社会科学领域。第四类,对于报告某种疾病或行为事件的检出率(Event Rate)(如抑郁症的检出率),检出率可以作为元分析的效应量,目前主要应用于流行病学、病因学和公共卫生学。

在元分析中除了用统计数字准确地报告合并效应量外,研究者也经常使用森林图(Forest plot),简单直观地展示统计结果。以相关类元分析为例,如图 14.2 所示,森林图在平面直角坐标系中,以一条垂直于 X 轴的无效线(通常坐标 X=1 或 0)为中心;每个方块代表每个独立研究的效应量;与每个方块相连且平行于 X 轴的线段,表示每个研究的 95% 置信区间;最后用一个菱形来表示多个研究合并的效应量及置信区间,它是元分析中最常用的结果综合表达形式。

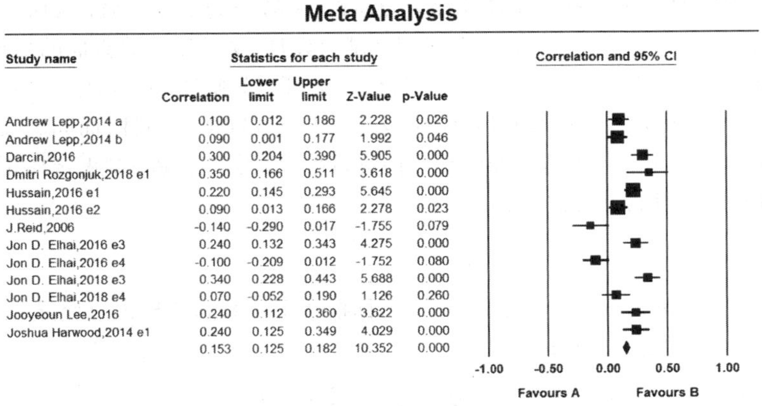

图14.2 森林图

14.2.4 模型选择

目前元分析研究主要选择固定效应模型(Fixed-effect model)和随机效应模型(Random-effects model)来处理结果(Tufanaru et al.,2015)。在固定效应模型下,假设只存在一个真效应量,并且观察到所有差异都是由随机误差所致(如图14.3左侧部分所示)。例如,评估认知行为治疗对抑郁症的疗效,固定效应模型假定除了认知行为治疗本身的疗效外,不同研究间被试年龄、文化程度及评估工具的效应量均一致,每个研究的观察效应量差别仅是由于内部抽样误差引起。也就是说,每个研究的观察效应量减去各自的抽样误差后,拥有相同的真实效应值。因此,固定效应模型对各研究背景要求较为苛刻,需保证不同研究之间具有较强的同质性,适用于理想化的研究背景。

相比之下,随机效应模型假设每个研究不只存在一个真效应量,结果之间的差异由随机误差和真实差异共同引起(如图14.3右侧部分所示)。在随机效应模型下,一个研究的效应量可能比拥有不同年龄、教育背景、健康程度等被试的研究的效应量更高或更低。即真实效应量的大小不仅取决于样本的抽样误差,还可能取决于被试间的干预措施、人口学等差异。因此,随机效应模型允许不同研究之间具有异质性。

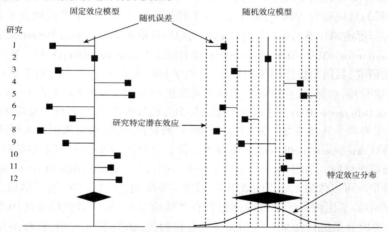

图14.3 固定效应模型和随机效应模型图解(张天嵩,2020)

14.2.5 异质性检验

元分析中各项纳入研究间的变异性称为异质性,一般分为临床异质性(研究对象、干预措施、测量结局等方面的变异性)、方法学异质性(试验设计、文献质量等方面的变异性)、统计学异质性(不同试验间被估计的治疗效应的变异,它是研究间临床和方法学上多样性的直接结果)(Berkeljon et al.,2009)。由于随机效应模型考虑了研究间的异质性,而固定效应模型没有,因此研究者通常应首先对各项研究间的异质性进行检验,再根据检验结果选择相应模型,以下介绍常用的几种异质性检验方法。

1) Q检验

Q检验服从自由度为$k-1$的卡方分布,该指标描述了研究间变异占总变异(包括研究间变异及抽样误差的残差)的百分比:

$$Q = \sum_{i=1}^{k} w_i T_i^2 - \frac{\left(\sum w_i T_i\right)^2}{\sum w_i} \tag{14.1}$$

式中，w_i 为第 i 个研究的权重值，T_i 为第 i 个纳入研究的效应量。若 $Q<\chi^2_{(k-1,0.05)}$，表明 $p>0.05$，即研究的异质性仅由存在抽样误差而造成的，可认为研究同质[①]；反之，若 $Q>\chi^2_{(k-1,0.05)}$ 表明 $p<0.05$，即研究间的变异超出抽样误差所能解释的范围，需考虑研究间异质性的存在（Huedo-Medina et al.，2006）。

2）I^2 统计量检验

I^2 统计量反映了异质性部分在效应量总的变异中所占的比重。I^2 统计量通过对 Q 统计量进行自由度的校正来降低研究文献的数量对异质性检验结果的影响，其计算公式为

$$I^2 = \begin{cases} \dfrac{Q-(k-1)}{Q}, & Q > k-1 \\ 0, & Q \leqslant k-1 \end{cases} \tag{14.2}$$

当 $I^2=0$ 时，表明没有观察到异质性，I^2 统计量越大异质性越高。其中，I^2 为 25%、50%、75%，分别代表异质性低、中、高水平（Higgins et al.，2003）。一般情况下，若 $I^2>50\%$，则说明存在比较明显的异质性。

3）H 统计量检验

H 统计量与 I^2 统计量类似，都是以 Q 统计量为基础。因此，实际研究中 H 统计量与 I^2 统计量二选一即可，其计算公式为

$$H = \sqrt{\frac{Q}{k-1}} \tag{14.3}$$

若 $H>1.5$ 提示研究间存在高度异质性，当 $1.2<H<1.5$ 时可认为研究间存在中度异质性，$H<1.2$ 则提示各研究基本同质（Warn et al.，2010）。

14.2.6 调节效应分析

若元分析结果呈现较高异质性，说明各项研究之间差异较大。如前所述，导致异质性的原因很多，除了随机误差外，还可能是各项研究的被试年龄、干预措施制定、研究地域等方面的差异。因此，需要研究者准确识别出导致研究异质性的关键因素，以便深入解释导致各项研究不一致的真正原因。亚组分析（Subgroup analyses）是元分析中探讨异质性来源的常用技术之一，可将所纳入的各项研究按照上述某一因素分为两组或多组，以观察各亚组合并效应后其效应量之间差异是否具有统计学意义。即亚组合并效应量与分组因素是否存在交互作用，由此判断分组因素是否为各项研究结果之间存在异质性的重要贡献因素。研究者在进行亚组分析时，应把握以下原则：①每组必须有足够数量的研究被纳入其中，根据 Fu 等人（2011）的建议，亚组分析的每组不得少于 4 个研究，以确保有足够的统计功效；②每个因素的分组在理论上和逻辑上应该是合理的；③分组类别不宜太多，一般 1 个因素不超过 5 个组别，避免为获得"阳性结果"而过度"挖掘"数据。需要特别说明的是，在进行亚组分析时，研究者同样也要考虑模型选择的问题。但这里与前面合并效应量的模型选择不同，由于在进行亚组分析时已经按照某种逻辑思路对各项研究进行了分组（如性别、地域等），所以一般默认组内同质，组间异质。这导致模型上应选择混合效应模型（Mixed-effects model），即组内使用固定效应模型，组间使用随机效应模型（Borenstein et al.，2009）。

亚组分析通过观察各亚组之间差异是否具有统计学意义，可以有效分析异质性的来源。

---

① 在实际操作中，如果元分析纳入研究的样本量过少，特别是对于某些临床实验类样本，即使 $p>\alpha$ 也可能存在异质性。因此，可考虑提高检验水准，如设定 $\alpha=0.10$，以增大检验效能（Higgins & Green，2011）。

但在实际操作中,并非每种因素都适合分组。据此,有研究者提出使用元回归分析(Meta-regression analysis)来探讨连续变量对异质性的影响,如年龄、出版年代等。但需要注意的是,当资料不齐或纳入分析的研究数目较少时,元回归分析容易产生聚集性偏倚(Borenstein et al.,2009)。因此参考 Fu 等人(2011)的建议,使用元回归分析处理数据时,每个因素不得少于6个研究。

14.2.7 敏感性分析

敏感性分析可用于评价元分析结果的稳健性,同时,在一定程度上也可以识别是否存在极端值对研究的异质性产生了影响。目前常见的方法有两种:①将每个研究逐次移除后,通过对比前后合并效应量是否发生明显变化,从而判断极端值的影响。若剔除某项研究后,前后合并效应量未发生明显变化,表明元分析结果较为稳定;反之,若二者差异较大甚至出现截然相反的结论,则表明元分析分析结果的稳定性较差,在解释结果和作出结论时应慎重(Li et al.,2018);②将发表的文献与未发表的文献进行比较,观察加入未发表文献后对原合并结果的影响大小。也可以采用不同统计方法或按不同方式对结果进行处理分析(如分别运用固定效应模型和随机效应模型进行分析),对比二者的差异有无统计学意义(Borenstein et al.,2009)。

14.2.8 发表偏倚

在元分析的各个步骤中,均有可能产生偏倚。所谓偏倚是指在资料的收集、分析、解释和发表过程中任何可能导致结论系统地偏离真实结果的情况。其中,发表偏倚(Publication bias)是元分析研究中最难控制,影响程度较大,同时也是研究者关注比较多的一种主观偏倚类型。它是指由于显著的结果更容易被发表,或与阴性结果相比,阳性结果更容易发表,导致已发表的文献不能有效代表该领域已经完成研究的真实情况。控制发表偏倚是多年来学术界一直在致力解决的问题,目前最好的解决办法是收集研究领域内全部有效资料,即研究者在收集资料的过程中应尽可能将所有的相关文献收集齐全,包括未发表的阴性研究报告、会议论文摘要、各种简报、学位论文等。但鉴于实际操作中人力、物力、时间的有限以及文献总在不断更新,很难说一个元分析能纳入所有相关领域的资料。总之,元分析研究不可避免地会产生发表偏倚,但研究者可以通过考查发表偏倚对最终结论有无实质性影响,从而保证元分析研究所提供的证据更加科学有效。本章将系统介绍以下三种评估发表偏倚的常用方法。

1)漏斗图

漏斗图(Funnel plot)是以效应量大小为横坐标,样本量(或效量标准误的倒数)为纵坐标作的散点图,是目前判断是否存在发表偏倚最直观的一种方法。如果没有发表偏倚,理论上纳入元分析的各个独立研究效应量的点估计在漏斗图上的集合应该汇集成一个大致对称的倒置漏斗,如图 14.4 所示。反之,如果漏斗图不对称或不完整则提示可能存在发表偏倚。可以看出,漏斗图的最大优点是简单易行,只需要利用每个纳入研究的样本量和效应值即可绘制。但缺点也很明显,它仅能对结果做定性判断,相对比较主观。特别当纳入研究的数量较少时,很难判断漏斗图中的散点是否对称。因此,一般情况下绘制漏斗图需要包含5个以上的独立研究,即要求漏斗图中的点要在5个以上(Viechtbauer,2007)。

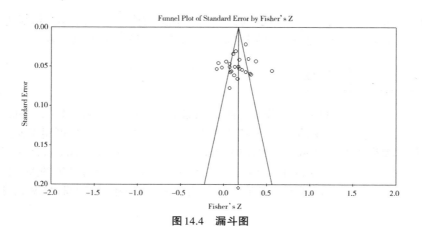

图14.4　漏斗图

2）失安全系数

失安全系数（Fail-safe Number，N_{fs}）是评估发表偏倚的一个常用指标。它是指当元分析的结果有统计学意义时，为排除发表偏倚的可能或者估计发表偏倚的程度，可计算最少需要多少个未发表的研究才能使元分析的结论被推翻（Rosenthal et al.，1979）。也就是说失安全系数越大，结论被推翻的可能性就越小，发表偏倚的风险就越低。其计算公式为

$$N_{fs} = \left(\sum Z / 1.645 \right)^2 - k \quad (0.05\text{水平}) \tag{14.4}$$

$$N_{fs} = \left(\sum Z / 2.33 \right)^2 - k \quad (0.01\text{水平}) \tag{14.5}$$

式中，Z为各独立研究的 Z 值，k 是独立效应量。N_{fs} 越大，尤其是当 N_{fs} 明显大于 $5k+10$ 时，说明元分析结果被推翻的可能性小，可以忽略发表偏倚对研究的影响。相对于漏斗图，N_{fs} 更加客观且计算简便，只需知道每项纳入研究的 Z 值即可。但 N_{fs} 也有局限性，其假定所有发表和未发表研究的样本量在相似的情况下得到，因此 N_{fs} 在计算时未考虑样本权重的问题。但发表和未发表研究的样本量相似的假设在实际情况下往往并不成立，如小样本研究不能发表的概率高于大样本研究，从而造成发表偏倚被低估（Viechtbauer，2007）。因此，在判断发表偏倚时，单用 N_{fs} 效果欠佳，建议结合其他发表偏倚的判断方法综合处理。

3）Egger's 线性回归

Egger 等人（1997）根据漏斗图的基本原理，并针对漏斗图只能定性判断的缺点，结合线性回归模型来检验漏斗图的对称性。若得到回归方程的截距不显著，则提示发表偏倚可以忽略。具体公式为

$$SND = a + b \times pr \tag{14.6}$$

$$SND = t_i \big/ \sqrt{v_i}, \qquad pr = 1 - \sqrt{v_i} \tag{14.7}$$

公式中假设有 k 个研究纳入，t_i 和 v_i 为第 i 个研究的效应量和方差，SND 为纳入元分析的每个研究的标准正态偏差（Standard normal deviate），pr 为精度（Precision）。其基本思想是，截距 a 的大小代表了漏斗图不对称性的程度，a 越大，不对称程度越高。实际操作中，求出线性回归方程的截距及其95% 置信区间，再对 a 是否为0进行假设检验。若得到结果不显著，则说明漏斗图结果对称，验证了元分析不存在明显的发表偏倚。

总的来说，元分析目前还不能完全解决潜在的各种偏倚问题，这是元分析的局限，也是进行元分析必须注意的问题。但研究者可以通过上述方法准确识别偏倚的风险性，从而对元分析结论的有效性进行评估。除了上述介绍的三种常用方法外，还有秩相关检验（Begg's test）、

剪补法、Macaskill's检验等统计方法同样适用于发表偏倚的检验,但限于本章篇幅,感兴趣的读者可以参考Borenstein等人(2009)和郑辉烈等人(2009)的相关文章自行探索。

14.3 软件基本操作

目前常用的元分析软件大致可分为两种,编程软件和非编程软件。其中,如Stata和R软件均属于编程软件,这类软件的优点在于其开放式的编程环境,拥有多种可用于元分析的扩展包。另一类非编程软件,如RevMan和CMA(Comprehensive Meta-Analysis)都属于元分析专用软件,此类软件多来源于官方,界面简洁,操作性更高。综合考虑软件功能的多样性和操作的简便性,本章选用CMA 3.3向读者详细介绍元分析的操作流程和写作逻辑(CMA 3.3可在官网下载)。

14.3.1 信息输入

输入每篇文献的篇名或编号等基本信息以便研究者进行识别,具体操作如图14.5所示。

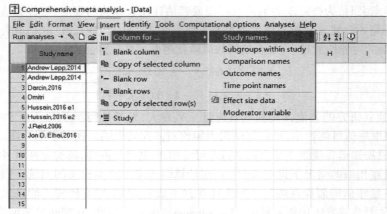

图14.5 效应量的选择和输入

14.3.2 效应量的选择和输入

第一步,选择效应量数据(Effect size data),如图14.6所示。

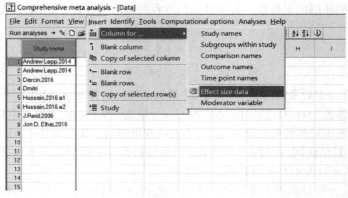

图14.6

第二步,选择呈现所有效应量的类型(Show all 100 formats),如图14.7所示。

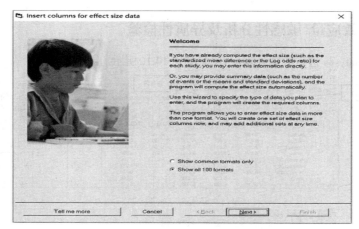

图 14.7

第三步,根据研究者拟订的研究主题,选择相应的效应量(分类数据、连续数据、相关系数和流行率等),如图 14.8 所示。

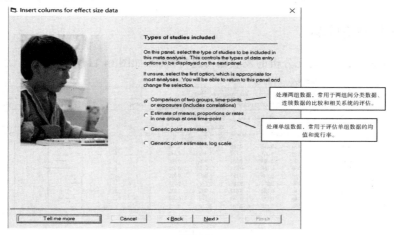

图 14.8

最后,将每篇文献的效应量依次输入程序中(以相关系数为例)。具体操作如图 14.9 所示。

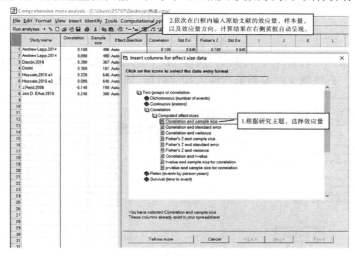

图 14.9

14.3.3 合并效应量、敏感性分析及异质性检验

点击 Run analyses 进行数据处理后,结果如图 14.10 所示。

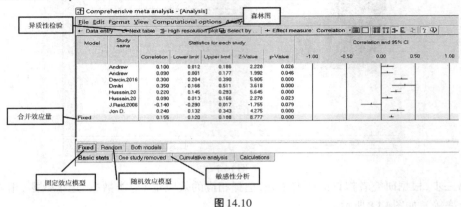

图 14.10

14.3.4 发表偏倚检验

点击 Publication bias 对元分析的发表偏倚进行检验,如图 14.11 所示。

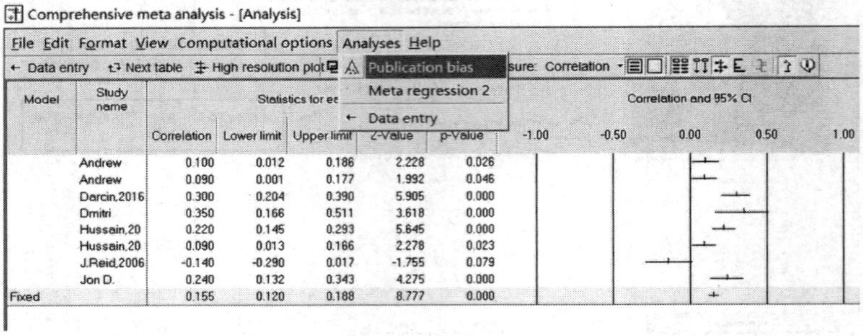

图 14.11

14.3.5 调节效应分析

1)亚组分析

对分类调节变量(如地区)进行亚组分析。第一步,选择主界面 Subgroups within study 创建调节变量输入框。再根据文献编码依次输入相应数据,如图 14.12 所示。

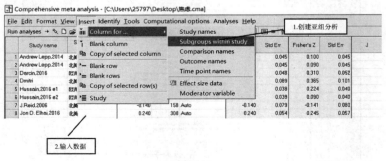

图 14.12

第二步,点击 Run analyses 进行数据处理后,选择 Group by,如图 14.13 所示。

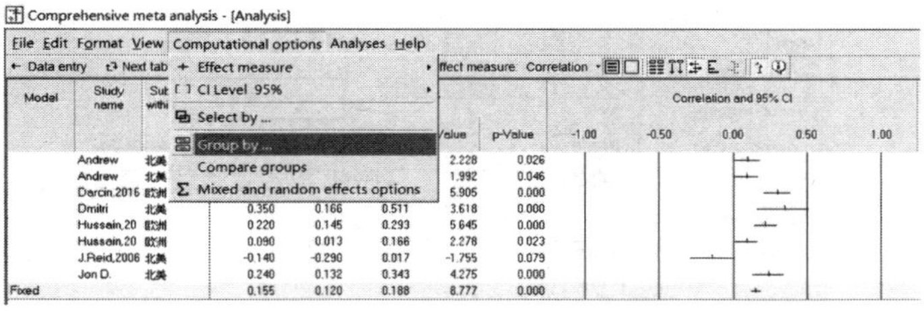

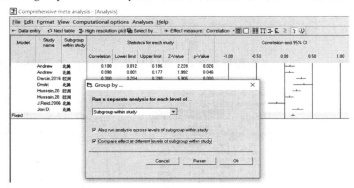

图 14.13

第三步,选择 Subgroups within study 后,勾选两个复选框,如图 14.14 所示。

图 14.14

第四步,根据混合效应模型的显著性检验结果对数据进行解读,如图 14.15 所示。

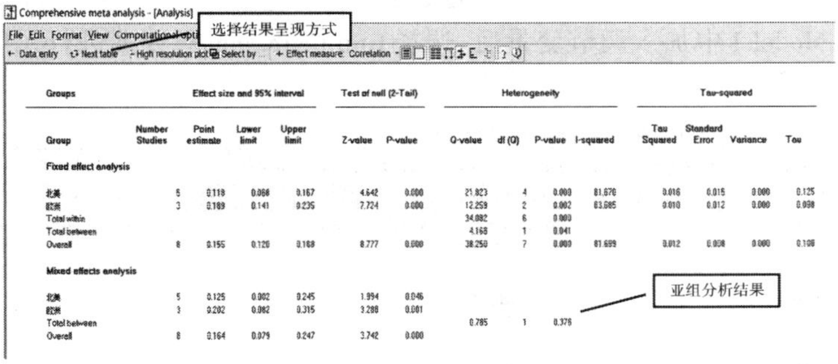

图 14.15

2) 元回归分析

对连续调节变量(如年代)进行元回归分析。第一步,选择主界面 Moderator variable 创建调节变量输入框,如图 14.16 所示。

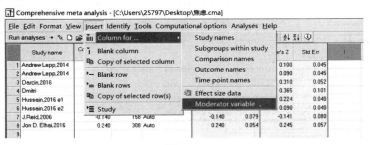

图 14.16

第二步,给调节变量命名并选择数据类型,如图14.17,再依次输入相应数据。

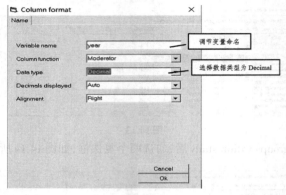

图14.17

第三步,点击 Run analyses 进行数据处理后,选择 Meta regression 2,如图14.18所示。

Model	Study name	Statistics for ee					Correlation and 95% CI				
		Correlation	Lower limit	Upper limit	Z-Value	p-Value	-1.00	-0.50	0.00	0.50	1.00
	Andrew	0.100	0.012	0.186	2.228	0.026					
	Andrew	0.090	0.001	0.177	1.992	0.046					
	Darcin,2016	0.300	0.204	0.390	5.905	0.000					
	Dmitri	0.350	0.166	0.511	3.618	0.000					
	Hussain,20	0.220	0.145	0.293	5.645	0.000					
	Hussain,20	0.090	0.013	0.166	2.278	0.023					
	J.Reid,2006	-0.140	-0.290	0.017	-1.755	0.079					
	Jon D.	0.240	0.132	0.343	4.275	0.000					
Fixed		0.155	0.120	0.188	8.777	0.000					

图14.18

第四步,在 Model 1 中加入调节变量后,选择 Run regression 对数据进行元回归分析,如图14.19所示。

Covariates	Model 1
Intercept	☑
year	☑

图14.19

最后,根据显著性检验结果对数据进行解读,如图14.20所示。

Main results for Model 1, Random effects (MM), Z-Distribution, Fisher's Z

Covariate	Coefficient	Standard Error	95% Lower	95% Upper	Z-value	2-sided P-value
Intercept	-77.1887	20.4583	-117.2862	-37.0913	-3.77	0.0002
Moderator	0.0384	0.0102	0.0185	0.0583	3.78	0.0002

Statistics for Model 1

Test of the model: Simultaneous test that all coefficients (excluding intercept) are zero
Q = 14.29, df = 1, p = 0.0002
Goodness of fit: Test that unexplained variance is zero
Tau² = 0.0036, Tau = 0.0597, I² = 59.44%, Q = 14.79, df = 6, p = 0.0219

Comparison of Model 1 with the null model

Total between-study variance (intercept only)
Tau² = 0.0116, Tau = 0.1078, I² = 81.70%, Q = 38.25, df = 7, p = 0.0000
Proportion of total between-study variance explained by Model 1
R² analog = 0.69
Number of studies in the analysis 8

图14.20

14.4　实例介绍

14.4.1　相关类元分析

相关类元分析主要用于评估两个连续变量之间的关系程度,目前主要应用于教育学、心理学等社会科学领域。本章以手机使用与焦虑、抑郁之间的关系为例,采用元分析技术对相关结果进行系统性定量分析。

1）文献检索

全面检索中文文献和英文文献。中文数据库包括中国科技期刊数据库、万方数据库、中国知网 CNKI 数据库。英文数据库主要检索 Elsevier、Springer link、Science Direct、Psy INFO、Web of Science。同时,对综述和相关文章的参考文献进行人工搜索。检索条件为主题或关键词,手机的检索词为:手机使用、手机成瘾、手机依赖、问题性手机使用、Smartphone use、Smartphone addiction、Mobile phone dependence、Problematic smartphone use 等。焦虑、抑郁的检索词为:焦虑、抑郁、负性情绪、anxiety、depression、negative emotion。

2）文献纳入与排除标准

通过以下标准对文献进行纳入与排除:①必须是有调查数据的实证性研究,排除纯理论和文献综述类文献;②明确报告了手机使用量表与焦虑量表、抑郁量表总分的相关系数 r,没有报告总分相关系数的,须报告全因子相关系数;③研究之间样本独立,若同一份数据发表在多篇论文,则采用更详细或样本更大的研究;④纳入的文献应为期刊论文,排除部分学位论文、会议论文和其他未经同行评审的文献;⑤研究对象为正常人,排除有精神障碍或身体疾病的个体;⑥样本量大小明确。经第一作者与通讯作者讨论和协商,确定关键词后,由另一名研究人员进行检索,再经三人共同讨论确定纳入与排除文献。文献检索及纳入与排除流程如图14.21所示。

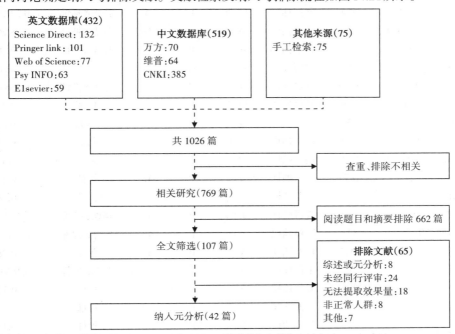

图 14.21　文献筛查流程图

3）文献编码

对纳入的文献进行如下编码：文献信息（作者名+文献时间），样本量，抽样方法，研究地区（亚洲、欧洲、北美），手机使用性质（问题性手机使用、非问题性手机使用），被试年龄阶段（青少年、成人），结果变量类型（焦虑、抑郁）。文献效应量按照每个独立样本编码一个效应量，若某文献包含多个独立样本，则分开编码，产生多个独立效应量。由通讯作者编制研究特征编码表。然后，其他作者依据文献纳入和排除标准进行单独编码。再由通讯作者在原有研究的基础上进行反复校对，共同探讨以确保数据的准确性（表14.1）。

表 14.1 元分析研究编码表

作者（发表时间）	样本量	抽样方法	地区	测量	被试	结果变量	效应量(r)
Abdollah,2015	100	方便抽样	亚洲	P	A	抑郁	0.43
Andrew Lepp,2014 e1	496	整群抽样	北美	NP	Ad	焦虑	0.10
Andrew Lepp,2014 e2	490	整群抽样	北美	NP	Ad	焦虑	0.09
Darcin,2016	367	整群抽样	欧洲	P	Ad	焦虑	0.30
Rozgonjuk,2018	101	网络抽样	北美	P	Ad	焦虑&抑郁	0.35&0.25
Gao,2017	722	随机抽样	亚洲	P	Ad	抑郁	0.34
Hussain,2016 e1	640	网络抽样	欧洲	P	A	焦虑	0.22
Hussain,2016 e2	640	网络抽样	欧洲	NP	A	焦虑	0.09
J.Reid,2006	158	方便抽样	北美	NP	Ad	焦虑	−0.14
Jasso-Medrano,2018	374	网络抽样	北美	NP	Ad	抑郁	0.05
Jon D. Elhai,2016 e1	308	不详	北美	P	A	焦虑&抑郁	0.24&0.10
Jon D. Elhai,2016 e2	308	不详	北美	NP	A	焦虑&抑郁	−0.10&−0.19
Jon D. Elhai,2018 e1	261	网络抽样	北美	P	Ad	焦虑&抑郁	0.34&0.46
Jon D. Elhai,2018 e2	261	网络抽样	北美	NP	Ad	焦虑&抑郁	0.07&0.09
Jooyeoun Lee,2016	222	方便抽样	亚洲	NP	A	焦虑	0.24
Joshua Harwood,2014	274	网络抽样	欧洲	P	A	焦虑&抑郁	0.24&0.24
Kadir Demirci,2014	319	整群抽样	欧洲	P	Ad	焦虑&抑郁	0.28&0.27
Kyung-Hye,2012	525	整群抽样	亚洲	P	Ad	焦虑&抑郁	0.27&0.28
Lee Suyinn,2013	187	方便抽样	亚洲	NP	A	焦虑	−0.15
Li Chen,2016	1087	整群抽样	亚洲	P	Ad	焦虑&抑郁	0.16&0.21
Ozlem Çagan,2014	700	整群抽样	欧洲	P	Ad	抑郁	0.26
Ran Kim,2015	351	整群抽样	亚洲	P	Ad	焦虑	0.30
Richardson,2017 e1	244	网络抽样	北美	NP	A	焦虑	0.05
Richardson,2017 e2	244	网络抽样	北美	P	A	焦虑	0.31
Sangmin Jun,2016	1877	随机抽样	亚洲	P	Ad	抑郁	0.27
陈佰锋,2016	327	整群抽样	亚洲	P	Ad	抑郁	0.29
陈春燕,2017	912	整群抽样	亚洲	P	Ad	焦虑&抑郁	0.15&0.15
陈玲,2017	571	随机抽取	亚洲	P	Ad	焦虑&抑郁	0.40&0.45
陈庆宾,2016	1497	随机抽样	亚洲	P	Ad	焦虑	0.28
何杰,2019	898	整群抽样	亚洲	P	Ad	焦虑&抑郁	0.48&0.43
胡广富,2019	226	方便抽样	亚洲	P	Ad	抑郁	0.34
黄海,2014	1172	方便抽样	亚洲	P	Ad	抑郁	0.42
黄明明,2018	786	整群抽样	亚洲	P	Ad	抑郁	0.35

续表

作者(发表时间)	样本量	抽样方法	地区	测量	被试	结果变量	效应量(r)
李昊,2018	759	整群抽样	亚洲	P	Ad	焦虑	0.27
李宗波,2017	598	整群抽样	亚洲	P	Ad	焦虑	0.26
廖雅琼,2017	622	整群抽样	亚洲	P	Ad	焦虑	0.25
刘欣,2017	200	方便抽样	亚洲	P	Ad	焦虑	0.18
申曦,2018	549	整群抽样	亚洲	P	Ad	焦虑	0.20
史滋福,2017	476	整群抽样	亚洲	P	Ad	焦虑	0.3
孙君洁,2017	1368	随机抽样	亚洲	P	Ad	焦虑	0.26
王欢,2014	493	方便抽样	亚洲	P	Ad	焦虑	0.30
张陆,2018	647	整群抽样	亚洲	P	Ad	焦虑	0.18
张燕贞,2016	1660	整群抽样	亚洲	P	Ad	抑郁	0.19
张雨晴,2018	1949	整群抽样	亚洲	P	Ad	抑郁	0.43
张玥,2018	675	方便抽样	亚洲	P	Ad	焦虑&抑郁	0.32&0.32
周琳琳,2015	170	方便抽样	亚洲	P	Ad	焦虑	0.25
朱其志,2009	513	随机抽样	亚洲	NP	Ad	焦虑	0.05

注:(1)为了减少篇幅,只列出了第一作者。(2)P=问题性手机使用量表;NP=非问题性手机使用量表。
(3)A=成人;Ad=青少年。(4)同一研究包含两个或以上独立样本的以年代后加 e1、e2 等进行区分。

4）效应量与异质性检验

首先将所有文献的基本信息导入程序（图14.5），再依据研究主题对效应量进行选择。鉴于该研究是探索手机使用与焦虑、抑郁的关系,故将相关系数设置为效应量并输入程序中（图14.9）。点击 Run analyses 进行数据处理,结果如图14.22、图14.23所示。

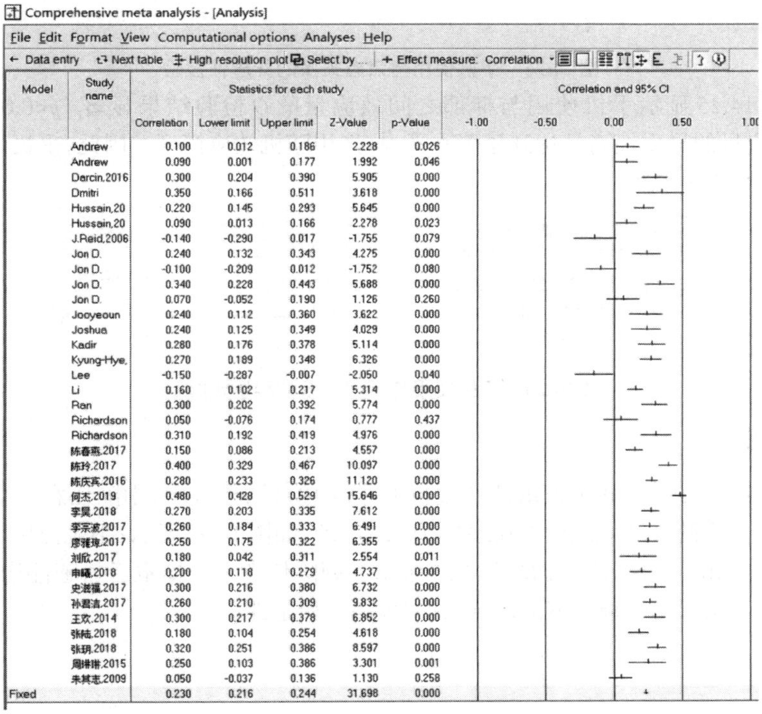

图14.22 手机使用与焦虑的关系

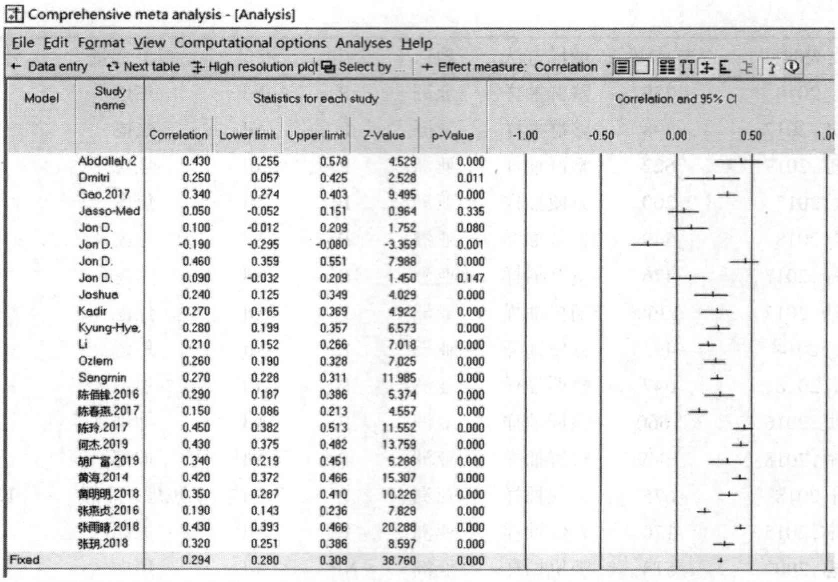

Model	Study name	Correlation	Lower limit	Upper limit	Z-Value	p-Value	Correlation and 95% CI
	Abdollah,2	0.430	0.255	0.578	4.529	0.000	
	Dmitri	0.250	0.057	0.425	2.528	0.011	
	Gao,2017	0.340	0.274	0.403	9.495	0.000	
	Jasso-Med	0.050	-0.052	0.151	0.964	0.335	
	Jon D.	0.100	-0.012	0.209	1.752	0.080	
	Jon D.	-0.190	-0.295	-0.080	-3.359	0.001	
	Jon D.	0.460	0.359	0.551	7.988	0.000	
	Jon D.	0.090	-0.032	0.209	1.450	0.147	
	Joshua	0.240	0.125	0.349	4.029	0.000	
	Kadir	0.270	0.165	0.369	4.922	0.000	
	Kyung-Hye.	0.280	0.199	0.357	6.573	0.000	
	Li	0.210	0.152	0.266	7.018	0.000	
	Ozlem	0.260	0.190	0.328	7.025	0.000	
	Sangmin	0.270	0.228	0.311	11.985	0.000	
	陈佩锋,2016	0.290	0.187	0.386	5.374	0.000	
	陈春燕,2017	0.150	0.086	0.213	4.557	0.000	
	陈羚,2017	0.450	0.382	0.513	11.552	0.000	
	何杰,2019	0.430	0.375	0.482	13.759	0.000	
	胡广富,2019	0.340	0.219	0.451	5.288	0.000	
	黄海,2014	0.420	0.372	0.466	15.307	0.000	
	蒲明明,2018	0.350	0.287	0.410	10.226	0.000	
	张燕贞,2016	0.190	0.143	0.236	7.829	0.000	
	张雨鑫,2018	0.430	0.393	0.466	20.288	0.000	
	张玥,2018	0.320	0.251	0.386	8.597	0.000	
Fixed		0.294	0.280	0.308	38.760	0.000	

图14.23　手机使用与抑郁的关系

选择 Next table 进行异质性检验,图14.24显示,手机使用与焦虑之间效应量的 Q 检验结果显著($p<0.01$),且 I^2 大于75%,表明效应量的异质性高且达到显著水平,故选用随机效应模型。因此,手机使用与焦虑关系的效应量 $r=0.21$,$p<0.01$。

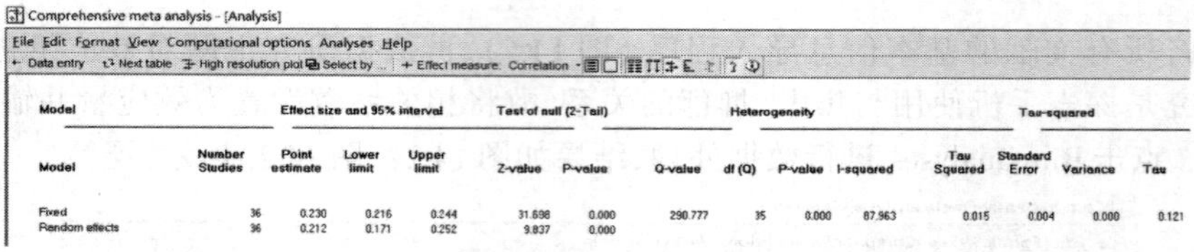

Model	Number Studies	Point estimate	Lower limit	Upper limit	Z-value	P-value	Q-value	df (Q)	P-value	I-squared	Tau Squared	Standard Error	Variance	Tau
Fixed	36	0.230	0.216	0.244	31.698	0.000	290.777	35	0.000	87.963	0.015	0.004	0.000	0.121
Random effects	36	0.212	0.171	0.252	9.837	0.000								

图14.24　手机使用与焦虑关系的异质性检验

同理,图14.25显示手机使用与抑郁之间效应量的 Q 检验结果显著($p<0.01$),且 I^2 大于75%,表明效应量的异质性高且达到显著水平,故选用随机效应模型。因此,手机使用与抑郁关系的效应量 $r=0.27$,$p<0.01$。

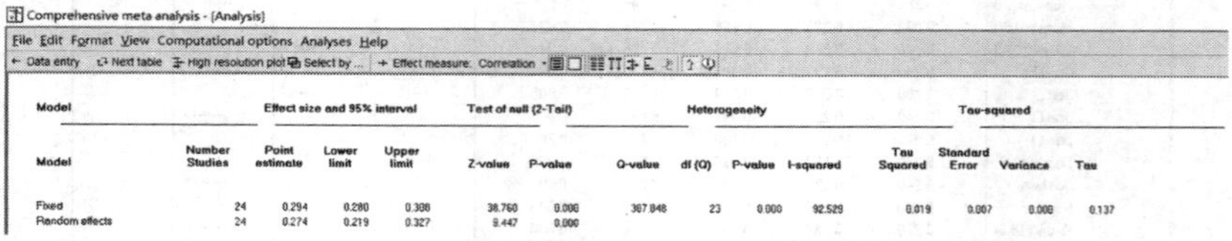

Model	Number Studies	Point estimate	Lower limit	Upper limit	Z-value	P-value	Q-value	df (Q)	P-value	I-squared	Tau Squared	Standard Error	Variance	Tau
Fixed	24	0.294	0.280	0.308	38.760	0.000	307.948	23	0.000	92.529	0.019	0.007	0.000	0.137
Random effects	24	0.274	0.219	0.327	9.447	0.000								

图14.25　手机使用与抑郁关系的异质性检验

5)敏感性分析

选择 One study removed 进行敏感性分析(图14.10),结果显示,剔除任意一个样本后的手机使用与焦虑关系的合并效应量在0.203 ~ 0.221浮动,如图14.26所示;手机使用与抑郁关系的合并效应量在0.265~0.292浮动,如图14.27所示。剔除任意一个样本后显著性均未发生改变,表明元分析估计结果不受极端值的影响,具有较高的稳定性。

Comprehensive meta analysis - [Analysis]

File Edit Format View Computational options Analyses Help

← Data entry　↔ Next table　珪 High resolution plot　Select by ‧　+ Effect measure: Correlation ‧▣▤▦‧ ↑↓

Model	Study name	Statistics with study removed					Correlation (95% CI) with study removed
		Point	Lower limit	Upper limit	Z-Value	p-Value	
	Andrew	0.215	0.173	0.256	9.862	0.000	
	Andrew	0.215	0.174	0.256	9.900	0.000	
	Darcin,2016	0.209	0.167	0.251	9.508	0.000	
	Dmitri	0.209	0.167	0.250	9.594	0.000	
	Hussain,20	0.212	0.169	0.253	9.507	0.000	
	Hussain,20	0.216	0.174	0.256	9.922	0.000	
	J.Reid,2006	0.220	0.180	0.259	10.440	0.000	
	Jon D.	0.211	0.169	0.253	9.576	0.000	
	Jon D.	0.221	0.181	0.259	10.654	0.000	
	Jon D.	0.208	0.166	0.250	9.523	0.000	
	Jon D.	0.216	0.174	0.256	9.921	0.000	
	Jooyeoun	0.211	0.169	0.252	9.608	0.000	
	Joshua	0.211	0.169	0.253	9.588	0.000	
	Kadir	0.210	0.168	0.251	9.533	0.000	
	Kyung-Hye,	0.210	0.168	0.252	9.482	0.000	
	Lee	0.221	0.181	0.260	10.568	0.000	
	Li	0.213	0.171	0.255	9.583	0.000	
	Ren	0.209	0.167	0.251	9.512	0.000	
	Richardson	0.216	0.175	0.257	9.971	0.000	
	Richardson	0.209	0.167	0.251	9.539	0.000	
	陈春燕,2017	0.214	0.171	0.255	9.647	0.000	
	陈珏,2017	0.206	0.165	0.246	9.609	0.000	
	陈庆荣,2016	0.209	0.166	0.252	9.286	0.000	
	何杰,2019	0.203	0.166	0.240	10.553	0.000	
	李慧,2018	0.210	0.167	0.252	9.426	0.000	
	李莉波,2017	0.210	0.168	0.252	9.470	0.000	
	廖雅琪,2017	0.211	0.168	0.252	9.472	0.000	
	刘欢,2017	0.213	0.171	0.254	9.687	0.000	
	申曦,2018	0.212	0.170	0.254	9.567	0.000	
	史滋福,2017	0.209	0.167	0.253	9.295	0.000	
	孙寰宇,2017	0.210	0.167	0.253	9.479	0.000	
	王欢,2014	0.209	0.167	0.251	9.478	0.000	
	张枧,2018	0.213	0.170	0.255	9.590	0.000	
	张珧,2018	0.208	0.166	0.250	9.458	0.000	
	周娜娜,2015	0.211	0.169	0.252	9.621	0.000	
	朱其志,2009	0.217	0.176	0.257	10.083	0.000	
Random		0.212	0.171	0.252	9.837	0.000	

图 14.26　手机使用与焦虑关系的敏感性分析

Comprehensive meta analysis - [Analysis]

File Edit Format View Computational options Analyses Help

← Data entry　↔ Next table　珪 High resolution plot　Select by ‧　+ Effect measure: Correlation ‧▣▤▦‧ ↑↓

Model	Study name	Statistics with study removed					Correlation (95% CI) with study removed
		Point	Lower limit	Upper limit	Z-Value	p-Value	
	Abdolleh,2	0.269	0.213	0.323	9.108	0.000	
	Dmitri	0.275	0.219	0.329	9.288	0.000	
	Gao,2017	0.271	0.213	0.326	8.939	0.000	
	Jasso-Med	0.283	0.229	0.335	9.837	0.000	
	Jon D.	0.281	0.226	0.334	9.595	0.000	
	Jon D.	0.292	0.244	0.339	11.241	0.000	
	Jon D.	0.266	0.210	0.320	9.025	0.000	
	Jon D.	0.281	0.226	0.334	9.607	0.000	
	Joshua	0.275	0.219	0.330	9.228	0.000	
	Kadir	0.274	0.219	0.329	9.157	0.000	
	Kyung-Hye,	0.273	0.217	0.329	9.071	0.000	
	Li	0.277	0.220	0.332	9.156	0.000	
	Ozlem	0.274	0.217	0.330	9.062	0.000	
	Sangmin	0.274	0.215	0.331	8.742	0.000	
	陈钢锋,2016	0.273	0.217	0.328	9.121	0.000	
	陈春燕,2017	0.279	0.224	0.333	9.499	0.000	
	陈珏,2017	0.265	0.210	0.319	9.047	0.000	
	何杰,2019	0.266	0.210	0.320	9.038	0.000	
	胡广霞,2019	0.271	0.215	0.326	9.099	0.000	
	黄笛,2014	0.266	0.211	0.321	9.025	0.000	
	黄明珠,2018	0.270	0.213	0.326	8.920	0.000	
	张燕虎,2016	0.278	0.221	0.333	9.238	0.000	
	张西超,2018	0.266	0.211	0.319	9.259	0.000	
	张珧,2018	0.272	0.214	0.327	8.967	0.000	
Random		0.274	0.219	0.327	9.447	0.000	

图 14.27　手机使用与抑郁关系的敏感性分析

6）发表偏倚检验

选择 Publication bias 对元分析的发表偏倚进行检验（图 14.11）。图 14.28 结果显示，手机使用与焦虑关系的原始文献基本分布于总效应量两侧，呈大致对称的倒置漏斗状，表明研究存在发表偏倚的风险较小。

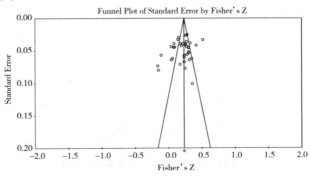

图 14.28　手机使用与焦虑关系的漏斗图

但漏斗图只能主观判断其风险性,尚需采用失安全系数(N_{fs})和Egger's检验进行更精确的评估。图14.29显示,手机使用与焦虑关系的N_{fs}为7788,说明至少需要7788篇文献才能推翻本研究的结论,远大于190,即$5k+10$(k为独立效应量的数目)。同时,图14.30显示,手机使用与焦虑关系的Egger's检验的回归方程截距为-2.62($p=0.11$),综合说明不存在显著的发表偏倚。

图14.29　手机使用与焦虑关系的失安全系数

图14.30　手机使用与焦虑关系的Egger's检验

同样参考上述步骤,对手机使用与抑郁的关系进行发表偏倚检验。漏斗图结果显示呈大致对称的倒置漏斗状,如图14.31所示。

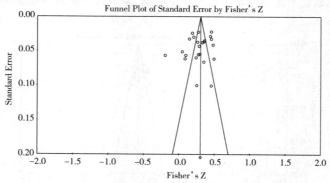

图14.31　手机使用与抑郁关系的漏斗图

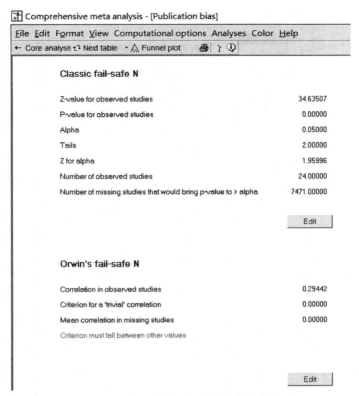

图14.32   手机使用与抑郁关系的失安全系数

图14.32显示，手机使用与抑郁关系的 N_{fs} 为7471，说明至少需要7471篇文献才能推翻本研究的结论，远大于130，即 $5k+10$（k 为独立效应量的数目）。同时，图14.32显示，手机使用与焦虑关系的Egger's检验的回归方程截距为 -2.17（$p=0.30$），综合说明不存在显著的发表偏倚。

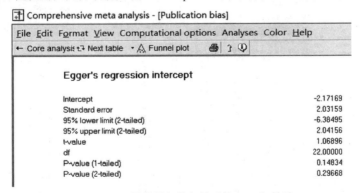

图14.33   手机使用与抑郁关系的Egger's检验

7）调节效应分析

异质性检验结果显示，纳入文献的效应量存在高异质性，提示可能存在显著的调节变量，需要对手机使用与焦虑关系进行调节效应分析。这里以地区为例，鉴于地区（亚洲、欧洲、北美）为分类调节变量，故选择亚组分析。

第一步，选择主界面Subgroups within study创建调节变量输入框，再根据文献编码依次输入相应数据，如图14.34所示。

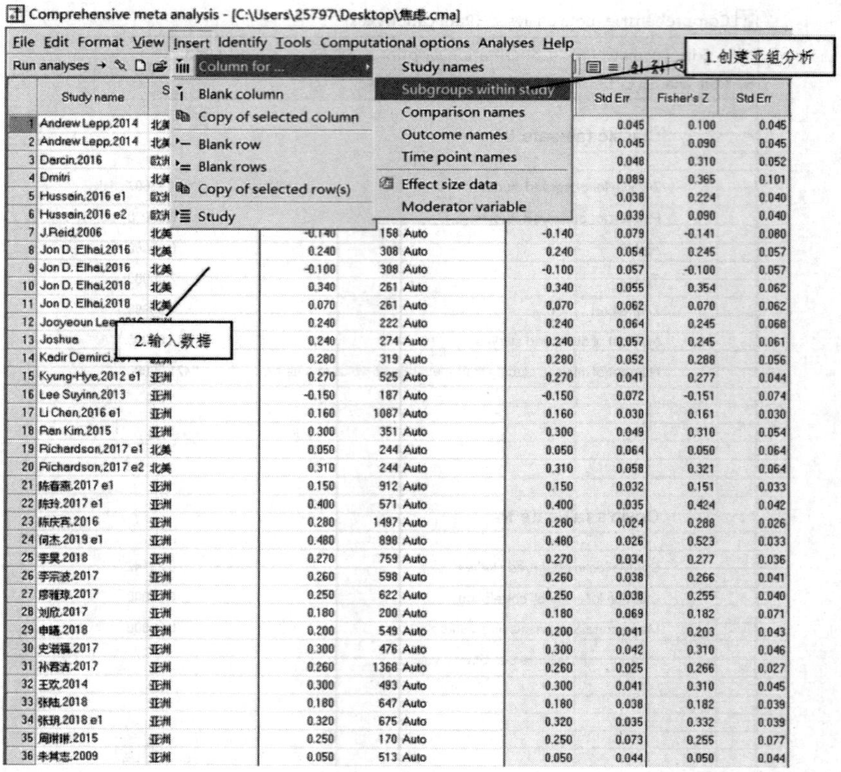

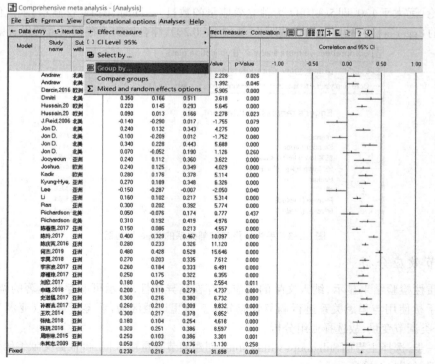

图14.34

第二步，点击 Run analyses 进行数据处理后，选择 Group by，如图14.35所示。

图14.35

第三步，选择Subgroups within study后，勾选两个复选框，如图14.36所示。

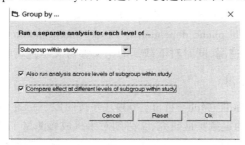

图 14.36

第四步，根据混合效应模型的显著性检验结果对数据进行解读，如图14.37所示。结果显示，不同地区之间的效应量差异不显著（p=0.12），表明地区对手机使用与焦虑关系的调节效应不显著。

Groups		Effect size and 95% interval			Test of null (2-Tail)		Heterogeneity				Tau-squared			
Group	Number Studies	Point estimate	Lower limit	Upper limit	Z-value	P-value	Q-value	df (Q)	P-value	I-squared	Tau Squared	Standard Error	Variance	Tau
Fixed effect analysis														
北美	10	0.123	0.086	0.159	6.570	0.000	62.256	9	0.000	85.544	0.021	0.012	0.000	0.146
欧洲	5	0.208	0.168	0.247	9.961	0.000	15.091	4	0.005	73.494	0.006	0.006	0.000	0.080
亚洲	21	0.256	0.240	0.272	30.143	0.000	167.188	20	0.000	88.037	0.012	0.005	0.000	0.109
Total within							244.535	33	0.000					
Total between							46.242	2	0.000					
Overall	36	0.230	0.216	0.244	31.698	0.000	290.777	35	0.000	87.963	0.015	0.004	0.000	0.121
Mixed effects analysis														
北美	10	0.132	0.034	0.227	2.625	0.009								
欧洲	5	0.222	0.143	0.299	5.361	0.000								
亚洲	21	0.243	0.195	0.290	9.632	0.000								
Total between							4.207	2	0.122					
Overall	36	0.221	0.183	0.258	11.144	0.000								

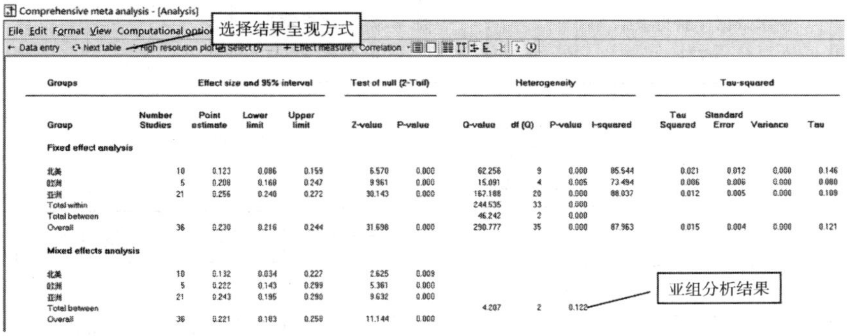

图 14.37

检验地区对手机使用与抑郁关系的调节效应，同样按照上述步骤进行亚组分析。结果显示，地区对手机使用与抑郁的关系有显著调节作用（p=0.045）。其中，亚洲地区手机使用与抑郁的效应量最高，其次是欧洲地区，北美地区最低，如图14.38所示。

Groups		Effect size and 95% interval			Test of null (2-Tail)		Heterogeneity				Tau-squared			
Group	Number Studies	Point estimate	Lower limit	Upper limit	Z-value	P-value	Q-value	df (Q)	P-value	I-squared	Tau Squared	Standard Error	Variance	Tau
Fixed effect analysis														
北美	6	0.104	0.056	0.153	4.185	0.000	70.074	5	0.000	92.865	0.050	0.035	0.001	0.224
欧洲	3	0.258	0.207	0.309	9.469	0.000	0.155	2	0.925	0.000	0.000	0.003	0.000	0.000
亚洲	15	0.319	0.304	0.334	38.342	0.000	162.708	14	0.000	91.396	0.012	0.006	0.000	0.110
Total within							232.937	21	0.000					
Total between							74.911	2	0.000					
Overall	24	0.294	0.280	0.308	38.760	0.000	307.848	23	0.000	92.529	0.019	0.007	0.000	0.137
Mixed effects analysis														
北美	6	0.130	-0.056	0.307	1.369	0.171								
欧洲	3	0.258	0.207	0.309	9.469	0.000								
亚洲	15	0.326	0.272	0.379	11.100	0.000								
Total between							6.222	2	0.045					
Overall	24	0.283	0.246	0.319	14.440	0.000								

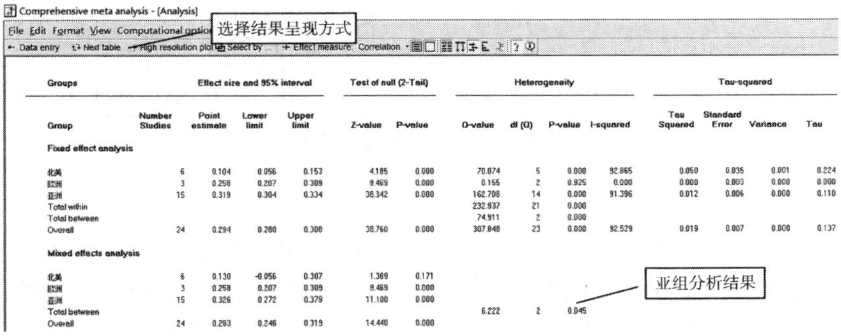

图 14.38

14.4.2 流行率类元分析

流行率类研究的元分析可用于描述某种疾病或特定行为的分布频率，如抑郁症检出率、自杀率等，并通过探索影响流行率的因素从而寻找影响分布的深层原因，在公共卫生学和心理学中应用非常广泛。本章以手机成瘾流行率为例，采用元分析技术对相关结果进行系统性定量分析。

1）文献检索

全面检索中文文献和英文文献。文献数据库包括中国知网、维普、万方数据库，中文检索词为"手机成瘾""手机依赖""问题性手机使用""流行率""检出率"等。英文数据库包括Web of Science、PubMed、Google Scholar、Scopus、PsycINFO,英文检索词为"Smartphone addiction""Mobile phone addiction""Mobile phone dependence""Problematic mobile phone use""Epidemiology""Prevalence"等。为了避免遗漏,同时对下载到的论文参考文献进行二次搜索。

2)文献纳入与排除标准

参考PRISMA声明的标准(Moher et al.,2009),并按照以下标准对相关文献进行筛选:①必须是报告手机成瘾流行率的定量实证研究;②必须对手机成瘾测量工具进行介绍,且有明确的诊断标准或界限分;③研究之间相互独立,排除交叉样本或重复发表的文章;④研究对象为青少年或成年人,且排除如精神疾病、住院患者等特殊群体;⑤排除质量评价判定为低质量(0-3)的文献;⑥样本量明确。经第一作者与通讯作者讨论和协商,确定关键词后,由另一名研究人员进行检索,再经三人共同讨论确定纳入与排除的文献。文献检索及纳入与排除流程如图14.39所示。

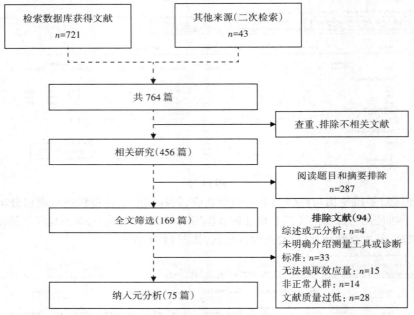

图14.39 文献筛查流程图

3)文献质量评估与编码

采用(Boyle,1998)编制的流行率类元分析的文献质量评估量表,通过8个项目对文献的样本代表性、测量工具以及分析结果进行系统评估。得分范围为0到8,7~8分为高质量,4~6分为中等质量,0~3分为低质量(Yang et al.,2016)。该评价过程由两位评分者独立完成(第三、第四作者),完成后计算两位评分者的一致性Kappa值为0.87。根据判断标准:0.40~0.59为一般,0.60~0.74为相当好,0.75及以上为非常好(Orwin,1994),结果表明两名评分者在本研究中的一致性水平非常好。

对文献进行如下编码:文献信息(作者名+文献时间),样本量,出版年代,被试群体,文化背景,手机成瘾测量工具等。对每个样本进行独立编码,若一篇论文包含多个独立样本或结局指标,则相应分为多个效应量。同时,为保证结果的准确性,上述编码变量在文献中若未报告或不清晰的,将不纳入分析。该过程首先经通讯作者查阅资料编制文献编码表。然后,由2名编码者(第三、第四作者)依据文献纳入和排除标准各自独立完成,再经1名作者(第五作者)将两份结果进行反复校对,核查数据的准确性(表14.2)。

表14.2 元分析研究编码表

作者(发表时间)	样本量	年代	被试群体	文化背景	测量工具	效应量(%)
Park,2020	593	2020	A	E	其他	17.20
Andrade,2020	451	2020	Ad	W	SAS-SV	53.20
Baabdullah,2020	387	2020	A	E	SAS-SV	66.40
Elkholy,2020	200	2020	A	E	SAS-SV	32.50
AlBoali,2020	1941	2020	A	E	其他	19.10
Afe,2020	159	2020	A	–	SAS-SV	34.60
Namwawa,2020	66	2020	A	–	SAS-SV	60.60
Gideon,2020	147	2020	A	E	SAS-SV	52.40
Andrade,2020	718	2020	A	W	SAS-SV	39.40
Syed Nasser,2020	1060	2020	A	E	其他	60.70
Sonkoue,2020	634	2020	A	–	SAS-SV	20.98
Adil,2020	376	2020	A	E	SAS-SV	63.80
Danilo,2020	1447	2020	Ad	E	SAS-SV	62.60
Alkhateeb,2020	1581	2020	A	E	其他	19.10
Oswal,2020	427	2020	A	E	其他	22.20
Lei,2020	574	2020	A	E	SAS-SV	40.60
Kunt,2020	509	2020	A	W	SAS-SV	46.40
Elserty,2020	420	2020	A	E	SAS-SV	62.40
Vally,2019	350	2019	A	E	其他	29.00
Javaid,2019	220	2019	A	E	SAS-SV	44.50
Ayandele,2019	500	2019	A	–	SAS-SV	11.20
Khalily,2019	348	2019	A	E	SAS-SV	55.70
Fu,2019	337	2019	A	E	MPAI	36.77
Hadi,2019	226	2019	A	E	SAS-SV	51.00
Eichenberg,2019	497	2019	A	–	其他	15.10
Dharmadh,2019	195	2019	A	E	SAS-SV	46.15
Abdullah,2019	242	2019	A	E	SAS-SV	60.30
Renuka,2019	405	2019	A	E	SAS-SV	27.60
Masaru,2019	602	2019	A	E	SAS-SV	25.08
Zou,2019	2639	2019	Ad	E	SAS-SV	22.80
LUK,2018	3211	2018	A	E	SAS-SV	38.50
Cocoradă,2018	717	2018	–	W	SAS-SV	26.92
Nowreen,2018	212	2018	A	E	SAS-SV	34.40
Liang,2018 a	351	2018	A	E	其他	16.30
Liang,2018 b	310	2018	A	E	其他	13.50
Alhazmi,2018	181	2018	A	E	SAS-SV	36.50
Cha,2018	1824	2018	Ad	E	其他	30.90
Bede,2018	854	2018	A	–	SAS-SV	47.40
Lachmann,2018 a	612	2018	A	E	SAS-SV	63.60
Lachmann,2018 b	304	2018	A	W	SAS-SV	7.50

续表

作者（发表时间）	样本量	年代	被试群体	文化背景	测量工具	效应量(%)
Prasad,2018	140	2018	A	E	SAS-SV	36.40
Mescollotto,2018	130	2018	A	W	SAS-SV	33.10
Nahas,2018	207	2018	A	E	其他	20.20
Lee,2018	490	2018	Ad	E	SAS-SV	26.61
Sfendla,2018	310	2018	A	E	SAS-SV	55.80
Ammati,2018	328	2018	A	E	SAS-SV	36.80
Chen,2017	1441	2017	A	E	SAS-SV	29.80
de-Sola,2017	1126	2017	A	W	其他	20.50
Lee,2017	3000	2017	Ad	E	其他	35.20
Venkatesh,2017	205	2017	A	E	SAS-SV	71.96
Soni,2017	587	2017	Ad	E	其他	33.30
Kwon,2016	293	2016	A	E	其他	14.70
Aljomaa,2016	416	2016	A	E	其他	48.00
Hawi,2016	249	2016	A	E	SAS-SV	44.58
Long,2016	1062	2016	A	E	其他	21.30
Liu,2016	689	2016	Ad	E	其他	24.90
HAUG,2015	1519	2015	–	W	SAS-SV	16.90
Ching,2015	228	2015	A	E	其他	46.90
KIM,2015	110	2015	A	E	其他	19.10
Lee,2015	276	2015	A	W	SAS-SV	11.23
Lopez-Fernandez,2015 a	117	2015	A	W	SAS-SV	12.80
Lopez-Fernandez,2015 b	79	2015	A	W	SAS-SV	21.50
Nikhita,2015	415	2015	Ad	E	其他	31.33
Pearson,2015	256	2015	A	W	其他	13.30
Demirci,2014	301	2014	A	W	其他	13.30
Mazaheri,2014	1180	2014	A	E	MPAI	52.40
Tavakolizadeh,2014	700	2014	A	E	MPAI	36.70
Shin,2014 a	283	2014	A	W	其他	6.36
Shin,2014 b	314	2014	A	E	其他	11.15
Lopez-Fernandez,2013	1026	2013	Ad	W	其他	10.00
Kwon,2013	150	2013	Ad	E	SAS-SV	20.67
TAN,2013	527	2013	A	W	其他	17.6
Aggarwal,2012	192	2012	A	E	其他	23.40
Lopez-Fernandez,2012	1132	2012	Ad	W	其他	14.80
Martinotti,2011	2790	2011	Ad	W	其他	6.30
Dixit,2010	200	2010	A	E	其他	18.50
Sánchez-Martínez,2009	1328	2009	Ad	W	其他	20.00
Leung,2008	402	2008	Ad	E	MPAI	27.40
Jenaro,2007	337	2007	A	W	其他	10.40

注：(1)A=成人；Ad=青少年。(2)E=东方文化；W=西方文化。(3)同一研究包含两个或以上独立样本的以年代后加 a、b 等进行区分。(4)SAS-SV=智能手机成瘾量表-简版；MPAI=手机依赖量表；其他=其他的手机使用测量工具。

4）效应量与异质性检验

第一步,将所有文献的基本信息导入程序,如图14.5所示。

第二步,点击Effect size data后,选择单组数据,如图14.40所示。最后,选择Event rate and sample size,输入相应数据,如图14.41所示。

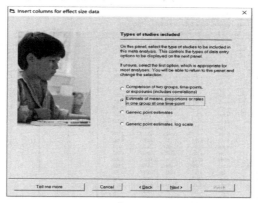

图14.40

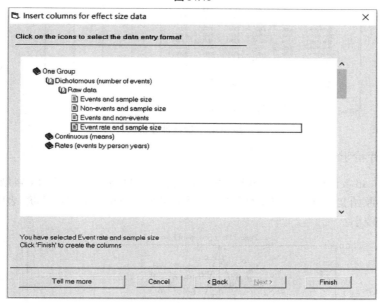

图14.41

点击Run analyses进行数据处理,选择Next table进行异质性检验,图14.42显示,手机成瘾流行率的Q检验结果显著($p<0.01$),且I^2大于75%,表明效应量的异质性高且达到显著水平,故选用随机效应模型。因此,手机成瘾流行率效应量为0.30。

Model		Effect size and 95% interval			Test of null (2-Tail)		Heterogeneity				Tau-squared			
Model	Number Studies	Point estimate	Lower limit	Upper limit	Z-value	P-value	Q-value	df (Q)	P-value	I-squared	Tau Squared	Standard Error	Variance	Tau
Fixed	79	0.324	0.319	0.328	-71.802	0.000	5356.928	78	0.000	98.544	0.572	0.136	0.018	0.756
Random effects	79	0.296	0.262	0.332	-10.046	0.000								

图14.42 异质性检验

5）敏感性分析

选择 One study removed 进行敏感性分析（见图 14.10），结果显示，剔除任意一个样本后的手机成瘾流行率的合并效应量在 0.301~0.292 浮动，如图 14.43 所示。剔除任意一个样本后显著性均未发生改变，且效应量变化不大，表明元分析估计结果不受极端值的影响，具有较高的稳定性。

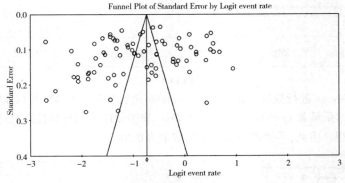

图 14.43　敏感性分析

6）发表偏倚检验

选择 Publication bias 对元分析的发表偏倚进行检验（见图 14.11）。图 14.44 结果显示，手机成瘾流行率的原始文献基本分布于总效应量两侧，呈大致对称的倒置漏斗状，表明研究存在发表偏倚的风险较小。

Funnel Plot of Standard Error by Logit event rate

图 14.44　漏斗图

采用失安全系数（N_{fs}）和 Egger's 检验进行更精确的评估。图 14.45 显示，手机成瘾流行率的 N_{fs} 为 8718，说明至少需要 8718 篇文献才能推翻本研究的结论，远大于 405，即 $5k+10$（k 为独立效应量的数目）。同时，图 14.46 显示，手机成瘾流行率的 Egger's 检验的回归方程截距为 −2.82（$p=0.18$），综合说明不存在显著的发表偏倚。

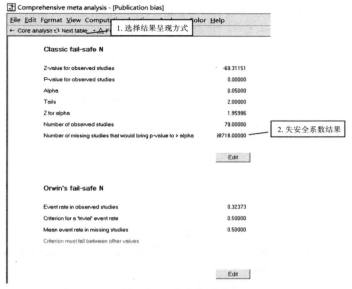

图14.45 失安全系数

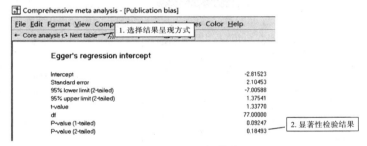

图14.46 Egger's检验

7）调节效应分析

异质性检验结果显示，纳入文献的效应量存在高异质性，提示可能存在显著的调节变量，需要对手机成瘾流行率进行调节效应分析。这里以年代为例，鉴于年代为连续调节变量，故选择元回归分析。

第一步，选择主界面Moderator variable创建调节变量输入框，如图14.47所示。

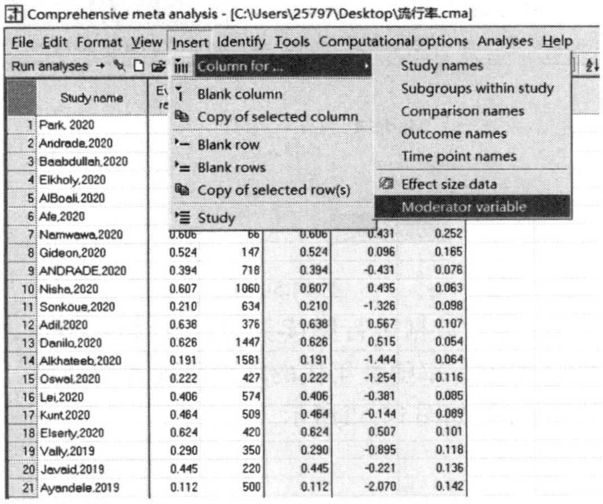

图14.47

第二步,给调节变量命名并选择数据类型,如图14.48所示,再依次输入相应数据。

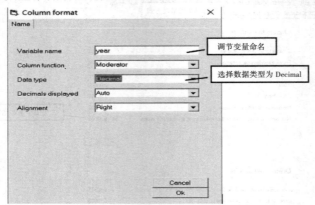

图14.48

第三步,点击 Run analyses 进行数据处理后,选择 Meta regression 2,如图14.49所示。

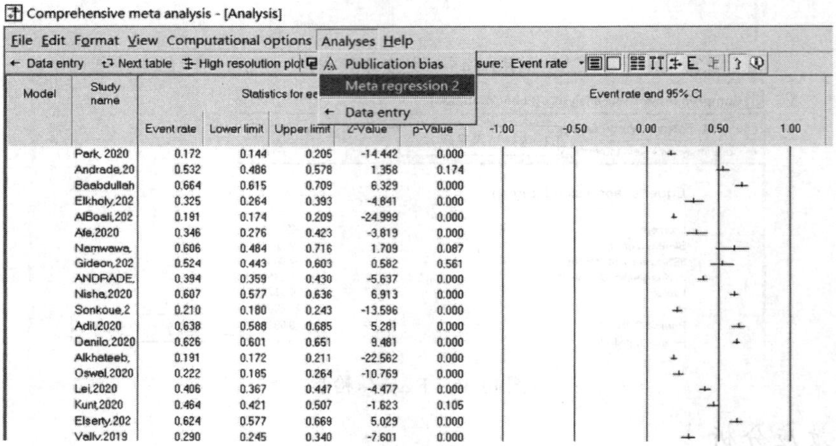

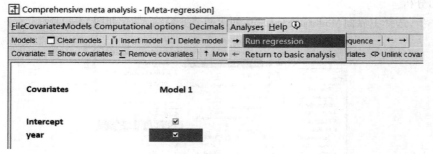

图14.49

第四步,在 Model 1 中加入调节变量后,选择 Run regression 对数据进行元回归分析,如图14.50所示。

图14.50

最后,根据显著性检验结果对数据进行解读。图14.51结果显示,年代显著调节手机成瘾流行率($p<0.01$),表明手机成瘾流行率随着年代的增加呈现递增趋势。此外,选择 Scatterplot 可以进一步查看回归方程的散点图,如图14.52所示。

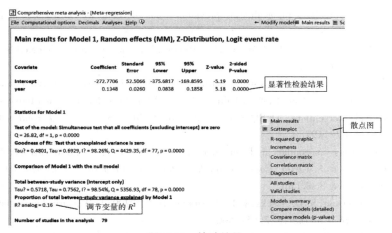

图 14.51　检验结果

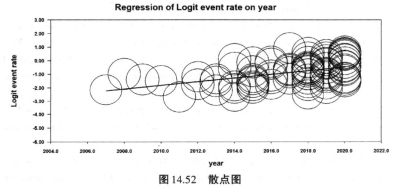

图 14.52　散点图

14.5　本章小结

　　通过本章内容的学习,读者们可以掌握元分析的基本概念,包括效应量、异质性检验、调节效应分析以及发表偏倚等。此外,本章基于数据分析软件CMA3.3,向读者展示了两个主要操作内容及其写作逻辑:一是相关类元分析,二是流行率类元分析。读者可以根据自己的研究目的进行选择。

　　元分析是获取和合并已有研究结果的统计方法之一,有助于研究者系统总结、分析以往的工作,从而在较少的时间、人力和物力的投入下为科学决策提供依据。元分析发展至今,还有很多研究的热点及其对应的功能,如通过原始均值差(Raw mean difference,RMD)、标准化均值差(Standardized mean difference,SMD)和响应比(Response ratio,RR),合并结果为连续数据的研究;以及通过风险比(Risk ratio,RR)、优势比(Odds ratio,OR)和风险差(Risk difference,RD),合并结果为分类数据的研究等。但限于本章篇幅,这些功能有待读者自行摸索。

本章参考文献

Berkeljon, A., & Baldwin, S. A. (2009). An introduction to meta-analysis for psychotherapy outcome research. *Psychotherapy Research Journal of the Society for Psychotherapy Research*, 19(4-5), 511-518.

Borenstein, M., Hedges, L. V., Higgins, J. P. T., & Rothstein, H. R. (2009). *Introduction to Meta-Analysis*. Chichester (UK): John Wiley & Sons.

Boyle, M. H. (1998). Guidelines for evaluating prevalence studies. *Evidence - Based Mental Health*, *1*(2), 37-39.

Egger, M., Smith, G. D., Schneider, M., & Minder, C. (1997). Bias in meta-analysis detected by a simple. *BMJ Clinical Research*, *315*, 629-634.

Fu, R., Gartlehner, G., Grant, M., Shamliyan, T., Sedrakyan, A., Wilt, T. J., Griffith, L., Oremus, M., Raina, P., Ismaila, A., Santaguida, P., Lau, J., & Trikalinos, T. A. (2011). Conducting quantitative synthesis when comparing medical interventions: AHRQ and the Effective Health Care Program. *Journal of Clinical Epidemiology*, *64*(11), 1187-1197.

Glass, G. V. (1976). Primary, secondary, and Meta-analysis of research. *Educational Researcher*, *6*(5), 3-8.

Higgins, J. P. T., & Green, S. (2011) *Cochrane handbook for systematic reviews of interventions version 5.1.0*. Chichester: ohn Wiley & Sons Ltd.

Higgins, J. P. T., Thompson, S. G., Decks, J. J., & Altman, D. G. (2003). Measuring inconsistency in meta-analyses. *British Medical Journal*, *327*, 557-560.

Huedo-Medina, T. B., Sánchez-Meca, J., Marín-Martínez, F., & Botella, J. (2006). Assessing heterogeneity in meta-analysis: Q statistic or I2 index? *Psychological Methods*, *11*, 193-199.

Ivie, E. J., Pettitt, A., Moses, L. J., & Allen, N. B. (2020). A meta-analysis of the association between adolescent social media use and depressive symptoms. *Journal of Affective Disorders*, *275*, 165-174.

Jadad, A., Moore, R. A., Carroll, D., Jenkinson, C., Reynolds, D., Gavaghan, D., & McQuay, H. (1996). Assessing the quality of reports of randomized clinical trials: Is blinding necessary? *Controlled clinical trials*, *17*, 1-12.

Li, L., Xu, D. D., Chai, J. X., Wang, D., & Xiang, Y. T. (2018). Prevalence of Internet addiction disorder in Chinese university students: A comprehensive meta-analysis of observational studies. *Journal of Behavioral Addictions*, *7*(3), 1-14.

Moher, D., Liberati, A., Tetzlaff, J., & Altman, D. G. (2009). Methods of systematic reviews and meta-analysis preferred reporting items for systematic reviews and meta-analyses: the PRISMA statement. *PLoS Medicine*, *8*(7), 336-341.

Orwin, R. G. (1994). Evaluating coding decisions. In J. C. V. H. Cooper (Ed.), *The handbook of research synthesis and meta-analysis* (pp. 177-203). Russell Sage Foundation.

Rosenthal, & Robert. (1979). The file drawer problem and tolerance for null results. *Psychological Bulletin*, *86*, 638-641.

Tufanaru, C., Munn, Z., Stephenson, M., & Aromataris, E. (2015). Fixed or random effects meta - analysis? Common methodological issues in systematic reviews of effectiveness. *JBI Evidence Implementation*, *13*(3), 196-207.

Viechtbauer, W. (2007). Publication bias in meta - analysis: Prevention, assessment and adjustments. *Psychometrika*, *72*, 269-271.

Warn, D. E., Thompson, S. G., & Spiegelhalter, D. J. (2010). Bayesian random effects meta-analysis of trials with binary outcomes: methods for the absolute risk difference and relative risk scales. *Statistics in Medicine*, *21*, 1601-1623.

Yang, C., Zhang, L., Zhu, P., Zhu, C., & Guo, Q. (2016). The prevalence of tic disorders for children in China: A systematic review and meta-analysis. *Medicine*, *95*(30), 42-53.

张天嵩. (2020). 经典Meta分析统计模型的合理选择. 中国循证医学杂志, 20, 1477-1481.

郑辉烈, 王忠旭, 王增珍. (2009). Meta分析中发表偏倚的Begg's检验, Egger's检验及Macaskill's检验的SAS程序实现. 中国循证医学杂志, 9, 910-916.

15 线性模型

15.1 线性模型

在心理学中,我们经常需要描述某些自变量与因变量之间的关系,如环境因素和心理疾病间,或智商与学业成绩间的关系等。当描述及解释这些相互之间的依赖关系时,我们就需要用到数学模型。线性模型是最为常用的一类用于描述某些自变量 X 与因变量 Y 之间线性关系的模型。心理学中常见的线性模型大体上可以分为两类:一般线性模型(方差分析、协方差分析、线性回归等)和广义线性模型(逻辑回归、有序回归、泊松回归等)。这类模型在心理学中有着极其广泛的用途,下面我们将依次进行讲解。

15.2 一般线性模型

15.2.1 介绍

一般线性模型是一类比较常见的模型,它假设存在这样一些自变量 X,它们可以单独或者组合起来与因变量 Y 线性相连。一般线性模型的数学形式方程可表达为

$$Y = a + BX + e$$

式中,Y 是因变量的观测值,a 是截距,B 是一组向量,代表着每个自变量与因变量之间的回归系数,衡量的是自变量与因变量间的关系强度,而 X 是一组由自变量组成的矩阵。模型的目的是找到一组 a 和 B 的值使方程模型能够很好地拟合数据。e 代表着残差,指由于模型不能完美拟合数据而带来的随机误差。残差 e 服从均值为 0,方差为 σ 的正态分布,即 $e \sim N(0,\sigma)$。

在这里我们规定观测值 Y 服从一个均值为 $a + BX$,方差为 σ(等于残差的方差)的正态分布。值得注意的是,在这里我们仅对因变量的类型进行限制,规定其必须是连续变量,但不对自变量的类型进行限制,它们可以是分类或者连续变量中的一种,或是两者的混合。

正态分布易于计算和解释的特性,使得一般线性方程在各个领域都有广泛的应用。根据自变量的类型不同,一般线性方程又分为线性回归模型、方差分析模型和协方差分析模型。接下来,我们将分别就三种模型进行进一步介绍,说明这些模型之间的关系以及它们在心理学中的应用。

1) 线性回归模型

线性回归模型假设因变量是连续变量,而自变量可以是连续变量,也可以是分类变量,或是两者的混合。因为不对自变量的类型进行限制,因此线性回归模型也可以用于方差分析或是协方差分析。但是相较于方差分析与协方差分析模型,线性回归并不要求自变量 X 之间存在正交关系,因此可以用于自变量 X 之间存在相关关系的情况(Tabachnick et al.,2007:118)。线性回归模型具有较大的灵活性,对数据的要求相较另外两个模型较低,因此在实际应用中要更为广泛。

2) 方差分析模型

方差分析模型适用于自变量为分类变量的情况。方差分析经常用于实验设计中的组间比较。它也可以用于探索两个自变量间的交互作用(interaction),即某一自变量对因变量的影响取决于另一自变量的取值。例如,一个心理学家想要知道某药物 A 和 B 是否能够有效地治疗抑郁症,并且这两种药物的效果是否会与性别有交互作用,他/她可以使用方差分析模型。方差分析模型要求不同的自变量之间存在正交关系,即两个自变量 x_1 和 x_2 之间相互独立且无线性关系(Tabachnick et al.,2007:48)。

正如我们前面所提到的,方差分析模型是线性回归模型的一个特例,当线性回归模型的自变量中只含有分类变量时,线性回归模型就变成了方差分析模型。这时,线性回归模型中的残差e的方差σ就等于方差分析模型中的组内差异。

如果要对线性回归模型进行方差分析,需要将分类变量编码。哑变量(dummy variable)是较为常用的编码方法,即将原变量编码为几个取值为0或1的变量。哑变量可以用于识别数据所属的类别。例如,性别变量有男女两个类别,当将性别变量编码为哑变量时,1就代表女性,0就代表男性,这样就可以针对性别进行方差分析。而对于类别大于2的分类变量,则需要$k-1$个哑变量进行编码(其中k是分类变量所含有的类别数)。以上面的药物A和B为例,在这里,组别这一变量共包含三个类别:控制组、药物A组和药物B组。当对组别进行编码时,就需要两个哑变量,如:

组别	哑变量1	哑变量2
控制组	0	0
药物A组	1	0
药物B组	0	1

除了哑变量编码以外,还有另外一种常用的编码方法叫作对照编码(contrast coding, Tabachnick et al.,2007:119)。对照编码要求编码后的效果变量的各个分类的取值之和为0。以其中的效果变量编码(effect coding)为例,三个案例实验组可以编码为:

组别	哑变量1	哑变量2
控制组	−1	−1
药物A组	1	0
药物B组	0	1

哑变量编码与效果变量编码的区别在于,两者注重测试的差异类型不同。对于上述例子而言,哑变量编码关心的是实验组和控制组之间的差异的测试,而效果变量编码关心的是各个组与总体均值的差异的测试。在对变量进行了编码以后,就可以直接使用线性回归模型进行方差分析了。

3) 协方差分析模型

在对样本间的均值进行比较时,有时我们会发现样本间可能存在某些混淆变量。例如,认知测试各组的测试分值可能因为各组被试的平均年龄不同而产生差异,而这些差异并非来自实验变量。类似这样的混淆变量会造成样本间的均值差异,因此需要控制这些混淆变量,这个时候就需要协方差分析模型。协方差分析模型可以通过添加协变量的方式,剔除掉组间原本由于混淆变量产生的均值差异,从而使得组间差异只来自自变量,从而使得各个实验组更具备可比性。

协变量通常为一些无法通过实验控制的人口学变量,如性别、年龄或职业等,它们既可以是分类变量,也可以是连续变量。而我们感兴趣的自变量依旧是分类变量。传统的协方差分析模型要求回归同质性(homogeneity of regression),即自变量与协变量间不能存在交互作用,协变量的回归系数需要在同一自变量的不同取值下保持恒定(Ahlgren et al.,1969);而如果变量之间的关系不满足这一条件,则应该使用普通线性回归模型。

当然,协方差分析模型同样也是线性回归模型的一种特例。当自变量同时包含有分类和连续变量,而我们感兴趣的变量只有分类变量时,线性回归模型就变成了协方差分析模型。在协方差分析模型中,分类变量仍然需要进行重新编码(哑变量或者效果变量编码)。在上述的例子中,如果心理学家认为年龄可能会影响药物的效果,那么他们就可以把年龄作为控制变量加入模型中,这时模型就从方差分析模型变为了协方差分析模型。

15.2.2　基本假设与检验

在一般线性模型背后,存在着这样的一些基本前提。这些基本前提是模型成立时的必要条件,这些前提若没有满足,无法保证后续结果的正确性。并且,前提没有满足将减损模型拟合时的精度,使模型给出有偏的结果。

1)因变量的正态性

一般线性模型规定因变量是一个服从正态分布的随机变量,因此它要求因变量至少是无界的、连续的、对称的。对于因变量的正态假设的违反,可能导致模型给出有偏的估计。而当因变量不符合正态分布时,我们可以通过放开这项要求,使用其他模型(如广义线性模型)来拟合不符合正态分布的数据。

对于正态分布的检验,可以通过检查因变量的直方图来直观地判断其是否符合正态。通过直方图,我们可以清晰地看到因变量的分布是否存在偏态,是否存在有明显的异常值。除此之外,分位图(又称Q-Q图)、Kolmogorov-Smirnov和Shapiro-Wilk检验也可以用于检验变量的分布是否服从正态分布。

分位图通过比较理想正态分布的分位数(x轴)和观测数据的分位数(y轴)来判断数据是否符合正态分布。如图15.1左所示,当数据符合正态分布时,所有的点都集中于$y = x$的线附近;而如图15.1右所示,当数据不符合正态分布时,某些点(右上的点)将严重偏离$y = x$。

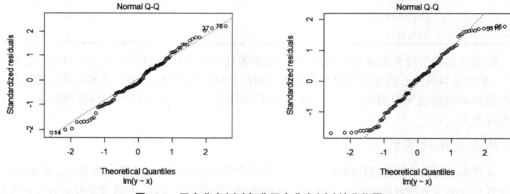

图15.1　正态分布(左)与非正态分布(右)的分位图

Kolmogorov-Smirnov和Shapiro-Wilk检验同样也是通过将观测数据的分布与理想正态分布进行比较,来判断观测数据是否符合正态分布。当检验结果不显著时(如显著性大于0.05),则说明没有明显违反正态分布的证据,即可以认为观测数据服从正态分布。两者所用的指标不同,因此对于同一组观测数据可能给出不同的结论,对于具体的适用范围可以参照Yap和Sim(2011)的文章。

此外,在其他书中可能会提到残差的正态性。但因为正态分布的性质,如果将符合正态分布中一组数据都增加(或减去)一个定值,那么这组数据仍然符合正态分布,因此残差的正态性实际上等价于因变量的正态性。

2)观测值的独立性

独立性要求每个观测值都是独立的,不受其他观测值的影响。以被试间设计为例,每个被试就是一个观测值,独立性要求在控制变量的情况下,被试间不能存在任何事先决定好的关系(但他们可以因为实验条件的不同而相关)。例如,在探究智商与学业水平的关系时,在控制其他如性别、所处班级等无关变量后,被试间应该是相互独立的,不存在任何变量可以将某部分人划分为一个亚组。

而对于不满足独立假设的数据(如重复测量或者存在亚组的数据),要采取一定的措施控制观测值之间的依赖关系,可以使用多层线性模型(Hierarchical Linear Model),划分亚组进行分析,或是采用混合模型(Mixture Model)。

3)方差齐性

方差齐性,又称方差同质性,其要求方差在不同的因变量的取值下恒为常数。

对于方差分析来说,因为因变量的取值依赖于自变量的分组,所以方差齐性要求不同分组内的方差相等。方差比检验是方差分析中测试方差齐性假设的重要方法。方差比检验计算的是两个分组的方差之比,如果没有证据表明这一比率显著大于1,那么我们就可以认为在这两个分组存在方差齐性。Levene 或是 Bartlett 检验也可以用来测试方差齐性假设。Levene 检验和 Bartlett 检验的方法与方差比检验类似,可以看成多组比较时的方差比检验,它们都是先假设各组之间的方差齐性,然后通过相应的指标测试这一假设(Schultz,1985;Glass,1966)。如果检验结果不显著(如显著性大于0.05),则说明无法拒绝方差齐性的假设,那么就可以认为各个组之间的方差相齐;而如果检验结果显著,则说明组间方差不齐,需要进行校正或使用别的模型或方法。

而对于线性回归而言,方差齐性假设可以通过观察拟合后的残差图进行检测。如果残差的离散程度在不同的因变量取值下没有明显的差异,那么我们就可以认为其符合方差齐性假设。如果数据无法满足方差齐性假设,那么可以对因变量进行 log 转换,但是在这种情况下,模型的阐释只能局限于转换后的因变量;或者另一种矫正方法是使用更严格的显著性水平进行显著性检验,例如用 $\alpha = 0.025$ 代替 $\alpha = 0.05$(Tabachnick et al.,2007:204)。

4)因变量与自变量呈线性

线性假设要求因变量与自变量间只存在线性关系(不能是曲线的或者是其他形状的关系)。如果模型中只含有一个自变量,那么线性关系的检验可以通过观察自变量与因变量的散点图来进行判断;而如果存在多个自变量则需要观察残差图进行判断。

5)自变量间的非多重共线性

非多重共线性要求自变量之间不应该高度相关。当存在多重共线性时,一般意味着存在冗余的自变量。多重共线会导致对于回归系数的标准差的有偏估计,以此使得回归系数的显著性检验更不容易给出显著结果(Freund et al.,2006)。

对于自变量间的非多重共线性,可以通过计算自变量之间的相关系数,或是方差膨胀因子(Variance inflation factors)进行检验。方差膨胀因子通过计算由自变量间的相关导致的方差膨胀来估计自变量间的多重共线性。一般而言,当方差膨胀因子大于10时意味着自变量间存在明显的多重共线性。

15.2.3 模型诊断

对于数据的异常值和基本前提(正态性、方差齐性、非多重共线性等)的检验可以通过一系列的诊断图来进行,我们在此介绍几个常用方法。

1)残差图

残差图(residual plot)可以用于检验因变量的正态性、方差齐性以及因变量与自变量是否呈线性。当数据满足这三个基本前提时,残差图应当如图15.2左上所示,残差均匀地分布在$y = 0$这条线的两侧,没有明显的疏密区分,也没有异常的排布。

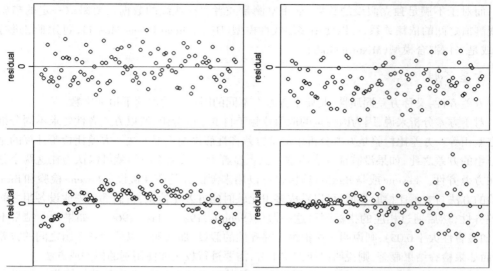

图15.2 不同情况下的残差图

残差图还有可能出现以下三种状况:当数据不满足正态性时,残差会如图15.2右上所示,集中在$y = 0$这条线的某一侧,这时我们应该回去查看因变量的分布情况并依此进行调整(例如将数据非线性转换成趋于正态分布或是使用广义线性模型);当因变量与自变量间存在非线性关系时,残差可能会如图15.2左下所示,呈沿曲线分布,这时我们应该查考是否有漏掉的自变量,或是使用其他非线性模型进行拟合;当数据不满足方差齐性时,残差可能会如图15.2右下所示,出现明显的疏密不均,这时我们应该查考数据中是否存在亚组,可以使用针对方差异质性的矫正方法,如加权回归模型(weighted regression model)。

2)计算每个点的杠杆值、库克距离和DFbeta值

杠杆值(leverage value)是测量某一独立观测值与其他观测值的距离的指标,杠杆值越高,代表着这个点离其他观测值越远。库克距离(Cook's distance)是衡量某一独立观测值对于线性模型影响大小的指标,库克距离越高,代表着删除这个点对于线性模型的预测能力影响越大。两者可以为检测潜在的异常值提供依据。如果某点的杠杆值和库克距离远超其他点,那么这个点有可能是异常值。

除此之外,DFbeta值也是用于衡量某一独立观测值对于线性模型影响大小的t指标。但是DFbeta值与库克距离不同的是,库克距离衡量的是删除某个点对模型预测能力的影响,而DFbeta值衡量的是删除某个点对模型的回归系数的影响。两者的区别可以根据用途进行划分,如果研究者希望模型被用于预测未来因变量的取值,那么库克距离更适合进行异常值的筛选;而如果研究者的模型只是用于探索变量间的相互关系,那么DFbeta值更适合这种情况。

15.2.4 参数估计

当建立了一个自变量X与因变量Y的数学模型之后,我们需要用到估计方法去拟合模型,以找到精确的截距a和回归系数B的值。参数估计可以理解为:给出一个估计的标准,然后根据此标准找到一组a和B使模型在给定的数据X和Y下达到最优解,符合最优解的a和B就是模型中参数的值。

对于一般线性模型而言,最常用的估计方法是最小二乘法。最小二乘法可以通过最小化残差e的平方和找到一组符合要求的参数值。在这里,残差e是指实际观测值与估计值之间的差异,其在图15.3上为观测值到回归线的红线。

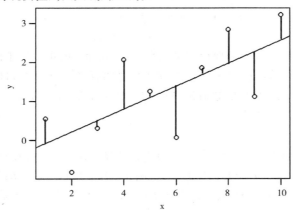

图15.3　残差的几何表示形式

除此之外,其他用于参数估计的方法还有极大似然估计、递归极大似然估计等。在这里将对极大似然估计做一个简短的介绍。

极大似然估计与最小二乘法的区别在于,极大似然估计用于寻找最优解的方法不再是最小化残差的平方和。极大似然估计使用线性方程的似然函数$L(\theta|x)$来估计参数的值(Myung, 2003)。根据贝叶斯公式可得

$$L(\theta|x) \propto \prod_{i=1}^{n} p(x_i|\theta)$$

其中θ为线性方程的参数,x为观测值。因此,线性方程的似然函数与给定参数下的观测值的概率之积成比例。因此当我们拥有了观测值之后,根据线性方程的似然函数,就可以计算出每个参数在当前观测值下的概率,而那个具有最高概率的值就是方程的最优解,即参数θ的值。

15.2.5　模型检验和比较

拟合完模型后,如果想要知道某一模型表现如何,或是想要比较不同模型之间哪个更好,那么就需要进行模型的检验和比较。模型的检验和比较是指根据某个标准将某一模型与其基准模型或是另一模型进行比较,以此判断两者是否有显著差异。

以线性回归为例,当我们判断一个含有自变量的线性回归方程整体是否有效时,我们通常将这一方程$Y = a + BX$与基准方程$Y = a + B_0X$(在这里,B_0为一组零向量)进行比较。不同的拟合方法有不同的检验方法。若拟合方法是最小二乘法,可以将两个模型的回归平方和相比,通过F检验来判断两者是否有显著差异。如果F检验显著,那么我们就可以认为这一方程与基准方程存在显著差异,即测试模型与基准模型相比显著地减少了残差平方和,可以有效预测因变量的取值;而如果F检验不显著,那么我们就可以认为这一方程与基准方程不存在显著差异,即没有证据表明模型有效。

对于使用极大似然估计的模型,则需要进行卡方检验,或是通过赤池信息量准则(AIC)和贝叶斯信息量准则(BIC)进行比较。对于卡方检验而言,如果检验显著,那么我们就可以认为拥有更大对数似然函数值(log likelihood)的模型比另一模型更有效;如果检验不显著,那么我们就可以认为参与比较的两个模型间没有差异。

这里值得注意的是,对于F检验和卡方检验而言,检测的两个模型只能是嵌套模型,即某一

模型包含有另一模型所有的自变量。例如，$f_2(x)$ 与 $f_1(x)$ 属于嵌套模型，因为 $f_2(x)$ 是在 $f_1(x)$ 的基础上添加自变量 x_4 得来的，但是 $f_3(x)$ 与 $f_1(x)$ 不属于嵌套模型。

$$f_1(x) = Y = a + b_1 x_1 + b_2 x_2 + b_3 x_3$$
$$f_2(x) = Y = a + b_1 x_1 + b_2 x_2 + b_3 x_3 + b_4 x_4$$
$$f_3(x) = Y = a + b_1 x_1 + b_2 x_2 + b_4 x_4$$

对于 AIC 和 BIC 而言，则不需要模型是嵌套的。AIC 和 BIC 可以用于比较带有不同结构的模型之间的拟合优度，例如 $f_1(x)$ 和 $f_3(x)$。就单个模型而言，模型的 AIC 和 BIC 越小，模型拟合得越好。一般而言，如果两个模型的数值相差 3 以上，则认为两模型间有显著性差异。

15.2.6 模型解释

在拟合完一个模型后，需要对模型的参数进行解释。在一般线性模型中，需要解释的参数一共分为三类，一类是模型内需要估计的参数，例如截距 a 和回归系数 B；另一类是比较自变量对因变量影响大小的参数，被称为自变量的效果量，例如标准化的回归系数；而最后一类是判断模型拟合好坏的参数，被称为模型的效果量，例如 R^2。

1）参数

对于一个一般线性模型而言，需要解释的参数只有截距 a 和回归系数 B。截距 a 是一个常数，它代表当所有自变量 X 的值都为 0 时，方程所给出的预测值。但是值得注意的是，这个值不一定在因变量 Y 的值域中，因为对于某些方程而言，它们的自变量不能取到 0。回归系数 B 的解释因每个自变量 X 而不同。对于某一单独的回归系数 B，它代表着它所对应的自变量每增加一个单位时（保持其他自变量不变），因变量增加的量。

此外，我们还可以对回归系数 B 进行标准化，化为标准化的回归系数。这时，标准化的回归系数表示的是它所对应的自变量每增加一个标准差的单位时（保持其他自变量不变），因变量增加的量。标准化的回归系数具有可比性，可以用于衡量不同自变量对因变量的影响大小。

2）系数的效果量

一般来说，标准化的回归系数也可当成自变量的效果量，用于不同自变量间的比较。但除了标准化的回归系数以外，偏相关系数的平方（squared partial R^2）和半偏相关系数的平方（semi-partial R^2）也可以用来比较不同自变量对因变量的影响大小。为了说明的便捷，将这两个指标分别简称为偏 R^2 和半偏 R^2。

其中，偏 R^2 是指在剔除了由其他的自变量解释的方差后，某一特定自变量解释的方差占剩余因变量的自由方差的比重；而半偏 R^2 则是指在不剔除其他变量解释的方差的情况下，某一特定自变量解释的方差占因变量总方差的比重。此外，半偏 R^2 还等同于向模型添加自变量时模型的总 R^2 的增加量。

3）模型的效果量

评价一个一般线性模型的效果量一般用模型解释的方差与总方差之比，也就是模型的总 R^2 进行衡量。但是，总 R^2 对于自变量的个数没有要求，只要向模型中添加自变量，就能增加所解释的方差，因此一味依赖总 R^2 会使模型中出现很多冗余的变量。

调整 R^2 有效地克服了上述的问题，其具体的计算公式为

$$\text{调整}R^2 = 1 - \left(1 - R^2\right)\left(\frac{N-1}{N-k-1}\right)$$

式中，N 为数据的样本量，k 为变量个数。调整 R^2 通过给总 R^2 增加一个与变量个数有关的惩罚

项,使模型不得不在简洁和解释方差之间进行平衡。当模型的变量过多时,惩罚项会使调整 R^2 变小,因此克服了变量冗余的问题。

15.2.7 模型选择

当我们的模型有多个候选的自变量且需要选择最佳模型时,可以用一些程序辅助我们进行模型的选择。模型选择不同于模型检验的地方在于,模型的选择是在给定一个标准后,将所有模型按照在这一标准上的得分进行排序,由研究人员进行挑选。通常有三种模式:

1)向前选择法

向前选择法(forward selection)从只含有斜率 a 的基准模型开始,依次添加可以增加最多 R^2 的自变量。如此往复,直到没有任何变量可以增加模型预测能力为止。在向前选择法中,自变量添加的顺序是事先决定的。一个自变量一旦被加入模型,就不会被删除。

向前选择法适用于自变量数量较多的情况。例如,当你的模型存在 10 个潜在的自变量时,如果将每种自变量的组合都试一遍,一共有 1023 种组合方式,这显然是一个很耗费时间的工作。通过正向选择法,可以极大地减少匹配的组数,快速找到一个合理的自变量的组合。

2)向后消除法

向后消除法(backward elimination)从一个含有所有自变量的模型开始,依次删除对模型影响不显著的自变量。如此往复,直到删除掉任何变量都会显著降低模型预测能力为止。在向后消除法中,自变量删除的顺序也是事先决定好的。一个自变量一旦被删除就不会被重新添加到模型中。

3)逐步回归法

逐步回归法(stepwise regression)基于一些模型拟合的指标(如 AIC 或 BIC)来自动挑选模型。与前两者不同的是,逐步回归法不受一次只添加(删除)一个自变量的限制。逐步回归法在每一步添加一个变量后,会对模型中的所有候选变量进行检验,以确定它们的显著性是否降低到规定的容忍水平(tolerant level)以下(Wilkinson,1979)。如果某个变量的显著性降低到了规定的容忍水平以下,那么这个变量将被删除。

逐步回归法需要两个显著性水平:一个用于添加变量,一个用于删除变量。添加变量的显著性水平应该小于删除变量的显著性水平,这样过程就不会进入无限循环。当逐步回归法执行完毕后,将给出拟合最好的几个模型以及它们的模型拟合的指标。

15.2.8 一般线性模型的局限性

相比其他的模型而言,一般线性模型简单、易上手,但是它也有一些相对应的局限性。这些局限性使一般线性模型在某些情况下并不适用,如果强行套用一般线性模型将导致有偏差的结果。我们将从理论和实践两个角度分别探讨在使用一般线性模型时的注意事项。

1)理论方面的注意事项

（1）变量间的强烈联系不等于因果

一般线性模型可以揭示自变量与因变量间的关系,但是这种关系并不一定是因果关系。对于因果关系的揭示并不是一个简单的统计问题,它需要逻辑缜密的实验来进行验证。自变量与因变量间的强烈联系存在很多可能的解释,例如存在第三个未捕捉到的变量在影响两者等。因此,一般线性模型的结果不能作为自变量与因变量间因果关系的证据。

不仅如此,当我们想要用一个一般线性模型去捕捉变量间的因果关系时,我们应该在拟合模型之前就准备好充足的证据,来支持我们所假设的因果关系,而不是在模型拟合之后再根据结果去提出一个因果关系。

(2)线性关系并非唯一关系

一般线性模型假设自变量间按照可加的线性关系相连,共同影响因变量。然而,在现实生活中不只存在线性关系。因变量与自变量间可能以指数函数($Y = a^x$)或是非一次幂的幂函数($Y = x^a, a \neq 1$)的形式相关联。以遗忘曲线为例,一定时间内回忆起的单词数与时间就是一个非线性函数,而这种关系无法用一般线性模型来进行表达。因此在使用一般线性模型时,我们应该牢记,这类模型只能用于描述变量间的线性关系,而对于非线性的关系需要用到其他的统计模型。

(3)谨慎进行自变量的选择

对于自变量的选择不只是一个统计问题,更是一个理论问题。虽然有一些统计工具可以帮助我们筛选出好的模型,但是这些工具往往是统计的而非心理学理论的。有时候我们会发现某个模型虽然能很好地拟合数据,但是却很难从理论层面解释得通。因此,当选择自变量时,我们应该谨慎地使用模型拟合的指标。如果目的是验证某几个变量间的关系,那么基于理论就可以知道有哪些变量需要被包括在模型里;而如果目的是探索影响某一因变量的可能因素,那么也应当警惕因误差导致的假性显著。

2) 实践方面的注意事项

(1)非正态分布的数据

正如我们前面提到的,一般线性模型要求因变量服从正态分布,因此当因变量不服从正态分布时,一般线性模型理论上是不可用的。然而,有研究表明一般线性模型对于非正态分布的数据具有显著的鲁棒性(robustness),其 p 值在非正态的情况下依旧可靠(Levy,1980;Schmidt et al.,2018)。但是,如果数据中出现异常值,特别是当 p 值距离显著水平很近时,不建议用一般线性模型去拟合非正态的数据(Osborne et al.,2002)。

相对应的补偿方法是对数据进行转换或是采用广义线性模型进行拟合。以反应时为例,一般来说,反应时是一个右偏的分布,不符合因变量正态分布的基本前提。对于这类数据,可以采取对数转换(log transformation)进行正态化。而对反应时进行对数转换后再拟合一般线性模型,拟合后的模型实际上为广义线性模型的一种,叫作对数正态回归模型(Log normal regression)。如果不进行转换,也可以直接用反应时拟合其他的广义线性模型。

(2)多重共线性

如果数据中存在自变量间的交互作用项(interaction term)或是几个高度相关的自变量时,模型就会出现多重共线性的问题。多重共线性会使模型给出不精确的回归系数,膨胀的方差,缩小显著检验的 t 值使模型更容易给出不显著的结果(Gunst et al.,1975)。如果这种多重共线性是由自变量及其与别的自变量的交互作用项导致的,可以通过将两个产生交互的自变量进行正态化,来降低交互作用项与其他自变量的相关;而如果是由于自变量间存在高度相关导致的,则需要进行自变量的删除或是组合。

如果要删除自变量,那么应当依据逻辑和理论,而不是出于统计考虑进行删除。某些自变量可能在理论中的作用与其他自变量相重合,这个时候就可以删除那些相对不重要的自变量。

除此之外,也可以使用主成分分析(Principal components analysis)将几个变量共变的部分提取出来作为一个新的变量。

此外,如果不想减少任何一个自变量,可以考虑使用岭回归模型(Ridge regression)。岭回归模型可以纠正由于多重共线性而导致的方差膨胀,弥补最小二乘法在多重共线性时的不足。

（3）中介效应

有时存在一些自变量,当单独计算它们与因变量的相关时,总能得出显著性的相关关系,但是当它们放进同一个回归模型时,某些变量对因变量的影响就会变得不显著。这种情况的出现可能是因为变量之间存在中介效应。

中介效应是指某个自变量对因变量的影响实际上是通过第三个自变量(被称为中介变量)实现的。例如,学业成绩对于工资的影响可能是通过智商实现的,因此当控制了智商这一变量后,学业成绩对工资就不再有显著性影响。

中介效应可以反映一些变量间的理论联系,这种理论联系是揭示变量间因果关系的证据。目前有一些统计技术可以帮助我们检测这种中介效应,这些技术包括但不限于Baron和Kenny(1986)标准,自助抽样(bootstrap sampling)的显著性检验以及Sobel检验(Preacher et al.,2004)。

（4）调节效应

有时数据中会存在一些亚组,使得自变量与因变量在不同的亚组中呈现出不同的关系,这时可能需要考虑调节效应的存在。

调节效应是指某个自变量与因变量的关系取决于第三个变量(被称为调节变量)的取值。调节效应与方差分析中的交互作用类似,唯一不同的是方差分析中的交互作用是针对两个分类变量而言的。而在回归方程中,参与调节效应的双方可以都是分类变量,都是连续变量,或者是两者的混合。

例如,假设两个自变量 x_1、x_2 与因变量 Y 的关系为

$$Y = \left(-0.5 + 0.3*x_2 \right)*x_1$$

从上述公式可以看出,自变量 x_1 与因变量 Y 的关系取决于另外一个因变量 x_2 的取值,当数据中不包含自变量 x_2 时,回归方程显示 x_1 的回归系数 $b = 0.03, p = 0.43$,但是当加入自变量 x_2 与 x_1 的交互关系后,x_1 的回归系数 $b = -0.5, p < 0.01$。自变量 x_1 对 Y 的影响随 x_2 的增大而增大,逐渐从负转为正。因此,当未添加自变量 x_2 时,方程对于回归系数的估计出现了偏差。

15.2.9 案例

假设有一个心理学家想要知道母亲的大五人格特质是否会影响孩子的心理健康水平(以焦虑程度为例),因此他们将母亲的大五人格特质作为自变量,孩子的焦虑水平作为因变量,拟合了一个线性回归方程。这个线性回归方程的公式为

$$Y = a + b_1*x_A + b_2*x_E + b_3*x_N + b_4*x_O + b_5*x_C + b_6*x_{性别} + e$$

式中,Y 为焦虑水平,A、E、N、O、C 分别为宜人性、外向性、神经质、开放性和尽责性。为了测试这些回归系数是否显著不等于零,心理学家假设:

$H_0: b_1 = b_2 = \cdots = b_6 = 0$(所有的系数均为零) H_1:至少有一个系数 b 不会为零

在拟合前,首先检查模型是否违反了一般线性方程的某些基本假设。通过图15.4左上的Q-Q图可以看出因变量服从正态分布,没有明显违反正态假设的证据;通过图15.4右的残差图可以看到,残差无明显的疏密差别,无曲线分布,因此没有明显违反方差齐性和线性假设的证据。之后我们检查了观测值的杠杆值和库克距离,没有发现明显的异常值。与此同时,我们也检查了自变量的方差膨胀因子,也没有发现明显的多重共线性。因此,我们可以下结论:没有发现明显违反方程基本前提的证据。

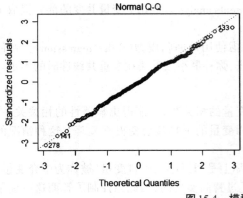
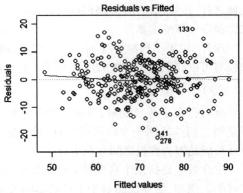

图 15.4　模型的基本假设检验

　　使用多元线性回归拟合了孩子的焦虑水平与母亲的大五人格后,首先进行整体模型的显著性检验,$F(6,293) = 65.39$,$p < 0.001$,因此可以拒绝零假设而接受备择假设,即至少有一个系数不为 0。模型的效果量 R^2 为 57.3%,这意味着模型可以解释 57.3% 的孩子焦虑水平的方差。

　　如表 15.1 所示,母亲的宜人性($b=0.33$,$t(293)=3.26$,$p=0.001$),神经质($b=1.20$,$t(293)=13.65$,$p<0.001$),开放性($b=-1.71$,$t(293)=12.13$,$p<0.001$)和尽责性($b=0.44$,$t(293)=3.19$,$p=0.002$)均可显著预测孩子的焦虑水平。其中,宜人性、神经质和尽责性的回归系数为正,当母亲在这些特质上得分高时,孩子拥有更高的焦虑水平;而开放性的回归系数为负,意味着母亲的开放性越高,孩子拥有越低的焦虑水平。性别的主效应不显著,$b=1.38$,$t(293)=1.73$,$p=0.085$,因此焦虑水平在男女生之间没有显著性差异。

　　通过比较标准化回归系数、偏 R^2 和半偏 R^2,我们可以判断母亲大五人格对孩子焦虑水平影响的大小:相比起其他的变量,开放性和神经质的标准化回归系更大,这意味着这两种特质对于孩子的焦虑水平影响更为强烈。

表 15.1　线性回归模型的结果

变量名	回归系数	标准误	标准化回归系数	95%置信区间	p 值	偏 R^2	半偏 R^2
	56.65	3.85	−0.20	[49.10, 64.20]	<0.001		
宜人性	0.33	0.10	0.13	[0.13, 0.53]	0.001	0.01	0.04
外向性	−0.20	0.16	−0.06	[−0.51, 0.11]	0.208	<0.01	0.01
神经质	1.20	0.08	0.61	[1.02, 1.37]	<0.001	0.27	0.38
开放性	−1.71	0.14	−0.50	[−1.98, −1.43]	<0.001	0.21	0.34
尽责性	0.44	0.14	0.17	[0.17, 0.71]	0.002	0.01	0.03
性别	1.38	0.80	0.13	[−0.19, 2.95]	0.085	<0.01	0.01

　　将计算出的 a 和 b 值代入原方程我们就得到了这样一个方程

$$\hat{Y} = 56.65 + 0.33*x_A - 0.20*x_E + 1.20*x_N - 1.71*x_O + 0.44*x_C + 1.38*x_{Sex}$$

借助这个方程,我们就可以预测孩子的焦虑水平。

　　模型的 R 语言代码如下:

```
#数据概览
summary(childdata)
#拟合线性回归方程
lm1<-lm (child_examscore~mum_agree+mum_extra+mum_neuro+mum_open+mum_con+child_gender,
data=childdata)
#输出结果
```

```
summary(lm1)
#获取标准化的回归系数
lm2<-lm(scale(child_examscore)~scale(mum_agree)+scale(mum_extra)
+scale(mum_neuro)+scale(mum_open)+scale(mum_con)+child_gender,data=childdata)
summary(lm2)
#获取偏R² 和半偏R²
require(lmSupport)
modelEffectSizes(lm2)
```

15.3 广义线性模型

广义线性模型通常用于因变量不服从正态分布的情况,这种情况包括但不限于因变量是二分变量(如是否有某种心理症状)、分类变量(如喜欢的宠物类型)、顺序变量(如对某个称述的赞同程度),或是有界变量(如明天下雨的概率)等。

与一般线性模型相同的是,广义线性模型也是基于自变量是线性的组合的假设,即 $a + BX$ 的形式。但是在广义线性模型中因变量 Y 不再与自变量的线性组合直接相连。而转变为,描述因变量的特定参数(如均值、中值或精度)通过一个联系函数 f(link function)与自变量的线性组合。具体的数学形式可以表示为

$$f(Y) = a + BX$$

这里的联系函数 $f(\ )$ 可以将因变量的值变换到 $(-\infty, +\infty)$ 上,这样就可以与自变量的线性组合 $a + BX$ 相连。不同的联系函数对应着不同的广义线性模型。通常来说,常用的广义线性模型分为以下几种。(表 15.2)

表 15.2 不同的广义线性模型

模型名称	因变量服从的分布	用于建模的参数	所用的联系函数	适用变量类型
二分类逻辑回归	二项分布	事件发生的概率 p	logit 或 probit	二分变量
多项式逻辑回归	多项式分布	事件发生的概率 p	softmax	组数大于2的分类变量
有序回归	多项式分布	事件发生的概率 p	logit 或 probit	有序变量
泊松回归	泊松分布	单位时间内事件发生的个数 λ	log	非负的离散变量
贝塔回归	贝塔分布	均值 μ 和精度 ϕ	log 和 logit	有界的连续变量

由于不再局限于正态分布,相比一般线性模型,广义线性模型具有更少的基本假设。一般来说,广义线性模型要求自变量间不存在多重共线性、观测值的独立性。此外,广义线性模型不再要求因变量与自变量是线性的关系,而是规定因变量的参数与自变量是线性关系。当然,对于某一特定的模型,可能还会有一些额外的假设。

对于广义线性模型的诊断主要通过残差图进行。在一般线性模型中,残差图呈现的是未经处理的残差(raw residual)与预测值的关系,但是对于广义线性模型来说,由于因变量不再服从正态分布,所以广义线性模型的残差图需要对残差进行标准化,使标准化后的残差符合正态分布(Wood,2017:112-113)。通常而言,标准化残差的方法有两种:皮尔逊残差(Pearson residuals)和离差量数残差(Deviance residuals)。

皮尔逊残差通过将残差除以残差的标准差的方式,对残差进行了标准化,具体的公式为

$$\hat{\epsilon}_i^P = \frac{y_i - \hat{\mu}_i}{\sqrt{V(\hat{\mu}_i)}}$$

式中,$\hat{\epsilon}_i^P$为皮尔逊残差,y_i为观察值,$\hat{\mu}_i$为预测值,$\sqrt{V(\hat{\mu}_i)}$可以近似看成残差的标准差。这样,经过标准化后的皮尔逊残差应该服从一个以0为均值,1为标准差的正态分布。然而,在实际应用中,研究人员发现皮尔逊残差在靠近0时时常违反正态分布,呈现出不对称的模式(Wood,2017:113)。因此,这时就需要离差量数残差。

离差量数残差通过用离差(Deviance)代替残差,估计出了另外一种标准化残差的值,具体的公式为

$$D = \sum_{i=1}^{n} d_i$$

$$\hat{\epsilon}_i^D = sign(y_i - \hat{\mu}_i)\sqrt{d_i}$$

式中,$\hat{\epsilon}_i^D$为离差量数残差,y_i为观察值,$\hat{\mu}_i$为预测值,D为模型的离差。离差量数残差经常被用于广义线性模型的诊断中。由于因变量的分布也可以影响残差,因此广义线性模型的残差图并不会是完全随机的,但是由于规定了因变量的参数与自变量是线性关系,所以模型的标准化残差应当相对对称地分布在$y = 0$的两侧。

如图15.5所示,以逻辑回归的残差图为例,残差图中的红线表示的是残差的总体趋势,如果这条红线在$y = 0$附近,那么就说明数据符合了因变量的参数与自变量的线性关系,如果这条红线偏离了$y = 0$,则说明因变量的参数与自变量间可能存在非线性的关系。

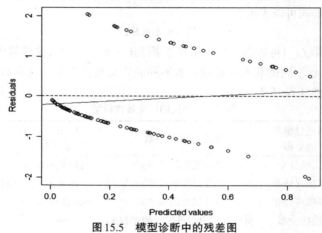

图15.5　模型诊断中的残差图

广义线性模型采用的参数估计方法一般为最大似然估计。用于模型比较的指标包括但不限于对数似然函数值(log likelihood),AIC和BIC。其中,由于对数似然函数值的差值的二倍服从卡方分布,所以可以进行嵌套模型间的显著性检验,其公式为

$$\chi^2 = -2*\big[\log likelihood(B) - \log likelihood(S)\big]$$

式中,B是指嵌套模型中拥有更多自变量的那个模型,而S是指嵌套模型中拥有较少自变量的模型。如果卡方检验的p值为显著,则我们可以认为两个嵌套模型间没有显著性差异;如果卡方检验的p值不显著,则我们可以认为含有更多自变量的那个模型显著优于含有更少自变量的模型。

接下来,将对每个模型进行逐一介绍:

15.3.1　逻辑回归

由于一般线性模型只能对变量进行线性预测,所以在面对分类变量时,往往不能很好地拟合数据(但其依然可以进行拟合)。而逻辑回归(Logistic regression)是专门对分类变量(例如是否健

康/生病,考试是否通过/失败)进行建模的一种广义线性模型。在逻辑回归中,因变量Y可以理解为预测的是一个观测值所属的组别,根据自变量X可以计算该观测值属于不同组别的概率。

对于逻辑回归而言,除了上述提到的前提需要满足以外,它还需要因变量的每个组别都含有一定数量的观测值。逻辑回归无法在某个组别缺少观测值的情况下预测属于该组别的概率。通常规定,当使用逻辑回归模型时,模型给出的每个组别的预测频率(预测的概率乘以总样本量)应不小于1,且多数组别(80%以上)的预测频率不小5(Tabachnick et al.,2007:444-445)。

对于因变量为二分变量的二分类逻辑回归,它的联系函数一般为logit函数,有时也会用到probit函数。通过logit函数,因变量所属类别的概率可以表达为

$$P\left(y=1|X\right)=\frac{\exp\left(a+BX\right)}{1+\exp\left(a+BX\right)}$$

式中,$P\left(y=1|X\right)$代表着给定具体自变量X取值后,观测值属于因变量中1代表的组别的概率。

在逻辑回归中,回归系数B影响每增加一单位的自变量X所会增加的从属因变量中1代表的组别的概率。而如果将回归系数B代入指数函数e,这个时候我们就得到了另一个形容自变量X对从属某一类别的概率的影响大小的指标,比值比e^{b}。

比值比(odds ratio)是从属于两个不同类别的概率之比,形容的是自变量X每增加一个单位,从属于1代表的组别的概率相比另一个组别的概率增加的倍数。以发病和健康的二分数据为例,假设因变量中1为"发病",0为"健康",存在某个自变量X,其回归系数为1,那么它的比值比就是$e^{1}\approx2.72$,这意味着这个自变量X每增加一个单位,被试患某病的概率相比不患病的概率变为原来的2.72倍。

对于模型中回归系数及比值比的解释:如果自变量的回归系数小于0,且比值比的95%置信区间均小于1,那么我们可以认为自变量取值越高,观测值属于因变量中1所代表的组别的概率相比另一个组别的概率越低;如果自变量的回归系数在0附近,且比值比的95%置信区间包含1,那么我们可以认为自变量对观测值所属组别的影响不显著;如果自变量的回归系数大于1,且比值比的95%置信区间均大于1,那么我们可以认为自变量取值越高,观测值属于因变量中1所代表的组别的概率相比另一个组别的概率越高。

而对于因变量为非二元的分类变量(例如宠物种类),这个时候就需要用到多项式逻辑回归(multinomial logistic regression)。多项式逻辑回归可以看成几个二分类逻辑回归通过特定形式连接在一起的组合模型。对于多项式逻辑回归而言,最大的问题在于如何将多个分类与自变量联系起来。在这里,多项式逻辑回归用到的联系函数为softmax函数(Menard,2002)。softmax函数可以将$a+BX$的线性组合连接到k个类别的概率空间上,它的作用类似于二分类逻辑回归中的logit函数。

对于逻辑回归在心理学中的应用,参考以下例子:

假设一名心理学家想要研究来访者在认知行为疗法中放弃治疗的原因。他们收集了来访者的年龄,抑郁水平(由PHQ-9量表测得的得分),来访者是否接受家庭的支持(是/否)和来访者对疗法的信任程度(1-5分)。心理学家们准备拟合一个以"是否提前退出疗法"为因变量,年龄、抑郁水平、家庭资助条件和信任程度为自变量的二分类逻辑回归,具体公式为

$$\text{logit}\left(Y_{\text{是否提前退出}}\right)=a+b_{1}*x_{\text{年龄}}+b_{2}*x_{\text{抑郁水平}}+b_{3}*x_{\text{家庭支持}}+b_{4}*x_{\text{信任程度}}$$

模型拟合之前检查是否符合模型的基本假设:样本共有100个观测值,其中29个提前退出,71个完成了整个疗程,因此没有组别的频率低于5。检验多重共线性的方法与一般线性模型一样,自变量间没有明显过高的方差膨胀因子,因此可以认为变量间不存在多重共线性。在实验中控制了变量确保了观测值的独立性,因此数据符合独立性假设。通过图15.6的残差图可以看出,因变量的参数与自变量间满足线性关系。

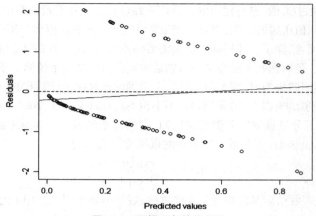

图 15.6　逻辑回归的残差图

检查完模型的基本假设后,首先对总体模型进行卡方检验。卡方检验显示, $\chi^2(4, N = 100) = 25.2, p < 0.001$,因此我们可以认为,与只含有截距的零模型相比,该模型可以有效预测来访者提前退出疗法的概率。

表 15.3　逻辑回归模型的结果

变量名	回归系数	Wald卡方值	p值	比值比	比值比95%置信区间
年龄	0.02	0.41	0.520	1.02	[0.96, 1.08]
抑郁水平	0.52	9.40	0.002	1.68	[1.21, 2.34]
家庭支持	−0.47	0.69	0.406	0.63	[0.21, 1.87]
信任程度	−0.95	16.60	<0.001	0.39	[0.25, 0.61]

如表 15.3 所示,抑郁水平显著性地预测了来访者中途退出的概率, $b = 0.52, Wald = 9.4, p = 0.002$,这意味着当来访者的抑郁水平越高时,他们越有可能提前退出疗法。抑郁水平的比值比为 1.68,因此抑郁水平每增加一个单位,来访者中途退出的概率相比完成治疗的概率就变为原来的 1.68 倍。信任程度也显著性地预测了来访者中途退出的概率, $b = -0.95, Wald = 16.6, p < 0.001$,这意味着当来访者越信任疗法时,越不可能提前提出疗法。他的比值比为 0.39,这意味着信任程度每上升一个单位,来访者中途退出的概率约变为原来的三分之一,而年龄与家庭资助条件无法有效预测来访者中途退出的概率。

根据这些结果,心理学家就可以对疗程进行调整,降低来访者的提前退出率。

模型的 R 语言代码如下:

```
#数据概览
summary(dropout_logistic)
#拟合逻辑回归方程
lm1<-glm(dropout~phq+age+support+trust,data=dropout_logistic,family="binomial")
#检查残差图
residual_log<-residuals.glm(lm1,type="deviance")
plot(x=lm1$fitted.values,y=residual_log,xlab="Predicted values",ylab="Residuals")
y<-residual_log
x<-lm1$fitted.values
lm2<-lm(y~x)
abline(h=0,lty=2)
abline(lm2,col="red")
#输出结果
summary(lm1)
```

15.3.2 有序回归

有序回归(Ordinal regression)是用于拟合有序变量的一种广义线性模型,这种模型适用于对于 Likert 型量表(1-强烈反对,5-强烈赞同)等变量的分析。有序回归中使用的链接函数与逻辑回归相同,也是 logit 或者 probit 函数,而区别在于有序回归中联系函数中的值不再是属于某一类别的概率,而是小于某一类别的概率,即

$$\text{logit}\big(P\big(y < i|X\big)\big) = a_i + BX$$

以五点的 Likert 型量表为例,当 $i = 3$ 时,方程中的 $Pr\big(y < i|X\big)$ 代表着在给定自变量 X 的值后,观测值落入"强烈反对""反对"和"既不反对也不赞同"三者的概率之和。

在有序回归中,线性方程原本的截距参数 a_i 不再是一个定值。a_i 随组别的等级变化而变化,用于衡量观测值从属于某一组别的难易程度,因此也被称为某一组别的阈值。根据不同的 a_i,就可以计算出,在给定自变量 X 的值后观测值属于不同组别的概率。

因为使用的是同一个联系函数,所以有序回归的回归系数的解释与逻辑回归类似:当自变量的回归系数小于0,且比值比的95%置信区间均小于1时,自变量取值越高,观测值属于因变量中更高数值代表的组别的概率越低;当自变量的回归系数在0附近,且比值比的95%置信区间包含1时,自变量对观测值所属组别的影响不显著;当自变量的回归系数大于1,且比值比的95%置信区间均大于1时,自变量取值越高,观测值属于因变量中更高数值所代表的组别的概率越高。

对于有序回归在心理学中的应用,参考以下例子:

假设一名研究人员想要知道人口学变量与支持伴侣成为全职母亲/父亲的意愿的关系。他们收集了被试的性别(男/女)、受教育水平(分为4个水平,数值越高受教育水平越高)、收入水平(分为5个水平,数值越高收入越高)以及是否有孩子。研究人员将这些变量作为自变量,将被试支持伴侣成为全职母亲/父亲的意愿(1-7分,分数越高代表越支持)作为因变量拟合了一个有序回归模型,公式如下:

$$\text{logit}\big(P\big(y_{\text{支持意愿}} < i|X\big)\big) = a_i + b_1{}^*x_{\text{性别}} + b_1{}^*x_{\text{受教育水平}} + b_1{}^*x_{\text{收入}} + b_1{}^*x_{\text{是否育有小孩}}$$

模型拟合之前同样要检查数据是否符合模型的基本假设:样本共有500个观测值,没有组别的频率低于5,因此可以进行有序回归。自变量间没有明显过高的方差膨胀因子,因此可以认为变量间不存在多重共线性。由于实验中控制了变量确保了观测值的独立性,因此数据符合独立性假设。通过图15.7的残差图可以看出,因变量的参数与自变量间满足线性关系。

对总体模型进行卡方检验后,卡方检验显示,$\chi^2(4,N = 500) = 44.64, p < 0.001$,因此我们可以认为,与只含有截距的零模型相比,该模型可以有效预测支持伴侣成为全职母亲/父亲的意愿。然后我们再逐一分析各个自变量对这一概率的影响。如表15.4所示,这里列出了每个自变量在泊松回归中的系数、$Wald$ 卡方值、p 值、比值比以及比值比的95%置信区间。

由表15.4可以看出,受教育水平($b=0.23, Wald=10.14, p<0.001$)、收入水平($b=0.27, Wald=22.73, p<0.001$)和育有小孩($b=0.47, Wald=8.79, p<0.003$)可以显著增加支持伴侣成为全职母亲/父亲的意愿。而支持伴侣成为全职母亲/父亲的意愿在性别之间没有显著差异,$b=-0.28, Wald=3.13, p<0.077$。也就是说,不论男性还是女性,当他们受教育水平、收入水平和育有小孩的情况相同时,他们支持伴侣成为全职母亲/父亲的意愿是大致相同的。

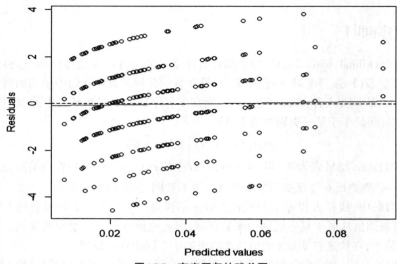

图15.7 有序回归的残差图

表15.4 有序回归模型的结果

变量名	回归系数	$Wald$卡方值	p值	比值比	比值比95%置信区间
性别	−0.28	3.13	0.077	0.76	[0.55,1.03]
受教育水平	0.23	10.14	0.001	1.26	[1.09,1.44]
收入水平	0.27	22.73	<0.001	1.31	[1.16,1.47]
是否育有小孩	0.47	8.79	0.003	1.60	[1.17,2.19]

模型的R语言代码如下:

```
#数据概览
summary(stayhome_ordinal)
#拟合有序回归方程
Require(MASS)
lm1<-polr(factor(y)~gender+education+income+child,data=stayhome_ordinal)
#检查残差图
require(regr0)
residual_polr<-residuals.polr(lm1)
plot(x=lm1$fitted.values[,1],y=residual_polr[,1],xlab="Predicted values",ylab="Residuals")
y<-residual_polr[,1]
x<-lm1$fitted.values[,1]
lm2<-lm(y~x)
abline(h=0,lty=2)
abline(lm2,col="red")
#输出结果
summary(lm1)
```

15.3.3 泊松回归

泊松回归(Poisson regression)是用于拟合计数变量的一种广义线性模型,这种模型适用于分析单位时间内发生事件的数目。泊松回归假设因变量服从泊松分布。泊松分布是一个以$[0,+\infty)$为定义域的离散概率分布,它只有一个参数λ,而且它的均值和方差都等于λ。 泊松回

归中使用对数函数,将 $a + BX$ 的线性组合与泊松分布中的 λ 相连,即

$$\log\big(E(\lambda|X)\big) = a + BX$$

式中,$E(\lambda|X)$ 代表着给定具体自变量 X 取值后 λ 的期望值。如果将泊松回归中的系数代入指数函数中,可以得到用于解释回归系数的另外一个值,比率 e^B。相较于回归系数 B 本身,比率 e^B 有着更直接的解释:比率 e^B 代表着自变量每上升一单位,单位时间内因变量发生频率升高的倍数。以等出租车为例,假设有一个自变量 X 的回归系数为 1,那么它的比率 e 就意味着自变量 X 每升高一个单位,单位时间内等到的出租车的数量就变为原来的 $e \approx 2.72$ 倍。

对于泊松回归中的系数和比率的解释:如果自变量的回归系数小于 0,且比率的 95% 置信区间均小于 1,那么自变量取值越高,单位时间内因变量发生的频率越低;如果自变量的回归系数在 0 附近,那么我们可以认为自变量对单位时间内因变量发生频率的影响不显著;如果自变量的回归系数大于 0,且比率的 95% 置信区间均大于 1,那么可以认为自变量取值越高,单位时间内因变量发生频率越高。

对于泊松回归在心理学中的应用,参考以下例子:

假设一名研究人员想了解病态人格是如何预测罪犯在劳改期间的暴力事件数量的。他收集了这些罪犯的病态人格三特质(冒失、卑鄙和冲动)以及他们所犯的暴力事件数量。将前者作为自变量,后者作为因变量拟合了一个泊松回归模型,具体公式为

$$\log\big(\lambda_{暴力事件数}\big) = a + b_1{}^*x_{冒失} + b_2{}^*x_{卑鄙} + b_3{}^*x_{冲动}$$

式中,$\lambda_{暴力事件数}$ 为罪犯的暴力事件数量,$x_{冒失}$ 是罪犯在冒失特质上的得分,$x_{卑鄙}$ 是罪犯在卑鄙特质上的得分,$x_{冲动}$ 是罪犯在冲动特质上的得分。

在拟合模型以前同样需要进行多重共线性和独立性的检查。没有发现明显的证据支持多重共线性和非独立性,因此我们可以认为数据符合模型的基本假设。通过图 15.8 的残差图可以看出,因变量的参数与自变量间满足线性关系。

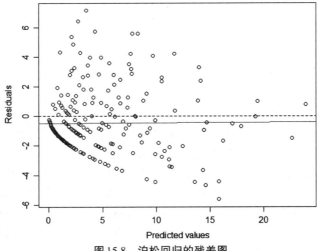

图 15.8 泊松回归的残差图

之后,对总体模型进行卡方检验。卡方检验显示,$\chi^2(3, N = 256) = 777.40, p < 0.001$,因此我们可以认为,与只含有截距的零模型相比,该模型可以有效预测罪犯的暴力事件数量。然后我们再逐一分析各个自变量对这一概率的影响。如表 15.5 所示,这里列出了每个自变量在泊松回归中的系数、Wald 卡方值、p 值、比率以及比率的 95% 置信区间。

从表 15.5 里可以看出,冒失($b = 0.43, Wald = 538.6, p < 0.001$),卑鄙($b = 0.16, Wald = 62.6, p < 0.001$)和冲动($b = 0.46, Wald = 406.7, p < 0.001$)三种特质均可以显著预测罪犯的暴力

事件数,且罪犯在这三个特质上的得分越高,所犯的暴力事件就越多。冒失的比率为1.54,这意味着当罪犯在冒失特质上每增加一个单位,它所犯的暴力事件数量就会变为原来的1.54倍;卑鄙的比率为1.17,这意味着当罪犯在卑鄙特质上每增加一个单位,它所犯的暴力事件数量就会变为原来的1.17倍;而冲动的比率为1.58,这意味着当罪犯在冲动特质上每增加一个单位,它所犯的暴力事件数量就会变为原来的1.58倍。如果对比三种特质间的相对影响,冲动特质对暴力事件的影响最大,其次是冒失,最后是卑鄙。因此,研究人员可以根据结果,对罪犯进行相对应的教育,以降低其在三种特质上的得分,进而减少暴力事件的数量。

表15.5　泊松回归模型的结果

变量名	回归系数	Wald卡方值	p值	比率	比率95%置信区间
冒失	0.43	538.63	<0.001	1.54	[1.42, 1.66]
卑鄙	0.16	62.65	<0.001	1.17	[1.13, 1.22]
冲动	0.46	406.70	<0.001	1.58	[1.52, 1.65]

模型的R语言代码如下:

```
#数据概览
summary(incident_poisson)
#拟合泊松回归方程
Lm1<-glm(incident~bold+mean+impulse,data=indicdent_poisson,family="poisson")
#检查残差图
residual_pos<-residuals.glm(lm1,type="deviance")
plot(x=lm1$fitted.values,y=residual_pos,xlab="Predicted values",ylab="Residuals")
y<-residual_pos
x<-lm1$fitted.values
lm2<-lm(y~x)
abline(h=0,lty=2)
abline(lm2,col="red")
#输出结果
summary(lm1)
```

15.3.4　贝塔回归

贝塔回归(Beta regression)是用于拟合在[0,1]上分布的连续变量的一种广义线性模型。这种模型适用于很多天然有界数据的分析,例如对某事的概率判断。传统的一般线性模型也可以拟合这类数据,但是存在几个缺陷:其一,一般线性模型假设因变量服从正态分布,正态分布的定义域为$(-\infty,\infty)$,是一个无界的分布,然而诸如概率判断这类的数据只能取到[0,1],因此一般线性模型可能会给出超出合理取值范围的预测值;其二,一般线性模型假设方差齐性,然而有界数据的方差分布却无法满足齐性,靠近边界的值会因缺少离散的空间而只能聚集在边界处,从而使边界处的方差偏小。因此,贝塔回归相对于一般线性模型更适合这类天然有界变量。

贝塔回归假设因变量服从贝塔分布,即

$$Y \sim Beta\left(\mu\phi, \phi(1-\mu)\right)$$

式中,μ和ϕ是贝塔分布的两个参数,分别代表的是分布的均值和精度。均值代表着分布在[0,1]中的位置,均值越小,分布越靠近下边界,均值越大,分布越靠近上边界。精度代表着分布的聚集程度,因此精度越大,分布的离散程度越低,方差就越小。贝塔回归具有很高的灵活性,根据不同的 μ 和 ϕ 可以模拟出多种形状的分布:有偏分布、单峰分布或是 U 形分布等。

　　贝塔回归有一个优点,即它可以对数据的均值和精度分别进行建模,来探索自变量对因变量均值和离散程度分别的影响。分别建模要求均值和精度都有自己的线性方程,均值通过 logit 函数与 $a + BX$ 相连,而精度通过 log 函数与 $c + DX$ 相连,具体公式为

$$\log\left(\frac{\mu_i}{1 - \mu_i}\right) = a + BX$$

$$\log(\phi_i) = c + DX$$

式中,a 和 c,B 和 D 是不同的截距和系数,因此用不同的字母来表示以避免混淆。然而不论是 logit 还是 log 函数,都要求数据不能取到 0 或 1。因此,当数据中存在 0 或 1 的观测值时,我们需要对这些观测值进行转换,常用的转换方法(Smithson et al.,2019:44)为

$$y' = \frac{y(N - 1) + c}{N}$$

式中,y' 为转换后的数据,y 为转换前的数据,N 为样本量,而 C 为调整值,一般来说设定为 0.5。除了转换以外,还可以对 0 和 1 的边界值进行混合建模,具体方法可以参考 Smithson 和 Shou(2019)的著作。

　　对于贝塔回归中的系数和比率的解释:在均值模型中,如果自变量的回归系数小于 0,且系数的 95% 置信区间均小于 0,那么自变量取值越高,因变量的均值越接近 0;如果自变量的回归系数在 0 附近,且系数的 95% 置信区间包含 0,那么我们可以认为自变量对因变量均值的影响不显著;如果自变量的回归系数大于 1,且系数的 95% 置信区间均大于 0,那么我们可以认为自变量取值越高,因变量的均值越接近 1。

　　而在精度模型中,如果自变量的回归系数小于 0,且系数的 95% 置信区间均小于 0,那么自变量取值越高,因变量的离散程度越高;如果自变量的回归系数在 0 附近,且系数的 95% 置信区间包含 0,那么我们可以认为自变量对因变量离散程度的影响不显著;如果自变量的回归系数大于 0,且系数的 95% 置信区间均大于 0,那么我们可以认为自变量取值越高,因变量的离散程度越低。

　　对于贝塔回归在心理学中的应用,参考以下例子:

　　假设一名心理学家想要探究影响老年人(65 岁及以上)记忆水平的因素。他想要知道是否特定脑区的损坏率和生活习惯是否会影响人的记忆能力。因此,这名心理学家收集了老年人在一系列回忆测试上的准确率(正确回忆的项目数与总项目数之比),大脑皮层萎缩程度(0-7 的评分,分数越高萎缩越严重),平时锻炼的频率(0-4 的评分,分数越高锻炼越频繁)以及每周乳制品摄入量和饮料摄入量。根据心理学家的要求,我们构建了一个以准确率为因变量,萎缩程度、锻炼频率、乳制品摄入量和饮酒量为自变量的贝塔回归模型,在这里因为心理学家关心自变量是如何影响因变量的离散程度的,因此我们同时拟合了贝塔回归的均值模型和精度模型,即

$$\text{logit}\left(\mu_{\text{准确度}}\right) = a + b_1{}^*x_{\text{萎缩程度}} + b_2{}^*x_{\text{锻炼频率}} + b_3{}^*x_{\text{乳制品日摄入量}} + b_4{}^*x_{\text{饮酒量}}$$

$$\log\left(\phi_{\text{准确度}}\right) = c + d_1{}^*x_{\text{萎缩程度}} + d_2{}^*x_{\text{锻炼频率}} + d_3{}^*x_{\text{乳制品日摄入量}} + d_4{}^*x_{\text{饮酒量}}$$

其中 $\mu_{\text{准确度}}$ 是准确率的均值,$\phi_{\text{准确度}}$ 是准确率的精度,精度越高,离散程度越低。

　　在拟合模型前进行多重共线性和独立性的检查。没有发现明显的证据支持多重共线性和非独立性,因此我们可以认为数据符合模型的基本假设。通过图 15.9 的残差图可以看出,因变量的参数与自变量间满足线性关系。

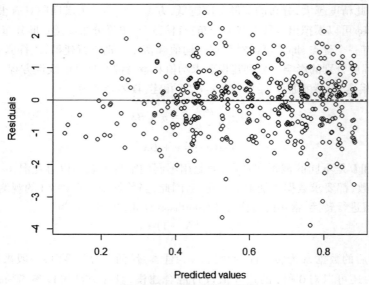

图 15.9 贝塔回归的残差图

拟合模型后,首先对总体模型进行卡方检验,卡方检验显示,$\chi^2(10,N=400)=361.80,p<0.001$,因此我们可以认为,与只含有截距的零模型相比,该模型可以有效预测老年人的记忆水平。之后,再对模型的每个自变量进行逐一分析。如表 15.6 所示,这里列出了每个自变量在贝塔回归中的回归系数、标准误、z 值、p 值和 95% 置信区间。

从表 15.6 里可以看出,大脑皮层的萎缩程度($b=-0.31,z=25.86,p<0.001$)和饮料的日摄入量($b=-0.22,z=-19.27,p<0.001$)对准确率的均值有显著影响,而均值的离散程度主要受大脑皮层的萎缩程度($b=-0.20,z=14.20,p<0.001$)和锻炼频率($b=0.16,z=2.68,p<0.001$)的影响。

当大脑皮层的萎缩程度加重时,准确率的均值下降,离散程度上升,反之亦然。而当饮料的日摄入量增加时,准确率的均值也下降,但是对准确率的离散程度没有显著影响。当锻炼频率增加时,不会显著影响准确率的均值,但是会显著降低准确率的离散程度。

因此我们可以得出结论,大脑皮层的萎缩程度越高,老年人的记忆力越差,记忆力在人群中的波动越大;而饮料的日摄入量越高,老年人的记忆力也越差,但是对记忆力的波动没有影响;在锻炼频率越高的老年人中,记忆力在人群中的波动越小。

表 15.6 贝塔回归模型的结果

变量名	回归系数	标准误	z 值	p 值	95% 置信区间
			均值模型		
萎缩程度	−0.31	0.08	25.86	<0.001	[−0.33,−0.29]
锻炼频率	−0.01	0.02	−0.61	0.541	[−0.05,0.03]
乳制品	0.01	0.01	1.019	0.308	[−0.01,0.03]
饮酒量	−0.22	0.01	−19.27	<0.001	[−0.24,−0.20]
			精度模型		
变量名	回归系数	标准误	z 值	p 值	95% 置信区间
萎缩程度	−0.20	0.03	14.20	<0.001	[−0.26,−0.15]
锻炼频率	0.16	0.06	2.68	<0.001	[0.04,0.28]
乳制品	0.03	0.02	1.37	0.170	[−0.01,0.08]
饮料	−0.01	0.03	−0.22	0.830	[−0.07,0.05]

模型的R语言代码如下：

```
#数据概览
summary(memory_beta)
#拟合泊松回归方程
require(betareg)
lm1<-betareg(y~atrophy+physical+dairy+drinks|atrophy+physical+dairy+drinks,data=memory_beta)
#检查残差图
residual_beta<-residuals(lm1,type="deviance")
plot(x=lm1$fitted.values,y=residual_beta,xlab="Predicted values",ylab="Residuals")
y<-residual_beta
x<-lm1$fitted.values
lm2<-lm(y~x)
abline(h=0,lty=2)
abline(lm2,col="red")
#输出结果
summary(lm1)
#获取95%置信区间
confint(lm1)
```

15.4　本章小结

　　线性模型是心理学中一类比较常用的模型，它包括但不限于一般线性模型和广义线性模型。对于不同分布的因变量，我们应该懂得选择合适的线性模型进行分析，如果使用了不恰当的模型，将会导致模型给出有偏差的结果。线性模型的使用要经过基本假设的检验、模型诊断、参数估计、模型检验、模型选择和解释多个步骤。通过案例我们可以清晰地了解到线性模型使用的一个基本流程。

　　最后值得注意的是，线性模型只是心理学研究的一种辅助工具，它无法作为因果关系的直接证据。对于模型的选择需要依靠心理学理论，线性模型不能代替心理学理论，使用线性模型的目的是更好地进行心理学的理论建设。

本章参考文献

Ahlgren, A., & Walberg, H. (1969). Comments: Homogeneity of Regression Tests: Assumptions, Limitations and Alternatives. *American Educational Research Journal*, 6(4), 696-700.

Baron, R. M., & Kenny, D. A. (1986). The moderator-mediator variable distinction in social psychological research: Conceptual, strategic, and statistical considerations. *Journal of personality and social psychology*, 51(6), 1173.

Freund, R. J., Wilson, W. J., & Sa, P. (2006). *Regression analysis*. Elsevier.

Glass, G. V. (1966). Testing homogeneity of variances. *American Educational Research Journal*, 3(3), 187-190.

Gunst, R. F., & Webster, J. T. (1975). Regression analysis and problems of multicollinearity. *Communications in Statistics-Theory and Methods*, 4(3), 277-292.

Wood, S. N. (2017). *Generalized additive models: an introduction with R*. CRC press.

Tabachnick, B. G., Fidell, L. S., & Ullman, J. B. (2007). *Using multivariate statistics* (Vol. 5, pp. 481-498). Boston, MA: Pearson.

Levy, K. J. (1980). A Monte Carlo study of analysis of covariance under violations of the assumptions of normality and equal regression slopes. *Educational and Psychological Measurement*, 40(4), 835–840.

Menard, S. (2002). *Applied logistic regression analysis* (Vol. 106). Sage.

Myung, I. J. (2003). Tutorial on maximum likelihood estimation. *Journal of mathematical Psychology*, 47(1), 90–100.

Smithson, M., & Shou, Y. (2019). *Generalized linear models for bounded and limited quantitative variables*. SAGE Publications.

Osborne, J. W., & Waters, E. (2002). Four assumptions of multiple regression that researchers should always test. *Practical assessment, research, and evaluation*, 8(1), 2.

Preacher, K. J., & Hayes, A. F. (2004). SPSS and SAS procedures for estimating indirect effects in simple mediation models. *Behavior research methods, instruments, & computers*, 36(4), 717–731.

Schultz, B. B. (1985). Levene's test for relative variation. *Systematic Zoology*, 34(4), 449–456.

Smithson, M., & Shou, Y. (2019). *Generalized linear models for bounded and limited quantitative variables*. SAGE Publications.

Schmidt, A. F., & Finan, C. (2018). Linear regression and the normality assumption. *Journal of clinical epidemiology*, 98, 146–151.

Wilkinson, L. (1979). Tests of significance in stepwise regression. *Psychological bulletin*, 86(1), 168.

Wherry, R. J. (1931). A new formula for predicting the shrinkage of the coefficient of multiple correlation. *The annals of mathematical statistics*, 2(4), 440–457.

Yap, B. W., & Sim, C. H. (2011). Comparisons of various types of normality tests. *Journal of Statistical Computation and Simulation*, 81(12), 2141–2155.

16 Stata 简介及基本操作

16.1　Stata 简介

16.1.1　软件介绍

Stata 是一款用于分析和管理数据的综合统计分析软件,最早由美国计算机资源中心 (Computer Resource Center)于 1985 年研制,1993 年该机构更名为 Stata 公司。与 SPSS、SAS 等相比,Stata 主程序只占用很少的磁盘空间,但功能强大,具有数据管理、统计分析、专业绘图、矩阵计算和程序语言等功能。Stata 有跨平台操作的不同版本,包括 Windows、Mac 和 Unix 等操作系统。Stata 输出结果专业简洁,图形精美,相关结果可以直接整理成出版格式 (如常见的多模型回归表),并输出到 Word、Latex 等文本编辑软件,还可以实现动态文档写作。

截至本书出版,Stata 最新的版本是 17。较新版本 Stata 可以通过选择窗口菜单和对话框完成各种操作,无须学会编程,简单易用,但 Stata 主要是通过命令行或者代码方式来操作,通过代码的方式有很大的优势,可记录整个分析过程,后续可以不断修改完善代码,深化分析。虽然开始上手时学习成本高于 SPSS 等以窗口操作为主的统计软件,但相比于 R 或者 Python 等语言,Stata 代码语法易学,容易掌握。如果不需要大量编程操作,而是以统计分析为主,尤其是科研工作,Stata 是较为理想的选择。[①] 最新版本 Stata 分 MP 版、SE 版、BE 版(IC 版)不同版本,各自的功能、可以处理的最大数据容量以及价格有所不同(可在命令窗口内输入 help limits 查看相应限制)。Stata 也提供 Small 版,属于学生版,样本和变量数受限,仅用于教学目的。

Stata 纳入先进的统计方法非常及时,各种模型齐全。以 Stata16 为例,包括统计功能基本统计分析、经典线性回归、广义线性模型、多元分析(含聚类分析、因子分析、对应分析等)、多水平混合效应模型、样本选择模型、含内生协变量的回归模型、生存分析、时间序列模型、动态面板、贝叶斯分析、潜类分析、项目反应理论、结构方程模型等。用户可以通过 Stata 统计功能菜单查看相应的统计模块。

同时,虽然不像 R 或者 Python 等自由软件,但 Stata 也是一个具有较强开放性的系统,除了主程序,其他统计功能代码文件均开源(可到安装目录 ado 路径查看),因此可扩展性良好。对于 Stata 还没有内置化的命令或实现的功能,用户可以通过社区平台安装开发版本的程辑包(user-written commands)。具体可通过 findit 或者 net search 等命令查找相应程辑包名称,然后找到并点击相应链接进行安装。如果知道包的名称,且包已经存在于社区平台(community-contributed additions),也可以用 net install 或 ssc install 命令从社区平台直接安装。还有一些 ado 文件可能在研究者个人网站或托管到开发空间中,需自行下载安装。

Stata 提供完整在线帮助系统和电子版本使用手册,包含命令的解释、模型与语法、示例等。用户遇到问题可以查看在线帮助(可通过 help 相应命令名称实现),或者查阅手册(帮助文件页面有对应链接)。国际上 Stata 用户众多,社区庞大,资源丰富,遇到一些问题或者需要达成特定目标,可通过互联网查询或求助解决方案。

由于 Stata 功能强大,包括数据管理、统计分析、作图、编程等各种功能,篇幅所限,本章只结合多水平潜变量模型一章所用 PISA2009US 多水平数据的预处理实例,介绍相关常用的操作和统计功能,为没有 Stata 使用经验的读者提供导引。部分高级模型原理及操作其他章已有涉及,本章不再赘述,示例演示模型输出结果统计意义解读本章也省略。对于其他 Stata 高级内容包

---

① 　R 和 Python 目前可以通过相应的程辑包直接调用 Stata。Stata17 也支持在 Stata 代码中嵌入 Python,调用 Python 工具包。

括字符串操作、标量与宏、高级编程、结果输出、动态文档等内容不在此介绍,读者可参考其他有关Stata的专门书籍。

16.1.2 操作界面

安装好Stata后,系统会在桌面新建Stata的快捷方式。点击快捷方式,即可启动Stata程序,进入主程序界面。默认界面设置下,Stata主窗口共有5个,分别是命令回顾窗口(Review)、结果输出窗口(Results)、变量列表窗口(Variables)、交互命令窗口(Command)和变量属性窗口(Properties)。

图 16.1 Stata 操作界面及主窗口

命令回顾窗口:研究者在分析中在命令输入窗口直接输入的命令,以及通过窗口菜单操作转化而成的命令都会记录在该窗口中,但只是临时性保存。如果要永久保存,可以在该窗口点击右键进行保存,可以选择其中部分命令保存。保存前可以去掉交互式窗口输入错误的命令(以红色字体显示)。另外Stata运行中,可以通过单击该窗口中的相应命令,该命令会在交互命令窗口中重新显示,用户可在其基础上进行修改并执行。另外,光标在交互命令窗口时,也可以通过上下翻页键回溯命令。如果命令有问题,可以翻回修改后重新确认执行。

结果输出窗口:程序启动后,相关版权及注册信息会在该窗口显示。该窗口主要用来显示命令执行的结果。如果结果容量较大,超过一屏,窗口底端会出现"more"的字样。此时可以用鼠标点击,或者按下任意键浏览后续内容。

变量列表窗口:显示打开的数据库内的变量信息,包括变量名、类型等信息。鼠标点击其中某个变量名称,变量名可以进入交互命令窗口。可以在该窗口点击右键,进行变量删除等操作。

交互命令窗口:用户可以通过该窗口逐行输入命令,然后点击回车键确认,进行相应操作,结果会显示在上面的结果窗口中。

变量属性窗口:显示当前打开的数据库属性信息。鼠标点击相应变量后,用户可以从该窗口查看选中变量属性、标签等信息。

16.1.3 主要窗口

程序启动后,默认设置下,主界面显示以上5个窗口。另外还有若干个主要的窗口,执行相应命令后会显示:

① 数据编辑窗口（Data Editor）与数据浏览窗口（Data Browser）。用户可以打开当前数据后，查看数据结构或修改个别值。与其他软件数据结构一致，Stata 数据结构也是二维表格。每一行表示一个观测、个案或样本，每一列表示一个变量或字段。两个窗口可以用菜单栏中相应的快捷方式打开，也可以在交互命令窗口分别用 edit 和 browse 命令执行后打开。

② 代码编辑窗口（Do-file Editor）。可在该窗口直接编写程序、运行编写好的程序。文件的保存格式是 .do 文件。对于较为复杂的数据统计分析项目，建议以代码的方式实现。代码编辑窗口可用快捷方式打开，也可以在交互命令窗口使用 doedit 命令打开，后面加上 do 文件的文件名，则可直接打开相应的代码文件。

③ 图形窗口（Graph）。当使用 Stata 输出相应图形后，会弹出图形窗口，用户可以在该窗口对图形进行另存、打印等操作，还可以通过鼠标操作对图形进行微调。

④ 浏览窗口（Viewer）。可以浏览帮助内容或检索的信息。

16.1.4　文件类型

Stata 中，主要文件类型包括数据文件（.dta）、程序文件（.do）、日志文件（.log 及 .smcl）、图形文件（.gph）等。

.dta 是 Stata 的法定数据集格式。此类文件是一个二进制文件。需要注意的是，.dta 数据集要区分版本，一般较晚版本程序可以打开较早版本的数据集，但从 Stata14 开始，Stata 数据集编码方式发生了变化（统一为 UTF-8），为了避免数据集中出现乱码，打开较早版本数据之前需要先进行转码。

.do 文件是文本格式文件，因此用记事本之类文本编辑器也可以打开。当用 Stata 14 及之后版本 Stata 打开 .do 文件时，也存在上述问题，因此需要转码处理。转码的处理后面将会提到。

如果需要将分析的过程自动记录下来（备查或者共享用），可以在 Stata 中开启日志功能（查看 log 命令帮助）。Stata 有两类日志文件 .log 和 .smcl。其中 .log 是纯文本格式，可以用记事本之类文本编辑器打开，传递给其他人不用安装 Stata 也能浏览。.smcl 是 Stata 自己的扩展标记和控制语言格式，记录了更丰富的格式信息。两种格式可以在 Stata 中互转。

16.2　基本操作

16.2.1　变量命名规范

Stata 处理的基本对象是变量。变量指的是数据集中的各列或者字段。Stata 中，变量的命名需要注意一些问题，如变量名要唯一，不宜过长，一般不要超过 32 个字符。变量名必须以英文字符或者下划线开头，不能是数字。需要强调的是，在 Stata 中，变量名大小写敏感（case-sensitive），如 gender 和 Gender 是两个不同的变量。

另外，变量名中不能有空格，可以用下画线连接。另外，变量名命名时不要用系统保留字段，如 _n 表示当前观测记录；_N 表示数据总观测记录；_pi 表示圆周率；_rc 表示上一命令返回值；_all 表示数据中所有变量；_b 回归系数向量等。这些字段不要用于变量命名。

16.2.2　基本命令格式

Stata 中的统计分析等操作是通过命令针对特定对象进行处理而实现的。Stata 命令基本格式：

Stata命令格式

> [by varlist:] command [varlist] [=exp] [if exp] [in range] [weight] [using filename] [,options]

　　并非所有操作均会用到基本命令格式的每一个要素,但上述命令格式涵括了绝大部分命令格式涉及的基本要素,实际分析中要根据具体目的选择性地使用。

　　command:命令。命令自身必须写上,有些命令只需命令自身就可以执行,如describe,可以显示数据和变量的基本情况。但通常后面会跟其他参数,如describe后面可以加上simple选项,只显示基本信息。在不引起混淆的情况下,Stata命令名通常可以缩写,如regress可以写成reg;display命令(用于显示和简单计算)可以简写为di,甚至d。要注意的是,在Stata中,像变量一样,命令也是大小写敏感。

　　varlist:变量。在不引起混淆的情况下,变量名也可以缩写。也可以使用通配符,如 * 或 ?,分别代表匹配的若干或1个字符。如v* 代表当前数据中所有v开头的变量。连字符(英文中划线)代表范围,如v101–v105表示v101至v105的所有变量。

　　=exp:生成新变量命令。如生成自然对数:log_income=log(income)。表达式中可以包括表达式,以及+、–、*、/、^等运算符,函数、括号等。

　　if exp 和 in range: 指定条件和范围,将操作限定在数据子集范围。条件可以使用<、<=、==、>=和 > ,以及逻辑否! 或~。[①] in用来指定样本的范围,如:in 1/10,表示只针对数据从1到10的记录操作。

　　weight:加权。有的数据有权重,进行相关统计操作时需要带上权重处理。不像SPSS那样只有对整个数据一次性的加权处理,Stata中加权需要针对不同的命令和模型单独处理。Stata中权重分4种,可使用 help weights 了解更多。

　　using filename:使用某个文件,可以是本地、局域网或互联网上的文件。某些命令中也可能是生成某个文件。

　　options:命令相关参数,以 ,隔开。如果刚开始记不住命令的选项功能与具体设置,可以通过查看相应命令的帮助文件或手册相应部分了解。

　　by varlist,sort: 分类操作。对数据中不同的子类进行不同的命令操作。注意只能对可以进行分类操作的变量使用。数据必须以分类变量进行排序,可以 bysort varlist: 代替。

16.2.3　基础操作

1）工作路径及相关操作

　　为了便于管理,一般在做数据分析的时候,用户会把一个项目的数据、代码、输出结果等放在某个文件夹中。工作路径就是硬盘的某个目录或者文件夹。Stata中,在分析数据之前,一般都要创建相应的工作路径,可以在操作系统里先建好,然后在Stata中将工作路径指向该目录,也可以在Stata中使用相应命令创建,然后转向该目录。[②]

新建及转向工作路径

```
pwd
cd "d:\"
```

---

① 　Stata中的表达逻辑关系的等于符号为"==",是两个等号连写在一起,不同于赋值时用的单个等号"="。
② 　如果是Linux或苹果Mac系统,路径一般没有盘符,而是以"/"分隔的路径。如果对当前路径不清楚,可以使用代码pwd显示当前路径,并使用cd命令改变路径。Mac系统图形界面下,可以在"访达"(Finder)中进入相应目录,然后在操作"菜单"中找到"将目录拷贝为路径名称",获取当前文件夹路径。

```
mkdir "mydata"
cd "mydata"
pwd
```

当前的工作路径可以在主界面左下角状态栏查看,另外 pwd 命令(the path of the current working directory)也可以用来显示当前工作路径。如果没有用命令改变,一般程序启动后开始默认的都是系统"我的文档"或 Stata 的安装目录。分析数据最好另建专门的工作路径。

要注意的是,路径中最好不要有空格,如果有空格必须加英文引号,代表工作路径是一个整体,如 "c:\verb\my path\verb\filname"。同时尽量避免用中文路径。如果想每次启动自动进入特定目录,可以在 Stata 安装目录中新建 profile.do 文件,并将 cd 转向目录的命令写入其中,然后保存该文件。

2) 打开数据、保存与退出

进行数据分析的时候,我们一般会先将分析的数据置于工作路径之中。启动 Stata,进入工作路径之后,就可以打开数据文件了。

这里以 PISA2008 年美国学生数据为例,元数据文件名为 INT_STQ09_DEC11_US.dta,另外还有一个学校数据库 INT_SCQ09_Dec11_US.dta。此次分析我们将二者按照学校编号(school-id)合并在一起使用,这个过程在 Stata 中用 merge 命令实现。因为这两个文件就在工作路径一级目录里面,所以直接使用 use 命令就可以打开,如果存放在二级目录,还需要加上子目录名,目录与文件之间以 \ 隔开。[①] 当然 Stata 也支持从互联网上打开数据,只需要加上 http 开头的地址即可。如果数据来自 Stata 官网,可以使用 webuse 获取,后面直接加文件名即可,如 webuse lifeexp。

打开数据

```
use INT_STQ09_DEC11_US.dta, clear   //学生库
merge m:1 SCHOOLID using INT_SCQ09_Dec11_US.dta   //学校库
net install dm88.pkg
renvars *, lower
compress
save pisa2009USorg, replace
exit, clear
```

由于来自各个学校的不同学生对应各自的学校,因此 merge 后面增加 m:1,意味着学生对于学校,在集合上是多对一的关系。由于原始数据中变量都是大写英文字母,看起来不太方便,如果需要批量转成小写字母,可以使用 renvars 命令,* 是通配符,代表所有变量,该命令需要提前安装。

第一、二行命令后面的 // 及后续文字是 Stata 中的注释,用以说明代码的相应功能,增加代码可读性。Stata 中也可以用 * 作为注释符号,对于多行的情况,可以用 /* 注释的文字 */ 来进行批量注释。

合并后的文件使用 save 命令保存为 pisa2009USorg,由于默认就是 .dta 格式,这里可以省略 .dta 扩展名,replace 选项意味着如果工作目录里面有同名文件的话,直接覆盖,不必提示并确

---

① 如果存放在工作路径之外,一般需要使用 .、.. 等符号跳转到上一级目录或当前盘的根目录。如果在不同的盘,需要使用包括盘符存在内的绝对路径。此处语法与 DOS 命令规范基本一致,如 .. 可以表示上级目录,cd .. 可以回到上级目录,dir 命令显示目录内的文件和子目录的列表,copy 可以拷贝文件,rm 或 erase 则可以删除文件。

认。因为我们有原始文件,也保存了分析的代码文件,而且可能经常会对代码进行优化和完善,所以这些文件可以进行覆盖(更新),每次执行完整的do文件就可以了。除非生成中间文件耗时过长,不想每次从头运行代码,可以保存作为中间结果的数据文件,以后可以由此处开始分析。不过要注意的是,使用Stata进行数据分析,一般不要改动原始数据。原始数据一定要在工作路径外有备份,以防误删或者误操作无法还原。[①]

由于数据构建的时候往往尽量设置了较大精度但实际数据没用上,compress命令可以根据数据实际情况进行压缩,为数据"瘦身"以节省空间。

如果不进行后续操作,可以使用clear命令清理内存,关闭当前数据。exit命令表示退出程序。两个命令连写,意思是先清空内存,然后退出Stata程序。Stata程序会自动关闭。

3）数据预处理

有了数据之后,接下来需要有个熟悉数据的过程,包括数据的基本情况,关注变量的基本情况,如编码、缺失值等。在此基础上,还要对数据中的某些变量根据需要进行预处理,如再编码、生成新变量等。

des,s命令是对数据库进行基本的描述,给出样本量和变量数等基本信息。由于增加了simple选项,不会给出变量相关信息。该命令后面也针对个别变量使用,返回特定变量相关信息。codebook命令返回数据中所有变量的编码、类型及其他情况。如果后面增加一个或多个变量名,则只返回相应变量的情况。

基础处理

```
use pisa2009USorg, replace

des, s
codebook

destring schoolid, replace

bysort schoolid: gen studentnum = _N

count if studentnum < 20
drop if studentnum < 20

count if hisei > 88
replace hisei = . if hisei > 88

count if hisei >60 & !missing(hisei)
```

---

① Stata也可以从其他文件格式导入数据,对于txt与.raw文本格式,可以使用import delimited、export delimited、infile等命令导入。对于csv文件,可以使用import delimited、export delimited、insheet、outsheet等命令导入。对于.xls与.xlsx文件,可以使用import excel命令导入。对于SPSS的.sav文件,可以使用import spss导入。Stata安装后自带了一些示例数据,可以用sysuse打开,可以用sysuse dir查看文件列表。使用代码编辑器,input命令可以以代码的方式输入数据。打开数据编辑窗口,也可以将其他数据程序如excel或spss的数据直接复制粘贴进来,但这种方式不推荐,因为可能出现错位问题,但又不容易发现,影响分析结果。另外,Stata公司出品的Stat/Transfer软件,支持多种数据格式互转。如前文所述,如果使用高版本(14.0及以上)Stata打开较低的Stata版本数据,因为编码方式不同,直接打开数据以及do文件中文会出现乱码。对于较早版本Stata数据及程序文件,打开之前先进行编码设置和转换处理,命令一般为:unicode analyze *.dta, unicode analyze *.do, unicode encoding set gb18030, unicode translate *.do, unicode translate *.dta, invalid(ignore)transutf8。

```
gen b_hisei = hisei >= 60

egen std_hisei = std(hisei)
lookfor sex

codebook st04q01
recode st04q01 (1=1)(2=0), gen(gender)
rename gender girl

label var girl gender
label define girl 1 girl 0 boy
label values girl girl

list girl in 1/10 if !missing(girl)

recode sc02q01 (1=0)(2=1), gen(sector)
label var sector private
label define sector 0 public 1 private
label values sector sector
```

　　原始数据中,schoolid是字符型。destring schoolid,replace代码是去掉schoolid变量的字符型属性,也就是转为数字型。由于增加了replace选项,原变量会被覆盖,当前数据中不再有字符型的schoolid字段。如果不想覆盖原变量,可以使用gen(新变量名)选项。另外,encode命令和gen配合real函数,可以实现将字符型变量转为数值型变量的目标。相反,如果将数值型变量装成字符型变量,可以使用tostring、decode以及gen配合string函数实现。

　　Stata中,变量分数值型(numerical)、字符型(string)和日期型(date)等主要类型。数值型变量按其精度区分,又有五种类型,分别是:字节型(byte)、整数型(int)、长整形(long)、浮点型(float)、双精度(double)。日期变量是数值型变量的一个特例。在Stata中将1960年1月1日看成分界线,为第0天。字符型没有亚类型,但有长度之别,如str2代表两位的字符,一般字符型最长2045,但strL可以存储长度达2000000000的字符。

　　bysort schoolid: gen studentnum=_N命令是对每个学生生成其所在学校的学生规模数。gen命令是generate命令的缩写,这里的作用是生成新的变量。studentnum是我们起的新变量的名字。_N是系统保留字段,表示数据总观测记录。因为我们在该行命令前面加了bysort schoolid前缀,所以是针对各个学校的分别操作,也就是针对各个学校的每个学生,都生成记录其所在学校规模信息的新变量。如果运行bysort schoolid: gen studentid=_n命令,则会生成每个学生在其所在学校内部的编号的字段。

　　count if studentnum<20的作用是对学校规模小于20的学生数进行计数,drop if studentnum<20的作用是删除学校规模小于20的学生样本。其实就是所有学生数少于20个的学校记录都删除,因为我们对该数据进行多水平分析,组内样本过少的组别信度可能有问题。count if hisei > 88起到类似计数的作用。

　　注意hisei变量存在用户定义的缺失值,被赋值96~99(用label list hisehi或者tab hisei可以查看),因此在分析之前,需要对此变量的这些值进行处理,用replace hisei=. if hisei > 88命令将之替换为系统缺失值.。如果不保留这些样本,可用drop if hisei==.或者drop if hisei > 88从记录中删除(正常值最高88分)。

　　需要说明的是,在Stata中,只要定义为系统缺失值,其值均要高于所有正常值。因此如果我们要数出来hisei高于60的样本数,但不计系统缺失值,需要用如下命令实现：count if hisei > 60 & ！ missing(hisei)。如果我们想生成一个家庭社会经济地位高低的指示变量(indicator),也就是hisei大于等于60的样本编码为高家庭社会经济地位,相反属于低家庭社会经济地位,可以通过gen b_hisei=hisei > 60 & ！ missing(hisei)命令实现。此命令会先判断hisei > 60是否成立(不计缺失值样本),如果成立返回1,不成立返回0,这样就可以赋值于新的指示变量,从而达到上述目的。

　　egen std_hisei=std(hisei)代码的作用是利用egen命令配合std函数,生成hisei的标准化值。egen是Stata中对gen命令的扩展,功能十分强大,其下包括很多函数,完成列总和、列均值、多列比较、分组等诸多功能。具体可通过help egen命令进行了解。下框中,我们还将通过实例进一步了解egen的使用。

egen 的应用

```
bysort  schoolid: egen grouphisei = mean(hisei)          //组平均值
bysort  schoolid: gen cgrouphisei = hisei-grouphisei       //组中心化

egen grandhisei = mean(hisei)                            //总平均值
gen cgrandhisei= hisei- grandhisei                         //总平均化

bysort schoolid: egen grouppv1math = mean(pv1math)      //组间效应模型用
bysort schoolid: gen cgrouppv1math = pv1math-grouppv1math

bysort schoolid: gen group_grand_hisei = grouphisei - grandhisei     //科隆巴赫模型用

gen hiseiXsector = hisei*sector                           //生成相关交互项
gen cgrouphiseiXsector = cgrouphisei*sector
gen cgrandhiseiXsector = cgrandhisei*sector
gen cgrouphiseiXgrouphisei = cgrouphisei*grouphisei

bysort schoolid: egen gcultposs = mean(cultposs)

save pisa2009US, replace
```

　　接下来,我们对性别变量(st04q01)进行再编码的处理。假定我们从很多变量中寻找性别变量,可用lookfor sex进行查找,该命令支持对变量名和变量标签的检索。确定性别变量后,用codebook命令查看了该变量的编码情况,1代表female,2代表male,本数据中该变量没有缺失值。为了回归分析方便,我们将之转换为0-1编码。recode st04q01 (1=1)(2=0),gen(gender)这一行命令即可实现此目的。假如该变量有用户自定义的缺失值,如定义为9,那么还需要增加(9=.)的编码转换。用户使用不可能数字(如9999等)自定义缺失值系统并不知道,在分析之前一般需要将之转换为系统缺失值,也就是 . 。否则会被当成有效数字参与运算。系统缺失值一般不会参与统计运算。[①]

　　新的变量名为gender,假定我们想换成girl,可通过rename命令实现。通过再编码生成的新变量没有标签,可以用label var增加此变量的变量标签,此处对重命名的变量girl加上了gender

―――――――――――――――――
① 　Stata数值型变量缺失值为:"."。从8.0版开始,增加了从 .a to .z,一共26个缺失值,定义:_numbers<.<.a<…<.z。字符型变量缺失值为"",也就是空字符,引号中间没有空格。

的标签。变量取值的标签需要通过label define定义变量取值标签后，用label values赋予该变量的取值，此处1代表女生，0代表男生。如果多个变量取值相同（如满意度量表中的各题项），可以共用变量取值标签。list girl in 1/10 if！missing(girl)的作用是列举前10个记录的性别情况，观察新变量的再编码结果。其中，if！missing(girl)的作用是仅针对该变量非缺失值的情况。后面我们对学校性质变量进行了类似的处理。

上框中，是使用egen配合相应函数进行的一系列与多水平分析有关的操作。首先是对hisei的组中心化和总中心化处理。bysort schoolid意味着对各个学校分别操作，egen配合mean函数，可以取各个学校hisei的列均值，然后各个学生的hisei减去所在学校的平均hisei，即完成了组中心化处理。总中心化无须针对各个学校处理，相对更简单。此外，科隆巴赫模型需要组均值减总均值的处理。多水平模型中，并不需要对结果变量进行中心化处理，bysort schoolid:egen grouppv1math=mean(pv1math)等行的处理结果是为了进行组间效应模型，后文可以看到。后面几行是利用gen命令生成若干变量间的交互项。

4）数据集高级操作

前面我们已经使用merge命令实现了两个数据集的合并。对于数据集的拆分，可以通过drop或相反的keep命令配合if条件语句实现。另外需要将一个数据集追加到另一个结构相同的数据集上，可以通过append命令实现。这两个较为简单的操作此处不再列出。另外，有两个涉及数据集的操作在实际数据分析中经常用到，需要交代一下。

一个是数据聚合功能，也就是将原始数据聚合为汇总统计结果。Stata中包括statsby、collapse、contract、postfile/post等命令。以collapse命令为例，对于PISA2009US数据，如果要构建组间效应模型，可以将所有学生按各自所在学校将相应指标聚合到学校层面，然后进行聚合回归。聚合过程可以通过collapse命令实现。

由于pv1math和hisei是在学生层面测量的，学校层面没有相应变量，因此需要在保证一定组内一致性基础上将学生个体相应变量聚合到学校层面（可以计算ICC评估，见下框）。collapse(mean)pv1math hisei,by(schoolid)这一行代码即可实现相应目的，按不同学校将pv1math和hisei两个变量取均值，并存为新的数据集，这里暂存为名temp.dta的数据文件。新的数据集中，样本的单位是学校，而不再是学生个体。为了将来与个体数据合并避免变量名冲突，使用rename命令将pv1math和hisei两个变量增加前缀mean_，结果存为名为pisaschool.dta的文件以备后用。

再次打开学校数据原文件，对相应变量进行处理后，使用keep命令保留schoolid sector schsize stratio propqual等字段，并以schoolid为依据，将temp.dta数据合并进来。这样，数据中即存在各学校数学成绩和家长平均最高社会经济地位变量了。

组间效应模型/聚合回归预处理

```
use pisa2009US, clear

collapse (mean) pv1math hisei, by(schoolid)

ren pv1math mean_pv1math
ren hisei mean_hisei

save temp, replace
use INT_SCQ09_Dec11_US, clear
```

```
renvars *, lower
destring schoolid, replace
recode sc02q01（1=0）（2=1）, gen（sector）
label define sector 0 public 1 private
label values sector sector

keep schoolid sector schsize stratio propqual
merge 1:1 schoolid using temp
drop _merge

save pisaschool, replace
```

　　在数据分析中,还有一个数据重整(宽型数据、长型数据互转)的功能经常用到。例如,在进行历时数据分析时,如果采用多水平回归模型的框架,需要长型数据;如果使用结构方程模型框架,则需要宽型数据。由于PISA数据不涉及重复测量问题,这里使用中国健康与营养调查(CHNS)数据1989年40~50岁队列至2006年数据,关注其平均血压的变化。以该数据为例,所谓宽型数据,就是按照人来组织,每个人是一条记录,其中有此人的性别、年龄信息,也有历次追踪调查血压以及BMI指数的测量结果,按年代依次往后排。而所谓长型数据,是按照历次测量组织的数据,每一行是一次测量的结果,包括血压、BMI测量的结果。由于每个人不止一次测量,所以每个人可能会占多行,测量了几次就占几行。每个人的编号、性别、年龄等不随时间而变化的信息在此人的历次测量记录中会重复或者说冗余。一般来讲,调查所得数据,格式都是宽型数据。经过上述reshape处理后,形成长型数据。[①]

	wave	gender	id	time	bmi	press
1	1989	male	1	0	21.1	106.7
2	1991	male	1	2	23.2	101.1
3	1993	male	1	4	22.6	85.0
4	1989	female	2	0	19.9	86.7
5	1991	female	2	2	20.1	90.0
6	1993	female	2	4	21.2	84.4
7	1989	male	3	0	24.3	100.0
8	1991	male	3	2	.	97.2
9	1993	male	3	4	25.2	86.1
10	1989	male	4	0	22.3	90.0
11	1991	male	4	2	23.8	96.7
12	1993	male	4	4	23.4	95.0
13	2000	male	4	11	23.5	144.4
14	2004	male	4	15	24.9	106.4
15	2006	male	4	17	25.4	100.9
16	1989	male	5	0	17.8	83.3
17	1991	male	5	2	19.8	83.3
18	1993	male	5	4	18.2	94.4
19	2000	male	5	11	20.6	90.2
20	2004	male	5	15	21.5	100.7

图16.2　长型数据

---

① 当然,宽型数据和长型数据的结构转换绝不仅限于历时数据。在截面数据中也经常使用。例如,自我中心社会网数据、家庭调查家庭成员信息表等情况,也需要转换成长型数据才便于分析。

	id	time1989	bmi1989	press1989	time1991	bmi1991	press1991	time1993	bmi1993	press1993	gender
1	1	0	21.1	106.7	2	23.2	101.1	4	22.6	85.0	male
2	2	0	19.9	86.7	2	20.1	90.0	4	21.2	84.4	female
3	3	0	24.3	100.0	2	.	97.2	4	25.2	86.1	male
4	4	0	22.3	90.0	2	23.8	96.7	4	23.4	95.0	male
5	5	0	17.8	83.3	2	19.8	83.3	4	18.2	94.4	male
6	6	0	20.7	86.7	2	20.5	82.8	4	21.0	83.3	male
7	7	0	24.8	81.7	2	25.2	78.0	4	27.2	86.7	female
8	8	0	26.7	93.3	2	23.0	90.0	4	23.2	85.0	male
9	9	0	21.8	85.0	2	23.4	76.7	4	23.0	81.7	female
10	10	0	24.4	93.3	2	25.6	83.3	4	26.0	84.4	male
11	11	0	21.2	92.0	2	22.9	86.7	4	21.2	86.7	female
12	12	0	23.2	83.3	2	23.9	82.8	4	24.2	93.3	male
13	13	0	24.1	93.3	2	24.1	91.0	4	24.1	97.1	male
14	14	0	27.7	100.0	2	.	76.7	4	23.7	88.9	male
15	15	0	21.5	91.3	2	19.9	93.3	.	.	.	female
16	16	0	23.6	93.3	2	23.8	100.0	4	23.6	99.8	female
17	17	0	24.3	93.3	2	24.9	100.0	.	.	.	male
18	18	0	23.4	93.3	.	.	.	.	.	.	male
19	19	0	23.1	90.0	.	.	.	.	.	.	female
20	20	0	22.6	92.7	.	.	.	.	.	.	male
21	21	0	21.5	83.3	.	.	.	.	.	.	female
22	22	0	23.6	83.3	2	25.3	83.3	4	23.2	83.3	male
23	23	0	21.1	85.0	2	21.5	91.7	4	21.5	91.7	male
24	24	0	18.4	83.3	2	17.7	83.3	4	17.7	83.3	female
25	25	0	25.6	98.3	2	25.3	93.3	4	28.1	83.3	male
26	26	0	22.4	83.3	2	20.6	83.3	4	21.5	86.7	male
27	27	0	21.4	93.3	2	20.3	76.7	4	21.4	80.0	female
28	28	0	24.2	93.3	2	24.2	100.0	4	25.8	93.3	male

图16.3 宽型数据（隐藏部分列）

Stata中，数据重整使用reshape实现。相比较于SPSS、R等软件或语言，Stata的数据重整命令十分简洁。具体来看，press.dta已经经过整理，是长型数据。使用reshape wide进行转换后，数据变为宽型数据。当然还可以使用reshape long转回长型数据。

数据重整

```
use press.dta, clear
reshape wide press bmi, i(id) j(time)    // 长型转换为宽型数据
save press_wide, replace
reshape long press bmi, i(id) j(time)    // 宽型转换为长型数据
```

紧接着reshape命令之后的是需要转成的数据格式，wide代表宽型数据，press、bmi是时变变量，需要写在命令之中，不出现的变量则是非时变变量，如gender、reshape过程会自动处理，不必体现在命令之中。逗号之后选项i的括号里是个体编号，j的括号里是测量轮次的编码（这里取的是调查间隔年数，基线调查编码为0）。如果是截面数据，如对于PISA2009US，i就是学校编号，j就是学生的编号。

16.3 统计功能实现

16.3.1 描述性统计

以PISA2009US数据中的性别、学校类型、父母最高社会经济地位等变量为例，简单介绍Stata中常见描述性统计功能的实现。

描述性统计

```
use pisa2009US, clear

tab sector
sum hisei
sum hisei, detail

tabstat hisei, by(sector)
tabstat hisei, by(sector) stat(mean sd min max)

table sector girl, contents(mean hisei sd hisei)

tab sector girl, col nofreq all
```

　　tabulate可以简写为tab(tab1),用以生成类别变量频次表。对于连续变量,描述统计可以用summarize实现,如果需要输出更多指标如分位数、偏度等,可以加上detail选项。tabstat输出类别—连续变量分类汇总表,默认只有均值,如果需要其他统计量,可以在stat选项中进行设置。table命令一般用来汇总两个类别变量交互形成的不同类型对某个连续变量的统计量,如上框中即针对学校类型和性别的交互分类统计各自的hisei的情况。tabulate简写为tab(tab2),可以用来输出二维列联表。列联表自变量一般放在列的位置上,这样单元格输出的频率计算列百分比更具实际意义,所以可以col选项,有了百分比,忽视可以频次,所以还要加上nofreq选项。设置all选项可以输出卡方独立性检验、V系数、Γ系数、τ_b系数等指标。当然也可以单独指定taub、chi2等选项,具体可用help tab2命令查看。

16.3.2　推断性统计

　　继续以PISA2009US相关变量为例,简单介绍如何在Stata中实现常见的推断特性统计功能。

推断性统计

```
use pisa2009US, clear

mean hisei, over(sector)
proportion girl, over(sector)

ci means hisei
ci variances hisei
ci proportions girl

ttest hisei=50
sdtest hisei, by(sector)
ttest hisei, by(sector)

oneway hisei sector, tabulate
anova hisei sector
anova hisei sector girl
```

```
corr hisei pv1math
pwcorr hisei pv1math, sig

reg pv1math hisei girl

tab st01q01, gen(grade)
reg pv1math age girl grade2-grade5
```

mean 命令输出连续变量的均值估计,增加 over 选项,可以区分类别输出均值估计。propor-tion 则可以输出比例估计。ci 命令计算变量的均值、比例、方差的区间估计结果。ttest 即 t 检验命令,可以是单变量的总体均值检验,也可以是不同子总体的均值比较、配对样本 t 检验。如果要进行均值比较,需要先进行两个子总体方差齐性检验(sdtest),如果拒绝原假设,需要在 ttest 之后增加 unequal 选项。oneway 是单因素方差分析命令,anova 可以进行一般的方差或协方差分析。方差分析也要满足相关的假定,如方差齐性假定。sktest 可以进行正态性检验,p 值小于0.05 意味着推翻原假设,也就是变量不服从正态分布。

同时,如果没有原始数据,但有相关统计量和样本量,也可以使用相应检验方法计算器(im-mediate form)直接进行统计检验和推断,如 ttesti 24 62.6 15.8 75,表示的是单样本 t 检验,$n=24$,$m=62.6$,$sd=15.8$;test $m=75$。

相关分析在 Stata 中以 corr 命令实现,可以是多个变量,输出相关系数矩阵。不过 corr 输出中没有显著性检验结果。如果要获得相应 p 值,可使用 pwcorr 配以 sig 选项实现。一般 OLS 线性回归使用 regress 命令,命令后紧接着的变量名是结果变量,后续变量名均为解释变量。本例中,因为 girl 已经再编码为 0-1 二分变量,所以可以直接带入模型。对于一般的多分类变量,需要经过虚拟变量处理后代入模型。在 Stata 中,生成虚拟变量十分方便。例如,想将年级变量加入模型,可使用 tab st01q01, gen(grade)命令,生成的虚拟变量自动追加到数据集末尾。回归模型中带入其中 $n-1$ 个类型,剩余的类型即为参照类。

16.3.3 回归分析进阶

回归分析是应用最广泛的统计分析技术,是其他很多统计模型的基础。对于本例,无论在学生层面还是学校层面单独使用回归模型均存在方法论上的问题,由于数据属于嵌套数据,数学成绩 ICC 较大(0.260623),因此使用多水平回归模型更为合适。在较新版本的 Stata 中,对于一般的多水平回归模型,使用 mixed 命令实现。

回归分析进阶

```
use pisaschool, clear

reg mean_pv1math mean_hisei        //聚合回归
reg mean_pv1math mean_hisei sector schsize stratio propqual

use pisa2009US, clear

reg pv1math hisei                  //整体回归x
reg pv1math hisei grouphisei       //情境回归
reg pv1math cgrouphisei group_grand_hisei //克隆巴赫回归
```

```
reg pv1math girl hisei, cluster(schoolid)  //稳健标准误回归
reg pv1math girl hisei grouphisei sector schsize  stratio  propqual, cluster(schoolid)


*混合效应回归/多水平回归模型
mixed pv1math ‖ schoolid:, var  //空模型
estat icc  //估计ICC


mixed pv1math sector ‖ schoolid: , var          //其他各子模型
mixed pv1math hisei ‖ schoolid: , var
mixed pv1math hisei ‖ schoolid: hisei , cov(un) var
mixed pv1math hisei sector hiseiXsector ‖ schoolid: hisei, cov(un) var
```

在多水平回归部分,mixed命令紧接着的是结果变量,后面其他变量是解释变量。双竖线‖隔开模型方程和分组变量,本例即schoolid,冒号后面是有随机斜率变化的水平–1变量。如果只是固定效应,则不需要加任何变量,但冒号不能少。逗号后面是相应的选项。cov(un)代表随机效应方差–协方差结构自由估计,var代表随机效应以方差而非默认的标准差的形式输出。

16.4 统 计 制 图

Stata具有强大的统计制图功能,而且输出图形风格专业、美观。除了一般的直方图、散点图、箱图等基本图形外,Stata还可以输出更复杂的图形。Stata出图可以完全使用代码进行控制,实现精确制图。

统计制图

```
twoway function y = x^2+2*x+3, range(-3 2)          //函数图
twoway function y = normalden(x), range(-3 3)       //正态分布


use pisa2009US, clear
scatter pv1math hisei        //散点图
scatter pv1math hisei ‖ lfit pv1math hisei       //散点图+拟合线
hist pv1math          //直方图
kdensity pv1math    //核密度估计
graph pie, over(gender)         //饼图
graph bar party, over(gender)   //条形图
graph matrix pv1math pv1read hisei, half       //相关矩阵图


*使用选项控制图形输出
sysuse uslifeexp, clear
graph twoway (connected le_male year, clcolor(red) ms(smplus)) ///
             (connected le_female year, clcolor(blue) ms(X)), ///
title("美国人均预期寿命变化趋势") ///
subtitle("1900–1999") ///
xtitle("年份", size(small) margin(medsmall)) ///
ytitle("预期寿命", size(small) margin(medsmall)) ///
xlabel(, labsize(small)) ///
ylabel(, labsize(small)) ///
legend(order(1 "男" 2 "女") size(small) ring(0) pos(5)) ///
```

```
xsize(8) ysize(6) ///
scheme(s1color) ///
saving(gfile.gph, replace)

graph use gfile.gph
graph export gfile.emf, replace
graph drop _all
```

twoway function 是函数制图,range 选项给出模拟的区间。scatter 是输出散点图。lfit 命令同时增加拟合的回归线,两个过程用 ‖ 隔开。也可以用 twoway (scatter pv1math hisei)(lfit pv1math hisei)实现。graph pie 是生成饼图,graph bar 是生成条形图。graph matrix 可以同时生成若干变量之间的散点图矩阵,因为该图形是沿对角线上下对称,所以加上 half 选项显示一半即可。

以上只是结合数据给出了部分制图实例,Stata 可以输出的常规图形非常多,还可以用代码生成较为复杂的图形,如人口金字塔等。另外,很多模型(如对应分析、结果方程模型等)还会输出专门的图形。Stata 输出图形的调整一般都可以通过代码进行控制。由于涉及选项过多,相关选项和参数的功能可使用 help graph 命令查看帮助文件和手册的介绍。

.gph 是 Stata 自己的图形格式文件,这种格式文件保存后,可以以后用 Stata 继续处理。在上面的框的制图代码中,saving(gfile.gph, replace)的作用是将图形存为 .gph 文件。graph use gfile.gph 的作用是打开文件,graph export gfile.emf, replace 的作用是将打开的文件导出为 .emf 格式。推荐导出图形格式为矢量格式,放大后不会失真。一般学术刊物也要求统计图形是矢量格式。

16.5　stata2mplus 包使用

Stata 具有出色的数据管理功能,对于使用 Mplus 进行建模的研究者来说,可以作为数据预处理的理想选择,配合这方面能力欠缺的 Mplus 完成统计建模任务。目前 Stata 中有一个名为 stata2mplus 包,可以方便地将处理好的数据转为 Mplus 格式。作为专题,最后介绍一下该包的基本使用。

该包并非 Stata 官方出品,因此在使用之前需要安装。不过由于程辑包存放的网站(UCLA IDRE Statistical Consulting Group)改版的原因,目前资源已不支持搜索(findit 或 search),可直接从网站下载(网址见"简明目录"页二维码)。下载后解压缩后会出现 stata2mplus.ado 和 stata2mplus.hlp 两个文件,其中前者是程序文件,后者是相应的帮助文件。将两个文件移动或复制到操作系统 Stata 用户的 PLUS 文件夹,具体路径地址可在 Stata 中用 sysdir 命令查看。因为 stata2mplus 包的名字以 s 字母开头,所以要放在其中的名为 s 的文件夹里面。安装成功后,即可调用。

一般的流程是,先在 Stata 中进行数据预处理,如清洗数据、生成相关变量、再编码等,然后用 stata2mplus 命令将 Mplus 模型用到的变量导出。以 PISA2009US 数据为例,相应的命令为:

stata2mplus 命令使用示例

```
use pisa2009US, clear
stata2mplus schoolid pv1math hisei sector using pisa, replace missing(-999)
```

schoolid pv1math hisei sector 是当前数据中需要导出的诸字段的变量名,如果不声明哪些变量,stata2mplus 会把所有变量导出。using pisa 的意思是导出的文件名叫作 pisa。增加 replace 选项,意味着如果当前工作目录中有相同文件的话自动更新。missing(-999)是设置当需要导出的变量有缺失值时,导出文件中缺失值的用户定义,这里定义为-999。如果不指定,默认值是-9999。另外,也可在stata2mplus中增加use选项,直接指定Mplus程序文件中的Usevariables部分也就是实际模型用到的变量名称。

inp文件内容

```
Title:
    Stata2Mplus conversion for pisa.dta
    List of variables converted shown below


    schoolid : School ID 5-digit
    pv1math : Plausible value in math
    hisei : Highest parental occupational status
    sector : RECODE of sc02q01 (Public or private)
        0: public
        1: private


Data:
    File is pisa.dat ;
Variable:
    Names are
        schoolid hisei pv1math sector;
    Missing are all (-999) ;
Analysis:
    Type = basic ;
```

执行此代码后,stata2mplus会将把Stata数据集转换为Mplus数据文件(pisa.dat)(raw格式)和Mplus命令文件(pisa.inp)(文本格式)两个文件,并保存到Stata当前工作路径中,不清楚存放到哪个目录之下的话可用pwd查看。从操作系统进入该工作路径文件夹后,可以看到这两个文件,文件名相同,而扩展名不同。如果安装了Mplus程序,并关联到.inp类型文件,此时可以通过鼠标点击.inp文件,启动Mplus程序,打开此文件,并直接运行进行测试,会输出简单的描述性统计结果。可以看到,stata2mplus生成的.inp文件中Title部分含数据来源的说明信息,以及变量名、变量标签和取值标签等信息(见上框)。

这里推荐的操作方式是,用Mplus程序打开.inp文件,将Data和Variable部分拷贝出来,另外新建.inp文件贴入并保存为不同名的文件,如pisa_model.inp。然后我们就可以基于这个文件写入和完善有关模型(Analysis、Model、Output等部分)的相关代码,进行建模分析。

这样处理后,可以随时根据建模需要用Stata反复更新.dat文件。同时因为该过程会同时生成.inp文件,如果不改其他名字,会更新旧的pisa.inp文件,如果用户的模型也写在其中,也会被覆盖掉。如果另改其名,就不会覆盖掉用户已经写入更多代码的pisa_model.inp文件。当然如果stata2mplus过程有变量的增减,还需要重新复制stata2mplus新生成的.inp文件中Variable部分并粘贴到pisa_model.inp中。后续工作就是以此为基础在Mplus中进行建模分析了。

17 R语言简介

17.1　R语言的安装与配置

17.1.1　R简介

R 是一个免费自由且跨平台通用的统计计算与绘图软件,它有 Windows、Mac、Linux 等版本,均可免费下载使用。R 项目(The R Project for Statistical Computing)最早由新西兰奥克兰大学(Auckland University)的 Robert Gentleman 和 Ross Ihaka 开发,故软件取两人名字的首字母命名为 R。该项目始于 1993 年,2000 年发布了首个官方版本 R 1.0.0,后期维护由 R 核心团队(R Core Team)负责。截至 2020 年 5 月,已发布到 3.6.0 版本。凭借其开源、免费、自由等开放式理念,R 迅速获得流行,目前已成为学术研究和商业应用领域最为常用的数据分析软件之一。

从 R 主页中选择 download R 链接可下载到对应操作系统的 R 安装程序。打开链接后的网页会提示选择相应的 CRAN[①]镜像站[②]。目前全球有超过一百个 CRAN 镜像站,用户可选择就近下载。(本章相关下载网址见"简明目录"页二维码资源。)

17.1.2　R安装与尝试

程序下载完毕后,双击安装程序,选择对应的 32 位或 64 位程序(若不明白其中的区别,可选择同时安装)即可安装。初学者可按默认设置安装在系统盘,并选择一切默认设定完成安装程序。高级用户可参考谢益辉等人的安装经验进行相关设置,如安装时去掉版本号以便于日后更新 R 包。

安装完毕后,打开 R,可看到 R 的操作界面,称为 R 控制台(R Console)。类似其他以编程语言为主要工作方式的软件,R 的界面简洁而朴素,类似一个空白的写字板。但在这一朴素的外表下,是丰富而复杂的运算功能。

在 R 命令提示符>后输入相关命令,并摁下回车键即可展示相关结果。在不知道任何 R 命令的情况下,也可将 R 作为一个高级的科学计算器使用。

通过一些简单的 R 命令,可更好地了解 R 的风格。例如通过一些简单的 R 命令,可更好地了解 R 的风格。例如

```
data( )
```

这一命令可展示 R 自带的所有数据集,R 数据的后缀名为 .RData。注意命令中的( )是不可缺少的,是 R 命令的有机组成部分;且 R 命令具有大小写敏感性(case sensative),即命令的大小写表示不同含义。可以发现其中有一个mtcars数据集。欲了解这一数据集的内容,可输入如下命令

```
?mtcars
```

?表示求助。此时会在默认浏览器中打开一个新的网页,介绍此数据的来源及各变量的具体定义与测量单位。查阅文档可知,mtcars 数据是从 1974 年美国《汽车趋势》(*Motor Trend*)杂志中抽取了 32 辆汽车的基本性能数据,并对各变量的含义与单位进行了详细说明。

---

① CRAN 是 Comprehensive R Archive Network(R 综合典藏网)的简称,它替代 R 核心开发者提供的主程序、源代码和说明文件,也收录其他用户撰写的软件包。

② 镜像站(mirror sites)是网站的复制版本,将网站中的部分网页按原来的结构复制出来,即所谓"镜像";再将这些镜像放置于具有独立网址的服务器中,以便缓解主站服务器的流量负荷,从而提升访问速率或作为备选网站在主站服务器出现意外时提供正常访问功能。

直接键入mtcars会在R中直接展示整个数据。若数据太长,则可能占据太多空间或消耗大量时间。如只想直观了解数据的基本形式,使用head()命令即可展示某一数据的前几行(默认6行),也可通过以下方式展示指定数据的前若干行

```
head(mtcars,5)
```

如此即可展示mtcars数据前5行。结果中的两个##号,表示默认的命令结果提示。

需要强调的是,在R的命令中所使用的符号全部为英文符号,如果出现中文标点则会出错。另外,如果命令太长需要分行显示,在R控制台中会出现+号以示连接。

17.1.3　R包的安装与加载

R包的初始安装程序只包含少数几个基础模块和若干基础安装包(base packages),使用它们虽已能完成诸多统计分析与可视化呈现的工作,但往往需要安装并加载其他开放性的软件包来实现更多功能或简化相关的操作流程。这些附加包通常通过CRAN镜像站下载安装,并在加载后可调用相关函数执行计算或绘图功能。一般而言,安装R包的方式有两种。

1）CRAN镜像在线安装

在线安装存放于CRAN镜像的R包的命令为install.packages(" "),""中填入软件包的名称[①]。例如,在R命令窗口(即所谓的R控制台)中的>符号后输入如下命令:

```
install.packages("dplyr")
```

请确保电脑联网。每次打开R后,首次安装包时会要求选择镜像站。就近选择国内镜像,如常见的清华大学镜像站、中国科学技术大学镜像站、兰州大学镜像站等,点击确定即可在线安装软件包dplyr。其中的双引号""也可使用单引号''替换。安装成功后应出现如下提示:

```
package 'dplyr' successfully unpacked and MD5 sums checked
```

在install.packages()命令中不能省略双引号或单引号,否则会出现如下错误提示:

```
Error in install.packages : object 'dplyr' not found
```

若想一次性安装多个包,可使用如下方式:

```
install.packages(c("Package A","Package B"))
```

即使用c()将不同的包加以联接,中间加上逗号。字母c的含义其实正是联结(concatenate)。如此,可使用如下方式安装常用的数据分析包和文档写作的相关包:

```
install.packages(c("ggplot2","dplyr","tidyr","stringr","lubridate","readr","readxl","haven","httr",
"rvest","xml2","devtools","tidyverse"))
```

读者不妨将此命令运行。由于一次性安装的包比较多,可能需要几分钟左右的时间才能安装完毕上述所有包。

2）离线安装

由于网络问题,在线安装有时可能出错,此时可选择离线安装。

---

① 遵从R开发者的书写惯例,在描述R命令的名称时也应带上小括号(),以表示这是一个R命令。

离线安装首先要求有相关 R 包的压缩包。如已确定所想安装的包名,在 CRAN 网站上选定镜像站后,点击左侧的 Packages 一栏,可看到所有在该网站上储存的 R 包。点击 R 包名称进入相关页面,找到 Windows Binaries 一行对应的 .zip 文件,下载到本地电脑(Mac 系统选择 .tgz 文件)。该文件无须解压缩,打开 R 后,遵循以下路径安装该压缩包 Packages→Install package(s)from local files,点击后选择安装包即可完成安装。

离线安装的问题在于,有些 R 包的功能依赖于另外一些包,因此需要同时安装其所依赖的其他包。采用离线安装时无法加载这些包。

若安装了 R 包后仍然出现是否要进行安装的界面,可重新打开一次 R 重新安装。若内存允许,也可以同时打开多个 R,它们之间的运行相互不干扰。

R 与后面即将介绍的 RStudio 都可以安装 R 包,区别在于:在 R 控制台安装 R 包时可以自主选择 CRAN 镜像,而 RStudio 会自动选择好 CRAN 镜像,有时会因服务器距离过远而出现耗时过长的情况。一般建议用 R 自身安装 R 包,或者在 RStudio 中设置默认的国内镜像,以提高下载速度。

除此之外,还有一些 R 包存放于 Biocondutor 、GitHub 等网站。

17.1.4 R包加载与使用

使用 R 内置的少数函数以及 base 这个包中的函数进行数据分析时,直接调用函数即可,无须先加载。base 包所包含的函数可使用如下命令查看。

```
help(package="base")
```

但多数函数都在其他包中。若要使用这类函数进行数据分析,首先要加载这些包。这有两种方式。

一是使用加载命令 library(),此时包的名称不需要加引号。例如:

```
library(dplyr)
```

此时会出现如下显示:

```
载入程辑包:'dplyr'
The following objects are masked from 'package:stats':
filter,lag
The following objects are masked from 'package:base':
intersect,setdiff,setequal,union
```

此中内容先不加过多解释,其基本要点是:加载此包之后,即可使用此包中的 filter()、lag() 等函数,而原基础安装包中的同名函数则会被最近一次引入的包中的函数所覆盖(即失效)。

二是使用双冒号 :: 的形式调用某一函数,其用法为 package_ name::function_name,即先写包名,双冒号后写入函数名称,即可调用该包中的这一函数。

```
dplyr::sample_n(mtcars,2)
```

上述命令表示,使用 **dplyr** 包中的 sample_n() 函数,从 mtcars 数据中任取两行。

退出 R 时无须先"退出"包再退出 R,保存数据对象后直接关闭 R 即可。

17.1.5 工作目录设置

R 默认读入和写出的数据对象都存储在当前工作目录(working directiory)中。若要读入其他目录中对象,则需要指定工作路径。一般而言,开始某个数据分析项目时,即可新建一个目录并将其设定为当前工作目录。此后所有的数据对象均储存其中。

对使用中文操作系统的分析者而言,为避免因汉字编码问题而在读入文件和分析数据时发生莫名的错误,首先需要明确一条基本命名规则:R中的目录名和文件名不能有中文,也不要出现除中画线–和下画线 _ 之外的特殊字符,而只使用英文字母、数字以及–和 _ 的组合。

对普通用户而言,建议在非系统盘(如 D 盘、E 盘等)的根目录下建立数据分析目录。创建新目录可直接在操作系统中进行,也可在 R 中使用命令dir.create(" ")建立新目录," "中输入路径名和目录名,例如:

```
dir.create("D:/R2017")
```

此时即可在 D 盘根目录下找到名为 R2017 的目录。

注意:R 中的路径分隔符为正斜杠(forward slash)/,而不是反斜杠(backward slash)\。正反斜杠的译法多少有些令人费解,不妨取名为撇斜杠(/)和捺斜杠(\),更适合中国人的理解方式。

如目录已创建,可通过命令 setwd()将该目录设为当前工作路径,例如:

```
setwd("D:/R2017/course01")
```

其中 wd 即 working directory 的首字母缩写。

R 路径名中的撇斜杠/也可写成双捺斜杠\\的形式,如:

```
setwd("D:\\R2017\\course01")
```

设置完毕后,可通过getwd()命令查看当前工作路径,此时括号中不需要填入任何内容。

17.2　RStudio 安装与调试

17.2.1　RStudio 简介

R 虽然是个强大的统计分析软件,但仍欠缺完成数据分析的整体流程所需要的衍生功能。例如,如何满足普通用户对友好操作界面的需求,如何生成可重复、交互性的报告(Word 格式、HTML 格式或其他格式)并与他人共享,如何快速导入其他类型的数据(如 Excel、SPSS、Stata、SAS 等常用数据管理与分析软件格式的数据),等等。这就需要一个更具整合性的操作平台,以更有效率和对普通用户更友好的方式完成数据分析、报告撰写、成果发布等工作。

RStudio 就是一个优秀的 R 集成开发环境。它集成了 R、带语法高亮和命令补全的代码编辑器、画图工具、代码调试工具等工作环境,同样提供 Windows、Mac 和 Linux 版本,同时具有免费的开源版本和付费的商业版本供用户选择。个人用户或普通用户选择免费版本即可,具有更高要求的企业用户或高级用户可选择商业版本。RStudio 的开发始于 2010 年,2011 年 2 月发布测试版,2019 年发布 1.2.1335 版本。此后介绍均以 RStudio 1.2.1335 及其之后的版本为基础进行演示。

RStudio 可从其官网选择对应系统的版本下载安装。安装选择默认选项即可,注意一般应在安装完 R 后再安装 RStudio。

17.2.2　RStudio 调试

1）布局与功能

如图 17.1 所示,RStudio 界面由上方的工具栏与下方的四个小窗口组成。

- 左上角的命令区,用来编辑、粘贴命令,窗口上部的小图标是较为常用的几个功能,如保存(Save current document)、Knit ⌃[Knit 功能可根据数据处理结果生成所需格式的文档,如 HTML、PDF、Word 等。]、运行(Run);
- 左下角的控制区(console)⌃[控制区显示脚本运行结果,也可直接输入命令,回车运行。];
- 右下角的功能区,依次为 Files (打开本地文件)、Plots (显示图形结果)、Packages (包的相关功能)、Help (帮助)、Viewer 五个功能;
- 右上角的 Environment 与 History ,分别用来对数据与已运行的命令进行显示和操作。

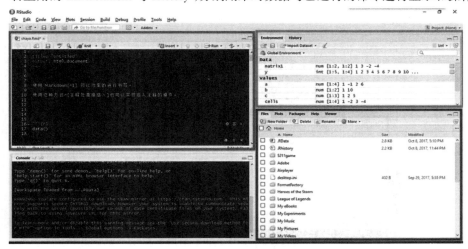

图 17.1　RStudio **界面**

2）新建文档类型

如图 17.2 所示,在 File 菜单下的 New File 子菜单里可看到所有可新建文档类型,点击 R Script 可新建一个空白文档,此外还有 R Notebook、R Markdown、C++File 文档等。

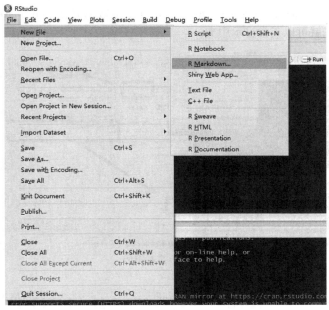

图 17.2　新建 R Markdown **文档**

3）数据导入

通过 File 菜单下的 Import Dataset 即可进行数据的导入，可导入 CSV、Excel、SPSS、SAS、Stata 五种格式的文件。导入的文件会在命令区以新窗口的形式呈现。

4）包的更新

如图 17.3 所示，软件使用中经常会有 R 包的更新，可以通过 Tools 菜单下的 Check For Updates 功能检查待更新的 R 包，也可以直接点击右下角 Packages 功能区的 Update 按钮，功能相同。

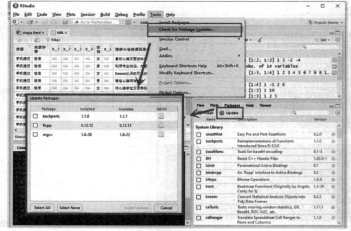

图 17.3　包的更新

5）默认文本编码格式

为了避免打开数据文件时中文变成乱码，需要修改默认文本编码格式。如图 17.4 所示，点击 Tools 菜单下的 Global Options 子菜单，在弹出窗口中点击 Code 中的 Saving，将默认文本编码格式（Default text coding）修改为 UTF-8[①]。当打开中文数据时在 File → Reopen with Ecoding 下选择 UTF-8 格式就可以正常显示中文。

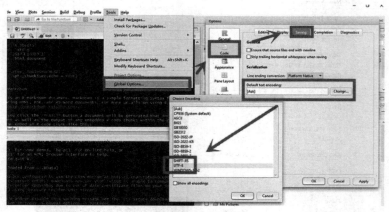

图 17.4　文本编码

---

① UTF-8（8-bit Unicode Transformation Format）又称万国码，由 Ken Thompson 于 1992 年创建，用在网页上可以统一页面显示中文简体繁体及其他语言。

6）速查表与调试

如图17.5所示，为方便 RStudio 的使用，Help 菜单内设置了 Cheatsheet 提供速查功能，使用者也可以通过 Help 下 Markdown Quick Reference 功能迅速入门 Markdown 语法。

图17.5　查阅 Markdown 语法

对初级用户而言，RStudio 的最初调试只涉及 Tools 菜单下的 Global Options 子菜单。如图17.6所示，在 General 选项中可选择与 RStudio 相关联的 R 版本（如果只安装了一个版本的 R，此步骤可忽略），还可设定当前工作目录（working directory）。

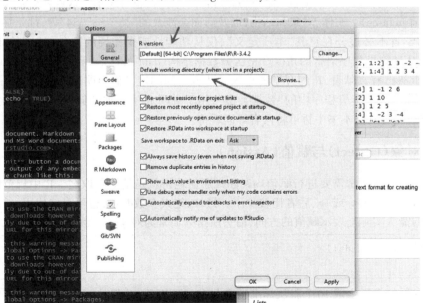

图17.6　Global　Options 选项

如图17.6所示，当前工作目录的设置非常重要，稍后继续说明。在 Appearance 选项中可选择字体、字号和背景颜色，可自行尝试调整到个人觉得舒适的配置。

图 17.7　Appearance 选项

其他更多功能，可参考 RStduio 官方网站的相关说明。

17.3　R 数据结构基础

R 中储存和操纵的实体（entity）可统称为对象（object），其基础数据类型包括向量（vector）、矩阵（matrix）、数组（array）、数据框（data frame）和列表（list），也可包括由这些实体定义的更一般性的结构（structures）。实体、对象和结构，以及后面会涉及的"类""S3""S4"等，都是抽象的计算机术语，初学者不必过分在意其"本质定义"，仅从功能性或操作性的视角加以理解即可。同时，这里未从计算机程序语言的角度严格区分数据结构（data stucture）和数据类型（data type）这两个概念。从已有文献看，R 的开发者也未对两者之间的定义做出明确区分，并多用"数据结构"一词指代一般计算机程序中的"数据类型"，用于说明 R 中数据的储存形态、提取方式及相关的指定操作。因此，本书中暂可将两者等同看待。

17.3.1　对象（Object）与赋值（Assign）

新引入的对象通常需要进行赋值（assign），通俗地讲就是给对象取名。R 中规范的对象赋值符号使用箭头符号<-或->，后者比较少用。另外，绝大多数时候，也可直接使用=符号进行赋值。<-中的箭头实际上表示赋值的方向，箭头所指处通常为对象名。例如：

```
x<-rnorm(10,mean=0,sd=1)
x
```

第一行语句表示生成 10 个服从标准正态分布的随机数，并将其赋值为 x，即储存为数据对象 x。仅执行第一条语句并不能直接在 R 的控制台显示这一对象本身，需要像第二行那样输入对象名让 R 去调用这一对象，从而进行展示。由于是随机生成的，故读者在重复这一代码时会产生不同的结果。如想使结果具有可重复性，可使用 set.seed() 函数设定随机数种子数（seed），相同的种子数总会产生相同的结果，但这一结果仅对 set.seed() 之后的第一条命令适用。

```
set.seed(1234)
y<-rnorm(10,mean=0,sd=1)
y
```

注意上述命令中的参数(parameter)mean=0,sd=1其实可以省略,即写成rnorm(10);或者写成rnorm(10,0,1)也可。因为rnorm()函数默认的参数取值与顺序就是如此。除非要设定其他均值或标准差,否则没有必要申明参数取值。

使用ls()函数可查看当前环境中的所有已赋值对象。ls其实是英文list(列出)的缩写。

```
ls()
```

而要移除(remove)某一对象,可使用rm()命令,rm正是remove的缩写。

```
rm(x,y)
```

如要移除所有对象,可使用命令:

```
rm(list=ls())# 移除所有对象
ls()# 显示空对象时的结果
```

#号表示注释,注释掉的内容不会作为程序执行。结果显示character(0),即不存在任何对象。rm(list=ls())经常用在新建某个工作任务的时候。若该任务未完成,要谨慎使用这一命令,否则会移除所有前期工作结果。

一般意义上,R中最常见的基础数据类型包括:

- 数值型(numeric),又可分为整型(integer)和双精度型(double)。
- 逻辑型(logical),取值只能为真(TRUE)或假(FALSE)。
- 字符型(character),夹在双引号("")或单引号('')之间的字符串(string)。

在R中,还有一些特殊符号,表示数据对象的特殊取值。

- Inf,表示无穷大(infinity),负无穷大表示为-Inf。如输入1/0即可显示Inf。
- NA,缺失值(not available)。
- NaN,表示不确定(not a number),如0/0的结果即是NaN。
- NULL,表示意义为空的对象。

要注意对包含NA值的变量施加任何运算,结果均为NA。

```
z<-c(1,2,3,NA)
mean(z)
```

上述第一行命令生成一个由数字1、2、3和缺失值NA四个元素构成的数列(数值向量)。第二行命令表示对这一数据求均值(mean)。结果返回为NA,这是因为z中存在缺失值。若想计算时剔除缺失值,仅对有具体取值的对象进行计算,可将mean()函数(及其他类似函数)中的na.rm=参数设定为TRUE。

```
mean(z,na.rm=TRUE)
```

下面对R中的基础数据结构进行介绍,并在此基础上介绍R中两种特殊的数据结构:因子(factor)与tibble。

17.3.2　向量

向量(Vector)是R中最简单的数据结构,它通常用来存储数值型(numeric)、字符型(character)或逻辑型(logical)数据,且一个向量只能存储一种类型的数据。向量使用 c()函数进行创建,其中 c 表示 concatenate(联结、串联),或者 combine。R 中不存在"标量"(scalar),单个数字或字符串等所谓的标量其实是只含一个元素的向量。

```
vector_num<-c(1,2,3) # 创建数值型向量
vector_char<-c("one","two","three") # 创建字符型向量
vector_log<-c(T,TRUE,F,FALSE)# 创建逻辑型向量
```

其中:

- <-表示赋值。
- 字符型向量中的元素应放在双引号(" ")或单引号(' ')中。
- T 与 F 是逻辑型数据 TRUE 与 FALSE 的缩写。多数情况下,T 与 TRUE、F 与 FALSE 分别等价,故定义变量名时尽量不要使用这 T 和 F 这两个大写字母。从规范性出发,尽量不要用缩写表示逻辑型数据。
- c(1,2,3)与 c(1:3)等价。还可使用类似 vector_num<-1:5 的简化命令,但更推荐规范的创建方式。

使用 vector_name[]的形式可调用向量中的元素,[]中填入表示元素位置的整数。

```
vector_char<-c("one","two","three")
vector_char[2]
vector_char[2:3]
vector_char[c(1,3)]
```

以上三种方式分别调用 vector_char 向量的第 2 个元素、第 2 到第 3 个元素、第 1 和第 3 个元素。

在 R 中,向量的长度(length)是指其所包含的元素个数,这可用函数 length()判定。

```
length(vector_char)
```

可使用 is.numeric()、is.character()、is.logical()命令来判断向量是否为指定类型。

```
is.numeric(vector_num)
is.character(vector_char)
is.logical(vector_log)
is.numeric(vector_char)
```

向量是 R 数据结构的基础。R 中的诸多函数都是向量化(vectorization)的,即对向量施加的运算会作用于该向量的每一个元素。前面命令中的 y<-x/5 已经体现了向量化运算的实质。以下是其他示例。

```
x<-c(1:10)
x+100
sqrt(x)
y<-c(3:1)
x > y
pmax(x,y)
```

其中:

- sqrt()表示求算术平方根(square root)。

- x > y 给出逻辑向量,最左起第一个向量开始比较,检测相同位置上 x 中的元素是否大于 y 中的元素。
- pmax(x,y)给出一个与所给向量中最长向量长度相等的向量,向量中的元素由相同位置所在向量的最大值组成,类似的还有 pmin(),含义可自推。可尝试运行并修改以下内容,解释结果:

```
pmin(c(1:3),c(3:1),c(1,2,3))
pmin(c(1:3),c(3:1),c(3,2,1))
```

从中不难理解为什么 R 要求向量中的元素必须具备同样的模式,否则就无法进行向量化的运算。

另外可以发现,R 中的对象名称可以重复定义,最近一次赋值的对象会覆盖(即替换)原有对象。例如:

```
x<-c(1:10)
x
x<-c(10:1)
x
x<-x+1
x
```

尤其值得注意的是 x<-x+1 这种赋值方式。这在传统数学意义上并不常见,但在计算机程序中却很常用,<-不妨理解一个箭头,代表着赋值的方向。如果不想覆盖原对象,最好将运算后的对象赋值于新的对象名。

17.3.3　矩阵

矩阵(Matrix)是仅包含同质数据的二维数据结构,可以理解为许多同类型、等长度向量的组合。矩阵使用matrix()函数进行创建。

```
matrix_01<-matrix(1:6,nrow=2,ncol=3)
matrix_01
```

这是最基础的示例,其中 nrow=参数用于设定行数(number of rows),ncol=参数用于设定列数(number of columns)。两者确定一个,即可确定矩阵的形式。

从 matrix_01 的结果可看出,matrix()函数中默认是以"按列填充"的方式排列数据的。若要按行填充,则可使用 byrow=TRUE 参数。

```
matrix_02<-matrix(1:6,nrow=2,byrow=TRUE)
matrix_02
```

还可通过如下方式设置矩阵的维度名称,以增强矩阵的可读性。

```
cells<-c(1:6)
row_names<-c("R1","R2","R3")
col_names<-c("C1","C2")
matrix_03<-matrix(cells,nrow=3,byrow=TRUE,dimnames=list(row_names,col_names))
matrix_03
```

另可通过 dim()函数对向量添加维度(dimention)属性创建矩阵。

```
vector_matrix<-c(1,3,5,7,9,11)
dim(vector_matrix)<-c(3,2)
vector_matrix
```

可使用 matrix_name[,] 的方式调用矩阵中的元素, 逗号前填入行数, 逗号后填入列数, 若这两个位置中某个位置留空, 则表示选择整行或整列数据。

```
matrix_04<-matrix(1:8,nrow=4)
matrix_04
matrix_04[2,]
matrix_04[,1]
matrix_04[4,2]
matrix_04[c(1,3),2]
```

最后一行命令使用了 c(1,3) 的方式指定了多个不同行。

17.3.4　数组

数组(Array)是矩阵的拓展形式, 同样只能存储同质数据, 但可有 2 个以上维度。数组使用 array() 函数创建。对初学者而言, 这种形式的数据结构较少遇见。

以下命令可创建一个数组, 并填充数字 1 到 12。

```
dim1<-c("a1","a2","a3")
dim2<-c("b1","b2")
dim3<-c("c1","c2")
array_01<-array(1:12,c(3,2,2),dimnames=list(dim1,dim2,dim3))
array_01
```

同样也可通过对向量添加 dim() 属性来创建数组。

```
vector_array<-c(1,3,5,7,9,11,13,15)
dim(vector_array)<-c(2,2,2)
vector_array
```

数组中元素的调用方式与矩阵类似, 可使用 array_name[,,] 的形式。

```
array_01[1,,]
array_01[2,1,]
array_01[,,2]
array_01[1,1,1]
```

17.3.5　数据框

数据框(Data Frame)是 R 里应用最多的数据结构, 能存储不同类型的数据, 可视为许多等长度(但类型可不相同)向量的组合, 也可视为解除了存储数据类型限制的矩阵。数据框使用 data.frame() 函数创建。

以下命令可在 R 中创建一个学生信息数据框。

```
student_id<-c(1:4)
student_name<-c("a001","a002","a003","a004")
```

```
male<-c(TRUE,TRUE,FALSE,FALSE)
student_data01<-data.frame(student_id,student_name,male)
student_data01
```

可通过 row.names=参数设定行标志符(case identifier),即把每行的名称等同于某列中对应行的元素取值。试比较如下命令创建的 student_data02 与 student_data01 的显示结果。

```
student_data02<-data.frame(student_id,student_name,male,row.names=student_name)
student_data02
```

当两个数据框行数相同时,可使用 cbind( )进行合并(bind columns),也可使用此函数将独立的向量合并到数据框中;当两个数据框列数相同且列名一一对应时,可使用 rbind( )进行合并(bind rows)。

先看 cbind( )的示例。

```
age <- c(18,18,17,16)
cbind(student_data01,age)
```

再看 rbind( )的示例。

```
rbind(student_data01,data.frame(student_id=5,student_name="a005",male=TRUE))
```

上例中临时创建了未命名的数据框,将其合并到了已有数据框 student_data01 中。

在数据框内,列表示变量(variables),行表示观测(observations)。此后行文中,列与变量、行与观测分别同义,可替换使用。

与矩阵类似,可使用 dataframe_name[,]的形式来读取数据框中的元素。

```
student_data01[2:3]
student_data01[1,]
student_data01[,1]
student_data01[1,2]
```

也可使用美元符号$提取数据框中的列。

```
student_data01$student_id
student_data01$male
```

还可使用双方括号[[]](通常也简写成[[)的形式提取元素。使用[[]]时,首先提取数据框中下一个层级的元素(即列),还可在[[]]后附加[]提取再下一层级的元素(即向量中的基础元素)。

```
student_data01[[2]]
student_data01[[2]][3]
```

[[]]的链式提取特征在复杂数据结构的元素提取中是较为方便的。

使用绑定函数 attach( )和解绑函数 detach( )可以让命令变得简单。绑定后可省略数据框名进行框内数据访问。若同时绑定多个数据框,涉及重名的变量以最近一次绑定的数据框中的变量为准。在真实的数据处理中,应避免过多使用这种方式绑定数据框。

```
attach(mtcars)
mpg
detach(mtcars)
```

如果未绑定mtcars数据框,则会出现如下错误提示:

```
mpg
Error: object 'mpg' not found
```

另外,可使用with()和within()绑定数据框,前者只可绑定但不可修改数据框,后者则可对绑定的数据框进行修改。

```
with(data,{expr,…})
within(data,{expr,…})
```

使用with()命令时,左括号(后写入数据框名,待实现的命令需放在{}中,可分行写入不同命令。注意此时一般应保存命令结果或使用print()输出单行命令的结果,否则默认输出最后一行命令。例如:

```
with(mtcars,{
print(summary(mpg))
plot(mpg,wt)
})
```

其中:

• summary()函数用于输出变量的描述统计结果,分别是(括号中为输入结果中对应的英文)最小值(Min)、第一四分位数(1st Qu)、中位数(Median)、均值(Mean)、第三四分位数(3rd Qu)和最大值(Max)。

• plot()函数用于绘制两个变量之间的散点图(scatterplot)。

试比较:

```
with(mtcars,{
summary(mpg)
plot(mpg,wt)
})
```

此时结果中并没有输入summary(mpg)的结果。

within()命令的用法与with()类似,但可修改数据框,应注意保存操作结果。

```
mtcars_new<-within(mtcars,{
high<-NA
high[mpg >=median(mpg)]<-TRUE
high[mpg<median(mpg)]<-FALSE
})
```

• high<-NA命令在mtcars数据框中新生成一个变量,先将其赋值为缺失值(NA)。

• high[mpg >=median(mpg)]这种方括号的用法在R的数据框操纵中非常常见,在此[]表示特定的条件。若其对应的mpg大于等于中位数,则将high赋值为TRUE;反之赋值为FALSE。

最后可用head()命令观察增加新变量的数据框的前6行。

```
head(mtcars_new)
```

此例实际上给出了R中为指定数据框新增变量的基本方法。

列表(List)是R中最复杂的数据类型,可包含任何类型的数据,包括向量、矩阵、数组、数据框,还可嵌套包含其他列表,各成分的元素性质与长度可不统一。列表使用list()函数创建,并可以为列表内项目命名。

```
a<-c(1:3)
b<-matrix(1:6,c(2,3))
c<-array(1:12,c(2,2,3))
d<-student_data01
list_01<-list(name_01=a,name_02=b,name_03=c,name_04=d)
```

上述命令创建了包含向量、矩阵、数组和数据框的列表,并将列表中下一层级的数据分别命名为 name_01 至 name_04。

```
list_01
```

列表同样可使用[[或$符号进行内部元素的提取。

```
list_01[[2]]
list_01[[2]][2]
list_01$name_01
```

在知道列表内部元素的命名时,使用$提取是较为方便的。否则,使用双方括号的形式提取可能更有针对性。

使用str()可展示列表(及其他数据类型)的结构。

```
str(list_01)
```

这对了解某些复杂结构的数据对象很有帮助。以下命令给出了mtcars数据中以 wt 为自变量,建立 mpg 与 wt 之间的一元线性回归方程模型后,R 中保存的拟合模型(此处命名为fit)的数据结构信息。

```
fit<-lm(mpg ~ wt,data=mtcars)
summary(fit)
str(fit)
```

str(fit)的具体内容此时暂不必深究,仅供了解数据结构使用。R 中诸多统计模型的命令结果均储存为列表,若要提取其中某些元素,宜先用此命令检视其数据结构。

17.3.6　因子

一般数据分析中称为类别变量(categorical data)的数据 ,在 R 中都以因子(Factor)的形式储存。类型变量依测量水平高低又可分为定类(nominal scale,又译称名尺度)和定序(ordinal scale,又译顺序尺度)两种类型,前者只有类别属性之分,如通常意义上的颜色(非光谱学意义上)、性别、种族等,后者则有程度大小之别,如年级、以优良中差等方式标注的等级成绩,以及以满意、中立、不满意等方式呈现的对某项公共政策的满意程度等。前者可称为无序因子,后者可称为有序因子(ordered factor)。

技术上讲,因子是建立在整型(integer)向量基础上、只能包含预先定义数值的向量,它具有不同的水平(levels),用于表示因子的所有可能取值。因子和水平的翻译,熟悉实验设计或方差分析的读者应该并不陌生。因子可使用factor()函数创建,其用法如下:

```
factor(x,levels=,labels=levels,ordered=,…)
```

其中：
- x表示待因子化的向量
- levels表示因子的取值(水平)
- labels表示因子的取值标签(默认等同于因子水平本身)
- ordered用于设定有序因子
- 其他参数请使用?factor命令查看

以下通过示例说明factor()函数的用法。

```
factor_01<-factor(c("male","female","male","female"))
factor_01
mode(factor_01)
as.numeric(factor_01)
levels(factor_01)
```

从结果中可看出,R自动将因子factor_01存储为向量(1,2,2,1)的形式,其中female=1,male=2,这实际是按变量取值的字母序进行赋值,即确定其水平的排序。使用levels()命令可查看因子型数据的具体取值。mode()命令详见下文。

指定因子水平的特定顺序(非字母序)时,可使用factor()中的levels=参数进行设定。

```
factor_02<-factor(c("male","female","male","female"),levels=c("male","female"))
levels(factor_02)
```

针对定序数据,可能需要指定因子的取值排序,使之成为有序因子。此时需使用参数ordered=TURE加以设定。

```
grade_01<-factor(c("freshman","sophomore","junior","senior"))
levels(grade_01)
as.numeric(grade_01)
grade_02<-
factor(
c("freshman","sophomore","junior","senior"),
levels=c("freshman","sophomore","junior","senior"),
ordered=TRUE
)
levels(grade_02)
as.numeric(grade_02)
```

对于数值型向量,进行因子化时可采用labels参数进行设置。

```
gender<-c(1,0,0,1)
gender_factor<-factor(gender,levels=c(0,1),labels=c("female","male"))
gender_factor
levels(gender_factor)
```

需要说明的是,R在读入外部数据转为数据框的过程中,默认将所有字符型变量转化为了因子数据加以储存。这对于早期的计算机具有节约内存的效果,但对当下的计算机硬件性能而言,这种优势已几乎不复存在。因此,许多后起的R包在读入外部数据,不再默认对字符型变量进行因子化,具体宜参考其说明文档加以识别。

17.4　外部数据导入

R 很少作为一个数据输入软件，而只作为一个数据分析软件。这里简单介绍在 R 中直接输入数据的方式，重点在于说明如何导入外部数据。这里仅说明如何导入常用的、通常以数据框形式存在的数据。

导入这些外部数据通常需要安装其他相关 R 包。常用的包有：

- foreign 包，R 默认安装，可导入 SPSS、Stata、SAS 格式的数据
- Hmisc 包，可导入 SPSS、Stata、SAS 格式的数据
- openxlsx 包，可导入 Excel 格式数据
- Hadley 开发的 R 包，如 haven 等，可导入各类数据
- sas7bdat 包，可导入 SAS 格式数据
- memisc 包，可导入 SPSS、Stata 格式数据

这里择要进行介绍。以下假定读者已安装各相关 R 包。

直接输入数据：

使用 R 内置的文本编辑器，可以弹出类似 Excel 的数据输入界面，但是非常朴素，通常在数据较少时使用。R 中的函数 edit() 会自动调用一个可手动输入数据的文本编辑器。步骤如下：

- 创建一个空数据框（或矩阵），其中变量名和变量的模式要与理想中的最终数据集一致
- 针对此数据对象调用文本编辑器，输入数据并将结果保存回此数据对象中

例：创建一个名为 data 的数据框，它含有三个变量：age（数值型）、gender（字符型）和 weight（数值型）。

```
data<-data.frame(age=numeric(0),gender=character(0),weight=numeric(0))
data<-edit(data)
```

调用 edit() 函数后：

- 单击列的标题，可以修改变量名与变量类型
- 单击未使用的标题可以添加新的变量
- 编辑器关闭后，结果会保存到之前赋值的对象中

应注意的是，edit() 是在数据对象的副本上进行操作的。若未将其赋值到原有对象中，所有修改将会丢失。如想直接在原始对象中修改并保存，可使用fix()命令，它同样可弹出数据编辑窗口，修改后直接保存至原数据对象。

17.4.1　导入文本格式数据

1）read.table()函数

纯文本文档数据，可用 read.table() 函数，语法如下：

```
file<-read.table("xxx.txt",header=,sep="",…)
```

其中

- xxx.txt 表示待读取的文件名
- header=TRUE 表示将数据第一行读为变量名（默认选项），header=FALSE 表示不将数据第一行读为变量名，若数据无变量名，则会自动以 V1、V2 等依次来命名
- sep=""表示分隔符，引号中可填入空格（即""，两个引号之间有一个英文空格）、回车符

(\r)、换行符(\n)、制表符(\t)等
- …表示其他参数,具体可使用?read.table()查询

2）read.delim()函数

类似的函数还有read.delim(),语法如下:

```
read.delim(file,header=TRUE, sep="\t",…)
```

在sep=后输入其他符号,可以导入不同分隔符的文本数据。

3）scan()函数

读取数据时,scan()函数可以指定输出变量的数据类型,输出形式可以是向量、矩阵、数据框、列表等。语法如下:

```
scan(file="",sep="",…)
```

其中:
- file 表示文件名(在""之内)
- sep=""用于指定分隔符
- 有关其他参数说明,请参考 ?scan()

4）read.csv()函数

csv文档可理解为特殊格式的txt文档,其后缀名为.csv,意为逗号分隔值(comma separated values),是常见的通用文件格式,也是跨系统储存数据时的首选文件格式。csv文档在计算机中的默认打开软件通常为Microsoft Excel,但一般仍建议下载专门的软件,如notepad++作为专用打开软件。csv文件可直接使用read.csv()函数读取,语法如下:

```
file<-read.csv("xxx.csv",…)
```

其中:
- xxx.csv表示待读取的文件名
- …表示其他参数,形式同read.table()函数,具体也可使用?read.csv()查询

17.4.2 导入Excel格式数据

对已安装 Office 软件的用户,推荐先将 Excel 文件导出为 csv 文件,再使用read.csv()导入。如想直接导入 Excel 格式数据,通常需要安装相关 R 包。

如果已经安装了 Java 环境的用户,传统上可通过安装 xlsx 包来导入 Excel 数据。但 Java 环境并非由 Windows 平台默认安装,需用户自行下载安装,稍显繁琐。现在,也可使用 openxlsx 包中的read.xlsx()函数来实现同样功能,此包无须安装 Java 环境,更值得推荐。用法如下:

```
library(openxlsx)
file<-read.xlsx("xxx.xlsx",sheet=1)
```

其中,sheet=1表示读入第一个表单的数据,可通过输入不同数字或表单名来指定要读入的表单。

17.4.3 导入SPSS格式数据

通过 foreign 包中的 read.spss()函数可以导入相关文件，foreign 包已默认安装，但使用时仍需调用。

```
library(foreign)
file<-
read.spss("xxx.sav",
use.value.labels=TRUE,
to.data.frame=FALSE,
…)
```

其中：
- xxx.sav 表示文件名
- file，use.value.labels=TRUE 表示默认读入原始文件中的标签
- to.data.frame=FALSE 默认不将数据读为数据框而是列表，一般宜设置成 to.data.frame=TRUE

Hmisc 包中的函数 spss.get()导入 SPSS 格式数据时，默认转为数据框。

```
libiary(Hmisc)
file<-
spss.get("xxx.sav",
use.vaule.labels=TRUE,
to.data.frame=TRUE)
```

17.4.4 导入Stata格式数据

1）导入 Stata 12 及以下数据

foreign 包中的 read.dta()函数可导入 Stata 12 及以下版本的数据，语法为：

```
library(foreign)
read.dta("xxx.dta")
```

但对 Stata 13 及以上版本，此函数无效。

2）导入 Stata 13 及以上数据

使用 readstata13 包中的函数 read.dta13()，语法如下：

```
read.dta13("xxx.dta",convert.factors=TRUE,…)
```

有关 readstata13 包中其他函数以及有关各函数的参数说明请点击这里。

17.4.5 Hadley函数

Hadley Wickham 开发的系列 R 包可灵活方便地导入上述各种数据：
- readr 导入 csv、fwf 数据
- readxl 导入 Excel 数据（包括 .xls 和 .xlsx 型）

- haven 导入 SAS,SPSS,and Stata 数据
- httr 导入网页 API(Application Programming Interface,应用程序编辑接口)数据
- rvest 网页数据抓取
- xml2 导入 XML 文件

此处择要介绍,更多信息参见网页。

17.4.6 readxl 包中的函数

readxl 包提供了一些在 R 中读取 Excel 表格数据的函数(.xls 和 .xlsx 格式)。
read_excel()函数用来读取 .xls/.xlsx 文件。语法如下:

```
read_excel("xxx.xls",sheet=)
read_excel("xxx.xlsx",sheet=)
```

其中:
- xxx.xls、xxx.xlsx 表示文件名
- sheet 表示 Excel 文件中表单号,默认为1

17.4.7 haven 包中的函数

haven 包提供了读取 SPSS,SAS 和 Stata 统计软件格式数据的函数,分别如下:
- read_sas("xxx.sas"):读取 SAS 数据
- read_sav("xxx.sav"):读取 SPSS 数据
- read_dta("xxx.dta"):读取 Stata 数据

所有读入的数据自动转为 tibble 格式。

17.4.8 R 数据导出

一般只推荐导出为 .csv 等通用型的数据。使用 write.csv()将数据导出为 .csv 文件。

```
write.csv(prac01,"prac01.csv")
```

csv 文件选择 Excel 打开另存为后即可导出 Excel 文档。
使用 haven 包中的 write_sav()、write_dta()和 wirte_sas()函数分别可导出为 SPSS、Stata 和 SAS 格式的数据,这里不再说明。

17.5 R 常用基础函数

R 内置诸多功能丰富的基础函数,使用这些函数不需要先加载任何包,启动 R 后即可运行。这里粗略地分为下面几个常用类别进行介绍,并首先介绍了基本的算术运算符和逻辑运算符。部分函数的分类可能有所重叠。

如无特殊说明,以下举例中的 x、y 等均指向量。各函数用法在解释其基本功能后,易于理解者不再举例,复杂者再行举例说明。部分专业术语给出英文,方便记忆与对照。初学者宜花一定时间,尝试以下所有函数,熟悉 R 的命令模式与函数风格。

如需了解更多 R 基础函数,可输入如下命令:

```
help(package="base")
```

17.5.1　算数运算符

算数运算符及其功能如表17.1所示。

表 17.1　算术运算符

运算符	功能
+	加/求和(sum)
−	减/求差(difference)
*	乘/求积(product)
/	除/求商(quotient)
^或**	求幂(乘方,power),如 5 ** 2 的结果为 25
x %% y	求余运算,如 5 %% 2 的结果为 1
x %/% y	整除运算,如 5 %/% 2 的结果为 2

17.5.2　逻辑运算符

逻辑运算符及其功能如表17.2所示。

表 17.2　逻辑运算符

运算符	功能
<	小于
<=	小于等于
>	大于
>=	大于等于
==	严格等于
! =	不等于
! x	非 x
x | y	x 或 y
x & y	x 和 y
isTRUE(X)	测试 x 是否为 TRUE

17.5.3　数学计算

数学计算函数及其功能如表17.3所示。

表 17.3　数学计算

函数	功能
abs(x)	求绝对值(absolute value)
sign(x)	求数字向量 x 中各元素的"符号"(正数为 1,负数为 −1,0 仍为 0),sign(−2:2)返回值为 −1 −1 0 1 1
sqrt(x)	求算术平方根(square root)
max(x)	求 x 中元素的最大值
min(x)	求 x 中元素的最小值
sum(x)	求 x 中的元素之和,如 sum(1:5)返回值为 15
prod(x)	求 x 中元素的乘积(product 意为乘积),如 prod(3,4,5)返回值为 60
factorial( )	求阶乘(factorial),如 factorial(10)返回值为 3628800

续表

函数	功能
diff(x)	求 x 中相邻元素之差
pmax(x,y)	求 x,y 在相应位置上元素的较大值
pmin(x,y)	求 x,y 在相应位置上元素的较小值
cummax(x)	求累计最大值(从左向右),如 cummax(c(3:1,2:0,4:2))返回值为 3 3 3 3 3 3 4 4 4
cummin(x)	求累计最小值(从左向右),如 cummin(c(3:1,2:0,4:2))返回值为 3 2 1 1 1 0 0 0 0
cummprod(x)	求各元素的累积乘积值,如 cumprod(1:10)返回值为 1 2 6 24 120 720 5040 40320 362880 3628800
cumsum(x)	计算 x 各元素的累加值,如 cumsum(1:10)返回值为 1 3 6 10 15 21 28 36 45 55
ceiling(x)	求大于等于 x 的最小整数,如 ceiling(3.14)返回值为 4
floor(x)	求小于等于 x 的最大整数,如 floor(3.14)返回值为 3
trunc(x)	向 0 的方向截取 x 中的整数部分,如 trunc(5.99)返回值为 5
round(x)	将 x 舍入(round off)为指定数位的小数,如 round(3.1415,digits=2)返回值为 3.14
signif(x)	将 x 舍入为指定数位的有效数字(significant figures),如 signif(3.1415,digit=2)返回值为 3.1
choose(n,k)	求组合数,如 choose(10,2)返回值为 45
sin(x),cos(x),tan(x)	求 x 的正弦值、余弦值、正切值
asin(x),acos(x),atan(x)	计算 x 的反正弦、反余弦、反正切
sinpi(x),cospi(x),tanpi(x)	即为 sin(pi*x),cos(pi*x),tan(pi*x),如 sinpi(1/6)返回值为 0.5
sinh(x)	双曲正弦函数 sinh(x)
cosh(x)	双曲余弦函数 cosh(x)
tanh(x)	双曲正切函数 tanh(x)
log(x,base=n)	对 x 取以 n 为底的对数(logarithm)
log(x)	对 x 取以自然底数 e 为底的对数
log10(x)	对 x 取以 10 为底的对数
log2(x)	对 x 取以 2 为底的对数
exp(x)	指数函数(exponential function)
integrate(f,lower,upper)	求积分,f 表示被积函数(integrand),lower 表示积分下限,upper 表示积分上限
D(fun,"x")	求导函数,原函数 fun 通常使用 expression( )函数定义或直接输入
eval(D(fun,"x"))	求(设定 x 值后)指定点处的导数值,eval 表示 evaluate(计算)

17.5.4 统计计算

统计计算函数及其功能如表 17.4 所示。

表 17.4 统计计算

函数	功能
mean(x)	求均值,如 mean(c(1,3,5,7))返回值为 4
median(x)	求中位数,如 median(c(1,3,5,7))返回值为 4
range(x)	求最小值与最大值之差(range 在统计中常翻译为极差或全距,在数学中翻译为值域)
IQR(x)	求 x 的四分位差(interquartile range)
cor(x,y)	求 x、y 之间的相关系数
sd(x)	求标准差(standard deviation,分母为 n−1)

续表

函数	功能
var(x)	求方差(variance,分母为 n−1)
quantile(x,probs)	求分位数,probs 为一个由[0,1]之间的概率值向量,如求 x 的 30%和84%分位点为 quantile(x,c(0.3,0.84))
scale(x,center=,scale=)	对 x 进行中心化(减去平均数,center=T)或标准化(减去平均数再除以标准差,scale=T)

17.5.5　向量操作

向量操纵函数及其如表 17.5 所示。

表 17.5　向量操纵

函数	功能
length(x)	求 x 的长度,如 length(c(1,2,3,4))返回值为4
seq(from,to,by)	以 by 为步长生成从 from 到 to 的等差数列,如 seq(1,10,2)返回值为1 3 5 7 9
rep(x,times=,each=,len=)	重复 x,times 控制向量整体的重复次数,each 控制每个元素的重复次数,len 控制输出长度
gl(n,k,labels=c( ))	产生因子向量,其中 n 表示因子的水平数,k 表示每一水平下的取值次数,labels=c( )用于输入水平取值的标签
cut(x,n)	将连续型向量 x 分割为有着 n 个水平的因子
pretty(x,n)	创建美观分割点。选取 n+1 个等距分割点,将连续型向量 x 分割为 n 个区间
colSums(x)	求列总和,x 为数值型矩阵、数组或数据框
rowSums(x)	求行总和,x 为数值型矩阵、数组或数据框
colMeans(x)	求列均值,x 为数值型矩阵、数组或数据框
rowMeans(x)	求行均值,x 为数值型矩阵、数组或数据框
duplicated(x)	求向量或数据框的重复元素中的下标较小元素,并返回逻辑向量指出哪些元素重复
unique(x)	删除 x 向量、数据框或数组中重复的元素,如 unique(c(1,2,2,4,5,4,6))返回值为1 2 4 5 6
table( )	制作频次表(frequency table)或列联表(contingency table)
rev(x)	对 x 中元素取逆序(reverse order)排列
sort(x,decreasing=FALSE)	对向量 x 进行升序排序,若设置 decreasing=TRUE 则进行降序排序
order(x)	将 x 中元素下标按升序排列,如 order(c(20,4,13,9))返回值为2 4 3 1
rank(x)	求秩(即排序位置),返回该向量中对应元素的大小位置排序,如 rank(c(20,4,13,9))返回值为4 1 3 2

17.5.6　集合与逻辑

集合与逻辑函数及其功能如表 17.6 所示。

表 17.6　集合与逻辑

函数	功能
intersect(x,y)	求 x、y 的交集(intersect)
union(x,y)	求 x、y 的并集(union)
setdiff(x,y)	求 x、y 的差集(x−y,要求 y 是 x 的真子集,否则结果显示零个元素)
setequal(x,y)	判定 x、y 是否相等(所有元素相同)

续表

函数	功能
all()	给定一组逻辑向量所有值是否为真
any()	给定一组逻辑向量是否有一个值为真
which()	返回 x 为真值的位置下标,如 which(c(T,F,T))返回值为 1 3
ifelse(cond,statement1,statement2)	若 cond(条件)为真,则执行第一个语句;若 cond 为假,则执行第二个语句
%in%	匹配函数,详见说明
match(x,table)	匹配函数,详见说明

17.5.7　数据对象操纵

数据对象操纵及其功能如表 17.7 所示。

表 17.7　数据对象操纵

函数	功能
length()	显示对象中元素的个数
dim()	显示某个对象的维度
str()	显示某个对象的结构
class()	显示某个对象的类
mode()	显示某个对象的模式
names()	显示某对象中各元素的名称
head()	列出某个对象的开始部分
tail()	列出某个对象的最后部分
ls()	显示当前工作空间中的所有对象
rm(A,B,…)	删除一个或多个对象,语句 rm(list=ls())将删除当前工作环境中的所有对象
newobject<-edit(object)	编辑对象并另存为新对象
fix(object)	直接编辑对象,关闭后自动保存改动至原对象
cbind()	根据列进行合并,要求所有的行数相等
rbind()	根据行进行合并,要求所有的列数相等
rownames()	修改行数据框行变量名
colnames()	修改行数据框列变量名
exists()	寻找给定名称的 R 对象

17.5.8　类型判断与转换

类型判断与转换如表 17.8 所示。

表 17.8　类型判断与转换

判断	转换
is.numeric()	as.numeric()
is.character()	as.character()
is.vector()	as.vector()
is.matrix()	as.matrix()

续表

判断	转换
is.data.frame( )	as.data.frame( )
is.factor( )	as.factor( )
is.logical( )	as.logical( )

17.6　R进行回归分析

回归一词虽源自高尔顿的身高研究,但现在已经脱离其本意,成为一类统计方法的泛称。任何使用某些变量(称为自变量、解释变量等)来预测另外一些变量(称为因变量、响应变量等)的方法,均可称为回归。

普通多元线性回归的数学形式为

$$Y = \beta_0 + \beta_1 X_1 + \beta_2 X_2 + \cdots + \beta_n X_n + \epsilon = \beta_0 + \sum_{j=1}^{k} \beta_k X_k + \epsilon$$

而总体回归函数的表达形式则为

$$E(Y|X_1, X_2, \cdots, X_k) = \beta_0 + \beta_1 X_1 + \beta_2 X_2 + \cdots + \beta_k X_k = \beta_0 + \sum_{j=1}^{k} \beta_j X_j$$

在给定一组观测值$(Y_i; X_{i1}, X_{i2}, \cdots, X_{ik})$,其中$i = 1, 2, \cdots, n$时,总体回归函数的也可写成

$$E(Y_i|X_{i1}, X_{i2}, \cdots, X_{ik}) = \beta_0 + \beta_1 X_{i1} + \beta_2 X_{i2} + \cdots + \beta_k X_{ik} = \beta_0 + \sum_{j=1}^{k} \beta_j X_{ij}$$

而样本回归函数则为

$$\hat{Y} = \widehat{\beta_0} + \widehat{\beta_1} X_1 + \widehat{\beta_2} X_2 + \cdots + \widehat{\beta_k} X_k = \widehat{\beta_0} + \sum_{j=1}^{k} \widehat{\beta_j} X_j$$

或

$$\hat{Y} = \widehat{\beta_0} + \widehat{\beta_1} X_{i1} + \widehat{\beta_2} X_{i2} + \cdots + \widehat{\beta_k} X_{ik} = \widehat{\beta_0} + \sum_{j=1}^{k} \widehat{\beta_j} X_{ij}$$

17.6.1　R中的常用命令

R中的常用命令符号及其功能如表17.9所示。

表17.9　R中的常用命令

符号	功能
~	分隔符,左边表示响应变量,右边表示解释变量
+	分隔解释变量
:	表示交互项
*	表示所有可能的交互项,如w~x * y * z表示y~x+y+z+x:y+x:z+y:z
^	表示交互项中交互变量的个数,如w~(x+y+z)^2表示w~x+y+z+x:y+x:z+y:z
.	表示指定数据中除响应变量外的所有变量
−	表示从等式中移除某一变量,如w~(x+y+z)^2-x:y表示w~x+y+z+x:z+y:z
−1	删除截距项,如表达式y~x−1表示强制进行过原点回归
I( )	算术表达式,把括号中的内容看成一个代数式进行处理,如w~x+I((y+z)^2)表示用x和由(y+z)^2构成的新变量来预测y

17.6.2 一元线性回归

包含一个自变量和一个因变量的回归，又称为简单回归。基本格式：lm(y~x,data＝)。注意 lm() 要求数据的格式为数据框。

linear model 如下例所示：

```
women # 这里利用 R 自带的 women 数据，里面包括了 15 个 30~39 岁的女性身高与体重。
##    height weight
## 1    58   115
## 2    59   117
## 3    60   120
## 4    61   123
## 5    62   126
## 6    63   129
## 7    64   132
## 8    65   135
## 9    66   139
## 10   67   142
## 11   68   146
## 12   69   150
## 13   70   154
## 14   71   159
## 15   72   164
fit<-lm(weight ~ height,data=women)# 注意此语句并不能直接显示回归结果，需要加入后续的一些函数才能显示结果。
summary(fit)# 显示基本回归结果:系数、截距、残差及显著性检验结果。
##
## Call:
## lm(formula=weight ~ height,data=women)
##
## Residuals:
##    Min    1Q  Median    3Q    Max
##-1.7333-1.1333-0.3833  0.7417  3.1167
##
## Coefficients:
##            Estimate Std. Error t value Pr(>|t|)
## (Intercept)-87.51667    5.93694 -14.74 1.71e-09 ***
## height       3.45000    0.09114  37.85 1.09e-14 ***
##---
## Signif. codes: 0 '***' 0.001 '**' 0.01 '*' 0.05 '.' 0.1 ' ' 1
##
## Residual standard error: 1.525 on 13 degrees of freedom
## Multiple R-squared: 0.991, Adjusted R-squared: 0.9903
## F-statistic: 1433 on 1 and 13 DF, p-value: 1.091e-14
fitted(fit)# 根据模型来预测解释变量
##    1     2     3     4     5     6     7     8
```

```
## 112.5833 116.0333 119.4833 122.9333 126.3833 129.8333 133.2833 136.7333
##     9    10    11    12    13    14    15
## 140.1833 143.6333 147.0833 150.5333 153.9833 157.4333 160.8833
confint(fit)# 提供回归模型中各系数的置信区间(置信水平默认为95%)
##          2.5 %  97.5 %
## (Intercept)-100.342655-74.690679
## height      3.253112  3.646888
confint(fit,"height",level=0.90)# 提供回归模型中指定变量、指定置信水平的区间估计
##        5 %   95 %
## height 3.288603 3.611397
```

17.6.3　多元线性回归

　　包含多个自变量,但只有一个因变量的回归,又称为多重回归(multiple regression)。假定各解释变量之间相互独立,则可以使用多元线性回归模型:lm(y~X1+X2+⋯+Xn,data=)

　　linear model 如下例所示:

```
states<-as.data.frame(state.x77[,c("Murder","Population",
"Illiteracy","Income","Frost")])
fit4<-lm(Murder ~ Population+Illiteracy+Income+Frost,data=states)
summary(fit4)
##
## Call:
## lm(formula=Murder ~ Population+Illiteracy+Income+Frost,
##      data=states)
##
## Residuals:
##     Min    1Q  Median    3Q    Max
##-4.7960-1.6495-0.0811  1.4815  7.6210
##
## Coefficients:
##             Estimate Std. Error t value Pr(>|t|)
## (Intercept)1.235e+00  3.866e+00   0.319  0.7510
## Population  2.237e-04  9.052e-05   2.471  0.0173 *
## Illiteracy  4.143e+00  8.744e-01   4.738 2.19e-05 ***
## Income     6.442e-05  6.837e-04   0.094  0.9253
## Frost      5.813e-04  1.005e-02   0.058  0.9541
##---
## Signif. codes:  0 '***' 0.001 '**' 0.01 '*' 0.05 '.' 0.1 ' ' 1
##
## Residual standard error: 2.535 on 45 degrees of freedom
## Multiple R-squared:  0.567, Adjusted R-squared:  0.5285
## F-statistic: 14.73 on 4 and 45 DF, p-value: 9.133e-08
如果解释变量之间存在交互作用(不独立),则可以进行含交互项的多元线性回归。
fit5<-lm(mpg ~ hp+wt+hp:wt,data=mtcars)
summary(fit5)
##
```

```
## Call:
## lm(formula=mpg ~ hp+wt+hp:wt,data=mtcars)
##
## Residuals:
##       Min      1Q   Median      3Q      Max
##-3.0632-1.6491-0.7362   1.4211   4.5513
##
## Coefficients:
##                 Estimate Std. Error t value Pr(>|t|)
## (Intercept)49.80842    3.60516   13.816 5.01e-14 ***
## hp          -0.12010    0.02470  -4.863 4.04e-05 ***
## wt          -8.21662    1.26971  -6.471 5.20e-07 ***
## hp:wt        0.02785    0.00742   3.753 0.000811 ***
##---
## Signif. codes:  0 '***' 0.001 '**' 0.01 '*' 0.05 '.' 0.1 ' ' 1
##
## Residual standard error: 2.153 on 28 degrees of freedom
## Multiple R-squared:  0.8848,Adjusted R-squared:  0.8724
## F-statistic: 71.66 on 3 and 28 DF,  p-value: 2.981e-13
```

从结果中可以看出,hp:wt一项的结果是显著的,这表明hp与wt之间存在显著的交互作用。这说明了什么?这实际上说,响应变量的值,部分地取决于某一解释变量对另一解释变量的作用。就此例而言,即mpg(每加仑汽油能跑的公里数)与hp(马力)之间的关系,受到wt(车辆重量)的影响。

18 Mplus 简介及基本操作

18.1　Mplus 简介

　　Mplus 是一款功能强大的潜变量建模软件，其综合了多个潜变量分析模型于一个统一潜变量分析框架内。Mplus 主要处理如下模型：探索性因素分析（Exploratory factor analysis）、验证性因素分析与结构方程模型（Structural equation modeling）、项目反应理论（Item response theory）、潜类别分析（Latent class analysis）、潜在转换分析（Latent transition analysis）、生存分析（Survival analysis）、增长模型（Growth modeling）、多水平模型（Multilevel analysis）、复杂数据（Complex survey data analysis）和蒙特卡洛模拟（Monte Carlo simulation）等。借助于强大的功能和易用性，Mplus 已经成为潜变量建模领域的主流软件。

　　Mplus 的前身是 Bengt O. Muthén 教授开发的结构方程建模软件 LISCOMP（1988）。Mplus 的第一版发布于 1998 年底，第 8 版于 2017 年发布，最新版本 8.7 更新于 2021 年 11 月（通过下面的网页可以获得 Mplus 每次更新的功能清单）。当前的 Mplus 提供了多个操作系统版（Windows，Mac OS X，和 Linux）。（本章相关网址见"简明目录"页二维码里内容。）

　　图 18.1 为 Mplus 的开始界面。图 18.2 为 Mplus 的工作界面，所有的建模过程均在工作界面上完成。Mplus 默认命令符为蓝色字体，其他为黑色字体，注释通过感叹号"！"引导开始，为草绿色字体。

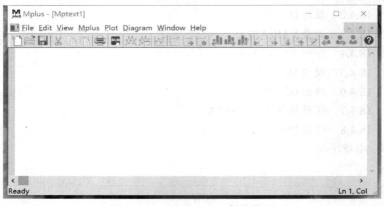

图 18.1　Mplus Windows 版的界面

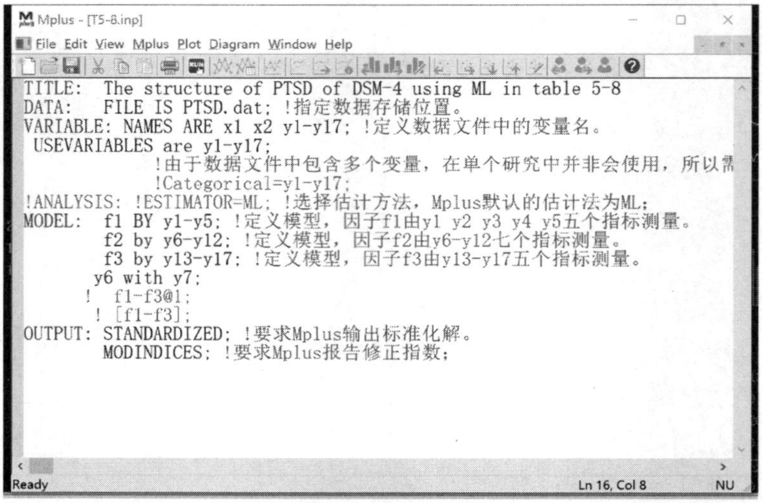

图 18.2　Mplus 的工作界面（输入窗口）

模型定义完成后,首先保存(如果不主动保存软件会提示保存),然后点击⬛图标,程序将会进入dos运行界面(图18.3),并出现运行提示(图18.4)短暂停留后呈现结果输出界面(图18.5)。

图18.3　Mplus的DOS运行界面

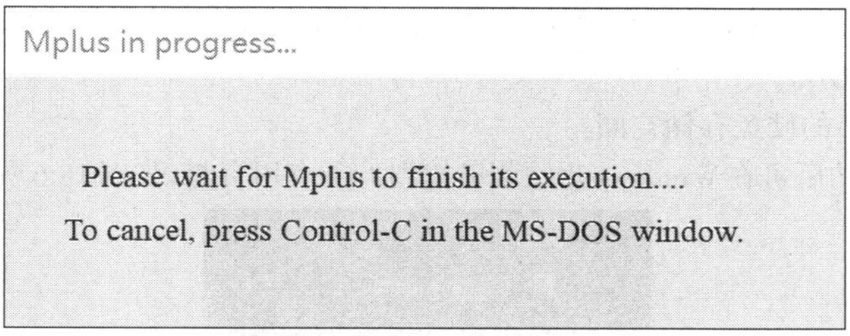

Mplus in progress...

Please wait for Mplus to finish its execution....
To cancel, press Control-C in the MS-DOS window.

图18.4　Mplus运行提示

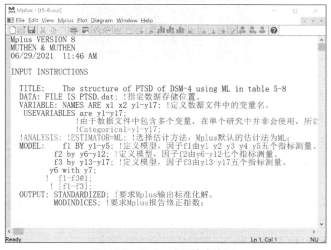

图18.5　Mplus结果输出窗口

Mplus由基本主程序和多水平(Multilevel Add-On)和混合模型(Mixture Add-On)两个扩展模块组成。通过不同搭配,Mplus提供四种不同的功能组合:

①基本程序。基本上等同于一般的SEM软件,处理回归、探索和验证性因子分析、增长模型等。

②基本程序+混合模型模块。除基本程序功能外,增加了估计潜变量混合模型的功能。

③基本程序+多水平模型模块。包含基本程序功能外,增加了多少平分析模块。

④基本程序+两个模块组合。包含基本程序功能、混合模型模块和多水平分析模块的全部功能。

由于功能不同,价格也不同。尽管Mplus每次更新都提供很多最新的功能,但软件的价格始终保持稳定。Mplus提供的学生版报价只是商业版售价的三分之一。

另外,可通过网站下载演示版(Demo version)。演示版具有Mplus全部的分析功能,只是在处理变量数量上受限。具体来说,演示版只允许最大2个自变量和6个因变量,以及只能分析2水平的变量。

Bengt Muthén教授开发Mplus的初衷是让统计学家发展的最新模型可以被应用研究者尽快使用,总的来说Mplus完成了使命。为了让Mplus拥有更多的功能,请大家支持正版软件。

18.2　Mplus安装

安装Mplus要求的硬件条件并不高,具体来说:

①操作系统:

a. Microsoft Windows 7/8/10;

b. Mac OS X 10.11 或更新版本;

c. Linux 64-bit(Ubuntu,RedHat,Fedora,Debian和Gentoo)。

②内存大于1 GB。

③至少120 MB的硬盘存储空间。

Mplus安装成功后可在Windows开始菜单找到如下有用资料,如图18.6所示。

图18.6　Mplus安装目录

点击Documentation图标会打开Mplus手册和Mplus Diagrammer说明,如图18.7a所示。

名称	修改日期
Mplus Diagrammer.pdf	2012/9/20 18:31
Mplus User's Guide Version 8.pdf	2017/4/11 11:19

图18.7a　Mplus手册和Mplus Diagrammer说明文档

点击Mplus Examples图标可以打开Mplus手册里面所有例子的数据和input文件,以及这些例子的蒙特卡洛模拟的input文件。Mplus手册里面所有例子都是通过Mplus的数据模拟功能模拟出来的。这些资料对于学习Mplus进行模拟研究非常重要。

名称	修改日期
Monte Carlo Counterparts	2020/8/1 10:34
User's Guide Examples	2020/8/1 10:34

图18.7b　Mplus手册示例数据文件夹

18.3　Mplus命令概述

Mplus命令最大的特点是用简洁的语句表达复杂的模型,而且易于理解。Mplus的语言非常精练,多数情况下,使用非常简短的语句便可表达复杂的关系,这种关系在其他分析软件中则需要复杂的设置。如图18.8所示,一个涉及10个潜变量和61个测量指标的验证性因素分析模型。用Mplus语言表达,简洁而明了,见表18.1。

表18.1 复杂模型路径图的Mplus表达

MODEL: FI BY c1–c4;
F2 BY uc3–uc8;
F3 BY q1–q7;
F4 BY u1–u4;
F5 BY ef1–ef3 ef5 i2–i5;
F6 BY t1–t5 p1–p3;
F7 BY as3–as6;
F8 BY aw1–aw5;
F9 BY l1–l6;
F10 BY pr1–pr8;

在Mplus中如此简洁的表达取决于很多参数已经为Mplus在后台设定为默认设置。具体来说:①为了模型识别,每个因子的第一个条目的负荷默认为1;②10个因子之间彼此相关;③因子方差、条目残差方差和条目截距自由估计;④条目残差不相关;⑤测量指标为连续变量。当然,这些程序默认的设置可通过研究者另外的设定而改变。

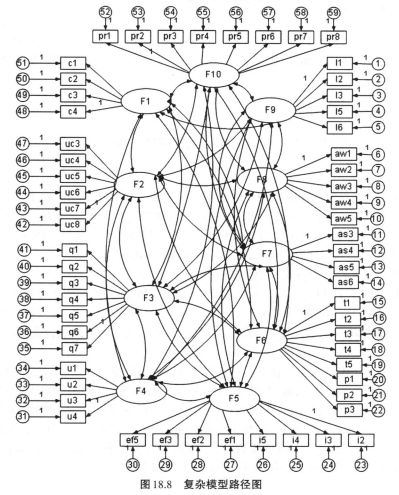

图18.8 复杂模型路径图

Mplus功能强大,包含很多命令。本章主要介绍Mplus的基本特点和功能,因此只涉及最基本的语句,全部命令语句建议读者参考Mplus用户手册。

18.4 Mplus常用命令

Mplus有十个命令群,分别为:TITLE(标题)、DATA(数据)、VARIABLE(变量)、DEFINE(定义)、ANALYSIS(分析)、MODEL(模型)、OUTPUT(输出)、SAVEDATA(保存数据)、PLOT(绘图)和MONTECARLO(蒙特卡洛)。其中DATA, VARIABLE和ANALYSIS是所有分析都必须要的命令(Required),其他命令则为非必要命令。请注意,这里的必要是指一个分析缺少这些命令将无法执行,其他非必要命令的缺失不会影响分析的执行。然而,有些非必要命令对于有效的分析仍然是不可缺少的。执行一个分析的目的是得到有用的结果,如果不使用OUTPUT结果输出命令,整个分析可以执行,但并不报告任何结果,这样的分析也不是我们想要的。

十个命令群中,除了TITLE命令较为单一外,其他命令群均包含多个子命令,Mplus强大的分析功能就是通过这些子命令实现的。限于篇幅,下面仅对各命令群中最常用的子命令进行介绍,其他子命令可在Mplus手册获得详细介绍。

18.4.1 标题TITLE

标题命令用于为程序起个标题,不是Mplus必需的命令。标题可以是英文也可以是中文。注意,标题中尽量不要出现Mplus的命令字符,以免产生错误。Mplus的所有命令都需要以分号结尾,但TITLE是个例外。

18.4.2 数据DATA

DATA是Mplus必需的命令,用于定义所有和数据相关的设定。

1) 数据准备

Mplus可以识别自由和固定两种格式数据。多数研究场景所使用的样本量都很大,涉及的变量也不多,所以使用自由格式数据比较普遍。当样本量大和变量多时,使用固定格式的数据结构读取速度更快。Mplus通过DATA命令指定与数据相关的信息。FILE语句用于指定数据文件的存储路径和文件名。例如,FILE is c:\mplus\ptsd.dat;

上述指令提示文件名为ptsd.dat,存储路径为C盘Mplus文件夹。

在自由格式数据文件中,每列为一个变量,变量之间用空格、逗号或制表符进行限定,缺省值必须用"."或其他数值代替(如,9或99),否则会发生读取错误。Mplus对变量数是有限制的,变量数的上限是500,字符的长度是5000。也就是说,数据文件中最多能包含500个10位数的变量。

不像其他结构方程软件可以读取多种数据文件,Mplus只能读取ASCII格式文件,通常需要借助其他软件获取。常用的数据管理软件有SPSS和Stata都可以方便地获取ASCII格式的数据文件。在SPSS中具体通过"FILE"下拉菜单中的"SAVE AS"获得如图18.9所示的对话框。通过另存数据文件类型的下拉菜单,选择Tab delimited(*.dat),同时将"Write variable names to spreadsheet"前的复选框空着,即可得到符合Mplus要求的数据文件了。Stata软件通过stata2Mplus来实现,具体做法见本书第17章:Stata简介及基本操作。

图18.9 SPSS 另存数据对话框

N2Mplus 是一款免费的数据转换软件，可以将 SPSS 或 Excel 格式数据转换成 Mplus 读取的文件，如图18.10所示。

图18.10 N2Mplus 软件界面

N2Mplus 分三步转换数据。第一步读取数据，第二步选择需要的变量，默认选择全部变量，第三步定义缺失值，如果没有缺失值可以跳过此步。三步设定后点击 go 图标，得到图18.11的界面。这时可以点击 View Mplus-compatible data 查看转换后的数据文件，也可以点击 Copy syntax to 将图18.11中间部分的 Mplus syntax 复制到 Mplus 工作界面。

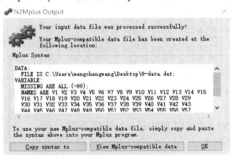

图18.11 N2Mplus 结果窗口

2）数据格式

固定格式

在固定格式文件中，每个变量所占字符数必须相等，FORTRAN 式的定义是可以被 Mplus 接受的。常用的 FORTRAN 的描述符有"F""x""t""/"。其中 F 用于指定变量的格式，其后可以跟整数，也可以跟小数。整数表示变量是没有小数点的整数值，整数是几就表示是几位数；如果是小数则说明数据含有小数点，小数点前的数值代表数据包含几个数字，小数点后的数字是几就表示数据包含几位小数。例如，12.36可写成 F4.2 的形式为1236。F 前也可以有整数值，表示多少个

F，例如 F4.1、F4.1、F4.1、F4.1、F4.1，可缩写为 5F4.1。x 字符用于表示跳过多少列不读取，如 25x，表示跳过 25 列不读。t 字符用于指定具体读取某列变量，如 t30，表示读取第 30 列。下面的语句：

```
FORMAT IS 5F4.1,5x,t30,5F5.2;
```

第一个 5F4.1 是 5 个 F4.1 的缩写形式，即表示 F4.1、F4.1、F4.1、F4.1、F4.1。第 2 个 5x 表示跳过 5 列数据不读取。t30 表示直接读取第 30 列的数据，最后的 5F5.2 与 5F4.1 一样，表示 5 个保留 2 个小数点的 5 位数。整个数据文件为 55 位数。

自由格式

自由格式数据文件可以通过数据准备中介绍的方法获得。这里需要特别提醒的是，Mplus 不能识别数据文件中除数值以外的字符（特定的缺失值标签除外），所以在通过 SPSS 转换产生 *.dat 文件时要把原数据文件中的变量名（非数值型）等不需要的信息删去，以避免错误。

当数据文件的路径和格式等设置好后，还需要提供数据文件内容的信息，这一步通过 TYPE 来实现的。一般来说，数据文件要么提供单个信息（原始数据），要么提供汇总信息（在原始数据基础上汇总的信息，如相关矩阵、协方差矩阵等等）。TYPE 命令下共有 9 种类型可供选择，其中最常用的是 INDIVIDUAL 即提供原始数据矩阵，也是程序默认的数据类型。INDIVIDUAL 类型定义的数据矩阵为行变量，列为观测样本。在心理学研究中多数数据文件以 INDIVIDUAL 类型存储，所以通过 SPSS 转换后的 *.dat 文件即为这种形式，在多数情况下不需要 TYPE 语句。

另外，在有些情况下需要使用汇总数据。例如，原始数据无法获得，或是对某些概念结构相关或协方差矩阵进行元分析。汇总数据必须为自由格式的外部 ASCII 文件，而且需要使用 NOBSERVATIONS 注明样本量的大小。

下面是一个汇总数据的验证性因素分析的例子。这个例子里有 10 个题目，数据文件里的前两行是均值和标准差，后面是相关系数矩阵。

```
TITLE: The sample of summary data;
DATA: FILE IS SUM.TXT;
TYPE=CORRELATION MEANS STDEVIATIONS;! 数据类型
NOBSERVATIONS=400;! 样本量
VARIABLE: NAMES y1—y10;
USEVARIABLES are y1—y10;
ANALYSIS: ESTIMATOR=ML;
MODEL: F1 BY y1—y5;
F2 by y6—y10;
OUTPUT: stand;
```

汇总数据和对应的 Mplus 语句

上框是对应的 Mplus 语句。

另外，DATA 命令下还提供对数据结构进行转换的指令，有兴趣的读者可以参考 Mplus 用户手册。

18.4.3　变量VARIABLE

变量命令是Mplus必需的命令之一,通过变量命令才可以对数据文件进行有意义的处理。对于初学者来说,最大的困难便是如何整理数据和使用变量命令来定义变量。一般情况下,最基本的变量命令有三个:①定义数据文件中的变量;②选择分析使用的变量;③定义变量的类型或尺度。

1）VARIABLE定义数据文件中的变量

前面提到过,数据文件中除了数字之外不允许其他变量名称的字符存在,所以在分析数据之前需要给数据文件中出现的数据命名,或者说给每列变量取个名字。由于数据文件的格式已通过DATA命令定义,所以这里只需要给每列变量指定一个标签即可,所有变量都要有名称,否则程序读取时会出现错误,变量名最多允许8个字符。例如,VARIABLE IS/ARE/=y1 y2 y3 y4 y5;说明数据文件包含5个变量,名称分别为y1—y5。

2）USEVARIABLES选择分析使用的变量

一个数据文件可能包含很多变量,但某项分析可能只涉及部分变量,所以在某个具体分析之前要对所使用的变量进行选择,使用USEVARIABLES来定义。例如,USEVARIABLES ARE/=y1 y2 y3 y4 y5;或缩写成 USEVARIABLES ARE/=y1—y5。数据文件包含y1—y10十个变量,而本研究只使用其中的前五个变量。

3）定义变量的类型或尺度

定义变量的类型或尺度很重要,因为在Mplus中,不同的变量类型对应着不同的参数估计方法,也就是说程序使用不同的统计方法是根据指定的变量类型进行的。例如,在回归分析中,连续型因变量对应线性回归,二分因变量对应logistic回归等等。变量的尺度有连续、类别、计数、名义、截尾,这些数据需要不同的字符来定义,分别对应CONTINUOUS、CATEGORICAL、COUNT、NOMINAL和CENSORED。在Mplus中默认的数据类型是连续的,所以连续变量不需要定义,或者说,不定义非连续性变量,程序会当作连续型变量处理。

心理学和社会科学研究中常用的量表多采用李克特式问卷,如李克特5点计分,1=非常同意,2=同意,3=中立,4=不同意,5=非常同意。从心理测量学角度来说,李克特5点式数据为类型数据,并没有达到等距水平,因为从1=非常同意到2=同意之间的距离并不等同于从3=中立到4=不同意之间的距离,然而在心理学研究中多数研究者将5点李克特量表视作连续性变量来近似处理。需要提醒读者的是这种做法只是处理数据上的方便和得到近似估计,而非5点李克特量表为连续型数据。在研究过程中也常会遇到二分变量,如MMPI、EPQ和CPI等人格量表或临床评估工具。在定义顺序变量(ordered categorical)或二分变量(binary)时需要使用CATEGORICAL指令。用COUNT、NOMINAL和CENSORED分别指定计数、名义和结尾尺度数据。

除了上述三种常用的功能之外,Mplus有以下几个重要的数据定义功能:

USEOBSERATIONS:用于选择符合特定条件的样本。例如,USEOBSERVATIONS=gender EQ 1 AND GRADE EQ 1;选择所有符合性别为1,年级也为1的样本。EQ为逻辑符,表示"等于",除此之外,还有如下逻辑符:AND:和;OR:或者;NOT:否;NE:不等于或"/=";GE:大于等于">=";LE:小于等于"<=";GT:大于或">";LT:小于或"<"。

MISSING:用于定义数据文件中的缺失值。Mplus提供两种缺失值标记:数值型和非数值型。数值型即是指定数据文件中的某(几)个值代表数据缺失,例如,MISSING=ALL(9),表示所有变量的缺失值用9表示。如果不同的变量有不同缺失值标记符,则同MISSING=Y1(9)Y2(99)Y3(999),表示为变量Y1的缺失值用9表示,其他两个变量Y2和Y3的缺失值分别用99和

999表示。非数值型则为采用某种符合代表数据缺失。常用的非数值型缺失标记符有"*"、".",或直接指代为空白 MISSING=BLANK。

GROUPING：用于指定数据文件中用于分组的变量及数值标签代表的组别。例如，GROUPING=gender（1=male 2=female）;说明数据文件中的 gender 为分组变量，1代表男性组，2代表女性组。

BETWEEN：用于两水平模型中定义组间水平变量。

WITHIN：用于两水平模型中定义组内水平变量。

DEFINE：定义命令是一个很有用的命令，可以通过加减乘除和逻辑转换定义新变量。也可以使用数据转换命令计算或转换新变量。常用的数据转换命令有如下几个：

MEAN 通过平均几个变量的均值定义新变量。例如：

Y=MEAN（y1 y2 y3）;定义一个新变量 Y，其值等于 y1~y3 三个变量的均值。

SUM 通过求几个变量的和定义新变量。例如，

Y=SUM（y1 y2 y3）;定义一个新变量 Y，其值等于 y1~y3 三个变量的和。

18.4.4 分析 ANALYSIS

分析命令涉及的主要是参数估计方法。其表达式为：

```
ANALYSIS:
          TYPE=分析类型;
              =GENERAL;分析的类型为一般;
              =MIXTURE;分析的类型为混合模型;
              =TWOLEVEL;分析的类型为两水平模型;
              =EFA # #;分析的类型为探索性因素分析;
          ESTIMATOR=参数估计方法;
                 =MLM;稳健极大似然估计;
                 =ML;参数估计方法;
```

Mplus 提供的估计方法：

①ML（Maximum Likelihood）极大似然估计，是最常用的参数估计法，也是很多结构方程建模软件默认的参数估计法。当因变量为连续变量时，也是 Mplus 默认的参数估计法。

②MLM 估计。极大似然估计伴标准误和均值校正的卡方检验，此时得到参数为 Satorra-Bentler 校正统计量。此方法适用于非正态数据。

③MLMV 估计。极大似然估计伴标准误和均值-方差校正卡方检验，用于非正态数据估计。

④稳健极大似然估计（Robust Maximum Likelihood Estimator，MLR），适应于非正态和非独立数据（复杂数据结构，与 TYPE=COMPLEX 合用），标准误采用 sandwich 估计法。MLR 卡方检验渐进等价于 Yuan-Bentler T2*检验统计量。这种方法适用于小样本估计。

⑤MLF 极大似然估计伴一阶衍生近似标准误和传统卡方检验。

⑥Muthén 有限信息参数估计（Muthén's Limited Information，MUML）。

⑦加权最小二乘法估计（Weighted least square，WLS）。当所有的指标为连续性变量时 WLS 所得卡方等同于渐进自由分别法 ADF。WLS 对数据分布形态没有要求，但是需要较大的样本量，如 n>2500，才能得到稳定的参数估计值。

⑧WLSM 加权最小二乘法估计伴均值校正卡方检验。

⑨WLSMV加权最小二乘法估计使用对角加权矩阵伴均值–方差校正卡方检验,该估计法为处理类别数据设计。

⑩非加权最小二乘法(Unweighted Least Squares,ULS)。

⑪ULSMV非加权最小二乘法使用全部加权矩阵伴均值–方差校正卡方检验。

⑫广义最小二乘法(Generalized Least Square,GLS)。

18.4.5 模型MODEL

Mplus提供分析方法多为基于模型(model based)的方法,所以在Mplus中通过MODEL命令对假设模型进行设定。在MODEL模块中提供了表18.2所示的语句用于设定模型。

表18.2 Mplus命令汇总

字符	功能	示例与注解
BY	通过指标定义潜变量	f1 BY y1–y5;！因子f1由y1 y2 y3 y4 y5 五个外显指标测量
ON	定义回归关系	f1 ON f2–f4;！因子f2 f3 f3 三个变量预测因子f1; f1 ON x1 x2;观测指标x1 x2预测因子f1;
WITH	定义相关或协方差相关	f1 WITH f2;因子f1与因子f2相关; x1 WITH x2;指标x1与x2相关;
List of variables;	定义方差和残差方差	f1 y1–y5;估计f1 y1–y5 的方差或残差方差。当变量是自变量时为方差,当为因变量时为残差方差。
[List of variables];	均值、截距或阈限值	[y1 f1 x1]估计y1 f1 x1的均值、截距或阈限。
*	指定开始值或将默认设置改成自由估计	F1 by y1* y2 y3 y4;在Mplus中执行因素分析时,为了统一测量单位,程序默认第一个条目的因子负荷为1,通过*可以将程序默认值改为自由估计,或者改成其他任意开始值。 F1 by y1 y2*0.5 y3 y4*0.6;条目y2的因子负荷起始值设定为0.5,y4的因子负荷起始估计值自定为0.6。
@	固定参数	F1 by y1 y2@0.5 y3 y4@0.6;项目y2 和y4的因子负荷被分别固定为0.5和0.6; F1@0;f1的方差固定为0;
(number)	限定参数相等	F1 by y1–y5(1–5); F2 by y6–y10(1–5); 上述语句表明,条目y2 和y7,y3 和y8,y4 和y9,y5 和y10的负荷设定为相等,条目y1 和y6的负荷程序默认为1。 F1 by y1–y5(1);表明条目y1–y5的因素负荷固定为相等。
(name)	命名某参数	如,F1 BY Y1–Y3(la1–la3);指三个因子负荷分别命名为la1–la3。
|	定义随机效应变量	与ANALYSIS中的TYPE=RANDOM连用分析随机系数模型。例如,S| Y1 ON X1,表明用S代表随机回归系数。
XWITH	定义交互变量	
MODEL INDIRECT;	描述间接效应和总效应	
IND	定义特定的间接效应或一组间接效应	IND左边的变量为因变量,右边最后一个变量为自变量,右边的其他变量都为中介变量,即指定自变量通过该中介变量对因变量的间接效应。
MODEL CONSTRAINT;	模型设定命令	通过该命令可以设定模型估计参数间的线性和非线性关系,见本书第6章的运用。
NEW	为模型限定命令设置的新变量命名	这些变量在数据文件中并未出现过。数据文件中出现的变量可通过VARIABLE命令的CONSTRAINT设定,否则不能在MODEL CONSTRAINT中使用。

18.4.6 输出OUTPUT

通过OUTPUT命令获得模型分析结果。在OUTPUT下，有如下几个常用的语句。

SAMPSTAT：要求报告的样本统计量有以下几项。连续变量时：均值，方差，协方差和相关系数；类别变量时：阈限值，二分因变量时的一阶和二阶样本比率；四分相关，多级相关polychoric，多系列相关polyserial等信息。

CROSSTABS：提供类别变量间的交叉频率表。

STANDARDIZED：要求提供标准化参数统计量及对应的标准误。Mplus默认提供三种标准化结果：STDYX、STDY和STD。

RESIDUAL：要求提供观察变量的残差值。

MODINDICES：提供模型修正指数，期望参数变化指数和两种标准化期望参数变化等信息。程序默认提供大于等于10的MI值。如果需要报告所有M值（涉及ON、WITH和BY关系的所有可能的MI值），可在MODINDICES后加上（ALL）。如果只想获得大于某一特定值的MI，只需将括号中的ALL换成相应数值即可。

CINTERVAL：要求报告参数置信区间值。对于频率论设置，提供三种置信区间：SYMMETRIC、BOOTSTRAP和BCBOOTSTRAP（后两种与ANALYSIS在的BOOTSTRAP连用）。

Mplus还提供16个技术报告；其中常用的是：

TECH1：提供参数设置和所有自由估计参数开始值等信息。

TECH3：提供估计的协方差和相关矩阵。

TECH4：提供模型中潜变量的均值，协方差和相关系数等信息。

TECH11：混合模型分析时，报告LMR（Lo-Mendell-Rubin）检验和校正的LMR检验，用于比较M个潜类别模型和M−1个潜类别模型间的差异，显著的p值说明拒绝M−1个潜类别模型而支持估计的模型。TECH11仅适用于MLR估计法。

TECH12：混合模型分析时，提供观测和估计的均值，方差，协方差，单变量偏态和峰态值之间的残差。

TECH13：混合模型分析时，模型拟合单变量，二分，多元偏态和峰态模型的双侧检验[①]。

TECH14：混合模型分析时，报告BLRT（Bootstrapped Likelihood Ratio Test）参数用于确定潜类别个数。

18.4.7 保存数据SAVEDATA

保存命令用于保存分析的数据以及分析的结果。其格式如下：

SAVEDATA：

保存信息命令IS 文件名；

常用的保存信息命令如下：

FILE IS newdata.dat；指分析所用数据保存在以newdata.dat命名的文件中。

SAMPLE IS sample.dat；样本统计量如相关、协方差矩阵保存在以sample.dat命名的文件中。

RESULTS IS results.dat；分析的结果被保存在以results.dat命名的文件中。

DIFFETST IS diffetest.dat；WLSMV和MLMV估计时，嵌套模型比较的信息被保存在以diffetest.dat命名的文件中。

THCH3 IS tech3.dat；技术文件3的信息被保存在以tech3.dat命名的文件中。

[①] Mplus不提供直接的数据正态分布检验；如果需要检验数据正态性，可以通过结合混合模型分析及TECH12和TECH13来检验数据单变量正态性和多元正态性。

18.4.8 作图PLOT

绘图不是Mplus的强项,通过命令可以获得简单的图形。表达形式如下:
PLOT:

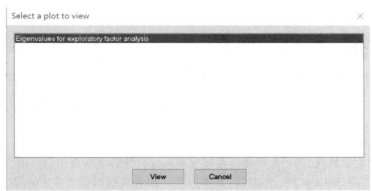

图18.12 Mplus提供的绘图功能

TYPE IS PLOT1;获得样本的直方图,散点图和样本均值。

PLOT2:提供项目特征曲线,信息曲线,EFA分析时的碎石土等。

Mplus的绘图结果在模型运行结束后通过PLOT下拉菜单的view plots查看。

18.5 本章小结

本章简要介绍了Mplus基本情况,主要介绍了Mplus常用的语句。Mplus用户手册是了解Mplus功能和使用不可替代的资料,包含更多、更细致的内容,在任何时候有任何疑问都应首先查阅手册。

作者简介

（按撰写的章节顺序排序）

王孟成

博士，广州大学教授，博士生导师。主持完成国家自然科学基金项目一项，其他项目多项。发表论文120多篇（SSCI/SCI收录60篇，其中以第一作者或通讯作者发表40篇，2篇高引），在《心理学报》和《社会学研究》上发表论文3篇。谷歌学术引用2600多次。出版《潜变量建模与Mplus应用》"基础"和"进阶"2部书。近年以第一或通讯作者在美国心理学会出版的临床心理学旗舰期刊*Psychological Assessment*和美国心理学会临床心理学分会官方期刊*Assessment*上连续发表论文8篇。担任*PLOS ONE Academic Editor*、*Frontiers in Psychology Associate Editor*、《心理学报》及20多份SSCI/SCI期刊审稿人。目前担任中国教育学会教育统计与测量分会理事，中国心理卫生协会心理评估专委会委员，中国社会心理学会大数据网络心理专委会委员。

刘拓

博士，天津师范大学副教授、硕士生导师，心理系主任。主要研究兴趣包括：异常反应模式的识别、多项选择题的设计、计算机自适应测验的选题以及教育教学中心理因素的影响。主持国家自然科学基金项目1项，教育部人文社科项目1项，其他省部级、市级项目3项。近三年，以第一作者或通讯作者发表CSSCI、SSCI论文20余篇。天津市"131"第三层次人才、天津市高校青年后备人才。担任*Frontiers in Psychology*、*Stress and Health*、*Applied Research in Quality of Life*、*Educational and Psychological Measurement*、《心理学报》、《心理与行为研究》等10余本SSCI/CSSCI期刊的审稿人。担任中国教育学会教育统计与测量分会理事。

陈雪明

天津师范大学心理学部硕士研究生，主要研究兴趣为：多模态异常作答反应的识别，心理健康评估。以第一作者或第二作者发表学术论文4篇，其中包括CSSCI论文1篇，SSCI论文3篇。主持研究生市级课题一项，并参与多项省部级、国家级课题。

李雨欣

天津师范大学心理学部硕士研究生，主要研究兴趣为：个人拟合方法的应用、物质与非物质成瘾行为。参与发表多篇SSCI和核心期刊论文，参与多项省部级、国家级课题。

罗杰

毕业于内蒙古师范大学应用心理学专业，获博士学位，贵州师范大学心理学院教授，硕士生导师，现任贵州省心理学会秘书长。研究方向为心理测量及其应用、人格与心理健康、儿童青少年行为问题特质。担任 *Journal of Health Psychology*、PsyCH Journal、《心理科学》、《心理发展与教育》等期刊的审稿人。近三年以第一作者或通讯作者发表(含在线)SSCI 论文 9 篇、中文 CSSCI/CSCD 论文 8 篇。目前主持 1 项贵州省哲学社会科学规划重点课题(20GZZD54),参与 1 项贵州教育改革发展研究重大课题(ZD202007)。

韦嘉

副教授,硕士生导师,博士。主要从事教育与心理测评领域的相关研究。在研教育部人文社科青年基金项目 1 项,以第一作者或通讯作者身份在《心理科学》《中国临床心理学杂志》等 CSSCI、CSCD 来源期刊发表论文 10 余篇,并同时担任《心理与行为研究》《社区心理学研究》等 CSSCI 期刊的审稿人。

郭磊

西南大学心理学部副教授,硕士生导师,西南大学数学与统计学院博士后,美国伊利诺伊大学香槟分校访问学者,中国教育学会教育统计与测量分会理事,中国教育学会教育统计与测量分会学术交流与传播工作委员会副主任委员,重庆市教育考试院顾问,重庆市教育评估院专家。主持国家自然科学基金、教育部人文社会科学青年基金、重庆市社会科学规划重点委托项目、重庆市人文社会科学规划项目、基础教育质量监测中心重大培育项目、中国博士后第59批面上项目、重庆市博士后特别资助项目等 10 余项课题,在 SSCI、CSSCI 等核心期刊发表文章 20 余篇,主编全国高等院校应用心理学系列精品教材 1 本,副主编 1 本,参编 1 本。指导学生获得第16届挑战杯全国一等奖。

陈平

江西吉安市人,心理测量与评价方向博士,北京师范大学中国基础教育质量监测协同创新中心副教授,博士生导师。从事心理测量理论、计算机化自适应测验与分类测验、认知诊断评价以及测量模型参数估计等方面的教研工作。先后主持完成和在研的项目包括国家自然科学基金青年项目和面上项目等多项科研课题。已在 Psychometrika、BJMSP、JEBS、APM、JEM、BRM、EMIP、JPA 和心理学报等主流权威期刊发表论文 50 余篇,参编中英文著作各 1 部。目前担任双语期刊 *Chinese/English Journal of Educational Measurement and Evaluation* 的中方执行编辑和编委会成员,曾任美国教育研究协会(AERA)Division D Section 2(Quantitative Methods and Statistical Theory)的联合主席(2021—2022)。

任赫

河南平顶山人,北京师范大学中国基础教育质量监测协同创新中心心理学(心理测量方向)硕士研究生在读。主要研究兴趣为:计算机化自适应测验、计算机化分类测验、认知诊断以及机器学习方法在心理测量中的应用等。学术成果已在国内外相关学术期刊发表,并参与国家自然科学基金面上项目。

邓嘉欣

广州大学教育学硕士(应用心理学方向),参与发表中英文期刊论文共 21 篇,其中以第一作者或第二作者发表共 7 篇,包括以第一作者在美国心理学会出版的临床心理学旗舰杂志 *Psychological Assessment* 发表论文 1 篇。曾作为访问学生到美国纽约市立大学布鲁克林学院心理系进行交流学习。先后参与多项研究课题。

任芬

博士。毕业于中国科学院心理研究所，获理学博士学位。2018年获国际测量学会（ITC）青年研究者奖。2020—2021国家公派访问学者。山东省高等学校青创科技计划创新团队成员。中国教育学会教育统计与测量分会委员，*Assessment* 等知名期刊的审稿人和特约编辑。发表学术论文20余篇，其中多篇被CSSCI、SSCI收录。

廉宇煊

天津师范大学心理学部硕士研究生，主要研究兴趣为：脑成像数据挖掘、记忆与成瘾行为。参与发表多篇SSCI和核心期刊论文，参与多项省部级、国家级课题。

黎志华

教授、博士、硕士生导师。现任职于湖南科技大学教育学院。主要关注经济不平等对个体身心健康和社会适应的影响，弱势儿童心理健康。擅长结构方程模型、纵向模型。主持国家社科基金课题2项以及省级课题5项；以第一作者或通讯作者发表论文30余篇。

何金波

2018年取得澳门大学博士学位。2018—2019年任湖南大学教育科学学院副教授。2019年至今任香港中文大学（深圳）人文社科学院助理教授。研究方向为健康心理学和量化研究方法论。近期主要关注青少年和成人的饮食行为和身体意象健康以及它们对个体身心健康的影响。

毕向阳

中央民族大学社会学副教授，毕业于北京大学社会学系、清华大学社会学系，曾就职于中国政法大学社会学院（2006—2019）。主要兴趣为研究方法、城市研究、心理健康、数据科学等。在《中国社会科学》、《社会学研究》、《社会》、*Chinese Journal of Sociology*、《中国临床心理学杂志》、《学海》、《青年研究》等刊物发表论文多篇。出版《潜变量建模与Mplus应用：进阶篇》（合著）、《论集体记忆》（合译）等。

潘俊豪

中山大学心理学系教授，博士生导师。主要从事潜变量模型统计分析方法的改进与发展，及其在心理学、行为学、教育学和医学等领域的应用。在 *Psychological Methods*、*Psychometrika*、*Structural Equation Modeling* 等学术期刊上发表贝叶斯Lasso方法与潜变量模型结合的系列研究成果，在国内外学术期刊发表高水平学术论文40多篇。主持国家自然科学基金项目3项（包括数学天元青年基金项目、青年科学基金项目和面上项目），教育部人文社会科学研究规划基金项目1项。获得教育部第八届高等学校科学研究优秀成果奖（人文社会科学）——青年成果奖。

张沥今

中山大学心理学系硕士研究生，导师为潘俊豪教授。研究方向为贝叶斯估计和结构方程建模。论文发表于 *Structural Equation Modeling: A Multidisciplinary Journal* 和《心理科学进展》等期刊。曾在国际心理测量研讨会、中国心理学大会、中国R语言会议、海峡两岸教育与心理测评研讨会等会议上做口头报告。

张斌

博士,湖南中医药大学人文与管理学院副院长、心理系教授,博士生导师,湖南省应用心理学省级一流专业建设点负责人,入选中共湖南省委人才工作领导小组"湖湘青年英才"支持计划,中国心理卫生协会首批认证督导师。兼任中国心理学会临床与咨询专业委员会委员、湖南省心理学会副理事长、湖南省青少年研究会副会长。近年来主持国家社会科学基金、教育部人文社科基金等国家、省部级课题10余项。在国际SCI、SSCI期刊发表学术论文15篇,在国内《心理科学》《中国临床心理学杂志》等CSSCI、CSCD期刊发表学术论文30余篇,出版学术专著4部。以负责人荣获湖南省人民政府优秀社科成果二等奖、湖南省教育科研优秀成果三等奖各1次。

熊思成

硕士,湖南中医药大学心理学教师。研究方向:临床心理评估、中医心理学。主持全国教育科学规划项目、省自然科学基金、省社科基金3项课题;发表SSCI论文4篇,CSCD/CSSCI论文4篇;参与出版普通高等教育"十三五"规划教材1部;获湖南省人民政府优秀社科成果二等奖1项。

朱广予(Guangyu Zhu)

澳大利亚国立大学一等荣誉学士,澳大利亚国立大学博士研究生,澳大利亚及国际数学心理学学会会员,研究方向为量化研究方法、认知建模、不确定下的决策科学及行为经济学,曾在国际著名数学心理学会议发表演讲数篇。荣誉学士阶段的研究课题为调查研究中回应风格的原因及控制方法,并开发针对特定回应风格的统计模型。

寿懿赟(Yiyun Shou)

澳大利亚国立大学一等荣誉学士及博士,现任澳大利亚国立大学心理学系研究员。研究方向为心理测量学,心理学定量及统计方法和模型,以及模糊信息下的判断与决策。研究课题包括双边界变量的广义线性模型。在国际学术期刊上发表论文数十篇。

吕小康

博士,南开大学社会心理学系教授、博士生导师、应用心理专业硕士(MAP)负责人。先后主持国家社科基金重点项目和青年项目各1项,教育部人文社会科学基金青年项目、天津市哲学社会科学基金一般项目各1项。研究方向为医患关系与健康治理等健康科学相关的实证与政策研究,擅长量表编制与验证、基于R语言的数据分析与可视化的教学与研究工作,出版《R语言统计学基础》(清华大学出版社,2017)等教材多部。

芦旭蓉

天津师范大学心理学部硕士研究生,主要研究兴趣为:元分析、潜在类别分析的心理学应用,独处行为与手机使用行为。以第一作者或第二作者发表SSCI论文1篇,核心期刊论文1篇。参与多项省部级、国家级课题。

万卷方法

知识生产者的头脑工具箱

很多做研究、写论文的人，可能还没有意识到，他们从事的是一项特殊的生产活动。而这项生产活动，和其他的所有生产活动一样，可以借助工具来大大提高效率。

万卷方法是为辅助知识生产而存在的一套工具书。

这套书系中，

有的，介绍研究的技巧，如《会读才会写》《如何做好文献综述》《研究设计与写作指导》《质性研究编码手册》；

有的，演示 STATA、AMOS、SPSS、Mplus 等统计分析软件的操作与应用；

有的，专门讲解和梳理某一种具体研究方法，如量化民族志、倾向值匹配法、元分析、回归分析、扎根理论、现象学研究方法、参与观察法等；

还有，

《社会科学研究方法百科全书》《质性研究手册》《社会网络分析手册》等汇集方家之言，从历史演化的视角，系统化呈现社会科学研究方法的全面图景；

《社会研究方法》《管理学问卷调查研究方法》等用于不同学科的优秀方法教材；

《领悟方法》《社会学家的窍门》等反思研究方法隐蔽关窍的慧黠之作……

书，是人和人的相遇。

是读者和作者，通过书做跨越时空的对话。

也是读者和读者，通过推荐、共读、交流一本书，分享共识和成长。

万卷方法这样的工具书很难进入豆瓣、当当、京东等平台的读书榜单，也不容易成为热点和话题。很多写论文、做研究的人，面对茫茫书海，往往并不知道其中哪一本可以帮到自己。

因此，我们诚挚地期待，你在阅读本书之后，向合适的人推荐它，让更多需要的人早日得到它的帮助。

我们相信：

每一个人的意见和判断，都是有价值的。

我们为推荐人提供意见变现的途径，具体请扫描二维码，关注"重庆大学出版社万卷方法"微信公众号，发送"推荐员"，了解详细的活动方案。